METEOROLOGISCHER UND HYDROLOGISCHER DIENST
DER DEUTSCHEN DEMOKRATISCHEN REPUBLIK
Geomagnetisches Institut und Observatorium Potsdam / Niemegk

Ergebnisse der Beobachtungen am Adolf-Schmidt-Observatorium für Erdmagnetismus in Niemegk in den Jahren 1946 bis 1950

bearbeitet von

G. FANSELAU und H. WIESE

1956

AKADEMIE-VERLAG · BERLIN

Erschienen im Akademie-Verlag GmbH., Berlin W 8, Mohrenstraße 39
Lizenz-Nr. 1228 · 100/340/55
Gedruckt in der Buchdruckerei Paul Dünnhaupt, Köthen (IV/5/1) L 163/55
Bestell- und Verlags-Nr. 2021/7
Preis 17,— DM
Printed in Germany

Inhaltsverzeichnis

I. Vorbemerkung

Mit dem vorliegenden Jahrbuch wird die letzte große Lücke in den Veröffentlichungen der Ergebnisse der magnetischen Beobachtungen in Potsdam, Seddin und Niemegk geschlossen. Die Reihe liegt nunmehr vollständig vor. Es ist wohl kaum nötig, einige Worte der Erklärung zu finden dafür, daß sich die Veröffentlichung dieses Jahrbuches etwas verzögert hat; handelte es sich doch darum, die Kriegsschäden, die das Observatorium in Niemegk im Jahre 1945 erlitten hatte, zu beseitigen und den Beobachtungsdienst ganz von neuem wieder aufzubauen.

Über die Schwierigkeiten, die hier zu überwinden waren, habe ich schon gelegentlich berichtet und zwar im Vorwort zum Magnetischen Jahrbuch 1951 sowie in der Vorbemerkung unserer neuen Absolutbestimmung der Horizontalintensität. Ich kann mich hier also in dieser Richtung kurz fassen, und es mag genügen, nur das Wichtigste noch einmal in Erinnerung zu bringen. Durch Kriegseinwirkung war die Versorgung des Observatoriums mit elektrischer Energie unterbrochen worden, und erst im Spätherbst des Jahres 1945 gelang es, die für den Aufbau eines geordneten Registrierbetriebes notwendige Versorgung mit elektrischer Energie sicherzustellen. Da das gesamte Institut, speziell auch die Registrieranlagen, auf elektrischen Betrieb eingestellt war, erschien es nutzlos, eine provisorische Registrierung mit Benzin oder Petroleum einzurichten, besonders deswegen, da auch diese Dinge kurz nach dem Umbruch schwer oder gar nicht zu beschaffen waren. Es konnte erst von diesem Zeitpunkt ab mit dem eigentlichen Wiederneuaufbau begonnen werden. Dieser Wiederaufbau zerfiel im wesentlichen in drei Teile. Einmal mußte, wie gesagt, der Registrierbetrieb als solcher neu in Gang gesetzt werden, und zwar mit den wenigen Geräten, die nach dem Umbruch zur Verfügung standen. Als zweiter wesentlicher Punkt mußte die Wiederherstellung des Hauses für absolute Messungen in Angriff genommen werden, das durch einen Volltreffer schwer beschädigt wurde und in seinen Holzteilen unendlich viele größere und kleinere Splitter aufwies, die alle einzeln herausgemeißelt werden mußten. Das bedeutete eine sehr langwierige und schwierige Arbeit. Der dritte Teil der Wiederinstandsetzungsarbeiten betraf die Geräte für absolute Messungen, die, wie sich denken läßt, bei dem Volltreffer völlig unter Staub und Schutt begraben wurden. Es erwies sich als nötig, besonders auch unsere Standardgeräte — den Theodoliten WANSCHAFF und den Erdinduktor SCHULZE Nr. 1 — immer wieder völlig auseinanderzunehmen, bis der in alle Poren eingedrungene feinste Kalk- und Mörtelstaub restlos beseitigt werden konnte und die Geräte sich wieder einwandfrei in ihren Lagern bewegen ließen.

Bei alledem stand von dem alten eingearbeiteten Personal niemand mehr zur Verfügung, da unser Hilfswerkmeister URBANSKY im Jahre 1945 verstorben war. Alle Wiederaufbauarbeiten mußten also mit neuen Kräften durchgeführt werden, die sich selbstverständlich erst allmählich mit der ihnen noch fremden Materie vertraut zu machen hatten.

Als erster Schritt der Wiederaufbauarbeiten wurde der Registrierbetrieb zunächst mit einem Registriersystem wieder aufgenommen, und zwar Ende Februar 1946. Aus Ersparnisgründen wurde auf nur einem Bogen registriert, obwohl die Möglichkeit, auf zwei Walzen zu registrieren, gegeben war. Es folgten dann allmählich die ersten Versuche mit den absoluten Messungen, die mit der Zeit zu brauchbaren Ergebnissen führten.

Als sehr erschwerend muß die Tatsache gewertet werden, daß die Standardmagnete des Observatoriums Niemegk verlorengegangen waren. Zwar konnte unser Standardtheodolit WANSCHAFF weiterhin benutzt werden, aber die zu ihm gehörigen Magnete standen nicht mehr zur Verfügung und deshalb war auch das absolute Niveau der Horizontalintensität als solches verlorengegangen. Es blieb also nichts anderes übrig, als zunächst mit Hilfsmagneten — benutzt wurde der Magnet Nr. 4 — die absoluten Messungen durchzuführen, woraus ohne weiteres eine wesentlich geringere Genauigkeit dieser Messungen gefolgert werden muß, ganz abgesehen natürlich von ihrem relativen Charakter.

Dieser Umstand war insofern sehr nachteilig, als mir schon in den langen Jahren meiner Tätigkeit am Magnetischen Observatorium Potsdam klar geworden war, daß die Bestimmung des absoluten Niveaus der Horizontalintensität vom Jahre 1890 nach mancher Richtung hin ergänzt und verbessert werden mußte. In erster Linie war die Erfassung des Einflusses der mitschwingenden Luft bei den magnetischen Schwingungsbeobachtungen erforderlich; ich hatte zu diesem Zweck eine Schwingmeßanlage gebaut und durch Herrn Dr. A. BURGER in seiner Dissertation die ersten Messungen in dieser Richtung hin durchführen lassen. Ferner erschien es wesentlich, daß gewisse Konstanten — insbesondere der Temperaturkoeffizient, der Induktionskoeffizient und die Ablenkungsfunktion — mit der Zeit sich geändert haben könnten, da ja auch das Moment unseres Standardmagneten im Laufe der Zeit ganz wesentlich, nämlich um 30%, abgenommen hatte. In der Tat zeigten Messungen des Temperaturkoeffizienten und des Induktionskoeffizienten, die ich im Jahre 1944 vornahm, daß sich besonders der letztere wesentlich geändert hatte, und daß entsprechende Korrektionen notwendig waren, die das absolute Niveau nicht unwesentlich veränderten. Hinzu kamen noch die zweimaligen Übergänge im Beobachtungsbetrieb von Potsdam nach Seddin im Jahre 1928 und von Seddin nach Niemegk im Jahre 1932, die beide leider nicht mit der Ruhe und Sorgfalt durchgeführt werden konnten, wie das notwendig gewesen wäre. Es schwebte mir also vor, die gesamte Beobachtungsreihe von 1890 an im Hinblick auf das absolute Niveau kritisch zu bearbeiten und dann eine neue absolute Bestimmung in Niemegk durchzuführen.

Die erste Vorarbeit in dieser Richtung wurde bereits im Jahre 1944 begonnen unter der wesentlichen Assistenz von Herrn Prof. TRETJAKOV. Es standen für diese Messungen ein SCHMIDTscher Normaltheodolit und zwei neue Standardmagnete zur Verfügung, die es gestatteten, die absoluten Bestimmungen mit Hilfe der Variation der Winkellager des Ablenkungsmagneten relativ zur Nadel durchzuführen, also die SCHMIDTsche Methode zur Anwendung zu bringen. Selbstverständlich sollte Hand in Hand damit nochmals eine Wiederholung der Absolutbestimmung des Jahres 1890 nach der LAMONTschen Methode auf dem Theodoliten WANSCHAFF erfolgen.

Es wird den Fachgelehrten ohne weiteres klar sein, daß mit der Durchführung dieser Messungen und mit der geplanten kritischen Verarbeitung der gesamten Beobachtungsreihe eine befriedigende Sicherung und Neufundierung des absoluten Niveaus hätten durchgeführt werden können. Leider vereitelten der Verlust unserer Standardmagnete sowie das häufige Auseinandernehmen des Theodoliten WANSCHAFF diesen schönen Plan, und was wirklich einwandfrei durchgeführt werden konnte, war nur eine neue absolute Bestimmung, die im Jahre 1952 zum Abschluß gelangte und 1954 veröffentlicht wurde. Es entstand nunmehr die äußerst schwierige, ich möchte fast sagen, praktisch unlösbare Aufgabe, dieses völlig einwandfreie neue Niveau an das alte Potsdamer Niveau anzuschließen, ohne daß irgendwelche Vergleichsmessungen möglich gewesen wären. Die Schwierigkeit dieser Aufgabe ist letzten Endes auch mit der wesentlichste Grund für eine starke Verzögerung der Veröffentlichung des vorliegenden Jahrbuches. Ich brauche nicht darauf hinzuweisen, welche Mühe es gemacht hat, die unsicheren Jahre allmählich auf festen Grund zu fügen, und es ist auch nicht nötig, hier besonders zu erwähnen, daß diese Aufgabe auch nur mit beschränkter Genauigkeit gelöst werden konnte. Aus diesem Grunde weist das vorliegende Jahrbuch auch in seiner äußeren Gestalt manche Abweichungen auf gegenüber der üblichen Form der Potsdam-Niemegker Jahrbücher, vor allen Dingen in bezug auf seinen Inhalt.

Auf Ableitung der täglichen Gänge und sonstiger Erscheinungen wurde verzichtet. Die Reproduktion typischer Variationen ist einer späteren Veröffentlichung vorbehalten. Lediglich die Stundenmittel, Kennziffern und Charakterzahlen wurden veröffentlicht.

Die aus obigen Gründen unsicheren Werte der Jahre 1946—47 wurden durch Vergleich der Basiswerte mit Rude Skov und Wingst gestützt. Wie schon erwähnt, lief als einziges Registriersystem dieser Jahre das frühere Ostsystem. Erst im Laufe des Jahres 1948 wurde ein zusätzliches unempfindliches System aufgestellt, so daß in den Jahren 1946—47 die Registrierung bei starken erdmagnetischen Stürmen oft ausfallen mußte.

Alle veröffentlichten Werte, also ab Jahresmittel 1945.0, sind auf die neue Absolutbestimmung 1951 bezogen. Auf eine konstante Differenz der Absolutwerte 1890—1944 und nach 1946 wird im folgenden Abschnitt näher eingegangen. Die Absolutwerte sind bis 1944 in H um 12 γ, in Z um 29 γ größer als die Absolutwerte nach der neuen Niveaubestimmung im Jahre 1951.

Im Gegensatz zu früheren Jahren wurden nicht die Stundenmittel für die Komponenten X, Y, Z, sondern für D, H und Z veröffentlicht.

D ist nach Osten, Z nach unten positiv gerechnet. Zur Zeit ist die Deklination in Niemegk westlich, also negativ. Alle Zeitangaben beziehen sich auf Weltzeit (MGZ). Im einzelnen ist zu den Tabellen folgendes zu bemerken:

Die Jahresmittel 1945.0, 1945.5 und 1946.0, ebenso wie die Monatsmittel Januar, Febraur 1946, sind durch Vergleiche mit den Werten anderer Observatorien in Europa interpoliert worden, da ja erst Ende Februar 1946 der Registrierbetrieb wieder aufgenommen wurde.

Bei ruhigem Kurvenverlauf wurden einige ausgefallene Stunden durch Vergleiche mit Rude Skov und Wingst ergänzt. Diese Stundenmittel sind eingeklammert.

Tagesmittel sind beim Fehlen von 2 bis 4 Stunden eingeklammert, beim Fehlen von 5 Stunden und mehr ausgelassen. Die Monatsmittel sind eingeklammert, wenn mehr als 4 Tagesmittel fehlen.

Z war im Juli 1947 durch Feuchtigkeitseinfluß unempfindlich, daher mußte das Monatsmittel interpoliert werden.

Die Tabellen der Aktivitätszahlen enthalten unter n die in Niemegk geschätzten Charakterzahlen der Skala 0, 1, 2, unter f die Charakterzahlen in der fünfstufigen Skala, 0, 0.5, 1, 1.5, 2. ν sind die internationalen

Charakterzahlen. K_1 sind die dreistündlichen in Niemegk geschätzten Kennziffern, ΣK_1 deren Tagessummen. Die ab 1949 geschätzten K_2 sind die vier Ziffern für jedes Dreistundenintervall zur morphologischen Beschreibung des Kurvenverlaufs (G. FANSELAU, Zeitschr. f. Meteorologie 1949, S. 238). Dabei charakterisiert die erste Ziffer die Größe der Elementarwellen, die zweite die Bays, die dritte den Z-Störungsgang und die vierte den allgemeinen Störpegel. Im einzelnen haben die Ziffern folgende Bedeutung:

	0	1 bis	2 bis	3 über
Elementarwellen	fehlt ganz	2 γ	10 γ	10 γ
Baystörungen .	,, ,,	20 γ	100 γ	100 γ
Z-Störungsgang	,, ,,	20 γ	100 γ	100 γ
Allgemeiner Störpegel	,, ,,	20 γ	100 γ	100 γ

Die nach dem caractère magnétique als ruhig bezeichneten Tage tragen in den Tabellen das Kennzeichen *, die als gestört bezeichneten Tage das Kennzeichen †.

Die Aktivität u als interdiurne Veränderlichkeit von H

ergibt für die fünf Berichtsjahre — X wurde in dieser Zeit noch nicht wieder registriert — folgende Werte:

	Jan.	Febr.	März	April	Mai	Juni	Juli	Aug.	Sept.	Okt.	Nov.	Dez.	Jahr
1946	—	—	—	(1,56)	1,17	1,30	—	0,98	(2,00)	1,05	1,15	(1,07)	—
47	1,36	1,24	(2,92)	1,66	1,54	—	(1,03)	(1,44)	1,95	—	(1,31)	(0,93)	—
48	0,92	0,97	1,32	(0,93)	1,15	1,03	0,80	1,29	1,02	(2,00)	1,37	1,15	(1,16)
49	2,32	1,65	1,65	1,41	1,76	1,51	0,80	1,24	1,41	2,16	1,82	1,02	1,56
1950	1,21	1,61	1,33	1,05	1,31	1,19	1,44	2,11	0,90	1,38	1,39	1,14	1,34

In der Tabelle sind diejenigen Monats- und Jahresmittel gestrichen worden, in denen jeweils mehr als 10% der für die Berechnung gültigen Einheiten fehlen; bei den Monatsmitteln also die Monate, in denen mehr als drei Tagesmittel fehlen, bei den Jahresmitteln die, bei denen mehr als ein Monat fehlt. Die eingeklammerten Zahlen bedeuten, daß die betreffenden Monats- und Jahresmittel unsicher sind, weil einige Einheiten fehlen, aber noch nicht die Grenze für das völlige Streichen erreicht wurde.

Die Reduktionsfaktoren für die einzelnen Jahre sind:

1946	1947	1948	1949	1950
0,01694	0,01695	0,01696	0,01697	0,01699,

abgeleitet aus den Jahresmitteln von D

$-3°\,22{,}'5 \qquad -3°\,15{,}'1 \qquad -3°\,07{,}'6 \qquad -3°\,0{,}'4 \qquad -2°\,53{,}'1$

und den geomagnetischen Koordinaten von Niemegk:

$$\Phi = 52°\,15', \qquad \psi = -\,18°\,48'.$$

G. F.

II. Vergleich der Absolutbestimmungen von 1893 und 1951

Da die Standardmagnete des Observatoriums bei Kriegsende verlorengegangen sind, war ein direkter Vergleich der Konstanten leider nicht mehr möglich. Durch Vergleiche mit den Jahres- und Monatsmitteln benachbarter Observatorien (Rude Skov, Wingst, Fürstenfeldbruck, Chambon-la-Forêt, Abinger, Witteveen, Swider) zeigte sich, daß zwischen den Absolutwerten bis 1944, bezogen auf die Bestimmung der Konstanten 1893 bis 1900 [1] und den Absolutwerten ab 1946, bezogen auf die neue Konstantenbestimmung mit anderen Magneten 1951 [2], ein Sprung von rund 12 γ in H bzw. 29 γ in Z besteht. Direkte Vergleiche von H am Observatorium Wingst im Januar 1954 und am Observatorium in Fürstenfeldbruck im April 1955 zeigen eine ähnliche Differenz von Wn-Ni 11,2 γ bzw. Fu-Ni 14,3 γ. Da die Theodolite beider Observatorien Ende der 30iger Jahre in Niemegk relativ angeschlossen wurden, zeigt sich darin die Differenz der beiden Absolutbestimmungen.

Es liegt nun nahe, nach den Ursachen dieser Differenzen zu fragen und festzustellen, ob die alte Absolutbestimmung bereits diese Differenz zur neuen aufwies, oder ob die Differenzen durch langsame Veränderung der Konstanten zustande gekommen ist. Es sollen daher die einzelnen Größen betrachtet werden, die zu solchen langsamen Veränderungen Anlaß geben könnten. Daß sich die magnetischen Konstanten geändert haben können, ist einleuchtend, da das Moment der Magnete von 1890 bis 1944 von 1200 auf 800 Γcm^3 abgenommen hat. Der Magnet 2 wurde während der ganzen Zeit als Standard benutzt, während der Magnet 1 relativ an diesen ab 1905 angeschlossen wurde. Beide Magnete haben bis 1944 praktisch übereinstimmende

Resultate geliefert, so daß höchstens eine gleichzeitige Änderung der Konstanten beider Magnete stattgefunden haben könnte.

Die seit 1930 aufgetretene Differenz der beiden Magnete beruht nur darauf, daß bis dahin die relative Anschlußkonstante für Magnet 1, weiterhin aber die äußerst roh bestimmte Absolutkonstanten benutzt wurden. Außerdem war der Magnet 1 nach seiner Trägheitsmomentbestimmung mit neuen Suspensionsstiften versehen worden [1].

Unsicherheit der Konstantenbestimmungen

Die Absolutbestimmung 1893 bis 1900 [1] besitzt einen mittleren Fehler, der aus der Unsicherheit des Trägheitsmomentes der Ablenkungsfunktion, der Entfernung und dem Induktionskoeffizienten resultiert von

$$\pm 5{,}6\,\gamma.$$

Die Absolutbestimmung 1951 [2] besitzt einen Fehler von $\pm 1{,}3\,\gamma$, so daß eine Differenz zwischen beiden Bestimmungen von $\pm 7\,\gamma$ noch tragbar wäre.

Fehler des Induktionskoeffizienten

Für die Induktionskoeffizienten der alten Standardmagnete liegen drei Bestimmungen vor, und zwar

	M_{II}	Moment 15°	M_I	Moment 15°
1893 [1]	$6{,}196 \cdot 10^{-3}$	$1187{,}9\,\Gamma\,cm^3$	$10{,}826 \cdot 10^{-3}$	$1017\ \Gamma\,cm^3$
1912 [3]	9,025	$892{,}0\,\Gamma\,cm^3$	13,244	$898{,}5\,\Gamma\,cm^3$
1944 [4]	9,728	$810{,}7\,\Gamma\,cm^3$	13,601	$848{,}5\,\Gamma\,cm^3$

Man sieht, daß der Wert für M_{II} um 50% im Laufe der Zeit größer geworden ist, gerechnet wurde aber bis 1944 absichtlich mit $6{,}133 \cdot 10^{-3}$, abgesehen von einer unwesentlichen Abänderung, die während einiger Jahre von AD. SCHMIDT eingeführt wurde. Dieser Wert unterscheidet sich etwas von dem 1893 angegebenen, wegen der Verbesserung des Momentes wurde er hier korrigiert (Ergebnisse 1903/4).

Rechnet man aus obigen Werten die von VENSKE [3] eingeführte induktive Kapazität

$$p = \varkappa \cdot M \qquad \varkappa = \text{Induktionskoeffizient}, \quad M = \text{Moment}$$

aus, so ergeben sich Werte, die wesentlich weniger schwanken.

	M_{II}	M_I
1893	7,36	11,01
1912	8,05	11,90
1944	7,886	11,54

Rechnet man unter Benutzung der induktiven Kapazität und bei Annahme der Richtigkeit der drei Bestimmungen die Induktionskoeffizienten für die einzelnen Jahre aus und interpoliert die dazwischenliegenden Jahre, so kann man eine Korrektion für die absoluten Horizontalintensitätswerte angeben. Ist für Magnet_{II} $d\varkappa$ die Differenz des richtigen Induktionskoeffizienten für die jeweilige Zeit gegen $6{,}133 \cdot 10^{-5}$, so gilt als Korrektion für die Horizontalintensitätswerte

$$dH = -H^2\,d\varkappa\,(1 + \sin\varphi) \cdot 1/2.$$

Diese Korrektion ist für einige Jahre in der nachfolgenden Tabelle mitgeteilt.

Korrektion der Horizontalintensitätswerte wegen fehlerhaften Induktionskoeffizenten

1893	$-0{,}5\,\gamma$	1920	$-7{,}3\,\gamma$
1895	$-1{,}7$	1925	$-7{,}5$
1900	$-4{,}3$	1930	$-7{,}9$
1905	$-5{,}6$	1935	$-7{,}8$
1910	$-6{,}5$	1940	$-7{,}8$
1915	$-7{,}2$	1944	$-8{,}1$

Korrektion der Ablenkungsfunktion

Da die Ablenkungsfunktion aus Beobachtungen des Ablenkungswinkels in großer und kleiner Entfernung bestimmt wurde, müssen auch diese errechneten Werte wegen der fehlerhaften Induktion korrigiert werden.

Gerechnet wurde bis 1928 mit k = 1,01513, ab 1928 September mit k = 1,01527 für Magnet II.

Die mit richtigen Induktionskoeffizienten berechneten Ablenkungsfunktionen lauten aber im Mittel aus vielen Messungen für

1893—95	1,01518
98—01	46
1902	49
06	49
10—11	50
16—18	57

Überblickt man diese Werte, so hätte man mit einer Ablenkungsfunktion von 1,01550 rechnen müssen. Daraus ergibt sich nach der Formel

$$\frac{dH}{H} = \frac{1}{2}\frac{dk}{k}$$

für die Jahre 1893 bis 1928 dH zu $+ 3{,}4\,\gamma$, ab September 1928 dH zu $2{,}1\,\gamma$. Diese Korrektionen müssen zu denen im vorhergehenden Abschnitt addiert werden, so daß sich als Korrektion für die H-Absolutwerte wegen fehlerhafter Induktionskoeffizienten ergibt:

	dH		
1893	$+ 2{,}9\,\gamma$	1920	$- 3{,}9\,\gamma$
95	$+ 1{,}7$	25	$- 4{,}1$
1900	$- 0{,}9$	30	$- 5{,}8$
5	$- 2{,}2$	35	$- 5{,}7$
10	$- 3{,}1$	40	$- 5{,}7$
15	$- 3{,}8$	44	$- 6{,}0$

Die Werte der vereinzelten Ablenkungsfunktionsbestimmung 1927—1939 scheinen gegen den oben angegebenen Wert etwas angestiegen zu sein, so ergibt sich B_0, B_u gemittelt für die einzelnen Bestimmungen, bereits mit richtigen Induktionskoeffizienten gerechnet:

1927	1,01546
	1,01643
1930	1,01590
1931	1,01585
1934	1,01616
1939	1,01576
	1,01649

Da die Werte recht beträchtlich streuen, läßt sich keine eindeutige Korrektion angeben, weil man auch nicht weiß, ob sich nicht evtl. die Ablenkungsentfernung des Theodoliten bei seiner Überführung nach Seddin und später nach Niemegk etwas geändert haben könnte.

Unsicherheit des Trägheitsmomentes des Belastungsstabes

Bekanntlich wurde bei der Absolutbestimmung 1893 [1] zur Bestimmung des Trägheitsmomentes des Magneten ein Trägheitsstab benutzt. Für diesen wurden fälschlicherweise zwei Massen, eine im „luftleeren" und eine im „lufterfüllten" Raum angegeben. Da, wie sich allerdings nicht mehr nachprüfen läßt, wahrscheinlich von der Normal-Eichkommission die Masse im „lufterfüllten" Raum angegeben wurde und daraus eine um $17 \cdot 10^{-3}$ g größere Masse im „luftleeren" Raum errechnet wurde, die zur Berechnung des Trägheitsmomentes benutzt wurde, dürfte das Trägheitsmoment des Stabes bei einer Masse von 118 g um 0,5 gcm^2 zu groß sein. Das ergibt eine Korrektion der H-Absolutwerte von

$$- 1{,}3\,\gamma.$$

Einfluß der mitschwingenden Luft des Trägheitsmomentes

Wie sich aus Nachrechnungen der Trägheitsmomentbestimmungen ergab, wurde dabei der Einfluß der mitschwingenden Luft außer acht gelassen und das Trägheitsmoment nach der Formel

$$K = \frac{K' T^2}{T'^2 - T^2} \tag{1}$$

K = Trägheitsmoment des Magneten (347,67 gcm^2),

K' = Trägheitsmoment des Belastungsstabes (3337,5 gcm^2),

T = Schwingungsdauer des Magneten ohne Belastung,

T' = Schwingungsdauer des Magneten mit Belastung

berechnet.

In den Schwingungsdauern ist die Direktionskraft des Aufhängefadens und ihre Veränderung bei verschiedener Belastung bereits berücksichtigt.

In Wirklichkeit treten aber folgende Beziehungen auf:

$$M \cdot H = \frac{\pi^2 (K_M + dK_M)}{T^2} \tag{2}$$

$$M \cdot H = \frac{\pi^2 (K_M + K' + dK^*)}{T'^2} \tag{3}$$

K_M = Trägheitsmoment des Magneten im Vakuum,

dK_M = Einfluß der mitschwingenden Luft auf das Trägheitsmoment bei Schwingungsdauer T,

K' = Trägheitsmoment des Stabes im Vakuum,

dK^* = Zusätzliches Trägheitsmoment des Systems Stab + Magnet durch die mitschwingende Luft bei der Schwingungsdauer T',

T, T' = Schwingungsdauer in Luft bei Normaldruck.

Daraus ergibt sich das bei Schwingungsmessungen ohne Belastung und bei Normalluftdruck wirksame Trägheitsmoment $(K_M + dK_M)$ zu

$$K_M + dK_M = \frac{K' T^2 + T^2 (dK^* - dK_M)}{T'^2 - T^2}.$$

Die Korrektion des nach Gl. (1) bestimmten Trägheitsmomentes ist also

$$\frac{T}{T'^2 - T^2} (dK^* - dK_M),$$

und da $\frac{K_M}{K'}$ angenähert $\frac{T^2}{T'^2 - T^2}$ ist, wird die Korrektion

$$\frac{K_M}{K'} (dK^* - dK_M).$$

Während dK_M in einer Arbeit von Burger [5] angegeben ist, ergibt sich dK^* angenähert zu

$$dK^* = dK_S + dK_M^* - dK_L - dK_{SM}.$$

dK_S = Trägheitsmomentvergrößerung des Stabes durch mitschwingende Luft bei Schwingungsdauer T',

dK_M^* = Trägheitsmomentvergrößerung des Magneten durch mitschwingende Luft bei Schwingungsdauer T',

dK_L = Trägheitsmoment der eingeschlossenen Luft in der Magnetröhre,

dK_{SM} = Trägheitsmomentvergrößerung des Stabes für die Länge des Magneten bei Schwingungsdauer T'.

T beträgt ungefähr 4,3 sec, $T' = 14{,}0$ sec.

Nach Kurven bei Burger [5] kann man die einzelnen Größen roh abschätzen, dK_S ist ungefähr 3,50 gcm². Nach einer Formel von Lamont [6] ergibt sich dK_S zu 2,20 gcm², $dK_M^* = 0{,}44$ gcm², $dK_M = 0{,}362$ gcm².

$dK_{SM} = 0{,}25$ gcm², $dK_L = 0{,}04$ gcm².

$dK^* = 3{,}65$ gcm² (Burger)

$= 2{,}35$ gcm² (Lamont).

Die Korrektion des Trägheitsmomentes des Magneten ist also nach Formel (4) 0,34 bzw. 0,21 gcm², was einer Korrektion der H-Absolutwerte von $+ 9{,}1\,\gamma$ bzw. $+ 5{,}3\,\gamma$ entspricht. Genauer läßt sich der Einfluß nach den veröffentlichten Resultaten nicht angeben. Es wurden hier $7\gamma \pm 2\gamma$ angenommen.

Korrektion des Temperaturkoeffizienten

Die Temperaturkoeffizienten wurden für Magnet II zu $3{,}209 \cdot 10^{-4}$ (Ergänzungsband) [1] für Magnet I zu $6{,}345 \cdot 10^{-4}$ (Ergebnisse 1907) [7] angegeben. Bestimmungen 1944 [4] lieferten für Magnet II $2{,}746 \cdot 10^{-4}$, für Magnet I $6{,}27 \cdot 10^{-4}$. Diese Unterschiede der Temperaturkoeffizienten gehen jedoch in die Endresultate der H-Absolutmessungen nicht ein.

Sonstige Einflüsse auf die H-Absolutwerte

Zahlenmäßige Werte lassen sich für die hier aufgeführten Punkte nicht angeben. Durch Abnutzung der Entfernungsanschläge am Theodolit könnte sich im Laufe der Zeit die kleine Entfernung verkleinert, die große Entfernung vergrößert haben, wofür evtl. die Zunahme der Ablenkungsfunktion in den Jahren ab 1927 spricht. Dadurch würden die H-Absolutwerte zu klein ausgefallen sein. Auf der anderen Seite könnte sich durch Abnutzung des Magneten das Trägheitsmoment verkleinert haben, so daß die H-Absolutwerte zu groß ausgefallen wären. Das Trägheitsmoment der Magnete könnte sich auch dadurch etwas verändert haben, daß sich im Laufe der Zeit die Suspensionsstifte am Magneten etwas gelockert hatten und wieder angezogen wurden.

Auf die Unsicherheit bei den Übergängen der absoluten Messungen von Potsdam nach Seddin 1928 und von Seddin nach Niemegk 1932 wurde schon gelegentlich hingewiesen. So wurden z. B. ohne nähere Angaben an die Messungen in Seddin Korrektionen angebracht [8]:

$$H - 7{,}6\,\gamma, \quad D - 0{,}'90, \quad X - 8{,}1\,\gamma, \quad Y - 4{,}6\,\gamma, \quad Z - 17{,}4\,\gamma.$$

Gleichzeitig waren die Momente der Magnete bei den absoluten Messungen etwas zu klein. Über die Gründe läßt sich heute nichts mehr aussagen. Wahrscheinlich sind die oben angegebenen Korrektionen zu groß gewesen, so daß die veröffentlichten Jahresmittel von Seddin für 1929, 30, 31 in H um 5 γ bzw. 6 γ bzw. 3 γ größer sein müßten, wie sich aus Vergleichen mit andren Observatorien ergibt.

Auch können sich beim Transport der Absolutinstrumente Ablenkungsentfernungen, Trägheitsmoment usw. verändert haben, ohne daß die daraus resultierende Verfälschung der Absolutwerte bemerkt worden ist.

Zusammenfassung

Wenn außer den zahlenmäßig belegten Korrektionen keine anderen für die H-Absolutwerte 1893—1944 in Betracht kommen, so ergeben sich folgende Korrektionen:

Einfluß der mitschwingenden Luft auf das Trägheitsmoment	$+ 7{,}0\,\gamma \pm 2\,\gamma$
Trägheitsstab-Korrektion	$- 1{,}3\,\gamma$
Korrektion wegen fehlerhaften Induktionskoeffizienten	s. vorhergehende Aufstellung.

Gesamtkorrektion:

1893	+ 8,6 γ	1920	+ 1,8 γ
95	+ 7,4	25	+ 1,6
1900	+ 4,8	30	— 0,1
05	+ 3,5	35	0,0
10	+ 2,6	40	0,0
15	+ 1,9	44	— 0,3

Die Unsicherheit des Niveaus der Horizontalintensität nach der alten Absolutbestimmung [1] beträgt, wie bereits erwähnt, $\pm 5{,}6\,\gamma$. Die Unsicherheit der neuen Bestimmung [2] $\pm 1{,}3\,\gamma$, so daß selbst bei Annahme der Fehlergrenzen noch eine Differenz von 4—6 γ bestehen bleibt.

Wie an anderer Stelle näher beschrieben [2], stimmt die neue Absolutbestimmung auf Grund von internationalen Vergleichen gut mit den Absolutwerten anderer Observatorien (z. B. Abinger, Cheltenham) überein.

Literaturangaben

[1] Brückmann, W.: Ergebnisse der magnetischen Beobachtungen in Potsdam, 1892—1900, Erg. Bd.

[2] Richard, M., u. H. Wiese: Die Neubestimmung der absoluten erdmagnetischen Feldgrößen am Adolf-Schmidt-Observatorium für Erdmagnetismus in Niemegk, Abh. Geophys. Inst. Pdm., Nr. 13, 1954.

[3] Venske, O.: Einige Beobachtungen mit einem neuen magnetometrischen Apparat über die Veränderlichkeit des Induktionskoeffizienten von Magneten, Preuß. Meteor. Inst. Berlin, Bericht über die Tätigkeit im Jahre 1912, S. 139—146.

[4] Fanselau, G.: Bestimmungen des Temperatur- und Induktionskoeffizienten der Observatoriumsmagnete in Niemegk 1944, (Unveröffentlicht).

[5] Burger, A.: Über die Art und Größe der Fehler, die bei Schwingungsbeobachtungen an einem Magneten durch die mitschwingenden Luftmassen entstehen, Diss. Berlin 1935.

[6] Lamont, J.: Handbuch des Erdmagnetismus, Berlin 1894.

[7] Schmidt, Ad.: Ergebnisse der magnetischen Beobachtungen in Potsdam, 1907.

[8] Nippoldt, A.: Ergebnisse der magnetischen Beobachtungen in Seddin, 1929, S. 12 oben.

Tabellen,

enthaltend die

Ergebnisse der Beobachtungen in den Jahren 1946 bis 1950

in

Niemegk

Astronomische Koordinaten: $\varphi = 52° 4'.3$, $\lambda = 12° 40'.5$ E. v. Grw.

$= 0^h 50^m 42^s.0$ E. v. Grw.

Geomagnetische Koordinaten: $\Phi = 52° 15'$, $\Lambda = 96° 34'$, $\psi = -18° 48'$

Höhe über N. N.: 78 m

Monats- und Jahresmittelwerte

	1946	Jan.[1]	Febr.[1]	März	April	Mai	Juni	Juli	Aug.	Sept.	Okt.	Nov.	Dez.	Jahr
D	− 3° −	26′.20	25.10	24.17	23.43	23.77	23.32	22.44	21.94	20.44	20.26	19.77	19.36	22.52
I	+ 67° +	08′.34	09.35	10.22	10.31	09.16	08.94	09.37	09.26	10.87	10.12	09.79	09.40	09.60
H	Γ 0.18 +	γ 395.0	385.0	373.6	376.1	391.1	395.3	388.5	388.6	371.3	383.6	388.0	391.5	385.6
F	Γ 0.47 +	γ 349.2	356.4	355.4	364.9	365.9	369.4	366.1	362.6	370.9	378.1	378.6	374.8	366.0
X	Γ + 0.18 +	γ 362.0	352.3	341.2	343.9	358.8	363.1	356.6	356.8	340.1	352.4	356.9	360.6	353.7
Y	Γ − 0.01 −	γ 102.7	096.2	090.7	086.8	089.3	087.3	082.2	079.6	070.5	070.3	067.9	066.0	082.5
Z	Γ + 0.43 +	γ 630.0	642.0	645.8	654.9	649.7	651.8	651.1	647.2	663.5	666.1	664.9	659.2	652.2

	1947	Jan.	Febr.	März	April	Mai	Juni	Juli	Aug.	Sept.	Okt.	Nov.	Dez.	Jahr
D	− 3° −	18′.37	17.81	16.59	16.57	16.12	15.91	15.36	14.67	13.13	12.69	12.12	11.73	15.09
I	+ 67° +	10′.04	10.12	11.74	10.22	09.58	09.84	09.64[1]	11.04	12.09	11.94	11.24	10.73	10.68
H	Γ 0.18 +	γ 385.3	387.2	370.7	389.9	397.0	396.4	398.8	381.3	369.6	374.3	383.8	390.3	385.4
F	Γ 0.47 +	γ 380.9	387.2	397.8	397.4	395.0	401.6	401.4[1]	402.1	406.5	413.8	415.1	415.2	401.2
X	Γ + 0.18 +	γ 354.3	356.8	340.7	359.9	367.1	366.6	369.1	351.8	340.6	345.5	355.1	361.7	355.8
Y	Γ − 0.01 −	γ 060.3	057.4	050.0	051.0	049.0	047.8	045.0	040.3	031.4	029.4	026.8	025.1	042.8
Z	Γ + 0.43 +	γ 667.3	674.5	692.9	684.5	678.8	686.4	685.0[1]	693.2	702.8	708.7	706.2	703.6	690.3

	1948	Jan.	Febr.	März	April	Mai	Juni	Juli	Aug.	Sept.	Okt.	Nov.	Dez.	Jahr
D	− 3° −	10′.93	10.41	09.63	09.11	08.51	08.31	07.83	06.78	06.24	04.78	04.34	03.90	07.56
I	+ 67° +	11′.24	11.13	11.30	10.83	11.20	10.24	10.20	11.77	11.70	13.20	12.51	12.14	11.46
H	Γ 0.18 +	γ 386.3	387.0	384.2	391.6	388.5	401.6	401.4	383.5	385.5	368.5	378.6	383.5	386.7
F	Γ 0.47 +	γ 421.8	419.8	418.4	421.9	426.0	428.1	426.4	432.0	434.9	440.1	443.6	444.0	429.8
X	Γ + 0.18 +	γ 358.0	358.8	356.2	363.7	360.9	374.0	373.9	356.3	358.6	342.0	352.2	357.2	359.3
Y	Γ − 0.00 −	γ 1020.6	1017.9	1013.4	1011.2	1007.8	1007.5	1004.9	998.3	995.6	986.8	985.0	982.9	1002.6
Z	Γ + 0.43 +	γ 712.4	710.0	709.6	710.3	716.1	712.8	710.8	724.4	726.8	739.7	739.2	737.6	720.8

	1949	Jan.	Febr.	März	April	Mai	Juni	Juli	Aug.	Sept.	Okt.	Nov.	Dez.	Jahr
D	− 2° −	62′.67	62.49	62.05	61.99	61.13	60.91	60.94	60.40	59.55	57.66	57.64	57.84	60.44
I	+ 67° +	12′.81	12.57	12.50	11.54	12.06	11.64	10.79	11.50	11.89	13.62	13.06	11.77	12.14
H	Γ 0.18 +	γ 374.6	377.9	378.4	391.5	387.1	393.6	403.4	394.1	390.4	369.3	377.7	395.3	386.1
F	Γ 0.47 +	γ 443.0	443.8	442.4	444.8	450.6	453.7	450.8	450.2	453.6	456.0	459.3	462.4	450.9
X	Γ + 0.18 +	γ 348.7	352.0	352.6	365.7	361.6	368.2	377.9	368.7	365.3	344.8	353.2	370.7	360.8
Y	Γ − 0.00 −	γ 975.9	975.1	972.8	973.2	968.3	967.5	968.2	964.8	960.1	948.9	949.2	951.2	964.6
Z	Γ + 0.43 +	γ 740.2	739.7	738.1	735.1	743.1	743.9	736.8	739.8	745.1	756.6	756.7	752.6	744.0

[1]) Monatsmittel sind interpoliert.

Monats- und Jahresmittelwerte

	1950	Jan.	Febr.	März	April	Mai	Juni	Juli	Aug.	Sept.	Okt.	Nov.	Dez.	Jahr
D	— 2° —	56'.93	56.09	55.60	55.00	54.41	54.05	52.97	52.05	51.21	50.24	49.37	48.98	53.08
I	+ 67° +	12'.02	12.18	12.29	11.86	11.36	10.95	11.16	12.30	12.22	12.79	12.66	12.22	12.00
H	Γ 0.18 +	γ 391.2	388.3	388.4	395.7	403.0	409.7	404.2	392.3	394.3	388.9	395.0	401.5	396.0
F	Γ 0.47 +	γ 460.0	457.6	461.5	466.2	469.0	472.3	465.1	471.9	474.2	479.4	490.9	492.8	471.7
X	Γ + 0.18 +	γ 366.8	364.2	364.4	371.9	379.3	386.1	380.9	369.3	371.4	366.4	372.7	379.3	372.7
Y	Γ — 0.00 —	γ 946.1	941.8	938.9	936.0	933.3	931.6	925.6	920.1	915.7	910.3	905.9	904.1	925.8
Z	Γ + 0.43 +	γ 751.8	750.3	754.5	756.6	756.4	757.4	757.5	764.3	765.9	773.8	783.6	783.0	763.0

Zusammenstellung der Normalwerte 1945.0—1954.0

Epoche	D	H	I	X	Y	Z	F
		Γ γ		Γ γ	Γ γ	Γ γ	Γ γ
1945.0[1]	−3° 34'.40	0.18406.0	67° 06'.59	0.18370.2	−0.01147.2	0.43594.0	0.47320.2
45.5[1]	30.70	405.0	07.05	370.5	127.3	608.0	332.9
46.0[1]	26.50	396.0	08.33	362.8	104.4	632.0	351.6
46.5	22.52	385.6	09.60	353.7	082.5	652.2	366.0
47.0	18.80	386.5	10.03	355.8	062.7	669.7	382.6
47.5	15.09	385.4	10.68	355.8	042.8	690.3	401.2
48.0	11.38	386.5	11.05	358.0	023.0	705.9	415.8
48.5	07.56	386.7	11.46	359.3	002.6	720.8	429.8
49.0	03.76	383.6	12.06	357.4	−0.00982.2	734.9	441.6
49.5	00.44	386.1	12.14	360.8	964.6	744.0	450.9
50.0	−2° 57.18	392.2	11.94	367.8	947.6	751.2	459.9
50.5	53.08	396.0	12.00	372.7	925.8	763.0	471.7
51.0	48.99	401.2	12.16	378.9	904.2	780.2	490.2
51.5	45.32	406.0	12.42	384.7	884.8	800.9	511.1
52.0	41.71	408.5	12.70	388.2	865.6	817.3	527.2
52.5	38.44	416.6	12.48	397.1	848.5	828.7	540.8
53.0	35.37	426.2	12.18	407.4	832.5	840.5	555.4
53.5	32.17	432.5	12.08	414.5	815.6	852.0	568.5
54.0	28.93	439.5	12.00	422.2	798.6	866.1	583.9

[1]) Jahresmittel sind interpoliert. Sprung der Absolutwerte gegenüber den Werten bis 1944.5. Erläuterung siehe Text.

Niemegk

Deklination

D = —3° 20′ + Tafelwert

1946

Weltzeit

März

Tag	0h–1h	1h–2h	2h–3h	3h–4h	4h–5h	5h–6h	6h–7h	7h–8h	8h–9h	9h–10h	10h–11h	11h–12h	12h–13h	13h–14h	14h–15h	15h–16h	16h–17h	17h–18h	18h–19h	19h–20h	20h–21h	21h–22h	22h–23h	23h–24h	Tagesmittel	Max.	Min.
1	-4.8	-5.4	-1.2	1.6	-1.8	-0.8	-1.6	-1.4	-2.5	-5.8	-7.8	-8.9	-8.6	-7.1	-6.1	-5.2	-5.1	-6.7	-5.5	-4.7	-4.3	-4.5	-4.3	-3.7	-4.42	1.6	-8.9
2	-2.4	0.3	-0.3	-2.7	-1.7	-3.5	-1.9	-2.0	-2.5	-3.2	-6.0	-7.8	-8.8	-8.1	-7.0	-5.7	-5.1	-5.0	-4.6	-4.2	-4.0	-4.2	-4.2	-4.4	-4.12	0.3	-8.8
3*	-4.6	-4.4	-4.4	-4.0	-3.7	-3.6	-3.2	-2.5	-2.7	-4.3	-6.6	-7.8	-8.4	-8.4	-6.8	-5.9	-5.8	-6.0	-6.0	-5.7	-4.4	-3.2	-4.1	-4.0	-5.02	-2.5	-8.4
4	-4.2	-3.0	-2.0	-2.0	-3.9	-1.5	-1.5	0.7	0.1	-2.1	-7.5	-10.0	-11.6	-11.7	-12.4	-10.3	-8.9	-6.9	-6.0	-4.9	1.6	5.8	-2.2	5.2	-4.13	5.8	-12.4
5	2.9	-1.4	-1.9	-2.4	-2.4	-0.3	-0.2	0.8	-0.4	-2.7	-6.4	(-15.3)	-13.8	-12.9	-8.0	-9.2	-2.8	-4.5	-5.5	-4.2	-1.7	-2.8	-4.5	-4.6	-4.34	2.9	-15.3
6	-3.0	-3.5	-3.6	-3.6	-2.4	-1.5	-0.7	0.7	-0.2	-2.9	-8.5	-12.0	-12.7	-13.1	-10.2	(-7.1)	-7.4	-4.5	-3.0	-3.3	-2.8	-4.4	-4.4	-3.6	-4.90	0.7	-13.1
7	-3.5	-3.8	-3.6	-2.7	-2.4	-1.9	-0.6	-0.1	-1.3	-4.2	-5.7	-11.3	-13.2	-11.7	-10.6	-8.3	-6.3	-4.7	-3.3	-2.2	-3.2	-3.8	-4.7	-5.4	-4.94	-0.1	-13.2
8	-5.4	-4.8	-4.8	-4.6	-4.2	-3.7	-2.5	-1.2	-1.9	-3.8	-6.4	-9.4	-11.2	-11.2	-10.1	-8.1	-7.2	-6.5	-5.5	-6.0	-4.2	-3.1	-4.6	-4.9	-5.64	-1.2	-11.2
9	-5.0	-4.7	-4.2	-3.4	-3.0	-2.6	-2.2	-1.0	-1.4	-3.2	-5.8	-8.4	-10.7	-11.8	(-15.0)	(-15.7)	(-15.8)	(-15.4)	-8.5	1.1	0.8	-0.5	-1.8	-2.5	-5.86	1.1	-15.8
10†	-3.7	-6.1	—	-3.9	-7.8	-3.3	-2.2	-3.6	-2.6	-4.8	-5.1	-7.6	-9.0	-10.7	(-14.4)	(-11.1)	-7.9	-6.1	-6.8	-4.0	10.9	5.0	6.4	3.2	-4.14	10.9	-14.4
11	4.7	-4.6	-1.0	-4.0	-5.1	-4.9	-2.5	-1.8	-1.8	-2.6	-4.1	-7.7	(-9.8)	-6.3	-6.1	-5.6	-2.2	-3.1	-3.2	-0.9	-5.3	-5.2	-4.2	-1.8	-3.71	4.7	-9.8
12*	-4.1	-4.4	-3.9	-3.9	-3.6	-3.2	-2.8	-2.2	-2.9	-4.8	-6.8	-8.1	-7.2	-6.7	-5.6	-4.3	-4.4	-4.8	-5.0	-4.9	-5.2	-5.2	-5.1	-5.2	-4.76	-2.2	-8.1
13*	-5.1	-5.0	-4.2	-4.5	-4.4	-3.6	-1.7	-0.7	-1.7	-4.8	-6.5	-9.0	-8.9	-8.6	-7.5	-6.0	-5.2	-2.6	-1.2	-4.4	-4.8	-4.0	-4.4	-5.2	-4.75	-0.7	-9.0
14*	-5.6	-5.5	-5.1	-4.1	-3.7	-3.2	-1.8	-0.4	-1.2	-4.5	-7.1	-10.0	-10.4	-9.8	-7.0	-5.5	-4.8	-4.4	-0.8	-2.1	-4.4	-4.8	-5.0	-5.2	-4.85	-0.4	-10.4
15	-5.3	-4.4	-4.2	-4.1	-3.5	-2.7	-1.1	-0.2	-1.2	-5.6	-9.3	(-11.3)	(-12.2)	-10.7	-9.2	-5.0	-4.4	-4.7	-3.7	-1.3	-3.2	-4.1	-4.4	-4.8	-5.02	-0.2	-12.2
16*	-4.8	-4.4	-4.2	-4.0	-3.8	-3.2	-1.4	0.2	-0.1	-3.2	-6.9	-10.0	(-12.2)	-11.0	-8.9	-7.1	-6.4	-6.4	-6.5	-6.0	-5.4	-4.8	-3.2	-3.2	-5.29	0.2	-12.2
17	-3.8	-2.5	-2.1	-5.4	-3.5	-3.9	-5.6	-3.6	-3.9	-4.7	-6.9	(-10.9)	(-9.7)	-10.0	-8.5	-7.0	-1.5	-0.7	-6.6	5.3	3.4	-0.6	-4.3	-3.6	-4.65	3.4	-10.9
18	-5.1	-4.0	-5.0	-4.3	-3.6	-3.5	-2.7	-3.1	-3.0	-4.2	-7.5	-9.0	-10.5	-9.4	-7.9	-6.7	(-6.1)	-5.9	-4.8	-5.8	-5.7	-6.0	-5.8	-5.6	-5.65	-2.7	-10.5
19	-5.3	-5.3	-4.9	-4.9	-4.8	-4.1	-2.7	-2.0	-2.2	-4.2	-5.5	-7.7	-8.8	-8.7	-7.6	-6.6	-6.2	-6.6	-7.2	-7.2	-7.7	-6.2	-4.6	-3.6	-5.61	-2.0	-8.8
20	-3.8	-4.0	-4.2	-4.8	-5.2	-4.8	-3.2	-2.1	-2.2	-4.7	-7.9	-13.3	-12.7	-14.0	-11.5	-7.8	-7.0	-7.0	-5.6	-2.6	-3.6	-5.9	-5.8	-6.3	-6.25	-2.1	-14.0
21	-6.3	-5.3	-5.3	-7.8	-5.2	-3.6	-1.0	-0.4	-0.3	-1.8	-6.0	-11.3	-13.3	-15.4	-11.4	-9.3	-7.0	-6.9	-6.6	-6.1	-6.1	-5.7	-5.2	-5.0	**-6.35**	-0.3	-15.4
22†	-5.0	-4.7	-4.6	-4.6	-4.6	-3.6	-0.9	-1.0	-5.4	-5.0	-7.7	-12.7	-11.1	-13.2	-8.5	-7.7	-6.9	-6.7	-5.1	-4.8	-5.6	-5.9	-5.4	-5.8	-6.10	-0.9	-13.2
23	-2.0	-3.6	-3.4	-3.6	-3.0	-2.3	-0.8	-0.7	-2.2	-4.2	-6.8	-9.5	-11.4	-10.8	-8.8	-5.1	-6.6	-6.8	-2.9	-5.5	-4.0	0.5	3.2	9.7	-3.78	9.7	-11.4
24†	10.4	13.2	9.7	3.6	-1.9	3.3	3.9	1.6	-0.7	-4.4	-6.5	-7.1	-9.7	-11.0	-14.0	-10.6	1.7	-3.8	-3.7	-1.9	—	—	—	—	(-1.40)	13.2	-14.0
25†	—	—	—	—	—	—	—	—	—	1.1	0.7	-3.6	-4.6	-11.6	-6.1	-10.4	-3.5	-2.7	9.9	0.6	3.1	13.4	8.7	11.4	—	—	—
26	19.0	15.4	12.3	10.0	4.5	2.7	6.1	3.7	-0.2	-1.4	-2.7	-8.5	-11.5	-11.7	-11.0	-8.5	-5.8	-1.8	0.6	-0.8	1.2	1.2	0.4	3.2	**0.68**	**19.0**	-11.7
27	2.8	-3.2	-3.3	1.3	-2.8	-2.6	-0.9	0.6	1.1	-0.9	-4.9	-10.5	-14.0	-15.9	-14.4	-5.0	-6.3	-6.3	-5.3	-4.0	-2.5	-3.3	-0.8	1.6	-4.15	2.8	**-15.9**
28†	1.2	6.7	9.4	-3.6	-2.0	-3.5	3.4	6.2	2.6	-14.7	-24.8	—	—	—	—	—	0.3	-1.6	-4.0	—	0.9	0.9	1.6	3.6	—	—	—
29	2.2	-1.8	0.4	2.6	2.5	5.0	6.1	4.9	2.7	-2.4	-5.9	-9.7	-11.4	-10.6	-5.6	-3.9	-3.0	-2.0	-1.5	-0.4	0.0	-0.5	-2.6	-2.3	-1.55	6.1	-11.4
30	-2.5	-1.7	-2.5	-2.4	-1.4	0.1	1.8	3.0	1.5	-1.0	-4.0	-6.6	-7.7	-7.7	-6.4	-4.6	-3.0	-3.2	-3.7	-3.0	-2.9	-1.2	-2.5	-2.3	-2.66	3.0	-7.7
31	-2.6	-2.0	-2.1	-1.9	-1.8	0.4	0.0	3.4	2.0	-1.4	-4.4	-9.0	-10.8	-10.0	-8.0	-6.8	-4.8	-3.7	-3.5	-3.5	-2.9	-0.6	4.6	5.5	-2.66	5.5	-10.8
Mittel	-1.8	-2.3	-1.8	-2.6	-3.0	-2.1	-0.8	-0.1	-1.2	-3.8	-6.7	-9.5	-10.5	-10.7	-9.2	-7.3	-5.3	-5.1	-4.0	-3.6	-2.4	-2.1	-2.4	-1.7	-4.17	2.6	-11.7

April

Tag	0h–1h	1h–2h	2h–3h	3h–4h	4h–5h	5h–6h	6h–7h	7h–8h	8h–9h	9h–10h	10h–11h	11h–12h	12h–13h	13h–14h	14h–15h	15h–16h	16h–17h	17h–18h	18h–19h	19h–20h	20h–21h	21h–22h	22h–23h	23h–24h	Tagesmittel	Max.	Min.
1	3.5	1.7	-3.3	0.3	-0.9	1.0	2.4	2.4	-1.2	-2.4	-8.1	-11.8	-12.7	-10.0	-7.3	-4.4	-2.7	-3.4	-0.8	-0.9	1.2	5.4	3.8	2.0	-1.92	5.4	-12.7
2	-0.7	-6.2	-1.6	-1.2	-2.4	0.2	1.7	1.9	1.4	-1.7	-6.0	-12.5	-11.6	-11.4	-8.9	-6.3	-3.8	-0.6	-4.2	-4.1	-3.0	0.4	2.3	-1.1	-3.31	2.3	-12.5
3	-2.6	-2.9	-2.8	-2.5	-2.2	-0.9	0.5	0.6	-0.3	-2.9	-7.4	-11.8	-12.5	-10.3	-9.2	-6.8	-4.3	-1.1	-1.5	-2.9	-2.6	-1.7	-1.1	-1.1	-3.76	0.6	-12.5
4	-1.2	-1.0	-3.0	-2.6	-1.1	-0.2	2.0	3.4	1.8	-1.7	-7.1	-10.3	-10.6	-9.9	-8.5	-5.9	-4.2	-4.4	-4.4	-4.3	-4.3	-1.9	-0.2	-0.5	-3.34	3.4	-10.6
5	-0.2	-0.6	-2.2	-2.0	-1.2	0.0	2.9	4.2	2.8	-0.8	-5.8	-12.8	-15.6	-15.5	-13.0	-10.8	-8.3	-5.9	-3.3	-3.5	-3.7	-3.5	-3.4	-2.0	-4.34	4.2	-15.6
6	-1.8	-1.0	-1.1	-1.9	-1.4	-1.5	0.5	1.5	-0.8	-4.1	-9.7	-13.4	-13.8	-13.9	-10.8	-9.0	-6.2	-5.2	-5.4	-4.0	-4.2	-2.5	1.0	-0.8	-4.56	1.5	-13.9
7	-1.3	-1.8	-2.0	1.6	-0.7	1.5	0.5	1.3	-0.2	-2.8	-6.8	-9.8	-12.3	-14.0	-13.8	-11.4	-8.0	-4.8	-4.8	-3.6	-2.3	-4.1	-4.6	-4.3	-4.52	1.6	-14.0
8	-4.1	-4.0	-3.8	-3.8	-3.6	-2.3	-2.1	-0.4	-1.7	-3.6	-5.9	-9.0	-12.0	-11.6	-9.1	-6.5	-4.3	-3.6	-3.4	-3.6	-5.2	-5.1	-5.3	-5.5	-4.98	-0.4	-12.0
9†	-4.1	-3.6	-3.8	-3.4	-2.6	-0.4	1.0	2.0	0.6	-4.3	-11.2	-13.9	-12.8	-14.2	-9.8	-8.4	-4.2	-2.4	-1.7	-2.6	-3.6	-4.0	2.5	-0.2	-4.38	2.5	-14.2
10	-5.0	-3.9	-2.4	-1.7	-0.9	0.7	2.3	3.1	2.5	0.1	-4.8	-8.1	-9.8	-9.0	-8.2	-6.9	-5.2	-4.5	-4.5	-4.4	-4.3	-4.3	-4.8	-3.5	-3.65	3.1	-9.8
11*	-4.2	-3.8	-3.6	-3.5	-3.4	-2.2	-0.4	3.0	2.0	-2.5	-6.0	-8.8	-10.9	-9.7	-7.6	-5.0	-3.3	-2.9	-3.4	-4.4	-5.0	-4.9	-5.0	-5.0	-4.19	3.0	-10.9
12	-4.4	-4.2	-2.8	-2.5	-2.0	-0.6	1.2	2.2	1.4	-1.4	-5.6	-9.5	-10.8	-10.8	-8.4	-6.5	-5.8	-4.9	-4.8	-6.1	-6.3	-6.9	-2.6	-3.3	-4.39	2.2	-10.8
13	-4.1	-5.7	-3.0	1.1	0.2	-0.2	-3.2	0.4	-1.1	-4.0	-6.6	-10.3	-11.5	-11.2	-9.5	-6.5	-3.0	-3.3	-1.4	4.2	0.5	0.2	-0.8	-1.5	-3.35	4.2	-11.5
14†	-6.7	-6.9	-3.9	-2.5	-1.6	-0.1	1.7	2.4	-0.3	-4.9	-8.8	-12.8	-13.9	-15.1	-8.1	-9.8	-5.5	-3.9	-3.4	-0.8	0.6	-1.5	-3.0	-5.9	-4.78	2.4	-15.1
15†	-4.0	-4.3	-0.2	-1.1	-3.0	-2.7	—	—	—	—	—	—	—	—	—	-4.4	-3.4	-1.3	-0.1	1.5	-3.0	-3.7	-3.8	-3.8	—	—	—
16	-3.0	-2.6	-2.9	-2.6	-2.4	-0.1	2.1	2.2	1.4	-0.9	-5.2	-9.7	-11.3	-9.7	-7.3	-5.6	-4.3	-4.6	-4.2	-4.2	-0.8	-0.7	2.5	-1.9	-3.16	2.5	-11.3
17	-6.8	-3.2	-2.4	-2.4	-2.9	-1.5	0.0	1.1	0.8	-0.9	-4.6	-8.2	-9.8	-9.4	-8.0	-6.5	-5.1	-4.1	-4.1	-4.2	-4.0	-4.0	-4.0	-3.2	-4.06	1.1	-9.8
18	-3.1	-3.7	-3.4	-4.0	-3.8	-1.6	0.7	1.8	0.4	-3.2	-7.2	-11.7	-11.9	-10.7	-8.5	-7.1	-6.2	-4.9	-4.4	-4.5	-3.5	-4.5	-4.2	-3.9	-4.71	1.8	-11.9
19*	-3.8	-3.1	-2.6	-2.5	-2.2	-1.4	-0.1	0.2	0.2	-1.6	-4.4	-6.9	-8.8	-8.8	-8.0	-7.2	-6.5	-5.6	-4.8	-5.4	-5.5	-5.1	-3.7	-1.5	-4.13	0.2	-8.8
20*	-2.1	-3.8	-3.8	-3.5	-3.7	-2.7	-0.7	1.2	1.2	-0.6	-4.1	-7.5	-9.8	-9.9	-9.6	-8.1	-6.0	-5.5	-5.6	-5.8	-5.0	-4.7	-4.3	-4.0	-4.52	1.2	-9.9
21*	-3.5	-3.1	-3.0	-2.9	-2.3	-0.5	0.7	1.1	-0.1	-2.7	-6.9	-10.0	-11.5	-11.8	-9.6	-8.7	-7.5	-6.2	-5.3	-4.7	-4.9	-5.1	-5.1	-4.7	-4.93	1.1	-11.8
22	-4.4	-3.6	-3.2	-3.1	-2.4	-1.6	-0.1	1.7	-0.7	-4.4	-8.9	-9.4	-11.0	-11.5	-11.0	-9.8	-8.6	-7.0	-6.7	-6.3	-5.6	-5.5	-5.4	-4.5	**-5.54**	1.7	-11.5
23†	-4.4	-6.0	-7.3	-8.1	-9.5	-7.3	-7.6	-7.5	-4.8	-7.4	-7.9	-9.3	-13.0	-11.7	-16.5	-15.6	-4.4	8.8	5.3	8.8	13.3	20.3	20.5	35.6	-1.49	**35.6**	**-16.5**
24†	24.1	25.3	16.7	4.3	8.1	-6.6	7.0	2.0	2.7	-2.1	-4.0	-3.6	-7.0	-8.8	-4.8	-5.2	6.1	-1.7	-1.1	0.8	-1.9	0.7	1.2	2.6	**2.28**	25.3	- 8.8
25	0.2	-4.3	1.5	2.6	4.3	1.5	4.1	4.6	1.3	-1.8	-5.2	-6.9	-7.6	-6.2	-4.7	-3.7	-3.1	-2.7	-2.0	-1.7	-2.0	-2.0	-1.4	-0.5	-1.13	4.6	- 7.6
26	-0.4	0.6	2.0	2.7	2.1	0.8	0.1	-0.2	-1.5	-4.3	-6.4	-8.9	-10.6	-9.5	-8.2	-6.6	-4.5	-3.3	-2.6	-2.5	-1.4	-2.1	-1.2	1.7	-2.68	2.7	-10.6
27	5.1	1.5	-1.7	-0.4	0.6	0.4	0.6	0.5	-0.6	-2.8	-5.7	-8.3	-8.6	-7.8	-6.9	-6.0	-5.0	-4.0	-3.4	-2.6	-2.4	-2.2	-1.9	-1.4	-2.62	5.1	-8.6
28	-0.4	0.4	1.2	0.9	-0.1	0.8	1.9	2.7	2.1	-0.3	-3.4	-7.5	-10.4	-9.9	-8.7	-7.9	-5.9	-4.4	-3.6	-0.9	3.9	-0.4	-1.9	-2.2	-2.25	3.9	-10.4
29	-2.1	-2.0	-1.9	-1.1	0.3	1.9	4.1	4.0	-0.2	-3.2	-8.4	-12.5	-11.7	-8.8	-6.7	-5.4	-4.1	-3.4	-1.9	-2.7	-2.7	0.1	0.4	-2.1	-2.92	4.1	-12.5
30*	-3.9	-5.1	-3.5	-1.6	-0.2	1.6	3.6	3.8	1.4	-2.9	-7.5	-11.6	-13.3	-11.4	-8.6	-6.8	-5.2	-4.3	-3.7	-3.5	-3.5	-3.3	-3.0	-3.0	-3.98	3.8	-13.3
Mittel	-1.6	-1.7	-1.8	-1.6	-1.4	-0.8	0.9	1.6	0.4	-2.5	-6.3	-9.6	-10.9	-10.4	-8.6	-7.3	-4.8	-3.5	-3.2	-2.6	-2.4	-1.9	-1.2	-1.0	-3.43	4.5	-11.7

Deklination

Niemegk — D = −3° 20′ + Tafelwert — 1946

Mai

Tag	0h	1h	2h	3h	4h	5h	6h	7h	8h	9h	10h	11h	12h	13h	14h	15h	16h	17h	18h	19h	20h	21h	22h	23h	Tages-mittel	Max.	Min.
1	-2.9	-3.0	-2.6	-2.0	-0.3	1.0	0.5	1.9	1.2	-3.1	-8.2	-12.2	-13.8	-12.1	-10.0	-7.9	-5.6	-4.1	-2.6	-1.3	1.3	1.2	-2.5	-2.9	-3.86	1.9	-13.8
2	-4.8	-2.1	0.9	1.4	1.8	3.0	4.4	2.3	0.2	-3.1	-8.8	-13.5	-14.6	-12.6	-9.8	-7.1	-4.2	-1.6	-2.7	-4.1	-4.3	-4.1	-3.1	-3.2	-3.74	4.4	**-14.6**
3	-1.3	-1.0	-1.4	-1.8	-1.8	0.9	3.1	2.3	-0.8	-4.8	-9.2	-12.5	-12.8	-11.9	-10.0	-8.2	-6.6	-5.2	-4.4	-0.6	-2.4	-2.7	-3.0	-2.9	-4.08	3.1	-12.8
4	-5.8	-1.9	-1.1	-0.4	1.1	1.6	1.4	0.8	-1.7	-5.1	-8.9	-12.8	-13.8	-12.3	-11.6	-9.0	-5.7	-4.3	-3.7	-3.1	-2.0	-2.1	-1.6	-2.0	-4.33	1.6	-13.8
5	-2.5	-2.0	-1.8	-0.9	0.2	1.1	3.4	3.0	0.8	-2.5	-7.0	-10.2	-12.1	-12.2	-10.6	-8.8	-7.6	-6.4	-5.9	-6.1	-6.6	-3.7	1.4	-1.9	-4.12	3.4	-12.2
6†	-3.3	-2.4	-5.7	-6.8	-3.1	-2.8	-3.9	-6.3	-2.8	-3.6	-5.2	-8.3	-9.2	-8.3	-6.7	-6.4	-6.8	-6.1	-5.7	-4.7	-5.0	-5.6	-2.8	-0.8	-5.10	-0.8	-9.2
7	-3.2	-2.2	-2.5	-2.9	-4.8	-9.8	-10.5	-5.4	-1.5	-0.6	-4.9	-11.1	-12.3	-11.4	-10.0	-9.7	-7.9	-4.8	-4.0	-3.0	-3.3	-3.5	-2.8	-3.3	**-5.64**	-0.6	-12.3
8	-2.9	-4.0	-4.7	-5.9	-7.1	-8.2	-11.9	-8.8	-4.1	-1.6	-5.1	-8.0	-8.0	-7.6	-8.5	-8.1	-5.8	-3.8	-2.6	-1.6	-0.9	-1.8	-1.0	-1.9	-5.16	-0.9	-11.9
9†	0.0	-1.6	-3.5	-5.5	-2.4	2.2	1.8	1.0	-0.6	-1.6	-5.2	-8.6	-8.8	-8.2	-7.9	-5.6	-3.7	1.8	3.2	2.2	1.3	0.2	-4.0	0.7	-2.20	3.2	-8.8
10	0.0	0.5	1.8	1.0	3.2	0.6	-4.8	-0.7	-1.2	-4.5	-8.5	-10.6	-10.9	-12.1	-12.0	-10.7	-6.4	-6.9	-6.7	-5.0	-4.0	-4.5	-4.0	-3.5	-4.58	3.2	-12.1
11†	-3.2	-4.9	-4.8	-2.1	-5.5	-2.0	-1.8	0.0	0.2	-3.9	-5.5	-11.3	-13.8	-11.1	-7.9	-8.4	0.8	1.3	-1.5	-3.6	-3.8	-3.1	-3.3	-3.0	-4.26	1.3	-13.8
12	-3.2	-2.3	-1.3	-0.1	-0.4	2.0	2.8	2.2	0.0	-3.2	-5.3	-9.1	-9.7	-8.6	-6.3	-4.6	-3.1	-2.5	-2.8	-3.2	-3.1	-3.2	-3.5	-3.2	-2.99	2.8	-9.7
13	-4.4	-2.5	-0.3	0.2	3.4	2.5	2.8	1.3	-0.4	-1.9	-5.3	-7.6	-8.7	-8.3	-7.2	-6.2	-5.2	-4.1	-3.6	-3.7	-3.2	-1.2	0.8	-3.4	-2.76	3.4	-8.7
14*	-2.8	-4.5	-3.9	-1.4	0.8	1.7	3.0	1.9	-0.7	-4.1	-7.0	-9.0	-9.8	-9.5	-9.0	-7.3	-5.6	-4.3	-3.9	-3.9	-4.0	-3.6	-3.5	-3.3	-3.90	3.0	-9.8
15*	-3.1	-3.0	-2.2	-0.9	0.6	1.9	3.1	2.0	-0.8	-4.8	-8.9	-11.8	-13.4	-11.4	-8.6	-6.4	-5.4	-4.7	-4.6	-4.7	-4.7	-4.5	-4.5	-2.6	-4.31	3.1	-13.4
16	-2.7	-2.3	-2.4	-1.4	-0.8	-1.6	-0.1	0.7	-0.6	-2.2	-5.3	-8.7	-10.2	-9.4	-7.6	-6.3	-5.2	-4.5	-3.5	-2.0	-3.4	-4.4	-3.9	-4.1	-3.83	0.7	-10.2
17	-5.4	-6.5	-3.1	-3.9	-5.6	1.5	3.2	2.4	-0.1	-3.8	-8.1	-11.4	-12.7	-12.0	-10.4	-8.9	-8.0	-5.5	-4.7	-5.4	-5.3	-4.8	-4.2	-4.3	-5.29	3.2	-12.7
18	-3.9	-4.9	-7.6	-3.6	-1.0	1.6	3.9	3.2	0.1	-4.4	-7.0	-9.9	-8.5	-8.2	-5.9	-4.9	-2.4	-2.4	-3.4	-4.0	-4.2	-4.2	-3.9	-3.8	-3.72	3.9	-9.9
19*	-3.1	-3.0	-2.9	-1.6	-0.6	1.0	2.1	1.1	-1.4	-6.2	-10.0	-12.4	-12.7	-10.9	-8.6	-6.3	-4.9	-4.5	-4.7	-4.3	-4.1	-4.4	-3.7	-3.6	-4.57	2.1	-12.7
20	-3.3	-2.9	-2.3	-1.3	1.0	2.7	3.6	2.8	1.4	-2.1	-6.9	-11.0	-12.5	-11.9	-10.1	-8.5	-6.8	-5.0	-5.2	-6.4	-5.4	-4.3	4.4	3.5	-3.60	4.4	-12.5
21	2.1	1.5	-1.8	1.2	3.8	3.6	0.3	-1.1	-0.2	-3.8	-8.4	-11.0	-13.4	-12.2	-11.6	-5.4	-8.7	-8.8	-2.0	-5.8	-6.5	-1.2	-0.5	-2.0	-3.83	3.8	-13.4
22†	-0.7	1.4	1.7	1.4	-6.2	-6.3	0.7	-3.4	-4.7	-4.1	-7.2	-9.8	-11.3	-8.6	-6.8	-5.2	-1.5	-0.2	-2.6	5.8	-2.6	-2.2	-4.1	-3.8	-3.35	5.8	-11.3
23†	-0.3	-2.1	-2.8	3.2	5.1	6.8	7.5	4.0	1.5	-1.1	-3.5	-6.9	-7.3	-6.8	-7.6	-6.1	-2.7	0.8	1.6	-0.4	0.9	-1.1	-3.0	4.9	**-0.64**	**7.5**	-7.6
24	-1.0	-1.8	1.1	0.8	2.5	3.8	2.4	3.0	0.6	-3.7	-6.7	-9.8	-11.7	-11.9	-10.0	-5.2	-5.9	-3.9	-3.3	-3.1	-3.2	-2.6	-2.2	-5.3	-3.21	3.8	-11.9
25	0.5	0.8	-3.8	-1.4	-0.8	1.7	3.1	3.2	2.8	-0.7	-6.5	-10.7	-11.7	-9.2	-7.5	-6.0	-1.7	0.0	-1.9	-2.5	-3.3	-4.0	-4.1	-3.1	-2.78	3.2	-11.7
26	-2.5	-3.4	-4.1	-3.2	0.4	2.7	2.8	3.0	1.1	-3.2	-7.5	-11.4	-11.9	-9.8	-8.2	-6.0	-4.2	-2.2	-2.4	-2.7	-3.2	-2.4	-2.4	-2.6	-3.47	3.0	-11.9
27*	-2.4	-1.6	-2.2	-1.0	1.5	3.8	4.4	2.5	1.0	-2.0	-5.8	-9.3	-10.8	-10.7	-9.5	-6.7	-4.4	-3.0	-1.8	-2.7	-3.5	-2.6	-2.3	-2.8	-3.00	4.4	-10.8
28	-2.1	-2.5	-2.2	0.3	1.0	3.1	2.3	1.2	-1.1	-5.1	-7.6	-11.0	-13.2	-11.0	-8.5	-4.5	-3.5	-2.7	-2.4	-2.7	-2.6	-2.9	-4.0	-3.4	-3.55	3.1	-13.2
29	-4.0	-2.8	-0.2	0.4	3.0	2.9	-0.5	-1.3	-4.5	-9.3	-11.5	-14.1	-14.5	-12.5	-9.5	-6.1	-5.0	-4.6	-4.0	-1.8	-2.9	-3.1	-2.0	-1.4	-4.55	3.0	-14.5
30*	-1.0	-2.5	-1.0	0.6	2.3	2.9	3.1	2.3	-0.1	-4.6	-9.0	-12.2	-12.8	-11.7	-9.6	-7.3	-4.3	-2.5	-2.9	-3.2	-0.2	0.0	0.8	-0.2	-3.05	3.1	-12.8
31	3.8	1.9	0.8	1.8	0.3	-0.6	1.6	3.6	-1.5	-5.3	-8.8	-11.4	-12.2	-11.3	-8.8	-6.8	-5.3	-3.6	-3.9	-3.4	-2.6	-2.1	-2.4	-1.8	-3.25	3.8	-12.2
Mittel	-2.2	-2.2	-2.1	-1.2	-0.3	0.8	1.1	0.8	-0.6	-3.5	-7.2	-10.6	-11.6	-10.5	-8.9	-6.9	-4.9	-3.5	-3.2	-2.9	-3.2	-2.9	-2.4	-2.3	-3.77	2.9	-11.8

Juni

Tag	0h	1h	2h	3h	4h	5h	6h	7h	8h	9h	10h	11h	12h	13h	14h	15h	16h	17h	18h	19h	20h	21h	22h	23h	Tages-mittel	Max.	Min.
1	-2.4	-1.5	-0.9	-0.8	1.0	0.9	3.2	5.1	3.7	0.3	-4.0	-7.3	-9.3	-10.5	-10.0	-8.4	-6.0	-5.0	-2.7	-1.6	-3.4	-3.2	-2.7	-3.4	-2.87	5.1	-10.5
2*	-2.4	-3.7	-4.7	-2.6	-0.8	2.0	3.9	4.0	3.3	1.9	-2.6	-6.4	-9.1	-10.5	-10.3	-8.7	-6.3	-4.8	-4.1	-3.9	-4.4	-4.1	-3.9	-3.4	-3.40	4.0	-10.5
3*	-3.3	-3.4	-2.7	-1.6	0.4	2.9	4.6	4.2	1.0	-2.2	-6.5	-9.5	-10.5	-10.4	-9.7	-8.2	-5.7	-3.8	-3.3	-3.9	-3.8	-3.8	-3.4	-3.5	-3.59	4.6	-10.5
4	-3.8	-3.8	-3.4	-2.4	-0.3	2.4	4.8	3.3	1.6	-1.0	-5.4	-9.1	-12.7	-13.5	-11.7	-9.9	-7.6	-5.6	-4.4	-4.8	-4.7	-4.5	-3.9	-3.5	-4.34	4.8	-13.5
5	-3.1	-2.7	-2.0	-0.8	0.8	2.0	2.4	3.0	2.2	-0.7	-5.0	-8.4	-10.2	-10.3	-9.2	-7.0	-5.3	-4.0	-4.0	-4.6	-7.2	-4.1	-2.9	-3.5	-3.52	3.0	-10.3
6	-3.3	-2.9	0.5	1.2	2.8	3.8	4.7	3.8	0.3	-3.6	-7.1	-9.5	-12.6	-10.6	-7.9	-6.1	-4.8	-3.6	-3.2	-4.0	-4.8	-4.2	-4.1	-4.2	-3.31	4.7	-12.6
7†	-6.1	-5.5	-3.0	-1.0	0.4	1.2	1.1	1.8	0.2	-3.2	-7.4	-14.2	-13.0	-13.7	-13.2	-10.2	-7.3	-2.6	-4.3	-3.7	0.8	-3.5	-3.0	-0.7	-4.59	1.8	-14.2
8†	-0.6	-5.0	-7.3	-2.3	1.6	5.0	4.9	2.7	-0.5	-3.1	-7.8	-11.7	-12.9	-13.3	-16.9	-10.6	-10.3	-6.6	-6.1	-5.5	-6.2	-5.3	-2.4	0.1	**-5.01**	5.0	**-16.9**
9	0.0	-2.0	-5.1	-3.7	-3.1	-3.4	-3.1	-3.4	-3.8	-5.9	-6.5	-7.1	-7.8	-8.4	-7.0	-5.3	-4.5	-3.8	-3.0	-2.6	-3.3	-3.9	-3.3	-3.0	-4.29	0.0	-8.4
10	-2.0	-1.8	-0.5	0.6	3.1	4.4	3.6	1.9	0.2	-2.8	-6.2	-8.2	-9.9	-8.9	-8.5	-5.8	-4.6	-4.0	-4.4	-4.2	-4.5	-3.9	-3.2	-2.8	-3.02	4.4	-9.9
11	-2.9	-2.6	-1.6	-1.1	-1.5	0.9	1.3	1.0	-2.0	-4.6	-6.8	-9.5	-9.0	-8.6	-8.4	-6.4	-6.1	-4.8	-3.2	-3.9	-4.2	-4.4	-4.1	-3.8	-4.01	1.3	-9.5
12†	-3.8	-3.8	-4.1	-2.1	-1.4	1.7	4.3	1.2	-0.4	-3.8	-7.7	-8.9	-10.6	-9.3	-10.3	-3.1	-5.5	-3.9	-0.8	-0.8	-1.0	-1.1	-4.7	-0.3	-3.34	4.3	-10.6
13	-0.6	-0.4	-0.7	2.0	-1.4	-1.4	1.7	3.9	2.5	-0.6	-3.7	-6.0	-10.3	-10.3	-8.6	-6.5	-4.4	-3.6	-2.7	-2.9	-3.4	-3.4	-3.1	-2.8	-2.78	3.9	-10.3
14	-2.2	-2.2	-1.4	0.7	1.6	0.9	0.4	-1.7	-4.1	-5.7	-7.0	-9.5	-10.4	-9.3	-7.0	-5.2	-4.0	-3.1	-3.1	-3.7	-4.4	-4.7	-4.2	-3.2	-3.85	1.6	-10.4
15	-3.0	-3.2	-3.0	-2.9	-1.7	0.8	2.0	0.1	-0.8	-4.1	-7.3	-9.6	-9.5	-9.4	-8.5	-7.2	-5.8	-4.7	-3.8	-2.8	-3.0	-4.4	-4.0	-4.4	-4.18	2.0	-9.6
16	-4.7	-3.3	-2.2	-1.7	0.7	1.7	1.8	2.5	-0.4	-2.3	-4.9	-8.3	-10.1	-11.1	-10.3	-7.8	-6.9	-5.8	-5.6	-2.3	-0.6	-1.4	1.0	3.0	-3.29	3.0	-11.1
17	9.0	6.7	-2.4	5.7	2.2	-0.6	1.9	4.8	2.7	-0.5	-4.8	-8.6	-10.6	-11.3	-10.8	-9.3	-7.4	-5.0	-3.9	-2.9	-3.4	-3.7	-0.2	-1.0	**-2.22**	**9.0**	-11.3
18	-2.8	-5.2	-2.2	1.3	4.1	3.6	5.1	4.1	1.5	-1.9	-4.4	-6.9	-9.7	-10.5	-10.3	-9.7	-7.8	-5.4	-2.6	-4.2	-2.0	0.8	0.7	-1.0	-2.72	5.1	-10.5
19†	-1.0	-1.3	-1.1	-0.6	5.2	3.8	0.7	0.3	-2.1	-5.1	-8.6	-10.9	-11.8	-11.6	-8.1	-5.0	-5.3	-5.1	-4.7	-6.0	-4.4	-4.3	-2.1	-1.2	-3.76	5.8	-11.8
20	-2.5	-2.0	0.4	0.6	1.5	2.3	3.4	2.2	0.4	-2.0	-5.1	-6.5	-7.5	-7.7	-6.7	-5.7	-4.4	-3.8	-3.6	-1.3	-2.5	-3.0	-2.0	-1.8	-2.39	3.4	-7.7
21	-2.3	-3.5	-2.0	0.3	1.2	0.3	3.9	4.9	0.5	-0.9	-2.8	-6.1	-7.6	-9.1	-8.0	-6.9	-5.7	-2.6	-3.4	-3.7	-2.0	0.3	-2.0	1.5	-2.32	4.9	-9.1
22	2.4	1.2	1.1	2.0	3.6	4.3	4.9	3.8	1.3	-2.0	-4.9	-7.6	-9.4	-11.3	-9.0	-7.6	-6.9	-4.3	-3.4	-1.8	-3.0	-2.1	-2.8	-2.6	-2.25	4.9	-11.3
23*	-1.8	-1.8	-1.1	0.4	1.4	2.9	3.5	0.8	-1.8	-2.1	-5.2	-7.2	-9.2	-9.8	-8.6	-6.6	-4.5	-3.7	-3.5	-3.6	-3.4	-2.7	-2.4	-2.2	-3.01	3.5	-9.8
24*	-2.6	-2.9	-2.6	-0.8	1.8	2.8	2.9	2.7	2.3	1.0	-2.8	-7.0	-9.8	-9.6	-7.8	-6.1	-5.2	-4.7	-4.3	-3.6	-4.0	-3.4	-2.7	-2.6	-2.88	2.9	-9.8
25	-3.1	-2.1	-1.0	-0.4	-2.2	-0.2	2.1	1.0	0.5	-1.2	-2.6	-6.1	-8.3	-9.0	-7.6	-6.2	-4.8	-1.1	-2.0	-3.8	-4.4	-4.3	-4.0	-3.4	-3.09	2.1	-9.0
26	-3.4	-2.7	-2.5	-2.0	-2.0	-0.5	0.7	2.1	0.1	-2.5	-5.2	-9.0	-11.2	-11.4	-11.1	-7.9	-4.8	-2.6	-1.7	-4.2	-4.8	-4.6	-5.0	-1.9	-4.09	2.1	-11.4
27	-2.6	-2.0	-0.7	0.6	1.0	0.6	0.5	-1.7	-1.7	-2.6	-2.6	-4.2	-5.9	-6.6	-7.4	-5.9	-5.0	-5.0	-6.0	-4.6	-0.2	-1.9	-3.3	0.7	-2.77	1.0	-7.4
28	-0.9	-0.9	0.0	0.5	0.9	2.3	0.4	-1.7	-1.9	-2.2	-4.3	-7.1	-9.6	-10.9	-10.5	-9.8	-8.4	-7.3	-6.5	-6.0	-4.2	-0.3	-1.8	0.0	-3.76	2.3	-10.9
29†	1.0	1.6	2.4	4.9	7.6	4.4	4.1	1.1	-2.4	-4.2	-7.2	-11.3	-16.0	-15.3	-12.8	-10.6	-7.5	-2.0	-5.6	3.4	4.6	3.3	0.8	-0.9	-2.36	7.6	-16.0
30*	-0.4	0.6	1.0	1.5	2.8	2.6	1.6	2.7	1.1	-1.0	-4.0	-7.8	-10.5	-10.5	-8.3	-6.5	-5.4	-4.0	-2.8	-3.6	-4.0	-3.3	-3.5	-3.2	-2.70	2.8	-10.5
Mittel	-1.8	-2.1	-1.8	-0.2	1.0	1.8	2.6	2.0	0.1	-2.3	-5.3	-8.3	-10.2	-10.4	-9.5	-7.3	-5.9	-4.2	-3.8	-3.4	-3.2	-3.0	-2.7	-2.0	-3.32	3.7	-10.8

Stundenangaben: Weltzeit (Werte für die Stundenintervalle 0h–24h)

Deklination

Niemegk — D = −3° 20′ + Tafelwert — **1946**

Juli

Tag	0h–1h	1h–2h	2h–3h	3h–4h	4h–5h	5h–6h	6h–7h	7h–8h	8h–9h	9h–10h	10h–11h	11h–12h	12h–13h	13h–14h	14h–15h	15h–16h	16h–17h	17h–18h	18h–19h	19h–20h	20h–21h	21h–22h	22h–23h	23h–24h	Tagesmittel	Max.	Min.
1*	-1.6	-0.9	-0.5	0.0	2.4	4.2	5.3	4.9	4.3	2.4	-1.6	-5.6	-8.4	-8.8	-7.9	-6.2	-5.2	-4.9	-4.2	-4.0	-3.2	-3.2	-3.2	-2.2	-2.00	5.3	-8.8
2	-1.8	-1.8	-1.5	-3.0	-3.2	0.1	1.4	1.8	0.4	0.4	-2.7	-5.8	-8.0	-8.4	-7.2	-5.9	-5.0	-3.0	-2.8	-3.7	-3.8	-4.5	-2.9	-2.4	-3.05	1.8	-8.4
3	-2.0	-2.2	-2.5	-1.3	-2.9	-2.4	0.2	-2.4	-4.8	-3.9	-6.4	-5.2	-5.3	-3.5	-3.6	-3.5	-3.5	-3.4	-5.0	-5.2	-4.7	-4.0	-3.5	-2.0	-3.46	0.2	-6.4
4*	-1.2	-0.6	0.1	1.4	3.3	4.1	3.4	2.1	-0.6	-2.8	-5.1	-6.7	-8.0	-9.9	-7.2	-5.8	-5.6	-5.6	-5.0	-4.5	-4.0	-3.2	-2.6	-2.1	-2.75	4.1	-9.9
5*	-2.1	-1.6	-1.5	0.7	2.3	3.1	2.5	1.7	1.8	0.8	-2.8	-7.0	-9.6	-10.6	-8.7	-7.3	-5.5	-4.9	-5.5	-5.5	-5.3	-4.4	-3.3	-2.9	-3.15	3.1	-10.6
6	-2.1	-1.9	-1.7	-1.2	-0.2	0.5	0.4	0.0	-1.4	-3.4	-4.0	-5.7	-7.3	-8.1	-7.4	-6.3	-4.6	-4.7	-5.6	-4.5	-4.8	-3.8	-3.0	-2.3	-3.46	0.5	-8.1
7†	-1.4	-1.6	-2.2	-3.2	-6.6	1.0	-3.9	0.1	-0.1	-3.1	-8.0	-10.2	-11.2	-11.1	-10.8	-8.6	-4.8	-5.4	-4.8	-1.1	-0.3	1.8	4.0	4.4	-3.63	4.4	-11.2
8	7.2	8.1	8.5	8.7	8.8	6.6	2.6	0.2	-3.2	-4.8	-7.2	-9.0	-10.6	-10.6	-8.2	-7.6	-8.2	-4.7	-4.6	-5.2	-4.1	-4.1	-4.0	-4.1	-2.06	8.8	-10.6
9	-4.0	-3.8	-4.9	2.5	5.7	5.9	3.8	3.2	0.6	-3.7	-6.0	-8.6	-8.4	-7.2	-6.7	-6.5	-3.6	-4.5	-5.6	-4.9	-4.0	-1.3	-1.3	-2.6	-2.75	5.9	-8.6
10	-2.6	-2.8	-3.6	-2.3	0.8	1.6	—	—	—	—	—	—	—	—	—	—	—	—	—	—	—	—	—	—	—	—	—
11	—	—	—	—	—	—	2.1	1.4	-0.6	-1.0	-3.8	-5.9	-6.2	-5.5	-3.8	-4.0	-3.8	-3.8	-1.6	-2.3	-4.1	-2.1	-3.1	-4.0	(-2.17)	2.1	-6.2
12	-2.6	-2.2	-1.1	-0.1	0.8	1.7	0.1	-2.0	-2.2	-3.3	-4.8	-7.3	-8.0	-7.8	-5.8	-4.2	-3.2	-3.9	-4.4	-4.2	-4.1	-4.3	-4.5	-4.2	-3.40	1.7	-8.0
13*	-3.8	-3.6	-3.5	-2.8	-1.0	0.5	-0.3	-1.2	-1.7	-2.3	-5.4	-7.9	-10.3	-10.0	-7.7	-6.0	-4.6	-3.6	-2.9	-3.4	-4.2	-4.4	-4.2	-3.6	**-4.08**	0.5	-10.3
14	-3.0	-2.8	-2.9	-0.6	1.2	2.4	2.2	0.6	-1.5	-2.3	-6.0	-8.4	-10.1	-10.3	-9.8	-6.1	-6.7	-6.2	-6.5	-6.9	-5.4	-5.1	-2.2	0.3	-4.00	2.4	-10.3
15	1.5	0.3	-0.1	3.6	2.6	-0.3	2.6	1.9	0.5	-2.2	-5.3	-7.1	-8.5	-9.2	-7.9	-5.2	-3.0	-2.9	-2.9	-3.6	-3.2	-2.9	-2.2	-1.7	-2.30	3.6	-9.2
16	-1.6	-0.7	-0.9	0.5	2.0	2.7	2.5	1.5	-0.2	-2.0	-5.2	-6.7	-8.9	-10.6	-9.2	-7.3	-0.5	-3.9	-3.9	-3.7	-3.6	-3.1	-1.8	-0.2	-2.70	2.7	-10.6
17	-1.0	-3.9	-0.4	1.6	2.7	1.9	-1.2	1.3	-0.9	-3.6	-7.5	-10.1	-11.8	-11.3	-8.5	-6.9	-5.7	-4.7	-4.0	-4.1	-4.0	-2.5	-0.8	0.6	-3.53	2.7	-11.8
18†	1.3	0.5	-0.6	0.0	3.0	4.2	4.4	2.1	0.5	-0.3	-5.7	-8.4	-11.2	-13.1	-18.0	-16.6	-9.7	-5.7	-3.8	-0.3	-2.8	1.3	-2.2	-1.1	-3.42	4.4	-18.0
19	-0.4	-3.4	-3.4	0.1	-2.9	-1.9	1.5	0.0	0.7	1.1	-3.4	-6.9	-9.5	-6.3	-3.5	-2.8	-1.3	-1.0	-1.8	-2.5	0.0	-2.7	-2.3	-1.8	-2.27	1.5	-9.5
20*	-1.8	0.3	0.4	2.7	5.4	6.5	5.4	3.6	0.6	-1.8	-4.3	-7.9	-10.4	-11.0	-9.6	-7.4	-4.2	-3.0	-2.6	-2.5	-2.6	-2.6	-2.1	-1.4	-2.10	6.5	-11.0
21	0.0	0.4	-0.5	0.0	3.9	4.4	4.2	3.4	1.1	-2.4	-4.4	-8.2	-10.6	-9.8	-8.2	-6.3	-3.3	-3.7	-3.3	-4.2	-4.2	-0.2	-1.3	0.7	-2.19	4.4	-10.6
22	1.1	-0.2	0.7	2.5	2.3	1.8	3.8	1.6	-1.4	-3.8	-5.8	-7.7	-9.8	-9.9	-8.3	-7.4	-5.5	-2.6	-2.2	-3.0	-3.6	-2.9	-3.8	-1.8	-2.75	3.8	-9.9
23	2.1	1.9	1.4	3.0	6.1	5.2	3.7	2.1	-1.6	-4.2	-7.3	-11.4	-8.8	-10.4	-9.8	-8.4	-6.4	-2.8	-2.8	-2.6	-3.3	-2.9	-2.8	-2.7	-2.61	6.1	-11.4
24	-1.8	-1.1	-0.2	0.7	1.7	2.8	2.4	1.6	-0.3	-2.1	-3.7	-6.2	-7.5	-7.1	-4.5	-4.0	-3.7	-4.0	-3.7	-2.2	-3.5	-4.1	-3.7	-3.2	-2.39	2.8	-7.5
25	-2.4	-2.2	-1.5	-1.4	2.4	2.8	1.5	-1.1	-3.5	-6.8	-7.8	-8.4	-9.8	-10.0	-8.7	-7.8	-7.8	-2.3	-2.7	-2.8	-2.6	-2.6	-1.3	1.8	-3.54	2.8	-10.0
26†	1.0	3.8	4.1	2.2	3.5	1.8	3.7	3.0	1.8	-0.5	-3.4	-6.9	-9.1	-10.2	-7.1	-6.7	-4.7	-4.5	-6.1	-12.7	-26.2	-10.2	0.2	-10.2	-3.89	4.1	**-26.2**
27†	8.8	41.0	33.3	23.8	1.7	7.6	-8.2	16.7	10.5	4.0	-3.2	-6.3	-6.5	-4.5	-2.0	1.6	3.2	3.5	3.7	3.8	3.2	3.1	1.6	1.2	**5.90**	**41.0**	-6.5
28	1.9	2.8	4.0	4.5	6.1	7.2	9.1	9.5	7.4	3.7	-1.1	-6.2	-5.9	-5.8	-5.3	-2.6	-1.1	0.0	2.8	2.6	1.1	-0.6	-2.0	0.7	1.37	9.5	-6.2
29†	-0.4	0.6	2.3	0.5	0.0	-5.0	-2.2	-2.0	-1.8	-2.9	-7.1	-11.4	-12.8	-9.8	-7.9	-5.9	-4.5	0.6	0.1	-0.5	-2.6	-2.6	-0.7	-3.9	-3.33	2.3	-12.8
30	-2.7	1.6	-0.7	-2.3	4.4	6.4	7.8	7.3	5.9	2.4	-2.7	-6.3	-8.0	-10.1	-6.8	-4.8	-1.8	-1.0	-1.1	-1.9	-2.4	-1.9	-1.6	-1.4	-0.90	7.8	-10.1
31	-3.7	-3.7	-0.2	1.2	2.4	2.8	3.4	3.6	1.2	-1.2	-4.2	-8.9	-10.7	-10.1	-8.3	-4.5	-1.8	0.4	0.6	-0.3	-1.0	-2.6	-2.8	-3.4	-2.16	3.6	-10.7
Mittel	-0.6	0.7	0.7	1.4	2.0	2.7	2.1	2.2	0.4	-1.7	-4.9	-7.6	-9.0	-9.0	-7.6	-6.0	-4.2	-3.2	-3.1	-3.2	-3.8	-2.7	-2.1	-1.8	-2.44	5.0	-10.3

August

Tag	0h–1h	1h–2h	2h–3h	3h–4h	4h–5h	5h–6h	6h–7h	7h–8h	8h–9h	9h–10h	10h–11h	11h–12h	12h–13h	13h–14h	14h–15h	15h–16h	16h–17h	17h–18h	18h–19h	19h–20h	20h–21h	21h–22h	22h–23h	23h–24h	Tagesmittel	Max.	Min.
1	-3.5	-5.3	-2.9	-1.5	2.2	2.8	4.1	6.4	6.2	3.5	-0.4	-4.9	-7.6	-8.4	-7.1	-4.1	-0.6	0.1	0.5	-0.2	-1.7	-2.3	-1.5	-2.1	-1.18	6.4	-8.4
2	-2.3	-2.1	-2.5	-1.4	0.8	3.5	4.6	4.8	3.4	0.8	-3.1	-6.0	-7.3	-8.3	-5.8	-3.2	-1.0	0.3	0.4	-1.1	-1.8	-2.4	-2.0	-2.9	-1.44	4.8	-8.3
3	-2.9	-2.4	-2.5	-1.7	0.3	2.5	3.8	5.5	3.4	0.2	-4.2	-7.4	-8.2	-7.4	-6.1	-3.7	-1.7	-1.1	-1.5	-1.8	-1.3	-1.2	-1.3	-1.2	-1.75	5.5	-8.2
4	-1.3	-1.3	-1.0	0.2	2.2	3.5	4.0	4.0	1.6	-2.6	-6.7	-10.0	-9.9	-8.2	-6.4	-5.0	-3.8	-3.4	-3.7	-3.0	-3.4	-3.4	-3.5	-3.0	-2.67	4.0	-10.0
5	-2.5	-2.4	-1.4	0.0	1.9	3.1	4.1	3.8	2.3	0.5	-2.3	-8.1	-9.5	-8.6	-7.0	-4.6	-3.3	-2.7	-3.4	-3.4	-2.6	-1.7	-2.4	-2.7	-2.20	4.1	-9.5
6	-2.6	-1.9	-1.1	0.7	2.3	3.8	3.9	3.1	0.8	-1.7	-4.9	-7.4	-9.3	-8.6	-6.8	-5.6	-4.8	-3.6	-3.8	-3.5	-3.8	-4.9	-3.8	-3.1	-2.78	3.9	-9.3
7†	-1.8	-3.0	-3.1	-4.2	-1.8	1.2	3.1	3.1	0.8	-2.7	-6.2	-10.4	-15.0	-14.8	-12.8	-7.3	-6.9	-2.5	-0.3	4.8	-2.8	-4.5	-2.5	-1.0	**-3.78**	4.8	**-1.50**
8	0.4	0.3	0.4	1.2	3.1	3.2	3.2	2.6	1.7	0.0	-1.7	-4.9	-6.8	-6.9	-5.8	-4.1	-3.7	-3.5	-3.3	-3.8	-2.7	-0.6	0.5	-1.2	-1.35	3.2	-6.9
9	-0.6	-0.6	0.2	0.8	2.1	2.7	2.1	1.9	-0.1	-3.9	-7.3	-10.5	-10.2	-8.5	-6.3	-3.8	-1.8	-1.4	-2.8	-1.7	-2.8	-3.2	-2.5	-1.7	-2.50	2.7	-10.5
10	-1.1	-0.9	-0.1	1.1	3.2	4.5	4.9	4.6	1.6	-3.2	-8.3	-11.8	-12.5	-10.6	-8.9	-5.7	-2.4	-1.8	-0.9	-1.2	-2.4	-3.0	-0.3	0.6	-2.28	4.9	-12.5
11†	0.2	-2.2	1.8	0.4	-0.3	-3.5	-3.9	-0.4	2.4	-1.3	-7.1	-7.5	-7.4	-9.3	-7.2	-4.1	-3.9	5.5	2.0	-1.9	-2.2	-3.7	-2.1	1.2	-2.27	5.5	-9.3
12	0.5	5.4	4.8	1.0	2.7	4.0	3.8	5.2	4.0	0.8	-3.3	-7.3	-9.2	-9.3	-7.2	-4.1	-2.8	-2.1	-2.5	-3.0	-2.1	-0.9	0.4	3.8	-0.72	5.4	-9.3
13	0.3	1.1	0.0	0.9	3.3	3.2	3.6	3.9	2.4	-0.5	-4.2	-8.4	-10.4	-9.8	-7.2	-4.6	-2.0	-1.1	-1.1	-1.6	-1.6	-1.6	-1.3	-1.0	-1.57	3.9	-10.4
14†	-0.8	-0.7	0.0	0.8	1.2	3.1	4.5	3.2	-2.7	-3.3	-7.3	-13.8	-13.0	-11.0	-9.8	-6.9	-3.2	-1.6	-1.8	0.3	9.2	-3.0	4.2	0.5	-2.16	**9.2**	-13.8
15†	0.2	3.2	5.6	2.5	3.6	8.7	5.2	5.0	4.1	-0.6	-3.9	-6.3	-8.3	-8.2	-8.2	-5.8	-4.7	1.5	2.2	-1.7	0.9	3.2	-1.4	-1.6	**-0.20**	8.7	-8.3
16	-0.2	-1.3	-0.7	0.8	3.2	5.9	6.7	6.1	1.6	-2.5	-5.7	-8.1	-9.9	-9.3	-6.6	-5.5	-4.6	-4.4	-4.8	3.8	5.1	1.5	3.3	3.4	-0.92	6.7	-9.9
17	2.6	1.9	1.4	2.0	1.4	-0.5	-3.3	-4.2	-1.0	-1.7	-6.5	-8.9	-9.8	-10.7	-8.9	-3.4	-3.8	-2.3	0.1	0.4	-1.7	-1.0	-3.4	-0.9	-2.59	2.6	-10.7
18	-0.2	-0.1	-0.2	0.4	1.8	3.1	3.7	2.3	0.4	-3.2	-6.5	-8.8	-8.4	-7.5	-5.9	-4.2	-2.6	-1.7	-1.8	-1.9	-1.3	-0.2	-0.4	0.5	-1.78	3.7	-8.8
19	4.3	5.0	2.4	1.6	2.6	3.0	3.5	3.4	1.9	-0.5	-3.8	-7.1	-9.5	-10.0	-8.3	-5.9	-3.9	-2.4	-1.3	-0.9	-1.0	-0.7	-1.0	-0.8	-1.22	5.0	-10.0
20	-1.4	-0.5	-0.2	0.8	2.3	2.4	3.7	4.0	3.2	0.5	-4.1	-7.9	-8.9	-8.4	-7.3	-5.5	-3.3	-1.6	-2.2	-1.6	0.8	-1.0	-1.2	-0.8	-1.59	4.0	-8.9
21*	-1.0	-1.2	-1.3	-0.8	1.1	3.7	5.1	5.3	2.7	-2.1	-6.6	-9.7	-10.1	-9.2	-8.0	-5.7	-3.2	-2.0	-2.0	-2.2	-1.7	-1.6	-1.0	-1.8	-2.22	5.3	-10.1
22*	-1.6	-1.1	-0.8	-0.1	1.8	3.5	4.7	3.8	2.1	-1.2	-4.5	-7.2	-8.0	-7.2	-5.2	-3.2	-2.3	-2.5	-2.8	-2.6	-2.0	-2.0	-1.8	-1.7	-1.75	4.7	-8.0
23*	-1.5	-1.1	-0.7	0.5	2.4	3.8	5.1	4.7	2.1	-2.3	-6.9	-8.5	-8.4	-7.1	-4.6	-2.3	-1.3	-2.1	-3.2	-3.2	-2.7	-2.6	-2.7	-2.9	-1.90	5.1	-8.5
24	-2.9	-2.8	-1.8	1.2	1.8	2.7	3.7	2.7	0.5	-3.0	-6.4	-9.0	-9.8	-9.0	-8.0	-5.0	-2.7	-2.0	-2.3	-2.2	-1.9	-1.7	-2.4	-1.0	-2.55	3.7	-9.8
25	-1.3	1.9	2.4	3.3	4.1	5.2	5.0	4.5	-0.1	-6.0	-9.7	-10.2	-8.9	-6.4	-3.7	-1.2	-0.5	-0.8	-2.0	-1.9	-1.5	-1.8	-1.5	-1.3	-1.35	5.2	-10.2
26*	-0.7	-0.1	-0.1	0.5	2.1	3.4	4.5	4.1	1.3	-3.6	-7.5	-9.5	-9.3	-7.3	-4.6	-1.5	-0.4	-2.4	-3.4	-3.3	-2.6	-2.5	-2.2	-1.6	-1.95	4.5	-9.5
27	-1.2	-0.5	0.0	0.8	3.1	5.2	5.0	3.9	0.9	-3.7	-7.2	-11.0	-9.9	-7.8	-6.0	-4.1	-2.4	-2.4	-2.4	-2.5	-2.4	-2.5	0.3	0.3	-1.94	5.2	-11.0
28	0.0	1.9	2.4	2.5	2.8	2.1	3.1	1.8	-1.6	-5.7	-8.8	-10.5	-11.2	-11.5	-8.8	-5.8	-3.6	-2.5	-2.0	-0.7	-2.3	-2.0	-1.5	-0.7	-2.61	3.1	-11.5
29*	-0.6	-0.4	0.0	0.1	1.0	1.8	2.8	3.0	2.0	-1.2	-5.6	-9.2	-10.6	-9.7	-7.5	-5.4	-3.5	-2.3	-2.5	-2.6	-3.2	-2.3	-1.7	-0.9	-2.44	3.0	-10.6
30	0.1	0.1	0.4	0.6	1.2	2.0	2.5	2.8	1.7	-0.9	-4.7	-7.6	-7.7	-7.2	-6.4	-4.8	-3.8	-3.5	-4.1	-3.2	-2.3	-0.8	0.8	1.9	-1.79	2.8	-7.7
31†	-5.8	4.0	4.8	-0.7	-8.8	-14.8	-4.0	5.2	4.1	0.9	-1.0	-0.7	-4.8	-7.6	-8.1	-8.4	-7.0	-4.0	-3.0	-3.3	-1.7	-0.7	0.5	1.2	-2.65	5.2	-14.8
Mittel	-0.9	-0.2	0.2	0.5	1.6	2.5	3.3	3.6	1.7	-1.6	-5.4	-8.3	-9.3	-8.8	-7.1	-4.7	-3.1	-1.8	-1.9	-1.6	-1.4	-1.8	-1.1	-0.7	-1.94	4.7	-10.0

Deklination

Niemegk — $D = -3° 20' +$ Tafelwert — 1946

0h 1h 2h 3h 4h 5h 6h 7h 8h 9h 10h 11h 12h 13h 14h 15h 16h 17h 18h 19h 20h 21h 22h 23h 24h Weltzeit

September

Tag	0h	1h	2h	3h	4h	5h	6h	7h	8h	9h	10h	11h	12h	13h	14h	15h	16h	17h	18h	19h	20h	21h	22h	23h	Tagesmittel	Max.	Min.
1*	1.4	1.0	1.1	1.7	2.4	2.8	3.2	3.1	2.1	0.1	-1.3	-4.0	-6.6	-7.0	-5.4	-3.5	-2.3	-2.4	-2.0	-1.7	-1.0	-0.8	-0.5	-1.1	-0.86	3.2	-7.0
2	-1.3	-1.3	-0.8	-0.7	0.9	3.2	2.0	1.0	1.1	-0.8	-3.3	-6.0	-8.0	-9.1	-8.5	-6.7	-4.2	-2.4	1.6	-1.9	0.0	-0.7	-0.6	-1.5	-2.00	3.2	-9.1
3	-2.3	-1.5	-3.2	-1.8	0.2	2.2	3.6	4.1	2.9	0.4	-3.6	-7.6	-10.6	-12.1	-10.1	-8.0	-5.6	-1.6	-1.5	-2.1	-1.6	0.8	0.2	-1.6	-2.52	4.1	-12.1
4	-1.1	-0.7	0.4	0.1	0.6	2.6	2.8	2.5	3.1	0.8	-1.3	-5.0	-7.4	-7.4	-7.9	-6.4	-3.0	1.9	-0.8	0.4	1.7	0.8	-1.6	-2.8	-1.15	3.1	-7.9
5	1.7	0.2	-0.2	0.1	1.2	3.3	4.4	3.3	0.9	-1.5	-5.4	-8.2	-7.3	-8.7	-8.5	-6.4	-2.2	-1.2	-2.2	-2.2	-2.1	-2.4	-1.4	-0.4	-1.88	4.4	-8.7
6*	0.3	2.2	0.6	-3.3	-4.0	-0.2	3.3	4.4	3.3	1.1	-3.6	-7.2	-7.8	-7.3	-6.3	-4.8	-3.5	-3.2	-3.0	-2.5	-2.3	-2.0	-1.5	-1.5	-2.03	4.4	-7.8
7	-1.1	-0.8	-0.9	-0.7	0.1	1.1	1.1	1.5	0.6	-3.9	-9.2	-11.2	-9.8	-11.2	-7.4	-2.8	-1.6	-1.5	-1.2	2.3	0.1	-3.9	-1.5	-1.3	**-2.63**	2.3	-11.2
8	-0.3	-0.8	1.0	2.0	2.5	4.1	5.0	3.8	1.9	-2.3	-4.2	-7.8	-7.6	-5.0	-4.4	-3.1	-2.6	-2.7	-0.1	2.2	0.8	0.7	-0.9	2.8	-0.62	5.0	-7.8
9	-0.6	0.9	1.0	2.1	2.0	3.3	3.6	3.8	1.9	-1.3	-3.9	-7.1	-7.6	-6.8	-7.2	-7.2	-5.3	-2.3	3.2	0.2	-1.5	-1.1	-0.4	0.1	-1.26	3.8	-7.6
10	0.4	0.9	0.0	0.6	1.6	2.8	2.8	2.3	-0.7	-4.9	-4.0	-5.8	-8.4	-7.8	-6.0	-3.9	-3.9	-3.1	-2.6	-1.5	-1.5	-1.5	-4.4	2.5	-1.92	2.8	-8.4
11	2.3	2.3	1.2	0.7	1.3	1.7	2.6	2.6	1.0	-1.9	-5.2	-6.3	-8.6	-7.8	-6.4	-6.4	-5.0	-3.3	-1.6	0.6	-1.9	-0.8	0.3	0.1	-1.60	2.6	-8.6
12	-0.8	0.1	0.3	0.0	0.0	1.7	3.0	1.2	0.1	-0.8	-3.7	-8.1	-9.7	-8.6	-6.0	-5.2	-4.2	-3.2	-2.5	-1.5	-0.6	2.0	4.4	-0.3	-1.77	4.4	-9.7
13	-0.7	-0.5	0.2	0.1	0.7	-0.7	3.2	2.9	1.8	0.1	-2.7	-5.7	-8.1	-9.0	-7.7	-5.6	-4.3	-3.5	-2.7	-1.7	-0.7	-0.9	-0.9	-0.3	-1.95	3.2	-9.0
14	3.2	1.5	0.3	-0.3	0.4	0.9	2.8	3.3	2.8	1.9	-1.5	-6.3	-7.8	-8.7	-7.3	-5.2	-3.1	-2.3	-2.1	-1.6	-0.6	0.7	0.8	0.5	-1.15	3.3	-8.7
15*	0.2	-0.3	0.5	0.1	0.9	2.0	3.2	4.1	2.6	-1.0	-5.6	-9.4	-11.4	-10.0	-8.1	-5.6	-3.9	-3.0	-2.3	-1.5	-2.0	-1.9	-1.6	-1.3	-2.30	4.1	-11.4
16	-0.8	0.2	-0.1	0.2	0.1	0.8	1.6	2.4	1.8	-1.4	-6.0	-8.8	-9.8	-9.7	-8.8	-6.4	-6.3	-3.0	5.6	7.2	5.6	-0.1	0.0	1.6	-1.42	7.2	-9.8
17	8.5	7.3	1.6	1.4	0.0	-1.0	4.4	5.2	3.2	1.0	-2.8	-6.3	-5.7	-5.5	-4.2	-3.1	1.1	-1.7	-0.2	0.5	0.5	4.0	3.1	-2.0	0.39	8.5	-6.3
18†	-4.7	1.8	-4.9	1.8	4.2	-5.6	-0.2	5.8	1.5	-3.4	-2.9	-3.4	-7.9	-4.0	-6.2	-3.1	-6.7	3.6	-4.7	4.0	8.2	5.2	4.6	1.9	-0.63	8.2	-7.9
19†	4.0	3.7	0.9	-6.6	5.0	9.5	9.2	9.2	7.4	2.7	-2.6	-8.3	-12.4	-8.2	-8.8	0.8	0.2	-0.2	0.0	0.2	3.8	1.9	1.8	2.7	0.66	9.5	-12.4
20	2.6	3.3	3.1	2.7	2.7	4.5	4.4	1.7	2.3	2.8	1.0	-1.4	-2.9	-3.2	-2.9	-3.0	-2.2	-1.3	-0.2	0.5	1.0	1.9	2.2	2.0	0.90	4.5	-3.2
21	-1.5	2.3	2.6	2.6	2.7	3.4	5.0	5.3	4.5	1.6	-2.7	-7.0	-9.4	-8.4	-6.2	-3.6	-2.3	4.6	0.9	-2.6	-1.4	-0.6	1.9	6.2	-0.09	6.2	-9.4
22†	4.3	4.2	5.1	9.0	-5.8	-24.5	6.3	14.2	8.7	-0.7	—	—	—	—	—	—	—	2.7	0.5	15.2	4.2	2.2	6.3	-1.7	(2.09)	—	—
23†	-6.7	-13.3	-8.7	-6.6	-10.7	-4.5	-3.9	9.2	6.6	-0.2	-2.4	-5.5	-6.4	-3.7	-3.7	-2.1	12.0	7.4	8.2	5.9	3.7	8.5	11.4	8.5	0.12	12.0	**-13.3**
24	11.0	7.0	7.3	2.6	5.1	7.5	8.4	9.8	8.3	4.6	-1.4	-3.7	-4.1	-5.4	-4.6	-1.9	0.6	0.6	0.7	0.9	0.7	0.7	0.8	0.7	2.34	11.0	-5.4
25*	0.6	0.5	0.8	1.0	1.4	2.6	4.4	5.1	3.7	1.7	-1.9	-4.8	-5.4	-5.0	-2.9	-2.1	-1.0	0.5	0.8	0.9	1.8	0.5	0.4	1.0	0.19	5.1	-5.4
26*	0.2	0.2	1.0	1.1	1.6	2.2	3.3	3.0	2.6	1.8	-1.4	-4.8	-6.2	-6.6	-4.9	-3.9	-4.0	-1.7	-0.5	-0.2	0.1	3.3	1.3	1.0	-0.48	3.3	-6.6
27	1.1	1.0	-0.6	0.4	1.6	2.6	3.5	1.5	0.4	-0.9	-1.7	-4.2	-4.8	-3.9	-3.5	-0.7	3.6	9.9	8.7	16.3	8.2	9.8	13.3	4.2	2.74	16.2	-4.8
28†	3.2	2.0	-2.3	-2.4	0.2	-0.6	-0.8	-6.7	-0.1	1.1	-3.8	-3.1	-2.4	-3.1	-3.6	3.7	3.3	6.4	7.4	6.9	9.6	9.9	12.8	17.4	2.29	**17.4**	-6.7
29	13.0	4.6	13.0	6.5	6.4	8.0	9.0	8.6	6.4	2.5	-0.6	-3.7	-4.4	-3.1	-3.5	-3.8	3.5	8.9	3.9	7.6	4.3	3.5	2.6	6.9	**4.17**	13.0	-4.4
30	6.8	6.9	0.8	-2.1	-3.8	-6.2	-5.2	-1.0	1.1	-0.4	-3.3	-5.9	-5.9	-5.0	-3.0	5.6	5.7	1.7	3.8	11.4	5.8	5.8	1.8	0.3	0.65	11.4	-6.2
Mittel	1.4	1.2	0.7	0.4	0.7	1.0	3.2	3.9	2.8	0.0	-3.1	-6.1	-7.4	-6.9	-8.0	-3.6	-1.6	0.2	0.5	2.1	1.4	1.5	1.8	1.5	-0.44	6.5	-8.2

Oktober

Tag	0h	1h	2h	3h	4h	5h	6h	7h	8h	9h	10h	11h	12h	13h	14h	15h	16h	17h	18h	19h	20h	21h	22h	23h	Tagesmittel	Max.	Min.
1	1.2	1.9	1.2	0.8	0.1	-0.2	2.8	3.1	2.7	2.9	-1.4	-5.5	-5.3	-6.3	-4.4	-2.0	-1.3	-0.3	3.9	7.8	2.7	-0.1	0.4	1.6	0.26	7.8	-6.3
2	0.2	0.2	0.9	-0.4	1.0	2.9	5.0	5.0	4.1	0.9	-3.1	-6.2	-8.2	-5.8	-2.3	-2.3	-1.1	1.6	1.1	0.0	-0.7	-0.9	-0.8	-0.7	-0.40	5.0	-8.2
3	0.0	-0.7	1.1	0.5	-0.7	-2.5	-0.1	4.3	4.2	1.7	-1.9	-5.2	-7.4	-7.1	-4.8	-1.4	-0.5	-1.9	-0.8	-0.6	-0.6	-0.6	0.1	-0.2	-1.05	4.3	-7.4
4	-0.6	-0.2	-1.2	-1.2	1.4	0.4	1.7	4.0	2.2	-0.8	-2.5	-5.7	-6.5	-5.6	-3.8	-1.5	2.5	0.7	-1.2	-0.9	0.4	1.0	0.4	0.2	-0.70	4.0	-6.5
5	-0.3	0.3	0.8	-1.6	-0.6	2.3	4.3	5.1	4.5	1.6	-2.9	-3.8	-6.1	-7.5	-6.2	-5.5	-3.0	-1.7	7.6	0.1	-0.6	-0.4	-0.6	-0.2	-0.60	7.6	-7.5
6	0.1	0.5	-0.7	-2.2	-0.7	1.1	3.2	3.4	2.4	0.0	-2.4	-4.7	-5.9	-5.6	-3.4	-1.4	-0.3	2.1	2.1	4.9	8.4	2.0	2.8	6.2	0.50	8.4	-5.9
7	2.8	1.8	1.8	-0.1	-0.5	0.1	1.6	3.3	2.5	1.1	-1.6	-5.4	-4.6	-7.9	-5.6	-2.3	-3.6	-2.9	-1.2	-0.3	0.0	0.2	-0.1	0.0	-0.87	3.3	-7.9
8*	0.2	0.4	0.1	0.2	0.2	0.8	2.9	4.2	4.0	1.6	-1.4	-4.5	-6.5	-6.3	-4.8	-3.4	-3.1	-3.1	-2.9	-2.4	-2.0	-0.9	-0.8	-0.8	**-1.18**	4.2	-6.5
9†	0.1	1.3	2.6	5.7	2.9	3.2	4.2	0.8	2.7	0.5	-0.2	-3.1	-5.5	-5.5	-2.2	-2.0	-1.5	-1.5	-0.3	2.3	3.0	3.3	0.7	0.1	0.48	5.7	-5.5
10	2.5	1.6	2.5	0.3	0.3	0.9	3.1	4.1	3.4	0.3	-3.3	-5.5	-8.2	-6.7	-5.5	-2.8	-1.7	-1.6	-1.1	-0.7	6.9	6.5	2.7	1.4	-0.02	6.9	-8.2
11	0.6	-1.4	0.8	1.1	0.9	1.5	2.3	2.9	2.0	-0.2	-3.0	-5.2	-5.0	-5.7	-4.0	-3.2	-2.8	-1.8	-0.8	2.6	2.9	0.8	-0.2	-0.5	-0.64	2.9	-5.7
12	-0.4	0.7	-2.3	1.2	1.0	1.6	1.5	5.9	4.8	1.5	-2.9	-4.9	-5.5	-4.2	-2.5	-1.0	-1.0	-1.3	-0.8	-0.4	0.4	0.1	0.5	-1.8	-0.41	5.9	-5.5
13*	-4.0	-0.1	0.2	0.1	0.4	1.3	3.3	4.8	4.2	0.9	-3.2	-6.3	-7.2	-6.4	-4.3	-2.5	-2.3	-1.8	-1.6	-1.2	-0.9	-0.4	0.0	1.4	-1.07	4.8	-7.2
14	1.5	1.3	1.0	0.7	0.6	1.7	4.8	6.2	5.0	1.6	-3.6	-7.3	-8.7	-7.5	-5.4	-2.6	-1.4	-1.5	-1.6	-1.0	0.9	0.0	0.2	0.5	-0.61	6.2	**-8.7**
15	-0.2	0.0	0.1	0.7	0.7	1.6	4.1	5.6	5.2	2.2	-1.8	-5.8	-8.1	-8.1	-5.1	-2.5	-1.9	-2.0	-1.1	-0.7	-0.3	-0.2	0.6	3.1	-0.58	5.6	-8.1
16	1.2	0.5	0.7	0.7	0.9	1.5	2.3	3.1	3.8	1.5	-1.8	-7.1	-8.2	-6.3	-3.8	-2.0	-1.8	-1.0	-1.3	-0.1	2.1	4.0	0.0	-0.2	-0.47	4.0	-8.2
17*	-0.3	0.2	0.6	0.6	1.2	2.3	2.6	4.7	4.8	2.5	-1.3	-4.8	-6.5	-6.3	-4.5	-3.0	-2.6	-2.3	-1.9	-1.9	-1.4	-0.8	-0.7	-0.6	-0.81	4.8	-6.5
18*	-0.5	-0.5	-0.4	0.2	0.6	1.0	1.9	3.0	1.8	-1.1	-4.0	-6.1	-6.2	-5.0	-2.9	-1.8	-1.9	-1.6	-1.5	-1.1	-0.5	-0.3	-0.3	0.6	-1.11	3.0	-6.2
19	0.7	1.2	1.2	0.6	1.1	1.5	2.9	4.2	3.2	0.1	-2.7	-5.1	-5.6	-5.0	-3.6	-2.5	-1.9	-1.0	0.8	1.3	1.2	1.3	2.4	7.1	0.14	7.1	-5.6
20†	6.3	2.6	2.1	2.4	2.2	3.0	0.6	0.8	2.4	0.3	-1.5	-2.5	-5.2	-5.7	-4.2	-4.2	-4.5	-2.9	-1.7	0.4	3.7	6.2	2.6	0.4	0.15	6.3	-5.7
21	0.4	-0.4	-0.3	0.6	0.8	1.4	2.2	4.3	4.4	1.2	-2.5	-3.8	-4.2	-3.3	-2.1	-1.3	-1.4	-1.4	-1.5	-0.7	-0.1	-0.5	-0.4	-0.4	-0.38	4.4	-4.2
22	0.0	-0.4	0.2	0.1	0.2	0.7	1.7	2.6	2.0	-0.8	-3.8	-6.3	-5.7	-4.6	-3.1	-2.3	-1.6	-0.8	-0.8	-0.1	-0.5	-0.4	-0.1	0.2	-0.98	2.6	-6.3
23	-1.5	0.2	1.4	0.2	-0.2	-0.8	0.1	0.3	1.2	-1.6	-3.1	-6.2	-4.0	-3.2	0.0	-0.2	-1.6	-1.2	-1.0	-0.8	-0.1	1.3	0.8	0.1	-0.83	1.4	-6.2
24	0.0	-0.5	0.0	0.4	0.8	1.3	3.0	4.1	3.3	-0.5	-5.0	-6.6	-8.1	-3.9	-4.3	-3.4	-1.9	-1.2	-0.8	-0.1	0.1	0.6	-0.2	1.4	-0.90	4.1	-8.1
25	1.2	0.6	0.7	0.6	0.8	1.6	3.3	3.8	3.6	0.7	-3.4	-5.9	-7.2	-5.6	-3.3	-1.2	-0.5	-0.4	1.2	2.2	1.2	1.1	3.3	3.1	0.06	3.8	-7.2
26†	5.8	2.6	1.1	2.6	0.9	-4.0	-2.5	1.0	0.3	0.2	-4.4	-5.3	-5.9	-5.2	-3.8	-3.1	-0.2	-1.0	4.4	4.5	8.5	8.7	4.4	14.2	0.99	14.2	-5.9
27†	13.5	8.8	19.2	8.7	3.3	-3.4	1.2	4.7	1.3	-0.8	-4.4	-8.3	-4.5	-3.5	-7.3	-1.6	8.2	1.4	0.6	5.0	2.1	4.5	6.2	-1.3	**2.23**	**19.2**	-8.3
28	-0.3	1.3	1.2	0.7	1.2	0.6	1.4	3.6	4.3	2.7	-1.6	-5.0	-4.4	-2.8	-1.7	-0.6	1.0	3.8	0.1	-0.2	0.2	0.4	1.0	0.7	0.32	4.3	-5.0
29	0.6	2.2	0.1	-0.5	1.2	1.6	2.2	3.5	2.2	-0.9	-3.9	-3.9	-5.4	-4.3	-2.4	-1.9	-1.5	-1.1	0.0	1.7	5.8	2.5	0.8	-1.1	-0.10	5.8	-5.4
30*	0.6	0.6	1.1	1.5	1.5	1.7	1.0	3.4	3.0	0.1	-2.4	-4.5	-4.5	-3.6	-2.9	-1.9	-0.8	-0.8	-0.4	-0.4	-0.1	-0.1	0.2	0.5	-0.30	3.4	-4.5
31†	0.2	0.5	0.7	0.8	0.7	1.2	1.9	3.3	2.9	-0.6	-3.2	-6.3	-5.8	-5.0	-2.7	-3.3	-1.5	4.3	0.6	3.8	5.7	6.4	7.7	3.8	0.67	7.7	-6.3
Mittel	1.0	0.9	1.2	0.8	0.8	0.9	2.3	3.6	3.2	0.6	-2.7	-5.4	-6.1	-5.5	-3.8	-2.3	-1.2	-0.8	-0.1	0.7	1.6	1.5	1.1	1.3	-0.26	5.8	-6.6

Niemegk — **Deklination** — $D = -3° 20' +$ Tafelwert — **1946**

November

Tag	0h–1h	1h–2h	2h–3h	3h–4h	4h–5h	5h–6h	6h–7h	7h–8h	8h–9h	9h–10h	10h–11h	11h–12h	12h–13h	13h–14h	14h–15h	15h–16h	16h–17h	17h–18h	18h–19h	19h–20h	20h–21h	21h–22h	22h–23h	23h–24h	Tagesmittel	Max.	Min.
1†	4.0	2.6	-0.1	0.6	-1.3	-0.5	0.8	3.0	2.3	-1.0	-4.1	-3.4	-4.2	-4.3	-3.5	-1.1	-0.9	4.0	5.0	3.6	7.0	8.3	5.9	1.6	1.01	8.3	-4.3
2	0.6	1.0	0.9	0.9	0.7	1.1	-0.9	-0.1	2.4	0.5	-1.5	-3.4	-3.6	-2.6	-1.6	-1.0	-0.4	-0.2	0.9	4.2	4.5	3.4	1.6	-0.6	0.28	4.5	-3.6
3	-1.5	-1.0	0.6	0.6	0.5	0.6	1.3	2.5	3.0	1.5	-0.4	-1.3	-2.0	-1.6	-1.0	-0.6	-0.9	-0.8	-0.4	-0.1	0.2	1.3	2.3	1.3	0.17	3.0	-2.0
4	-0.9	1.1	0.5	0.5	0.5	0.8	2.1	4.1	4.4	1.9	-1.9	-3.7	-4.7	-4.4	-3.3	-2.8	-1.4	-0.8	-0.5	0.6	1.0	1.2	1.2	1.4	-0.13	4.4	-4.7
5	0.8	1.1	1.3	1.0	1.4	1.3	1.2	2.4	2.9	1.0	-3.7	-5.0	-5.3	-5.3	-5.4	-4.6	-3.5	-2.6	-2.0	-2.2	-0.6	-0.7	0.2	0.5	-1.08	2.9	-5.4
6†	1.7	2.7	1.2	0.8	1.6	1.3	1.9	1.9	1.7	0.5	-0.7	-2.5	-3.0	-6.9	-6.6	-3.1	-4.2	-0.6	-0.1	0.9	1.8	2.7	3.2	3.9	0.00	3.9	-6.9
7	3.4	2.6	2.8	2.0	0.2	1.9	2.5	4.1	5.0	3.4	0.9	-1.5	-2.9	-2.9	-2.8	-2.3	-1.5	-1.2	-1.1	-0.2	0.6	0.9	1.0	1.0	0.66	5.0	-2.9
8	0.5	0.5	0.5	0.2	0.4	0.8	1.0	1.9	3.2	1.7	-1.1	-3.9	-3.7	-4.1	-3.0	-2.4	-1.6	-1.5	-0.8	1.2	0.1	0.7	1.6	5.0	-0.12	5.0	-4.1
9	6.1	4.7	1.8	1.8	1.3	2.0	2.5	3.9	4.1	1.6	-2.2	-5.5	-5.2	-6.6	-4.4	-3.5	-1.8	-1.0	-0.8	-0.3	-0.2	0.6	4.4	4.6	0.33	6.1	-6.6
10	1.3	-0.1	1.0	1.4	1.3	0.9	1.3	2.6	3.2	1.1	-1.6	-2.6	-3.6	-3.5	-3.0	-3.0	-2.5	-2.7	-2.7	6.6	8.2	11.0	4.4	0.6	0.82	**11.0**	-3.6
11	1.3	2.0	-1.7	2.6	1.8	2.0	2.2	3.3	4.1	2.1	-1.2	-2.8	-3.6	-4.4	-3.6	-2.8	-2.8	-1.9	-1.9	-0.5	1.6	4.0	3.7	2.1	0.23	4.1	-4.4
12	1.6	0.3	3.3	2.2	0.3	2.2	4.0	4.6	4.8	4.7	2.0	-0.5	-2.5	-2.8	-2.1	-1.3	-0.8	-0.7	4.1	4.8	1.2	1.1	1.5	1.1	1.38	4.8	-2.8
13	0.6	1.1	0.5	0.4	0.3	1.2	1.3	2.4	3.1	2.8	0.7	-2.2	-3.5	-3.1	-2.2	-2.2	-2.0	-2.2	-0.6	0.3	0.3	2.6	3.2	0.0	0.12	3.2	-3.5
14*	0.6	0.6	0.4	0.4	0.5	1.1	1.6	2.1	2.4	1.1	-1.5	-4.5	-4.4	-3.0	-2.8	-2.2	-1.9	-1.4	-1.2	-0.7	-0.2	1.0	1.1	1.0	-0.41	2.4	-4.5
15	0.3	0.5	0.7	0.4	0.5	1.1	1.9	3.2	2.7	0.0	-0.5	-4.3	-4.6	-6.4	-5.7	-5.6	-5.5	-6.8	-3.9	-4.2	1.0	3.0	2.6	5.1	-1.02	5.1	-6.8
16	9.6	7.4	2.7	1.8	1.0	1.3	1.3	2.5	2.1	1.5	-1.5	-3.3	-4.8	-3.4	-2.9	-2.3	-1.7	-1.7	-0.5	5.2	2.7	6.8	2.6	1.2	1.15	9.6	-4.8
17	1.1	0.8	1.0	-0.9	0.7	1.7	2.4	3.2	3.3	1.5	-0.4	-2.4	-3.3	-3.3	-2.5	-1.7	-1.0	-0.9	-0.8	-0.6	-0.5	4.9	5.3	3.2	0.45	5.3	-3.3
18	1.6	2.4	0.9	1.2	0.5	0.9	1.7	2.6	3.2	1.9	0.6	-1.7	-3.3	-3.6	-2.9	-1.8	-1.5	-1.3	-1.0	-0.6	0.0	0.3	0.6	4.2	0.20	4.2	-3.6
19	9.7	5.3	2.3	1.5	2.7	2.2	0.5	0.2	2.6	0.6	0.3	-0.8	-2.6	-3.2	-3.3	-1.6	0.8	-0.1	-0.5	0.3	5.7	7.4	10.8	6.7	**1.98**	10.8	-3.3
20	5.9	3.0	2.3	3.5	0.1	0.3	2.3	2.3	2.3	1.0	-1.0	-2.7	-3.3	-3.4	-3.0	-2.6	-2.7	-1.5	-0.6	-0.8	0.7	0.7	0.9	-0.1	0.15	5.9	-3.4
21†	1.7	0.2	2.3	1.8	1.6	1.6	1.6	1.6	0.7	0.4	-2.6	-5.8	-7.8	-5.2	1.9	-1.3	-0.3	1.2	5.5	2.7	1.1	3.1	9.3	8.1	0.98	9.3	**-7.8**
22	3.1	0.8	-0.1	-1.7	-0.6	-0.8	0.0	1.1	0.2	-1.0	-1.2	-2.1	-1.7	-1.7	-0.7	-0.8	7.0	2.2	0.4	1.2	2.4	1.7	0.9	0.8	0.39	7.0	-2.1
23	0.8	-2.3	0.2	0.3	0.8	1.0	0.5	1.6	2.1	0.9	-1.2	-2.2	-2.4	-2.2	-1.9	-1.3	-0.7	-0.2	-0.1	0.3	0.7	0.7	0.7	0.7	-0.13	2.1	-2.4
24†	1.0	0.9	0.0	-1.5	-3.2	-1.6	-1.9	-4.9	-2.5	-1.0	-3.3	-4.4	-6.4	-3.6	-3.7	-0.8	-0.4	0.0	1.0	1.7	2.4	2.4	2.5	2.4	**-1.04**	2.5	-6.4
25†	1.9	2.0	1.7	0.8	1.5	2.0	1.3	1.5	3.2	0.0	-0.8	-2.4	-3.6	-2.6	-2.4	7.3	-1.0	0.6	1.2	5.5	0.8	2.2	4.0	2.5	1.13	7.3	-3.6
26	2.2	2.2	0.0	-3.5	0.6	0.2	1.4	2.6	2.4	0.3	-1.5	-3.0	-4.0	-2.5	-1.8	-1.7	2.8	-0.7	-0.4	0.1	0.7	1.0	1.1	1.0	-0.02	2.8	-4.0
27*	0.7	0.6	0.6	0.0	0.3	0.7	1.2	1.6	2.2	0.7	-1.8	-3.2	-3.4	-2.6	-2.3	-1.9	-1.4	-1.0	-0.6	-0.1	0.3	0.6	0.9	0.8	-0.30	2.2	-3.4
28*	0.8	0.1	0.2	-0.2	0.0	0.5	0.9	1.5	1.2	0.6	-1.1	-2.4	-3.3	-2.7	-2.5	-1.8	-0.9	-0.4	-0.3	-0.1	0.6	0.9	0.2	0.2	-0.33	1.5	-3.3
29*	0.1	-0.1	-0.3	-0.4	0.0	0.6	1.2	1.7	1.9	0.7	-1.7	-3.5	-3.5	-2.6	-1.8	-0.9	-1.0	-0.4	-0.3	-0.1	0.1	0.6	0.5	1.1	-0.34	1.9	-3.5
30*	1.9	0.8	0.4	0.2	0.2	0.6	1.1	1.6	2.0	1.5	0.2	-1.1	-3.3	-3.2	-2.2	-1.5	-0.9	-0.9	-0.6	-0.1	-0.2	3.0	4.0	4.0	0.31	4.0	-3.3
Mittel	2.1	1.5	0.9	0.6	0.5	1.0	1.3	2.1	2.5	1.1	-1.1	-2.9	-3.8	-3.6	-2.8	-1.8	-1.2	-0.8	-0.1	1.0	1.5	2.6	2.7	2.2	0.23	5.0	-4.1

Dezember

Tag	0h–1h	1h–2h	2h–3h	3h–4h	4h–5h	5h–6h	6h–7h	7h–8h	8h–9h	9h–10h	10h–11h	11h–12h	12h–13h	13h–14h	14h–15h	15h–16h	16h–17h	17h–18h	18h–19h	19h–20h	20h–21h	21h–22h	22h–23h	23h–24h	Tagesmittel	Max.	Min.
1	2.2	1.9	1.2	0.8	0.7	0.6	1.0	1.8	2.2	1.4	-0.1	-1.3	-2.4	-2.5	-2.4	-1.5	-0.7	0.3	0.6	2.5	2.2	1.8	1.6	4.8	0.70	4.8	-2.5
2	3.1	0.7	-0.2	-0.8	-0.6	-0.5	-0.1	0.8	2.4	2.1	-0.9	-1.8	-2.9	-3.6	-2.8	-2.6	-1.1	0.0	-0.4	2.6	1.3	3.0	4.0	7.5	0.38	7.5	-3.6
3	7.2	5.0	-1.2	0.7	-1.3	-1.5	0.6	1.6	2.1	1.4	-0.4	-2.4	-2.2	-2.3	-1.0	0.3	0.6	0.2	0.5	0.6	1.5	1.7	1.1	0.8	0.57	7.2	-2.4
4	0.7	0.2	0.1	0.1	0.6	1.4	1.2	1.4	2.3	1.5	-0.5	-1.9	-2.4	-1.8	-1.1	-0.9	-0.4	-0.2	-0.2	-0.2	0.3	0.7	0.3	0.0	0.05	2.3	-2.4
5†	-0.1	0.3	0.8	0.4	0.4	1.1	1.8	2.4	1.6	0.9	-2.2	-4.2	-4.8	-3.4	-3.5	-4.3	-0.7	-2.6	0.5	0.7	1.8	4.5	5.5	2.3	-0.03	5.5	-4.8
6	0.5	2.0	1.7	2.6	3.4	2.6	2.6	2.9	3.5	1.9	-0.9	-1.7	-2.5	-3.1	-2.6	-1.0	-0.6	0.0	0.3	0.7	2.1	3.5	6.0	2.9	1.12	6.0	-3.1
7	2.0	0.9	2.9	1.7	-0.7	0.8	-0.1	2.1	4.0	2.8	0.4	-1.9	-2.8	-2.3	-1.6	-1.5	2.3	2.5	0.0	0.8	1.7	1.8	3.7	3.0	0.94	4.0	-2.8
8	2.4	2.3	0.7	-1.4	-3.3	0.4	1.3	2.4	2.8	1.3	0.6	-0.5	-2.3	-2.3	-1.5	-0.8	-0.2	0.0	0.4	0.4	1.7	2.6	2.7	2.9	0.52	2.9	-3.3
9*	3.5	2.6	2.0	1.3	0.9	1.3	2.0	2.7	3.1	1.9	-0.4	-1.5	-1.8	-1.7	-1.0	-0.8	-0.6	-0.8	-0.2	0.5	2.9	1.9	2.6	2.8	0.97	3.5	-1.8
10†	3.8	3.3	1.0	0.8	0.6	1.0	1.0	1.7	1.8	1.2	-1.0	-4.0	-3.4	-3.8	-2.1	3.4	-1.9	-1.8	-0.3	0.2	2.2	5.8	6.9	2.9	0.80	6.9	-4.0
11†	1.5	1.2	0.0	0.0	0.3	0.9	0.8	0.9	1.2	0.9	0.7	-1.6	-1.3	-1.6	-1.9	-2.5	-1.9	1.5	0.1	8.1	7.5	5.0	5.6	3.6	1.21	**8.1**	-2.5
12†	4.2	1.0	2.6	1.5	0.7	1.1	1.3	1.6	2.4	2.4	-0.9	-2.4	-4.1	-3.2	-1.8	3.0	1.5	0.9	0.6	4.1	2.0	2.6	3.9	5.2	1.26	5.2	-4.1
13	4.0	1.4	1.5	1.1	0.8	1.0	0.6	1.6	2.7	2.3	0.4	-2.2	-3.2	-3.4	-1.1	-0.8	-1.4	-0.8	0.9	0.9	2.0	1.6	1.6	1.5	0.54	4.0	-3.4
14*	1.6	1.5	1.4	1.4	1.4	1.5	1.4	2.5	2.3	0.6	-1.0	-2.1	-2.4	-1.9	-1.7	-1.0	-0.6	-0.1	0.5	0.5	0.7	1.0	1.3	1.4	0.42	2.5	-2.4
15*	1.4	1.5	1.2	1.4	1.1	1.2	1.6	2.2	2.6	1.4	-0.5	-2.7	-4.0	-3.6	-2.7	-1.3	-0.8	-0.6	-0.3	0.3	0.4	0.6	0.5	1.1	0.08	2.6	-4.0
16	1.3	1.3	1.7	1.2	1.0	0.9	1.3	0.9	0.4	-0.9	-1.5	-2.9	-3.5	-2.2	-2.1	-1.8	-1.3	-0.9	-0.7	-0.6	-0.7	1.0	3.7	5.8	0.06	5.8	-3.5
17	3.8	2.1	2.0	1.9	1.2	0.9	0.4	1.3	1.6	1.0	-0.6	-3.0	-3.5	-2.7	-1.7	-0.8	0.1	0.6	0.2	0.6	2.6	2.6	3.0	1.4	0.62	3.8	-3.5
18	1.7	2.0	-0.2	1.2	2.1	1.8	1.8	1.8	2.9	1.4	-1.8	-3.7	-4.6	-5.3	-3.5	-2.3	-1.1	-0.5	-0.1	0.2	0.9	0.9	0.6	0.1	-0.15	2.9	-5.3
19†	-0.2	-0.7	-2.3	-1.0	0.1	-1.1	-1.6	-2.4	-0.5	-2.2	-4.8	-6.9	-7.3	-6.1	-8.0	-5.7	-1.0	4.4	5.4	5.7	3.8	2.6	2.0	1.6	**-1.09**	5.7	**-8.0**
20*	1.5	1.6	0.3	-0.8	1.8	3.3	4.1	5.0	4.7	3.6	2.5	1.8	0.1	0.6	0.9	1.3	1.3	0.8	0.8	0.8	0.7	0.3	0.7	0.5	1.59	5.0	-0.8
21	0.3	0.6	0.8	0.8	1.1	2.1	2.7	2.4	1.6	0.6	-3.0	-1.7	-3.0	-2.5	-2.4	-1.6	-0.5	0.6	1.4	1.7	1.6	2.0	2.3	2.7	0.44	2.7	-3.0
22	3.6	4.1	4.4	2.3	2.3	1.2	-1.7	1.0	2.3	1.4	-1.0	-2.3	-3.0	-2.5	-1.0	-0.3	2.4	2.2	0.4	1.6	1.8	1.8	1.7	1.5	1.01	4.4	-3.0
23	0.7	0.6	0.7	0.9	1.2	0.8	1.1	1.7	3.0	2.6	-0.5	-3.5	-4.6	-2.7	-2.7	-2.7	-1.9	-0.5	-0.4	1.2	1.5	2.2	2.2	3.1	0.17	3.1	-4.6
24	3.9	6.2	3.8	3.3	3.1	2.6	2.1	2.8	3.0	2.0	-0.3	-1.6	-2.8	-2.8	-1.8	-0.5	0.4	0.4	0.7	1.1	1.4	1.8	1.8	1.6	1.34	6.2	-2.8
25	1.6	2.3	3.0	2.5	1.5	1.5	1.6	1.6	1.8	1.8	1.0	-0.4	-2.1	-2.6	-1.8	-0.4	-0.2	-0.2	-0.1	-0.7	1.5	2.2	8.0	4.6	1.17	8.0	-2.6
26	1.2	1.2	0.3	-1.2	-0.6	0.0	0.7	1.1	0.6	-1.3	-1.3	-2.5	-2.7	-1.6	-1.1	-1.4	-1.7	0.1	1.1	2.8	4.0	4.7	4.1	4.2	0.45	4.7	-2.7
27	3.9	2.7	3.3	3.6	1.5	-0.2	-1.0	0.7	0.9	0.9	0.6	-1.5	-1.9	-0.9	-0.4	-0.1	0.2	0.5	4.7	5.0	4.0	5.8	8.0	2.7	**1.79**	8.0	-1.9
28	3.9	-0.2	2.6	3.2	2.2	2.0	2.2	2.4	3.4	2.7	0.9	-0.8	-1.0	-1.0	-1.9	-0.2	0.5	0.6	0.4	1.3	2.1	2.6	2.8	2.0	1.36	3.9	-1.9
29	1.3	0.8	0.4	-0.1	0.7	1.7	1.7	2.0	2.2	1.0	-0.2	-2.2	-3.0	-2.7	-1.9	0.2	2.9	0.4	1.1	1.1	2.0	2.7	1.9	1.5	0.65	2.9	-3.0
30*	1.4	1.0	0.8	0.8	0.7	1.2	2.0	2.2	2.2	1.4	0.6	-0.4	-2.0	-2.4	-1.2	-0.1	0.2	0.2	0.6	0.7	0.8	1.0	1.0	0.9	0.57	2.2	-2.4
31	0.6	-0.6	0.2	0.6	0.6	1.1	1.6	2.5	3.4	2.3	0.6	-1.7	-2.4	-2.7	-2.7	-1.3	-0.8	0.5	0.5	0.8	1.6	3.0	1.2	0.8	0.40	3.4	-2.7
Mittel	2.2	1.6	1.2	1.0	0.8	1.1	1.2	1.8	2.3	1.4	-0.5	-2.1	-2.9	-2.6	-2.0	-1.0	-0.2	0.2	0.6	1.5	1.9	2.4	3.0	2.5	0.64	4.7	-3.2

Deklination

Niemegk D = −3° 20′ + Tafelwert **1947**

0h 1h 2h 3h 4h 5h 6h 7h 8h 9h 10h 11h 12h 13h 14h 15h 16h 17h 18h 19h 20h 21h 22h 23h 24h Weltzeit

Januar

Tag	0h	1h	2h	3h	4h	5h	6h	7h	8h	9h	10h	11h	12h	13h	14h	15h	16h	17h	18h	19h	20h	21h	22h	23h	Tagesmittel	Max.	Min.
1	-0.1	-0.2	-0.6	0.2	0.7	0.7	0.8	1.4	2.2	1.8	-1.0	-2.5	-3.6	-4.4	-3.5	-1.2	-1.1	0.0	0.4	0.6	1.2	1.7	2.0	1.4	**-0'.13**	2.2	-4.4
2	0.9	0.6	0.7	0.8	0.7	1.3	1.7	2.2	2.7	1.3	-0.3	-2.8	-3.6	-4.3	-2.2	-1.3	0.9	7.7	0.7	0.8	1.2	1.2	0.8	0.5	0.51	7.7	-4.3
3	0.3	0.4	0.4	0.3	0.4	0.5	-0.1	1.3	3.1	2.0	0.9	-2.5	-3.7	-3.7	-3.8	-3.1	2.6	-2.9	1.0	3.6	2.2	3.8	9.1	2.3	0.60	9.1	-3.8
4†	2.7	3.4	1.2	1.4	1.0	1.4	2.0	2.9	2.8	1.2	-0.5	-5.9	-5.4	-2.7	-6.2	-6.1	-5.0	0.6	2.4	6.9	6.8	4.3	3.4	3.9	0.69	6.9	**-6.2**
5†	4.6	4.2	3.5	2.8	2.7	-0.4	2.6	3.5	2.8	1.8	0.3	-1.0	-2.2	-2.9	-2.6	-3.1	9.1	-3.2	1.7	4.9	2.4	5.7	6.3	5.4	1.91	9.1	-3.2
6	4.6	-0.2	2.0	2.7	0.2	0.2	0.1	2.1	1.0	0.4	-0.4	-1.1	1.4	0.0	3.8	1.8	2.2	2.3	2.4	6.4	5.5	4.0	5.3	3.1	2.08	6.4	-1.1
7	2.2	2.6	-0.1	-0.8	0.8	2.3	2.3	2.4	3.0	2.4	0.4	-2.6	-1.4	-1.4	-1.4	0.3	1.5	-0.3	1.0	1.3	1.3	2.3	4.2	3.3	1.07	4.2	-2.6
8	2.7	3.6	4.4	2.7	2.0	1.0	2.1	2.7	2.3	0.6	0.1	-1.3	-0.9	—	-0.2	-0.1	0.3	0.0	1.1	1.4	2.0	1.7	1.8	1.9	1.39	4.4	-1.3
9*	2.0	1.6	1.0	0.8	0.4	0.8	1.4	2.2	3.0	2.7	1.6	-0.1	-0.6	-0.4	-0.4	0.0	-0.1	0.0	1.0	1.4	1.9	1.8	1.5	1.6	1.05	3.0	-0.6
10*	0.9	1.4	0.9	0.8	0.9	1.5	2.3	3.1	3.1	2.2	0.5	-0.9	-0.8	-0.2	-0.2	-0.1	0.0	0.3	0.4	1.1	1.5	1.6	1.7	1.7	0.99	3.1	-0.9
11*	1.3	0.9	0.5	0.4	1.0	1.8	2.6	3.0	2.8	2.4	1.5	-0.5	-0.9	-0.4	-0.4	-0.4	-0.3	0.2	0.7	1.2	1.6	2.0	2.0	1.6	1.02	3.0	-0.9
12*	1.4	1.2	0.8	0.6	0.8	1.4	2.2	2.8	2.5	1.2	-0.3	-1.3	-1.2	0.0	-0.4	-0.4	-0.4	0.0	0.5	1.1	1.2	1.4	1.5	1.3	0.75	2.8	-1.3
13*	1.3	1.2	1.0	1.1	1.4	1.8	2.2	2.2	1.5	0.4	-1.8	-3.6	-3.3	-1.8	-1.2	-0.5	-0.5	-0.4	0.2	0.7	1.1	1.4	2.9	2.2	0.40	2.9	-3.6
14	1.8	2.1	2.2	2.0	1.4	1.4	2.2	3.0	2.8	2.2	1.0	-2.2	-2.8	-2.0	-1.8	-2.8	-2.8	-1.7	-0.8	0.4	1.2	1.2	1.3	1.6	0.45	3.0	-2.8
15	1.9	1.3	0.5	1.3	1.0	0.8	2.0	3.5	3.8	2.9	0.2	-2.7	-3.3	-1.6	-0.4	-0.4	-1.0	-0.8	-0.3	0.3	2.0	4.7	5.5	5.4	1.11	5.5	-3.3
16†	4.8	3.6	2.3	-5.8	6.2	6.4	4.6	4.4	5.5	3.8	1.4	-1.8	-2.3	-1.0	-1.0	-0.8	-6.0	-1.2	4.8	10.8	11.0	8.7	4.6	5.6	2.83	11.0	-6.0
17	6.3	5.1	4.7	3.5	3.1	3.9	3.6	3.7	4.0	3.4	3.4	0.4	-0.4	0.5	1.3	1.4	1.2	1.4	1.1	2.1	2.3	1.3	4.9	5.9	2.84	6.3	-0.4
18	4.3	4.6	3.9	2.8	2.4	2.9	3.5	4.3	5.1	3.2	2.0	0.3	-0.9	-1.5	-0.1	2.4	-0.9	1.5	4.8	2.2	3.8	3.4	3.1	3.5	2.52	5.1	-1.5
19	4.8	4.4	3.7	1.4	2.3	2.4	3.2	4.4	5.1	3.9	1.3	-0.6	-1.9	-1.7	-1.2	-0.6	-0.1	0.6	0.9	1.5	1.8	3.6	3.6	5.5	2.01	5.5	-1.9
20	5.6	3.9	3.2	3.2	2.9	3.0	3.2	4.0	4.1	3.5	2.0	0.8	-0.9	0.0	0.7	-0.2	-0.1	-1.2	1.4	2.2	3.8	2.5	2.6	2.6	2.20	5.6	-1.2
21	3.5	4.0	4.5	3.3	3.1	2.1	3.1	3.9	3.8	3.0	1.7	0.6	-1.0	0.0	0.9	-0.2	-0.7	-0.1	1.0	1.7	2.9	1.9	1.8	2.2	1.96	4.5	-1.0
22	1.2	1.4	1.1	1.4	1.4	2.1	3.1	4.6	4.0	2.7	1.4	-0.4	-1.8	-1.1	-0.9	-1.6	-2.0	-2.1	0.4	1.4	3.7	4.5	2.1	3.7	1.26	4.6	-2.1
23	4.0	4.2	3.8	2.2	3.0	2.8	2.9	3.8	4.4	3.6	2.0	-0.1	-1.0	-0.6	-0.3	-0.9	-0.9	-0.8	1.5	1.3	2.0	3.2	2.0	1.1	1.80	4.4	-1.0
24	1.0	1.0	1.0	1.3	1.4	1.8	2.7	4.4	4.1	2.9	2.8	1.2	0.2	1.9	6.0	4.0	2.1	2.2	2.7	6.8	4.4	5.2	3.6	2.0	2.78	6.8	0.2
25†	1.1	2.0	1.4	-4.0	-5.2	-4.5	-1.2	-0.7	-0.1	2.1	-0.8	0.7	-2.7	-0.4	0.6	3.3	1.8	1.1	9.9	4.9	6.8	9.5	12.4	14.1	2.17	**14.1**	-5.2
26†	11.6	10.0	8.5	10.8	3.8	5.1	1.8	4.4	4.6	3.5	-0.4	-2.8	-3.5	-2.9	-1.9	-0.5	5.6	-1.8	3.5	9.3	6.2	4.0	5.0	3.5	**3.64**	11.6	-3.5
27	4.8	3.1	1.9	1.2	-0.3	2.1	4.1	5.1	4.9	3.5	1.2	-1.3	-2.5	-0.9	3.2	-0.3	-1.8	-2.2	0.4	6.0	5.6	5.3	5.4	6.3	2.28	6.3	-2.5
28	0.3	5.2	1.4	3.4	3.4	2.7	3.5	4.3	4.6	3.4	2.6	0.6	-0.6	-1.5	0.6	0.6	0.4	0.3	1.4	1.7	3.5	5.9	5.8	4.6	2.42	5.9	-1.5
29	3.5	3.5	3.8	2.5	4.6	4.3	3.5	3.4	3.1	1.7	1.3	-0.3	-2.4	-2.9	-2.5	-1.6	-0.8	1.0	1.9	1.6	2.2	2.5	2.5	2.9	1.64	4.6	-2.9
30	4.0	4.1	4.8	3.9	3.3	3.2	4.1	4.9	4.1	1.6	-0.6	-2.0	-2.3	-2.4	-0.7	-0.3	0.4	0.8	1.2	1.7	1.7	2.4	7.8	8.6	2.26	8.6	-2.4
31	6.5	5.2	3.9	2.4	1.5	2.4	3.2	4.4	4.2	3.3	1.8	0.0	-1.7	-1.8	-0.6	-0.1	-0.3	0.1	0.9	1.7	1.7	2.2	3.8	4.6	2.05	6.5	-1.8
Mittel	3.0	2.9	2.3	1.6	1.7	1.9	2.4	3.3	3.4	2.4	0.8	-1.2	-1.9	-1.4	-0.5	-0.4	0.1	0.0	1.6	2.9	3.1	3.4	3.9	3.7	1.63	6.0	-2.4

Februar

Tag	0h	1h	2h	3h	4h	5h	6h	7h	8h	9h	10h	11h	12h	13h	14h	15h	16h	17h	18h	19h	20h	21h	22h	23h	Tagesmittel	Max.	Min.
1	5.8	3.8	2.8	3.5	1.5	1.2	2.8	3.6	4.3	2.9	2.0	0.8	-1.1	-1.4	-0.5	0.4	0.7	0.8	1.3	1.8	2.3	2.5	1.8	1,8	1'.89	5.8	-1.4
2	1.0	0.9	1.1	1.7	1.8	2.0	3.0	4.4	5.0	3.5	1.1	-1.2	-2.5	-3.0	-2.1	-1.0	-0.2	-0.2	0.2	1.0	1.0	2.0	2.3	2.7	1.03	5.0	-3.0
3	2.8	3.4	2.8	2.8	2.8	2.7	3.4	3.8	3.5	2.7	0.1	-1.4	-2.2	-2.6	-1.9	-1.4	-0,5	-1.5	-0.7	0.6	1.4	1.8	1.5	1.0	1.04	3.8	-2.6
4	1.0	2.7	3.9	3.6	3.4	2.1	2.5	4.0	6.1	3.6	1.1	-1.4	-3.5	-1.3	-2.3	-0.4	0.7	0.7	1.1	1.8	2.3	4.3	3.3	1.3	1.69	6.1	-3.5
5	2.7	2.1	2.6	2.4	2.7	2.8	2.9	3.6	4.7	2.4	-0.7	-3.0	-3.1	-2.6	-0.7	-0.2	0.3	0,8	1.0	1.4	1.9	2.2	3.4	3.5	1.38	4.7	-3.1
6	2.0	1.9	1.7	2.0	2.2	1.5	0.4	1.6	4.8	5.2	3.7	0.2	-2.1	-3,1	-1.4	-0.6	0.5	1.4	4.8	4.1	4,3	4.2	1.8	1.8	1.79	5.2	-3.1
7	1.8	1.6	1.6	1.9	2.0	2.6	3.4	4,5	4.3	1.8	-2.2	-3.5	-6.4	-5.2	-2.2	-1.5	-0.7	-1.4	0.2	2,8	3.9	3.4	3.4	2.3	**0.77**	4.5	-6.4
8†	1.6	0.9	2.5	3.5	3.6	3.3	3.5	4.4	2.3	0.1	-0.7	-3.6	-3.8	-6.1	-5.6	-4.3	-4,6	3.9	7.2	11.7	10.8	9.4	16.5	11.4	2.83	16.5	-6.1
9†	5.6	7.2	0.9	5.4	2.0	2.6	5.5	6.7	6.3	5.1	1.4	1.1	-0.9	-1.5	-0,5	0.7	1,7	1.8	1.1	1.0	12.9	13.7	9,6	10.6	4.17	13.7	-1.5
10	8.8	7.4	6.3	3.8	3.9	3.5	4.2	5.2	6.7	4.0	0.1	-2.1	-3.6	-4.9	-4,1	-2.1	-0.4	0.7	1,3	2.4	3.2	3.2	3.9	3.3	2.27	8.8	-4.9
11	3.7	2.5	2.5	2.5	2.7	3.4	3.6	5.3	6.4	4.0	1.0	-1.8	-3.3	-3.1	-2.8	-1.7	-0,4	-0,4	0.0	0.7	1.0	3.2	4.3	3.4	1.53	6.4	-3.3
12	1.6	1.7	2.0	1.9	2.0	2.4	3.3	5.6	7.5	6.4	2.4	-1.6	-3.2	-3.6	-3.8	-1.8	-0,5	-0.4	0.1	0.9	1.5	1.6	2.1	5.0	1.38	7.5	-3.8
13	2.4	1.6	1.6	1.6	1.3	1.8	3.2	4.8	7.1	5.2	2.4	-0.9	-3.4	-3.2	-2.4	-0.8	0.3	0.8	0.3	0.7	1.6	1.4	1.6	1.8	1.28	7.1	-3.4
14*	1.9	1.6	1.6	1.7	1.8	2.4	3.1	5.4	7.0	5.7	2.5	-0.8	-2.5	-3.4	-2.7	-1.4	-0.2	-0.4	-0.4	0.4	0.9	1.4	1.7	1.4	1.20	7.0	-3.4
15*	1.7	1.8	1.8	1.8	2.1	2.5	4.1	6.4	8.8	6.6	2.9	-1.0	-2.8	-2.8	-2.3	-1.1	-0.7	-0,7	0.2	0.8	1.8	1.7	1.3	1.2	1.50	8.8	-2.8
16†	1.1	1.1	1.2	-0.3	0.5	2.1	3.3	5.7	6.5	3.7	-2.1	-5.5	-5,6	-6.6	-7.1	0.5	0.2	12,2	3.8	7.4	11.3	14.1	11.7	12.8	3.00	14.1	**-7.1**
17†	18.7	18.8	16.3	5.0	6.7	4.2	4.9	10.6	11.0	5.0	1.6	-1.3	-3.3	-4.0	-3.8	-4.4	2.0	1.2	1.6	2.8	3.4	4.6	4.4	4.4	**4.60**	**18.8**	-4.4
18	4.2	8.1	6.9	6.4	6.5	5.4	6.6	8.4	8.5	5.0	1.0	-1.6	-2,5	-1.5	0.4	1.6	1.2	0,7	-0.2	-0.2	3.7	2.8	5.8	6,5	3.49	8.5	-2.5
19†	5.6	7.2	6.7	6.9	6.6	7.4	8.5	7.3	9.4	7.6	4.0	-0.2	-3.2	-5.1	-3,3	-4.0	-1.3	0.6	5.1	4.6	7.5	11.3	10.4	9.9	4.56	11 3	-5.1
20	2.7	4.9	0.1	-0.4	2.2	4.5	5.2	6.9	7.3	5.6	2.1	-0.1	-3.1	-2.1	-1.3	0.3	1,1	1.5	2.2	3.4	3.6	3.0	3.1	2.5	2.30	7.3	-3.1
21*	2.3	2.1	2.2	2.3	3.2	4 0	5.3	7.4	8.4	6.1	2.0	-0.5	-1,7	-1.8	-0.2	1.5	1.1	1,0	1,4	1.8	2.1	2.3	2.3	2.3	2.37	8 4	-1.8
22*	2.0	2.0	2.1	2.3	2.4	3.2	4.0	6.3	7.6	6.4	2.9	0.0	-1.0	-1.0	-0,6	0.3	0.7	1.3	1.0	1.4	1.8	4.1	3.0	1.7	2.25	7.6	-1.0
23*	1.5	1.7	1.5	1.5	1.9	2.5	4.0	6.4	7.3	5.5	2.2	-1.3	-3,4	-3.3	-1.8	-0.2	0.3	0.8	0.8	1.0	1.5	1.8	2.2	2.4	1.53	7.3	-3.4
24	2.9	2.5	3.8	2.6	2.6	2.7	3.5	6.2	8.0	6.7	3.5	-2.0	-2.7	-3.6	-3.7	-1.7	-0.4	0.6	2.1	3.1	2.8	2.2	2.1	2.1	1.91	8 0	-3.7
25	2.2	1.8	1.0	2.0	2.2	2.7	3.5	5.8	5.5	4.6	0.5	-2.0	-4.5	-4.4	-2.5	-1.1	0,0	1.8	2.5	2.6	2.9	6.0	6.4	4.0	1.85	6.4	-4.5
26	4.4	9.1	10.3	4.3	1.4	2.9	3.0	5.2	6.8	5.4	2.1	-2.0	-3.3	-3.5	-2.1	-0.4	0.7	0.9	1.3	2.0	2.4	2.6	3.5	6.9	2.66	10.3	-3.5
27	6.9	6.4	5.4	5 0	3.2	4.8	4.6	5.6	6.2	4.8	1.6	-2.1	-4.0	-2.9	-1.2	0.4	1.7	1.7	1.3	1.2	1.2	2.1	3.7	3.3	2.54	6.9	-4.0
28	3.3	3.3	4.4	4.0	4.5	4.5	4.5	5.8	5.9	5.5	2.7	-0.6	-2.7	-2.9	-1.8	-0,7	0.3	1.9	0.7	1,0	1.9	4.3	4,8	5.1	2.49	5.9	-2.9
Mittel	3.6	3.9	3.5	2.9	2.8	3.1	3.9	5.6	6.5	4.7	1.5	-1.4	-3.0	-3.2	-2.3	-0.9	0.1	1.1	1.5	2.3	3.5	4.2	4.4	4.2	2.19	8.3	-3.5

Niemegk

Deklination

$D = -3^\circ\ 20' + \text{Tafelwert}$

1947

Tag	0h–1h	1h–2h	2h–3h	3h–4h	4h–5h	5h–6h	6h–7h	7h–8h	8h–9h	9h–10h	10h–11h	11h–12h	12h–13h	13h–14h	14h–15h	15h–16h	16h–17h	17h–18h	18h–19h	19h–20h	20h–21h	21h–22h	22h–23h	23h–24h	Tages-mittel	Max.	Min.
März																											
1*	1.3	3.7	4.2	4.8	5.2	5.3	6.0	6.9	6.0	3.5	0.4	-2.4	-3.5	-3.7	-2.2	-0.4	0.4	0.9	1.0	1.8	2.0	2.6	4.4	4,0	2′18	6.9	-3.7
2†	3.4	4.5	5.1	4.1	3.1	6.2	7.3	7.0	6.6	-1.7	2.8	-5.1	-9,7	-5.9	-4.6	-2.7	0.3	-2.6	0.7	6.2	11.1	9.0	12.8	12.5	2.93	12.8	-9.7
3†	6.3	12.0	13.8	8.4	12.8	13.6	10.7	9.8	4.3	1.8	-2.0	-3.6	-3.6	-5.7	-2.2	-5.1	5.0	1,9	—	23.6	—	22.0	20.9	—	(**6.89**	**23.6**	-5.7)
4	18.9	8.6	9.2	4.5	-0.3	-12.4	-3.4	5.8	10.2	-0.6	5.6	1.4	0.1	1.6	4.7	3.9	4.4	6.1	15.3	7.3	9.4	8.2	2.9	3.4	4.78	18.9	**-12.4**
5	3.7	0.5	3.4	5.4	5.7	5.8	7.8	10.3	11.1	8.2	6.2	2.3	0.0	-0.1	1.9	2.9	2.9	2.7	3.3	3.8	3.9	4.3	3.7	3.8	4.31	11.1	-0.1
6*	3.8	2.6	4.2	4.3	4.6	4.8	6.6	9.5	10.0	7.8	3.1	-2.5	-5.1	-4.1	-1.9	1.4	1.6	2,1	2.8	3.5	4.4	4.7	3.7	3.4	3.14	10.0	-5.1
7	3.2	2.9	2.7	3.1	4.1	5.2	7.2	11.5	10.9	7.4	3.6	-4.2	-8.0	-7.1	-4.5	-1.2	1.1	0,7	1.3	2.7	2.8	3.2	3.6	3.4	2.32	11.5	-8.0
8†	2.6	2.6	1.2	-1.1	1.9	2.3	-0.3	2.2	3.7	0.0	-1.5	-7.6	-9.4	-9 5	-12.2	0.1	-1.8	11.3	9.7	11.2	14.7	15.2	16.6	10.6	2.60	16.6	-12.2
9	8.1	15.4	14.5	10.0	8.4	7.7	8.6	3.3	8 9	4.0	0.0	-3.3	-4.9	-3.8	-0,5	3,0	3.5	4.8	5.8	7.9	7.6	7.5	4.7	4.0	5.22	15.4	-4.9
10*	3.6	3.5	3.6	3.9	4.5	4.7	6.9	9.9	10.8	8.4	3.6	-1.8	-6,2	-5.4	-2.2	0.0	1.5	2.3	3.8	3.0	3.2	3.5	3.5	3.9	3.02	10.8	-6.2
11*	3.3	2.9	3.5	3.6	3.8	4.9	7.6	10.3	10.5	8.0	2.7	-2.6	-4.5	-4.3	-1.7	0.2	0.9	1.6	1.9	2.1	2.5	2.8	3.0	3.0	2.75	10.5	-4.5
12	2.2	3.1	3.5	3.1	0.7	1.3	6.0	8.8	8.9	6.8	1.1	-4.9	-6.3	-5.4	-6.3	-2.9	-0.3	0.5	0.8	1.2	1.9	3.0	3.4	3.5	**1.40**	8.9	-6.3
13	3.4	3.5	3.5	3.1	3.4	3.9	6.4	9.9	10.7	7.6	2.6	-3.7	-5.2	-5.5	-5.5	-2.5	-0.7	1.5	1.2	1.4	1.8	1.0	1.5	2.8	1.92	10.7	-5.5
14	1.2	1.5	1.7	1.8	0.2	1.1	6.7	10.8	8.8	6.8	3.6	-0.9	-3.8	-2.6	-1.4	0.2	2.2	2.7	1.8	2.6	5.6	3.0	3.9	4.7	2.59	10.8	-3.8
15†	2.6	4.1	4.0	4.5	3.6	2.3	3.4	7.3	10.2	11.5	6.6	-1.8	-9.5	-9.0	-7.1	-3.5	0.9	0.9	2.2	3.8	3.9	6.2	6.7	6.2	2.50	11.5	-9.5
16	6.6	6.0	5.8	6.0	6.3	7.7	9.4	10.2	8.4	5.5	2.8	0.3	-1.3	-2.3	-1.3	1.1	4.3	6.6	8.7	4.7	7.1	8.8	13.8	13.3	5.77	13.8	-2.3
17	6.8	9.6	7.8	5.7	5.5	4.8	5.2	7.2	8.6	4.2	0.3	-1.0	-0.3	0.9	1.6	3.0	3.9	6.5	5.3	4.2	6.0	5.9	4.5	5.1	4.64	9.6	-1.0
18	3.7	3.9	5.5	3.9	5.0	6.9	8.9	10.5	9.4	6.1	2.2	-1.2	-3.7	-4.1	-2.1	0.4	5.2	2.7	2.7	2.8	5.8	4.8	3.9	3.6	3.62	10.5	-4.1
19	4.0	5.6	6.9	6.6	6.5	6.9	9.9	9,4	8.6	6.2	1.8	-1.4	-4.2	-3.0	-1.9	-0.5	2.9	3.7	3.1	4.3	7.6	6.9	6.0	6.9	4.28	9.9	-4.2
20	2.6	4.0	6.4	5.2	4.0	4.2	7.9	8.8	9.2	6.9	2.0	-2.1	-3.0	-3.6	-2,4	-0.9	0.3	1.4	2.0	6.5	6.0	5.0	5.9	6.6	3.45	9.2	-3.6
21*	5.3	4.3	4.5	3.5	3.8	4.5	6.3	7.6	5.8	2.9	-1.9	-6.6	-5.4	-4.5	-3,7	-1.1	1.0	1.3	1.9	2.0	2.4	5.2	8.8	6.8	2.28	8.8	-6.6
22	4.7	5.0	6.2	2.8	1.1	1.3	3,5	8.2	6,1	1.7	-2.2	-5.3	-5.3	-5.2	-4.2	-1.0	-0.4	2.3	11.3	7.6	3.5	2.0	2.2	2.8	2.03	11.3	-5.3
23	3.0	3.1	5.5	5.1	5.0	2.8	5.7	6.8	5.4	1.2	-1.6	—	—	—	—	—	—	—	—	—	—	—	—	3.2	—	—	—
24	2.4	4.6	3.8	-1.3	-3.2	-6.3	-3.4	8.0	9.8	7.0	3.0	1.3	-1.1	-1.3	0.1	0.8	1.9	1.8	2.7	3.7	2.6	3.0	2.6	0.9	1.81	9.8	-6.3
25	2.9	4.3	5.4	5.8	5.6	4.9	5.0	6.3	6.2	3.9	0.2	-3.1	-3.4	-2.6	-0.7	1.2	2.8	4.9	3.8	4.4	4.5	6.0	5.2	3.1	3.19	6.3	-3.4
26	9.3	4.5	1.2	-0.8	0.1	3.0	5.3	7.8	7.8	3.4	0.0	-4.0	-5.3	-5.0	-2.8	-2.0	1.3	4.6	1.6	4.0	3.2	2.7	2.8	6.3	2.04	9.3	-5.3
27	6.6	5.3	7.1	4.5	6.2	6.1	4.9	5.1	6.4	-0.4	-4.0	-3.9	-4.3	-3.9	-1.4	-0.6	0,0	1.7	4.9	7.2	4.3	5.6	1.0	3.0	2.56	7.2	-4.3
28†	11.2	21.9	18.4	14.2	7.0	5.4	5.5	1.5	4.3	0.3	-0.7	-1.8	-3.6	-0.2	1.2	5.2	8.9	12.7	4.4	3.7	6.6	9.9	12.0	5.8	6.41	21.9	-3.6
29	10.1	7.6	8.0	7.7	9.1	10.3	11.9	12.0	9.7	6.9	1.4	-3.2	-4.6	-1.9	-2.2	-0.5	1.2	3.2	5.8	7.7	5.9	5.8	5.7	10.6	5.34	12.0	-4.6
30	5.6	6.6	11.7	7.5	11.0	10.9	11.3	11.4	10.6	7.5	0.6	-4.2	-5.7	-5.5	-6.6	-5.3	0.6	5.6	5.4	5.6	5.0	4.0	4.2	4.4	4.26	11.7	-6.6
31	4.1	4.9	3.6	6.5	5.7	5.8	6.2	9.9	6.8	3.8	1.3	-3.9	-4.1	-2.5	-0.4	1.5	4.3	3.6	2.3	2.6	3.2	3.5	3.8	4.0	3.19	9.9	-4.1
Mittel	5.0	5.6	6.0	4.7	4.5	4.4	6.2	8.2	8.2	4.7	1.4	2.7	-4.5	-3.8	-2.4	-0.2	2.0	3.3	4.0	5.1	5.1	5.8	5.9	5.2	3.41	11.7	-5.4
April																											
1*	4.2	5.0	5.5	6.0	6.4	7.8	9.1	9.9	7.2	4.7	1.0	-3.8	-5.1	-6.3	-4,2	-2.2	-0.2	1.2	1.9	2.2	2.7	5.7	4.4	3.7	2′78	9.9	-6.3
2	3.9	3.8	3.5	3.2	4.7	6.3	8.4	12.5	12.4	10.1	5.0	-0.4	-4.0	-3.7	-2.1	0.3	2.8	5.2	3.3	2.3	2.3	2.8	3.2	3.4	3.72	12.5	-4.0
3	3.6	3.2	2.0	-0.6	4.4	7.2	10.8	12.3	10.8	5.9	-0.5	-5.0	-7.8	-7.0	-4.2	-2.7	0.2	1.1	1.1	1.8	1.9	1.9	3.2	4.4	**2.00**	12.3	-7.8
4	5.9	5.6	6.0	5.1	4.6	4.3	7.5	9.7	9.6	4.2	-2.4	-7.2	-6.6	-2.7	-2.6	1.4	7.4	5.4	5.7	6.6	10.6	7.3	9.9	9.0	4.35	10.6	-7.2
5	7.3	5.9	5.6	5.7	6.3	8.6	11.5	13.7	12.2	6.4	-1.2	-4.1	-5.4	-2.2	0.0	2.5	3.6	4.4	3.4	3,5	3.9	3.2	3.1	3.0	4.20	13.7	-5.4
6	3.0	2.9	0 2	-0.1	3.1	4.9	9.2	10.7	10.2	6.3	-0.1	-4.3	-5,6	-4.0	-1.1	2.8	4.8	4.2	5,0	4.7	2.8	3.8	3.2	2.5	2.88	10.7	-5.6
7	3.2	3.8	3.3	4.2	4.1	5.8	9.0	11.9	11.9	8.2	0.9	-5.1	-7.0	-6.4	-2.9	-0.2	3.8	2.6	1.6	2,0	2.4	2.4	2.6	5.3	2.81	11.9	-7.0
8	3.7	3.7	4.2	4.2	4.6	6.4	9.1	11.2	11.0	5.6	0.0	-5.2	-10.0	-7.7	-4.1	-1.4	1.3	2.2	2.1	2.0	2.4	2.2	1.0	-0.1	2.02	11.2	-10.0
9†	5.8	7.3	7.0	4.9	2.8	2.4	6.7	8.3	11.1	5.6	3.0	4.2	-2.2	-3.5	2.1	4.3	5.3	4.4	3.8	3.6	3.4	2.9	5.0	5.7	4.33	11.1	-3.5
10	5.7	4.9	3.7	5.9	7.0	8.5	10.1	8.6	9.9	9.2	5.3	0.4	-3.9	-3.6	-3.6	-1.9	0.3	1.4	2.2	2.3	2.9	3.3	3.1	1.2	3.45	10.1	-3.9
11	6.1	6.3	6.2	7.1	5.7	7.8	10.6	13.4	12.8	9.8	4.6	-2.6	-3,2	-3.7	-3.8	-1.1	1.7	4.5	4.3	2.8	3.1	3.0	4.5	6.3	4.42	13.4	-3.8
12	5.5	5.7	6.4	6.6	6.6	7.2	9.2	11.1	10.6	6.8	2.2	-3.3	-6.0	-7.8	-4.2	-1.9	1.2	3.2	4.7	3.8	1.6	6.4	8.4	8.0	3.83	11.1	-7.8
13	7.6	7.1	8.2	6.9	7.1	6.3	8.2	9.6	8.2	3.2	-2.6	-6.7	-9.1	-5.8	-4.2	0.5	2.0	3.1	3.0	3.1	4.7	6.3	4,8	6.1	3.23	9.6	-9.1
14	6.9	8.5	8.8	7.9	5.6	7.2	8.3	9.2	8.0	4.8	-0.5	-4.8	-4.9	-4.3	-1.5	0.7	2.6	2.4	2.2	4.2	7.0	5.9	5.6	5.3	3.96	9.2	-4.9
15	5.1	9.4	8.5	4.1	4.3	4.6	6.5	8.8	7.1	3.1	-1.1	-4.5	-5.4	-4.8	-1.4	-0.1	3.1	3.4	3.7	2.4	3.3	5.7	4.0	4.1	3.08	9.4	-5.4
16	5.1	3.7	3.0	6.5	7.1	8.9	8.9	7.6	6 2	4.9	1.6	-2.5	-4.5	-3.6	-2.2	0.0	1.7	3.9	9.0	6.1	6.1	4.3	5.0	7.9	3.95	9.0	-4.5
17†	11.9	7.7	4.6	5.9	6.2	4.3	6.6	7.4	6.2	2.7	0.1	-2.3	-8.0	-13.1	-11.9	-13 2	-9,4	-1.4	-6.2	3.8	17.5	18.3	35.9	26.4	4.17	**35.9**	**-13.2**
18†	15.7	14.9	13.6	12.6	11.0	9.1	7.4	6.1	4.3	0.7	-3.5	-7.1	-5.5	-6.4	-5.4	1.0	0.1	2.5	3.8	3.2	5.0	19.7	8.6	5.7	**4.88**	19.7	-7.1
19†	6.0	7.4	2.0	7.7	9.4	9.6	10.2	9.5	9.0	5.4	0.4	-0.8	-6.4	-4.8	-2.8	0.8	4.1	6.5	2.5	2.4	2.8	3.5	3.9	7.2	3.98	10.2	-6.4
20†	2.4	6.6	6.6	6.5	5.6	2.5	3.6	7,3	7.2	4.5	1.5	-0.5	-1.8	0.0	0.5	1.6	2.6	3.2	9.9	7.2	4.7	3.8	4.0	4.8	3.93	9.9	-1.8
21*	4.2	4.8	4.8	4.4	2.5	5.4	7.6	9.7	9.8	7.7	4.1	0.8	0.0	-0.1	0.5	1.2	2.1	3.1	3.2	3.2	3.4	3.6	3.5	3.4	3.87	9.8	-0.1
22*	4.0	4.4	4.8	5.1	5.3	6.9	9.4	11.0	10.5	6.9	1.2	-3.0	-4.1	-4.0	-1.8	0.2	1.8	3.1	3.2	3.3	3.2	3.2	3.2	2.6	3.35	11.0	-4.1
23*	3.1	3.9	3.6	4.0	4.9	8.7	11.2	12.2	10.4	5.7	0.0	-3.3	-5.8	-4.9	-3.2	-0.8	0,9	1.6	1.2	1.6	1.9	2.4	2.8	3.6	2.74	12.2	-5.8
24*	3.6	3.7	3.6	4.1	5.3	6.9	8.1	9.4	8.8	5.6	0.8	-4.1	-6.8	-6.9	-4.8	-2.0	0.4	1.6	1.6	2.0	2.3	2.6	3.2	3,7	2.20	9.4	-6.9
25	3.9	4.4	4.5	4.9	6.0	7.8	10.0	11.3	11.3	8.4	2.2	-1.3	-4.6	-5.1	-3.4	-0.5	0,8	-0.8	1.6	0.4	0.1	1.3	2.1	1.6	2.79	11.3	-5.1
26	2.5	1.8	4.5	6.2	8.3	10.5	12.3	12,9	10.7	8.7	3.7	-0.9	-4.6	-5.0	-2.4	-1.5	0.3	2.0	2.6	3.4	2.0	4.4	4.1	7.6	3.92	12.9	-5.0
27	5.3	5.4	5.6	6.5	7.4	8.0	9,0	9.4	9.8	5.8	3.5	0.0	-3.3	-3.5	-2.5	0.4	1.7	2.5	4.9	5.8	4.9	3.3	3.1	3.0	4.00	9.8	-3.5
28	2.6	3.6	4.8	4.1	4.3	5.1	9.2	10,4	9,9	6.6	1.3	-3.2	-6.6	-6.2	-2.2	0,2	2,5	3.4	2.5	3.6	5.1	2.6	3.2	4.2	2.95	10.4	-6.6
29	3.5	4.1	4.7	4.9	4.9	7.7	8.1	10.5	9.3	3.2	-1.1	-1.3	-7,4	-3.8	-0.8	1.1	2.8	3.6	2.6	2.2	3.0	2.9	3.2	2.9	2.95	10.5	-7.4
30	1.8	3.6	4.9	4.7	2.6	3.2	6.2	8.6	8.4	4.5	-0.6	-4.5	-7.2	-6.8	-4.2	-1.1	1.0	2.2	3.3	4.9	4.1	3.3	3.7	3.5	2.09	8.6	-7.2
Mittel	5.1	5.4	5.2	5.3	5.6	6.7	8.7	10.1	9.5	5.8	1.0	-2.9	-5.4	-4.9	-2.8	-0.4	1.8	2.9	3.1	3.3	4.0	4.7	5.2	5.2	3.43	11.9	-5.9

Weltzeit

Deklination

Niemegk D = −3° 20′ + Tafelwert **1947**

Tag	0h–1h	1h–2h	2h–3h	3h–4h	4h–5h	5h–6h	6h–7h	7h–8h	8h–9h	9h–10h	10h–11h	11h–12h	12h–13h	13h–14h	14h–15h	15h–16h	16h–17h	17h–18h	18h–19h	19h–20h	20h–21h	21h–22h	22h–23h	23h–24h Weltzeit	Tagesmittel	Max.	Min.
Mai																											
1	4.2	1.1	3.6	4.7	4.4	2.4	6.3	8.1	9.0	6.9	4.2	1.4	-3.7	-2.4	0.6	1.6	6.9	6.6	4.4	2.7	0.1	0.0	2.0	2.7	3.37	9.0	-3.7
2*	4.6	4.4	5.6	7.4	9.7	11.6	12.1	11.2	9.2	4.9	1.2	-1.7	-2.7	-2.4	0.0	2.8	4.0	4.0	3.5	3.5	3.2	2.5	2.5	3.2	4.35	12.1	-2.7
3	3.7	3.4	4.1	4.2	6.8	7.2	7.5	7.7	6.5	3.4	-0.5	-3.7	-4.9	-4.1	-0.4	3.0	4.6	4.8	3.5	2.5	2.4	2.7	2.7	2.8	2.91	7.7	-4.9
4	3.2	3.8	4.7	6.3	8.9	11.1	11.3	10.0	5.7	0.0	-2.4	-4.3	-5.0	-3.3	-1.5	1.1	3.1	3.7	3.5	4.2	3.2	2.0	2.4	2.9	3.11	11.3	-5.0
5	3.2	2.8	2.1	2.4	6.7	9.7	10.8	10.8	8.9	5.7	0.4	-3.3	-5.5	-4.3	-1.8	0.6	3.2	5.9	3.2	1.7	1.6	1.4	2.4	2.4	2.96	10.8	-5.5
6	3.3	3.8	4.3	5.4	8.1	9.3	9.6	9.9	6.8	0.8	-3.7	-6.5	-7.3	-4.5	-1.0	2.6	4.9	4.3	1.9	0.8	1.2	1.4	2.0	0.0	**2.39**	9.9	-7.3
7	2.1	3.7	4.1	5.3	8.2	9.4	10.4	9.7	7.8	4.2	-1.4	-4.8	-4.8	-2.6	0.3	2.1	3.3	4.1	3.0	2.3	2.2	2.8	3.0	3.4	3.24	10.4	-4.8
8*	3.8	4.1	4.6	6.0	8.2	9.9	10.7	10.3	8.0	5.0	1.2	-2.1	-2.3	-1.8	-0.6	1.1	3.0	3.8	3.4	3.0	2.3	2.4	2.3	2.8	3.71	10.7	-2.3
9*	3.4	3.9	4.2	6.0	8.3	10.0	10.8	9.9	7.5	2.9	-0.8	-4.7	-6.1	-4.3	-2.2	-0.5	1.8	2.7	2.3	1.9	1.9	3.0	2.7	2.7	2.80	10.8	-6.1
10*	3.2	3.6	4.5	6.0	8.4	10.4	11.7	10.8	8.7	4.4	-1.0	-5.0	-6.3	-5.8	-3.0	0.4	3.4	4.0	2.8	2.8	2.8	3.6	4.7	5.2	3.35	11.7	-6.3
11	6.5	6.2	6.8	8.4	10.9	11.8	11.8	9.9	6.9	2.5	-1.8	-6.9	-9.2	-6.9	-3.6	-0.8	3.0	4.8	4.2	3.8	4.1	4.4	5.4	6.9	3.71	11.8	**-9.2**
12	8.5	7.7	5.2	10.4	11.1	12.6	13.2	10.5	5.9	1.2	-2.9	-5.4	-5.6	-4.9	-2.9	0.6	3.3	4.5	3.3	2.1	2.7	3.6	3.9	2.9	3.81	13.2	-5.6
13	6.8	7.0	6.9	8.6	11.9	14.7	14.7	11.6	6.5	1.6	-2.2	-5.7	-5.8	-3.5	-1.0	0.6	1.0	2.7	4.4	2.7	8.2	8.5	7.1	5.3	4.69	14.7	-5.8
14†	8.7	11.4	10.2	12.5	12.4	13.9	11.9	10.2	4.1	-2.0	-5.7	-7.7	-6.2	-3.3	-1.1	3.2	5.0	6.9	5.5	4.7	4.0	3.9	2.0	3.6	4.50	13.9	-7.7
15†	4.6	6.2	3.8	6.5	8.7	11.6	14.0	13.6	9.1	2.9	0.5	-2.8	-5.4	-3.7	-2.5	1.8	2.1	2.2	2.2	3.5	9.7	4.9	4.4	6.4	4.35	14.0	-5.4
16†	10.8	9.6	2.7	9.0	11.3	7.7	11.3	12.4	8.5	6.0	2.7	0.5	-1.3	-3.4	1.2	1.9	2.7	3.6	5.6	7.2	4.2	4.1	2.4	5.7	5.27	12.4	-3.4
17	6.2	8.4	9.4	9.1	11.0	11.7	11.3	10.3	8.1	4.3	0.1	-4.2	-5.6	-3.1	-1.4	0.1	2.7	3.1	4.7	4.0	3.4	2.3	3.5	4.5	4.33	11.7	-5.6
18	5.5	5.3	8.8	10.5	10.1	11.6	11.9	12.0	8.8	5.1	1.5	-1.8	-2.9	-2.9	-2.8	-0.8	2.0	5.2	5.0	6.6	4.8	3.7	5.7	7.0	5.00	12.0	-2.9
19	8.4	8.2	8.0	9.6	12.9	12.5	13.7	11.3	6.6	2.8	-1.5	-5.6	-5.0	-5.2	-2.1	0.8	3.0	3.9	4.0	3.8	3.7	4.7	5.7	7.1	4.64	13.7	-5.6
20	7.2	7.3	7.9	8.8	10.3	11.6	10.4	8.3	5.5	1.0	-3.0	-5.1	-5.0	-5.1	-3.2	0.6	3.6	3.6	2.5	2.4	2.8	4.2	4.7	4.7	3.58	11.6	-5.1
21	5.6	5.4	6.9	8.7	10.4	12.0	11.2	9.5	7.1	3.2	-0.9	-4.6	-5.9	-5.4	-4.0	-1.2	1.5	2.9	3.9	3.3	2.4	2.4	3.9	2.6	3.37	12.0	-5.9
22	6.0	6.4	5.5	7.0	8.0	9.6	9.6	8.8	6.6	2.8	-2.6	-6.0	-7.4	-6.0	-4.0	-1.1	2.4	4.3	4.8	4.4	3.1	3.4	3.0	4.8	3.06	9.6	-7.4
23†	6.0	6.1	4.8	3.0	16.0	18.0	11.1	12.8	13.3	8.7	4.0	-1.7	-5.8	-6.9	-5.0	-4.6	-2.2	2.5	4.0	3.7	2.8	3.9	4.2	4.8	4.30	18.0	-6.9
24†	4.9	5.4	5.5	6.7	9.0	8.2	8.6	10.3	19.4	-1.2	-0.4	-4.9	-5.3	-4.6	-3.5	-1.0	1.6	3.8	4.3	4.9	5.5	5.4	5.6	6.9	3.96	**19.4**	-5.3
25	7.3	7.1	7.2	10.6	12.1	12.2	12.6	12.1	9.9	4.6	-1.6	-6.0	-7.2	-5.5	-2.2	1.0	4.4	6.0	6.2	4.6	3.6	3.1	3.2	1.1	4.43	12.6	-7.2
26	4.1	2.1	1.1	1.6	2.8	6.2	8.6	9.8	5.3	2.5	-3.1	-4.6	-6.7	-5.6	-2.5	2.1	7.5	8.6	6.3	5.0	3.0	0.9	3.4	2.6	2.54	9.8	-6.7
27	2.5	3.4	1.4	5.8	8.2	11.7	12.3	14.3	8.3	5.0	0.9	-3.6	-5.9	-4.5	-0.5	2.6	5.0	6.2	6.8	4.9	4.2	3.6	3.9	3.4	4.16	14.3	-5.9
28	4.1	4.8	6.6	8.5	11.1	12.6	13.6	12.4	8.8	4.7	0.2	-4.6	-7.1	-8.4	-7.9	-1.4	0.8	3.3	4.5	2.9	2.7	2.5	5.7	4.6	3.54	13.6	-8.4
29	5.5	5.3	5.5	6.6	8.7	8.2	8.3	6.9	5.5	5.9	1.3	1.8	-1.9	-1.0	2.6	8.6	8.3	8.4	7.7	5.2	8.4	3.3	2.8	3.5	5.22	8.7	-1.9
30*	4.0	5.5	7.1	9.4	12.6	15.2	16.3	15.0	13.3	9.2	3.0	-1.4	-2.0	-0.8	1.1	2.7	4.3	4.9	4.6	4.7	4.5	4.2	3.7	4.4	**6.07**	16.3	-2.0
31	4.5	5.2	6.2	7.6	10.1	12.2	12.0	9.8	6.0	1.2	-4.1	-6.4	-6.8	-5.6	-1.2	1.2	2.9	4.4	2.8	2.4	4.4	7.7	4.5	1.5	3.44	12.2	-6.8
Mittel	5.2	5.4	5.5	7.2	9.6	10.9	11.3	10.7	8.1	3.6	-0.6	-3.9	-5.2	-4.3	-1.8	1.1	3.3	4.5	4.2	3.6	3.6	3.4	3.7	3.9	3.88	12.3	-5.5
Juni																											
1†	0.4	6.3	8.2	10.6	12.6	10.8	13.5	15.7	10.4	3.4	-0.3	-2.8	-4.0	-2.1	0.9	4.3	6.6	7.8	6.8	4.8	3.8	3.3	3.7	3.9	5.36	15.7	-4.0
2*	4.2	4.9	6.2	8.7	12.7	15.3	16.4	15.0	10.7	5.3	-0.3	-4.3	-5.6	-4.9	-2.7	0.7	4.4	7.1	7.2	5.6	4.7	3.9	2.3	2.4	5.00	16.4	-5.6
3	2.2	2.9	2.6	2.1	6.5	11.3	14.6	13.9	10.0	4.4	-1.0	-6.1	-8.0	-7.3	-4.0	0.1	2.6	3.6	2.6	2.9	3.3	3.0	2.9	3.0	2.84	14.6	-8.0
4	3.4	4.1	5.6	8.4	10.8	10.8	11.6	9.5	5.3	1.5	-2.2	-3.9	-4.3	-3.0	-1.3	2.0	3.5	4.6	3.3	2.0	2.1	2.2	3.0	2.9	3.41	11.6	-4.3
5†	3.8	4.0	5.4	8.0	9.4	9.6	9.6	9.6	0.7	-5.1	-7.7	-8.1	-5.9	-5.0	-2.3	-2.2	0.2	-0.9	-2.5	0.0	1.0	2.0	5.6	8.2	**1.56**	9.6	-8.1
6	10.6	6.6	9.0	10.9	12.5	13.8	14.2	11.5	8.2	4.2	0.1	-2.4	-3.3	-3.5	-2.4	0.4	2.2	3.3	3.8	4.2	5.8	6.5	6.2	7.6	5.42	14.2	-3.5
7	7.5	7.5	8.0	7.8	9.6	12.0	11.3	9.6	7.4	4.3	-1.6	-4.8	-6.0	-6.1	-4.6	-2.1	2.1	4.1	3.6	2.5	3.6	4.1	7.9	13.3	4.21	13.3	-6.1
8	12.6	9.0	10.2	12.3	6.3	9.3	8.2	8.6	10.8	9.2	5.4	1.0	-3.4	-2.7	-4.7	-1.9	0.4	0.8	3.7	7.3	3.4	2.3	5.8	7.8	5.07	12.6	-4.7
9	6.9	5.9	3.7	4.8	11.5	9.8	10.5	12.1	10.5	6.2	2.1	-2.5	-3.7	-4.2	-2.0	-0.8	0.8	4.1	5.4	2.9	2.9	5.5	5.7	6.4	4.35	12.1	-4.2
10	6.6	7.5	9.8	12.4	11.0	9.4	13.5	12.4	9.8	6.1	4.0	0.9	-1.3	-2.3	-0.9	1.1	2.4	2.9	3.3	4.1	5.3	5.1	4.8	5.0	**5.54**	13.5	-2.3
11	5.2	6.6	8.3	9.3	13.0	13.0	11.5	9.9	6.7	5.1	1.0	-3.1	-2.8	-2.2	-1.3	0.4	2.6	2.6	2.5	3.4	3.0	3.0	3.8	5.0	4.44	13.0	-3.1
12*	5.3	5.0	5.5	7.5	11.4	13.8	—	—	—	—	—	—	—	—	—	—	—	—	—	—	4.0	4.7	6.4	7.8	—	—	—
13	8.4	6.7	8.1	8.3	9.2	12.8	13.5	11.6	9.2	6.0	1.3	-2.2	-3.0	-3.8	-3.8	-1.2	1.9	2.9	3.0	4.2	2.7	0.6	4.8	15.9	4.88	15.9	-3.8
14†	8.0	12.0	5.9	1.5	16.9	14.9	13.5	—	10.6	2.8	-3.6	-3.6	-0.6	0.0	0.2	2.4	5.2	7.6	7.6	3.9	2.8	3.4	4.3	4.4	5.22	**16.9**	-3.6
15	8.6	11.0	12.7	11.1	14.6	18.1	—	14.4	10.1	6.4	2.2	-0.6	-2.2	-2.5	-2.3	-0.5	-0.9	—	—	—	—	—	—	—	—	—	—
16*	—	—	—	—	—	—	11.5	11.3	8.6	4.0	-0.8	-5.6	-7.4	-6.3	-3.2	-0.5	1.7	3.4	3.4	3.6	3.7	4.1	3.8	3.2	—	—	—
17†	4.8	5.3	5.1	-0.3	5.0	4.8	10.4	10.1	7.2	3.6	0.3	-3.8	-5.1	-7.4	-7.1	-8.2	-3.6	-3.8	5.7	4.3	5.3	4.3	3.6	4.7	1.88	10.4	**-8.2**
18	7.3	7.5	8.4	9.7	11.2	10.3	9.1	7.1	4.9	0.5	-3.2	-6.3	-5.8	-7.0	-3.9	0.2	2.4	3.8	4.0	2.4	3.7	3.5	6.7	5.1	3.40	11.2	-7.0
19	4.5	5.7	9.0	9.2	10.6	13.2	13.2	13.4	11.6	6.3	0.0	-3.4	-6.2	-7.8	-6.0	-2.4	1.4	5.1	5.3	3.3	3.6	4.4	4.7	6.0	4.36	13.4	-7.8
20	6.4	5.7	6.8	6.7	8.4	9.3	10.6	12.0	11.3	7.8	2.0	-2.3	-4.6	-4.3	-3.6	-2.1	0.7	3.3	4.7	4.5	3.6	3.4	3.2	3.4	4.04	12.0	-4.6
21	3.8	2.7	3.5	5.5	8.6	11.9	13.3	13.5	11.2	5.5	-1.0	-5.5	-6.2	-5.0	-3.4	-0.4	2.3	4.0	4.1	3.2	3.3	3.0	1.7	4.3	3.48	13.5	-6.2
22	4.6	3.6	6.8	5.3	11.3	13.7	14.5	14.4	11.7	6.2	1.1	-3.3	-5.7	-6.1	-4.0	-0.8	2.0	3.2	3.3	3.6	3.2	0.9	3.5	2.1	3.97	14.5	-6.1
23	0.3	0.2	3.4	8.4	9.6	8.5	8.3	7.4	5.5	2.7	-1.3	-2.9	-4.3	-3.9	-4.0	0.2	2.2	3.1	3.3	3.4	3.5	2.7	2.5	1.9	2.53	9.6	-4.3
24	1.8	3.0	3.1	6.0	10.1	11.5	10.0	10.3	9.3	5.9	2.7	1.0	-0.2	0.0	-0.5	0.6	0.3	0.9	1.8	2.6	2.7	4.6	3.3	1.9	3.86	11.5	-0.5
25†	1.8	3.6	3.4	2.5	6.8	6.7	6.6	6.9	9.6	9.2	7.0	3.4	0.2	-1.4	0.3	1.0	2.3	2.4	3.5	3.0	2.6	3.7	5.4	5.5	4.00	9.6	-1.4
26	7.5	8.7	9.0	9.4	9.2	7.6	6.8	7.7	7.3	6.0	3.8	1.0	0.8	-1.4	-1.4	1.6	3.6	4.2	3.1	1.4	0.8	0.9	3.7	6.0	4.47	9.4	-1.4
27*	5.7	5.7	6.8	10.0	12.6	13.5	12.7	11.7	10.1	8.6	5.4	1.3	-1.7	-2.8	-1.5	0.8	3.1	4.6	5.0	3.7	3.3	3.0	2.7	2.1	5.27	13.5	-2.8
28	3.0	4.2	5.9	7.1	9.6	10.8	10.5	10.0	7.2	3.5	2.2	-2.2	-3.6	-4.4	-2.1	0.0	2.6	5.3	5.2	2.7	2.5	3.5	3.2	2.6	3.72	10.8	-4.4
29*	2.4	2.9	4.3	7.3	10.6	12.2	11.3	11.1	9.2	5.1	0.7	-3.7	-4.0	-3.4	-2.0	0.2	2.8	4.3	4.3	4.1	3.6	2.8	1.9	0.8	3.70	12.2	-4.0
30	2.8	6.1	6.8	6.4	6.6	7.2	7.3	7.5	6.7	2.6	-0.2	-2.6	-3.7	-3.2	-2.5	-0.2	2.4	4.0	5.6	3.4	1.2	0.8	0.6	-0.3	2.72	7.5	-3.7
Mittel	5.2	5.7	6.6	7.5	10.3	11.2	11.4	11.0	8.7	4.7	0.6	-2.7	3.8	-3.9	-2.6	-0.3	2.1	3.5	4.0	3.5	3.3	3.3	4.1	4.9	4.09	12.5	-4.6

Niemegk

Deklination

D = −3° 20′ + Tafelwert

1947

Tag	0h–1h	1h–2h	2h–3h	3h–4h	4h–5h	5h–6h	6h–7h	7h–8h	8h–9h	9h–10h	10h–11h	11h–12h	12h–13h	13h–14h	14h–15h	15h–16h	16h–17h	17h–18h	18h–19h	19h–20h	20h–21h	21h–22h	22h–23h	23h–24h	Tagesmittel	Max.	Min.
Juli																											
1	2.6	2.9	5.7	8.2	9.4	10.9	11.8	12.4	9.5	5.2	0.5	−2.8	−4.8	−4.3	−2.6	−0.5	0.9	3.3	5.1	2.8	2.3	1.2	1.8	4.4	3'58	12.4	−4.8
2	7.0	6.1	6.0	6.5	6.4	12.7	13.3	10.2	7.0	4.2	−1.1	−4.7	−5.0	−5.1	−3.4	−1.4	2.2	3.8	5.6	1.4	1.2	0.2	4.0	4.3	3.39	13.3	−5.1
3*	5.4	6.2	7.3	8.6	11.3	12.5	10.5	7.6	6.8	4.2	1.3	−0.3	−1.6	−1.8	−0.3	1.7	3.3	4.4	4.2	3.6	3.7	4.4	3.0	3.8	4.58	12.5	−1.8
4*	5.0	5.3	6.8	8.2	11.4	13.4	14.2	12.8	9.6	5.8	1.5	−2.9	−5.3	−6.0	−4.5	−1.4	2.4	4.2	4.5	4.2	4.2	4.1	4.1	4.2	4.41	14.2	−6.0
5*	4.8	5.5	6.6	7.2	10.0	13.4	14.7	13.5	9.9	4.1	−1.0	−3.8	−4.3	−4.8	−4.4	−2.5	−0.2	2.1	2.4	3.3	3.3	3.4	5.3	5.7	3.92	14.7	−4.8
6	5.5	4.9	6.3	8.6	9.9	11.6	12.9	12.2	8.6	4.3	−0.5	−4.8	−8.0	−7.6	−5.0	−2.0	−1.2	0.6	1.4	2.1	2.6	3.8	4.6	5.3	3.17	12.9	−8.0
7	8.1	8.5	9.6	9.6	10.8	12.4	11.1	11.2	10.7	7.1	2.6	−2.3	−5.9	−7.6	−6.8	−3.5	0.7	1.8	2.2	3.0	3.8	3.6	3.6	7.1	4.22	12.4	−7.6
8	7.2	8.5	7.9	9.5	10.5	12.4	11.1	11.1	9.1	7.0	4.3	0.6	−2.8	−4.8	−3.8	−2.1	0.4	1.8	5.5	4.4	2.7	3.0	4.6	5.6	4,74	12,4	−4.8
9	7.5	8.0	9.6	9.5	12.0	13.7	13.6	11.2	9.8	6.3	0.4	−4.6	−6.2	−6.7	−5.4	−2.2	0.6	2.0	1.7	2.5	5.4	6.0	5.0	4.9	4.36	13.7	−6.7
10	8.3	7.8	8.8	8.0	10.8	12.0	11.7	10.8	8.8	6.2	3.5	0.5	−1.7	−3.1	−1.9	−0.3	2.3	2.6	2.0	1.7	2.8	4.4	6.9	4.6	4.90	12.0	−3.1
11	6.6	9.0	8.4	10.1	10.0	13.5	12.1	12.8	10.3	5.9	0.8	−3.8	−5.4	−5.7	−5.0	−3.3	−0.2	3.5	4.3	3.0	3.4	3.1	5.6	5.9	4.37	13.5	−5.7
12	7.8	6.9	6.6	4.8	6.9	10.4	11.9	9.8	8.2	6.1	2.3	0.0	−1.7	−2.7	−2.0	0.4	2.1	3.5	4.8	4.0	3.9	3.9	4.3	5.0	4.47	11.9	−2.7
13	7.4	10.4	10.3	10.9	13.2	13.0	12.9	12.2	9.8	5.1	0.0	−3.0	−4.6	−5.6	−2.6	−0.3	2.5	6.1	4.9	3.3	2.6	3.9	5.1	5.2	5.11	13.2	−5.6
14*	4.9	4.8	6.2	8.4	11.4	12.1	—	—	10.4	6.4	3.3	−0.6	−3.8	−3.6	−1.6	0.0	1.5	3.8	3.4	4.0	2.7	3.7	4.4	6.2	4.00	12.1	−3.8
15	6.0	7.2	9.0	10.5	11.3	10.1	10.5	9.1	7.2	4.0	0.0	−2.6	−3.7	−1.8	0.4	1.5	2.5	4.2	4.3	3.9	4.3	3.4	4.2	4.7	4.59	11.3	−3.7
16	4.4	2.8	8.8	10.6	12.4	13.3	13.8	12.3	8.8	4.8	0.4	−3.2	−5.1	−4.1	−2.2	0.7	3.8	5.2	4.3	3.7	3.9	4.1	4.3	4.6	4.69	13.8	−5.1
17†	5.2	5.9	6.8	8.5	11.2	13.4	13.6	12.8	10.3	8.5	3.9	−1.7	−6.9	−8.6	−5.6	−1.8	−0.6	−0.6	−10.7	−2.1	−1.8	0.7	2.9	9.4	**3.03**	13.6	**−10.7**
18†	19.4	14.8	10.6	16.3	15.7	21.1	21.1	15.9	12.3	6.8	3.1	−1.1	−2.4	−4.8	−6.0	−1.6	1.6	3.2	11.3	3.2	5.3	3.8	5.4	6.6	**7.57**	**21.1**	−6.0
19†	8.2	7.0	2.1	8.6	14.7	16.4	13.5	12.7	9.0	6.9	3.6	3.1	0.4	−0.1	2.7	4.3	6.3	8.6	7.9	5.3	4.6	4.6	4.3	4.6	6.64	16,4	−0.1
20†	3.2	2.6	6.3	5.0	8.2	15.9	12.3	9.9	7.8	5.8	2.4	−0.1	−2.7	−1.0	2.8	4.2	8.9	7.3	8.6	8.0	5.6	4.3	5.0	4.3	5,61	15.9	−2.7
21	5.2	4.7	5.3	4.6	9.9	10.7	11.5	12.2	9.9	6.6	1.5	−3.9	−4.7	−4.2	−1.9	0.5	2.2	3.4	4.2	4.2	4.4	5.6	5.7	6.2	4.32	12.2	−4.7
22	6.7	7.4	8.7	7.4	10.7	11.5	12.2	11.4	8.7	6.6	4.7	0.2	−2.6	−5.4	−4.1	−1.2	2.3	4.1	4.4	4.6	7.8	6.3	3.5	5.0	5.04	12.2	−5.4
23†	6.6	5.7	6.0	4.2	8.8	11.1	13.0	11.3	10.1	8.4	5.1	1.9	−2.4	−4.6	−2.6	0.0	1.8	4.0	4.5	4.5	4.4	6.7	8.4	5.9	5.12	13.0	−4.6
24	5.2	4.9	7.6	7.3	8.8	13.2	12.9	13.5	11.4	8.0	4.5	1.7	−1.2	0.0	2.6	3.5	4.9	5.3	4.2	3.7	3.7	3.7	3.8	4.5	5.74	13.5	−1.2
25	6.4	4.1	7.0	10.3	10.7	11.8	12.1	11.9	9.4	6.1	2.5	−2.5	−5.5	−5.1	−0.8	1.4	3.1	4.0	5.2	4.5	5.0	5.3	3.6	4.2	4 78	12.1	−5.5
26	7.0	7.2	5.6	−0.4	3.9	9.6	10.6	10.4	8.9	6.9	5.2	−0.8	−3.1	−1.4	−0.7	3.2	6.2	8.1	6.5	4.9	5.3	4.9	3.9	5.7	4.90	10.6	−3.1
27	4.9	5.0	5.1	2.6	2.9	3.8	1.6	5.0	8.5	8.2	3.7	0.5	−0.2	−0.8	−1.2	1.4	3.4	5.5	5.6	5.7	5.8	5.8	5.4	4.5	3,86	8.5	−1.2
28	5.5	6.2	5.7	7.2	9.2	11.6	11.6	11.5	10.0	8.4	4.3	1.2	0.2	—	—	—	3.0	4.0	5.7	4.0	3.6	5.0	5.4	5.2	(6,12	11,6	0.2
29	5.3	6.4	5.5	4.5	7.0	9.0	9.4	9.2	7.8	5.5	1.2	−2.3	−3.4	−3.3	−2.0	0.4	3.4	4.1	6.2	4.0	4.3	4.9	6.0	6.3	4,14	9.4	−3.4
30*	6.2	5.9	5.6	6.8	8.6	9.7	11.0	10.2	7.5	6.0	2.6	−0.4	−2.2	−1.8	−0.1	2.6	2.9	3.0	2.6	3.0	3.5	3.1	4.1	5.3	4.40	11.0	−2.2)
31	4.7	5.6	7.6	9.6	12.0	13.2	12.4	—	10.4	—	2.6	−2.7	−7.6	−6.7	−5.0	−0.9	1.8	3.5	4.7	3.5	2.3	3.6	7.5	8.6	4.12	13.2	−7.6
Mittel	6.4	6.4	7.1	7.8	10.0	12.2	12.1	11.3	9.2	6.2	2.2	−1.5	−3.7	−4.1	−2.4	0.0	2.4	3.9	4.2	3.6	3.8	4.0	4.7	5.4	4.64	12.9	−4.4
August																											
1	5.8	6.2	11.6	13.9	13.1	17.6	16.3	10.5	5.4	0.3	−3.3	−4.4	−7.9	−7.6	−4.9	−3.0	1.3	3.1	2.5	4.1	7.4	5.3	5.2	5.7	4'34	17.6	−7.9
2	6.6	7.5	8.2	10.1	9.0	9.5	11.4	8.1	8.2	6.2	0.0	−4.8	−7.7	−8.9	−6.5	0.0	3.3	3.7	5.7	4.8	4.0	6.8	7.4	6.4	4.12	11.4	−8.9
3	6.1	6.0	6.6	8.0	11.2	13.3	12.4	12.1	8.0	3.0	0.0	−3.4	−5.7	−6.5	−4.3	−0.8	3.8	5.0	6.3	8.1	5.3	4.1	4.9	6.2	4.57	13.3	−6.5
4	7.3	5.8	7.2	8.8	10.2	12.0	12.7	11.4	9.2	5.0	0.5	−4.1	−5.6	−6.0	−2.9	0.4	3.6	5.0	4.2	4.2	4.3	4.8	5.5	6.1	4.57	12.7	−6.0
5*	6.6	6.6	6.6	6.6	10.7	11.9	12.2	11.1	9.1	5.4	1.3	−3.0	−5.2	−6.0	−4.8	−3.0	−0.9	2.0	2.6	2.6	3.6	4.0	4.8	5.6	3.77	12.2	−6.0
6	5.2	6.7	6.6	8.2	10.7	12.3	14.8	13.8	10.5	5.4	0.5	−3.0	−4.7	−4.2	−1.9	0.7	3.5	4.3	3.4	3.7	6.1	7.4	6.3	4.5	5.03.	14.8	−4.7
7	3.8	6.1	5.9	7.4	8.3	11.4	13.6	12.8	9.1	4.8	−0.3	−5.5	−9.1	−9.4	−7.0	−3.4	0.0	2.5	—	2.9	3.5	4.0	4.2	4.4	3.64	13.6	−9.4
8*	3.9	6.3	9.0	8.2	10.3	13.0	12.2	12.6	10.6	8.1	4.1	−1.3	−4.9	−5.6	−2.4	1.3	3.8	4.1	4.0	3.7	3.9	4.6	4.8	5.6	5.00	13.0	−5.6
9*	6.1	7.2	8.5	7.7	10.4	12.5	11.3	11.8	10.2	7.9	3.6	−1.4	−3.8	−4.0	−2.1	0.7	3.6	4.0	3.9	3.8	3.8	3.9	6.4	6.3	5.10	12.5	−4.0
10*	5.5	6.2	7.2	8.7	10.5	11.2	11.0	11.9	10.3	5.3	0.5	−4.0	−6.6	−5.2	−3.2	0.6	3.2	4.4	4.2	4.0	4.1	4.2	5.7	7.5	4.47	11.9	−6.6
11	7.6	9.1	9.2	9.2	11.2	13.8	13.5	12.3	9.6	5.2	−1.2	−5.0	−5.8	−7.7	−5.6	−0.4	2.9	4.5	4.4	4.5	3.7	4.4	6.9	7.0	4.72	13.8	−7.7
12	7.7	10.7	11.4	8.5	8.6	11.8	10.7	9.3	9.0	6.8	4.6	1.1	−2.3	−2.6	−3.0	2.1	3.2	2.9	3.1	3.3	4.1	5.2	5.4	10.7	5.51	11.8	−3.0
13	10.1	7.8	8.3	9.2	10.8	13.3	12.3	9.1	5.4	2.8	1.8	−1.6	−4.6	−3.8	−2.1	1.6	−2,9	1.8	3.9	2.9	6.2	2.4	3.6	12.1	4.60	13.3	−4.6
14	10.3	7.1	3.2	8.6	8.9	11.2	10.1	9.4	8.3	5.8	2.9	0.2	−1.1	−1.5	1.0	5.0	5.0	4.9	4.5	3.7	2.7	4.9	3.2	5.5	5.16	11.2	−1.5
15†	6.6	6.7	6.8	7.3	9.1	10.2	11.3	10.7	8.7	4.9	−2.0	−11.3	−14.9	−11.8	−11.0	−10.8	−7.6	−5.2	−4.0	−0.9	1.8	5.8	16.1	20.4	**1.95**	**20.4**	**−14.9**
16†	18.3	17.9	14.3	14.5	16.3	18.8	20,0	16.1	12.3	9.9	7.4	0.5	−2.5	0.5	2.1	4.6	7.9	8.4	6.4	10.1	9.8	8.6	6.2	7.6	**9.85**	20.0	−2.5
17	4.0	6.8	5.8	3.8	0.2	6.9	17.3	12.2	10.7	7.9	4.0	0.0	−0.1	−1.5	−1.4	1.5	5.4	12.2	10.3	10.7	10.1	10.1	7.9	10.0	6.45	17.3	−1.5
18†	8.3	0.3	15.7	11.2	11.8	4.1	7.6	12.4	10.8	5.9	3.0	−1 9	−1.8	−2.1	−2.5	2.3	5.5	10.4	12.8	10.8	6.6	13.1	4.4	0.9	6.23	15.7	−2.5
19	8.2	8.5	8.3	4.3	8.9	11.7	8.4	8.7	5.5	2.4	−0.3	−3.8	−4.0	−0.8	1.0	0.0	6.3	4.6	8.5	6.5	4.8	6.5	7.2	7.3	4.95	11.7	−4.0
20	8.8	6.4	16.5	11.4	11.8	12.4	9.8	9.8	8.9	5.4	3.3	1.0	−0.8	−0.3	0.1	4.0	6.8	5.1	4.0	4.3	3.7	6.8	5.2	8.6	6.58	16.5	−0.8
21	9.8	7.6	0.6	3.9	6.0	6.0	5.5	6.2	7.6	6.2	4.3	1.1	−0.6	−1.1	2.2	6.3	6.6	8.8	9.4	8.4	12.2	9.4	6 9	5.9	5.80	12.2	−1.1
22†	5.7	5.3	4.5	7.5	6.5	4.3	5.8	9.4	8.7	6.0	—	0.9	−0.6	1.1	2.8	5.7	9.4	6.5	4.2	5.2	4.5	8.0	8.9	4.6	5,43	9.4	−0.6
23†	3.5	3.6	17.4	10.9	7.3	11.3	11.7	13.5	10.6	6.8	2.8	1.6	−0.8	0.6	1.3	5.1	7.0	12.1	10,9	6.5	4.4	5.8	6.3	4.6	6.87	13.5	−0.8
24	4.8	7.7	6.9	6.6	4.5	7.3	7.1	6.8	7.7	8.0	6.1	2.9	1.8	2.8	4.9	7.3	8.6	8.3	11.6	10.8	9.4	9.4	7.1	7.7	6.92	11.6	1.8
25	7.4	5.3	3.8	6.1	9.4	11.1	11.9	11.0	9.0	4.4	0.8	−1.7	−1.1	−3.3	2.0	1.7	6.5	10.3	7.2	6.0	5.4	7.6	4.6	5.8	5,47	11.9	−3.3
26	7.5	9.1	9.5	—	—	—	—	10.4	9.5	5.9	2.1	−0.4	0.3	0.7	3.0	4.2	6.8	7.8	7.1	5.5	4.7	4.7	5.3	4.9	(5.43	10.4	−0.4)
27	5.4	8.2	8.8	12.5	11.2	13.0	13.7	12.1	6.4	4.6	2.9	0.7	−0.1	0.7	2.1	4.7	6.3	5.8	4.8	4.9	5.8	6.2	6.7	7.4	6.45	13.7	−0.1
28	8.0	8.4	7.8	8.0	9.7	10.8	13.0	—	—	—	—	—	—	—	—	0.7	5.4	3.7	2.4	2.7	4.8	7.9	7.9	9.4	—	—	—
29	8.2	10.8	10.5	13.7	11.9	13.6	12.8	11.7	8.3	4.1	−1.0	−5.0	−5.7	−2.4	0.0	1.1	2.7	3.7	2.3	3.3	4.7	6.2	6.6	7.4	5.40	13.7	−5.7
30*	8.4	8.8	9.4	8.9	11.4	12.7	14.6	12.9	11.0	7.2	2.2	−1.6	−2.1	−0.5	1.5	2.9	4.7	5.4	4.6	5.3	6.3	6.7	6.3	6.3	6.39	14.6	−2.1
31	6.5	7.2	8.0	9.8	9.8	11.0	12.7	13.0	11.3	6.7	0.2	−4.1	−6.6	−5.1	−1.9	1.4	3.4	3.1	3.0	4.4	6.5	6.3	9.5	8.7	5.20	13.0	−6.6
Mittel	7.2	7.4	8.5	8.8	9.7	11.3	11.9	11.1	9.0	5.6	1.8	−2.0	−3.8	−3.4	−1.4	1.4	4.0	5.3	5.3	5.2	5.4	6.3	6.4	7.1	5.33	13.6	−4.2

Deklination

Niemegk D = −3° 20′ + Tafelwert **1947**

September

Tag	0h	1h	2h	3h	4h	5h	6h	7h	8h	9h	10h	11h	12h	13h	14h	15h	16h	17h	18h	19h	20h	21h	22h	23h	24h Weltzeit Tagesmittel	Max.	Min.
1*	9.5	8.5	10.4	10.7	12.0	11.9	12.0	11.2	8.8	4.7	-1.6	-5.0	-6.0	-4.7	-1.7	1.4	3.1	3.1	2.2	3.5	5.7	5.8	6.3	7.0	4.95	12.0	-6.0
2	7.1	7.1	8.0	9.2	10.5	12.2	13.9	13.7	10.4	5.4	-0.1	-3.7	-2.9	-0.2	2.2	4.1	5.6	4.8	3.9	4.2	4.1	3.8	6.3	7.6	5.72	13.9	-3.7
3†	9.1	11.7	12.3	13.6	15.7	15.0	17.7	18.3	16.9	1.3	-3.6	-0.4	-4.1	-3.1	4.4	7.8	5.3	8.9	13.4	14.3	11.0	12.0	3.2	4.2	8.54	18.3	-3.6
4	2.9	6.6	12.0	13.6	13.5	14.5	13.5	13.3	11.0	7.8	3.5	0.5	0.4	-0.3	-0.2	-0.4	2.2	2.6	4.7	10.8	7.6	7.4	8.6	7.2	6.80	14.5	-0.4
5	8.0	8.6	9.4	9.4	10.1	11.2	12.3	12.7	9.4	3.2	-2.2	-4.0	-5.1	-1.4	2.2	5.4	10.2	8.6	5.1	3.7	3.7	4.3	4.7	6.2	5.65	12.7	-5.1
6	8.0	11.7	10.9	11.2	11.8	14.4	15.9	15.1	12.6	8.3	3.2	-3.2	-6.5	-5.8	-3.2	-0.5	1.6	3.8	6.1	9.4	10.2	5.3	6.2	8.7	6.47	15.9	**-6.5**
7	13.6	6.9	9.4	8.6	8.6	12.6	12.5	12.6	10.3	6.0	1.3	-2.9	-4.6	-3.4	-4.4	2.5	1.4	1.2	10.7	18.1	11.8	14.1	12.2	11.0	7.09	18.1	-4.6
8	12.0	15.6	12.5	9.6	9.4	11.8	15.2	15.0	13.8	9.8	5.6	1.3	-1.6	-2.8	-0.1	2.8	4.4	5.1	5.6	6.0	5.7	5.5	6.5	7.1	7.32	15.6	-2.8
9*	7.8	9.4	8.8	9.4	9.5	10.6	12.7	13.7	12.9	9.4	4.9	0.6	-0.8	-0.8	0.2	2.1	4.5	5.4	5.3	5.3	5.1	6.0	7.2	7.8	6.54	13.7	-0.8
10*	8.2	8.8	8.8	9.8	9.4	11.2	13.4	14.3	13.1	9.8	4.6	0.3	-1.9	-2.8	-1.1	1.6	4.0	4.8	5.1	5.4	5.3	5.2	5.8	6.1	6.22	14.3	-2.8
11	6.5	6.8	7.0	7.6	8.9	11.1	13.3	14.3	11.9	7.8	1.9	-2.9	-3.7	-2.1	-0.6	1.6	1.4	5.2	7.1	11.9	9.2	7.3	7.5	7.5	6.10	14.3	-3.7
12	7.0	7.0	7.6	8.8	10.2	12.3	13.4	12.6	9.6	4.5	-0.1	-0.8	1.1	3.7	5.3	6.5	6.9	5.8	3.9	2.9	3.8	11.0	11.9	14.3	7.05	14.3	-0.8
13	16.7	16.6	10.2	7.9	4.9	2.8	5.4	7.7	2.8	-0.2	-4.1	-1.9	-3.4	-1.2	3.9	5.9	9.8	7.4	7.4	11.1	11.1	17.7	15.4	13.4	6.99	17.7	-3.4
14†	10.3	5.5	13.6	9.3	3.1	3.3	6.8	7.2	6.5	5.7	-0.1	-0.8	-1.1	2.2	2.3	5.4	8.4	19.8	8.4	6.5	16.1	8.8	13.6	12.3	7.21	19.8	-1.1
15†	16.1	7.0	10.3	5.6	10.0	13.6	13.9	13.6	7.9	3.9	0.3	-1.0	-2.4	-2.7	-0.2	5.6	7.2	10.1	5.6	5.0	15.7	5.7	9.5	8.4	7.03	16.1	-2.7
16	7.7	5.7	7.6	9.5	10.1	11.4	11.0	11.5	10.4	6.9	2.6	-0.1	-0.7	1.0	2.4	4.6	7.8	8.7	10.2	7.3	14.2	10.3	12.4	7.3	7.49	14.2	-0.7
17	9.8	9.7	3.4	10.8	10.7	10.8	12.6	10.8	10.7	7.6	1.7	2.2	-1.5	-0.2	0.3	5.7	9.1	9.2	10.4	15.5	9.6	12.3	16.2	1.7	7.88	16.2	-1.5
18	9.6	13.2	7.4	6.3	9.1	7.3	9.5	11.6	10.4	6.7	3.1	-0.1	-2.3	—	2.8	3.8	6.6	14.4	3.9	—	7.4	8.3	6.5	10.9	7.11	14.4	-2.3
19	8.9	8.0	5.8	2.5	4.9	8.7	8.8	9.3	8.4	8.1	4.0	3.2	1.0	0.1	0.2	1.6	8.6	9.4	4.4	9.7	9.5	9.3	7.4	3.1	6.04	9.7	0.1
20	10.4	9.0	6.1	6.1	5.7	4.9	6.6	10.6	10.5	9.0	5.7	3.6	0.6	0.2	2.5	3.7	11.4	5.8	5.7	5.8	6.6	9.2	13.2	12.8	6.90	13.2	0.2
21	8.4	6.7	5.1	2.2	0.0	0.8	5.4	9.1	10.6	8.7	7.6	4.0	0.2	-0.9	0.1	1.3	5.8	10.7	10.3	6.7	9.0	11.9	9.3	7.2	5.84	11.9	-0.9
22	7.2	6.6	6.3	6.4	5.6	4.4	9.3	7.4	10.4	11.4	6.7	3.6	-0.2	-2.4	-1.3	0.7	11.0	3.9	6.3	12.9	12.8	15.6	11.7	13.5	7.08	15.6	-2.4
23	5.7	10.9	8.5	6.4	6.1	3.9	4.0	8.7	5.8	5.5	2.4	0.2	-1.4	-0.2	0.6	2.3	4.2	4.5	4.7	5.4	5.6	6.0	6.6	6.2	**4.69**	10.9	-1.4
24†	9.6	10.6	7.8	3.7	1.8	5.6	7.8	9.2	8.6	4.7	-0.9	-0.2	-3.5	-4.4	-4.6	0.2	17.0	12.1	21.4	19.2	21.0	21.2	22.3	8.7	8.29	22.3	-4.6
25†	15.9	35.2	19.8	10.8	1.6	10.2	19.3	22.9	13.8	9.6	0.6	-1.5	-2.1	-1.1	-2.0	0.9	6.3	5.0	11.7	12.2	16.7	13.3	17.5	12.8	**10.39**	**35.2**	-2.1
26	9.4	10.9	8.8	13.4	11.4	11.6	13.2	13.6	11.3	6.2	1.6	-1.2	-0.2	0.2	3.3	4.7	5.1	3.7	4.8	8.0	6.6	6.4	9.6	10.9	7.22	13.6	-1.2
27	8.0	10.3	14.4	14.2	11.6	11.0	13.6	13.1	11.5	7.5	2.4	-1.1	-1.1	-0.2	3.7	5.1	5.4	4.9	4.5	4.3	5.4	7.0	8.4	9.9	7.24	14.4	-1.1
28*	8.8	8.9	9.3	8.6	8.6	10.2	12.7	13.4	12.3	7.6	4.7	-1.2	-3.9	-1.0	1.3	4.6	4.1	3.8	4.0	4.2	4.3	7.1	9.1	8.4	6.25	13.4	-3.9
29*	7.7	7.9	8.1	8.6	8.1	10.4	12.8	13.1	11.1	6.4	0.8	—	0.3	1.2	2.2	4.1	6.6	7.4	6.9	6.9	7.3	11.7	13.4	11.5	7.59	13.4	0.3
30	10.3	7.6	6.9	8.3	9.0	10.2	12.5	14.9	14.8	12.4	9.0	4.4	1.9	1.3	1.4	2.4	3.3	3.8	2.4	0.1	8.3	7.0	7.8	9.4	7.06	14.9	0.1
Mittel	9.3	10.0	9.2	8.7	8.4	9.7	11.7	12.5	10.6	6.9	2.2	-0.3	-1.8	-1.1	0.7	3.2	6.3	6.8	6.9	8.1	9.0	9.2	9.9	8.8	6.87	15.5	-2.3

Oktober

Tag	0h	1h	2h	3h	4h	5h	6h	7h	8h	9h	10h	11h	12h	13h	14h	15h	16h	17h	18h	19h	20h	21h	22h	23h	24h Weltzeit Tagesmittel	Max.	Min.
1	17.4	14.0	13.9	15.5	9.1	7.7	8.6	8.2	8.3	—	—	—	—	—	—	2.3	2.2	2.6	3.7	1.9	10.6	7.0	16.1	14.2	—	—	—
2†	19.1	19.9	19.7	16.1	11.7	10.4	11.5	9.8	8.5	6.1	2.3	-2.0	-4.1	-3.0	1.2	11.2	5.5	3.6	4.9	12.7	11.1	19.7	17.9	20.6	**9.77**	20.6	-4.1
3	17.0	15.4	16.5	9.4	2.0	10.0	13.4	16.6	16.1	11.3	5.7	2.4	2.4	0.7	4.7	5.4	6.3	6.0	6.7	6.8	7.1	7.9	14.3	12.3	9.02	17.0	0.7
4	10.0	9.4	8.3	7.5	9.2	10.6	14.3	16.8	16.7	12.2	7.4	0.6	-2.1	-1.4	0.1	2.8	4.2	4.6	5.1	5.8	6.6	7.6	8.2	8.2	7.20	16.8	-2.1
5	7.8	7.6	7.2	6.9	7.8	8.5	11.0	13.9	13.8	10.7	4.7	1.9	-2.2	-1.5	-0.2	2.5	3.2	3.4	4.6	5.0	5.9	7.6	8.4	9.0	6.15	13.9	-2.2
6	8.2	8.0	7.1	8.0	7.2	8.1	11.3	13.5	14.1	12.1	6.9	2.0	-3.0	-3.7	-1.6	0.3	2.2	3.6	4.4	5.0	5.6	9.8	8.3	7.9	**6.05**	14.1	-3.7
7	8.0	7.3	7.2	6.8	6.7	7.6	9.3	11.6	11.6	9.0	5.7	1.9	-0.2	-0.8	-0.2	1.3	2.3	2.2	6.7	3.4	12.3	17.0	8.2	7.8	6.36	17.0	-0.8
8	8.7	9.4	8.7	9.6	7.5	7.4	8.0	10.1	11.5	10.7	6.6	4.3	1.0	-1.9	-0.1	2.6	2.9	5.5	4.6	5.9	4.9	5.6	5.9	7.5	6.12	11.5	-1.9
9†	10.7	7.1	10.3	10.4	7.4	7.3	7.9	6.8	5.0	4.6	1.6	-2.6	-5.6	-2.0	1.0	7.5	0.2	5.2	10.6	14.0	12.7	13.7	15.4	19.0	7.01	19.0	**-5.6**
10†	14.5	7.4	11.8	12.2	9.5	8.0	7.9	9.0	10.6	7.0	0.8	1.8	-0.8	-0.9	-1.0	1.8	10.7	9.1	6.7	10.2	28.0	10.8	16.0	14.0	8.55	**28.0**	-1.0
11	10.3	12.8	5.9	5.3	4.9	9.2	10.4	12.6	12.2	7.5	5.0	4.1	1.3	0.3	0.4	17.7	12.3	6.4	9.6	7.7	11.6	17.9	18.0	18.7	9.25	18.7	0.3
12†	10.5	16.1	10.1	8.4	8.5	7.6	2.0	3.8	9.6	6.8	3.2	1.8	-0.1	1.5	2.7	6.8	13.4	8.2	16.8	14.2	14.6	11.9	8.4	7.4	8.09	16.8	-0.1
13	9.2	5.8	3.9	8.0	3.6	0.2	5.2	8.2	10.1	9.8	4.6	3.6	2.7	3.4	5.1	6.6	7.6	15.9	18.8	9.1	9.0	15.6	14.5	13.1	8.07	18.8	0.2
14	10.6	8.3	5.2	8.0	7.8	1.1	-1.5	8.6	9.7	6.8	4.7	1.0	0.6	2.6	2.8	6.2	6.6	8.6	15.1	12.4	20.4	19.5	15.8	11.6	8.02	20.4	-1.5
15†	9.6	8.7	8.5	7.8	5.0	3.4	7.5	9.2	9.1	10.1	6.1	3.5	1.1	0.8	8.5	5.7	5.5	10.7	12.4	7.6	8.4	12.9	2.2	11.5	7.32	12.9	0.8
16	13.0	13.1	9.1	7.4	6.0	5.9	8.6	9.8	10.6	9.0	5.1	3.0	1.8	1.0	3.9	12.6	5.9	7.3	7.8	6.7	7.1	7.5	7.5	5.8	7.31	13.1	1.0
17	3.1	6.2	8.3	6.9	5.1	7.2	8.3	10.9	10.5	5.0	1.7	-0.6	-0.5	2.6	4.2	9.8	5.8	7.7	14.1	9.2	9.0	7.7	7.3	7.5	6.54	14.1	-0.6
18	7.3	6.0	6.2	5.9	6.1	7.0	8.7	9.4	7.8	5.1	1.1	-0.5	-1.5	-1.0	1.1	12.6	6.7	6.6	8.3	13.3	12.0	9.2	12.6	10.1	6.67	13.3	-1.5
19	8.2	7.0	5.8	5.7	7.2	7.3	7.3	8.9	9.3	4.1	0.8	-2.8	-3.1	0.4	0.9	2.1	7.0	5.8	9.5	15.5	15.9	12.2	9.2	6.7	6.29	15.9	-3.1
20	6.1	3.6	4.2	6.9	9.3	10.4	11.3	10.6	9.5	7.1	3.9	0.1	-0.6	1.3	3.0	10.8	8.2	7.6	7.9	10.6	13.8	12.2	8.9	8.9	7.32	13.8	-0.6
21	13.1	13.0	10.4	9.4	8.5	9.0	10.9	13.0	12.6	9.0	4.7	1.7	1.6	1.8	3.1	4.3	6.6	11.7	12.5	8.8	7.7	7.4	8.1	8.8	8.24	13.1	1.6
22	7.4	6.0	8.7	10.0	7.9	7.4	10.5	11.8	11.3	7.3	3.5	1.0	0.9	0.0	2.6	3.9	5.0	5.8	6.1	6.7	6.6	7.3	7.8	9.3	6.45	11.8	0.0
23	10.0	9.4	9.2	9.5	9.2	5.3	8.4	12.5	12.0	10.2	4.5	3.3	2.1	1.5	3.8	3.5	8.0	6.7	7.6	12.1	10.6	9.2	8.1	8.9	7.73	12.5	1.5
24	7.8	11.4	11.6	9.0	9.4	10.8	12.5	14.4	12.5	7.7	3.7	1.0	0.7	2.7	3.8	5.1	6.1	5.9	5.3	5.7	6.3	8.1	9.9	10.4	7.58	14.4	0.7
25	10.9	10.0	10.1	9.3	9.2	10.1	12.2	14.4	14.3	11.2	7.6	3.7	2.5	2.8	4.2	5.4	5.3	6.3	5.5	6.0	7.5	8.0	8.9	8.4	8.08	14.4	2.5
26*	8.9	8.6	8.7	8.7	9.8	9.8	10.4	11.7	11.3	8.8	5.4	3.2	2.7	3.1	4.4	5.4	5.6	5.2	5.1	5.4	5.9	6.8	7.0	7.1	7.04	11.7	2.7
27*	7.4	7.9	8.0	8.0	8.4	9.4	11.3	13.6	12.3	7.7	4.3	1.4	0.5	2.3	4.2	5.2	4.9	5.1	5.3	6.0	6.2	6.6	6.8	6.7	6.65	13.6	0.5
28*	7.0	7.9	7.4	7.7	8.2	8.9	10.4	12.2	12.1	8.7	4.8	3.0	2.8	3.4	4.2	4.3	4.7	4.8	4.8	5.3	5.5	5.9	6.3	6.5	6.53	12.2	2.8
29*	7.4	7.5	7.5	7.5	7.9	8.8	10.2	12.6	13.0	9.4	4.9	2.1	2.0	2.2	3.5	3.8	3.1	2.9	5.7	3.9	5.3	6.5	6.8	6.8	6.30	13.0	2.0
30*	7.4	7.6	7.7	7.7	8.0	8.7	9.8	11.2	12.2	9.4	5.9	3.8	3.7	4.0	4.2	4.1	3.5	3.6	4.5	5.9	6.3	6.7	6.5	7.1	6.64	12.2	3.5
31	7.0	7.2	7.4	8.2	8.4	7.8	8.7	10.3	9.6	7.5	3.8	—	—	—	—	—	—	—	—	—	7.0	8.4	9.8	10.0	—	—	—
Mittel	9.8	9.3	8.9	8.6	7.6	7.8	9.2	11.2	11.2	8.4	4.4	1.6	0.2	0.8	2.6	5.8	5.7	6.3	8.0	8.1	9.7	10.1	10.0	10.1	7.31	15.3	-0.3

Niemegk — **Deklination** — $D = -3° 20' +$ Tafelwert — **1947**

Tag	0h–1h	1h–2h	2h–3h	3h–4h	4h–5h	5h–6h	6h–7h	7h–8h	8h–9h	9h–10h	10h–11h	11h–12h	12h–13h	13h–14h	14h–15h	15h–16h	16h–17h	17h–18h	18h–19h	19h–20h	20h–21h	21h–22h	22h–23h	23h–24h Weltzeit	Tages-mittel	Max.	Min.
November																											
1	9.2	8.8	7.8	8.1	7.9	8.6	9.4	11.3	11.4	7.6	5.8	2.4	3.0	2.7	4.5	4.5	4.8	5.3	5.6	6.0	6.6	11.6	12.0	9.7	7.28	12.0	2.4
2	8.2	8.4	6.5	8.1	8.9	9.0	9.9	10.7	11.6	8.4	5.7	2.9	1.6	2.8	4.4	5.1	5.3	5.5	5.8	6.2	6.8	7.2	7.6	7.5	**6.84**	11.6	1.6
3*	7.1	7.0	7.3	7.4	7.5	8.1	9.0	11.0	11.7	9.3	4.5	4.3	3.1	3.4	4.5	4.3	5.1	4.9	5.2	8.1	8.3	7.6	7.7	8.0	6.85	11.7	3.1
4	9.8	9.2	8.5	7.7	8.3	8.3	9.5	10.8	10.9	7.4	3.6	2.0	0.4	1.5	2.3	8.9	5.0	5.5	6.8	7.4	7.4	7.6	8.4	8.5	6.90	10.9	0.4
5*	7.6	7.8	6.7	7.8	7.6	8.3	9.5	11.2	10.6	7.3	4.7	4.0	3.1	4.4	5.7	5.5	5.6	5.8	5.8	6.4	7.1	7.3	7.8	7.7	6.89	11.2	3.1
6*	7.7	7.7	7.2	7.5	7.7	8.5	9.3	10.2	10.8	8.5	6.6	4.9	4.5	4.8	5.5	5.6	5.8	5.8	5.6	6.2	6.8	7.5	7.8	7.8	7.10	10.8	4.5
7*	7.8	7.8	7.5	7.1	7.3	7.8	8.4	9.5	9.9	7.7	5.1	3.7	3.6	4.1	4.5	5.3	5.4	5.6	7.1	6.8	6.6	7.7	8.8	10.1	6.89	10.1	3.6
8†	9.0	10.7	8.7	9.6	8.9	8.3	8.2	8.4	10.2	8.4	4.0	4.2	2.0	0.1	1.2	6.2	7.9	8.6	11.5	14.0	16.0	15.8	11.0	10.5	8.48	16.0	0.1
9†	6.6	9.8	10.3	8.6	8.8	7.7	7.8	10.1	10.8	8.0	5.0	-0.3	-0.3	-3.6	3.0	0.6	9.6	9.7	14.1	10.2	24.6	25.2	21.0	17.0	9.35	25.2	**-3.6**
10†	27.7	16.6	14.9	10.8	10.2	10.2	8.7	11.6	12.5	10.3	9.1	7.0	6.6	10.9	11.1	6.1	7.2	17.3	11.0	8.9	5.0	9.8	18.0	13.6	**11.46**	**27.7**	5.0
11†	14.0	13.9	13.6	9.5	10.2	9.8	10.2	10.2	9.4	8.9	4.6	3.0	4.7	-2.0	10.7	3.0	6.5	19.7	9.1	9.5	9.2	12.5	12.5	8.4	9.21	19.7	-2.0
12	10.3	8.6	7.5	10.8	8.3	7.5	8.7	9.4	10.2	9.7	8.2	6.0	5.2	6.8	7.8	6.9	8.4	11.8	10.0	9.6	10.5	8.6	9.2	10.5	8.77	11.8	5.2
13	10.3	9.7	7.7	7.8	8.3	8.8	9.9	10.8	11.2	6.6	5.4	5.4	5.6	4.9	6.0	7.1	9.2	8.9	10.2	9.6	8.3	8.5	9.0	9.0	8.26	11.2	4.9
14	9.0	7.7	6.8	6.8	7.7	8.4	8.8	9.5	10.0	8.9	6.9	4.8	3.7	3.5	2.8	4.6	7.3	10.7	7.9	11.2	13.3	12.4	12.6	9.3	8.11	13.3	2.8
15	8.5	8.4	5.5	7.5	7.6	7.8	8.5	8.6	8.3	7.8	6.6	4.2	3.8	4.3	5.2	6.0	5.8	6.2	9.2	8.0	8.8	8.9	10.4	12.2	7.42	12.2	3.8
16	7.6	10.6	9.6	7.5	7.2	7.8	7.2	7.6	7.1	6.7	6.9	4.4	3.6	3.8	4.4	5.6	5.8	6.1	7.6	8.0	8.4	9.2	8.2	11.2	7.18	11.2	3.6
17	10.3	9.2	8.4	6.8	6.7	8.0	8.8	9.9	10.5	7.6	6.6	4.7	4.5	4.0	4.1	4.6	5.1	5.0	6.1	6.9	7.6	8.2	8.5	8.1	7.09	10.5	4.0
18	7.5	8.4	6.8	6.7	8.4	9.0	9.1	9.8	8.7	7.1	4.4	4.1	2.7	2.7	2.9	3.3	3.9	4.5	7.7	9.4	9.7	9.9	11.9	10.6	7.05	11.9	2.7
19†	8.7	7.5	7.4	7.2	5.7	4.1	7.7	7.9	9.4	8.8	6.6	4.5	2.8	4.9	6.4	8.4	8.8	8.5	10.9	14.5	14.7	13.1	10.0	9.9	8.27	14.7	2.8
20	8.1	8.2	8.7	7.8	8.7	9.8	10.6	11.6	11.6	9.9	7.2	5.6	4.2	3.6	4.9	7.0	7.0	9.4	9.4	8.5	8.5	11.8	12.3	9.8	8.51	12.3	3.6
21	8.7	7.8	7.0	8.1	8.6	8.2	9.4	10.8	11.3	8.7	6.6	4.8	2.1	3.4	4.1	4.8	8.6	3.8	5.7	8.2	10.0	9.7	8.4	8.2	7.38	11.3	2.1
22	8.3	8.5	8.9	9.2	9.0	9.1	9.9	10.3	10.5	9.2	7.6	6.5	5.0	4.2	4.7	6.4	7.6	7.3	7.8	8.0	8.0	8.4	7.9	7.8	7.92	10.5	4.2
23	7.6	8.2	8.0	8.4	8.1	9.2	8.5	7.7	5.4	6.0	5.2	4.7	4.0	4.9	4.6	4.8	5.6	6.2	6.8	8.0	7.9	9.1	8.7	8.5	6.92	9.2	4.0
24	10.7	10.3	9.7	9.5	9.3	9.3	9.9	10.6	10.8	9.5	6.6	5.5	4.5	4.8	5.6	6.1	6.3	6.4	3.1	16.1	14.6	12.1	12.3	16.4	9.17	16.4	3.1
25	13.3	9.3	9.1	9.5	10.0	9.9	9.3	10.1	9.3	8.3	7.7	6.1	5.7	5.1	5.8	6.9	7.4	7.3	7.7	7.7	7.5	8.5	9.1	9.3	8.33	13.3	5.1
26*	10.1	10.4	9.6	9.3	9.2	9.3	9.2	9.3	10.2	9.2	6.9	5.6	4.6	5.3	5.4	5.9	6.0	6.3	6.0	7.4	7.4	9.0	11.2	11.9	8.11	11.9	4.6
27	11.8	10.2	8.5	8.0	9.2	8.8	8.6	9.5	10.7	10.0	7.0	4.4	3.5	4.0	5.0	5.8	5.9	6.6	6.2	6.2	7.0	8.0	8.0	8.1	7.54	11.8	3.5
28	7.9	8.4	7.2	7.0	6.9	7.4	7.8	8.2	9.0	—	—	—	—	—	—	—	—	—	—	—	—	—	—	—	—	—	—
29	—	—	—	—	—	—	—	—	—	9.2	6.9	5.0	3.2	3.1	3.4	4.8	4.1	4.1	4.9	9.1	9.2	12.3	13.3	9.8	—	—	—
30	8.1	7.6	7.7	8.1	8.2	8.8	9.0	9.8	10.3	8.9	5.9	5.0	3.7	4.2	4.2	4.9	5.3	5.2	9.9	12.0	11.6	13.0	9.6	9.9	7.95	13.0	3.7
Mittel	9.7	9.2	8.4	8.2	8.3	8.5	9.0	9.9	10.1	8.4	6.1	4.5	3.6	3.7	5.0	5.5	6.4	7.5	7.7	8.9	9.6	10.4	10.5	10.0	7.88	13.3	2.9
Dezember																											
1	9.1	7.8	8.6	8.1	8.5	8.7	8.6	9.1	10.5	9.8	7.5	6.7	5.0	4.7	4.9	5.7	6.6	6.7	6.9	7.9	8.9	9.0	9.1	9.2	7.82	10.5	4.7
2	9.2	8.9	8.6	8.3	8.4	8.4	8.5	8.6	9.0	8.6	5.6	5.0	2.2	3.6	4.2	4.2	8.9	5.8	8.0	8.6	9.0	11.5	11.5	11.4	7.75	11.5	2.2
3*	9.9	9.3	9.3	9.0	8.8	9.7	9.4	9.1	9.9	8.4	7.2	5.8	5.7	5.5	6.1	6.8	7.4	7.6	7.8	8.4	8.8	9.2	9.4	9.3	8.24	9.9	5.5
4	9.3	8.8	9.6	9.0	8.8	8.5	8.4	8.7	9.6	8.5	7.9	6.0	4.9	6.0	5.6	6.6	7.6	7.6	8.3	8.5	9.8	12.1	11.2	9.5	8.37	12.1	4.9
5	8.5	3.9	9.5	6.1	8.3	8.6	7.9	9.1	9.5	7.6	5.6	5.3	4.3	4.4	5.9	6.7	6.9	9.1	11.5	9.0	10.6	9.5	10.3	16.8	8.12	16.8	3.9
6†	13.3	22.1	16.4	11.6	7.5	8.9	10.2	10.7	10.9	8.4	4.6	1.8	1.3	6.0	5.9	4.6	7.2	10.6	14.0	17.6	12.3	18.6	19.2	13.4	**10.71**	**22.1**	**1.3**
7	10.1	8.4	7.6	7.5	8.2	8.2	8.4	9.0	9.9	8.8	7.5	6.3	5.2	6.0	6.7	5.8	10.7	6.2	8.4	13.1	9.4	9.1	9.1	9.1	8.28	13.1	5.2
8	9.0	8.9	8.1	8.5	8.5	8.2	3.8	8.2	10.8	10.6	7.8	7.3	6.9	5.8	6.9	7.7	8.2	8.4	8.6	8.6	9.8	9.5	9.4	9.2	8.28	10.8	3.8
9†	8.5	8.3	8.1	6.4	9.1	7.8	6.0	7.5	8.2	8.6	7.8	4.9	4.6	4.4	8.7	7.6	8.2	12.9	12.4	12.8	13.5	13.8	13.9	10.9	8.95	13.9	4.4
10	11.2	9.0	6.2	8.4	9.5	8.6	9.3	9.1	10.1	9.7	7.7	5.0	4.2	4.7	5.7	6.9	8.9	8.2	8.2	8.7	10.1	12.1	15.5	13.2	8.76	15.5	4.2
11	12.2	9.8	8.3	7.1	5.9	5.1	7.3	9.9	11.0	9.8	8.5	5.4	4.4	4.4	7.3	6.8	7.5	7.7	9.8	11.4	15.0	9.8	9.7	11.5	8.57	15.0	4.4
12†	11.6	9.3	6.7	8.3	5.9	8.2	7.5	8.5	8.6	7.9	7.1	5.4	3.5	3.5	4.8	6.0	7.9	9.5	9.2	12.3	11.1	12.1	14.4	14.1	8.48	14.4	3.5
13†	10.1	9.4	6.1	5.4	7.6	7.5	7.5	7.4	6.7	7.4	7.0	5.9	4.6	6.8	6.0	7.8	11.6	11.2	9.4	10.2	13.9	13.8	10.0	9.9	8.47	13.9	4.6
14	8.5	7.8	7.7	6.9	7.9	7.5	7.6	7.5	7.6	7.7	6.9	5.8	4.0	7.0	10.0	9.0	10.0	10.3	9.6	10.4	12.7	10.8	10.8	10.8	8.53	12.7	4.0
15	10.1	10.0	8.7	7.6	7.2	6.9	7.6	9.0	10.0	9.7	8.4	8.1	5.6	6.7	8.6	6.7	7.0	8.4	11.4	10.0	12.3	12.3	9.4	10.8	8.85	12.3	5.6
16	9.6	9.4	8.7	8.0	7.3	8.4	8.3	8.3	9.5	9.5	8.4	7.6	5.6	5.8	6.6	7.3	7.5	7.7	8.2	8.4	8.7	9.0	9.1	9.0	8.16	9.6	5.6
17*	9.1	8.5	8.8	8.6	8.4	7.7	8.9	9.2	10.0	9.1	7.8	5.8	4.5	5.0	5.2	5.8	7.3	7.4	7.6	8.4	8.7	9.1	9.5	9.8	7.92	10.0	4.5
18	9.2	9.9	8.9	9.0	8.3	8.2	8.3	8.8	8.9	7.2	5.4	4.3	5.0	5.8	6.2	6.7	7.5	7.5	7.5	9.1	11.0	9.4	10.1	12.4	8.11	12.4	4.3
19	11.3	9.4	8.3	7.5	7.3	6.7	7.7	9.0	8.4	7.6	6.6	5.1	4.0	4.2	5.4	5.2	6.3	6.8	7.6	9.7	9.9	9.9	9.3	9.1	7.60	11.3	4.0
20*	9.1	9.0	8.5	8.9	8.4	8.2	8.4	8.2	9.3	8.4	6.9	5.4	3.6	2.7	4.5	5.8	6.6	7.4	7.6	8.6	9.4	10.2	9.7	9.4	7.68	10.2	2.7
21*	9.0	8.7	8.6	8.3	8.2	8.4	8.7	—	—	7.4	6.1	5.9	5.1	5.3	5.9	6.7	6.9	7.4	7.6	8.0	8.3	8.4	8.5	8.3	7.53	9.0	5.1
22	8.0	7.7	7.7	7.8	8.2	8.4	8.9	9.0	8.9	7.3	5.8	5.2	3.8	3.4	4.3	4.8	5.2	6.8	6.3	9.0	9.2	9.0	9.1	15.2	**7.46**	15.2	3.4
23†	—	—	—	—	—	—	—	—	—	—	—	—	—	—	—	—	—	—	—	—	—	—	11.4	11.8	—	—	—
24	10.1	9.5	9.2	9.1	8.9	9.5	9.6	9.6	9.8	9.4	8.4	7.4	6.5	5.9	6.0	6.4	6.5	7.4	9.2	8.3	9.0	10.1	10.7	11.5	8.67	11.5	5.9
25	9.6	8.9	7.5	7.6	8.8	9.0	9.1	9.0	9.2	8.3	8.1	6.6	5.2	4.7	5.6	6.5	6.3	6.1	6.9	6.6	9.0	9.0	9.9	9.7	7.80	9.9	4.7
26	9.9	9.7	9.8	8.4	8.2	8.8	7.5	7.7	8.2	7.4	5.8	6.4	5.8	4.5	4.6	6.8	6.0	6.4	9.7	9.6	8.2	9.0	9.3	10.8	7.85	10.8	4.5
27	13.8	11.7	11.3	8.4	10.7	8.7	7.3	9.4	9.1	8.6	5.9	6.6	5.1	5.9	6.1	7.0	7.3	6.0	6.6	8.9	9.0	10.4	11.1	15.9	8.78	15.9	5.1
28	12.8	9.1	7.9	8.3	8.9	8.8	8.8	9.1	8.2	7.5	6.7	5.2	6.0	6.2	6.0	6.7	7.1	7.9	8.5	9.1	9.2	9.4	13.7	12.8	8.50	13.7	5.2
29	10.8	10.8	9.4	10.0	8.2	8.6	9.0	8.2	7.4	5.8	5.4	5.1	5.4	4.6	3.7	7.9	6.2	7.5	9.2	9.7	10.9	11.4	10.6	11.3	8.21	11.4	3.7
30	9.3	9.2	8.3	8.2	8.2	8.9	8.8	9.0	8.7	7.3	6.6	5.3	5.3	5.4	6.8	6.5	6.6	6.7	7.8	9.0	9.0	9.0	9.0	9.4	7.85	9.4	5.3
31*	9.0	8.7	8.1	7.4	8.1	8.4	8.7	8.2	7.7	6.5	6.1	5.8	5.6	5.8	5.8	6.5	7.1	7.4	7.6	8.4	8.7	8.8	9.0	8.9	7.60	9.0	5.6
Mittel	10.0	9.4	8.7	8.1	8.2	8.2	8.2	8.8	9.2	8.3	6.9	5.7	4.8	5.2	6.0	6.5	7.5	7.9	8.7	9.6	10.2	10.5	10.8	11.1	8.27	12.5	4.4

Deklination

Niemegk D = −3° 10'.00 + Tafelwert **1948**

Weltzeit: 0h 1h 2h 3h 4h 5h 6h 7h 8h 9h 10h 11h 12h 13h 14h 15h 16h 17h 18h 19h 20h 21h 22h 23h 24h

Januar

Tag	0h–1h	1h–2h	2h–3h	3h–4h	4h–5h	5h–6h	6h–7h	7h–8h	8h–9h	9h–10h	10h–11h	11h–12h	12h–13h	13h–14h	14h–15h	15h–16h	16h–17h	17h–18h	18h–19h	19h–20h	20h–21h	21h–22h	22h–23h	23h–24h	Tagesmittel	Max.	Min.
1	-1.1	-1.0	-1.2	-1.6	-1.9	-2.8	-1.8	-1.2	-1.2	-2.5	-3.6	-5.0	-5.2	-5.1	-5.6	-5.1	-3.5	-2.4	0.0	0.8	2.3	1.9	5.1	9.7	-1.'33	9.7	-5.6
2†	2.7	1.7	0.0	-0.2	-3.3	-4.3	-2.7	-1.9	-2.0	-2.7	-3.3	-4.2	-4.4	-4.5	-3.3	-4.7	-6.4	-4.4	-5.8	2.4	2.6	-0.5	1.3	2.7	**-1.88**	2.7	-6.4
3†	0.9	-0.7	-2.8	-3.2	-7.6	-5.8	-0.8	0.6	0.3	0.1	-0.3	-5.0	-5.2	-4.8	-5.1	0.4	-3.6	-9.4	3.6	16.7	5.3	4.3	3.6	2.0	-0.69	**16.7**	-9.4
4*	1.8	1.9	1.1	1.2	1.3	1.6	1.9	1.9	1.1	-0.1	-0.2	-0.8	-1.6	-1.4	-1.1	-1.0	-0.6	-0.2	0.2	0.6	0.0	0.1	0.5	0.2	**0.36**	1.9	-1.6
5	0.0	-0.3	-0.8	-0.9	-1.0	-0.9	-0.1	0.5	0.7	-0.4	-1.0	-2.0	-3.2	-2.8	-1.3	-1.8	-1.8	-2.6	-0.4	3.6	1.2	2.8	0.6	-0.1	-0.50	3.6	-3.2
6	-0.5	1.1	-1.2	-1.7	-1.8	-2.0	-1.8	-1.2	-1.0	-2.1	-3.1	-2.9	-3.7	-4.4	-3.2	-3.6	-4.5	-3.2	-0.2	-1.0	-0.1	0.6	0.6	0.7	-1.77	0.7	-4.5
7	-0.2	0.5	-1.3	-1.6	-1.2	-1.3	-1.0	-0.2	-2.0	-1.9	-2.5	-4.2	-4.4	-2.8	-5.0	-4.2	-5.0	-3.4	-1.8	0.5	4.7	9.0	4.9	1.5	-0.95	9.0	-5.0
8†	2.7	1.2	-0.4	-3.5	-5.0	-4.3	-3.4	-1.3	-0.2	-0.6	-1.3	-2.7	-4.0	-4.9	-4.8	-4.8	-2.6	-0.1	4.4	3.3	0.4	0.3	0.6	1.8	-1.22	4.4	-5.0
9†	-0.9	2.1	-3.3	-0.4	-5.4	-2.8	-2.0	-0.3	0.8	-1.0	-2.6	-1.4	-3.5	-1.8	-1.8	-1.8	-1.1	-1.1	0.3	0.9	2.1	1.7	0.4	0.9	-0.92	2.1	-5.4
10	0.1	-0.2	-1.0	-2.0	-3.2	-1.4	-0.4	0.5	1.8	0.4	-1.1	-2.7	-2.1	-2.9	-2.6	0.4	-1.4	-2.0	-0.8	1.9	1.2	0.2	0.5	-0.3	-0.71	1.9	-3.2
11	-1.2	0.4	-0.7	-0.6	-2.7	-2.6	-0.7	0.3	1.9	1.2	-1.2	-2.6	-4.4	-4.2	-2.4	-0.5	-2.0	-2.0	-1.1	-0.3	2.4	0.2	-0.2	-0.1	-0.96	2.4	-4.4
12	-0.8	-2.1	-0.8	-0.5	-0.6	-0.5	0.2	1.1	1.2	-0.6	-1.6	-1.9	-3.4	-3.9	-2.8	-2.0	-1.9	-1.3	-1.1	0.8	2.3	3.4	-0.2	-0.4	-0.72	3.4	-3.9
13	-0.6	-1.1	-1.1	-1.1	-0.8	-0.6	0.0	1.0	1.9	0.1	-2.0	-3.8	-4.3	-4.0	-4.0	-2.7	-1.7	0.4	-0.3	-0.4	0.2	1.5	1.0	-0.5	-0.95	1.9	-4.3
14*	-1.2	-1.2	-1.1	-1.0	-0.6	-0.5	-0.3	0.5	1.6	0.3	-1.4	-3.7	-4.8	-4.9	-3.5	-2.6	-0.9	-1.4	-1.5	-1.1	-0.8	-0.6	-0.6	-0.4	-1.32	1.6	-4.9
15	-1.0	-1.1	-1.0	-0.9	-0.9	-0.3	0.1	1.0	0.4	-0.7	-1.9	-3.5	-4.2	-4.2	-3.3	-2.6	-2.2	-1.4	-1.4	-1.1	-0.8	-0.2	2.0	1.3	-1.16	2.0	-4.2
16	-0.7	-1.4	-1.4	-1.1	-1.3	-1.2	0.2	0.2	1.0	0.2	-1.0	-2.1	-4.1	-4.2	-1.9	-1.5	-1.4	-1.6	-1.4	-1.1	-0.4	-0.3	0.2	-0.4	-1.11	1.0	-4.2
17†	-0.7	-0.6	-0.9	-1.2	-1.1	-1.0	-0.4	0.3	0.3	-2.1	-5.1	-6.6	-9.4	-11.6	-10.9	-6.7	-9.0	-3.6	-1.8	2.8	12.5	7.2	3.5	2.5	-1.82	12.5	**-11.6**
18	0.2	4.9	2.7	1.5	0.4	0.5	0.6	1.4	0.7	-0.5	-2.8	-4.5	-6.6	-5.7	-4.8	-3.9	-2.7	-2.4	-1.2	-0.7	2.6	0.3	0.8	1.6	-0.73	4.9	-6.6
19	1.8	6.0	3.4	2.6	0.9	0.4	0.9	0.9	-0.6	-2.2	-4.0	-6.7	-6.0	-5.6	-4.2	-2.8	-4.2	-3.4	1.5	-0.1	-0.3	0.4	0.3	-0.9	-0.91	6.0	-6.7
20	-1.2	-0.8	0.5	0.2	0.4	1.0	1.2	0.4	0.8	-0.6	-3.4	-6.1	-5.8	-6.5	-5.3	-5.0	-3.6	-3.5	-1.0	-0.3	1.0	1.6	5.2	-0.4	-1.30	5.2	-6.5
21	2.8	0.5	0.3	0.0	-0.2	0.7	0.6	1.2	0.0	-1.9	-2.4	-4.9	-6.7	-6.2	-6.1	-1.7	-2.3	5.0	3.7	1.9	4.0	3.3	5.2	9.0	0.24	9.0	-6.7
22	4.7	2.6	3.1	3.2	1.5	1.9	1.4	2.1	1.3	-0.3	-1.4	-2.8	-3.3	-3.4	-3.6	-1.8	-1.8	-1.6	-0.8	0.6	0.8	1.3	2.7	1.4	0.32	4.7	-3.6
23	1.4	0.0	-0.6	-1.8	0.0	1.2	1.2	2.0	1.7	-1.1	-1 7	-2.8	-3.5	-3.4	-2.7	-2.3	-1.7	-2.7	-2.5	0.1	2.0	1.2	1.2	-0.3	-0.63	2.0	-3.5
24*	-1.0	-1.0	-0.5	0.0	0.4	0.6	1.1	1.9	1.9	-0.2	-2.9	-4.3	-4.7	-3.8	-2.6	-1.8	-1.2	-1.2	-0.2	-0.3	-0.1	0.2	0.3	0.3	-0.80	1.9	-4.7
25*	-0.4	-0.5	-0.4	0.0	-0.1	-0.2	0.4	1.1	0.7	-0.8	-2.2	-2.9	-3.8	-3.3	-2.9	-3.0	-2.9	-1.3	-2.1	-1.2	-0 5	-0.3	-0.4	-0.4	-1.14	1.1	-3.8
26*	-0.5	-0.1	-0.6	-0.7	-0.3	0.4	1.1	1.8	1.9	0.1	-2.0	-3.9	-4.5	-4.4	-3.1	-2.8	-2.6	-2.0	-1.5	-1.4	-0.8	0.3	0 4	0.2	-1.04	1.9	-4.5
27	1.2	1.2	1.1	0.6	0.4	0.3	0.8	0.5	0.6	-0.7	-2.4	-4.6	-6.9	-7.5	-6.9	-6.9	-6.0	-5.2	-3.6	-1.3	0.6	0.0	-0.1	0.4	-1.85	1.2	-7.5
28	-0.1	-0.6	-0.6	-0.6	-0.6	-0.3	0.2	1.0	1.1	-0.6	-3.1	-4.2	-4.8	-5.2	-3.8	-3.6	-1.3	-0.9	-1.8	-1.4	-0.7	-0.6	-0.6	-0.6	-1.40	1.1	-5.2
29	-1.1	2.1	4.1	-0.4	-0.5	-0.8	-0.4	0.4	0.9	-0.5	-2.2	-4.4	-5.2	-4.4	-4.6	-3.2	-1.2	-2.0	-1.3	0.3	4.0	6.7	3.3	0.5	-0.41	6.7	-5.2
30	-0.2	-0.6	-1.9	-1.5	-1.3	-1.0	-0.4	1.6	2.9	0.8	-1.7	-3.1	-4.2	-4.7	-5.0	-3.8	-1.1	4.3	0.1	0.0	-0.4	0.3	1.3	1.7	-0.75	4.3	-5.0
31	2 2	-2.1	2.2	0.6	-0.5	-0.6	0.4	1.1	2.0	1.2	-0.4	-2.9	-5.0	-5.4	-4.1	-2.1	-2.6	-1.9	-1.2	-0.4	0.1	0.3	0.3	-0.1	-0.79	2.2	-5.4
Mittel	0.3	0.3	-0.2	-0.5	-1.2	-0.9	-0.1	0.6	0.7	-0.6	-2.1	-3.7	-4.6	-4.6	-3.9	-2.9	-2.7	-1.9	-0.7	0.8	1.5	1.5	1.4	1.1	-0.93	4.2	-5.2

Februar

Tag	0h–1h	1h–2h	2h–3h	3h–4h	4h–5h	5h–6h	6h–7h	7h–8h	8h–9h	9h–10h	10h–11h	11h–12h	12h–13h	13h–14h	14h–15h	15h–16h	16h–17h	17h–18h	18h–19h	19h–20h	20h–21h	21h–22h	22h–23h	23h–24h	Tagesmittel	Max.	Min.
1*	-1.7	0.6	0.8	0.3	-0.1	0.0	0.4	1.0	1.5	0.3	-1.3	-3.1	-4.4	-4.5	-3.7	-2.8	-2.0	-2.0	-1.7	-1.1	-0.6	-0.6	-0.6	-0.7	-1.'08	1.5	-4.5
2	-0.9	-0.8	-1.1	-1.9	-0.3	-0.6	-2.5	-0.4	0.8	-0.9	-2.1	-4.0	-5.9	-6.8	-5.7	-5.4	-4.3	-2.7	-0.1	0.5	4.3	5.5	1.9	0.7	-1.36	5.5	-6.8
3†	0.4	-0.6	-1.4	-0.4	-1.1	-0.6	-0.8	1.2	1.2	-3.4	-3.3	-5.0	-6.6	-5.2	-3.3	-2.9	-2.0	-1.4	-0.9	0.0	0.0	-0.3	-0.3	-0.2	**-1.54**	1.2	-6.6
4	0.7	-0.6	-1.2	-1.1	-1.1	0.5	0.6	-0.9	0.4	-1.9	-2.0	-3.4	-4.7	-4.2	-4.1	-2.8	-0.2	0.2	-1.6	-0.3	1.7	3.2	1.2	1.2	-0.85	3.2	-4.7
5	-0.4	0.5	-2.4	-2.6	0.5	0.8	1.3	2.2	2.0	1.1	-1.1	-3.5	-6.7	-6.6	-4.7	-1.6	3.2	-2.0	0.0	4.0	6.2	1.2	2.2	0.0	-0.27	6.2	-6.7
6	-0.5	-1.2	-1.2	-0.8	-0.6	-0.3	0.8	1.9	1.2	0.8	-0.6	-3.9	-5.2	-4.1	-3.5	-2.8	-1.0	-1.7	-1.9	-1.0	-0.5	1.5	7.8	7.3	-0.40	7.8	-5.2
7	1.3	0.0	-1.0	-1.0	-1.8	-2.1	-0.6	1.3	2.2	2.0	0.4	-1.9	-4.0	-3.5	-4.2	0.5	-2.0	-1.8	-1.1	0.3	0.1	-0.3	1.3	4.2	-0.49	4.2	-4.2
8	3.4	2.0	-0.3	-0.3	0.4	-0.2	0.4	0.7	1.2	0.2	-1.5	-2.8	-4.7	-4.3	-2.6	-1.9	-1.1	-1.1	-1.6	-1.0	-0.7	1.2	7.7	1.6	-0.22	7.7	-4.7
9*	-0.9	1.3	-0.1	0.6	0.4	-0.1	0.6	1.2	2.0	0.9	-0.9	-2.3	-4.1	-4.4	-3.5	-2.9	-2.0	-1.8	-0.2	-0.2	-0.4	-0.3	-0.4	-0.7	-0.76	2.0	-4.4
10	-0.5	-0.9	-1.4	-1.7	-1.9	-1.3	-2.5	-1.1	1.6	1.3	0.7	-1.3	-2.4	-3.7	-3.4	-3.1	-2.4	-2.6	-1.8	-1.0	-0.3	-0.3	-0.3	-0.2	-1.27	1.6	-3.7
11	0.0	-1.1	-0.2	0.8	0.0	0.0	0.6	2.2	2.6	1.3	-0.5	-1.8	-3.4	-2.8	-1.9	-1.8	-3.6	-2.2	-1.1	-0.4	2.5	4.3	1.1	0.3	-0.21	4.3	-3.6
12	0.0	-0.2	-0.3	-0.5	-0.6	-0.2	0.3	1.5	2.2	0.6	-0.4	-3.8	-4.3	-3.3	-2.9	-2.7	-2.5	-1.6	-0.9	-0.2	0.4	1.2	1.9	1.4	-0.62	2.2	-4.3
13	4.9	0.8	-1.8	-1.0	-0.7	-0.2	0.6	2.4	2.7	1.8	-1.0	-2.9	-5.8	-5.7	-2.4	-1.3	-2.8	-2.0	-1.3	-1.1	-0.7	-0.2	3.8	1.2	-0.53	4.9	-5.8
14	0.5	-0.5	-0.4	-1.0	-1.1	-0.3	0.5	2.2	2.3	0.5	-2.0	-5.0	-6.1	-4.8	-4.5	-5.7	-5.2	-3.5	1.1	3.7	4.7	4.0	5.4	4.7	-0.44	5.4	-6.1
15†	2.4	2.2	0.2	-3.2	-4.2	-0.4	0.2	1.3	0.2	-0.3	-2.5	-5.6	-7.2	-6.8	-4.5	-5.8	-4.4	-4.6	-5.0	1.5	4.0	9.0	9.0	6.8	-0.74	9.0	-7.2
16†	3.1	6.6	2.8	1.8	-1.8	-0.5	-1.2	-1.0	1.1	-0.3	-1.9	-2.6	-4.2	-4.2	-3.0	-1.8	7.3	-0.7	-1.9	-0.7	3.6	5.9	4.2	5.8	**0.68**	7.3	-4.2
17	5.9	3.0	3.1	1.7	1.2	1.4	1.9	2.0	1.2	-0.6	-2.0	-4.8	-4.7	-5.1	-4.1	-1.8	1.0	0.6	-1.2	-0.6	1.6	0.7	1.9	1.8	0.17	5.9	-5.1
18†	1.1	1.1	3.4	1.8	0.7	1.9	-1.5	-1.2	0.0	-0.7	-0.4	-2.1	-3.4	-5.7	-2.9	3.9	-1.4	-0.7	2.4	2.0	0.9	2.4	3.0	3.1	0.32	3.9	-5.7
19	0.7	1.5	0.8	-0.5	0.0	2.2	2.5	3.0	3.0	1.4	-1.9	-2.5	-5.1	-4.1	-3.9	-2.6	-1.1	-0.8	-0.8	-0.6	0.8	2.3	5.3	0.8	0.02	5.3	-5.1
20*	1.3	0.6	1.1	0.5	0.8	1.7	2.0	3.0	3.8	2.3	-1.2	-3.9	-4.6	-4.5	-3.7	-2.3	-0.3	-0.2	-1.2	-1.0	-0.7	-0.6	-0.5	-0.5	-0.34	3.8	-4.6
21*	-0.5	-0.5	-0.3	-0.4	0.0	0.5	1.6	3.8	4.0	2.2	-0.4	-3.7	-5.1	-5.1	-3.8	-2.6	-2.2	-1.7	-1.6	-1.7	-1.3	-0.7	-0.3	-0.3	-0.84	4.0	-5.1
22*	2.1	3.8	2.9	2.4	1.5	1.6	2.5	4.2	4.7	2.0	-1.4	-4.8	-5.7	-5.3	-3.6	-2.2	-1.4	-0.8	-0.6	-0.2	-0.1	-0.2	-0.4	-0.5	0.02	4.7	-5.7
23†	-1.3	-1.6	-1.3	0.5	2.1	0.8	2.3	3.4	3.6	1.5	-2.2	-4.8	-8.6	-5.4	-6.9	-4.2	1.8	6.9	3.2	2.5	4.1	1.6	1.7	0.4	0.00	6.9	**-8.6**
24	0.0	-0.3	0.3	-0.1	0.0	0.8	2.0	4.0	3.3	2.5	0.2	-3.0	-3.2	-3.7	-3.8	-2.8	-2.0	-1.5	0.7	1.6	11.4	7.1	0.8	0.2	0.60	**11.4**	-3.8
25	0.5	0.4	0.5	0.3	0.7	1.3	2.3	3.9	4.4	2.5	1.5	-2.4	-4.9	-4.4	-2.5	-1.4	-1.7	-1.2	-1.3	-0.3	0.6	1.0	0.3	0.3	0.02	4.4	-4.9
26	0.1	-0.3	-0.2	-0.2	-0.2	0.1	1.1	3.3	4.3	3.0	0.6	-3.4	-3.7	-4.3	-2.8	-1.8	-1.5	-1.8	-1.6	-1.6	-1.4	-0.6	0.4	-0.1	-0.52	4.3	-4.3
27	-0.4	2.7	2.9	2.5	1.3	0.6	1.8	3.2	3.2	0.8	-3.0	-5.4	-5.5	-6.5	-4.9	-3.6	-3.4	-3.2	-2.6	-1.9	-1.3	1.3	3.7	7.3	-0.43	7.3	-6.5
28	7.5	5.3	3.8	6.0	2.2	2.1	1.6	2.5	3.6	2.1	-0.9	-2.8	-5.7	-6.9	-6.5	-2.8	-3.6	-3.5	-2.1	-1.1	-0.6	0.9	1.2	2.9	0.22	7.5	-6.9
29	-3.3	-0.2	1.9	0.6	-0.1	0.1	2.2	2.3	2.7	0.6	-2.2	-4.6	-7.2	-7.0	-6.8	-5.2	-5.7	-0.3	0.1	0.4	0.2	0.7	1.8	4.9	-1.00	4.9	-7.2
Mittel	0.9	0.8	0.3	0.1	-0.1	0.3	0.7	1.8	2.3	0.8	-1.1	-3.5	-5.1	-4.9	-3.9	-2.6	-1.6	-1.4	-0.9	0.0	1.3	1.8	2.2	1.9	-0.41	5.1	-5.4

Deklination

Niemegk — D = −3° 10'.00 + Tafelwert — 1948

März

Tag	0h–1h	1h–2h	2h–3h	3h–4h	4h–5h	5h–6h	6h–7h	7h–8h	8h–9h	9h–10h	10h–11h	11h–12h	12h–13h	13h–14h	14h–15h	15h–16h	16h–17h	17h–18h	18h–19h	19h–20h	20h–21h	21h–22h	22h–23h	23h–24h Weltzeit	Tagesmittel	Max.	Min.
1†	5.4	4.1	2.8	2.1	2.0	-0.4	-3.5	-2.0	2.1	-0.3	-2.9	-6.5	-4.9	-7.2	-6.0	1.6	-0.6	-1.0	0.4	7.2	5.0	6.0	6.0	4.6	0.41	7.2	-7.2
2†	0.7	1.9	1.3	1.8	-0.3	-2.0	0.4	2.0	3.9	3.4	0.9	1.1	-0.6	-2.9	-2.7	-1.1	1.1	1.8	0.6	4.4	6.0	1.2	1.9	0.0	1.03	6.0	-2.9
3	5.6	2.0	1.9	0.7	-5.7	-4.9	-0.4	2.9	3.6	2.1	-0.3	-3.1	-4.1	-3.4	-2.6	0.6	0.4	2.9	-0.6	-0.5	-0.4	0.4	2.0	0.2	-0.03	5.6	-5.7
4	-1.2	1.3	2.0	2.0	0.6	1.4	1.1	1.6	1.6	1.9	-0.6	-3.1	-5.1	-4.8	-3.7	-2.8	-1.4	-1.0	-0.5	-0.5	-0.3	0.0	0.9	0.5	-0.42	2.0	-5.1
5	1.0	0.0	0.0	0.5	0.4	0.2	1.0	2.4	3.3	1.6	-1.4	-3.9	-5.8	-5.5	-4.1	-1.2	1.2	2.3	2.4	2.9	2.5	1.1	-0.4	-0.4	0.02	3.3	-5.8
6	0.1	0.1	0.2	0.3	0.5	0.6	0.5	2.0	1.6	0.3	-1.2	-4.1	-4.7	-4.6	-4.6	-2.0	2.3	7.0	1.2	1.6	3.5	1.1	1.9	-1.8	0.08	3.5	-4.7
7	1.9	0.6	0.6	1.0	-0.1	0.6	1.5	2.9	3.2	1.2	-2.0	-4.9	-6.6	-6.0	-2.9	-0.2	2.8	-0.5	-0.3	0.0	-0.1	0.0	0.1	0.4	-0.28	3.2	-6.6
8	0.8	1.0	1.0	0.8	1.1	1.5	2.1	3.7	3.9	1.4	-1.2	-4.8	-7.7	-5.8	-4.9	-1.8	-3.0	-0.6	2.1	0.8	2.8	4.9	1.4	0.6	0.00	4.9	-7.7
9	0.2	0.7	1.1	0.9	1.0	1.3	2.5	3.6	3.1	0.4	-2.6	-5.1	-6.2	-5.3	-3.6	-0.8	1.2	2.3	0.9	1.3	2.0	1.1	0.5	0.8	0.05	3.6	-6.2
10	1.2	0.7	1.1	1.2	1.0	1.8	3.7	5.8	5.8	2.6	-2.4	-6.1	-7.7	-6.6	-4.1	-0.4	-0.6	1.0	4.4	5.1	3.4	2.0	0.7	0.2	0.58	5.1	-7.7
11	0.4	1.0	1.5	1.3	1.2	1.0	2.4	4.6	5.1	2.5	-1.9	-5.9	-8.8	-7.3	-4.9	-2.3	-1.2	-1.4	-1.2	-0.9	-0.2	2.2	8.6	9.0	0.20	9.0	-8.8
12	8.2	1.5	0.5	-2.4	2.2	1.0	-0.3	1.0	4.5	2.5	-1.6	-6.5	-10.7	-9.2	-8.0	-6.0	-2.4	-2.2	-1.9	-1.0	0.6	0.9	0.8	-1.8	**-1.26**	8.2	-10.7
13†	-0.1	0.7	6.2	7.5	3.1	2.6	4.2	5.5	3.8	0.7	-5.7	-12.5	-12.7	-13.5	-6.0	-4.2	0.5	7.0	7.8	4.2	7.4	-2.2	5.6	2.3	0.51	7.8	-13.5
14†	-0.1	2.8	4.7	-0.8	-3.5	-4.3	3.1	6.3	7.4	3.2	-0.5	-6.8	-7.2	-6.4	-5.4	-0.6	5.1	4.3	6.8	2.7	2.6	7.2	6.0	4.1	1.28	7.4	-7.2
15†	10.7	5.4	8.1	1.6	-17.7	-10.0	-9.3	6.3	-2.6	2.7	0.6	-1.8	-4.5	-3.7	-2.4	-6.8	0.6	9.1	0.7	6.0	7.3	3.3	4.0	8.3	0.66	**10.7**	**-17.7**
16	8.9	5.6	7.3	4.9	5.3	5.2	5.7	7.6	7.1	4.6	2.4	-2.6	-5.1	-5.3	-3.8	-1.8	0.0	1.1	2.0	1.8	3.6	3.5	1.5	2.1	**2.57**	8.9	-5.3
17	2.4	3.7	3.1	2.7	4.2	4.6	5.4	6.2	4.7	1.5	-1.8	-4.9	-5.9	-4.2	-2.6	-0.2	2.7	3.2	1.5	1.5	1.5	1.7	2.3	3.3	1.52	6.2	-5.9
18*	4.0	4.3	3.1	2.2	3.1	3.2	4.7	6.3	6.1	4.3	0.4	-2.5	-5.0	-3.9	-2.7	-0.9	0.5	1.8	1.2	0.0	0.4	2.3	2.2	1.3	1.52	6.3	-5.0
19	1.3	1.4	4.2	4.0	3.0	3.2	3.8	3.8	2.3	2.3	-1.2	-3.9	-5.4	-5.7	-3.9	-1.5	0.2	0.5	0.9	1.5	0.8	0.8	0.7	1.4	0.60	4.2	-5.7
20	1.6	1.8	1.6	1.4	1.1	1.9	4.0	6.3	5.6	2.6	-0.9	-5.2	-8.6	-6.7	-4.5	-1.5	-0.2	-0.2	0.1	0.5	1.3	4.5	0.8	1.5	0.37	6.3	-8.6
21	0.5	1.7	0.9	1.6	2.5	3.7	4.0	6.3	7.0	0.8	-1.6	-5.1	-7.4	-7.4	-5.3	-3.2	-2.0	-1.5	-0.9	0.6	3.3	2.1	2.5	1.5	0.19	7.0	-7.4
22	0.6	1.5	1.1	1.0	0.8	2.3	4.3	5.3	6.0	4.6	1.0	-4.0	-5.6	-4.6	-3.9	-1.5	1.7	0.0	-0.3	2.1	2.6	2.2	1.4	0.8	0.81	6.0	-5.6
23*	-1.0	-0.5	-0.1	0.8	2.0	2.6	4.6	6.3	5.7	2.7	-0.4	-3.1	-5.4	-5.1	-3.8	-2.3	-1.1	-0.6	-0.7	-0.1	0.0	0.4	0.4	1.0	0.10	6.3	-5.4
24*	0.9	1.1	1.2	1.2	1.6	1.6	3.1	4.7	5.0	3.0	-0.2	-3.0	-5.2	-4.8	-4.2	-3.1	-2.9	-1.9	-1.0	-0.1	0.0	0.3	0.4	0.2	-0.09	5.0	-5.2
25*	0.4	0.1	0.5	0.7	0.9	1.6	3.5	5.5	5.4	2.9	-0.6	-4.4	-6.7	-7.1	-6.2	-4.7	-3.2	-2.7	-2.0	-1.2	-0.9	-0.1	0.5	0.4	-0.72	5.5	-7.1
26	0.4	0.8	0.4	0.6	0.3	1.1	3.1	4.8	5.0	2.3	-2.4	-5.4	-7.9	-9.6	-8.0	-3.9	-1.9	-2.2	-1.4	0.0	-0.1	8.1	5.9	4.9	-0.21	8.1	-9.6
27	-1.4	1.7	2.9	2.5	2.9	2.4	3.2	5.3	4.7	2.1	-1.9	-5.1	-7.6	-6.9	-4.6	-2.1	-0.8	-1.0	-0.3	0.0	0.4	0.7	1.2	-0.1	-0.08	5.3	-7.6
28	1.3	2.5	2.4	1.4	1.5	2.3	4.7	6.0	5.0	1.3	-3.6	-7.6	-8.3	-7.3	-5.0	-1.4	0.0	0.5	0.2	0.2	0.4	0.9	1.4	1.8	0.02	6.0	-8.3
29*	2.8	2.4	1.9	1.5	1.7	2.8	4.9	6.6	6.3	4.2	1.0	-3.3	-6.3	-5.8	-4.8	-3.7	-1.9	-1.1	-0.2	3.1	2.1	1.9	5.9	3.8	1.08	6.6	-6.3
30	2.7	3.8	4.2	3.3	2.9	3.8	5.4	6.5	5.9	3.0	-2.1	-5.6	-7.2	-6.8	-5.7	-3.6	-1.2	-1.4	-1.0	-1.0	4.5	8.2	3.6	1.7	1.00	8.2	-7.2
31	1.3	2.0	5.2	4.9	2.6	3.3	5.2	7.2	6.6	3.4	-0.6	-4.3	-6.3	-6.7	-6.6	-4.6	-4.3	-3.7	-2.8	-1.6	0.2	0.2	0.6	0.5	0.07	7.2	-6.7
Mittel	2.0	1.9	2.4	1.7	0.7	1.2	2.5	4.6	4.3	2.3	-1.1	-4.6	-6.5	-6.1	-4.6	-2.2	-0.3	0.7	0.6	1.3	2.0	2.2	2.3	1.7	0.37	6.1	-7.2

April

Tag	0h–1h	1h–2h	2h–3h	3h–4h	4h–5h	5h–6h	6h–7h	7h–8h	8h–9h	9h–10h	10h–11h	11h–12h	12h–13h	13h–14h	14h–15h	15h–16h	16h–17h	17h–18h	18h–19h	19h–20h	20h–21h	21h–22h	22h–23h	23h–24h	Tagesmittel	Max.	Min.
1†	0.1	6.6	3.4	1.2	-5.1	-2.2	1.4	4.0	2.4	1.5	-0.9	-3.9	-5.8	-6.2	-4.0	-1.0	-0.3	1.2	2.0	1.1	2.2	0.8	2.0	-0.4	0.00	6.6	-6.2
2	2.7	2.9	1.0	0.8	-1.6	-5.4	-2.1	6.1	6.1	2.2	-0.8	-3.0	-5.3	-5.5	-3.1	-0.6	0.5	0.0	-1.0	-0.8	1.3	0.3	2.8	0.0	-0.10	6.1	-5.5
3	0.2	-3.8	0.3	-0.7	0.3	2.2	4.2	6.0	5.9	1.8	-2.2	-6.6	-7.2	-6.2	-3.9	-1.6	0.9	3.8	0.3	-0.6	-0.5	0.0	-0.1	0.4	**-0.30**	6.0	-7.2
4	0.6	1.0	1.7	1.7	1.3	1.4	2.1	3.3	3.3	0.5	-3.0	-6.0	-6.4	-5.9	-3.2	-0.1	2.3	2.8	0.1	-0.1	0.1	-0.1	0.2	0.8	-0.07	3.3	-6.4
5*	0.6	0.8	1.3	0.9	1.1	4.2	7.1	8.0	7.5	4.4	-0.2	-3.7	-6.1	-5.6	-3.4	-1.1	0.9	0.3	-0.4	-0.1	-0.1	0.1	0.1	0.1	0.70	8.0	-6.1
6†	0.3	0.2	0.4	1.0	0.5	2.2	5.6	7.4	7.0	3.3	-0.9	-5.1	-8.0	-7.8	-6.2	-3.9	-3.0	-6.6	1.0	5.3	7.0	1.6	1.0	1.4	0.15	7.4	-8.0
7	1.6	2.2	2.0	2.9	3.4	3.5	6.0	8.1	7.3	4.9	0.0	-5.7	-8.7	-8.3	-6.0	-3.4	-1.6	-0.9	-0.4	2.0	0.8	4.1	5.1	1.5	0.85	8.1	-8.7
8*	0.6	1.8	1.8	2.0	1.8	2.6	5.1	7.1	7.2	5.2	0.8	-5.2	-8.5	-8.3	-5.8	-3.4	-1.3	-0.2	0.6	0.9	0.7	0.7	0.9	0.7	0.32	7.2	-8.5
9*	0.7	1.1	0.6	0.6	1.0	2.7	5.6	7.6	7.1	4.8	1.0	-4.0	-7.1	-7.5	-5.5	-3.8	-2.0	-0.4	1.0	0.3	2.0	2.6	1.8	0.5	0.45	7.6	-7.5
10	0.5	1.9	3.1	3.4	2.6	3.0	5.0	7.4	6.8	4.8	0.5	-4.8	-8.8	-9.9	-8.2	-5.2	-2.1	2.0	0.2	-0.2	-0.3	0.5	1.8	3.0	0.29	7.4	-9.9
11	2.8	3.0	3.6	5.7	4.1	5.2	7.4	8.8	8.3	4.7	-0.7	-6.4	-8.6	-8.0	-6.2	-3.8	-2.6	-1.0	-0.3	2.0	1.5	0.3	0.1	0.4	0.85	8.8	-8.6
12	0.6	0.4	3.4	3.9	3.5	4.3	5.4	7.1	6.3	3.2	-1.0	-4.8	-8.1	-6.6	-6.1	-3.9	1.4	1.5	0.4	-0.4	0.0	-0.3	0.5	2.2	0.54	7.1	-8.1
13	2.2	1.1	1.7	-1.1	0.5	4.6	8.0	9.7	10.6	8.2	2.2	-3.7	-8.0	-8.3	-7.2	-5.0	-2.3	-0.3	1.6	3.5	4.3	3.0	5.2	1.7	1.34	10.6	-8.3
14	2.3	0.7	5.3	1.0	3.3	6.1	7.9	8.6	7.9	5.1	0.1	-4.8	-6.6	-6.4	-5.3	-2.8	-0.2	0.6	-1.2	-0.9	-0.8	-0.5	1.7	1.5	0.94	8.6	-6.6
15	0.8	0.5	-0.2	-1.3	0.0	2.3	5.0	5.3	6.0	4.8	-0.1	-4.6	-7.7	-6.9	-5.5	-4.1	-1.1	1.9	2.2	-0.4	-0.6	1.4	2.0	1.2	0.04	6.0	-7.7
16*	1.4	1.4	2.1	2.9	5.0	8.1	10.1	10.8	8.9	6.4	3.1	-0.2	-4.1	-4.3	-3.8	-2.6	-0.7	0.4	-0.9	-0.8	-0.4	-0.5	-0.1	0.6	1.78	10.8	-4.3
17	0.6	0.6	1.8	3.5	4.6	6.0	7.8	8.1	7.6	4.5	0.6	-3.3	-5.7	-5.0	-3.8	-3.3	-1.3	-0.5	-0.4	0.2	-0.2	-0.3	-0.5	-0.2	0.89	8.1	-5.7
18	0.8	1.7	2.4	3.0	3.6	4.6	6.5	7.3	4.0	1.7	-1.5	-5.7	-6.0	-5.1	-3.1	-1.5	-0.5	-0.1	-0.3	-0.4	-0.4	-0.7	-0.4	0.3	0.42	7.3	-6.0
19*	0.6	1.2	1.4	2.2	3.4	5.4	7.4	8.7	6.9	3.3	-1.5	-5.9	-7.4	-6.4	-4.4	-2.4	-0.3	0.2	-0.2	-0.4	-0.8	-1.6	-0.9	-0.9	0.32	8.7	-7.4
20	-0.4	4.0	2.9	2.3	3.4	3.8	6.9	6.0	6.2	1.9	-3.2	-7.1	-7.7	-7.5	-5.1	-2.4	-0.6	0.4	0.8	0.0	-0.1	1.7	4.3	7.5	0.75	7.5	-7.7
21†	16.8	12.6	8.7	6.1	9.0	10.0	10.3	10.6	10.4	5.7	2.0	-1.3	-4.1	-4.4	-3.1	-1.6	0.2	1.4	1.4	1.7	1.8	1.3	1.5	2.8	**4.16**	**1.68**	-4.4
22†	4.2	10.3	12.2	7.0	1.4	0.8	2.8	5.3	4.1	-0.3	-5.8	-9.1	-12.3	-9.6	-5.6	-2.9	0.4	3.0	5.6	1.4	4.2	3.1	2.8	3.8	1.12	12.2	**-12.3**
23	5.3	5.9	4.4	5.7	5.6	7.0	9.3	10.8	9.3	5.1	0.3	-4.3	-6.9	-5.5	-3.6	-1.5	0.3	0.9	0.9	0.8	0.9	1.6	1.5	1.1	2.29	10.8	-6.9
24	1.1	2.2	3.8	4.4	5.7	8.0	8.0	9.6	8.8	6.6	2.0	-2.7	-6.3	-6.6	-5.0	-2.3	-0.4	0.6	-0.9	-0.4	-0.2	-0.3	-0.6	3.8	1.62	9.6	-6.6
25	2.9	2.6	1.2	3.3	4.2	6.8	9.0	9.6	9.0	5.4	0.7	-3.2	-7.3	-5.7	-4.2	-2.6	0.0	2.3	1.9	6.4	4.9	1.5	0.8	-0.4	2.05	9.6	-7.3
26	0.4	1.9	2.7	3.9	4.8	6.9	8.7	9.2	8.1	2.8	-2.3	-6.0	-6.7	-9.0	-5.7	-3.2	-0.2	0.9	-0.3	0.2	2.2	2.9	2.2	1.0	1.06	9.2	-9.0
27	-0.8	0.3	1.5	3.7	5.0	8.3	8.5	8.2	5.6	1.1	-2.7	-5.2	-6.3	-5.3	-1.8	-1.4	0.0	1.0	2.5	3.2	1.3	0.0	-0.1	0.3	1.12	8.5	-6.3
28	1.3	1.9	2.7	2.2	0.4	3.4	6.8	8.4	7.5	4.6	-0.1	-4.6	-5.0	-5.6	—	—	—	—	—	-1.6	-0.4	2.9	1.8	2.6	—	—	—
29†	3.5	2.7	3.4	3.6	4.4	5.8	7.8	7.4	2.8	2.4	-0.8	-4.2	-7.5	-6.6	-4.3	-3.3	-2.0	-1.5	-0.8	-0.3	0.5	3.8	1.7	1.9	0.85	7.8	-7.5
30	1.4	0.6	2.8	4.3	3.7	4.7	6.7	7.3	5.2	1.4	-1.7	-3.6	-4.2	-3.9	-2.4	-0.3	1.1	1.0	1.2	2.8	-0.1	-0.3	-0.1	2.0	1.23	7.3	-4.2
Mittel	1.9	2.3	2.8	2.7	2.7	4.2	6.3	7.7	6.8	3.7	-0.5	-4.6	-7.0	-6.6	-4.7	-2.6	-0.5	0.5	0.6	0.8	1.0	1.0	1.3	1.4	0.89	8.4	-7.2

Deklination

Niemegk — D = −3° 10'.00 + Tafelwert — 1948

Mai

Tag	0h–1h	1h–2h	2h–3h	3h–4h	4h–5h	5h–6h	6h–7h	7h–8h	8h–9h	9h–10h	10h–11h	11h–12h	12h–13h	13h–14h	14h–15h	15h–16h	16h–17h	17h–18h	18h–19h	19h–20h	20h–21h	21h–22h	22h–23h	23h–24h	Tagesmittel	Max.	Min.
1*	1.2	0.7	0.5	2.7	6.0	8.0	8.8	8.2	6.3	3.8	-0.9	-4.6	-6.5	-6.4	-4.4	-1.9	0.3	1.7	3.1	3.2	0.6	0.2	1.9	2.7	1'.47	8.8	-6.5
2	2.0	1.9	2.4	1.9	1.8	3.4	7.2	7.2	6.9	5.5	0.9	-3.4	-4.8	-7.5	-5.6	-2.0	0.4	-0.7	-0.4	7.1	6.5	2.8	1.2	0.7	1.48	7.2	-7.5
3	-1.0	1.9	2.4	4.4	4.0	3.6	7.9	6.7	6.1	2.7	1.3	-2.2	-5.3	-4.7	-2.9	-0.5	2.0	1.5	1.2	0.8	1.3	-0.8	0.2	0.4	1.29	7.9	-5.3
4	0.8	0.4	-0.3	2.5	5.2	9.0	10.1	9.7	8.3	5.1	0.8	-3.3	-6.6	-6.2	-5.5	-3.2	0.4	0.5	1.2	2.5	0.5	1.2	2.0	6.5	1.73	10.1	-6.6
5	3.6	1.7	3.7	4.4	6.3	8.6	9.5	9.7	8.6	5.3	0.0	-5.0	-6.9	-6.1	-4.4	-1.8	0.0	1.9	1.8	2.1	2.5	5.3	2.9	4.5	2.42	9.7	-6.9
6	5.0	3.7	7.5	5.9	7.3	7.9	9.3	10.1	7.1	1.9	-3.2	-7.7	-8.7	-7.8	-6.5	-1.8	3.0	3.3	6.0	6.5	5.2	5.1	4.2	5.5	2.87	10.1	-8.7
7†	5.9	2.2	6.6	5.9	7.5	6.1	4.3	3.3	8.5	3.1	-2.0	-7.1	-5.4	-2.3	-2.6	-1.2	0.3	2.0	6.9	4.0	2.9	2.2	2.4	2.9	2.35	8.5	-7.1
8	2.9	4.0	4.7	5.4	6.6	8.4	6.0	6.6	9.2	5.6	1.7	-0.9	-4.1	-5.7	-4.9	-4.0	-1.5	0.5	1.0	1.1	1.3	1.1	2.4	2.3	2.07	9.2	-5.7
9†	2.9	2.5	2.8	3.3	3.9	6.3	8.2	8.2	6.7	2.5	-1.0	-5.6	-8.5	-4.7	-1.7	-2.0	-0.1	2.7	0.4	0.6	-0.2	0.0	0.9	1.8	1.25	8.2	-8.5
10	2.9	3.0	3.2	2.6	4.4	8.3	11.4	11.1	10.5	6.9	2.5	-0.2	-1.8	-3.6	-3.2	-2.9	-0.8	2.6	3.9	3.0	1.4	-0.1	0.3	1.4	2.78	**11.4**	-3.6
11	1.5	2.5	3.6	3.0	2.1	4.6	6.3	6.2	4.6	0.8	-1.6	-3.6	-4.0	-3.6	-2.2	-1.3	-0.1	2.7	3.3	1.2	2.0	0.6	0.8	0.8	1.26	6.3	-4.0
12	2.6	3.0	3.3	2.6	3.9	5.1	7.7	9.9	8.9	6.6	2.4	-2.2	-4.9	-4.7	-2.8	-1.6	0.7	1.9	1.4	1.9	1.3	-0.1	2.1	2.2	2.13	9.9	-4.9
13	-3.4	-2.2	-1.5	-0.2	-3.1	6.6	10.7	11.9	9.4	6.9	2.3	-2.8	-5.4	-4.7	-4.1	-2.8	-0.5	1.0	1.2	1.5	1.5	1.4	2.2	3.0	1.20	11.9	-5.4
14	3.6	4.2	4.2	4.2	5.3	6.9	9.1	10.2	9.9	6.9	1.7	-3.9	-7.5	-7.8	-6.5	-4.4	-1.0	1.4	1.5	1.4	3.0	1.2	0.1	-1.2	1.77	10.2	-7.8
15†	-1.7	2.2	-3.9	-3.0	3.6	10.7	7.4	2.9	5.5	1.4	-3.7	-8.6	-8.6	-5.8	-4.0	-0.9	2.3	3.2	1.8	0.9	0.8	8.4	-1.0	6.3	0.68	10.7	-8.6
16†	6.3	1.5	-6.2	0.2	2.4	4.8	6.1	6.2	7.8	5.7	3.3	-0.2	-3.6	-5.0	-4.9	1.9	1.0	1.0	0.9	0.0	0.0	-0.2	5.2	3.4	1.57	7.8	-6.2
17	3.9	4.4	5.9	6.4	9.8	10.1	10.1	10.1	9.2	5.1	-0.4	-4.3	-4.6	-4.6	-3.6	-2.4	-0.3	1.4	2.3	1.6	0.8	1.7	3.3	4.8	**2.95**	10.1	-4.6
18	8.0	7.0	3.1	5.3	5.4	6.7	8.4	7.8	4.4	1.3	-1.6	-4.7	-4.7	-3.3	-1.7	-0.3	1.3	2.5	3.9	0.7	0.1	-0.5	2.7	1.8	2.23	8.4	-4.7
19*	0.7	1.8	3.1	4.6	6.7	7.0	6.6	6.3	4.2	1.8	-1.0	-4.3	-6.0	-5.1	-3.3	-1.0	0.5	1.0	0.5	0.2	0.1	0.2	0.8	0.8	1.09	7.0	-6.0
20*	1.3	1.2	3.0	4.7	6.4	8.0	9.3	9.2	6.8	3.4	0.4	-2.8	-5.0	-4.7	-2.5	-1.1	-0.1	0.6	0.2	0.4	0.3	1.5	4.1	4.7	2.05	9.3	-5.0
21†	4.0	6.3	6.2	5.8	6.7	6.5	5.8	2.0	1.0	-1.5	-5.1	-10.8	-10.1	-7.4	-7.0	-5.2	-1.7	-3.2	0.2	8.6	2.3	1.5	2.8	0.0	0.32	8.6	**-10.8**
22	7.5	0.8	3.8	4.1	0.4	3.1	4.2	6.6	5.4	4.2	3.8	0.5	-1.0	-0.9	-0.4	0.0	3.1	2.7	2.3	-0.6	2.6	2.2	3.2	4.8	2.60	7.5	-1.0
23	5.4	6.0	5.7	3.5	0.5	1.1	3.8	5.7	3.9	2.0	-1.4	-5.0	-5.8	-5.3	-4.9	-1.8	0.5	0.6	-0.1	0.0	0.4	2.5	2.3	2.5	0.92	6.0	-5.8
24	4.7	6.0	9.2	7.0	7.2	8.2	10.5	8.6	4.7	-0.8	-5.1	-9.0	-9.6	-8.0	-4.9	-2.7	-0.6	0.7	-0.2	-1.0	-0.8	-0.7	0.2	-1.3	0.93	10.5	-9.6
25	3.6	6.5	3.6	6.8	3.8	4.4	8.8	8.6	6.8	4.0	-0.8	-6.7	-9.0	-7.2	-5.2	-2.0	0.7	1.9	1.8	0.2	-0.5	-0.1	0.2	0.9	1.30	8.8	-9.0
26*	0.4	1.0	2.9	4.2	6.6	7.9	7.8	8.1	6.1	2.4	-1.2	-5.5	-7.8	-8.0	-6.7	-4.4	-1.3	0.1	0.6	0.5	-0.5	-0.1	-0.1	0.2	0.55	8.1	-8.0
27	-1.5	4.0	2.6	3.8	6.5	6.9	6.3	5.7	4.2	0.6	-2.4	-5.1	-4.8	-4.8	-3.8	-2.1	0.4	2.0	1.0	0.2	-0.3	-0.5	0.5	0.6	0.83	6.9	-5.1
28*	3.2	4.1	3.7	5.2	6.4	8.0	8.6	8.0	5.8	2.5	-1.3	-4.4	-5.7	-6.0	-5.1	-3.6	-2.6	-1.3	-0.8	-1.0	-0.4	-0.1	-0.2	1.2	1.01	8.6	-6.0
29	2.0	0.7	-1.2	6.0	5.8	7.2	8.0	9.3	8.0	4.7	-0.5	-7.2	-9.5	-9.8	-9.0	-9.0	-6.5	-4.4	-2.8	-2.8	-1.0	-0.6	-3.3	1.0	**-0.62**	9.3	-9.8
30	0.5	3.9	-1.7	0.9	2.1	4.9	8.2	10.0	9.2	5.8	1.0	-2.9	-4.9	-4.9	-3.8	-1.8	-0.3	1.3	4.8	0.9	-0.4	0.2	0.3	1.2	1.44	10.0	-4.9
31	2.0	2.4	3.0	4.4	5.4	6.4	5.3	6.3	3.4	-0.6	-4.3	-7.8	-8.9	-7.9	-6.3	-3.4	1.1	1.0	0.8	-1.0	-0.1	0.0	2.0	3.8	0.29	6.4	-8.9
Mittel	2.6	2.9	2.8	3.8	4.7	6.6	7.8	7.8	6.7	3.4	-0.5	-4.6	-6.1	-5.6	-4.3	-2.3	0.0	1.1	1.6	1.4	1.1	1.2	1.5	2.3	1.49	8.8	-6.5

Juni

Tag	0h–1h	1h–2h	2h–3h	3h–4h	4h–5h	5h–6h	6h–7h	7h–8h	8h–9h	9h–10h	10h–11h	11h–12h	12h–13h	13h–14h	14h–15h	15h–16h	16h–17h	17h–18h	18h–19h	19h–20h	20h–21h	21h–22h	22h–23h	23h–24h	Tagesmittel	Max.	Min.
1†	6.5	3.9	6.2	2.9	2.9	4.8	8.6	10.6	9.6	4.5	-0.7	-4.8	-8.2	-8.9	-7.4	-7.2	0.0	1.2	4.9	4.1	2.0	0.6	1.1	1.7	1'.62	10.6	-8.9
2	2.8	3.6	4.4	5.8	6.7	6.2	6.4	7.4	7.0	2.8	-2.2	-6.5	-8.2	-7.3	-5.0	-1.6	1.2	2.1	2.8	1.9	1.2	1.2	1.8	1.8	1.51	7.4	-8.2
3	3.6	5.1	6.6	7.8	9.8	10.0	9.8	10.2	8.8	5.7	1.2	-2.9	-5.6	-5.4	-4.2	-1.2	0.6	1.4	1.4	0.6	0.0	1.0	1.0	1.2	2.78	10.2	-5.6
4*	2.1	3.5	5.5	8.0	9.7	10.3	8.4	6.0	2.9	-1.4	-6.1	-9.4	-10.3	-7.3	-4.7	-2.1	0.1	0.9	0.4	0.0	2.7	1.0	1.1	2.6	1.00	10.3	-10.3
5	3.1	4.2	5.8	6.2	7.8	9.4	9.7	7.9	4.9	0.3	-4.2	-7.4	-9.1	-6.5	-4.2	-1.2	0.7	-0.1	-0.8	-0.2	-1.1	-0.4	0.2	0.0	1.04	9.7	-9.1
6	1.8	1.4	1.4	4.0	7.3	8.9	8.7	6.4	3.9	-0.1	-4.1	-5.8	-7.9	-8.1	-6.0	-3.6	0.0	1.7	2.2	1.0	0.3	0.0	0.2	1.1	0.61	8.9	-8.1
7	0.7	2.0	4.1	5.0	8.8	10.6	11.2	11.0	8.7	4.4	0.4	-3.9	-6.5	-6.8	-5.0	-3.7	-2.2	-0.5	0.2	1.6	0.2	2.6	3.0	1.1	1.96	11.2	-6.8
8	2.5	2.3	3.2	4.4	7.3	9.3	10.5	10.2	7.9	2.9	-1.1	-4.7	-8.6	-8.0	-6.6	-5.1	-2.8	-0.2	1.3	1.1	4.0	3.4	2.6	2.4	1.55	10.5	-8.6
9	0.9	2.1	4.5	5.4	8.4	11.3	10.9	9.0	6.1	2.6	-1.3	-4.1	-5.6	-5.8	-4.8	-3.6	-1.5	1.0	1.3	1.0	0.4	2.4	2.5	2.0	1.88	11.3	-5.8
10	0.5	1.6	2.9	3.3	6.8	9.2	8.3	7.8	5.3	2.4	-0.3	-4.4	-4.9	-5.5	-4.5	-2.5	-0.7	0.6	0.8	0.5	0.9	0.8	0.9	1.1	1.29	9.2	-5.5
11	1.6	1.5	2.0	2.4	3.6	6.8	8.2	6.9	3.7	0.1	-3.8	-7.5	-8.1	-7.6	-5.4	-2.5	-0.7	0.9	2.1	0.9	0.4	0.9	0.9	0.9	**0.34**	8.2	-8.1
12	1.8	0.7	1.8	3.4	6.4	10.3	10.6	10.2	7.0	1.6	-2.6	-6.3	-6.4	-5.7	-3.3	-1.0	0.5	0.9	1.1	0.6	0.4	-0.6	2.1	2.0	1.48	10.6	-6.4
13	1.1	2.0	3.5	2.0	2.1	4.6	5.8	7.0	5.6	3.1	-0.4	-3.2	-4.0	-5.3	-3.8	-0.8	1.0	1.8	2.4	4.1	4.3	2.5	1.7	1.8	1.62	7.0	-5.3
14	2.2	2.6	3.0	4.3	6.9	9.3	10.0	9.2	6.9	2.7	-1.6	-4.1	-5.1	-5.1	-3.0	-2.0	-0.2	1.6	1.6	0.6	0.4	0.6	0.9	1.6	1.80	10.0	-5.1
15*	2.4	3.0	3.4	4.2	5.1	6.5	8.0	7.7	5.3	4.6	1.3	-0.7	-2.0	-2.9	-2.6	-1.4	-0.1	0.3	0.8	0.8	0.9	1.1	1.5	1.5	2.03	8.0	-2.9
16*	2.2	2.5	3.2	4.7	5.8	6.9	5.9	4.9	3.5	1.0	-1.0	-2.5	-3.4	-3.4	-3.0	-2.1	-1.4	-0.4	0.0	0.5	0.9	0.8	-0.4	-0.4	1.03	6.9	-3.4
17	1.8	4.1	4.1	5.2	8.3	10.6	10.6	8.8	6.1	1.6	-2.0	-4.9	-5.8	-5.7	-5.3	-3.9	-1.8	0.0	-0.8	-0.4	-0.7	1.0	1.4	3.6	1.50	10.6	-5.8
18†	3.7	4.4	5.1	7.0	7.7	10.4	9.9	9.8	6.0	1.2	-2.7	-5.2	-8.0	-7.8	-7.4	-5.3	0.0	1.5	0.3	1.0	2.3	2.9	3.4	5.2	1.89	10.4	-8.0
19†	7.2	14.8	6.8	9.5	4.0	9.7	8.7	8.4	5.2	1.3	-2.8	-5.3	-5.6	-5.4	-3.8	-1.8	0.3	1.1	2.0	1.1	1.3	2.1	3.7	3.0	2.73	**14.8**	-5.6
20	3.5	3.4	5.3	7.6	10.0	12.3	11.2	10.3	7.8	2.9	-2.7	-6.6	-10.2	-10.9	-9.3	-6.7	-2.7	0.9	2.2	1.6	0.6	4.5	5.6	5.0	1.90	12.3	-10.9
21†	4.6	4.1	5.0	5.4	10.1	13.6	13.8	11.5	8.1	2.7	-2.3	-6.4	-9.3	-6.9	-7.2	-4.9	-1.9	1.8	5.7	7.5	6.3	4.8	7.3	2.5	**3.16**	13.8	-9.3
22	7.4	4.5	0.9	1.6	4.9	6.8	10.7	9.0	8.4	4.3	0.6	-3.3	-5.7	-5.4	-4.4	-3.6	-0.6	1.5	1.9	2.2	2.2	1.8	4.5	2.7	2.20	10.7	-5.7
23	2.7	2.4	2.9	5.1	7.4	9.4	9.9	10.0	8.6	4.3	-2.9	-8.6	-10.2	-10.5	-7.2	-3.3	-1.0	0.9	1.1	0.8	1.5	1.8	3.4	2.8	1.30	10.0	-10.5
24	3.5	3.7	3.0	5.3	9.5	8.1	9.2	8.6	7.3	4.8	-1.6	-6.4	-7.6	-7.4	-5.6	-3.4	-1.2	1.4	2.3	1.5	1.2	2.0	3.1	3.0	1.85	9.5	-7.6
25	1.9	0.6	1.4	3.8	6.2	9.2	10.8	9.8	7.0	3.2	-2.0	-8.1	-11.0	-11.0	-8.6	-4.3	-1.0	0.6	0.6	1.4	-0.6	2.7	7.7	3.2	0.98	10.8	**-11.0**
26†	-0.1	0.0	5.7	7.6	9.4	10.0	9.1	10.7	7.5	2.5	-1.0	-4.2	-6.7	-5.4	-4.1	-1.8	1.3	0.1	0.6	-0.2	3.1	2.4	-0.4	2.7	2.03	10.7	-6.7
27	1.4	1.5	4.2	7.0	9.8	9.1	7.9	9.3	6.0	4.4	1.4	-1.5	-5.2	-6.1	-5.0	-1.0	1.6	1.3	0.8	0.6	0.8	1.3	1.8	2.6	2.25	9.8	-6.1
28*	3.0	3.7	3.9	5.4	8.0	9.3	9.8	8.8	6.3	1.6	-2.2	-4.3	-5.3	-5.2	-4.1	-0.9	-0.4	0.4	0.4	0.4	0.8	1.2	2.1	2.6	1.89	9.8	-5.3
29*	3.0	3.0	3.8	4.3	5.8	7.2	7.9	9.5	8.7	6.1	1.4	-3.2	-5.2	-5.6	-4.2	-1.5	1.0	1.8	1.5	0.4	-0.1	0.3	1.3	1.8	2.04	9.5	-5.6
30	2.6	2.8	3.7	5.9	8.1	10.9	9.6	7.6	5.8	2.9	-0.8	-3.7	-4.6	-5.2	-4.9	-2.4	-0.2	0.6	0.5	-0.7	-0.2	-0.1	-1.0	0.8	1.58	10.9	-5.2
Mittel	2.7	3.2	3.9	5.2	7.2	9.0	9.3	8.8	6.5	2.7	-1.5	-5.0	-6.8	-6.6	-5.2	-2.9	-0.4	0.9	1.4	1.2	1.2	1.6	2.2	2.1	16.9	10.1	-7.0

Weltzeit

Niemegk

Deklination

D = −3° 10′.00 + Tafelwert

1948

Weltzeit

Juli

Tag	0h–1h	1h–2h	2h–3h	3h–4h	4h–5h	5h–6h	6h–7h	7h–8h	8h–9h	9h–10h	10h–11h	11h–12h	12h–13h	13h–14h	14h–15h	15h–16h	16h–17h	17h–18h	18h–19h	19h–20h	20h–21h	21h–22h	22h–23h	23h–24h	Tagesmittel	Max.	Min.
1	0.8	2.3	3.2	5.6	5.3	7.9	9.6	9.5	8.5	5.2	0.6	−3.2	−5.1	−4.7	−3.9	−2.7	−0.9	0.8	1.5	1.3	2.6	2.3	3.9	5.0	2′.31	9.6	−5.1
2	4.8	5.1	6.2	8.4	10.8	10.4	8.4	8.2	6.2	3.8	−0.2	−3.6	−5.1	−7.0	−5.4	−3.2	−0.2	0.8	0.9	2.6	0.4	0.6	2.6	4.6	2.50	10.8	−7.0
3	6.0	5.5	5.6	6.4	8.8	12.6	11.6	10.0	6.3	3.8	−0.5	−5.3	−7.9	−10.1	−8.7	−3.2	−2.5	−1.0	−0.9	−1.1	−1.2	0.1	0.2	1.6	1.50	12.6	−10.1
4†	2.4	4.0	4.4	6.0	8.0	9.0	8.6	9.0	5.4	2.2	−1.0	−4.1	−6.0	−4.5	−3.2	−1.6	0.3	−0.6	2.2	0.3	2.0	6.1	1.4	5.8	2.34	9.0	−6.0
5	8.6	10.0	8.5	7.5	9.1	10.1	9.6	9.3	7.3	3.4	−0.2	−4.3	−7.1	−6.4	−6.0	−3.2	−0.4	−0.1	0.3	0.1	0.4	0.7	0.9	0.2	2.43	10.1	−7.1
6	7.1	7.4	6.6	6.7	8.4	9.4	10.9	9.0	5.8	4.0	1.0	−0.5	−1.2	−3.6	−2.1	−0.1	−0.1	0.8	1.2	1.2	1.7	2.2	2.3	2.7	**3.37**	10.9	−3.6
7	3.5	4.0	4.6	6.6	7.7	9.5	9.9	9.0	6.3	2.3	−0.5	−3.1	−4.3	−6.4	−5.5	−3.5	−1.1	−0.1	1.7	1.0	1.4	1.9	2.1	2.1	2.05	9.9	−6.4
8	1.1	3.3	4.2	5.8	7.7	8.6	7.0	7.3	6.9	4.6	2.4	−2.9	−4.3	−5.4	−4.5	−2.4	1.0	4.0	3.8	2.6	1.7	1.7	2.2	2.6	2.46	8.6	−5.4
9	3.1	3.5	4.6	6.4	8.0	10.0	10.4	10.0	8.4	5.3	1.4	−1.7	−5.0	−7.5	−7.2	−4.1	−0.5	1.8	2.2	1.5	1.0	0.6	1.1	1.8	2.30	10.4	−7.5
10	1.7	1.6	2.5	3.6	3.5	4.5	5.5	7.0	6.8	4.0	0.5	−3.2	−4.4	−6.2	−4.1	−3.2	−1.5	2.0	4.5	1.1	0.5	0.6	1.2	1.6	1.25	7.0	−6.2
11	2.2	3.1	3.8	4.8	6.8	7.6	8.2	8.6	7.5	4.5	0.9	−3.1	−4.2	−5.1	−5.0	−3.3	−1.7	−0.1	2.0	1.0	1.5	2.1	3.2	6.6	2.16	8.6	−5.1
12	4.2	4.5	4.2	6.0	6.5	8.6	10.6	10.1	9.7	7.6	3.8	−0.8	−2.7	−4.9	−4.1	−3.4	−1.7	0.8	1.2	1.7	1.3	0.8	0.6	1.1	2.74	10.6	−4.9
13	1.2	2.2	2.8	3.2	2.9	4.8	7.7	8.3	7.4	5.1	0.8	−3.2	−4.0	−2.1	−2.1	−1.2	−0.2	0.3	0.3	0.8	0.7	−0.8	0.0	−0.2	1.45	8.3	−4.0
14†	−0.6	5.3	8.5	7.0	7.0	9.6	10.4	9.4	8.9	6.0	2.1	−1.6	−3.4	−5.9	−5.1	−2.0	−1.2	−1.1	−0.2	0.5	0.7	1.9	1.4	2.5	2.50	10.4	−5.9
15	4.5	6.2	6.1	6.2	7.6	9.2	9.1	7.5	5.3	2.5	−0.9	−3.7	−4.1	−3.8	−3.1	−0.4	−0.5	0.0	0.0	−0.1	1.1	−0.5	−0.9	2.3	2.07	9.2	−4.1
16	4.3	5.0	6.2	5.7	7.2	9.4	10.4	11.6	10.5	5.0	1.5	−1.9	−6.5	−6.7	−4.4	−4.0	−1.6	1.4	0.5	0.2	−0.2	−0.1	1.6	2.1	2.38	11.6	−6.7
17	2.9	2.9	3.7	8.3	9.2	9.7	9.2	10.6	8.1	3.2	−0.1	−3.6	−4.9	−4.6	−2.8	−1.7	−0.1	−0.1	0.8	3.5	0.6	0.5	1.2	2.4	2.45	10.6	−4.9
18	3.3	4.5	5.0	5.6	7.9	8.4	9.6	9.7	6.5	1.8	−1.0	−4.2	−5.7	−4.5	−3.2	−0.4	0.3	−0.6	1.1	1.4	0.9	0.9	1.3	1.8	2.10	9.7	−5.7
19*	2.9	3.6	5.0	6.3	8.6	10.6	10.8	10.0	7.0	3.0	−1.4	−5.5	−6.5	−5.6	−2.8	−0.8	0.7	1.4	1.5	0.9	1.1	1.5	1.8	2.2	2.35	10.8	−6.5
20*	3.8	3.7	4.9	5.1	6.3	8.1	9.2	9.0	6.2	1.0	−4.7	−8.7	−10.3	−7.9	−4.0	−0.3	0.6	0.6	0.4	0.6	0.6	0.4	1.5	2.5	1.19	9.2	**−10.3**
21	2.6	6.0	6.6	6.7	8.9	11.6	12.0	10.5	8.5	3.8	−1.1	−4.7	−6.0	−5.1	−2.3	−0.5	−0.3	−0.4	0.5	1.3	5.5	4.6	3.8	4.6	3.21	12.0	−6.0
22*	4.3	4.4	4.1	4.8	7.4	10.0	9.8	8.1	6.6	4.0	−1.0	−5.1	−6.6	−6.2	−4.4	−0.7	2.2	2.9	2.7	2.2	2.0	0.8	0.8	1.0	2.25	10.0	−6.6
23*	1.4	2.7	2.9	5.4	9.1	12.2	12.7	11.2	7.1	2.2	−1.9	−4.3	−4.8	−3.6	−1.5	0.0	0.8	0.4	−0.1	−0.8	−0.8	0.1	0.5	0.0	2.12	**12.7**	−4.8
24*	2.3	3.1	3.6	2.8	5.7	10.0	11.3	10.9	8.6	4.3	−0.4	−4.6	−6.8	−5.6	−3.0	0.2	2.8	2.9	1.4	0.7	0.4	0.8	1.2	0.9	2.23	11.3	−6.8
25	1.6	2.4	1.2	4.6	7.8	8.4	8.9	8.6	7.6	3.2	−1.2	−4.9	−5.8	−4.8	−2.6	0.5	1.9	1.6	1.5	1.2	0.5	0.3	−0.1	0.2	1.78	8.9	−5.8
26	2.8	4.1	3.9	4.8	5.4	6.6	6.5	6.3	6.5	4.2	1.7	−0.5	−2.6	−3.6	−3.6	−3.0	0.1	−0.5	0.5	1.6	1.4	0.6	3.5	3.8	2.10	6.6	−3.6
27	4.0	4.8	5.2	6.3	9.4	9.5	9.4	6.9	3.9	0.8	−3.2	−5.5	−5.9	−5.3	−4.6	−4.2	−1.9	0.2	0.9	1.6	1.4	1.9	2.5	3.6	1.74	9.5	−5.9
28	4.7	4.9	4.8	6.3	7.9	9.0	8.9	8.0	6.0	2.2	−1.9	−4.5	−5.3	−4.8	−3.5	−1.8	−0.4	−0.5	−0.2	−0.1	0.6	1.3	3.8	5.0	2.10	9.0	−5.3
29†	7.7	5.8	3.9	3.8	2.6	2.6	6.2	2.2	2.6	1.1	−1.8	−5.9	−5.9	−7.9	−7.4	−1.6	−0.1	0.2	0.4	−0.2	0.0	0.7	2.9	3.6	**0.65**	7.7	−7.9
30†	3.9	3.6	1.4	2.5	6.0	8.7	6.6	7.5	6.5	4.8	1.7	−0.9	−1.4	−4.0	−2.8	−1.0	−0.8	−0.6	0.5	2.9	10.2	1.4	1.2	1.2	2.46	10.2	−4.0
31†	3.8	6.8	3.7	4.5	1.2	6.3	8.9	5.7	6.2	2.8	0.3	0.0	1.0	−1.8	−1.7	1.0	2.1	5.7	3.3	2.2	1.4	0.6	0.9	1.2	2.75	8.9	−1.8
Mittel	3.4	4.4	4.6	5.6	7.1	8.8	9.3	8.7	6.9	3.6	−0.1	−3.5	−4.9	−5.3	−4.0	−1.8	−0.2	0.7	1.2	1.1	1.3	1.2	1.6	2.5	2.17	9.8	−5.8

August

Tag	0h–1h	1h–2h	2h–3h	3h–4h	4h–5h	5h–6h	6h–7h	7h–8h	8h–9h	9h–10h	10h–11h	11h–12h	12h–13h	13h–14h	14h–15h	15h–16h	16h–17h	17h–18h	18h–19h	19h–20h	20h–21h	21h–22h	22h–23h	23h–24h	Tagesmittel	Max.	Min.
1	3.5	4.6	2.5	6.7	5.5	8.7	7.8	7.8	4.8	2.8	0.0	−3.0	−1.5	0.1	2.0	3.2	3.9	2.6	1.7	2.5	0.8	2.8	6.2	5.6	3′.40	8.7	−3.0
2	3.0	2.1	4.2	6.9	9.0	8.8	4.3	4.7	5.7	1.6	−1.6	−3.5	−6.1	−3.0	−0.1	1.5	3.5	2.6	0.8	1.1	2.0	2.5	2.0	2.3	2.26	9.0	−6.1
3	3.1	3.7	4.6	4.3	6.1	5.8	5.0	4.6	1.1	0.0	−2.9	−4.3	−3.6	−2.8	−1.2	1.1	2.7	3.7	3.0	1.9	1.4	4.0	2.1	1.8	1.88	6.1	−4.3
4	2.7	2.4	1.1	4.8	7.6	8.2	8.8	8.7	5.6	2.2	−1.4	−6.6	−6.4	−3.3	−2.0	1.3	4.2	4.9	6.4	5.1	2.1	1.4	1.5	2.6	2.58	8.8	−6.6
5	3.2	3.2	3.6	3.8	6.1	9.1	10.4	9.4	6.8	3.0	−1.6	−3.7	−2.2	−1.0	0.0	1.4	1.9	2.0	1.9	1.9	2.7	2.9	2.9	2.8	2.94	10.4	−3.7
6	2.9	3.4	3.9	4.5	6.8	7.6	7.5	7.0	4.3	2.2	−1.3	−5.5	−6.6	−6.8	−5.1	−2.2	0.5	1.4	1.3	1.2	1.3	1.4	1.5	2.2	1.39	7.6	−6.8
7	2.3	2.9	3.4	2.1	1.8	3.0	1.7	1.6	1.4	−1.1	−3.3	−3.1	−4.0	−2.6	0.2	1.9	3.8	3.9	3.0	2.2	1.5	0.0	−0.1	−1.1	**0.89**	3.9	−4.0
8†	−1.7	−0.4	6.8	−0.7	−11.9	−1.0	−1.0	1.1	9.9	7.4	−1.6	−5.3	−8.6	−6.6	−5.1	2.3	8.0	4.4	3.3	6.6	1.8	16.8	18.1	16.4	2.46	18.1	−11.9
9†	13.4	12.9	19.0	14.2	8.1	12.9	13.4	13.5	11.2	7.5	1.8	−4.3	−6.1	−7.4	−7.0	−5.5	−1.9	7.6	4.3	5.3	5.2	6.4	−0.1	3.4	**5.32**	**19.0**	−7.4
10†	10.1	3.9	9.6	8.2	7.0	6.5	10.1	−4.3	5.6	2.9	0.8	−1.5	−3.0	−3.7	−3.8	−3.8	6.1	2.4	4.2	10.4	2.1	0.9	3.7	7.1	3.40	10.4	−4.3
11†	7.3	6.6	6.9	7.9	9.5	10.4	9.4	9.0	7.6	5.2	2.3	−1.5	−1.4	0.7	1.7	2.4	2.4	2.4	2.9	5.9	5.4	3.6	2.3	1.8	4.61	10.4	−1.5
12	4.5	5.7	6.0	5.6	5.7	5.5	5.0	10.8	7.3	3.9	2.3	−1.4	−1.7	−0.3	−0.5	1.7	4.4	5.7	6.5	5.6	1.9	4.8	5.7	6.1	4.20	10.8	−1.7
13	4.0	10.7	5.0	6.7	5.1	7.1	10.5	9.8	7.7	4.5	2.3	−1.2	−2.2	−1.2	−1.0	2.0	3.5	4.2	4.3	4.2	4.1	4.6	4.8	5.0	4.35	10.7	−2.2
14	5.6	5.8	5.9	7.7	7.6	9.0	9.8	9.2	6.3	2.2	−1.2	−7.2	−5.0	−2.2	−0.7	1.5	5.8	3.5	3.1	5.0	3.6	3.1	3.7	6.3	3.68	9.8	−7.2
15	7.6	7.4	5.9	5.1	7.0	8.3	9.7	9.1	6.6	3.5	0.9	−2.0	−2.4	−3.3	−1.8	0.4	2.0	2.8	3.0	3.5	4.1	3.4	4.2	5.1	3.75	9.7	−3.3
16*	5.7	5.7	6.4	6.1	9.2	10.8	11.2	10.6	8.6	5.1	1.5	−1.2	−3.6	−3.6	−1.3	1.2	2.8	3.0	2.9	2.9	3.3	3.4	3.9	4.6	4.13	11.2	−3.6
17*	5.7	5.8	5.2	5.3	6.7	7.5	6.8	6.0	5.2	3.0	−1.1	−4.6	−3.8	−2.6	−1.3	0.6	1.4	2.1	2.7	2.7	2.7	2.8	5.8	5.8	2.93	7.5	−4.6
18*	5.7	4.3	5.8	6.8	8.2	9.2	8.9	8.8	7.6	4.4	−0.2	−3.4	−3.7	−3.1	−1.3	1.3	2.4	2.6	2.7	2.6	2.8	3.5	4.1	4.7	3.53	9.2	−3.7
19	5.3	6.0	6.1	7.1	8.9	9.6	9.9	9.3	6.8	2.6	−1.8	−5.6	−6.5	−5.0	−3.4	−1.2	−0.3	0.5	1.2	0.8	−1.0	1.2	7.5	4.8	2.62	9.9	−6.5
20†	5.4	11.5	11.3	5.7	7.7	11.4	10.0	8.4	7.2	2.7	−5.3	−10.3	−11.9	−13.2	−6.0	−2.4	0.4	0.8	0.7	0.4	1.3	3.6	4.3	4.6	2.01	11.5	**−13.2**
21	7.5	7.9	7.7	8.9	7.2	10.3	10.8	9.1	8.7	6.4	0.0	−5.2	−7.9	−7.6	−7.2	−2.4	2.7	3.7	2.8	3.0	3.0	7.6	7.9	5.1	3.75	10.8	−7.9
22	5.3	5.6	6.0	6.6	9.1	8.2	8.7	7.5	5.9	3.3	1.3	−2.0	−4.2	−5.9	−4.8	−2.5	−0.3	1.7	3.5	2.6	5.3	5.2	10.0	8.3	3.52	10.0	−5.9
23	7.1	5.0	4.5	11.7	10.3	11.4	11.4	10.7	7.7	3.2	0.3	−3.8	−5.8	−5.8	−4.4	−1.0	1.3	2.5	3.8	4.4	4.4	4.1	4.5	6.0	3.90	11.7	−5.8
24	6.1	5.9	4.7	5.1	9.3	10.3	11.4	11.4	7.5	2.8	−0.5	−2.8	−4.1	−4.3	−4.3	−2.2	0.7	1.7	2.7	3.7	4.7	3.5	3.6	4.6	3.40	11.4	−4.3
25	5.2	4.9	5.9	5.9	6.1	7.2	9.2	8.0	6.7	3.6	0.4	−1.7	−3.0	−4.2	−3.2	−0.3	2.0	2.8	2.3	4.0	6.0	6.1	6.1	4.8	3.53	9.2	−4.2
26*	5.2	5.2	4.2	5.9	7.2	8.7	9.6	9.8	9.0	6.5	2.0	−1.7	−3.5	−3.9	−3.1	−1.1	0.9	2.5	3.1	3.0	2.8	3.3	3.5	3.5	3.44	9.8	−3.9
27*	3.6	3.6	4.3	4.9	5.6	6.9	8.0	8.9	8.4	5.9	2.3	−1.2	−3.4	−3.4	−2.9	−1.1	1.1	2.2	2.2	1.8	1.4	2.1	4.9	3.4	2.90	8.9	−3.4
28	4.3	5.1	4.8	4.6	5.2	6.1	5.8	5.2	3.6	1.5	−1.4	−3.3	−5.2	−4.6	−2.4	−0.3	2.8	2.5	2.0	3.3	4.7	5.6	7.5	5.1	2.60	7.5	−5.2
29	8.6	5.9	2.3	2.6	4.3	6.6	8.7	8.8	7.9	4.1	−0.1	−2.3	−5.9	−4.6	−4.7	−0.2	3.7	4.2	2.8	10.8	4.4	4.6	5.7	5.9	3.50	10.8	−5.9
30	8.9	7.6	1.8	6.6	5.7	2.7	7.1	7.4	5.3	2.8	0.0	−3.6	−4.3	−1.6	−0.1	1.9	2.7	3.6	3.8	6.9	7.1	5.9	5.9	5.4	3.73	8.9	−4.3
31	5.9	5.0	4.2	4.7	5.5	6.2	7.4	7.5	6.6	2.2	−1.4	−2.9	−2.8	−1.4	0.6	2.3	2.7	2.8	3.4	3.4	5.0	3.1	3.2	5.0	3.26	7.5	−2.9
Mittel	5.4	5.5	5.6	6.0	6.4	7.8	8.3	7.7	6.6	3.5	−0.3	−3.5	−4.5	−3.8	−2.4	0.0	2.5	3.0	3.0	3.8	3.2	4.0	4.7	4.8	3.22	10.0	−5.1

Deklination

Niemegk D = −3° 10′00 + Tafelwert **1948**

Weltzeit

Tag	0–1h	1–2h	2–3h	3–4h	4–5h	5–6h	6–7h	7–8h	8–9h	9–10h	10–11h	11–12h	12–13h	13–14h	14–15h	15–16h	16–17h	17–18h	18–19h	19–20h	20–21h	21–22h	22–23h	23–24h	Tagesmittel	Max.	Min.
September																											
1†	5.8	7.7	7.2	4.8	4.4	2.8	6.7	9.7	7.8	3.0	-1.5	-4.5	-6.9	-4.1	-3.4	-0.6	2.0	2.9	2.5	5.9	11.7	16.5	5.9	5.3	3′82	16.5	-6.9
2†	4.4	0.2	4.4	5.0	5.8	3.9	5.8	6.1	6.0	2.9	1.6	-1.8	-1.4	-0.3	2.8	3.6	4.4	4.4	6.0	5.2	8.8	9.9	3.7	2.7	3.92	9.9	-1.8
3	3.7	4.9	4.8	5.1	6.0	7.4	8.4	8.4	6.2	2.5	-0.4	-2.4	-2.5	-2.5	-0.3	2.3	3.6	8.2	4.4	3.2	3.6	5.2	5.8	3.8	3.72	8.4	-2.5
4	3.3	2.4	1.4	2.3	2.3	4.4	5.5	4.9	4.5	2.3	-0.4	-2.8	-2.2	-1.9	-1.8	1.2	10.8	4.8	5.7	4.5	5.0	5.9	3.8	5.9	2.99	10.8	-2.8
5*	5.1	5.7	5.6	6.3	6.5	7.0	6.3	6.5	5.5	3.7	0.7	-2.0	-3.0	-2.4	-0.6	1.2	2.2	2.3	2.4	3.0	3.5	4.0	3.9	3.5	3.20	7.0	-3.0
6*	4.0	4.4	4.8	5.2	5.2	5.1	5.3	5.4	5.2	2.8	-0.6	-2.1	-2.8	-1.6	-0.5	1.4	2.9	2.1	3.2	3.1	2.9	6.2	6.2	4.5	3.01	6.2	-2.8
7	4.3	5.2	5.2	5.9	5.8	-1.6	3.0	6.0	5.9	4.7	1.2	-0.5	-2.3	-1.5	-0.7	-0.2	1.1	1.5	1.7	1.9	2.8	2.8	3.3	4.4	2.50	6.0	-2.3
8	4.9	6.6	6.4	5.5	7.6	7.2	8.3	8.2	7.1	4.3	1.8	-2.8	-4.3	-4.0	-1.8	0.4	1.5	2.0	2.7	2.4	2.7	3.6	4.7	5.2	3.34	8.3	-4.3
9	5.6	5.8	6.7	5.8	6.6	8.3	8.2	9.5	7.3	4.2	1.1	-2.4	-3.7	-3.6	-2.0	-0.4	1.5	3.6	3.5	2.8	3.5	3.5	3.8	4.1	3.47	9.5	-3.7
10	4.1	4.3	4.8	4.9	5.9	7.5	9.4	9.7	8.3	6.6	2.7	-1.0	-5.8	-6.6	-6.0	-2.9	-3.2	1.8	0.3	0.8	1.5	2.8	3.0	4.5	**2.39**	9.7	-6.6
11	4.9	5.0	4.8	5.6	6.2	8.2	8.6	8.7	7.6	4.7	1.1	-1.8	-5.4	-6.1	-5.3	-1.2	2.3	4.7	6.4	7.0	4.4	4.8	5.1	7.2	3.65	8.7	-6.1
12	6.1	5.0	4.7	7.6	9.8	9.4	8.7	9.3	7.5	4.1	0.8	-2.2	-4.3	-5.6	-7.2	-4.4	-0.7	0.5	2.1	3.2	3.0	3.7	4.1	4.5	2.90	9.8	**-7.2**
13	5.6	1.9	4.5	4.6	5.6	7.0	6.9	6.8	5.1	1.6	-2.5	-4.3	-3.8	-2.9	-1.7	0.0	1.5	1.9	2.4	2.8	3.5	3.5	3.7	4.0	2.40	7.0	-4.3
14	4.3	4.8	5.0	5.3	7.2	6.6	6.8	8.6	7.5	3.8	-1.2	-3.1	-2.9	-2.4	-0.8	1.0	1.9	2.0	2.4	2.4	3.0	3.4	3.5	4.0	3.05	8.6	-3.1
15	4.3	5.0	5.7	5.7	6.6	7.1	8.6	9.6	8.4	5.1	-0.3	-3.1	-3.9	-2.8	-3.1	-0.4	0.2	1.4	1.1	1.2	4.7	9.1	17.6	17.8	4.40	17.8	-3.9
16	19.9	15.7	13.5	17.4	13.3	10.5	11.9	10.5	6.9	4.2	0.3	-2.0	-2.5	-2.6	-0.2	1.8	2.3	2.6	2.3	2.9	4.3	3.2	5.8	7.4	**6.22**	**19.9**	-2.6
17	6.8	6.3	6.1	6.0	6.2	6.7	7.4	7.1	5.8	2.3	-1.2	-4.3	-2.7	0.3	1.7	2.9	4.1	3.4	3.5	3.0	3.6	3.7	4.0	4.5	3.63	7.4	-4.3
18	4.5	4.8	6.5	6.7	7.1	7.8	8.5	8.3	6.8	3.5	0.4	-1.7	-2.2	-1.9	0.2	2.6	4.1	2.9	3.3	4.5	4.3	5.1	5.5	9.1	4.20	9.1	-2.2
19	9.0	5.6	4.7	6.8	9.2	9.2	11.0	10.7	7.0	3.4	-0.7	-2.8	-3.3	-2.1	0.2	1.9	2.1	1.7	2.9	5.1	4.1	3.8	3.8	4.2	4.06	11.0	-3.3
20*	4.0	4.6	4.9	5.5	6.4	7.9	9.1	10.2	7.9	4.1	-0.1	-2.6	-3.4	-3.1	0.6	3.4	2.9	2.4	3.3	3.0	3.3	5.3	6.6	5.6	3.82	10.2	-3.4
21	5.4	4.8	4.8	4.9	5.7	6.9	8.1	6.5	6.1	3.7	2.5	-0.2	-2.2	-1.7	-1.0	0.3	2.3	3.0	2.6	1.3	3.4	3.7	4.5	5.3	3.36	8.1	-2.2
22	5.6	7.3	7.4	6.5	6.2	8.0	7.9	8.6	7.8	6.4	3.8	-0.4	-2.5	-3.5	-3.0	-1.1	-0.3	0.0	1.2	1.2	1.8	2.2	3.7	11.4	3.59	11.4	-3.5
23	6.2	6.3	2.3	7.3	6.2	6.7	7.8	7.6	8.2	7.5	3.5	-1.1	-5.0	-5.6	-5.6	-3.1	-1.0	3.4	4.1	3.4	4.0	6.5	6.7	7.4	3.49	8.2	-5.6
24†	11.0	9.8	11.2	9.3	6.2	6.1	7.6	9.4	7.8	5.6	0.8	-2.9	-2.6	-3.0	-1.1	6.1	6.7	1.9	6.1	9.1	5.3	10.4	7.8	10.0	5.78	11.2	-3.0
25†	4.1	1.7	5.1	5.4	5.2	3.4	-0.3	3.8	5.4	3.7	3.4	-1.6	-3.2	0.5	1.8	1.3	2.1	9.5	9.7	9.0	9.2	9.6	10.1	9.7	4.52	10.1	-3.2
26	10.2	6.0	6.6	6.2	1.6	4.9	7.5	8.7	8.4	7.2	3.9	0.8	-0.6	-0.9	0.6	2.2	3.7	4.6	5.5	6.0	7.1	5.5	3.8	2.5	4.67	10.2	-0.9
27*	4.9	6.0	5.4	5.2	5.3	6.0	7.6	8.7	8.7	7.8	5.3	1.7	0.3	-0.8	-0.2	1.4	3.0	3.5	3.7	3.7	3.6	3.6	4.3	4.3	4.29	8.7	-0.8
28*	4.5	4.6	4.8	5.0	5.4	6.2	7.4	8.3	8.1	7.0	4.8	2.2	-0.4	-1.7	-1.3	0.0	1.6	2.4	2.9	3.0	3.3	3.8	3.7	3.8	3.72	8.3	-1.7
29†	4.1	4.3	2.2	5.9	6.5	4.2	3.8	3.2	4.6	4.6	3.6	0.9	0.9	-2.7	-0.3	-2.0	8.4	4.6	5.1	6.4	8.4	5.5	4.4	10.3	4.04	10.3	-2.7
30	12.8	6.2	4.6	5.8	5.8	6.2	6.3	6.5	7.3	7.6	3.4	1.2	0.3	-0.3	-2.4	1.6	8.2	4.2	4.4	4.6	4.6	4.5	4.6	4.8	4.70	12.8	-2.4
Mittel	6.1	5.4	5.5	6.1	6.3	6.4	7.3	7.8	6.9	4.5	1.3	-1.7	-2.8	-2.6	-1.4	0.7	2.7	3.1	3.6	3.9	4.5	5.4	5.2	6.1	3.76	10.0	-3.4

Tag	0–1h	1–2h	2–3h	3–4h	4–5h	5–6h	6–7h	7–8h	8–9h	9–10h	10–11h	11–12h	12–13h	13–14h	14–15h	15–16h	16–17h	17–18h	18–19h	19–20h	20–21h	21–22h	22–23h	23–24h	Tagesmittel	Max.	Min.
Oktober																											
1†	4.3	4.0	5.2	8.3	7.2	-3.4	2.4	4.5	6.9	2.9	1.2	-0.7	-2.3	1.0	1.0	1.3	2.9	2.8	3.6	4.3	4.5	5.8	5.2	6.6	3′31	8.3	-2.3
2	6.6	6.2	5.2	5.0	5.8	5.9	-2.6	1.1	4.7	4.6	2.0	-0.4	-1.6	-3.4	0.4	4.3	4.4	7.9	5.5	5.6	7.8	8.4	5.8	5.8	3.96	8.4	-3.4
3	7.4	6.2	3.6	3.9	5.3	5.9	5.7	7.3	6.0	5.0	-0.2	-2.1	-2.1	-2.2	-1.5	-0.9	1.9	9.0	9.5	8.2	8.2	11.8	11.0	8.2	4.80	11.8	-2.2
4	6.5	5.6	5.5	5.2	5.8	6.1	3.0	2.6	6.0	4.9	1.6	-0.2	-0.5	0.4	2.0	3.8	2.5	2.8	3.8	10.8	12.5	11.4	11.8	11.5	5.22	12.5	-0.5
5	8.9	8.8	5.7	7.1	8.0	6.9	6.5	7.7	7.7	5.1	2.7	-2.0	-2.8	-2.0	0.0	2.0	4.2	3.7	4.3	4.9	5.7	4.9	5.1	5.8	4.54	8.9	-2.8
6*	5.9	6.7	4.5	6.0	5.6	6.2	7.3	8.6	8.8	7.6	4.4	1.2	-0.8	-1.2	0.2	1.7	2.4	2.4	2.7	3.5	3.7	4.8	4.5	4.3	4.21	8.8	-1.2
7	5.1	5.5	5.4	5.1	4.9	5.4	7.1	8.1	7.9	5.2	1.8	-0.9	-2.3	-1.2	0.5	1.6	1.8	2.1	2.6	4.9	6.4	9.6	6.2	5.6	4.10	9.6	-2.3
8*	6.1	4.9	5.2	6.1	5.0	5.6	7.0	8.3	7.7	5.9	3.2	-0.8	-1.9	-2.5	-0.9	1.6	2.6	2.7	2.7	3.0	4.0	4.7	5.4	5.8	3.81	8.3	-2.5
9*	6.4	4.4	4.3	4.7	5.0	5.5	7.0	8.2	8.8	6.9	4.3	0.5	-1.6	-1.7	-0.4	1.1	1.5	1.8	2.6	2.6	2.8	3.5	5.7	5.8	3.74	8.8	-1.7
10	5.0	6.5	5.6	3.9	0.3	-0.6	-3.7	-0.2	5.6	4.9	3.2	0.3	-1.8	-3.3	-2.0	-0.2	0.4	-0.2	0.9	1.5	3.3	4.1	5.3	6.5	**1.89**	6.5	-3.7
11	7.9	6.4	7.0	5.7	5.5	5.5	8.5	9.6	9.2	5.5	2.6	-1.7	-2.9	-3.7	-3.6	1.1	3.1	3.4	4.2	8.4	4.8	5.0	5.6	4.6	4.24	9.6	-3.7
12	3.8	5.2	5.3	5.0	5.6	6.5	8.4	10.0	8.8	4.9	-0.4	-1.0	-5.8	-1.0	-1.2	1.2	6.8	3.7	3.6	3.8	3.9	5.7	6.7	7.8	4.05	10.0	-5.8
13	5.9	4.3	5.1	4.0	5.2	6.1	8.4	9.8	8.0	3.4	-0.8	-3.5	-5.0	-4.2	-1.1	0.6	0.4	3.7	4.8	3.6	4.4	5.5	4.4	4.5	3.23	9.8	-5.0
14	3.2	5.4	5.7	5.1	5.4	6.7	7.5	8.6	6.2	3.3	0.2	-0.8	-3.7	-1.3	2.5	3.8	3.4	3.9	5.0	4.2	7.8	11.7	11.7	17.3	5.12	17.3	-3.7
15†	12.9	11.7	17.0	12.8	7.3	7.4	7.0	8.0	3.9	1.8	-0.2	-1.9	-3.4	6.2	1.9	7.4	8.7	9.2	8.0	7.1	7.0	7.9	5.9	5.6	6.63	17.0	-3.4
16*	5.6	5.8	6.6	4.9	6.8	7.9	10.3	11.9	11.0	7.9	4.2	0.9	0.0	1.1	2.5	4.2	4.9	6.6	9.0	5.2	5.1	5.1	5.1	4.9	5.73	11.9	0.0
17	5.0	5.1	5.1	5.4	5.7	6.5	9.3	12.0	10.1	7.7	3.6	1.2	-0.3	-0.6	0.9	2.3	2.5	2.7	3.4	4.1	6.7	6.5	8.3	(19.3)	5.52	19.3	-0.6
18†	22.8	24.8	13.0	13.6	12.2	10.7	8.8	12.7	10.1	7.4	4.6	2.6	1.8	1.7	1.2	2.2	3.3	2.0	9.1	7.2	13.2	17.9	16.2	6.6	**9.40**	24.8	1.2
19†	23.6	25.0	14.9	4.9	-5.4	-14.5	-4.5	4.2	11.0	4.3	0.8	0.4	-1.2	2.0	11.3	9.7	11.6	8.7	8.7	9.4	8.1	8.3	7.3	5.6	6.42	25.0	**-14.5**
20	7.2	6.2	5.7	6.3	7.2	8.7	9.5	11.3	11.1	8.9	5.1	2.4	1.2	0.2	6.4	8.5	10.3	9.0	11.2	8.0	8.9	12.1	8.1	5.9	7.48	12.1	0.2
21†	6.5	7.8	5.5	5.0	-1.7	-8.1	-1.7	7.3	6.6	1.7	1.4	-1.3	-1.0	0.1	3.0	6.7	11.9	12.3	14.9	16.2	27.2	18.4	10.6	7.6	6.54	**27.2**	-8.1
22	6.6	6.6	6.5	6.4	6.2	6.8	7.6	8.4	8.4	5.5	3.3	-1.2	-0.6	-1.8	0.4	3.2	3.9	5.8	14.5	17.4	16.6	11.9	11.0	11.2	6.86	17.4	-1.8
23	11.7	9.4	8.0	5.8	6.9	6.2	7.2	8.8	9.0	3.8	3.1	-1.0	0.8	1.8	4.1	6.0	10.7	7.0	8.1	10.0	8.8	11.0	10.9	10.0	7.00	11.7	-1.0
24	7.5	11.0	7.8	5.7	5.3	5.7	6.4	7.8	9.5	6.3	1.7	-0.3	2.3	1.5	10.7	2.9	12.9	10.2	9.9	13.0	7.8	9.2	9.5	7.2	7.15	13.0	-0.3
25	6.7	5.6	5.0	4.9	4.8	4.4	5.1	6.4	7.4	5.0	1.7	0.6	0.4	1.1	3.6	5.6	9.1	9.2	3.0	4.1	5.1	10.9	8.4	6.4	5.19	9.2	0.4
26	6.7	8.6	8.1	7.4	6.0	5.5	7.0	7.0	7.3	6.5	2.4	0.8	1.1	3.9	6.4	6.8	9.6	5.8	4.5	5.0	6.9	12.2	6.0	12.2	6.40	12.2	0.8
27	8.8	2.3	1.5	4.9	5.9	4.9	5.5	5.6	6.8	2.9	1.6	-0.4	-1.6	8.5	3.3	4.1	5.2	5.2	13.3	11.7	11.7	9.1	10.0	9.1	5.83	13.3	-1.6
28	6.4	6.4	7.0	3.5	5.5	6.4	7.5	8.4	9.7	7.0	4.2	1.3	0.9	1.5	2.3	3.3	6.4	4.1	5.2	7.6	5.8	6.2	6.4	5.6	5.36	9.7	0.9
29	5.0	5.7	4.8	3.4	4.4	5.2	6.3	8.6	9.0	6.3	2.5	1.3	3.1	0.6	2.8	3.3	4.8	4.8	5.8	7.0	8.9	8.5	8.6	8.1	5.37	8.9	0.6
30*	4.8	4.0	3.9	4.5	2.4	4.4	6.3	9.0	8.7	6.1	3.6	1.6	0.9	1.9	2.9	2.4	3.4	3.8	4.6	5.1	5.3	5.2	5.0	5.4	4.38	9.0	0.9
31	5.8	5.0	4.7	0.2	4.6	4.2	3.0	4.7	4.9	4.4	2.4	0.4	0.3	1.9	3.5	3.2	5.0	5.2	5.6	6.7	10.2	8.3	6.2	5.6	4.42	10.2	0.3
Mittel	7.6	7.5	6.4	5.6	5.1	4.5	5.6	7.6	8.0	5.3	2.3	-0.2	-1.0	0.2	2.0	3.4	5.2	5.2	6.3	6.9	7.8	8.6	7.7	7.6	5.22	12.6	-2.2

Niemegk

Deklination

D = −3° 10'.00 + Tafelwert

1948

Weltzeit

November

Tag	0h–1h	1h–2h	2h–3h	3h–4h	4h–5h	5h–6h	6h–7h	7h–8h	8h–9h	9h–10h	10h–11h	11h–12h	12h–13h	13h–14h	14h–15h	15h–16h	16h–17h	17h–18h	18h–19h	19h–20h	20h–21h	21h–22h	22h–23h	23h–24h	Tagesmittel	Max.	Min.
1	5.2	5.2	5.2	5.2	5.5	6.0	6.5	8.0	8.4	6.6	4.6	2.5	0.8	0.2	0.0	0.6	2.0	4.8	7.6	8.2	8.0	8.1	14.4	24.1	6'.15	**24.1**	0.0
2†	6.8	11.4	9.4	5.8	4.5	1.9	2.1	5.3	4.5	1.8	3.1	4.4	1.1	-2.7	-2.1	1.5	7.0	0.9	7.5	11.8	14.6	15.5	18.9	18.1	6.38	18.9	**-2.7**
3	19.3	17.8	9.4	11.1	9.3	9.5	10.8	11.2	10.0	7.1	3.0	2.6	0.1	0.1	-0.3	0.0	-0.2	-0.3	5.3	9.8	10.7	9.9	10.9	11.7	7.45	19.3	-0.3
4*	9.5	7.7	6.2	6.1	6.2	6.4	6.8	8.1	8.9	7.6	5.4	3.3	2.1	1.8	1.9	2.8	3.3	4.2	5.0	5.5	6.0	6.2	6.1	6.0	5.55	9.5	1.8
5*	5.7	5.5	5.1	5.2	5.3	5.7	6.7	7.9	8.6	6.3	3.8	1.6	0.0	0.6	1.3	2.0	3.2	3.7	4.8	7.3	8.0	6.6	6.2	5.9	4.88	8.6	0.0
6	5.6	5.5	5.3	4.8	6.5	6.6	6.8	7.7	7.6	5.5	4.3	1.9	0.8	1.1	0.8	1.1	2.1	2.6	3.1	3.4	4.9	5.3	5.3	4.9	**4.31**	7.7	0.8
7	9.5	8.0	7.1	5.8	5.2	5.6	6.3	7.2	7.8	5.6	2.4	-0.9	-0.7	0.9	-0.1	0.6	2.2	3.2	3.4	4.6	5.4	7.6	10.7	10.6	4.92	10.7	-0.9
8	11.5	9.4	9.5	9.6	6.2	5.6	6.1	7.1	7.5	6.0	2.7	0.0	2.7	1.7	1.5	0.9	2.8	0.5	2.3	5.5	7.8	9.0	7.6	9.0	5.52	11.5	0.0
9	12.9	7.4	6.9	6.0	5.8	6.3	5.7	5.9	5.8	4.6	2.8	2.8	0.8	2.8	1.5	2.2	7.4	6.0	4.9	5.0	7.6	5.5	5.5	7.6	5.40	12.9	0.8
10	6.2	7.6	7.5	6.2	6.0	6.6	6.6	8.2	7.7	5.6	2.2	1.9	0.7	1.1	1.6	2.2	3.9	3.8	3.3	4.3	4.8	5.4	5.9	6.6	4.83	8.2	0.7
11	9.7	6.3	5.5	6.2	5.9	6.0	6.3	7.7	7.7	5.9	3.6	1.2	1.2	1.3	1.6	2.1	2.8	3.2	3.5	4.7	5.5	5.9	5.8	5.9	4.81	9.7	1.2
12*	6.3	5.5	5.8	5.1	5.2	5.6	6.1	7.1	6.7	5.4	3.6	2.1	1.0	1.0	3.6	3.6	3.8	3.9	4.6	5.0	5.6	5.4	5.5	5.2	4.70	7.1	1.0
13	5.2	5.5	5.9	5.9	6.0	6.7	7.4	8.3	8.2	6.4	4.4	2.4	1.1	0.6	0.6	-0.3	2.0	4.2	5.9	6.7	10.0	8.1	7.6	6.1	5.20	10.0	-0.3
14	4.1	5.3	5.9	5.5	5.1	5.8	6.3	7.7	7.9	6.7	4.5	2.3	1.1	1.5	2.3	2.5	3.1	4.3	4.0	4.5	6.2	5.9	4.9	5.5	4.70	7.9	1.1
15	5.8	5.3	5.1	5.3	6.3	6.1	6.7	7.4	7.5	5.1	3.5	2.2	0.8	0.4	1.3	2.4	2.7	2.5	2.5	16.1	8.3	8.8	13.5	10.9	5.69	16.1	4.4
16	8.5	5.4	3.5	3.9	4.5	4.4	5.6	7.7	9.0	7.2	4.9	2.8	1.2	0.3	0.8	0.7	2.5	2.9	2.5	5.1	5.5	7.3	7.0	6.7	4.58	9.0	0.3
17	7.4	7.5	4.7	3.1	2.6	2.3	2.8	3.1	4.8	4.9	4.0	2.1	2.9	3.1	4.7	4.8	11.0	7.6	6.4	10.7	14.0	8.1	7.1	6.4	5.67	14.0	2.1
18	5.6	5.1	4.0	2.2	4.0	1.6	4.1	5.0	6.0	5.0	3.1	3.2	2.0	5.4	9.7	6.1	4.7	7.2	7.7	7.1	11.1	7.6	8.4	8.2	5.59	11.1	1.6
19	6.7	6.0	6.2	2.1	1.0	0.9	0.3	3.4	4.7	4.2	5.0	2.7	3.3	2.9	2.9	8.0	6.3	4.5	6.4	13.4	9.7	8.8	8.1	8.3	5.24	13.4	0.3
20†	6.2	8.1	6.7	4.0	2.9	1.6	2.6	3.8	3.9	4.4	3.2	4.9	-0.8	5.3	2.3	8.5	8.6	15.7	17.5	12.5	14.2	19.8	19.2	17.7	**8.03**	19.8	-0.8
21†	10.1	10.7	7.5	4.1	6.4	1.9	3.6	3.7	5.6	7.0	7.7	5.2	5.4	5.7	4.8	5.9	5.7	6.1	6.6	8.1	11.7	9.3	7.4	6.5	6.53	11.7	1.9
22	3.9	6.1	7.3	6.2	6.3	6.3	6.6	6.3	5.4	4.6	6.2	2.0	2.5	6.3	2.7	6.3	14.4	9.0	8.6	13.9	7.0	7.0	7.7	10.2	6.78	14.4	2.0
23	10.8	10.6	7.9	4.7	8.2	6.3	7.0	8.2	9.0	7.3	4.8	3.3	2.0	3.2	2.9	6.2	7.3	4.0	4.9	7.8	9.2	8.7	8.5	6.9	6.65	10.8	2.0
24†	8.3	7.8	5.4	5.0	5.5	5.7	6.3	6.9	7.3	5.3	4.6	2.4	0.9	1.7	3.7	4.6	6.5	12.3	10.3	10.1	15.3	13.8	10.7	11.6	7.17	15.3	0.9
25†	10.2	6.6	6.4	6.4	5.9	5.6	6.1	6.8	8.5	6.5	4.4	4.3	1.1	4.5	5.4	10.4	3.9	5.1	5.5	5.8	16.1	13.6	9.0	7.4	6.90	16.1	1.1
26	5.8	5.7	5.4	5.7	6.1	6.6	7.3	8.3	8.3	6.4	3.8	2.1	3.4	2.2	1.0	2.0	4.4	6.1	6.8	6.5	6.8	6.5	6.4	5.6	5.38	8.3	1.0
27	5.3	5.2	5.3	5.1	5.6	6.1	6.6	6.8	7.0	5.3	2.2	0.9	0.0	0.7	1.0	1.8	2.5	5.7	6.3	6.7	7.0	6.4	6.1	5.6	4.63	7.0	0.0
28	5.3	5.4	5.6	4.0	6.6	6.1	5.8	6.1	7.8	5.6	2.3	3.3	1.6	2.3	3.2	4.0	4.8	6.2	8.0	5.5	5.8	8.8	8.4	6.7	5.38	8.8	1.6
29*	6.1	6.6	5.6	5.3	5.7	6.4	6.8	6.7	7.6	5.7	3.4	2.8	2.3	2.5	3.0	3.8	3.3	4.3	5.9	5.9	6.4	6.4	7.1	7.9	5.31	7.9	2.3
30*	7.8	7.3	6.8	6.3	6.6	6.5	6.3	6.2	7.0	6.1	4.5	3.3	2.7	3.4	3.8	4.4	5.0	5.3	5.4	5.5	5.6	5.8	6.1	5.8	5.56	7.8	2.7
Mittel	7.7	7.3	6.3	5.4	5.6	5.3	5.8	6.8	7.2	5.7	3.9	2.5	1.5	2.1	2.2	3.4	4.6	5.0	5.9	7.6	8.6	8.4	8.5	8.7	5.66	11.9	0.8

Dezember

Tag	0h–1h	1h–2h	2h–3h	3h–4h	4h–5h	5h–6h	6h–7h	7h–8h	8h–9h	9h–10h	10h–11h	11h–12h	12h–13h	13h–14h	14h–15h	15h–16h	16h–17h	17h–18h	18h–19h	19h–20h	20h–21h	21h–22h	22h–23h	23h–24h	Tagesmittel	Max.	Min.
1*	5.8	5.6	5.0	4.8	5.1	5.6	5.7	5.8	6.9	5.4	3.1	2.8	2.6	2.7	3.1	3.4	3.8	4.0	4.4	5.0	5.4	5.4	5.8	5.3	**4'.69**	6.9	2.6
2	5.3	6.6	6.1	5.9	5.2	5.3	5.6	6.1	6.8	5.7	4.1	3.1	2.7	3.1	3.9	4.2	4.8	5.5	5.5	6.0	7.4	13.5	11.2	10.5	6.00	13.5	2.7
3*	6.5	5.4	4.7	3.9	6.2	6.4	7.2	5.9	5.3	5.9	5.0	4.6	4.4	3.8	3.8	3.7	4.6	5.2	5.6	6.1	6.5	6.8	6.8	6.2	5.44	7.2	3.7
4	6.1	6.0	5.6	5.6	5.9	6.2	6.4	6.9	6.8	5.1	4.9	4.0	3.5	3.9	4.2	5.1	5.4	5.0	5.2	8.2	10.3	8.7	8.3	10.9	6.18	10.9	3.5
5*	9.4	6.4	5.7	5.8	5 6	5.5	5.8	5.8	6.0	4.8	3.9	3.4	2.8	2.7	3.4	4.0	4.2	4.8	5.2	5.6	6.8	10 8	8.5	7.1	5.58	10.8	2.7
6†	7.8	7.0	5.0	4.3	5.1	5.3	6.9	5.7	5.9	5.7	5.1	3.7	2.6	2.3	0.1	0.2	-2.4	8.4	6.0	13.5	12.4	11.4	11.5	9.1	5.94	13.5	**-2.4**
7	9.7	9.0	9.4	8.0	7.2	6.2	6.7	6.5	7.6	7.4	5.5	4.8	3.0	3.0	3.1	2.7	6.7	9.1	5.9	12.7	16.0	8.5	9.9	10.2	**7.45**	16.0	2.7
8	11.1	8.2	6.8	7.4	6.8	7.1	7.2	7.3	8.0	7.5	5.2	3.4	2.7	3.2	3.9	4.2	4.1	4.7	5.6	6.0	8.0	7.9	8.0	10.4	6.45	11.1	2.7
9	7.6	7.1	7.8	5.8	6.9	7.2	7.3	7.8	7.1	5.1	5.2	3.8	4.2	4.2	4.0	4.7	5.2	5.0	6.3	5.8	6.8	7.1	6.7	6.8	6.06	7.8	3.8
10	6.8	6.8	6.7	7.0	6.8	6.8	6.5	6.6	7 8	7.1	4.9	3.8	3.0	2.8	4.0	3.8	5.4	3.9	3.9	7.0	12.4	7.6	7.3	8.5	6.13	12.4	2.8
11	8.5	4.4	7.8	7.2	7.0	6.8	6.9	7.1	7.8	6.4	4.2	2.2	2.2	3.0	5.1	5.2	7.0	9.8	6.0	7.3	8.0	10.5	9.0	7.2	6.52	10.5	2.2
12*	6.2	6.5	6.0	5.7	6.2	6.5	6.3	7.3	8.4	7.1	5.5	3.8	3.4	3.7	4.2	4.8	5.3	5.6	5.9	6.5	6.4	6.4	6.1	5.8	5.82	8.4	3.4
13	5.6	5.6	5.5	5.5	5.5	6.0	6.2	6.8	7.3	6.5	4.8	3.5	2.2	2.2	2.4	4.0	3.4	4.4	5.4	9.5	8.8	8.7	16.5	15.2	6.31	16.5	2.2
14	11.7	13.2	9.0	5.1	5.2	5.6	4.4	7.2	7.6	6.2	5.0	3.2	1.6	1.2	1.8	3.8	4.8	6.0	10.2	16.2	8.3	8.6	8.4	9.5	6.82	16.2	1.2
15	6.7	5.7	5 4	5.3	5.6	6.2	6.0	7.1	8.1	8.3	6.7	5.2	2.9	3.4	6.2	4.6	4.9	5.0	5.6	6.0	6.5	6.9	9.4	13.3	6.29	13.3	2.9
16	9.6	10.8	8.9	8.0	5.4	6.0	6.8	7.7	7.8	9.1	7.4	5.0	2.8	2.2	5.3	5.3	4.0	4.6	8.2	7.7	6.7	7.5	9.1	10.8	6.95	10.8	2.2
17	7.8	8.4	9.4	5.7	5.5	6.0	6.9	7.6	8.6	8.1	6.6	4.8	3.1	2.9	3.7	4.5	5.2	6.0	6.1	6.5	7.7	6.9	6.4	6.0	6.27	9.4	2.9
18	6.3	6.7	6.1	5.2	5.5	5.5	6.2	7.2	8.0	8.2	7.2	4.5	2.8	2.7	5.2	4.4	5.3	5.8	6.1	6.3	6.7	6.9	6.6	6.2	5.90	8.2	2.7
19	5.7	5 2	6.2	5.7	4.7	5.3	5.4	6.1	8.1	6.4	5.6	2.4	1.6	1.7	2.7	5.2	5.1	5.9	6.0	6.3	7.0	7.0	6.2	6.3	5.32	7.0	1.6
20	6.0	5.9	5.7	5.6	5.7	5.9	6.2	6.6	7.4	6.7	5.5	3.9	2.1	2.9	2.8	5.0	5.8	5.6	5.9	7.0	7.9	7.0	6.5	6.1	5.65	7.9	2.1
21†	7.5	5.6	5.3	3.0	5.2	5.7	3.0	3.6	7.0	6.2	5.1	4.8	1.7	1 0	1.1	4.1	-0.4	7.8	8.9	11.3	11.4	12.5	10.2	7.4	5.79	12.5	-0.4
22	6.1	5.0	4.6	5.5	6.3	6.9	7.1	6.7	8.0	5.9	5.3	4.1	2.4	3.2	3.4	4.9	5.9	7.6	5.7	6.3	7.2	7.4	7.8	8.5	5.91	8.5	2.4
23	7.2	6.2	6.3	6.5	6.4	6.4	6.6	6.6	7.8	6.4	4.2	3.1	1.2	1.9	3.4	4.5	4.0	4.7	5.2	5.5	7.2	9.6	10.5	9.3	5.86	10.5	1.2
24	8.8	6.6	4.8	6.6	1.9	-0.3	1.1	6.9	8.9	8.6	6.9	5.0	3.1	2.5	3.0	3.7	4.1	3.3	2.0	4.7	5.8	8.5	8.2	6.9	5.07	8.9	-0.3
25†	7.0	7.4	8.3	8.2	8.0	7.1	6.0	6.0	6.5	4.2	1.6	4.1	1.4	1.5	0.3	0.9	2.1	7.3	1.1	8.8	18.0	18.8	13.6	12.2	6.68	**18.8**	0.3
26	11.7	8.0	0.4	6.5	5.6	5.4	6.1	7.1	8.2	8.1	7.0	5.4	4.5	5.4	5.5	6.3	6.7	7.0	10.8	8.9	9.7	9.2	9.7	8.1	7.14	11.7	0.4
27	6.7	6.4	6.7	6.2	4.2	6.3	5.6	4.9	5.7	6.0	6.2	6.7	4.5	4.0	4.9	5.8	6.3	6.9	12.0	7.3	7.9	8.8	6.9	6.5	6.39	12.0	4.0
28*	6.0	5.8	5.8	5.8	5.9	6.3	6.6	7.1	8.1	6.6	4.8	3.3	2.3	2.8	4.8	5.8	5.5	5.7	6.4	7.3	8.4	9.0	7.0	6.4	5.98	9.0	2.3
29	5.0	5.8	6.4	6.4	6.5	6.0	5.9	6.3	7.3	6.9	5.7	3.3	2.0	2.0	2.0	2.4	5.2	5.6	7.2	8.9	9.9	11.1	7.2	6.6	5.90	11.1	2.0
30†	6.2	5.3	5.4	4.9	5.9	6.7	6 8	7.1	7.4	6.4	4.3	2.3	2.0	2.1	0.8	-0.3	7.4	-0.9	7.2	10.4	14.4	14.8	15.7	12.8	6.46	15.7	-0.9
31†	6.8	7.6	6.2	5.5	5.1	5.7	5.8	6.0	6.9	5.6	5.2	2.8	3.0	3.4	5.8	4.2	9.8	7.4	5.9	6.8	7.3	7.6	7.7	7.9	6.08	9.8	2.8
Mittel	7.4	6.8	6.2	5.9	5.7	5.9	6.0	6.6	7.4	6.6	5.2	3.9	2.7	2.8	3.5	4.0	4.8	5.7	6.2	7.8	8.8	9.1	8.8	8.5	6.10	11.2	2.0

Deklination

D —3° + Tafelwert

Niemegk **1949**

0h 1h 2h 3h 4h 5h 6h 7h 8h 9h 10h 11h 12h 13h 14h 15h 16h 17h 18h 19h 20h 21h 22h 23h 24h Weltzeit

Januar

Tag	0h–1h	1h–2h	2h–3h	3h–4h	4h–5h	5h–6h	6h–7h	7h–8h	8h–9h	9h–10h	10h–11h	11h–12h	12h–13h	13h–14h	14h–15h	15h–16h	16h–17h	17h–18h	18h–19h	19h–20h	20h–21h	21h–22h	22h–23h	23h–24h	Tagesmittel	Max.	Min.
1	-1.4	-3.2	-2.9	-4.3	-5.0	-4.2	-6.0	-1.9	-1.4	-1.7	-3.5	-5.6	-7.1	-6.4	-5.6	-2.2	-4.4	-3.6	-2.3	0.6	-0.4	1.3	2.9	9.4	-2.45	9.4	-7.1
2†	11.3	8.0	3.2	-10.2	1.2	-6.2	-8.2	-5.2	-2.2	-2.6	-6.4	-8.3	-14.1	-11.2	-8.5	-1.7	-2.2	-3.3	-1.8	0.9	-2.2	-0.8	-0.6	-1.8	-3.04	11.3	-14.1
3*	-2.9	-3.5	-2.0	-2.1	-2.9	-1.9	-1.9	-1.4	-1.0	-1.9	-3.6	-5.8	-7.4	-7.8	-6.4	-5.2	-4.8	-4.8	-4.3	-1.8	-2.5	-2.9	-2.4	-1.9	-3.46	-1.0	-7.8
4*	-0.9	-1.4	-3.4	-4.4	-4.0	-3.6	-3.3	-2.9	-2.1	-2.8	-5.1	-6.8	-7.6	-6.9	-5.7	-5.0	-4.7	-4.4	-4.4	-4.1	-4.0	-3.7	-3.8	-3.8	-4.12	-0.9	-7.6
5*	-4.1	-4.4	-4.4	-4.5	-4.1	-3.5	-3.2	-2.4	-2.1	-3.7	-6.4	-7.4	-8.3	-7.8	-6.6	-6.0	-5.6	-5.6	-5.5	-4.6	-4.2	-3.8	-2.6	-2.3	**-4.71**	-2.1	-8.3
6	-2.5	-2.9	-2.4	-2.0	-2.8	-3.5	-3.5	-2.6	-1.4	-4.0	-5.3	-6.2	-7.3	-7.2	-6.3	-6.8	-6.9	-6.8	-5.0	-4.4	-4.1	3.2	1.3	3.6	-3.58	3.6	-7.3
7	5.4	4.4	2.2	-0.8	-1.9	-5.8	-4.3	-2.6	-1.8	-2.1	-2.7	-5.2	-7.4	-7.3	-5.8	-4.8	-5.1	-5.3	-5.8	-4.6	-2.7	-1.7	-4.8	2.6	-2.83	5.4	-7.4
8	-1.3	-3.3	-3.9	-4.1	-4.0	-3.7	-3.3	-2.0	-0.9	-1.9	-5.3	-7.6	-8.2	-8.5	-8.0	-6.7	-0.3	-6.6	-4.3	-2.9	-1.9	-0.4	-1.9	-0.2	-3.80	-0.2	-8.5
9	-1.9	-3.7	-4.7	-5.1	-5.9	-5.9	-3.6	-3.5	-3.4	-4.2	-5.7	-6.4	-10.0	-8.9	-9.8	-7.8	-7.4	-6.1	-0.5	5.7	0.6	0.3	-3.0	-3.5	-4.35	5.7	-10.0
10	-3.6	-3.9	-5.6	-4.5	-3.6	-3.5	-3.4	-4.0	-2.2	-4.0	-4.5	-5.2	-7.6	-9.0	-4.2	-4.4	-6.2	-2.7	-4.6	-4.1	0.1	5.9	1.6	-2.8	-3.58	5.9	-9.0
11	-3.2	-3.8	-4.1	-4.1	-4.9	-5.2	-5.9	-5.0	-2.5	-4.4	-3.8	-6.7	-5.2	-6.5	-5.9	-4.5	-4.4	-3.1	-3.1	-3.1	2.0	0.6	4.6	1.5	-3.36	4.6	-6.7
12	0.4	-2.5	-4.4	-5.4	-6.3	-5.4	-3.5	-1.9	-1.2	-3.2	-4.4	-5.8	-7.6	-8.0	-6.8	-6.2	-6.8	-1.1	-4.3	-0.4	4.5	5.9	3.9	4.6	-2.75	5.9	-8.0
13	2.8	-3.7	-5.4	-5.1	-5.1	-4.7	-3.6	-1.2	1.0	-0.7	-2.0	-5.2	-7.1	-5.9	-5.3	-4.6	-4.2	-4.2	-2.7	-1.7	-3.1	-2.8	-2.0	-2.7	-3.30	2.8	-7.1
14	-3.2	-3.5	-3.4	-3.9	-3.6	-2.8	-2.3	-0.4	0.5	-1.5	-2.8	-5.2	-7.4	-7.5	-7.0	-5.2	-5.2	-4.8	-4.4	-4.0	-2.3	0.7	-2.4	-3.1	-3.53	0.7	-7.5
15*	-4.1	-4.1	-4.4	-4.3	-4.1	-3.6	-2.7	-0.3	0.4	-1.2	-3.7	-7.4	-7.5	-7.8	-5.6	-5.3	-5.0	-4.9	-4.4	-4.0	-3.8	-3.7	-2.3	0.3	-3.90	0.4	-7.8
16	-1.3	-3.3	-5.2	-3.6	-4.2	-3.7	-3.1	-2.6	-1.8	-2.2	-4.8	-7.4	-9.1	-7.8	-8.3	-8.0	-5.7	-4.8	-3.8	0.3	-0.7	-1.5	-2.0	-2.6	-4.05	0.3	-9.1
17	-3.3	-3.2	-2.8	-4.0	-3.8	-3.0	-2.4	-1.4	-0.6	-2.1	-4.8	-7.8	-10.1	-9.1	-7.5	-5.9	-5.9	-5.8	-5.7	-4.5	-3.7	-3.2	-2.4	-2.2	-4.38	-0.6	-10.1
18†	-2.3	-2.5	-2.9	-2.2	-2.6	-3.3	-2.8	-1.8	-1.0	-1.1	-4.4	-6.0	-9.2	-7.8	-6.5	-7.8	-4.6	-6.5	-8.1	-5.3	-1.1	-0.1	7.4	4.2	-3.26	7.4	-9.2
19	1.0	3.0	2.6	-0.7	-2.6	-3.0	-2.6	-1.9	-1.6	-1.2	-3.6	-5.1	-7.4	-8.5	-5.9	-7.5	-6.1	-3.0	-2.1	-4.0	-2.6	-2.6	-0.7	-0.1	-2.76	3.0	-8.5
20	-0.7	-1.9	-3.0	-3.6	-3.6	-3.3	-3.3	-3.9	-4.3	-3.5	-4.1	-5.7	-8.1	-7.7	-5.9	-5.4	-6.0	-6.7	-5.7	-5.0	-4.1	-2.9	-2.9	-2.2	-4.31	-0.7	-8.1
21	-1.0	-1.8	-2.6	-3.5	-3.0	-4.4	-5.2	-3.3	-1.6	-1.6	-3.5	-5.1	-8.1	-7.6	-6.3	-6.0	-5.7	-5.4	-5.1	-4.2	-2.7	5.7	3.9	-1.7	-3.32	5.7	-8.1
22	-2.5	-4.1	-2.8	-2.3	-1.7	-4.0	-3.0	-0.1	0.4	-0.7	-3.4	-5.6	-9.0	-9.3	-6.8	-7.8	-6.2	-5.9	-4.5	-3.5	-2.6	-2.5	-2.8	-3.0	-3.90	0.4	-9.3
23	-2.9	-3.0	-3.4	-3.0	-3.0	-2.8	-2.3	-1.1	-0.4	-1.0	-3.5	-5.6	-8.1	-8.1	-6.9	-4.1	-3.6	-4.4	-3.2	-1.9	1.5	1.7	0.6	0.4	-2.84	1.7	-8.1
24†	-2.0	-3.2	-4.1	-6.0	-3.6	-2.6	-1.4	-0.2	0.0	-1.1	-3.5	-7.6	-8.2	-9.0	-8.1	-6.0	-4.7	-5.6	4.8	27.6	-4.5	-2.3	-3.5	3.8	-2.12	27.6	-9.0
25†	8.8	53.8	10.4	22.6	2.4	-0.1	6.3	6.1	4.2	0.5	-1.7	-1.7	-2.2	-1.1	2.4	0.5	-2.0	-2.0	12.5	17.5	10.6	30.0	11.9	16.0	**8.57**	**53.8**	-2.2
26†	35.7	24.2	27.4	-1.9	-14.3	-17.0	-5.6	3.9	0.4	-1.1	1.2	-0.5	-1.1	-0.8	-1.6	2.9	8.5	-1.1	-2.4	0.2	6.3	3.3	3.3	-0.2	2.90	35.7	**-17.0**
27	-1.0	-0.2	-2.4	-5.3	-1.7	-1.4	0.1	1.2	1.0	0.8	-1.0	-3.2	-4.7	-3.2	-0.7	1.8	-1.7	-2.8	-0.4	3.6	0.1	-0.5	-1.1	-2.3	-1.04	3.6	-5.3
28	-2.6	-2.3	-2.0	-2.4	-2.6	-2.6	-2.3	-0.7	0.4	-0.7	-2.6	-4.7	-5.6	-5.6	-3.5	-1.6	-1.1	-2.6	-1.7	-1.1	1.0	-1.1	-1.1	-1.7	-2.12	1.0	-5.6
29	-2.0	-3.6	-3.2	-3.0	-2.0	-1.8	-2.0	-0.2	0.2	-0.8	-0.8	-3.0	-4.8	-4.4	-3.7	-3.4	-2.8	-3.1	-1.7	-2.1	-1.5	0.0	-1.9	-2.4	-2.25	0.2	-4.8
30*	-2.8	-3.2	-2.9	-2.8	-2.2	-1.6	-1.0	0.7	1.0	-0.5	-2.4	-3.8	-4.9	-4.8	-3.7	-3.2	-3.1	-3.5	-2.6	-2.4	-2.2	-2.2	-2.0	-2.1	-2.42	1.0	-4.9
31	-2.6	-3.0	-3.3	-3.5	-3.2	-2.2	-2.1	-1.2	-0.4	-1.7	-3.6	-5.3	-6.5	-6.7	-5.3	-3.6	-2.0	-4.0	-0.6	-1.0	-0.9	-1.2	-1.1	-2.2	-2.80	-0.4	-6.7
Mittel	0.3	0.5	-1.5	-2.9	-3.5	-3.9	-2.9	-1.4	-0.8	-1.9	-3.6	-5.6	-7.3	-7.0	-5.7	-4.6	-4.1	-4.3	-2.8	-0.6	-1.0	0.6	-0.2	0.1	-2.67	6.2	-8.1

Februar

Tag	0h–1h	1h–2h	2h–3h	3h–4h	4h–5h	5h–6h	6h–7h	7h–8h	8h–9h	9h–10h	10h–11h	11h–12h	12h–13h	13h–14h	14h–15h	15h–16h	16h–17h	17h–18h	18h–19h	19h–20h	20h–21h	21h–22h	22h–23h	23h–24h	Tagesmittel	Max.	Min.
1*	-2.8	-2.8	-3.1	-3.0	-2.8	-2.4	-1.6	0.3	1.1	-0.7	-3.1	-4.4	-7.4	-6.6	-5.6	-4.2	-3.9	-3.9	-3.6	-3.2	-2.8	-2.7	-2.6	-2.7	-3.10	1.1	-7.4
2*	-3.0	-3.6	-3.3	-3.3	-3.3	-3.0	-2.2	-0.6	0.3	-1.0	-2.3	-4.3	-5.9	-6.7	-6.3	-5.1	-4.4	-3.7	-3.4	-2.4	-2.2	-2.2	-2.0	-2.4	-3.18	0.3	-6.7
3	-2.9	-3.1	-3.8	-4.3	-4.1	-3.8	-2.7	-1.7	-0.7	-1.9	-4.6	-6.6	-8.4	-7.8	-7.2	-6.3	-6.2	-6.8	-5.7	-4.6	1.1	11.9	13.0	12.1	-2.30	**13.0**	-8.4
4†	11.7	13.0	6.1	1.9	0.4	-2.2	-3.5	-1.6	0.0	-3.2	-4.5	-5.2	-5.4	-3.8	-2.4	-1.4	-1.4	-2.8	-2.5	-2.2	-2.1	-1.9	-1.8	-2.0	**-0.70**	**13.0**	-5.4
5	-2.0	-2.5	-2.6	-2.1	-1.4	-1.1	-0.4	0.9	1.2	0.2	-2.8	-5.5	-7.8	-7.8	-7.7	-6.6	-6.1	-5.4	-4.6	-4.0	-3.4	-2.6	-2.6	-2.7	-3.31	1.2	-7.8
6†	-0.6	-0.9	-1.6	-2.1	-2.0	-2.2	-1.6	0.5	1.0	-0.5	-5.6	-7.7	-11.5	-8.5	-7.1	-3.6	-9.8	-4.8	1.6	4.6	0.3	5.9	3.8	6.3	-1.92	6.3	-11.5
7	4.2	9.7	8.2	3.2	0.4	-3.2	-1.5	-1.3	-1.9	-2.7	-4.5	-6.1	-6.4	-6.8	-5.7	-4.5	-3.4	-2.5	-2.7	-2.6	-2.0	-1.3	-1.9	-2.1	-1.56	9.7	-6.8
8*	-1.7	-1.9	-1.5	-1.3	-1.1	-1.0	-0.4	0.8	1.7	-0.2	-2.8	-5.0	-6.4	-6.6	-5.2	-2.9	-2.4	-4.9	-3.4	-3.0	-2.7	-2.5	-2.4	-2.4	-2.47	1.7	-6.6
9*	-2.4	-2.5	-2.6	-2.5	-2.2	-1.6	-0.5	1.1	1.2	-0.5	-3.1	-5.5	-7.8	-8.4	-7.0	-5.8	-5.0	-4.7	-4.4	-4.0	-3.7	-3.7	-3.8	-3.9	-3.47	1.2	-8.4
10	-4.2	-4.9	-4.5	-2.8	-2.7	-2.7	-1.3	0.6	1.8	0.8	-0.6	-2.5	-4.3	-5.6	-5.2	-3.8	-2.5	-2.9	-4.5	-3.3	-1.3	-3.2	-2.2	-3.5	-2.72	1.8	-5.6
11	-4.0	-3.9	-4.9	-4.3	-1.7	-1.6	-1.6	-0.1	0.6	-1.2	-3.6	-7.7	-8.8	-11.3	-9.1	-8.4	-7.6	-6.3	-5.8	-4.1	-3.5	10.6	3.4	1.0	**-3.50**	10.6	-11.3
12	1.0	-1.5	-1.8	-0.4	-1.3	-2.7	-1.6	0.0	0.3	-1.2	-1.3	-3.5	-6.9	-7.7	-9.2	-8.7	-5.5	-4.3	-3.0	0.3	-0.9	-1.7	-1.3	0.6	-2.60	1.0	-9.2
13	3.4	-1.2	-0.9	-1.3	0.0	-2.6	-0.8	1.3	1.8	1.0	-3.7	-6.1	-7.6	-7.0	-6.1	-5.5	-4.6	-3.8	-2.3	-2.2	-2.3	-2.1	-4.0	1.5	-2.30	3.4	-7.6
14	2.8	2.7	2.3	1.6	-0.7	-1.2	-0.5	1.1	2.0	-0.3	-2.8	-4.1	-6.2	-7.5	-7.1	-5.8	-5.2	-4.9	-4.2	-3.4	-2.1	2.4	-1.0	1.6	-1.69	2.8	-7.5
15	0.7	0.1	-0.7	-0.4	-0.8	-2.0	-1.2	1.6	2.6	0.6	-2.1	-6.2	-10.0	-9.5	-9.7	-7.3	-6.5	-8.8	-2.5	-2.8	-1.2	-0.6	-1.3	-2.4	-2.93	2.6	-10.0
16	-0.8	-4.7	-4.3	-2.8	-2.3	-2.4	-1.5	1.2	3.2	1.6	-1.8	-5.8	-8.8	-8.8	-8.4	-6.8	-5.8	-5.1	-4.6	-3.8	-2.9	-2.4	-1.0	2.2	-3.19	3.2	-8.8
17†	0.7	-1.0	0.8	1.3	1.6	0.4	0.3	0.2	1.3	0.6	-3.3	-7.8	-13.0	-15.4	-15.7	-5.4	-10.7	-5.0	-1.4	0.3	1.3	7.6	6.9	3.4	-2.17	7.6	**-15.7**
18	3.7	-0.6	-1.9	-2.1	-4.5	-3.9	-5.0	-1.6	1.0	1.8	-1.3	-5.8	-8.0	-9.8	-6.9	-5.8	-4.2	-3.4	-1.0	1.3	-1.6	-1.0	2.4	3.6	-2.28	3.7	-9.8
19	-0.8	-0.6	-3.5	-2.5	-2.7	-1.6	-0.8	0.9	2.0	0.6	-2.2	-4.8	-7.0	-8.0	-6.2	-4.4	-2.6	-2.0	-2.5	-2.0	-2.0	-2.4	-2.4	-2.2	-2.49	2.0	-8.0
20	-2.1	-2.1	-2.0	-1.9	-1.7	-1.2	-0.1	2.0	3.5	1.8	-1.0	-5.0	-7.7	-7.4	-8.2	-7.7	-5.9	-1.6	-0.2	-1.5	-2.2	-2.4	-2.1	-0.1	-2.36	3.5	-8.2
21†	1.8	-1.1	-0.4	-1.0	-1.4	-2.5	-0.5	1.4	2.6	1.3	-2.5	-5.1	-9.3	-9.8	-9.9	-7.5	-6.1	-7.4	-6.2	-5.3	-2.6	2.3	5.5	8.2	-2.31	8.2	-9.9
22†	7.0	9.2	7.0	-0.4	-1.9	-6.7	-1.6	1.0	2.0	-1.0	-4.6	-5.7	-6.0	-4.0	-3.6	-2.1	-1.9	-1.6	-2.8	-3.6	-3.6	-2.0	-1.2	-1.0	-1.21	9.2	-6.7
23	-0.3	-0.4	-0.4	-1.1	-1.0	-1.0	0.4	2.5	3.4	2.0	-1.3	-5.8	-6.0	-8.2	-6.8	-6.4	-2.8	-2.9	-2.5	-2.2	-0.1	-1.2	-2.0	-2.2	-1.93	3.4	-8.2
24	-1.7	-9.2	-2.1	2.4	-0.2	0.2	0.4	-0.9	0.6	-1.8	-5.4	-8.4	-10.2	-6.0	-5.9	-1.9	0.1	-3.8	-3.0	-2.1	-1.5	-0.4	1.2	-2.3	-2.58	2.4	-10.2
25*	-2.6	-2.9	-2.5	-2.0	-1.5	-0.8	0.7	2.7	3.2	0.2	-3.8	-5.5	-7.8	-8.3	-7.6	-5.1	-3.7	-3.6	-3.6	-2.7	-2.2	-2.4	-2.6	-3.0	-2.81	3.2	-8.3
26	-3.3	-3.6	-3.4	-3.9	-2.8	-2.0	-0.2	2.7	3.7	1.6	-1.4	-5.4	-8.0	-7.5	-6.1	-4.1	-2.7	1.4	-3.1	-3.1	-3.0	-3.6	-2.7	-2.8	-2.64	3.7	-8.0
27	-4.0	-3.6	-4.7	-3.1	-0.6	-1.4	-3.5	-3.9	0.4	1.6	-1.9	-5.2	-7.0	-7.6	-6.6	-5.4	-4.2	-3.9	-3.9	-3.4	-2.6	-2.4	-2.0	-2.1	-3.38	1.6	-7.6
28	-2.1	-2.2	-2.2	-1.9	-1.5	-1.2	-0.1	0.4	1.6	1.6	-1.5	-3.5	-5.0	-6.0	-5.0	-5.0	-5.1	-5.2	-5.3	-4.6	-3.7	-3.3	-2.8	-2.6	-2.76	1.6	-6.0
Mittel	-0.2	-0.9	-1.2	-1.4	-1.6	-2.0	-1.2	0.4	1.5	0.0	-2.8	-5.5	-7.7	-7.8	-7.1	-5.3	-4.6	-4.1	-3.3	-2.5	-2.0	-0.3	-0.3	-0.1	-2.49	4.4	-8.4

Niemegk

Deklination

D = −3° + Tafelwert

1949

Weltzeit

März

Tag	0–1h	1–2h	2–3h	3–4h	4–5h	5–6h	6–7h	7–8h	8–9h	9–10h	10–11h	11–12h	12–13h	13–14h	14–15h	15–16h	16–17h	17–18h	18–19h	19–20h	20–21h	21–22h	22–23h	23–24h	Tages-mittel	Max.	Min.
1	-2.6	-2.5	-3.0	-2.5	-2.5	-2.1	-1.2	0.9	2.1	0.6	-2.4	-6.8	-11.1	-12.2	-11.3	-8.0	-3.9	-2.0	1.3	3.4	4.0	3.6	3.5	-0.2	-2'29	4.0	-12.2
2	-1.4	-1.8	-4.3	-4.0	-2.7	-1.6	-1.4	0.2	0.8	0.4	-3.6	-6.7	-9.3	-11.5	-11.4	-10.2	-6.3	-2.0	-0.6	2.6	1.9	4.1	1.3	-1.2	-2.86	4.1	-11.5
3	-0.1	-0.1	-0.5	-0.4	-2.3	-0.9	-0.5	1.1	3.2	0.9	-3.2	-7.2	-9.7	-11.0	-9.3	-6.3	-0.2	3.2	0.6	1.6	1.7	-0.4	-1.4	-1.0	-1.76	3.2	-11.0
4	-3.3	-1.6	-3.0	-3.0	-2.2	-1.8	-0.8	1.1	0.4	-1.7	-3.6	-7.9	-11.3	-9.4	-8.6	-4.9	-3.4	-4.2	-3.9	-3.3	-2.1	-1.0	-2.2	-1.5	**-3.47**	1.1	-11.3
5	0.4	-3.2	-2.1	-1.3	-7.0	-2.9	-0.1	2.4	4.2	1.9	-1.7	-5.6	-8.2	-9.1	-7.8	-5.2	-4.2	-3.8	-3.6	-3.1	-1.7	0.5	-1.7	-1.7	-2.69	4.2	-9.1
6*	-2.2	-2.3	-2.0	-1.5	-1.0	-0.1	1.9	3.7	3.4	0.9	-2.3	-5.7	-8.1	-8.1	-7.3	-4.9	-3.8	-3.9	-3.4	-3.6	-3.5	-3.1	-3.1	-3.1	-2.63	3.7	-8.1
7	-2.6	-1.2	-1.1	-1.1	-0.8	-0.2	1.2	2.2	1.7	-0.8	-2.4	-5.6	-6.2	-6.8	-6.0	-3.7	-3.0	-3.8	-4.0	-4.0	-3.6	-3.3	-3.2	-2.3	-2.52	2.2	-6.8
8	-0.8	-1.3	-1.2	-1.0	-0.8	-0.9	-1.2	-0.4	-0.3	-1.6	-4.5	-7.5	-9.2	-8.9	-7.8	-5.3	-3.7	-3.7	-4.4	-4.3	-4.2	-2.4	-0.4	-1.4	-3.22	-0.3	-9.2
9	-0.8	3.2	1.5	0.3	0.6	-0.7	-0.3	0 1	0.2	-1.2	-4.3	-5.9	-9.7	-12.0	-11.1	-9.9	-8.1	-6.8	-6.2	-3.7	2.5	0.6	-1.1	-2.3	-3.13	3.2	-12.0
10*	-2.1	-1.9	-1.3	-0.3	0.2	0.5	1.9	3.5	4.1	2.4	-0.8	-3.8	-6.2	-6.8	-5.8	-4.3	-3.9	-3.0	-2.3	-1.4	-3.0	-3.0	-2.7	-2.7	-1.78	4.1	-6.8
11*	-2.1	-1.9	-1.6	-1.4	-0.7	-0.1	1.4	3.5	4.2	2.2	-2.8	-7.5	-9.6	-9.4	-8.2	-6.2	-4.4	-4.6	-4.0	-3.8	-3.8	-3.8	-3.4	-3.6	-2.98	4.2	-9.6
12	-3.1	-2.9	-2.9	-2.6	-1.7	-0.9	0.9	2.7	2.9	-0.5	-5.7	-9.2	-11.0	-9.6	-8.8	-6.4	-6.1	-5.5	-4.3	-3.3	-1.9	1.3	2.9	3.3	-3.02	3.3	-11.0
13	1.1	1.2	4.1	2.0	2.8	1.3	-0.3	1.5	2.0	-0.5	-7.1	-11.5	-12.1	-11.4	-6.3	-7.5	-7.2	-6.2	-4.8	-3.0	-3.6	-1.5	-0.5	3.1	-2.68	4.1	-12.1
14†	10.6	9.5	7.7	5.2	3.5	2.2	1.3	1.2	-2.0	-5.3	-8.6	-9.5	-12.1	-14.2	-10.2	-10.8	-8.4	-1.9	-4.3	3.8	3.6	3.8	3.0	3.0	-1.20	10.6	-14.2
15	6.0	0.0	2.5	1.2	1.4	2.8	4.3	4.2	2.4	-1.1	-5.2	-9.2	-9.8	-11.8	-13.2	-8.5	-6.0	-6.2	-2.6	2.3	3.8	1.9	0.1	-1.0	-1.74	6.0	-13.2
16†	-4.2	-1.6	-1.4	-0.6	0.1	1.0	2.9	4.9	4.6	1.4	-2.4	-6.7	-10.3	-12.2	-9.8	-9.0	-9.4	15.5	4.9	1.0	0.3	-0.3	0.1	-1.8	-1.38	15.5	-12.2
17†	-1.9	-1.3	-0.7	-0.3	-0.3	1.0	3.4	4.0	2.0	-2.1	-7.4	-9.6	-10.0	-10.0	-7.1	0.6	1.9	4.5	2.8	3.4	7.7	9.1	8.8	-2.7	-0.18	9.1	-10.0
18	4.8	10.6	5.5	2.4	4.0	1.9	3.8	2.9	3.5	0.3	-4.7	-7.5	-10.4	-9.5	-6.1	-3.7	-2.4	-1.4	0.0	4.5	-0.5	1.7	1.7	-1.2	0.01	10.6	-10.4
19	-4.0	-2.8	-1.2	-0.6	-0.1	-0.6	0.3	1.3	0.3	-2.7	-6.0	-7.5	-7.7	-6.9	-4.4	-2.1	-2.2	-3.3	-3.2	-2.3	-0.5	-1.6	1.1	-2.1	-2.45	1.3	-7.7
20	-1.4	-1.1	-0.8	0.2	1.2	-1.5	1.5	3.6	2.9	0.0	-3.7	-7.8	-10.4	-10.3	-7.0	-5.5	-3.1	-1.4	-0.5	-0.3	1.1	0.8	0.9	1.4	-1.72	3.6	-10.4
21	6.0	1.8	2.2	2.6	2.4	2.0	2.3	3.7	3.0	0.9	-4.2	-7.6	-10.6	-10.4	-7.7	-4.8	-3.8	-2.1	2.8	-1.5	0.6	9.7	4.6	10.2	0.09	10.2	-10.6
22†	9.9	17.9	6.4	-0.8	-7.2	-0.2	1.8	1.5	0.3	-0.3	0.4	-4.3	-3.2	-3.4	-1.9	-0.4	-0.4	6.2	8.8	4.2	1.6	-0.6	-0.2	-1.1	**1.46**	**17.9**	-7.2
23†	-0.2	-0.4	-0.8	-3.1	-14.5	-4.5	3.8	1.8	3.4	0.1	1.2	-3.7	-3.5	-6.2	-6.3	-4.1	1.5	-1.6	-0.6	-0.4	-0.8	0.4	-0.9	-1.2	-1.69	3.8	**-14.5**
24	-1.0	-1.0	-0.7	-0.6	-0.7	-0.7	1.2	4.8	5.3	2.3	-1.6	-4.9	-7.1	-7.5	-6.3	-4.8	-2.9	-2.9	-2.3	-2.3	-1.2	-1.1	-1.8	-2.0	-1.66	5.3	-7.5
25	-1.8	-1.2	-0.8	-0.9	-2.8	-3.4	-0.6	2.5	2.5	0.4	-4.2	-9.2	-9.3	-9.4	-7.2	-5.0	-3.9	-2.3	-3.2	-3.1	-2.6	-2.1	-3.0	0.5	-2.92	2.5	-9.4
26	0.9	0.9	-0.3	-1.9	-2.6	-2.4	0.6	0.3	2.8	0.6	-4.3	-6.7	-7.2	-8.1	-7.1	-2.2	-0.4	-0.3	0.6	-0.8	0.0	-1.7	-2.4	-2.1	-1.82	2.8	-8.1
27*	-1.7	-1.5	-1.3	-1.1	-0.4	0.6	3.3	5.5	5.5	1.6	-3.0	-6.8	-8.5	-9.7	-7.9	-4.5	-3.0	-2.8	-2.7	-2.3	-2.7	-3.0	-2.8	-2.6	-2.16	5.5	-9.7
28	-2.2	-1.2	-1.1	-0.8	-1.9	-0.5	3.3	4.7	3.3	0.7	-3.9	-7.4	-10.7	-9.1	-8.7	-5.6	-5.7	-4.0	-2.6	-3.3	-0.4	6.2	-1.0	-1.6	-2.23	6.2	-10.7
29	-5.0	0.6	0.5	0.4	0.7	1.4	1.9	4.3	3.2	0.1	-7.2	-10.0	-11.7	-10.7	-8.3	-5.5	-3.6	-2.2	-2.3	-1.7	-2.8	-2.6	-2.7	-3.1	-2.76	4.3	-11.7
30	-2.9	-1.6	-1.6	-5.2	-4.3	-2.0	-0.7	2.0	3.0	0.2	-3.5	-9.7	-12.6	-11.7	-8.6	-5.1	-1.9	-0.9	-1.5	-1.6	-1.9	-2.5	-2.8	-2.4	-3.32	3.0	-12.6
31*	-3.9	-2.2	-1.7	-1.5	-1.3	0.0	2.5	4.8	4.8	0.5	-3.4	-7.4	-9.5	-9.8	-8.1	-5.6	-4.1	-3.8	-3.8	-3.4	-3.2	-3.0	-3.0	-2.8	-2.87	4.8	-9.8
Mittel	-0.4	0.3	-0.2	-0.7	-1.3	-0.4	1.2	2.6	2.6	0.0	-3.7	-7.3	-9.2	-9.6	-7.9	-5.5	-3.7	-1.8	-1.6	-1.0	-0.5	0.2	-0.4	-0.9	-2.05	5.3	-10.3

April

Tag	0–1h	1–2h	2–3h	3–4h	4–5h	5–6h	6–7h	7–8h	8–9h	9–10h	10–11h	11–12h	12–13h	13–14h	14–15h	15–16h	16–17h	17–18h	18–19h	19–20h	20–21h	21–22h	22–23h	23–24h	Tages-mittel	Max.	Min.
1	-2.6	-2.3	-2.0	-1.6	-1.4	-0.6	1.8	3.6	2.4	-1.7	-7.1	-11.3	-13.1	-12.0	-9.8	-7.0	-4.9	-4.9	-5.4	-4.9	-3.4	-3.2	-3.2	-3.2	**-4!08**	3.6	-13.1
2	-0.5	0.5	-0.6	-1.1	-0.3	1.6	4.2	6.4	5.5	2.1	-3.4	-8.9	-11.0	-10.2	-8.6	-5.9	-4.3	-4.4	-4.0	-3.5	-3.8	-3.5	-3.0	-2.4	-2.46	6.4	-11.0
3	-1.6	-1.5	-1.7	-1.6	-1.3	-0.4	1.7	2.6	4.0	2.0	-2.9	-7.7	-11.0	-11.9	-10.6	-7.2	-2.8	-1.4	-2.9	-3.2	-3.3	-3.1	-3.3	-2.8	-3.00	4.0	-11.9
4	-2.7	-2.4	-2.2	-1.5	-1.6	-0.9	-1.0	1.7	1.1	-1.7	-4.2	-8.7	-11.1	-10.8	-7.9	-5.5	-4.0	-3.8	-4.2	-3.3	-3.0	-2.8	-2.1	-2.1	-3.53	1.7	-11.1
5*	-2.2	-1.6	-1.7	-1.7	-1.7	0.0	3.6	6.2	6.0	1.6	-3.9	-8.6	-10.2	-9.0	-6.8	-4.2	-2.3	-2.3	-3.2	-3.0	-2.7	-2.7	-2.5	-0.1	-2.21	6.2	-10.2
6*	-0.9	-1.8	-2.3	-0.8	0.0	1.0	2.8	5.2	4.9	1.1	-3.3	-7.1	-8.7	-8.8	-7.0	-5.2	-3.5	-2.8	-3.2	-3.1	-3.0	-2.6	-2.4	-2.7	-2.26	5.2	-8.8
7†	-1.4	-0.2	-0.4	-0.4	0.0	1.2	3.3	4.8	4.0	0.1	-4.6	-9.6	-11.3	-10.9	-8.0	-5.5	-4.1	-4.1	-4.1	-4.0	-1.3	0.8	4.0	21.4	-1.26	**21.4**	-11.3
8†	21.4	12.4	15.8	10.9	4.2	8.6	6.4	5.8	2.8	1.2	-3.1	-7.0	-13.2	-15.0	-6.4	-6.8	-3.5	1.6	3.6	-0.8	-1.2	-0.6	-0.4	0.1	**1.53**	**21.4**	-15.0
9	0.7	1.0	1.0	2.3	2.8	3.8	6.2	7.1	7.3	5.2	1.3	-4.4	-8.0	-8.3	-7.6	-6.1	-4.7	-3.5	-3.0	-2.4	-1.4	-0.9	-1.3	2.7	-0.42	7.3	-8.3
10†	5.7	4.4	4.2	-0.7	-0.7	-0.2	3.7	4.6	4.8	1.4	-3.2	-9.6	-12.8	-10.2	-9.6	-5.7	-2.6	1.2	-1.0	-0.7	0.1	2.7	2.0	3.5	-0.78	5.7	-12.8
11†	6.3	1.9	0.2	-0.8	-0.2	1.5	3.7	6.0	4.0	0.7	-4.5	-10.7	-14.5	-13.6	-13.6	-11.4	-7.0	-4.4	-6.4	-4.9	-0.7	-0.9	-1.6	-1.6	-3.02	6.3	-14.5
12†	-0.7	-0.1	0.2	0.6	1.6	3.3	4.1	2.6	0.2	-2.3	-6.2	-10.2	-10.7	-8.0	-4.7	-7.2	-8.9	-6.5	-5.6	-4.3	-3.2	-3.0	-2.8	-1.0	-3.03	4.1	-10.7
13	-0.8	-3.1	0.0	6.1	2.8	3.6	5.4	6.6	5.4	2.4	-1.5	-5.4	-9.9	-9.6	-6.5	-6.4	-3.9	-2.5	0.3	0.8	0.0	0.8	-0.3	-0.3	-0.67	6.6	-9.9
14	-1.6	-3.9	-3.1	-1.1	1.6	3.2	4.8	5.5	4.2	1.8	-2.4	-7.2	-10.6	-10.8	-10.0	-8.0	-5.9	-2.2	-1.5	-2.2	-2.2	-2.4	-1.6	-3.2	-2.45	5.5	-10.8
15	-6.5	-2.5	-2.2	-1.0	0.6	1.6	3.5	5.2	5.6	3.4	-0.2	-5.7	-9.6	-10.0	-9.1	-6.4	-3.6	-2.2	-2.4	-2.3	-2.0	-1.6	0.0	-0.9	-2.01	5.6	-10.0
16	-0.5	-0.8	0.3	-0.5	-0.8	0.6	3.2	3.6	2.8	-0.2	-5.5	-13.2	-16.8	-17.6	-14.0	-10.7	-5.6	-4.0	-3.4	-2.4	-1.8	0.0	-1.3	0.4	-3.68	3.6	**-17.6**
17	0.8	-1.1	0.1	1.2	2.2	3.3	4.2	4.9	5.0	0.6	-5.2	-10.6	-13.4	-11.0	-9.0	-6.0	-2.3	-1.2	-1.2	-1.1	1.8	0.2	-0.7	-1.8	-1.68	5.0	-13.4
18	-1.0	-1.3	-0.4	0.5	0.8	2.0	4.1	6.0	5.0	2.4	-1.6	-6.6	-9.1	-8.6	-7.2	-5.4	-2.8	-2.2	-1.3	-1.0	0.2	1.3	1.1	2.6	-0.94	6.0	-9.1
19	2.4	1.6	1.4	1.5	1.4	3.0	5.4	6.3	4.8	0.2	-4.9	-8.9	-9.1	-8.8	-6.6	-5.1	-3.4	-2.0	-1.0	0.0	-0.4	-0.8	-2.2	-0.3	-1.06	6.3	-9.1
20*	-0.4	-0.2	0.6	1.7	3.1	4.2	4.4	4.9	3.9	1.8	-2.1	-6.5	-9.4	-9.3	-8.3	-6.6	-4.7	-3.6	-2.0	-1.8	-2.7	-2.4	-2.2	-1.9	-1.65	4.9	-9.4
21*	-0.3	0.7	0.8	2.0	2.9	2.7	3.3	4.9	4.5	1.0	-3.8	-8.4	-11.8	-10.6	-8.1	-5.6	-3.3	-2.6	-2.6	-2.2	-2.2	-0.6	-0.8	-1.8	-1.75	4.9	-11.8
22	-1.8	-2.1	-1.6	-1.5	0.3	2.4	5.2	4.8	3.5	-1.6	-7.6	-12.8	-15.3	-13.9	-10.9	-5.8	-1.9	-0.3	-1.5	-2.3	-2.4	-2.7	-3.1	-3.1	-3.17	5.2	-15.3
23	-3.5	-3.5	-2.8	-1.9	0.4	1.8	4.6	5.9	4.6	0.9	-4.1	-9.3	-10.5	-9.8	-6.9	-3.5	-0.4	2.2	1.0	-0.3	-1.9	-1.7	-2.6	-2.0	-1.80	5.9	-10.5
24	-1.8	-1.7	-1.7	0.1	1.5	3.0	5.5	6.6	4.5	0.5	-3.0	-6.1	-8.8	-8.1	-7.7	-6.6	-4.8	-3.0	-1.9	-1.8	-3.0	-3.4	-3.2	-1.7	-1.94	6.6	-8.8
25	-0.1	-1.1	-1.0	0.2	0.8	1.2	3.9	4.6	3.9	0.4	-3.4	-7.4	-9.9	-9.1	-8.2	-5.8	-3.8	-2.7	-3.2	-3.4	-3.5	-3.5	-3.2	-2.4	-2.36	4.6	-9.9
26	0.4	-2.2	-3.6	-3.8	-1.9	-0.3	0.4	1.4	0.8	-2.3	-8.2	-11.3	-12.2	-10.5	-8.3	-5.8	-2.5	-1.3	-2.5	-3.5	-3.6	-3.6	-2.6	-1.6	-3.69	1.4	-12.2
27	-2.4	-3.9	-2.5	-5.8	-1.3	4.2	3.1	5.0	6.1	-0.9	-5.8	-11.7	-11.2	-8.8	-5.7	-2.4	-0.8	0.1	-0.9	-1.3	-1.0	-2.1	-2.7	-2.4	-2.30	6.1	-11.7
28	-1.5	-1.0	-0.8	0.0	0.8	2.0	4.0	4.4	4.0	-0.9	-6.7	-11.8	-12.7	-10.5	-7.0	-3.9	-1.3	0.3	0.0	-0.2	-0.4	-0.9	-0.1	-1.8	-1.92	4.4	-12.7
29	-1.5	-2.8	-1.9	-1.1	0.8	3.2	5.3	5.5	3.8	0.2	-5.0	-10.0	-9.0	-9.6	-6.4	-3.8	1.0	3.6	6.2	8.2	-0.7	-2.5	-1.7	-3.4	-0.90	8.2	-10.0
30*	-3.4	-2.8	-1.9	-0.3	2.4	5.1	6.9	7.0	4.1	0.1	-4.4	-8.4	-7.6	-5.4	-3.5	-1.5	-0.1	0.1	-1.0	-1.9	-1.9	-2.3	-2.5	-2.4	-1.07	7.0	-8.4
Mittel	-0.1	-0.7	-0.3	0.0	0.7	2.2	3.9	5.0	4.1	0.6	-4.0	-8.8	-11.1	-10.4	-8.1	-5.9	-3.4	-2.0	-1.9	-1.9	-1.8	-1.6	-1.5	-0.5	-1.99	6.4	-11.3

Deklination

Niemegk — D = −3° + Tafelwert — 1949

Weltzeit

Mai

Tag	0h–1h	1h–2h	2h–3h	3h–4h	4h–5h	5h–6h	6h–7h	7h–8h	8h–9h	9h–10h	10h–11h	11h–12h	12h–13h	13h–14h	14h–15h	15h–16h	16h–17h	17h–18h	18h–19h	19h–20h	20h–21h	21h–22h	22h–23h	23h–24h	Tages-mittel	Max.	Min.
1*	-1.8	-1.6	-1.1	-0.3	2.0	4.0	4.8	4.7	2.6	-0.8	-5.4	-9.1	-10.6	-8.7	-6.6	-4.8	-3.6	-2.5	-1.7	-2.0	-1.2	-0.2	0.6	1.7	-1.73	4.8	-10.6
2	4.0	3.8	4.4	2.7	2.9	3.9	5.2	4.5	2.3	-0.8	-4.5	-7.4	-8.9	-8.4	-6.7	-5.4	-2.5	-2.2	-1.5	-2.7	0.0	-1.8	-1.8	-2.1	-0.96	5.2	-8.9
3	-1.4	-4.7	-2.4	-1.9	2.1	4.6	6.4	6.5	4.7	-0.1	-5.0	-8.0	-9.7	-9.3	-7.9	-5.1	-2.6	-1.1	-3.1	-4.0	-3.6	-2.6	9.6	11.0	-1.15	11.0	-9.7
4†	14.8	4.3	3.4	-3.3	0.5	6.4	4.2	3.9	2.4	-0.6	-5.6	-8.8	-9.2	-8.4	-8.8	-4.1	1.4	-0.2	-0.9	-1.6	-2.1	-1.3	-1.0	-1.1	-0.65	14.8	-9.2
5	-1.2	-1.1	0.0	1.3	2.4	4.8	6.3	5.8	4.5	0.2	-4.6	-10.2	13.0	-10.1	-9.1	-4.4	-4.0	-3.2	-3.6	-4.4	-0.9	-4.7	1.2	0.0	-2.00	6.3	-13.0
6	-0.2	-2.4	0.3	1.7	1.9	1.1	2.1	3.6	1.3	-2.6	-6.3	-8.0	-9.6	-9.6	-8.0	-5.0	-2.9	0.4	0.8	-0.5	0.0	-1.7	-2.6	-3.1	-2.05	3.6	-9.6
7	-1.8	-0.2	-0.5	-2.3	-0.1	2.8	5.0	4.9	3.0	-0.6	-5.0	-8.1	-8.7	-7.9	-5.5	-4.4	-3.1	0.8	-1.4	-1.6	-2.8	-3.0	-1.7	-1.6	-1.82	5.0	-8.7
8	-0.8	0.2	1.1	1.9	1.7	4.8	5.4	3.2	0.3	-3.3	-6.1	-9.6	-9.6	-7.2	-5.1	-3.8	-2.3	-1.1	-2.2	-2.4	-3.1	-1.1	-0.4	-0.3	-1.66	5.4	-9.6
9	-0.5	1.6	3.1	4.4	5.5	6.1	6.0	3.3	-2.5	-5.9	-9.7	-11.6	-12.6	-10.5	-7.6	-4.0	-1.4	-1.6	-1.8	-2.2	-2.2	-1.8	-1.4	-1.6	-2.04	6.1	-12.6
10	-1.3	-1.6	0.4	1.0	2.4	3.9	5.6	5.4	4.0	-0.2	-5.8	-9.0	-9.8	-9.2	-6.2	-2.8	-0.9	-0.9	-1.5	-2.3	-2.3	0.0	1.6	-0.1	-1.23	5.6	-9.8
11	-1.5	-2.8	-3.9	-0.4	0.6	2.2	4.7	6.3	3.5	-0.2	-4.2	-7.5	-7.9	-7.0	-5.0	-2.2	-1.0	0.0	-0.8	-0.8	1.0	-1.4	-1.2	-1.0	-1.27	6.3	-7.9
12†	-0.6	-0.9	0.5	1.5	3.1	5.2	4.6	10.6	18.2	5.2	-5.3	-6.1	-14.0	-5.5	-12.2	-17.0	-19.1	6.2	-5.6	12.8	11.9	5.2	-0.8	4.6	0.10	**18.2**	**-19.1**
13†	-3.0	-4.5	5.6	4.7	14.5	12.2	10.8	9.2	7.3	4.3	0.5	-1.6	-2.4	-3.2	-1.9	-0.3	0.8	0.5	0.4	0.9	1.1	1.4	1.4	1.5	**2.51**	14.5	-4.5
14	0.7	-2.5	1.3	2.6	3.7	6.1	6.1	5.9	3.3	-0.1	-4.4	-8.3	-8.3	-6.2	-3.1	-1.1	3.5	0.3	-1.7	-2.5	-2.1	-3.4	-2.6	-0.1	-0.54	6.1	-8.3
15	-0.7	0.6	-0.5	1.3	4.8	6.6	6.8	4.7	2.9	-0.5	-3.8	-7.8	-10.1	-8.2	-5.0	-2.0	-0.2	0.0	-0.8	-1.6	-1.2	-1.1	-0.8	-0.3	-0.70	6.8	-10.1
16	-0.2	0.6	1.1	2.1	3.9	4.0	5.0	3.0	2.9	0.8	-2.7	-8.3	-11.7	-11.4	-7.8	-3.4	-1.0	0.2	2.1	0.7	-1.0	-0.9	-1.3	-2.5	-1.08	5.0	-11.7
17	0.7	4.4	3.1	4.0	6.4	8.1	7.0	5.8	2.9	-0.6	-3.3	-5.4	-6.5	-5.8	-4.8	-4.9	-4.2	-3.5	-2.7	-2.0	-1.6	-1.4	-0.8	-0.1	-0.22	8.1	-6.5
18*	0.2	0.6	1.0	2.1	3.5	4.8	5.4	4.4	2.5	0.0	-3.8	-7.3	-9.1	-9.0	-7.2	-5.0	-2.8	-1.5	-1.7	-1.7	-1.9	-1.4	-1.0	-0.2	-1.21	5.4	-9.1
19	0.7	1.3	1.4	2.5	5.2	7.0	7.5	6.9	5.6	2.6	-1.7	-4.6	-6.7	-6.9	-5.9	-5.0	-3.2	-2.0	-1.8	-1.8	-2.4	-2.3	-1.8	-1.7	-0.30	7.5	-6.9
20*	-1.3	-1.2	0.8	1.3	3.8	4.7	4.6	4.5	3.3	0.2	-2.4	-5.2	-6.7	-6.2	-4.4	-3.1	-1.6	-1.5	-1.4	-1.6	-1.6	-1.8	-2.3	-1.5	-0.86	4.7	-6.7
21	-1.2	0.0	0.6	1.6	3.6	4.3	3.9	3.1	1.4	-2.4	-5.8	-8.8	-9.0	-8.7	-6.7	-4.7	-3.0	-3.2	-3.2	-3.3	-3.4	-2.7	-1.2	-0.4	-2.05	4.3	-9.0
22	0.2	0.0	0.7	0.6	0.3	1.4	4.0	4.7	3.8	1.5	-1.0	-4.6	-5.3	-5.6	-4.9	-4.8	-2.6	-1.4	0.2	-1.5	-3.0	-3.2	-2.7	-2.5	-1.07	4.7	-5.6
23	-0.5	-1.8	-0.4	-0.9	2.3	5.1	7.3	8.5	5.7	2.4	-1.2	-4.3	-5.6	-6.0	-5.1	-4.1	-2.6	-1.2	-0.8	-2.2	-2.6	-1.9	-3.5	-2.0	-0.64	8.5	-6.0
24	1.6	1.7	0.6	1.1	3.7	5.0	3.9	3.9	1.5	-2.6	-5.7	-8.9	-8.9	-8.5	-7.4	-5.4	-4.0	-2.6	-1.1	-1.6	-1.9	-1.9	-2.3	-1.6	-1.72	5.0	-8.9
25	-1.0	-0.8	-0.2	1.0	2.6	3.9	5.2	4.7	2.0	-2.6	-7.0	-9.0	-9.6	-8.3	-5.6	-2.4	-0.1	-1.9	-2.6	-2.8	-2.9	-2.0	-2.4	-2.3	-1.84	5.2	-9.6
26	-1.6	-1.0	-0.4	1.5	4.0	5.1	4.1	2.8	0.6	-2.7	-6.4	-8.8	-9.8	-8.7	-7.6	-5.1	-2.8	0.4	-1.0	-1.8	-1.8	-2.0	-1.7	-1.6	-1.93	5.1	-9.8
27	-1.4	-0.8	0.3	2.0	4.4	6.7	7.0	5.7	2.5	-1.9	-6.1	-9.9	-10.0	-10.3	-6.0	-4.0	-2.6	-1.9	-2.2	-2.4	-2.4	-2.4	-2.6	-2.2	-1.69	7.0	-10.3
28*	-2.3	-2.8	-3.2	1.3	3.6	5.9	6.8	6.5	4.2	-0.6	-4.1	-7.6	-9.3	-8.9	-6.4	-4.0	-1.8	-1.1	-1.8	-2.4	-2.5	-2.6	-2.2	-1.7	-1.54	6.8	-9.3
29*	-1.3	-1.1	-0.7	0.7	2.2	4.1	5.3	5.6	4.5	0.7	-5.0	-10.5	-12.5	-11.3	-8.4	-5.2	-3.0	-2.2	-2.1	-2.5	-2.7	-2.7	-2.6	-2.0	**-2.20**	5.6	-12.5
30†	-1.5	-0.9	-0.2	0.8	2.6	4.8	6.9	7.6	6.3	2.8	-2.6	-7.1	-11.6	-15.1	-15.5	-14.8	-11.9	-7.5	-6.9	-0.3	2.0	3.3	8.2	2.3	-2.01	8.2	-15.5
31†	7.3	10.1	9.4	7.7	1.6	7.0	8.0	6.1	3.8	0.1	-4.8	-8.3	-10.0	-9.2	-9.2	-5.0	-3.2	-2.7	-1.8	-0.9	1.4	-0.2	2.0	4.5	0.57	10.1	-10.0
Mittel	0.1	-0.1	0.8	1.4	3.3	5.1	5.7	5.4	3.6	-0.3	-4.5	-7.7	-9.2	-8.4	-6.8	-4.8	-2.8	-1.2	-1.7	-1.4	-1.2	-1.4	-0.6	-0.3	-1.13	7.1	-9.6

Juni

Tag	0h–1h	1h–2h	2h–3h	3h–4h	4h–5h	5h–6h	6h–7h	7h–8h	8h–9h	9h–10h	10h–11h	11h–12h	12h–13h	13h–14h	14h–15h	15h–16h	16h–17h	17h–18h	18h–19h	19h–20h	20h–21h	21h–22h	22h–23h	23h–24h	Tages-mittel	Max.	Min.
1	0.8	-2.6	1.2	2.9	6.1	9.3	9.5	8.4	4.8	1.3	-2.6	-6.8	-7.9	-7.2	-6.0	-3.2	-1.7	-0.9	-0.8	-1.1	-1.6	-1.8	-2.9	-3.9	-0.28	9.5	-7.9
2	-1.2	1.5	2.8	3.4	5.3	6.8	6.1	5.4	2.1	-1.4	-4.9	-6.1	-7.3	-6.1	-4.6	-3.0	-2.0	-1.7	-2.3	-2.0	-2.0	-2.2	-0.7	-0.3	-0.60	6.8	-7.3
3	-0.6	-0.2	0.5	2.8	5.2	6.4	5.0	4.8	3.1	0.1	-3.4	-6.0	-8.0	-8.1	-7.7	-5.0	-2.3	-1.3	-1.8	-1.9	-1.9	-2.2	-1.9	1.5	-0.96	6.4	-8.1
4†	-1.0	10.6	4.6	5.4	7.8	9.3	4.7	3.2	0.0	-1.3	-5.6	-8.8	-9.8	-9.5	-7.4	-5.0	-5.0	-3.0	-6.0	-6.1	0.2	0.7	5.1	2.9	-0.58	10.6	-9.8
5†	3.2	4.9	6.8	3.9	2.2	-0.9	3.8	1.1	-1.0	0.9	-0.8	-2.9	-1.6	-3.3	-3.4	-3.2	-2.8	0.4	3.2	6.1	6.1	1.6	0.6	3.8	**1.20**	6.8	-3.4
6†	4.1	6.8	-0.9	-2.5	3.5	6.2	8.2	7.1	4.5	0.9	-1.3	-4.4	-6.5	-6.6	-5.7	-4.1	-2.9	-2.1	-1.7	-1.6	-1.1	-4.6	2.4	3.0	-0.03	8.2	-6.6
7	-0.8	2.4	2.1	1.5	3.1	7.2	8.2	6.2	4.7	2.8	-0.5	-5.2	-7.2	-6.5	-4.4	-2.5	-1.8	-1.7	-1.9	-1.6	-0.4	-0.9	-0.8	-0.8	0.05	8.2	-7.2
8*	-1.5	-1.2	-0.2	1.6	3.4	5.2	5.5	4.2	1.5	-3.2	-7.2	-10.2	-9.4	-6.2	-3.7	-1.5	0.0	0.5	-0.6	-0.8	0.2	-1.4	-2.1	-2.4	-1.23	5.5	-10.2
9	-2.4	-3.8	-1.6	3.1	4.5	6.6	6.3	4.9	2.4	-1.3	-5.8	-9.4	-10.7	-10.6	-8.7	-4.8	-2.2	-1.0	-0.7	-0.7	-1.3	-1.4	-1.5	-1.3	-1.72	6.6	-10.7
10*	-0.3	-0.6	-0.6	1.6	2.9	4.2	5.8	6.8	5.5	1.9	-3.7	-7.7	-10.1	-9.6	-7.2	-4.4	-2.2	-0.8	0.0	-0.3	-0.7	-1.1	-0.9	-0.3	-0.91	6.8	-10.1
11*	0.0	0.2	0.5	2.3	4.4	6.3	7.4	7.8	5.8	1.0	-3.6	-7.2	-8.9	-9.9	-8.6	-6.7	-4.8	-2.9	-0.7	-1.9	-2.6	-2.5	0.0	1.2	-0.98	7.8	-9.9
12†	1.5	1.2	0.6	5.2	5.0	4.3	5.5	2.9	-0.2	-3.8	-8.3	-12.1	-16.2	-15.2	-11.6	-8.8	-4.9	1.0	-2.1	-2.5	0.7	6.5	8.9	6.6	-1.49	8.9	**-16.2**
13†	12.6	8.4	6.4	6.5	7.6	8.2	8.8	8.8	4.7	0.0	-5.1	-8.0	-8.5	-8.3	-6.6	-4.2	-1.6	-0.4	-0.8	-1.0	-1.0	-0.2	0.0	-0.6	1.07	**12.6**	-8.5
14	0.0	0.5	1.4	3.4	4.8	5.7	5.6	5.1	2.7	-0.4	-4.1	-7.4	-8.9	-7.8	-7.2	-6.1	-4.2	-2.3	-1.0	-1.5	-1.4	-1.8	-0.4	0.1	-1.05	5.7	-8.9
15	1.7	1.1	2.8	4.3	4.0	3.8	4.1	4.8	3.2	1.9	0.7	-3.0	-5.1	-6.6	-7.9	-7.7	-7.8	-6.3	-4.5	-2.3	-1.9	-1.3	-0.8	-0.2	-0.96	4.8	-7.9
16	-0.1	0.2	1.0	1.6	2.6	4.4	4.8	4.6	2.1	-0.1	-3.0	-5.8	-8.1	-9.0	-8.1	-5.8	-4.7	-3.8	-2.3	-2.5	-2.1	-2.2	-1.6	-0.7	-1.61	4.8	-9.0
17	0.3	1.4	2.4	3.8	4.3	4.8	5.2	4.0	1.6	-1.6	-4.3	-7.4	-10.0	-11.7	-11.2	-9.4	-7.0	-4.1	-3.1	-0.7	0.7	-0.8	1.6	4.9	-1.51	5.2	-11.7
18	4.2	5.7	3.9	2.2	3.5	5.4	6.1	5.4	1.9	-2.9	-5.3	-6.6	-6.5	-6.8	-6.3	-4.6	-3.3	-2.1	-1.5	-1.5	-1.6	-1.9	-3.2	-3.1	-0.79	6.1	-6.8
19	-2.0	-0.1	0.0	0.8	1.2	4.9	6.2	4.9	2.8	0.0	-5.2	-7.4	-7.9	-7.9	-5.8	-2.3	-0.6	-0.1	-1.0	-1.3	-2.0	-2.1	-1.8	-1.2	-1.16	6.2	-7.9
20	-0.2	1.0	1.6	2.3	3.7	4.8	5.0	5.1	4.2	1.8	-1.4	-6.2	-8.0	-7.9	-5.5	-3.4	-1.4	0.4	-0.5	-1.4	-1.7	-1.1	-0.6	-1.5	-0.45	5.1	-8.0
21*	-1.6	-1.7	-0.9	0.6	2.6	3.6	4.3	5.2	2.8	0.3	-2.2	-5.7	-7.6	-7.6	-6.5	-5.1	-3.3	-2.1	-1.7	-1.5	-1.6	-1.3	-1.3	-1.3	-1.40	5.2	-7.6
22	-0.9	-0.6	0.3	1.6	3.7	4.7	4.6	4.0	1.5	-2.0	-5.1	-8.5	-8.7	-9.4	-7.6	-4.9	-1.6	0.9	-2.2	-3.1	-2.4	-3.0	-3.4	-2.0	-1.84	4.7	-9.4
23*	-2.2	-2.1	-0.9	0.2	4.2	6.1	6.2	4.5	2.1	-0.8	-3.6	-5.3	-6.8	-6.8	-5.2	-2.8	-0.7	-0.3	-1.6	-2.3	-1.6	-1.6	-1.6	-1.3	-1.01	6.2	-6.8
24	-1.3	-0.5	0.4	2.0	3.7	5.2	5.8	5.0	1.7	-1.7	-4.4	-7.4	-8.6	-7.6	-6.2	-4.0	-2.4	-1.4	-0.6	-1.7	-3.5	-3.7	-1.6	-1.1	-1.41	5.8	-8.6
25	-3.4	-4.2	1.2	3.2	4.6	5.0	4.4	2.4	1.3	-2.9	-8.4	-11.3	-13.3	-11.2	-8.5	-6.3	-3.1	-1.2	-1.3	-2.8	-2.4	-2.8	-2.0	-1.2	**-2.68**	5.0	-13.3
26	-0.6	0.8	2.4	3.2	5.6	6.4	6.9	5.9	3.5	-0.8	-4.3	-7.4	-10.8	-12.3	-9.4	-5.9	-4.5	-2.7	-1.4	-1.9	-2.4	-2.0	-1.0	1.7	-1.29	6.9	-12.3
27	0.0	0.4	1.9	2.8	5.8	7.1	6.0	6.0	4.9	1.7	-2.4	-6.1	-9.4	-10.0	-8.2	-5.5	-3.2	0.1	0.2	-1.0	-0.9	-0.4	-1.7	-1.1	-0.54	7.1	-10.0
28	0.4	1.9	3.0	4.5	5.2	6.0	5.6	4.8	1.7	-2.2	-4.8	-6.4	-7.6	-8.0	-7.5	-5.6	-3.7	-1.9	-1.4	-2.0	-1.9	-1.5	-2.2	1.0	-0.94	6.0	-8.0
29	1.5	-0.3	-0.4	2.0	6.9	7.2	7.7	7.2	3.5	-1.2	-5.1	-7.6	-9.5	-10.2	-8.2	-6.4	-4.4	-1.4	0.3	-1.0	1.1	-0.4	0.8	-0.3	-0.76	7.7	-10.2
30	0.5	0.0	-0.5	1.3	3.5	5.0	5.7	5.2	4.6	0.5	-5.6	-9.0	-9.4	-8.4	-8.0	-6.7	-2.8	-1.0	-1.8	-2.6	-2.3	-2.7	-1.8	-0.3	-1.52	5.7	-9.4
Mittel	0.4	1.0	1.4	2.6	4.4	5.6	6.0	5.2	2.8	-0.4	-4.0	-7.1	-8.6	-8.5	-7.1	-5.0	-3.1	-1.4	-1.4	-1.6	-1.1	-1.3	-0.5	0.1	-0.91	6.8	-9.1

Deklination

Niemegk — D = −3° + Tafelwert — 1949

Juli

Tag	0h–1h	1h–2h	2h–3h	3h–4h	4h–5h	5h–6h	6h–7h	7h–8h	8h–9h	9h–10h	10h–11h	11h–12h	12h–13h	13h–14h	14h–15h	15h–16h	16h–17h	17h–18h	18h–19h	19h–20h	20h–21h	21h–22h	22h–23h	23h–24h	Tagesmittel	Max.	Min.
1	-0.2	-1.1	-0.4	0.1	2.1	4.0	5.1	4.8	3.7	1.0	-2.8	-5.8	-8.2	-8.9	-7.7	-5.0	-2.7	-1.5	-0.7	-1.0	-1.1	-0.7	1.1	0.2	-1.07	5.1	-8.9
2*	-0.6	0.9	1.4	2.0	3.7	4.6	6.7	6.8	5.0	2.9	-0.4	-4.3	-6.4	-6.8	-6.4	-5.2	-3.7	-2.0	-1.0	-1.2	-1.5	-1.0	-1.2	-1.0	-0.36	6.8	-6 8
3	-0.3	0.0	0.6	1.9	3.8	5.0	4.6	4.6	4.2	1.8	-2.2	-7.3	-9.6	-9.3	-8.0	-4.9	-2.9	-2.6	-2.5	-2.0	-1.8	-2.2	-1.5	-0.4	-1.29	5.0	-9.6
4*	0.2	0.4	1.4	3.1	5.6	7.5	6.8	6.5	5.6	2.9	-1.2	-4.1	-5.5	-6.3	-5.5	-4.6	-3.6	-3.2	-2.6	-2.2	-2.4	-1.8	-1.2	-0.8	-0.21	7.5	-6.3
5	0.0	0.2	0.6	1.4	3.5	6.0	7.0	6.1	3.9	1.3	-2.0	-5.7	-7.8	-7.7	-6.1	-4.0	-3.0	-2.7	-2.6	-2.2	-1.6	-1.0	-0.8	0.5	-0.70	7.0	-7.8
6	0.7	0.9	1.3	2.8	2.9	3.5	5.4	5.3	3.7	1.0	-2.5	-5.0	-5.8	-6.5	-5.4	-3.4	-2.1	-2.1	-2.5	-2.3	-1.8	-2.0	-2.0	-2.1	-0.75	5.4	-6.5
7	-1.7	-2.8	0.4	3.6	4.7	4.5	3.5	2.0	0.6	-0.4	-3.6	-6.6	-8.1	-6.9	-6.6	-3.3	-2.6	-1.7	-1.9	-1.6	-2.0	-1.6	-1.6	-1.5	-1.47	4.7	-8.1
8	-2.0	-1.8	-2.0	0.2	2.5	2.8	2.8	4.4	4.2	1.8	-0.8	-3.5	-4.9	-4.8	-4.1	-2.6	-1.0	2.9	3.1	-0.6	-1.7	-1.6	-0.3	-0.2	-0.30	4.4	-4.9
9	-0.2	-0.1	0.4	1.8	3.4	4.9	4.4	1.6	-1.3	-5.0	-8.2	-9.9	-9.0	-8.1	-4.5	-1.0	0.2	-0.9	-1.7	-1.3	-1.3	-1.3	-1.0	-0.6	-1.61	4.9	-9.9
10	-0.6	-0.4	-0.6	0.6	3.7	5.3	5.2	3.8	2.0	-1.0	-4.3	-7.2	-7.9	-6.6	-4.2	-2.0	-0.1	0.7	-0.2	-1.1	-0.9	-0.9	-1.0	-0.6	-0.76	5.3	-7.9
11	0.1	0.8	0.9	1.4	3.5	3.8	5.5	4.5	1.4	-1.6	-5.3	-8.8	-10.5	-9.1	-6.9	-4.0	-1.9	-0.8	0.1	0.7	-0.4	-1.1	0.5	0.4	-1.12	5.5	**-1.05**
12	0.0	0.6	1.1	2.4	4.7	6.0	5.9	5.3	2.5	-1.3	-4.2	-6.2	-7.2	-8.2	-8.1	-7.2	-4.3	-1.8	-1.6	-2.1	-3.3	-2.7	-0.6	0.0	-1.26	6.0	-8.2
13†	0.6	-0.4	-1.8	1.2	1.9	2.8	-0.8	0.8	0.0	-1.3	-1.8	-4.4	-6.6	-7.8	-8.2	-7.3	-4.2	-2.6	-1.5	-1.7	-1.2	-0.5	0.3	0.8	**-1.82**	2.8	-8.2
14	1.1	1.1	1.7	3.5	6.2	7.9	8.4	7.3	5.5	3.1	-1.0	-6.5	-9.0	-8.6	-7.6	-5.9	-4.5	-3.0	-1.8	-1.3	-1.0	-0.5	-0.3	-0.2	-0.22	**8.4**	-9.0
15*	0.0	0.1	0.8	2.0	3.8	5.5	6.5	6.1	4.6	2.4	-1.0	-4.7	-7.9	-9.8	-8.6	-6.1	-3.5	-1.6	-1.1	-1.1	-0.9	-0.6	-0.4	-0.1	-0.65	6.5	-9.8
16†	0.0	0.1	0.4	1.2	2.8	4.7	5.7	5.7	4.3	1.7	-2.4	-6.4	-7.4	-8.8	-7.6	-7.7	-6.3	-3.8	2.9	0.6	1.3	-1.0	-1.4	0.3	-0.88	5.7	-8.8
17†	-0.3	0.6	1.0	2.9	5.5	5.8	6.1	6.0	3.0	0.5	-2.9	-5.8	-8.7	-8.7	-6.2	-5.4	-2.7	-2.0	-1.6	-2.0	-2.1	-1.9	-1.6	-1.5	-0.92	6.1	-8.7
18	-1.2	-0.7	1.0	2.7	5.0	6.6	6.6	5.1	2.3	-2.2	-5.9	-7.4	-8.6	-9.2	-7.4	-5.4	-2.8	1.1	-1.8	-2.8	-1.5	-1.8	-1.1	1.3	-1.17	6.6	-9.2
19†	0.3	-2.8	-1.4	0.0	1.7	3.8	5.2	3.2	0.1	-2.9	-6.2	-6.5	-7.4	-7.0	-4.6	-4.4	-1.2	0.6	-0.1	-1.4	-2.0	-2.1	-2.2	-2.8	-1.67	5.2	-7.4
20	-3.4	1.5	1.5	2.7	3.8	4.3	4.8	6.5	7.0	4.2	0.0	-3.4	-5.0	-5.5	-4.6	-3.2	-1.8	-1.6	-1.2	-0.9	-1.5	-1.2	-0.8	-1.8	**0.02**	7.0	-5.5
21	-1.3	-0.5	0.4	1.1	1.5	2.6	4.6	5.0	3.0	0.3	-3.7	-6.1	-6.1	-5.6	-4.6	-3.4	-3.1	-3.4	-3.1	-3.2	-3.6	-3.8	-2.5	-1.6	-1.55	5.0	-6.1
22	0.2	1.1	1.7	1.9	3.5	3.8	4.7	5.2	4.6	1.8	-3.0	-7.2	-10.0	-8.6	-4.8	-3.1	-2.1	-1.1	-4.1	-3.6	-1.2	-2.2	-1.5	-0.9	-1.04	5.2	-10.0
23†	-1.2	-2.4	0.8	3.9	1.7	5.1	6.8	7.3	3.8	0.0	-3.0	-6.4	-9.1	-8.4	-7.6	-5.8	-4.6	-3.0	-2.6	-1.9	-2.1	-2.2	-1.3	-0.6	-1.37	7.3	-9.1
24	1.2	-0.8	1.6	3.6	3.6	5.1	5.2	4.8	3.9	0.9	-3.5	-6.0	-8.2	-7.4	-5.7	-5.0	-3.1	-2.0	-2.4	-2.2	-1.8	-1.0	-0.5	-0.5	-0.84	5.2	-8.2
25	-0.1	0.6	1.0	0.6	1.0	2.4	2.9	2.8	1.8	-1.1	-3.6	-5.0	-6.5	-5.8	-5.6	-3.5	-2.2	-1.4	0.3	0.4	-0.2	-0.5	0.6	1.2	-0.83	2.9	-6.5
26	0.0	0.3	1.4	2.9	3.9	5.8	5.4	3.2	1.4	-1.0	-5.0	-7.4	-7.3	-6.4	-4.6	-2.8	-1.6	-0.9	-0.8	-1.1	-1.3	-0.9	-0.9	-0.8	-0.77	5.8	-7.4
27*	0.2	1.3	2.4	3.0	4.4	5.5	6.2	6.0	4.8	1.8	-1.7	-4.3	-6.2	-7.2	-6.1	-3.9	-1.4	-0.7	-0.7	0.6	-0.7	-1.4	-1.6	-0.9	-0.02	6.2	-7.2
28*	0.2	1.0	1.6	3.0	4.5	4.7	5.0	5.2	2.9	-0.5	-4.4	-8.2	-9.7	-8.8	-6.1	-3.8	-2.1	-1.7	-2.7	-3.0	-1.7	-1.4	-1.0	-0.2	-1.13	5.2	-9.7
29	0.6	1.7	1.8	2.9	4.4	4.2	3.9	4.1	2.6	1.0	-0.8	-5.2	-8.5	-8.9	-9.1	-6.5	-5.1	-3.9	-2.8	-2.1	-1.5	-0.7	0.1	0.2	-1.15	4.4	-9.1
30	0.1	0.0	0.4	1.4	4.0	5.9	6.5	5.9	3.1	0.7	-2.6	-6.1	-8.6	-7.8	-6.3	-3.9	-2.7	-2.1	-2.3	-2.4	-1.1	-0.6	-0.6	-1.1	-0.84	6.5	-8.6
31	-0.6	-0.2	1.7	1.7	3.7	5.3	3.9	3.4	1.2	-0.8	-2.9	-4.6	-6.7	-7.9	-7.1	-6.0	-3.8	-2.1	-1.6	-2.3	-2.7	-2.4	-1.6	-1.0	-1.39	5.3	-7.9
Mittel	-0.3	0.0	0.7	2.0	3.6	4.8	5.2	4.8	3.1	0.4	-3.0	-6.0	-7.7	-7.7	-6.3	-4.5	-2.8	-1.6	-1.4	-1.6	-1.5	-1.4	-0.9	-0.5	-0.94	5.6	-8.1

August

Tag	0h–1h	1h–2h	2h–3h	3h–4h	4h–5h	5h–6h	6h–7h	7h–8h	8h–9h	9h–10h	10h–11h	11h–12h	12h–13h	13h–14h	14h–15h	15h–16h	16h–17h	17h–18h	18h–19h	19h–20h	20h–21h	21h–22h	22h–23h	23h–24h	Tagesmittel	Max.	Min.
1	-0.3	0.2	1.4	2.8	4.8	5.2	5.4	5.3	4.0	2.6	0.1	-3.0	-4.4	-6.3	-5.4	-3.7	-3.0	-2.6	-2.1	-1.5	-0.9	-1.3	-0.7	-1.1	-0.19	5.4	-6.3
2	-0.5	0.4	0.6	0.4	0.0	0.0	1.4	1.8	-3.2	-3.2	-5.6	-7.1	-11.0	-10.1	-4.0	-5.8	-3.0	-2.3	-2.8	-2.1	-2.2	-1.6	-1.5	-1.2	**-2.61**	1.8	**-11.0**
3†	-0.7	-4.1	-4.1	-3.9	-7.2	-7.2	-3.0	-4.1	-0.6	-2.8	-7.2	-5.4	-6.1	-4.3	-3.6	-1.3	0.0	0.2	-1.0	-0.6	-0.1	1.6	3.4	6.4	-2.31	6.4	-7.2
4†	7.0	6.7	11.6	6.9	6.9	10.7	8.1	-5.5	1.2	2.9	-3.0	-5.6	-9.1	-8.6	-4.8	-3.2	-3.2	-1.1	1.8	1.4	0.0	1.0	0.9	1.3	1.01	**11.6**	-9.1
5	2.4	3.9	4.2	2.4	4.5	4.9	5.7	6.3	6.6	2.0	-1.5	-4.3	-7.4	-8.0	-8.5	-5.3	-2.3	2.3	-0.3	0.1	2.4	0.8	0.2	-0.9	0.42	6.6	-8.5
6	0.3	3.4	3.2	5.0	5.6	5.0	4.8	4.1	2.5	0.7	-2.5	-6.6	-5.5	-5.6	-4.8	-1.7	0.5	1.3	0.6	1.0	2.5	1.3	1.0	1.0	0.71	5.6	-6.6
7	1.5	1.9	2.5	3.1	4.1	4.0	3.7	2.6	0.5	-1.6	-3.8	-5.0	-6.6	-6.2	-5.0	-3.4	2.9	0.6	-2.6	-3.6	-2.7	-1.8	-0.7	2.7	-0.54	4.1	-6.6
8†	4.1	-1.2	-2.4	4.5	7.4	7.0	7.2	8.2	5.2	1.5	-2.1	-4.5	-3.9	-2.1	-2.7	0.7	3.3	3.2	1.2	0.8	0.5	0.4	0.7	0.7	**1.57**	8.2	-4.5
9	-0.1	0.0	1.2	2.6	4.2	5.0	5.6	4.0	1.2	-2.6	-4.8	-6.1	-6.4	-6.9	-7.0	-3.7	1.9	1.5	1.9	4.6	2.9	0.4	-0.4	-0.4	-0.06	5.6	-7.0
10	0.3	1.2	1.4	1.6	1.9	1.3	3.7	3.4	2.7	0.0	-3.6	-5.5	-6.7	-6.1	-5.4	-1.7	-0.6	0.3	0.3	0.3	0.1	0.0	2.1	0.4	-0.36	3.7	-6.7
11*	1.0	1.4	1.9	2.1	3.1	4.5	5.7	4.4	1.4	-1.6	-4.5	-6.3	-6.8	-6.6	-4.6	-1.8	-0.1	0.3	-0.4	-0.7	-0.8	-0.2	0.8	1.5	-0.26	5.7	-6.8
12	0.7	0.3	0.4	1.7	3.2	4.2	5.7	5.3	4.5	1.9	-2.4	-5.3	-5.9	-6.0	-3.9	-1.6	-0.1	0.6	-0.4	0.6	0.2	-0.7	-0.6	-0.3	0.09	5.7	-6.0
13	0.1	-0.9	0.4	1.8	3.0	3.7	3.3	3.2	2.2	-0.7	-4.5	-7.8	-9.5	-9.4	-8.7	-5.5	-3.4	-2.3	-2.4	-1.2	-1.5	-0.3	-2.3	-0.7	-1.81	3.7	-9.5
14†	-2.3	1.5	2.6	1.7	3.4	5.6	6.0	4.0	1.0	-1.3	-4.6	-6.9	-8.4	-7.8	-7.2	-3.0	-1.9	-1.2	0.9	-1.3	-0.7	-1.4	5.0	7.7	-0.36	7.7	-8.4
15†	-2.1	2.3	6.3	3.8	-4.9	-3.2	2.7	4.6	3.4	-0.8	-1.7	-3.0	-3.9	-4.1	-3.9	-2.9	-1.7	-2.2	-1.5	-1.1	0.0	4.2	2.8	-0.6	-0.31	6.3	-4.9
16	-0.2	2.3	2.0	2.6	2.6	4.3	5.7	3.9	3.0	0.2	-3.1	-5.0	-5.3	-5.4	-4.6	-2.3	-1.4	-1.0	-1.5	-2.1	-1.4	-1.0	-0.6	0.1	-0.34	5.7	-5.4
17	0.5	1.0	1.0	0.0	1.4	2.0	2.7	3.0	2.8	0.7	-2.4	-5.1	-6.4	-8.7	-6.2	-6.1	-6.0	-3.0	-1.1	-1.0	0.1	2.5	0.5	0.9	-1.12	3.0	-8.7
18	1.1	1.4	1.5	1.7	3.2	3.4	2.3	1.5	0.8	-2.1	-5.0	-6.2	-5.9	-8.8	-6.3	-3.1	-0.8	3.8	2.4	-0.8	-0.8	0.4	4.5	3.9	-0.33	4.5	-8.8
19	2.2	-0.8	2.8	3.9	4.2	5.1	6.3	5.6	4.2	-0.1	-4.8	-9.5	-9.0	-10.2	-7.3	-4.8	-3.3	-2.5	-1.8	-1.6	0.4	-0.1	0.8	1.3	-0.79	6.3	-9.5
20	0.7	-0.1	2.1	3.1	3.9	2.0	5.6	4.7	4.1	1.0	-3.6	-5.2	-6.0	-6.6	-5.2	-3.1	-1.7	-0.5	-1.6	-0.9	-0.5	0.3	0.4	0.6	-0.27	5.6	-6.6
21	1.3	1.1	2.1	2.9	2.7	3.8	4.9	4.5	2.2	-0.9	-5.0	-8.8	-9.1	-7.2	-5.7	-1.9	-0.3	-0.3	-0.3	0.0	0.6	1.3	1.1	-1.6	-0.52	4.9	-9.1
22	-0.3	1.1	2.2	2.9	4.7	4.6	4.7	5.4	4.4	1.6	-2.5	-5.5	-6.4	-4.6	-3.3	-1.1	0.4	0.5	-0.2	-0.2	-0.1	-0.1	0.5	0.0	0.35	5.4	-6.4
23*	0.8	0.8	1.0	1.6	2.7	3.2	3.0	2.6	0.7	-2.4	-5.7	-8.3	-8.2	-6.4	-4.8	-2.4	-0.9	-0.5	-0.7	-0.4	0.0	-0.1	0.1	0.4	-1.00	3.2	-8.3
24*	0.6	0.6	1.2	1.6	3.6	5.8	6.8	6.7	4.3	-0.6	-6.4	-9.1	-9.8	-8.0	-4.6	-1.8	-0.2	-0.5	-1.3	-1.3	-0.9	-0.5	-0.3	0.1	-0.58	6.8	-9.8
25*	0.6	1.0	1.7	2.7	4.4	5.6	6.0	5.8	3.3	-0.1	-4.2	-7.1	-7.8	-6.2	-3.8	-1.6	-0.9	-1.5	-2.0	-1.7	-1.4	-0.2	-0.4	0.5	-0.30	6.0	-7.8
26*	1.7	1.7	1.7	2.7	4.0	5.0	4.6	3.8	2.7	-1.3	-6.4	-9.2	-9.8	-8.8	-7.0	-4.5	-2.0	-1.4	-1.4	-1.0	-0.4	-0.3	-0.3	0.1	-1.08	5.0	-9.8
27	0.9	1.9	2.5	2.1	2.0	4.4	6.8	6.2	3.7	-0.1	-3.1	-5.8	-6.6	7.4	-5.5	-4.1	-0.4	1.9	-0.8	-1.8	-1.2	-0.6	-0.1	2.1	-0.12	6.8	-7.4
28	2.8	2.0	1.4	-0.2	3.0	5.3	5.5	5.3	4.6	1.6	-1.7	-4.2	-6.3	-6.7	-5.7	-3.9	-2.5	-1.7	-1.7	-1.3	-0.9	0.2	-0.1	-0.3	-0.23	5.5	-6.7
29	0.0	0.6	1.0	1.3	2.1	2.4	3.5	3.0	3.0	1.5	-1.8	-4.8	-6.4	-7.9	-7.3	-5.3	-3.1	-1.7	-0.8	-1.2	-0.3	3.6	1.8	0.5	-0.68	3.6	-7.9
30	1.1	-0.1	1.4	2.1	-0.8	1.4	4.5	5.6	5.5	4.6	1.4	-4.6	-6.4	-6.0	-4.9	-2.9	-0.8	-0.1	-0.5	-0.4	0.2	0.0	-0.1	0.0	-0.03	5.6	-6.4
31	-0.7	-1.0	1.2	1.6	2.8	3.4	4.9	6.0	4.4	1.7	-2.4	-7.0	-8.9	-8.0	-5.5	-3.4	-2.1	-1.5	-1.2	-0.9	0.0	1.4	1.2	1.6	-0.52	6.0	-8.9
Mittel	0.8	1.0	1.9	2.2	2.8	3.6	4.6	3.9	2.8	0.1	-3.5	-6.1	-7.1	-6.9	-5.4	-3.1	-1.2	-0.4	-0.7	-0.6	-0.2	0.3	0.6	0.9	-0.40	5.5	-7.6

Weltzeit

Deklination

Niemegk — $D = -3° +$ Tafelwert — **1949**

Weltzeit

September

Tag	0h–1h	1h–2h	2h–3h	3h–4h	4h–5h	5h–6h	6h–7h	7h–8h	8h–9h	9h–10h	10h–11h	11h–12h	12h–13h	13h–14h	14h–15h	15h–16h	16h–17h	17h–18h	18h–19h	19h–20h	20h–21h	21h–22h	22h–23h	23h–24h	Tagesmittel	Max.	Min.
1	1.8	3.2	1.5	2.0	2.6	3.3	4.8	2.0	0.1	-1.6	-5.7	-9.4	-9.5	-5.6	-4.5	-2.4	-0.9	4.4	3.8	0.1	-1.6	1.4	5.8	1.9	-0.10	4.8	-9.5
2†	0.1	-1.1	-0.2	1.1	3.5	4.9	7.2	6.0	8.1	4.2	-1.7	-5.8	-6.3	-7.7	-7.1	-5.6	0.3	2.0	2.7	3.8	5.9	3.4	2.6	7.0	1.14	8.1	-7.7
3†	9.2	10.6	9.8	4.7	4.6	7.1	6.4	6.7	1.0	-0.2	-4.7	-7.7	-8.2	-6.8	-4.7	-2.0	0.4	1.8	4.1	0.2	0.3	0.8	1.3	0.5	1.47	10.6	-8.2
4	-0.1	1.5	-1.4	1.8	3.5	6.3	7.2	7.0	4.3	0.7	-2.6	-5.3	-5.3	-4.4	-0.8	1.0	2.0	1.3	1.6	2.6	0.8	1.3	0.4	0.2	0.98	7.2	-5.3
5	0.4	2.5	3.3	3.5	5.0	6.5	8.0	7.5	4.4	-0.7	-5.7	-6.9	-8.8	-6.5	-4.4	-2.1	0.5	2.8	1.3	1.9	-0.6	-0.5	0.3	-1.0	0.45	8.0	-8.8
6	0.6	1.5	2.6	3.6	4.5	5.1	5.1	5.1	1.4	-4.2	-8.6	-10.9	-10.1	-8.8	-5.1	-1.4	1.3	2.0	1.5	1.4	0.6	0.5	1.0	1.7	-0.40	5.1	-10.9
7	1.0	0.8	1.1	0.8	2.3	3.9	5.9	6.1	4.7	0.4	-4.3	-8.6	-8.6	-6.6	-3.4	-0.4	1.2	0.9	1.8	3.3	2.2	2.5	2.4	2.7	0.50	6.1	-8.6
8	2.2	1.8	1.3	1.8	2.0	3.1	4.4	3.2	2.7	-0.8	-7.4	-8.5	-9.0	-8.1	-5.6	-3.1	-0.6	-1.0	-0.3	3.5	2.7	0.8	2.8	2.3	-0.41	4.4	-9.0
9	0.2	5.3	4.1	2.7	3.2	4.4	5.7	5.9	4.6	3.1	-1.0	-5.1	-6.4	-4.7	-2.8	-1.4	-0.8	0.3	0.5	0.3	0.0	-0.2	0.2	1.0	0.80	5.9	-6.4
10*	1.3	1.3	1.4	1.6	2.4	3.9	5.4	5.8	4.8	1.9	-1.4	-5.8	-8.1	-6.7	-3.6	-2.6	-1.4	-0.8	0.0	0.4	0.5	0.6	3.3	2.8	0.29	5.8	-8.1
11	2.5	1.3	2.9	2.1	2.3	4.1	4.0	3.0	1.7	-1.4	-4.6	-7.4	-7.6	-6.0	-4.0	-1.8	0.0	1.4	1.8	2.5	2.5	1.8	3.0	2.2	0.26	4.1	-7.6
12†	3.3	3.7	4.5	4.9	4.4	1.9	2.6	-0.5	2.2	-1.4	-6.6	-9.8	-11.0	-11.8	-5.7	-3.1	-1.0	1.1	4.3	4.9	1.8	0.8	2.2	1.5	-0.28	4.9	-11.8
13	2.9	3.6	-0.7	0.0	2.5	4.7	5.9	6.6	5.7	3.4	-0.5	-4.9	-6.9	-7.8	-3.6	-1.7	-0.2	0.2	0.0	-0.2	-0.5	0.8	1.4	4.3	0.62	6.6	-7.8
14	2.5	1.9	1.8	2.2	3.9	4.7	5.5	7.2	5.0	1.3	-5.6	-8.7	-11.3	-13.5	-9.1	-3.7	-2.3	-0.9	0.3	1.4	0.1	0.8	1.2	1.6	-0.57	7.2	**-13.5**
15	2.4	4.1	2.7	3.5	3.7	5.0	6.4	7.2	6.6	4.1	-0.5	-5.2	-7.7	-8.5	-6.7	-4.9	-3.2	0.2	1.7	-0.7	0.0	0.6	0.7	1.0	0.52	7.2	-8.5
16	1.3	-1.1	4.2	3.6	2.7	4.8	5.9	6.6	5.9	2.8	-1.1	-6.3	-7.7	-7.7	-5.8	-3.3	0.2	0.0	0.1	0.1	-0.2	1.6	0.4	0.4	0.31	6.6	-7.7
17	1.1	1.7	2.0	2.4	3.1	4.1	5.6	7.2	5.8	3.0	-2.1	-5.6	-7.0	-6.4	-5.0	-2.5	-1.3	-1.5	-1.4	-0.5	1.4	2.4	1.8	2.5	0.45	7.2	-7.0
18	-0.1	0.8	2.5	2.5	3.1	4.0	5.4	6.5	5.5	1.7	-4.3	-8.7	-9.6	-8.0	-4.6	-1.7	-0.7	-0.7	-0.6	0.1	-0.5	0.0	-0.5	0.2	-0.32	6.5	-9.6
19*	0.9	1.2	1.7	1.6	2.2	3.0	4.2	5.1	4.1	1.6	-1.4	-4.4	-5.2	-4.7	-2.7	-0.8	-0.2	-0.8	-0.7	0.0	0.0	0.2	0.4	0.7	0.25	5.1	-5.2
20*	1.0	1.3	1.8	1.9	2.0	3.4	5.2	6.3	6.1	3.1	-0.4	-4.0	-6.2	-6.1	-3.8	-1.3	-0.9	-1.4	-0.7	-0.3	-0.2	0.3	0.6	0.8	0.35	6.3	-6.2
21*	0.9	1.0	1.4	1.6	2.2	3.4	5.2	6.4	5.8	3.4	-0.6	-4.0	-5.0	-4.7	-3.1	-2.0	-1.9	-1.8	-1.3	-0.6	-0.1	0.0	0.1	0.4	0.28	6.4	-5.0
22	1.8	1.6	1.4	1.5	1.2	2.7	4.1	5.3	4.2	1.6	-2.6	-3.9	-5.5	-5.8	-4.9	-3.0	-3.0	-2.0	-0.9	-0.6	-0.1	0.1	0.2	0.6	-0.25	5 3	-5.8
23*	0.8	1.4	1.3	1.2	2.5	2.9	4.1	4.6	3.5	0.5	-4.3	-8.2	-8.2	-7.0	-5.0	-3.2	-2.0	-1.4	-0.7	-0.7	-0.3	0.2	0.0	0.4	**-0.73**	4.6	-8.2
24	1.8	1.1	1.8	1.3	1.3	3.0	4.3	4.6	3.0	0.0	-3.8	-7.4	-7.9	-8.1	-5.2	-3.7	-2.2	-1.8	-0.8	0.8	0.2	10.0	7.1	8.5	0.33	10.0	-8.1
25†	10.4	13.2	8.1	-0.3	1.8	2.0	2.6	6.0	6.0	3.2	-2.0	-6.1	-7.8	-7.5	-4.8	-5.2	2.8	0.9	6.9	1.3	4.8	6.9	8.4	5.6	**2.38**	**13.2**	-7.8
26	2.1	2.8	1.6	4.2	1.3	1.2	4.6	6.7	5.3	2.6	-1.2	-3.0	-3.6	-5.1	-3.8	0.4	-0.3	0.7	2.6	2.0	1.0	6.5	3.8	5.7	1.59	6.7	-5.1
27†	8.3	2.5	5.9	3.7	2.6	0.2	2.6	1.5	0.3	4.2	-0.9	-3.1	-6.5	-3.5	-7.3	-6.5	-4.3	-2.6	-0.4	0.7	1.2	1.4	2.2	2.2	0.18	8.3	-7.3
28	3.9	0.7	7.0	5.1	4.3	3.6	5.3	6.7	5.4	2.7	-1.3	-4.8	-6.0	-5.0	-3.5	-2.1	-1.2	-0.6	0.3	0.6	0.6	1.2	1.6	1.6	1.09	7.0	-6.0
29	2.4	3.2	3.5	3.9	4.0	3.9	5.8	6.0	5.3	2.2	-1.6	-4.5	-6.5	-6.0	-5.8	-3.1	-1.9	-1.6	0.1	1.5	0.4	1.0	0.8	1.6	0.61	6.0	-6.5
30	0.9	0.9	1.4	0.8	2.1	2.6	4.9	6.9	6.0	3.3	-0.7	-3.2	-5.2	-4.9	-3.7	-1.9	-0.3	0.8	2.5	4.3	12.8	4.6	2.4	1.8	1.63	12.8	-5.2
Mittel	2.3	2.5	2.7	2.4	2.9	3.8	5.1	5.5	4.3	1.5	-3.0	-6.2	-7.4	-6.8	-4.7	-2.5	-0.7	0.1	1.0	1.1	1.2	1.7	1.9	2.1	0.45	6.9	-7.7

Oktober

Tag	0h–1h	1h–2h	2h–3h	3h–4h	4h–5h	5h–6h	6h–7h	7h–8h	8h–9h	9h–10h	10h–11h	11h–12h	12h–13h	13h–14h	14h–15h	15h–16h	16h–17h	17h–18h	18h–19h	19h–20h	20h–21h	21h–22h	22h–23h	23h–24h	Tagesmittel	Max.	Min.
1	-0.4	1.9	1.8	2.8	1.9	2.9	5.4	6.0	6.2	3.3	-1.3	-3.5	-5.6	-5.8	-4.6	-2.9	-0.7	-0.4	0.0	0.3	0.3	1.2	2.3	0.2	0.47	6.2	-5.8
2	-0.7	0.4	2.0	-2.5	1.6	2.6	5.4	7.0	7.4	3.5	-0.9	-3.9	-5.6	-5.4	-4.4	-0.9	0.7	1.9	2.5	1.3	1.3	1.3	0.4	0.7	0.65	7.4	-5.6
3*	0.9	1.2	1.7	1.7	1.4	2.5	3.6	5.4	5.4	3.2	-0.4	-4.1	-6.1	-5.7	-3.6	-2.9	-1.0	-0.3	0.1	0.7	0.4	2.2	3.5	2.2	0.50	5.4	-6.1
4	2.6	2.9	4.0	3.8	2.2	2.9	4.0	4.6	3.6	2.4	-1.6	-5.2	-7.7	-8.3	-6.1	-3.2	-2.3	-1.3	0.0	2.7	3.2	2.2	4.6	3.2	0.55	4.6	-8.3
5	0.1	7.4	4.0	2.1	-0.8	1.3	2.4	0.7	2.3	1.6	-2.4	-3.9	-4.2	-3.2	-0.5	1.1	0.7	1.1	1.9	2.1	3.3	4.2	2.9	1.7	1.08	7.4	-4.2
6	0.9	1.7	2.0	1.9	2.7	3.5	5.0	4.6	2.0	1.1	-1.9	-6.3	-7.0	-7.3	-7.1	-5.8	-0.5	0.4	0.6	0.2	8.7	8.8	2.9	-2.6	**0.35**	8.8	-7.3
7†	1.1	1.8	2.8	1.9	8.3	5.9	6.9	6.7	5.0	0.4	-2.3	-5.5	-7.9	-8.0	-8.7	-9.2	-0.4	1.2	8.7	10.1	13.2	9.9	16.0	17.8	3.15	17.8	-9.2
8†	20.3	4.8	12.7	5.1	4.8	7.6	10.7	11.4	9.2	5.9	2.5	-1.5	-4.0	-4.2	-4.4	2.3	7.5	2.6	6.2	4.9	4.7	5.5	4.5	2.4	5.06	20.3	-4.4
9	2.4	6.6	4.5	5.4	2.7	4.6	7.0	8.7	8.8	6.7	2.5	-2.4	-3.8	-4.5	-3.8	-0.7	0.1	-0.6	0.6	1.1	2.8	2.8	3.2	2.4	2.38	8.8	-4.5
10	2.3	3.2	2.5	2.6	2.6	3.5	5.4	7.4	7.5	4.3	-2.2	-6.0	-6.4	-5.9	-3.8	-2.7	-0.6	1.6	-0.4	0.7	1.8	2.5	1.8	2.2	1.00	7.5	-6.4
11	3.7	7.6	2.6	3.8	3.2	3.8	5.6	5.7	5.3	1.3	-2.6	-6.9	-11.0	-8.2	-7.0	-0.1	-4.5	-2.7	-1.8	0.2	1.8	3.9	8.1	5.2	0.71	8.1	**-11.0**
12	4.2	4.1	1.3	2.5	2.2	3.6	4.5	5.9	4.8	2.3	-2.8	-5.0	-6.1	-4.0	-2.2	-0.9	-1.1	-1.0	-0.5	0.3	1.0	1.6	1.8	2.4	0.79	5.9	-6.1
13	2.8	2.6	2.0	1.8	1.8	3.4	4.7	6.5	6.8	4.4	0.5	-3.1	-5.7	-4.7	-3.8	-2.1	-3.0	-2.1	1.3	3.0	3.7	2.2	2.2	3.1	1.18	6.8	-5.7
14†	4.0	5.5	8.0	5.8	3.1	3.4	5.7	7.1	4.8	0.4	-5.7	-7.6	-5.7	-7.9	-6.3	-2.9	9.0	1.4	1.4	16.8	7.8	16.1	22.6	12.1	4.12	22.6	-7.9
15†	13.9	19.0	11.6	10.6	5.1	6.9	5.0	5.8	4.3	15.7	7.8	-3.2	-3.8	-4.7	-2.3	1.3	3.7	10.3	8.2	11.0	16.6	20.3	34.2	27.6	**9.37**	**34.2**	-4.7
16†	15.3	13.9	15.7	14.3	5.5	5.4	11.2	9.9	8.2	5.2	1.8	-1.5	-4.6	-2.0	-1.7	8.0	-2.2	7.3	6.7	6.6	4.2	3.4	4.3	3.3	5.76	15.7	-4.6
17	2.7	5.2	3.4	3.8	2.2	2.4	6.0	6.7	7.8	4.3	0.4	-3.5	-2.2	-2.2	-0.4	1.2	3.1	8.9	8.1	3.8	3.1	3.6	4.8	4.2	3.22	8.9	-3.5
18*	2.2	0.9	1.7	2.8	2.9	3.2	3.9	4.6	3.8	1.2	-2.2	-3.6	-3.6	-0.3	0.3	1.1	2.3	3.4	2.8	2.8	2.9	3.0	3.0	2.6	1.74	4.6	-3.6
19	2.7	2.9	3.3	3.4	3.4	3.2	3.9	3.4	1.2	-1.2	-3.2	-4.2	-3.3	-3.8	-3.0	0.9	5.1	3.4	4.2	4.4	4.0	3.4	2.7	4.2	1.71	5.1	-4.2
20	6.6	5.9	3.6	2.8	2.5	3.9	4.7	6.1	5.8	3.0	0.2	-3.2	-3.2	-2.2	-0.6	0.4	0.5	1.7	4.7	4.9	7.7	6.8	9.9	7.5	3.33	9.9	-3.2
21	3.2	3.0	3.6	1.2	1.8	1.6	4.0	5.8	4.8	2.6	-1.3	-3.1	-3.9	-2.9	-1.4	-0.5	0.2	0.3	1.9	2.6	2.9	3.2	3.3	3.4	1.51	5.8	-3.9
22	4.6	5.6	3.8	3.4	3.2	3.8	5.4	6.4	5.1	1.2	-2.3	-4.3	-3.8	-3.5	-2.3	-1.5	-1.4	-0.4	0.2	1.4	5.3	10.7	5.5	9.5	2.32	10.7	-4.3
23	8.3	8.6	4.7	3.2	2.8	3.6	4.9	5.3	5.1	2.6	0.3	-2.5	-3.6	-2.1	-1.2	0.3	1.0	0.2	5.9	10.2	11.2	9.5	4.1	3.3	3.57	11.2	-3.6
24	3.1	2.1	-5.4	2.9	2.6	4.2	3.4	3.6	4.5	3.3	-0.2	-1.5	-0.4	0.1	1.5	2.4	2.4	4.9	3.8	2.1	2.2	2 1	1.8	3.0	2.02	4.9	-5.4
25*	2·5	0.9	2.0	2.6	2.5	2.8	3.7	5.9	5.7	3.2	-0.5	-1.6	-2.3	-1.7	0.4	0.5	0.9	0.8	1.2	1.7	1.9	2.1	2.3	2.1	1.65	5.9	-2.3
26*	1.4	2.6	2.9	2.0	2.2	3.1	3.9	4.8	5.3	2.9	0.0	-1.0	-2.0	-1.6	-0.4	0.5	0.7	0.8	1.0	5.7	2.6	2.2	3.8	4.1	1.98	5.7	-2.0
27	2.6	2.2	2.2	2.1	0.1	-0.7	2.1	4.5	4.7	2.2	-0.8	-3.0	-5.2	-3.8	-1.6	-1.0	-3.6	-7.0	-1.2	0.5	7.2	10.3	9.8	10.9	1.40	10.9	-7.0
28	19.3	16.0	21.1	10.8	7.6	4.7	2.4	4.6	7.9	4.0	1.6	-0.8	-3.4	-3.8	-3.0	-5.4	-2.7	-1.4	0.8	3.1	2.3	3.8	4.1	6.1	4.15	21.1	-5.4
29	6.1	4.9	3.5	3.7	4.0	2.8	3.4	4.6	4.1	2.2	1.4	-0.9	-3.5	-0.6	-1.3	0.0	0.0	1.3	4.5	2.2	3.0	10.5	6.0	3.6	2.73	10.5	-3.5
30*	3.0	2.6	2.6	2.4	1.9	2.4	3.1	4.7	5.9	3.6	0.6	-0·8	-1.2	-3.0	-3.2	-2.2	-0.3	0.4	1.0	2.4	3.7	4.6	5.2	7.2	1.94	7.2	-3.2
31	6.9	4.6	1.5	3.9	2.3	3.0	3.7	4.9	5.5	3.9	1.3	-1.3	-2.6	-2.4	-1.8	-1.1	-1.1	-0.2	0.3	2.4	4.8	3.8	3.1	2.8	2.01	6.9	-2.6
Mittel	4.8	4.9	4.3	3.8	2.9	3.5	4.9	5.8	5.4	3.2	-0.4	-3.4	-4.5	-4.0	-2.8	-0.8	0.4	1.2	2.4	3.6	4.5	5.4	6.0	5.1	2.34	10.2	-5.1

Deklination

Niemegk — D = −3° + Tafelwert — 1949

Tag	0h–1h	1h–2h	2h–3h	3h–4h	4h–5h	5h–6h	6h–7h	7h–8h	8h–9h	9h–10h	10h–11h	11h–12h	12h–13h	13h–14h	14h–15h	15h–16h	16h–17h	17h–18h	18h–19h	19h–20h	20h–21h	21h–22h	22h–23h	23h–24h Weltzeit	Tages-mittel	Max.	Min.
November																											
1†	2.1	−1.1	0.1	1.5	2.1	2.8	3.7	3.7	3.0	1.2	−2.8	−5.3	−8.7	−8.8	−8.1	−7.5	−4.2	−3.6	11.6	14.8	11.1	9.6	5.1	4.0	1'.10	14.8	−8.8
2†	1.2	3.7	3.4	3.0	3.8	3.7	2.6	3.2	4.1	2.6	1.3	−2.2	−4.1	−6.1	−7.0	−3.5	1.0	3.4	5.2	12.4	7.5	5.8	9.0	16.4	2.93	16.4	−7.0
3	16.6	10.8	4.2	6.2	1.1	4.2	6.8	7.4	7.3	5.7	3.8	0.8	−0.6	−1.0	−0.4	1.2	3.4	2.4	2.8	3.5	4.8	5.4	8.2	4.6	4.55	**16.6**	−1.0
4	3.4	2.9	2.4	2.7	2.7	3.5	4.7	6.5	6.9	5.8	2.3	−1.8	−3.0	−3.1	−3.3	−0.4	3.9	3.2	2.2	2.6	2.6	2.7	2.4	1.9	2.24	6.9	−3.3
5	0.4	−0.8	0.6	2.6	3.2	0.8	0.4	5.7	6.7	5.3	2.8	−0.8	−3.3	−2.7	−1.3	−0.5	1.4	−0.2	0.9	3.0	4.0	5.8	12.6	8.2	2.28	12.6	−3.3
6	6.4	7.1	4.9	4.3	2.3	2.4	3.2	4.4	4.4	1.8	−0.4	−1.3	−2.9	−3.0	−1.9	−0.8	−0.5	−0.1	0.5	1.8	2.6	3.2	3.5	3.2	1.88	7.1	−3.0
7*	3.8	2.3	2.7	3.3	2.5	2.5	3.5	5.1	5.5	3.7	0.2	−2.0	−2.3	−1.7	−0.7	−1.1	−0.7	−0.3	−0.3	0.8	1.9	3.0	4.1	3.9	1.65	5.5	−2.3
8*	3.4	3.0	2.7	2.6	2.7	3.2	3.9	4.7	4.7	2.4	−0.2	−2.8	−3.4	−2.2	−0.9	−0.5	−0.1	0.3	0.9	1.3	1.8	2.3	2.7	2.8	1.47	4.7	−3.4
9	3.0	2.6	2.2	2.5	2.2	2.7	3.4	5.6	5.3	2.2	−0.9	−3.0	−3.8	−3.2	−3.1	−1.5	−1.4	−1.4	−0.7	1.0	1.8	2.6	3.4	2.9	1.02	5.6	−3.8
10	2.5	2.2	2.5	2.1	1.9	2.5	3.2	5.1	5.2	2.6	0.2	−1.7	−1.3	−2.4	0.1	1.6	−0.2	−1.2	−0.6	0.6	1.0	6.4	5.4	4.7	1.77	6.4	−2.4
11	2.5	6.0	4.4	−2.8	0.7	0.0	0.0	2.2	4.5	3.9	1.8	1.0	−1.1	−0.6	1.3	0.5	11.9	6.8	0.7	3.7	2.7	4.9	5.2	4.2	2.68	11.9	−2.8
12	3.5	1.8	2.6	2.6	2.8	3.4	2.7	3.4	5.0	4.1	2.0	0.9	−2.4	−2.2	−0.8	−1.6	−0.5	1.0	2.2	7.7	7.1	9.9	8.9	6.8	2.95	9.9	−2.4
13	10.8	9.0	8.2	3.9	3.5	4.1	4.9	5.8	5.8	4.8	2.1	−0.9	−1.3	−0.6	−0.6	−0.8	5.0	1.8	1.9	2.5	2.9	3.3	3.4	3.3	3.45	10.8	−1.3
14	2.8	2.8	2.6	1.5	1.1	3.2	3.2	4.3	4.7	2.7	0.2	−1.3	−0.6	−0.9	−0.7	−1.0	0.0	4.1	1.5	2.4	4.2	9.0	6.3	6.7	2.45	9.0	−1.3
15	5.9	4.9	2.9	2.5	2.6	2.7	3.5	4.6	4.9	3.5	0.5	−1.9	−2.7	−2.8	−1.2	−2.0	2.6	0.5	2.4	6.6	8.0	6.6	6.9	5.8	2.80	8.0	−2.8
16	8.1	8.8	9.4	4.5	3.9	2.0	3.9	5.2	5.1	3.1	1.6	−0.3	−1.4	−0.9	−0.2	0.7	1.1	1.6	2.2	2.6	3.0	2.7	3.1	3.0	3.03	9.4	−1.4
17*	2.8	2.4	2.2	2.2	2.5	3.1	3.7	4.7	4.8	3.4	1.0	−1.6	−2.2	−1.9	−0.7	0.1	0.6	0.9	1.2	1.9	2.2	2.6	2.5	2.9	1.72	4.8	−2.2
18	3.2	2.4	3.0	2.2	2.2	2.6	3.2	3.9	3.6	1.2	−0.5	−2.6	−1.3	−2.2	−2.3	−1.8	−1.6	−0.8	0.1	0.9	1.9	2.4	2.1	2.5	1.01	3.9	−2.6
19†	2.6	2.9	2.0	1.4	1.6	2.4	2.6	2.7	3.7	2.6	0.4	−2.3	−3.0	−5.7	−6.0	−7.5	−9.4	−10.8	−5.0	5.4	0.7	10.2	9.5	10.9	**0.50**	10.9	**−10.8**
20†	9.1	13.6	11.4	9.0	4.2	2.6	−0.1	6.5	7.1	6.1	4.1	1.5	−0.8	−0.6	2.6	2.6	1.9	2.3	4.1	4.0	3.5	4.2	5.4	6.1	**4.60**	13.6	−0.8
21	6.3	4.0	3.9	3.3	3.5	3.6	3.6	4.3	4.0	4.3	2.8	1.5	0.6	0.2	−1.9	0.1	−0.6	−0.1	2.3	15.6	7.2	4.6	4.2	3.9	3.38	15.6	−1.9
22	4.1	3.3	2.5	2.1	2.3	2.5	2.8	3.4	4.0	3.9	3.3	2.6	1.4	0.6	1.0	1.5	1.9	4.4	2.3	4.5	4.9	3.9	4.4	2.4	2.92	4.9	0.6
23	0.4	2.7	2.7	2.3	2.5	2.7	2.7	3.1	3.6	3.4	1.8	0.8	−0.6	−1.0	−0.7	0.0	−0.2	0.3	1.0	8.0	5.9	7.6	7.9	9.2	2.75	9.2	−1.0
24	10.0	8.8	6.6	5.3	5.0	3.9	3.6	3.4	3.3	2.2	1.2	−0.1	−1.3	−1.9	−1.3	−0.6	0.2	1.2	2.0	2.6	3.1	3.4	3.4	3.3	2.80	10.0	−1.9
25*	3.2	2.7	2.4	2.2	2.3	2.7	2.7	3.3	3.1	1.1	0.0	−2.0	−0.8	−1.4	−1.2	−0.6	0.1	1.1	1.8	3.3	3.4	3.3	2.9	2.9	1.60	3.4	−2.0
26*	2.8	2.5	2.1	2.2	2.3	2.4	2.5	3.2	4.0	2.5	0.3	−0.8	−1.7	−1.9	−0.9	0.2	0.4	0.8	1.2	1.6	1.7	2.0	2.8	3.0	1.47	4.0	−1.9
27	2.4	1.6	3.5	3.3	2.5	3.2	2.1	3.9	1.7	0.6	−1.2	−1.8	−3.1	−2.6	−2.6	2.2	4.3	−0.8	1.6	3.5	6.9	6.5	5.3	4.4	1.98	6.9	−3.1
28	4.2	4.2	2.8	2.6	3.0	3.4	3.6	3.7	5.0	2.6	1.6	−0.6	−1.8	−1.6	−1.0	−0.5	0.6	0.6	1.1	1.7	1.8	2.0	2.2	2.7	1.83	5.0	−1.8
29	9.2	4.2	9.1	7.3	3.7	1.8	0.4	2.6	2.8	1.5	−0.5	−2.8	−3.5	−3.4	−3.7	−1.4	−2.8	1.2	5.8	13.7	10.9	2.7	5.1	7.3	2.97	13.7	−3.7
30†	8.2	1.8	3.4	2.1	2.2	0.6	−0.8	0.4	−2.3	−0.7	−0.5	−3.6	−1.8	2.0	0.7	2.5	0.0	12.3	4.6	5.4	13.1	8.2	8.6	7.5	3.08	13.1	−3.6
Mittel	4.8	4.1	3.8	3.0	2.6	2.7	2.9	4.2	4.4	3.0	0.9	−1.1	−2.1	−2.1	−1.6	−0.7	0.6	1.0	1.9	4.6	4.5	4.9	5.2	5.0	2.36	9.2	−2.9
Dezember																											
1	2.4	2.2	4.5	5.4	3.5	3.3	2.0	3.4	3.4	2.6	3.1	1.6	0.7	0.5	1.0	1.6	2.1	2.2	2.4	3.6	4.1	3.7	3.3	3.3	2'.75	5.4	0.5
2	3.3	3.6	3.5	3.2	3.9	4.4	3.8	4.3	3.5	1.8	0.9	1.1	0.7	0.4	1.1	1.3	1.8	2.1	2.8	2.9	3.2	3.2	3.5	4.0	2.68	4.4	0.4
3	5.2	4.9	3.9	2.8	3.0	3.4	3.3	2.8	2.5	1.1	−0.4	−1.4	−2.9	−1.6	−1.4	−2.4	−1.2	0.0	1.3	2.1	3.1	9.2	5.0	3.8	1.92	9.2	−2.9
4†	4.8	3.1	3.1	3.7	3.2	2.7	3.4	3.2	1.5	−0.3	−0.9	−1.2	−0.4	−0.8	−0.3	−0.6	−1.4	−0.9	−0.6	3.1	7.1	7.1	4.5	4.0	1.96	7.1	−1.4
5	3.8	3.8	2.5	4.2	2.5	2.5	4.1	4.2	3.3	1.5	0.5	−0.4	−1.4	−0.8	−1.3	−0.5	0.7	2.0	4.0	1.7	2.1	4.7	5.0	3.3	2.17	5.0	−1.4
6	4.3	5.4	3.3	3.1	3.3	3.3	1.8	2.2	1.6	1.4	1.0	−0.6	−1.4	−0.6	−0.6	0.0	2.1	0.9	3.6	3.3	2.9	3.1	2.7	2.6	2.03	5.4	−1.4
7*	2.8	3.8	2.0	2.7	3.5	3.1	2.8	2.8	3.0	2.5	1.7	1.0	0.4	0.2	0.6	0.9	1.0	1.2	1.7	2.0	2.4	2.7	3.0	3.0	2.12	3.8	0.2
8	2.9	2.8	2.7	2.6	2.6	2.6	2.6	2.6	2.0	0.9	0.7	−0.1	−0.7	−2.1	−0.8	−0.6	0.0	0.5	1.0	1.5	1.7	2.2	2.8	3.2	1.40	3.2	−2.1
9†	3.0	2.1	2.8	1.1	−3.9	−2.7	−0.3	2.0	−1.0	−1.1	2.0	−0.7	−0.7	−1.3	−0.8	2.1	3.9	1.6	3.0	4.0	4.5	5.1	5.1	7.1	1.54	7.1	−3.9
10	4.3	3.9	3.3	2.6	2.4	2.4	3.0	3.4	2.6	1.4	1.2	1.2	0.7	0.1	0.5	1.2	1.7	1.6	3.1	4.2	6.6	3.5	2.9	1.8	2.48	6.6	0.1
11*	1.7	2.4	2.6	2.5	2.6	3.0	3.5	3.4	2.4	1.0	0.7	0.5	0.0	0.2	0.4	0.7	1.0	2.8	2.9	2.0	2.7	2.8	2.8	2.7	1.97	3.5	0.0
12*	2.6	2.5	2.3	2.3	2.7	2.9	3.1	3.1	2.6	1.7	1.1	1.0	0.3	0.3	0.6	0.6	0.8	1.0	1.5	2.6	2.7	2.9	3.7	3.0	2.00	3.7	0.3
13*	2.7	2.5	1.3	1.5	2.2	2.2	2.7	2.6	2.4	1.6	0.6	−0.6	−1.1	−1.2	−0.2	0.3	1.0	1.3	1.6	2.1	2.4	2.6	3.0	3.4	1.54	3.4	−1.2
14†	4.6	4.6	5.0	5.4	3.4	3.4	3.3	1.7	1.3	0.2	−1.1	−1.7	−3.1	−4.7	−3.4	−6.9	−4.3	0.7	1.3	1.8	2.6	2.7	3.5	5.0	**1.05**	5.4	**−6.9**
15	6.7	6.5	6.6	4.8	4.8	3.4	3.4	3.8	3.3	2.1	1.4	−0.4	−0.9	−1.1	−0.8	0.2	1.0	1.2	1.7	2.6	2.6	4.8	5.1	4.8	2.82	6.7	−1.1
16	5.1	12.1	7.9	4.2	3.6	2.6	2.8	3.3	2.2	1.5	2.0	0.4	−0.3	0.4	0.2	0.7	0.6	0.1	0.8	1.2	3.2	2.2	2.3	2.0	2.55	**12.1**	−0.3
17	2.4	3.5	2.7	2.2	2.6	3.0	3.9	3.3	3.2	2.6	1.0	−0.4	0.4	1.0	1.1	1.2	1.5	1.8	2.2	2.8	3.1	4.0	3.4	5.8	2.43	5.8	−0.4
18*	5.1	3.4	3.1	2.6	2.5	2.5	2.6	3.3	3.6	3.1	2.5	0.0	0.2	0.5	0.3	0.1	0.5	0.8	1.5	1.6	1.8	2.6	2.5	2.6	2.05	5.1	0.0
19	2.8	2.6	2.5	1.8	1.7	1.6	2.5	2.7	2.7	1.8	0.8	−0.6	−0.7	0.9	0.2	0.0	−0.4	−0.4	1.2	1.6	1.8	2.0	3.3	5.1	1.56	5.1	−0.7
20	7.4	3.4	2.4	1.9	1.0	0.4	1.0	1.9	2.5	2.6	2.1	1.1	1.7	2.3	1.8	1.3	0.7	4.4	3.1	3.3	5.0	7.6	6.1	4.4	2.89	7.6	0.4
21	3.4	3.0	2.4	1.9	0.7	1.1	1.2	1.0	2.1	1.8	0.5	0.5	1.1	1.3	0.6	−0.2	0.3	0.3	−0.3	1.0	1.7	2.4	2.9	3.3	1.42	3.4	−0.3
22	3.4	3.2	3.9	1.4	2.5	2.7	3.4	3.1	2.4	2.2	2.6	2.0	1.6	1.5	1.2	1.0	1.0	1.4	1.9	3.0	4.3	1.8	1.9	2.8	2.34	4.3	1.0
23	2.9	3.6	2.8	2.1	2.8	3.1	3.1	2.9	2.6	1.5	−0.4	−0.4	−0.2	0.6	0.5	−1.3	−1.2	−0.7	−0.3	4.0	7.6	2.2	2.3	1.7	1.74	7.6	−1.3
24	3.1	2.0	5.0	4.3	3.9	3.5	3.5	2.9	1.9	−0.6	−1.7	−0.8	1.1	1.2	2.1	2.1	2.0	3.4	2.6	5.4	3.2	3.3	3.4	3.6	2.52	5.4	−1.7
25	3.6	2.6	1.4	2.6	2.4	2.7	3.0	3.2	2.7	1.0	−1.3	−0.4	0.5	0.6	2.4	0.7	0.0	1.9	2.8	2.8	3.2	3.6	4.2	4.4	2.11	4.4	−1.3
26	6.1	4.1	2.9	2.6	3.0	2.6	3.0	2.1	1.3	0.7	−0.2	−0.4	1.2	2.0	2.0	1.8	1.4	1.8	2.2	2.6	3.1	3.3	4.0	3.9	2.38	6.1	−0.4
27	1.9	3.2	2.4	2.6	2.6	3.2	3.8	3.8	3.3	2.2	0.8	−1.2	−1.0	1.0	1.8	1.2	0.1	0.1	0.4	1.8	3.8	3.3	3.4	2.6	1.96	3.8	−1.2
28	2.8	2.2	3.0	2.6	2.4	2.6	3.2	3.7	2.7	0.2	−1.4	−2.1	−0.6	1.2	1.3	1.3	0.6	−0.2	−2.2	5.1	6.7	5.9	4.6	8.2	2.24	8.2	−2.2
29	4.4	6.7	7.8	5.8	4.4	4.4	4.0	3.7	2.8	1.3	0.0	−0.6	0.5	1.9	2.7	1.9	1.8	2.2	2.7	2.8	2.8	3.0	4.4	5.1	**3.19**	7.8	−0.6
30†	5.4	5.1	4.6	5.0	4.6	4.2	3.9	4.0	3.3	2.0	−0.2	−2.2	−1.2	0.1	0.6	0.9	0.7	0.5	−2.4	0.5	5.0	4.0	5.8	1.6	2.32	5.8	−2.4
31†	4.3	4.2	3.5	2.8	2.8	2.8	3.1	4.1	3.6	1.1	−1.6	−2.8	−2.0	0.2	1.4	1.3	3.1	2.8	2.4	10.8	9.8	2.8	3.0	3.1	2.78	10.8	−2.8
Mittel	3.8	3.8	3.5	3.0	2.7	2.7	2.9	3.0	2.5	1.4	0.6	−0.3	−0.2	0.1	0.5	0.4	0.7	1.2	1.6	2.9	3.8	3.7	3.7	3.7	2.16	5.9	−1.1

Niemegk **Deklination** D = −3° + Tafelwert **1950**

Januar

Tag	0h–1h	1h–2h	2h–3h	3h–4h	4h–5h	5h–6h	6h–7h	7h–8h	8h–9h	9h–10h	10h–11h	11h–12h	12h–13h	13h–14h	14h–15h	15h–16h	16h–17h	17h–18h	18h–19h	19h–20h	20h–21h	21h–22h	22h–23h	23h–24h	Tagesmittel	Max.	Min.
1	3.3	2.6	4.9	3.6	3.6	3.4	3.6	3.8	3.6	2.4	0.9	−0.4	−0.3	0.9	0.9	0.8	0.3	1.1	0.5	0.2	2.0	1.8	3.0	3.5	2'08	4.9	−0.4
2	3.8	5.1	6.6	6.6	4.2	3.3	4.4	4.4	4.2	3.2	1.6	−0.1	−0.3	0.8	1.9	2.0	2.0	2.3	2.7	2.8	2.8	2.7	2.6	2.2	2.99	6.6	−0.3
3	2.3	2.3	1.8	2.8	2.5	3.1	4.1	4.8	4.9	3.8	2.3	0.0	−1.8	−0.1	0.8	1.6	1.4	1.6	2.6	3.0	3.4	3.4	4.2	3.9	2.45	4.9	−1.8
4	4.4	3.1	2.5	2.2	2.5	2.6	3.2	3.8	3.4	2.7	2.6	0.5	0.2	0.4	1.0	−1.0	−0.4	0.2	1.8	5.7	7.1	9.3	5.4	4.1	2.80	9.3	−1.0
5*	3.4	2.8	3.4	3.4	2.6	2.4	3.0	3.9	3.8	1.6	0.1	−0.8	−1.2	0.3	0.6	1.4	2.8	1.7	2.1	2.5	3.9	4.1	3.7	2.8	2.26	4.1	−1.2
6	2.8	2.5	2.8	1.4	3.8	2.5	3.0	3.0	2.4	2.0	1.2	0.0	−0.8	0.7	0.6	1.3	−0.9	3.6	4.6	4.0	3.7	3.9	4.2	5.4	2.40	5.4	−0.9
7	5.4	3.7	4.1	1.7	2.5	2.8	3.2	3.2	2.3	−0.4	0.0	−0.6	−0.5	1.2	0.6	2.2	2.0	2.3	3.6	6.5	4.6	4.0	4.0	3.3	2.57	6.5	−0.6
8*	3.6	3.7	3.6	3.2	3.5	3.5	3.8	3.9	3.4	2.3	1.2	0.6	0.4	0.9	1.2	1.4	1.7	(2.0)	(2.7)	(3.0)	3.0	3.1	2.7	2.3	2.53	3.9	0.4
9	4.7	3.5	−0.1	−0.8	0.0	1.9	2.8	4.3	3.2	2.5	1.0	0.4	−0.9	−0.4	0.2	0.4	0.4	0.9	1.2	2.1	2.9	3.7	4.1	4.7	1.78	4.7	−0.9
10	3.0	0.1	2.3	3.3	2.3	2.2	2.9	3.6	3.1	2.3	1.2	1.3	0.4	0.5	1.0	0.7	0.8	0.6	1.3	3.9	4.2	4.5	4.0	0.8	2.10	4.5	0.1
11	4.1	5.4	3.8	3.8	3.8	3.7	3.5	3.6	3.0	1.7	0.4	−0.3	−0.5	−0.7	−0.5	0.2	0.9	1.0	1.6	2.6	2.9	2.9	8.1	6.6	2.57	8.1	−0.7
12	4.1	2.8	4.4	4.7	3.6	3.2	2.9	3.2	2.9	2.2	1.2	−0.3	−1.0	−0.5	0.6	0.4	−1.0	−2.0	−0.6	3.6	4.4	5.4	6.6	6.0	2.37	6.6	−2.0
13	4.8	3.5	2.2	4.6	3.8	3.5	2.7	3.0	2.6	1.6	0.6	−0.2	−1.2	−1.3	−1.9	−1.7	−2.4	−1.6	0.5	1.0	2.8	4.3	3.3	4.0	**1.60**	4.8	−2.4
14†	3.5	2.4	4.5	2.6	4.0	3.6	3.0	3.4	3.6	2.6	0.2	−0.5	−2.6	−1.6	−1.9	1.2	4.5	2.2	2.9	7.9	12.1	6.1	3.9	2.6	2.92	12.1	−2.6
15	2.5	2.4	2.5	2.7	2.4	2.3	3.0	3.9	4.7	4.4	3.2	0.9	−0.5	1.2	1.8	1.6	4.6	4.7	2.8	4.0	6.9	4.5	3.3	3.0	3.03	6.9	−0.5
16	3.0	2.9	2.8	1.4	1.9	2.8	2.7	3.2	2.8	2.1	1.6	0.6	0.1	0.4	1.4	2.0	2.0	2.3	3.0	3.7	5.3	7.0	7.0	3.9	2.75	7.0	0.1
17*	4.6	3.4	2.5	2.8	2.6	3.1	3.8	4.7	5.1	3.6	2.3	0.4	−1.2	−0.5	0.4	1.3	2.0	2.6	3.9	3.8	6.5	6.5	4.0	3.0	2.97	6.5	−1.2
18*	2.1	1.5	1.2	0.5	3.6	3.3	3.7	5.1	5.0	3.6	2.7	1.9	0.7	0.7	1.2	1.6	2.1	2.2	2.2	2.7	2.7	2.8	5.1	3.0	2.55	5.1	0.5
19	2.8	2.3	2.0	1.5	1.8	2.0	2.2	2.8	4.4	3.2	2.3	−0.9	0.6	0.0	0.5	0.7	−0.4	−0.5	7.2	5.5	6.5	13.0	8.5	10.8	3.28	13.0	−0.9
20†	11.1	5.8	7.6	6.0	2.3	3.3	2.9	3.4	1.3	3.1	1.3	−2.2	−1.1	−4.5	1.2	1.5	4.7	5.4	4.1	4.1	5.6	6.0	4.9	4.1	3.41	11.1	−4.5
21†	3.8	1.3	6.3	4.8	2.6	1.8	2.5	3.3	2.9	2.5	1.8	0.7	−0.4	−0.6	1.4	2.2	4.6	9.2	3.0	5.1	10.8	5.4	5.5	5.2	3.57	10.8	−0.6
22	2.7	3.6	6.3	3.6	4.1	3.9	4.5	4.7	4.3	4.1	2.3	1.9	0.9	0.7	2.0	3.0	3.8	3.8	3.2	3.9	5.3	5.3	5.3	4.6	3.66	6.3	0.7
23	3.9	3.1	3.1	3.5	4.5	4.5	4.7	4.5	4.8	3.4	2.0	1.1	0.3	0.3	0.9	1.8	1.7	1.7	1.5	2.2	3.1	3.5	3.5	4.5	2.84	4.8	0.3
24†	5.1	4.6	4.4	4.0	3.2	3.7	4.0	4.7	5.2	3.8	1.9	0.1	−1.4	−1.9	−1.6	−6.0	4.2	5.5	−3.1	1.5	17.0	20.0	10.5	7.6	4.04	**20.0**	**−6.0**
25†	8.4	8.1	6.6	3.9	6.0	3.4	−0.4	4.0	4.9	1.7	2.2	1.1	−1.8	−4.0	−1.8	4.4	3.3	1.8	4.7	5.2	6.5	8.4	12.8	7.8	4.05	12.8	−4.0
26	7.8	7.6	6.3	6.0	4.8	5.8	5.7	5.4	5.0	3.8	3.3	2.5	1.1	−0.3	0.0	1.5	0.6	−1.2	0.6	2.9	3.4	3.8	5.0	4.5	3.58	7.8	−1.2
27	6.1	8.4	8.5	8.8	6.0	5.4	4.9	5.0	5.7	4.5	3.4	1.6	−0.1	−0.2	1.5	2.9	5.6	4.6	1.3	5.6	5.5	7.7	8.6	8.8	5.00	8.8	−0.2
28	10.6	7.3	5.7	6.1	5.4	5.3	4.6	5.1	4.4	2.6	2.1	0.8	0.4	0.5	1.0	1.7	2.0	0.8	2.2	3.5	6.1	5.1	5.3	5.0	3.90	10.6	0.4
29*	5.4	6.6	7.0	7.5	6.9	6.4	5.9	6.1	5.3	4.1	2.9	2.2	0.8	0.6	2.0	3.4	3.8	4.9	2.4	3.2	4.1	4.2	5.0	5.7	4.43	7.5	0.6
30	7.5	6.1	7.1	6.6	7.5	6.9	7.0	6.0	4.8	4.8	4.6	4.7	3.0	2.1	2.7	3.0	2.8	5.3	2.5	4.2	12.7	6.4	4.6	4.4	**5.30**	12.7	2.1
31	4.5	5.4	5.1	5.0	4.9	5.6	5.2	6.3	6.7	4.9	2.3	0.6	−0.3	−0.3	0.2	1.1	1.2	1.5	1.8	2.6	3.4	8.4	4.4	3.0	3.48	8.4	−0.3
Mittel	4.7	4.0	4.3	3.8	3.7	3.6	3.6	4.2	4.0	2.9	1.8	0.6	−0.3	−0.2	0.6	1.2	2.0	2.3	2.3	3.6	5.5	5.7	5.3	4.6	3.07	8.0	−0.9

Februar

Tag	0h–1h	1h–2h	2h–3h	3h–4h	4h–5h	5h–6h	6h–7h	7h–8h	8h–9h	9h–10h	10h–11h	11h–12h	12h–13h	13h–14h	14h–15h	15h–16h	16h–17h	17h–18h	18h–19h	19h–20h	20h–21h	21h–22h	22h–23h	23h–24h	Tagesmittel	Max.	Min.
1	2.9	2.7	3.0	3.6	2.6	3.1	5.0	6.6	6.6	4.6	2.3	0.6	−2.1	−1.4	1.7	3.4	3.3	3.7	5.0	4.0	3.7	3.8	3.5	2.9	3'13	6.6	−2.1
2	2.7	3.2	2.6	3.4	3.8	4.4	5.0	4.9	7.5	5.8	1.4	2.0	−1.2	0.8	−0.5	−0.7	−2.0	4.1	3.2	5.5	5.3	5.3	5.4	4.7	3.19	7.5	−2.0
3	4.5	4.5	4.8	4.4	4.7	5.3	6.0	6.4	4.8	4.0	0.4	0.9	1.1	0.3	2.8	4.6	5.1	5.0	6.4	12.3	14.5	5.8	4.6	4.1	4.89	14.5	0.3
4	4.3	3.6	4.0	4.3	4.1	4.5	4.4	5.2	5.6	4.2	2.5	1.3	0.4	0.0	1.0	6.2	8.2	2.7	6.4	8.3	9.4	5.6	6.8	4.9	4.50	9.4	0.0
5	3.8	3.8	5.0	3.7	0.6	5.2	5.6	6.7	6.6	5.0	2.9	1.8	0.9	1.4	2.5	3.3	3.6	6.4	5.8	3.8	4.4	4.6	4.4	4.1	4.00	6.7	0.6
6	3.8	3.7	3.6	3.5	3.2	2.9	3.2	4.6	5.8	4.4	2.8	0.7	0.6	1.0	0.4	0.9	2.6	3.5	3.6	3.6	4.0	4.0	4.0	3.6	3.08	5.8	0.4
7	3.7	3.6	3.8	3.6	1.4	5.0	5.4	6.1	6.2	4.4	2.3	1.2	−1.7	−1.0	−0.7	0.8	1.2	2.1	7.5	5.9	6.4	8.1	5.3	5.5	3.59	8.1	−1.7
8	4.6	4.7	4.9	5.0	4.8	5.4	5.6	7.2	7.0	5.0	2.7	0.4	−1.4	−2.7	−2.3	0.3	2.6	3.0	3.7	6.4	7.1	7.2	7.1	8.1	4.02	8.1	−2.7
9	12.2	6.9	5.2	5.0	6.2	5.1	5.0	6.2	6.8	4.2	1.9	1.0	0.5	0.3	0.8	2.0	2.7	1.3	1.7	4.2	3.8	8.7	8.4	6.4	4.44	12.2	0.3
10*	5.1	4.2	4.3	4.9	4.8	4.8	5.2	5.9	5.9	4.3	2.6	1.4	1.0	0.7	0.3	1.0	1.8	2.7	2.5	3.2	3.7	5.1	4.4	3.5	3.47	5.9	0.3
11	3.4	3.6	4.2	4.4	4.2	5.2	5.2	6.3	5.6	3.3	1.6	−1.4	−1.4	0.2	0.8	0.9	1.0	1.4	1.8	2.3	2.7	3.0	4.9	7.3	2.94	7.3	−1.4
12	6.6	7.3	4.2	3.9	4.0	4.4	4.8	6.0	6.6	4.1	1.4	−0.5	−0.8	−1.0	0.4	1.8	2.0	2.2	2.4	3.9	5.6	4.2	3.4	3.4	3.35	7.3	−1.0
13*	3.0	3.0	3.3	3.5	3.5	4.6	5.7	7.1	7.7	4.7	1.7	−0.1	−1.2	−0.8	0.2	1.1	1.8	2.4	3.9	3.3	2.8	3.2	3.2	3.2	2.95	7.7	−1.2
14	3.2	3.3	3.5	1.5	3.9	4.3	4.4	4.9	5.5	4.5	2.3	0.2	−0.9	−1.3	−0.2	0.6	1.0	1.5	2.1	3.2	2.4	3.0	3.4	3.3	2.48	5.5	−1.3
15	2.0	2.6	1.8	3.2	3.4	3.5	4.6	5.1	6.3	4.4	0.8	−1.6	−2.7	−2.5	−1.6	0.0	1.3	1.7	2.6	5.9	3.1	3.9	4.5	5.3	2.40	6.3	−2.7
16*	4.9	3.8	3.9	4.0	4.4	5.0	5.5	6.1	5.7	4.1	1.2	0.0	−0.9	−0.3	0.5	1.4	2.0	3.0	2.9	2.9	3.5	3.9	3.4	3.2	3.09	6.1	−0.9
17*	2.5	2.9	3.3	3.6	3.9	4.6	5.1	6.2	6.4	4.1	0.6	−2.4	−3.2	−2.2	−1.3	−0.1	0.6	1.3	1.8	2.6	3.1	3.4	3.5	3.8	2.25	6.4	−3.2
18	3.9	3.5	3.7	3.7	4.0	4.2	4.8	5.0	5.2	4.0	0.9	−1.1	−2.3	−2.0	−1.2	−0.1	0.0	1.5	3.9	2.4	1.4	2.0	2.2	2.4	2.17	5.2	−2.3
19	2.4	2.5	3.0	3.0	3.2	3.6	4.4	5.6	6.3	4.5	1.4	−1.4	−3.2	−2.7	−1.6	−0.7	−0.1	0.7	1.1	1.6	2.4	2.4	2.7	2.3	**1.81**	6.3	−3.2
20†	2.3	2.1	1.9	2.5	2.5	3.0	3.8	5.5	5.8	4.0	0.8	−1.6	−2.5	−1.5	−3.0	−6.4	−4.5	−5.5	4.3	18.3	17.9	35.5	26.9	25.1	5.72	**35.5**	**−6.4**
21†	11.6	16.8	16.2	12.0	5.2	10.4	10.2	10.0	7.5	5.6	4.8	3.3	−1.1	2.6	5.8	4.9	6.9	4.6	6.1	6.3	14.7	9.0	9.5	11.2	**8.09**	16.8	−1.1
22†	12.6	10.5	10.2	7.4	6.4	6.3	3.3	6.3	8.0	7.2	3.7	1.5	1.1	1.4	2.4	5.7	5.8	10.4	15.4	9.6	9.7	8.7	9.7	9.6	7.20	15.4	1.1
23†	6.0	4.8	6.6	5.3	5.8	5.0	5.3	6.7	6.9	4.6	0.7	1.1	−4.5	−4.9	−1.3	−0.9	5.4	2.5	5.9	9.8	14.5	21.3	23.3	23.1	6.38	23.3	−4.9
24†	11.4	13.7	13.0	6.5	9.3	8.0	2.5	1.8	3.1	2.7	1.8	2.1	1.0	0.6	2.0	3.2	3.8	4.1	4.2	5.7	11.5	11.8	12.4	9.2	6.06	13.7	0.6
25	10.7	11.2	5.4	0.7	4.0	4.0	4.2	4.7	4.4	4.1	2.5	0.8	1.3	1.4	2.0	2.8	2.8	3.2	3.1	3.4	3.9	4.4	4.6	4.7	3.93	11.2	0.7
26*	4.5	4.6	4.4	4.4	4.5	4.8	5.4	6.0	6.7	6.1	3.2	1.2	0.2	0.0	1.2	2.6	3.1	3.3	3.7	3.8	4.0	4.1	4.2	4.2	3.76	6.7	0.0
27	4.0	4.0	4.0	4.2	4.6	4.8	5.0	6.0	7.0	5.8	2.4	0.3	−0.1	−0.3	0.2	1.4	1.5	1.8	2.2	2.6	3.0	3.2	3.2	4.2	3.12	7.0	−0.3
28	3.6	4.1	4.0	4.2	4.3	4.7	4.0	4.2	5.7	4.7	4.2	0.8	0.0	−1.6	0.7	2.4	3.2	3.8	4.1	4.0	4.2	4.1	4.3	5.2	3.45	5.7	−1.6
Mittel	5.2	5.2	4.9	4.3	4.2	4.9	5.0	5.8	6.2	4.6	2.1	0.4	−0.8	−0.6	0.4	1.5	2.4	2.8	4.2	5.3	6.2	6.8	6.5	6.4	3.91	9.9	−1.3

Niemegk

Deklination

D = −3° + Tafelwert

1950

Weltzeit

Tag	0h–1h	1h–2h	2h–3h	3h–4h	4h–5h	5h–6h	6h–7h	7h–8h	8h–9h	9h–10h	10h–11h	11h–12h	12h–13h	13h–14h	14h–15h	15h–16h	16h–17h	17h–18h	18h–19h	19h–20h	20h–21h	21h–22h	22h–23h	23h–24h	Tagesmittel	Max.	Min.
März																											
1	4.4	3.7	0.9	4.8	5.8	5.7	5.7	5.8	5.7	3.9	0.8	−1.1	−0.9	0.1	1.5	3.0	3.6	3.8	4.2	4.0	4.0	4.2	4.4	3.8	3.41	5.8	−1.1
2	3.5	3.7	4.6	4.7	3.8	2.9	4.8	5.5	5.9	4.7	3.1	1.0	1.5	0.4	0.8	4.4	4.9	4.2	3.4	3.9	4.2	4.2	4.1	4.2	3.68	5.9	0.4
3	3.9	4.1	2.7	5.0	5.6	5.7	5.9	6.1	6.8	4.3	1.7	−0.5	−1.4	−0.3	0.7	2.6	4.6	4.9	4.0	3.8	4.0	4.6	4.8	4.1	3.65	6.8	−1.4
4*	4.3	4.7	4.4	4.7	4.8	5.2	5.7	6.7	7.2	5.9	3.0	0.2	−1.8	−2.6	−0.7	0.9	2.2	1.8	2.7	3.8	4.4	4.8	4.9	4.2	3.39	7.2	−2.6
5	4.3	4.4	4.4	4.3	4.4	5.3	5.2	6.0	5.8	4.2	1.5	−1.9	−1.3	−1.7	0.7	2.2	2.2	1.6	2.0	3.0	3.1	3.6	4.9	5.7	3.08	6.0	−1.9
6	7.4	6.3	9.2	9.6	8.6	7.1	5.9	6.4	7.4	5.2	1.0	−2.6	−2.2	−1.8	−1.5	0.9	3.4	1.1	1.7	3.3	4.2	5.0	11.1	9.1	4.41	11.1	−2.6
7	8.1	10.0	9.7	9.3	5.5	4.1	5.4	5.6	3.7	3.4	0.2	−2.8	−0.8	−1.2	3.4	3.4	3.8	3.5	5.2	7.3	6.6	6.3	5.7	7.6	4.71	10.0	−2.8
8	6.3	6.8	6.7	7.3	7.3	7.5	7.9	7.9	8.1	6.8	4.3	1.6	−1.3	−0.4	0.6	2.1	2.5	2.2	2.6	3.6	4.8	5.3	6.8	5.7	4.71	8.1	−1.3
9	7.4	7.2	6.2	6.6	6.6	6.5	6.7	8.8	8.8	6.7	3.6	1.0	−1.4	−1.7	−1.2	1.2	1.2	1.2	2.4	3.4	3.4	4.4	4.9	4.5	4.10	8.8	−1.7
10*	5.0	6.1	5.2	5.7	5.9	5.9	6.5	7.5	7.5	5.2	2.6	−0.7	−2.4	−1.6	−0.6	1.1	2.0	2.7	3.4	3.6	4.0	4.3	4.3	4.3	3.65	7.5	−2.4
11*	4.3	4.4	4.9	5.0	5.5	5.7	6.6	7.8	7.1	4.1	1.5	−0.7	−1.4	−1.6	−0.8	0.7	1.8	2.2	2.7	3.9	5.2	6.8	6.3	5.1	3.63	7.8	−1.6
12*	4.3	4.3	4.7	4.9	5.3	5.8	6.9	8.0	6.7	4.4	1.2	−2.6	−3.8	−2.7	−0.9	1.7	3.9	2.8	2.7	3.2	3.6	4.8	5.0	4.4	3.28	8.0	−3.8
13	4.3	4.7	5.1	5.0	5.2	5.2	6.6	8.3	8.3	6.4	3.2	−0.1	−1.5	−1.0	0.5	2.3	2.5	2.0	2.2	6.8	3.2	3.6	3.6	4.2	3.78	8.3	−1.5
14	4.2	4.3	4.4	4.7	4.8	4.4	6.0	7.2	6.3	4.1	−0.6	−3.2	−3.2	−2.5	−1.5	0.8	1.2	0.8	0.4	2.5	3.4	4.3	4.6	5.0	**2.60**	7.2	−3.2
15†	4.1	5.9	7.5	16.0	11.8	8.6	9.7	9.0	7.1	6.3	3.5	0.2	−1.3	−0.3	1.1	3.5	4.0	5.8	6.8	5.9	5.5	4.5	4.3	4.6	5.59	16.0	−1.3
16	4.4	4.4	4.6	4.4	5.2	5.0	6.5	7.8	7.5	5.7	3.1	1.0	−0.3	−0.3	1.1	3.1	4.8	4.3	3.7	4.0	4.2	4.6	4.5	4.4	4.07	7.8	−0.3
17	4.4	4.8	3.7	5.4	5.8	6.4	7.4	8.6	7.6	4.7	1.6	−2.3	−1.0	−1.0	0.8	3.2	4.0	4.0	4.2	4.6	4.8	7.3	5.2	4.5	4.11	8.6	−2.3
18*	4.0	3.7	3.5	5.0	5.4	6.2	7.1	7.8	6.7	5.3	1.8	−1.1	−3.1	−2.7	−1.1	1.1	2.4	2.6	3.6	4.5	5.6	5.1	5.1	6.4	3.54	7.8	−3.1
19†	6.1	4.2	4.4	4.4	5.8	5.9	7.9	5.6	7.7	6.5	6.0	2.0	−3.5	−2.5	1.4	1.0	6.1	13.7	6.5	5.3	6.6	6.9	7.4	8.5	5.16	13.7	−3.5
20	8.5	6.9	7.7	8.0	8.6	10.0	11.3	11.6	10.8	8.9	5.3	2.8	1.3	2.8	3.0	3.6	4.5	5.3	6.9	7.1	9.2	9.4	9.7	9.6	**7.20**	11.6	1.3
21†	8.2	6.6	7.6	8.1	5.2	5.9	8.4	10.4	10.8	8.3	2.9	−1.1	−1.3	−2.3	−0.3	5.5	5.2	5.4	5.3	6.2	12.3	9.4	12.0	10.4	6.21	12.3	−2.3
22†	8.6	10.8	8.7	6.0	9.8	8.4	11.3	12.5	11.8	7.2	4.7	2.7	0.4	−1.2	1.3	3.3	4.2	4.6	4.5	3.5	6.9	7.5	7.2	9.1	6.39	12.5	−1.2
23	7.6	6.6	6.4	6.9	7.5	7.3	8.0	8.3	7.6	6.1	3.1	−0.4	−2.1	−0.6	0.8	2.8	4.4	4.4	4.7	5.4	5.0	5.2	4.8	6.9	4.86	8.3	−2.1
24	8.2	8.5	2.0	3.1	−0.5	1.6	1.9	2.5	4.8	5.0	2.8	−0.7	−3.1	−1.3	2.0	2.6	5.3	6.0	5.3	5.1	5.0	5.4	6.7	7.8	3.58	8.5	−3.1
25	9.8	9.9	10.7	6.0	7.6	2.1	6.7	10.1	10.1	7.6	4.2	1.4	0.3	0.8	1.9	3.8	4.6	4.6	4.4	5.2	7.6	5.9	5.3	5.6	5.68	10.7	0.3
26	6.3	6.8	7.0	7.1	6.8	7.1	9.2	10.3	9.4	6.1	1.2	−1.0	−3.0	−0.9	1.1	2.7	2.6	2.5	2.8	4.4	3.1	4.6	8.4	9.6	4.76	10.3	−3.0
27†	7.4	8.1	−0.4	10.2	6.8	6.0	8.8	10.3	9.0	4.6	0.6	−0.8	−0.6	−0.5	0.3	4.1	17.5	7.2	7.9	9.9	10.6	11.6	7.2	5.4	6.30	**17.5**	−0.8
28	5.4	5.4	4.6	5.8	7.1	8.5	9.9	10.2	11.6	8.4	4.5	2.5	−0.7	0.2	0.9	3.6	5.3	5.3	4.9	5.1	5.0	5.3	6.2	5.4	5.48	11.6	−0.7
29	5.3	5.2	4.4	5.3	6.7	6.8	8.6	10.6	8.5	6.4	2.0	−0.7	−3.0	−4.3	−2.6	−0.4	1.4	2.0	2.2	4.2	4.3	4.2	6.6	6.0	3.74	10.6	**−4.3**
30	5.3	5.3	4.4	5.8	6.3	7.0	8.2	10.4	10.9	8.4	4.3	0.5	−2.9	−2.8	−1.0	3.0	2.9	3.0	3.4	3.7	4.0	4.2	4.4	4.6	4.30	10.9	−2.9
31	4.8	4.9	5.3	5.3	5.2	5.4	6.5	7.5	4.5	3.4	−1.2	−3.6	−3.6	−4.2	−2.9	−1.6	6.9	1.9	2.7	3.0	4.7	8.6	11.2	6.8	3.40	11.2	−4.2
Mittel	5.8	5.9	5.3	6.3	6.1	6.0	7.2	8.1	7.8	5.7	2.5	−0.4	−1.6	−1.3	0.3	2.3	4.1	3.8	3.9	4.6	5.2	5.7	6.2	6.0	4.40	9.6	−2.0
April																											
1†	5.4	12.9	11.7	10.0	5.8	6.2	7.7	11.4	11.0	6.5	3.8	0.6	−4.4	0.3	2.5	2.9	3.8	6.0	6.9	12.5	6.0	10.7	12.8	6.2	6.63	12.9	−4.4
2†	9.4	4.8	3.7	8.5	8.7	7.8	7.8	3.8	9.4	6.4	3.4	1.3	−0.1	−0.4	1.6	3.0	7.0	11.8	5.7	9.4	5.0	15.0	9.3	3.4	6.07	15.0	−0.4
3†	10.7	12.7	8.8	5.9	7.7	9.2	8.1	9.6	7.8	5.7	0.5	−2.1	−1.1	−2.8	−2.1	5.8	2.2	2.9	6.2	8.4	9.8	4.2	8.6	8.4	5.63	12.7	−2.8
4	9.2	6.4	7.8	6.5	3.2	3.8	1.2	6.2	7.8	4.7	2.0	−1.3	−5.3	−3.8	−2.9	−0.1	2.2	7.9	4.4	5.0	5.9	5.9	4.4	5.8	**3.62**	9.2	−5.3
5†	5.9	1.5	3.6	5.8	2.7	5.6	12.4	14.6	11.8	6.8	1.3	−2.1	−5.6	−5.0	−1.0	−0.6	1.6	5.2	8.9	11.4	8.8	16.2	17.7	19.3	6.12	**19.3**	−5.6
6	12.9	8.6	6.8	8.6	10.1	7.5	7.7	11.0	10.1	7.4	3.7	0.5	−1.2	−0.4	−1.3	0.5	4.3	5.3	7.2	11.1	11.0	14.5	16.0	12.8	**7.28**	16.0	−1.3
7	6.8	10.0	8.8	5.7	6.1	9.4	10.8	12.2	12.5	9.4	4.0	−0.7	−2.1	−3.4	−2.0	2.0	3.6	4.0	5.5	8.2	8.8	6.9	6.1	6.1	5.78	12.5	−3.4
8	6.5	5.0	6.0	7.2	7.7	9.2	12.5	12.8	11.6	8.8	4.3	−0.5	−2.1	−2.3	−1.3	2.4	4.4	5.6	6.5	5.8	5.2	5.1	5.2	5.6	5.47	12.8	−2.3
9	5.8	6.2	6.5	6.0	6.7	7.8	9.2	11.8	10.7	7.7	2.9	−1.1	−3.4	−4.7	−2.2	0.1	2.8	4.6	5.0	5.2	5.0	4.6	6.3	6.9	4.60	11.8	−4.7
10	6.5	4.3	8.1	6.8	3.4	6.7	9.4	11.1	10.1	7.6	3.7	−1.2	−3.0	−3.4	−0.7	1.8	4.1	4.6	4.2	4.3	5.9	5.3	3.7	4.6	4.50	11.1	−3.4
11*	5.7	6.1	7.1	6.2	7.9	10.1	12.0	13.1	11.6	7.0	2.3	−0.9	−2.5	−1.9	−0.6	2.0	3.2	3.8	4.1	4.1	5.1	7.8	5.8	4.8	5.16	13.1	−2.5
12	5.1	6.1	5.7	6.6	6.6	5.7	1.6	4.6	9.0	5.0	−0.9	−3.7	−2.4	−1.6	0.6	2.3	4.1	4.2	4.4	4.5	4.3	4.3	5.9	6.3	3.68	9.0	−3.7
13	5.3	5.8	2.2	4.4	7.1	8.5	10.5	11.1	9.3	5.2	0.2	−2.2	−2.2	−0.2	2.0	3.7	4.7	4.1	3.3	3.5	3.8	4.2	4.8	5.2	4.35	11.1	−2.2
14*	5.6	5.6	5.5	5.7	5.6	6.3	9.1	10.7	9.5	6.0	2.3	−0.8	−2.4	−1.8	1.8	3.7	4.8	4.5	3.9	4.4	4.4	8.0	9.0	7.8	4.97	10.7	−2.4
15	5.2	5.7	6.0	6.9	6.0	5.7	10.7	7.9	7.8	4.2	−1.7	−4.9	−7.1	−1.4	0.1	1.6	3.3	3.8	3.7	4.3	4.8	4.8	6.8	6.7	3.79	10.7	−7.1
16	5.8	6.1	6.7	7.1	7.6	9.0	10.7	11.4	8.1	3.2	−1.4	−4.5	−3.8	−1.6	−0.4	2.3	3.9	5.1	8.6	8.8	5.0	4.5	5.2	9.0	4.85	11.4	−4.5
17	8.9	6 6	6.7	9.0	8.1	10.1	11.3	10.7	8.8	4.1	−1.0	−3.0	−3.2	−0.2	2.3	4.8	4.4	5.8	7.1	9.2	9.8	9.0	9.2	10.6	6.21	11.3	−3.2
18	8.2	7.3	8.6	9.9	9.1	8.5	11.6	11.9	8.0	6.4	1.7	−2.4	−3.9	−2.7	0.1	3.2	4.8	7.6	9.9	9.5	7.4	6.9	8.9	7.3	6.16	11.9	−3.9
19	6.7	5.7	7.3	8.5	4.6	3.6	5.4	7.7	10.8	9.8	5.8	2.0	−2.6	−3.8	0.1	−2.9	0.5	3.4	6.6	7.2	2.5	8.2	10.1	12.8	5.00	12.8	−3.8
20	11.6	9.2	6.7	4.4	0.9	0.8	6.9	11.7	9.8	7.4	5.0	1.5	−0.7	−0.6	0.0	1.9	4.8	6.5	7.5	10.4	8.8	9.0	9.2	7.2	5.83	11.7	−0.7
21*	5.3	5.5	5.3	7.3	8.2	9.3	10.8	11.8	10.9	7.8	3.6	0.7	−1.2	−0.5	0.4	1.8	4.0	5.7	5.9	5.9	5.8	5.8	5.8	5.8	5.49	11.8	−1.2
22	6.1	5.9	5.7	5.8	6.2	7.9	10.3	12.0	11.3	7.7	2.8	−2.2	−4.1	−3.7	−2.4	−1.4	0.4	2.7	3.5	3.6	3.9	4.1	4.7	5.4	4.01	12.0	−4.1
23	5.8	6.6	6.8	7.6	8.1	7.3	10.6	11.0	8.4	5.0	−0.6	−4.3	−4.5	−5.8	−2.6	−0.4	1.0	3.2	4.4	4.0	4.6	8.1	6.1	5.3	3.99	11.0	−5.8
24	−1.2	1.4	3.2	3.5	4.2	4.6	7.3	9.8	9.2	7.8	4.1	−1.4	−3.6	−2.8	−1.6	0.8	4.1	11.1	4.9	4.7	4.5	5.1	7.8	5.7	3.88	11.1	−3.6
25	4.3	5.8	6.2	6.5	7.3	6.6	8.6	9.3	9.8	6.5	2.4	−1.2	−3.0	−2.3	−0.8	1.1	3.5	5.1	5.0	4.7	4.9	5.1	5.1	5.3	4.41	9.8	−3.0
26*	5.9	5.5	6.4	7.0	7.4	8.3	9.6	9.9	8.8	5.2	1.4	−2.5	−4.1	−3.4	−1.2	0.7	3.2	4.4	4.2	4.2	4.3	4.4	5.0	5.0	4.15	9.9	−4.1
27*	5.0	5.1	5.3	6.1	7.0	8.5	10.3	11.8	11.0	7.9	3.1	−1.6	−3.5	−2.9	−1.6	0.8	2.2	2.8	3.4	4.1	7.0	6.7	7.9	7.5	4.75	11.8	−3.5
28	6.7	6.1	6.5	6.7	7.9	7.7	9.0	9.8	8.8	5.5	1.8	−3.1	−4.8	−4.3	−2.4	0.0	1.8	7.0	8.0	9.1	8.7	9.5	10.3	6.6	5.12	10.3	−4.8
29	4.8	7.8	7.3	8.1	10.1	11.0	11.8	11.3	9.6	5.0	−0.1	−5.6	−8.6	−6.9	−5.6	−3.6	1.9	3.4	8.0	4.9	5.8	5.8	6.3	8.9	4.22	11.8	**−8.6**
30†	6.5	10.2	11.3	9.9	12.2	8.1	5.1	2.5	2.8	0.7	−1.8	−3.9	−4.3	−3.6	−1.5	−0.8	2.6	6.2	7.8	10.5	9.1	4.7	6.7	5.5	4.44	12.2	−4.3
Mittel	6.5	6.6	6.6	6.9	6.8	7.4	9.0	10.2	9.5	6.3	2.0	−1.7	−3.4	−2.6	−0.8	1.3	3.3	5.3	5.8	6.8	6.2	7.1	7.7	7.3	5.00	12.0	−3.7

Deklination

Niemegk — $D = -3° +$ Tafelwert — 1950

Weltzeit

Mai

Tag	0h	1h	2h	3h	4h	5h	6h	7h	8h	9h	10h	11h	12h	13h	14h	15h	16h	17h	18h	19h	20h	21h	22h	23h	Tagesmittel	Max.	Min
1	5.9	5.6	7.0	8.7	10.6	12.8	13.6	13.4	10.7	7.0	2.5	-2.3	-5.1	-3.1	-0.6	1.5	4.1	5.8	4.8	4.6	5.8	8.2	5.6	5.5	5'52	13.6	-5.1
2	5.9	6.4	8.6	8.2	8.3	10.8	12.9	13.4	10.8	7.1	1.2	-3.0	-4.2	-4.7	-1.2	0.9	4.9	6.0	6.2	10.4	7.3	7.1	5.1	12.8	5.88	13.4	-4.7
3†	17.5	10.4	4.5	7.5	10.8	13.7	13.8	12.4	10.0	3.2	-2.3	-3.9	-3.3	-1.8	-0.1	1.8	4.7	7.3	8.2	9.1	3.8	7.3	12.1	9.2	6.50	17.5	-3.9
4	8.8	7.7	6.9	9.0	10.0	11.6	13.5	13.5	11.0	6.6	1.6	-1.3	-3.3	-2.5	-0.9	0.9	3.2	6.3	8.9	11.0	8.8	10.5	10.9	15.1	6.99	15.1	-3.3
5	7.0	7.5	9.0	9.0	9.0	10.6	12.5	11.3	8.8	4.7	1.3	-0.8	-3.5	-1.0	1.2	4.7	4.7	6.2	6.3	5.7	7.3	6.3	7.2	8.2	5.97	12.5	-3.5
6	8.5	8.1	8.9	9.5	10.2	11.5	13.2	12.6	10.2	6.9	2.2	-1.5	-3.2	-2.4	-1.3	2.2	3.8	6.0	8.0	6.4	5.6	6.9	9.5	10.3	6.34	13.2	-3.2
7	3.9	9.5	9.2	9.8	11.4	12.6	12.9	12.6	11.1	8.8	5.4	0.8	-1.8	-0.5	0.8	1.4	3.6	5.0	4.6	4.2	4.5	5.2	4.2	7.1	6.10	12.9	-1.8
8*	6.9	6.2	6.3	7.3	8.4	9.3	11.0	11.3	9.3	6.4	1.9	-1.6	-3.1	-1.6	-0.2	1.9	4.6	5.7	5.0	4.3	4.4	4.8	6.8	5.1	5.02	11.3	-3.1
9*	5.7	6.5	7.1	8.2	9.4	10.6	11.4	11.3	10.0	7.1	3.6	0.4	-1.4	-1.6	-0.1	1.1	3.0	4.4	5.9	6.1	5.0	4.7	5.7	7.1	5.47	11.4	-1.6
10	7.8	7.8	8.1	9.5	11.1	12.6	13.1	12.0	10.4	6.0	0.8	-4.4	-5.6	-3.9	-2.4	0.1	2.4	4.2	5.1	4.9	4.9	6.1	7.5	7.4	5.23	13.1	-5.6
11	11.2	8.0	9.2	11.1	13.0	12.9	12.6	10.6	5.6	0.6	-3.2	-4.7	-5.8	-5.5	-3.5	0.4	1.8	3.9	4.9	5.7	6.6	6.6	6.0	6.9	4.79	13.0	-5.8
12*	7.9	7.2	5.8	6.6	8.5	9.4	9.7	8.2	6.8	4.4	2.0	-1.5	-3.8	-3.0	-1.0	0.9	2.4	4.0	4.5	3.7	3.1	3.4	4.2	5.2	**4.11**	9.7	-3.8
13	5.8	5.2	3.9	5.3	7.7	10.4	8.3	8.1	7.1	5.1	3.0	1.2	-0.4	-0.6	-0.6	2.4	3.7	4.1	5.2	5.8	9.5	6.6	7.4	10.4	5.19	10.4	-0.6
14	9.3	9.1	7.5	8.2	9.6	9.3	10.0	10.6	9.4	5.7	2.6	-2.1	-3.9	-0.2	0.4	2.1	4.1	6.0	7.8	7.3	8.1	5.1	5.4	6.4	5.74	10.6	-3.9
15†	7.5	6.0	4.0	4.9	7.0	9.4	11.6	11.4	9.2	5.2	1.0	-2.5	-3.4	-2.5	-1.5	1.6	2.7	4.7	5.8	8.8	11.4	8.4	10.6	9.8	5.46	11.6	-3.4
16	6.7	7.7	6.9	5.2	8.8	7.4	8.8	9.3	5.6	2.6	-2.3	-4.6	-5.2	-1.8	-0.4	2.2	4.7	6.9	6.6	6.0	6.6	7.4	6.8	6.2	4.50	9.3	-5.2
17	6.5	6.7	7.7	9.0	10.1	11.4	11.5	10.5	8.4	5.9	1.9	-1.0	-2.8	-1.6	1.2	2.1	4.3	5.8	5.3	5.2	5.1	6.2	5.4	5.8	5.44	11.5	-2.8
18*	7.5	5.4	7.5	9.7	10.1	11.4	11.7	11.7	10.0	6.7	2.5	-2.3	-3.5	-2.4	-0.5	1.9	3.9	5.4	6.8	5.2	4.9	5.2	5.2	5.7	5.40	11.7	-3.5
19*	6.4	6.3	6.6	7.8	9.0	10.2	11.3	12.0	10.4	6.9	1.9	-2.5	-3.9	-3.8	-2.6	-0.5	1.8	4.2	5.1	4.3	4.9	5.1	5.2	5.3	4.64	12.0	-3.9
20	5.9	5.9	5.6	7.0	8.5	10.9	12.5	13.1	11.0	7.4	3.6	-0.5	-4.0	-3.6	-1.9	0.3	2.3	4.8	5.6	4.3	3.3	2.9	7.3	5.6	4.91	13.1	-4.0
21	5.7	7.5	7.3	5.0	9.6	11.4	12.0	12.5	10.9	7.8	4.0	-0.3	-1.9	-2.0	-0.4	2.5	4.2	5.3	4.6	4.1	4.1	4.4	4.7	5.2	5.34	12.5	-2.0
22	5.4	6.3	7.0	8.2	10.2	11.6	12.6	13.1	10.6	7.0	1.4	-2.0	-6.2	-1.6	-0.8	0.4	0.4	2.5	3.8	4.2	5.2	5.5	5.6	7.1	4.90	13.1	-6.2
23†	6.2	6.8	5.9	7.2	10.2	7.5	10.1	13.1	11.8	6.1	0.4	-2.4	-3.6	-6.2	-7.5	-2.4	3.6	7.8	8.2	8.6	5.8	6.8	9.4	8.2	5.07	13.1	**-7.5**
24	3.9	8.6	9.8	10.4	10.5	12.5	13.5	12.0	9.7	6.9	4.6	2.5	1.4	1.0	1.1	1.6	3.0	4.6	6.5	5.2	5.2	3.8	6.7	7.2	6.34	13.5	1.0
25	5.2	5.4	7.4	8.1	9.7	11.8	13.2	13.4	11.5	7.8	3.6	-0.6	-2.0	-2.8	-2.6	-1.3	4.8	3.2	3.6	4.2	4.2	4.9	6.5	8.5	5.32	13.4	-2.8
26	8.3	7.8	8.3	8.1	10.4	12.0	12.6	12.6	8.7	2.9	-1.2	-2.4	-2.7	-3.2	-2.7	0.6	4.0	6.5	5.5	6.6	7.3	5.8	5.4	6.0	5.30	12.6	-3.2
27†	6.6	6.2	8.2	10.1	11.6	11.0	10.8	10.0	8.4	6.0	4.4	2.0	-0.6	-4.0	-2.2	1.6	3.0	2.5	3.0	5.4	9.9	7.0	8.5	14.2	5.98	14.2	-4.0
28†	8.8	12.6	22.1	17.5	12.8	13.2	6.1	6.5	6.0	1.8	-1.2	-3.4	-2.6	-0.3	1.3	3.3	3.9	4.8	6.2	7.7	10.4	9.3	9.3	7.8	6.83	**22.1**	-3.4
29	7.3	8.1	13.4	13.4	12.6	13.2	13.2	12.6	12.0	10.0	4.9	1.2	-1.0	-2.8	2.2	2.6	4.3	6.8	9.0	6.8	5.9	6.3	9.5	9.5	**7.54**	13.4	-2.8
30	9.5	5.0	4.5	3.0	6.0	11.6	12.0	11.0	9.0	5.1	2.9	1.0	-0.3	-0.3	-0.1	2.2	6.6	5.5	5.8	8.2	7.0	5.9	6.1	7.2	5.60	12.0	-0.3
31	7.5	7.4	7.8	8.9	10.3	12.5	12.8	12.6	10.6	6.9	3.6	-0.2	-3.0	-3.0	-1.4	1.4	3.9	5.2	5.8	5.8	5.8	6.6	6.4	7.9	5.92	12.8	-3.0
Mittel	7.3	7.3	7.8	8.4	9.9	11.2	11.8	11.6	9.5	5.9	1.9	-1.4	-3.0	-2.4	-0.9	1.4	3.6	5.2	5.9	6.1	6.2	6.1	7.0	7.9	5.59	12.9	-3.4

Juni

Tag	0h	1h	2h	3h	4h	5h	6h	7h	8h	9h	10h	11h	12h	13h	14h	15h	16h	17h	18h	19h	20h	21h	22h	23h	Tagesmittel	Max.	Min
1	8.4	11.5	10.7	10.7	10.0	12.8	13.3	11.7	9.9	6.4	0.5	-1.4	-1.7	-1.8	-0.4	-2.0	-0.2	3.2	4.4	5.5	6.0	9.6	5.9	6.9	5'83	13.3	-2.0
2	11.0	15.2	13.1	13.9	9.2	13.1	14.1	12.0	9.5	5.9	2.9	0.2	-1.5	-1.6	-1.4	0.2	2.5	6.2	6.0	4.4	4.9	7.1	11.4	9.8	7.00	15.2	-1.6
3	8.3	9.3	9.2	7.2	10.0	12.2	11.8	12.0	11.6	8.7	4.9	1.1	-0.9	-1.4	-2.1	0.3	2.6	2.9	6.1	11.4	6.0	5.5	7.0	6.4	6.25	12.2	-2.1
4	6.1	6.0	5.2	3.8	4.9	9.2	11.4	10.8	9.8	7.3	4.0	1.3	-0.4	-1.8	-1.3	1.1	2.5	3.5	4.3	4.9	5.1	5.5	5.5	5.1	4.74	11.4	-1.8
5	6.0	5.0	6.9	9.2	10.4	11.1	11.6	11.7	10.6	5.6	1.7	-1.2	-2.0	-2.3	-1.3	1.1	2.8	3.5	4.2	4.2	5.1	5.9	5.7	5.8	5.06	11.7	-2.3
6†	4.7	5.4	8.8	8.1	5.5	7.6	9.6	10.6	7.7	2.8	0.2	-5.2	-8.5	-6.5	-1.5	-2.0	-0.8	3.9	4.4	7.0	9.9	6.7	6.7	9.6	**3.95**	10.6	**-8.5**
7*	10.2	9.6	9.1	9.7	11.2	12.4	12.4	11.9	10.3	7.7	5.5	3.1	1.5	0.7	0.9	2.0	2.6	2.2	3.4	4.3	5.0	5.7	6.4	6.8	6.44	12.4	0.7
8	7.3	7.5	7.9	8.7	9.8	10.8	10.7	10.7	8.9	5.9	4.7	2.6	0.3	-0.4	-1.1	1.0	2.0	3.1	3.6	5.4	6.2	5.5	10.2	11.5	5.95	11.5	-1.1
9†	14.2	15.9	12.1	12.9	8.0	7.4	11.3	11.5	9.0	6.5	2.0	-0.1	-4.0	-2.1	-0.6	0.2	1.7	3.6	5.7	6.8	7.3	6.0	5.9	8.2	6.22	15.9	-4.0
10	9.0	6.8	7.3	7.5	11.5	11.4	12.8	12.1	10.0	7.4	1.0	-0.5	-2.5	0.4	1.0	2.6	4.3	5.1	5.1	5.7	8.8	8.3	10.7	10.3	6.50	12.8	-2.5
11	8.8	6.1	9.0	9.9	11.4	12.0	11.8	11.2	9.6	7.0	3.1	0.8	-0.6	0.1	0.9	2.2	3.4	4.9	6.9	6.7	6.1	6.5	6.9	6.7	6.31	12.0	-0.6
12	7.5	8.7	9.0	8.9	9.3	10.2	11.8	11.6	9.0	6.9	4.4	1.7	1.5	1.8	1.4	2.0	3.3	5.1	6.5	5.9	5.9	7.2	6.7	6.7	6.38	11.8	1.4
13*	7.1	7.4	7.3	9.0	10.8	12.1	12.6	11.7	10.4	7.7	5.1	1.8	-1.4	-1.6	0.1	2.5	3.7	4.3	4.8	4.9	5.2	5.3	5.6	6.0	5.93	12.6	-1.6
14	6.6	6.5	6.9	9.8	9.9	9.1	10.3	11.2	9.3	5.4	2.0	-0.6	-0.5	-1.5	-1.5	-0.4	1.2	3.3	4.6	5.2	5.1	5.4	5.2	5.8	4.93	11.2	-1.5
15*	5.0	6.0	7.4	9.0	11.2	11.8	12.0	10.8	8.3	4.3	0.9	-2.3	-3.1	-1.9	0.2	2.7	4.8	6.0	5.8	5.1	4.8	5.1	5.1	5.8	5.20	12.0	-3.1
16	6.3	6.6	7.2	8.2	9.4	10.6	11.7	11.4	8.6	5.3	0.7	-2.8	-2.9	-2.2	-0.5	1.9	3.2	3.4	3.7	2.8	2.5	3.6	3.5	4.6	4.45	11.7	-2.9
17	5.5	3.5	2.7	4.8	5.1	8.1	8.0	9.6	7.3	6.2	2.0	-1.7	-2.6	-3.3	-1.7	1.8	3.5	7.7	8.2	6.9	6.3	5.3	4.8	6.0	4.33	9.6	-3.3
18	7.1	6.4	7.1	9.5	10.1	11.3	11.7	10.8	7.8	5.5	3.4	-0.3	-1.4	-1.3	0.6	2.8	4.7	6.4	6.3	5.4	5.2	5.4	5.4	5.8	5.65	11.7	-1.4
19*	6.4	6.0	6.1	8.1	10.2	12.6	12.5	11.7	9.4	5.4	2.2	-0.1	-0.8	0.2	1.6	3.6	4.5	4.5	4.8	5.0	4.2	3.6	4.4	5.3	5.48	12.6	-0.8
20*	5.9	6.2	7.4	9.0	10.3	10.5	10.6	9.6	8.0	5.8	4.1	2.8	1.3	0.5	0.5	2.2	4.2	4.4	4.2	3.8	3.8	5.6	5.1	5.1	5.45	10.6	0.5
21	5.7	5.8	6.6	7.6	9.5	11.8	12.4	11.6	10.2	7.6	4.7	2.9	1.6	1.2	2.2	2.8	4.2	5.2	4.2	3.8	3.4	3.6	4.1	6.0	5.78	12.4	1.2
22	6.4	7.4	7.0	6.1	9.7	13.2	12.7	11.6	9.7	5.5	1.4	0.2	-0.3	-1.2	-1.7	0.5	2.7	4.4	3.6	4.3	5.2	5.3	5.5	6.6	5.24	13.2	-1.7
23	7.8	6.9	5.0	4.4	7.1	10.1	11.6	12.0	10.7	6.8	2.7	0.6	-0.9	-1.5	-1.0	0.2	1.1	3.4	2.1	3.8	8.9	6.2	10.7	16.6	5.64	16.6	-1.5
24†	16.6	14.2	7.4	10.2	10.2	3.6	9.2	12.2	9.6	6.8	2.6	-1.3	-2.0	-1.1	0.2	3.0	4.9	6.0	6.8	7.0	8.2	7.6	7.2	6.9	6.50	16.6	-2.0
25	6.7	3.5	8.3	8.9	10.8	12.0	12.9	12.2	8.6	3.6	-0.6	-0.8	-1.1	-1.0	1.0	1.5	3.6	6.4	7.4	5.8	7.0	11.6	7.7	8.7	6.03	12.9	-1.1
26	12.8	13.3	13.4	15.0	16.9	14.6	13.5	13.5	11.2	8.2	5.8	3.3	1.0	1.0	0.7	2.8	4.2	5.6	6.6	5.9	7.4	6.1	6.1	6.2	8.13	16.9	0.7
27	6.7	7.1	7.7	9.5	11.6	12.8	12.6	12.6	11.1	7.3	3.3	0.7	0.8	1.2	1.7	2.8	3.2	4.8	5.3	5.0	5.6	6.1	6.7	6.8	6.38	12.8	0.7
28	6.8	8.8	9.6	12.1	13.5	14.1	12.4	11.4	9.6	5.8	1.7	-1.7	-2.6	-2.1	0.7	2.2	3.3	4.7	5.4	6.0	5.6	5.7	7.0	7.1	6.13	14.1	-2.6
29†	6.8	7.1	8.2	9.1	11.0	12.4	11.4	10.5	8.7	5.8	1.0	-2.2	-4.2	-4.2	-5.2	-2.9	-0.5	10.8	12.9	11.8	11.7	16.6	16.5	18.3	7.14	18.3	-5.2
30†	15.2	25.4	13.7	10.8	15.4	15.8	15.6	15.3	12.3	9.7	6.7	3.6	2.8	1.2	1.8	3.0	5.6	4.7	5.7	10.2	7.5	7.0	7.6	9.8	**9.43**	**25.4**	1.2
Mittel	8.1	8.5	8.2	9.1	10.1	11.2	11.9	11.6	9.6	6.4	2.8	0.2	-1.2	-1.1	-0.2	1.4	3.0	4.8	5.4	5.8	6.1	6.5	6.9	7.7	5.95	13.4	-1.6

Niemegk | **Deklination** | **1950**

D = −3° + Tafelwert

Weltzeit

Tag	0h–1h	1h–2h	2h–3h	3h–4h	4h–5h	5h–6h	6h–7h	7h–8h	8h–9h	9h–10h	10h–11h	11h–12h	12h–13h	13h–14h	14h–15h	15h–16h	16h–17h	17h–18h	18h–19h	19h–20h	20h–21h	21h–22h	22h–23h	23h–24h	Tagesmittel	Max.	Min.
Juli																											
1	10.1	9.6	8.6	9.7	12.1	12.7	12.9	12.1	10.5	7.1	2.4	−1.8	−2.4	−2.2	−0.9	0.4	2.3	4.8	5.6	5.7	6.6	7.8	12.2	7.3	6'.38	12.9	−2.4
2	6.8	8.6	10.4	11.5	14.6	15.1	14.4	14.4	12.2	9.0	5.9	3.1	1.5	0.0	0.0	1.8	3.8	5.2	5.9	6.4	6.1	6.8	7.4	7.1	7.42	15.1	0.0
3	7.4	8.0	8.7	9.1	11.0	12.6	12.8	12.6	11.0	8.3	4.9	0.6	−2.2	−3.2	−1.7	−0.9	1.4	4.1	5.8	7.6	11.3	18.4	21.0	17.4	7.75	21.0	**−3.2**
4†	16.1	11.4	14.3	14.6	13.0	11.3	14.4	15.3	13.6	10.1	5.7	1.9	−0.8	−1.5	−0.7	1.8	4.6	6.7	7.4	12.0	8.2	6.5	6.5	9.3	**8.40**	16.1	−1.5
5	9.2	12.0	10.1	9.8	11.7	12.7	13.9	13.6	11.6	8.7	5.5	1.0	−0.1	−0.1	0.0	0.4	2.7	7.3	7.4	4.8	5.0	6.5	6.4	7.6	6.99	13.9	−0.1
6	8.9	7.4	8.8	10.5	12.2	13.5	13.9	13.0	10.0	8.0	6.4	3.2	0.5	0.8	1.0	3.4	4.3	6.2	5.7	5.7	5.1	5.3	6.6	7.2	6.98	13.9	0.5
7	8.4	8.5	7.4	10.6	13.0	12.1	11.0	10.4	8.6	5.8	3.2	2.0	0.1	−0.7	0.8	2.4	3.6	5.0	6.2	7.2	8.1	7.2	7.0	9.9	6.58	13.0	−0.7
8	8.2	6.8	8.3	9.9	12.1	12.8	13.9	12.4	10.9	8.7	4.6	1.6	−0.9	−2.3	−0.2	2.7	5.0	6.3	6.4	6.4	5.9	6.1	6.6	7.0	6.63	13.9	−2.3
9	6.4	6.1	7.8	10.3	12.0	10.8	8.8	10.4	9.0	6.0	4.2	1.8	0.6	−0.5	−0.1	1.4	3.4	4.1	5.0	5.1	5.2	6.2	7.5	6.9	**5.77**	12.0	−0.5
10	7.2	6.8	7.0	8.6	12.1	13.9	13.6	12.1	9.6	7.6	5.5	4.3	1.8	1.3	1.5	3.1	4.4	5.7	6.0	7.6	5.4	4.9	5.0	6.0	6.71	13.9	1.3
11†	7.6	8.9	8.8	10.1	12.4	13.3	13.3	12.4	9.4	5.2	2.0	−0.6	−1.0	−2.0	−1.5	2.3	1.7	3.6	3.7	9.2	9.9	14.8	14.4	16.1	7.25	16.1	−2.0
12†	20.1	21.3	7.6	9.2	4.4	8.7	9.8	10.9	9.1	7.4	5.4	2.7	1.4	−0.6	0.9	1.6	3.6	6.3	6.6	8.5	8.6	8.2	5.8	5.9	7.22	21.3	−0.6
13	10.6	9.5	4.4	6.6	11.4	13.7	13.1	13.2	12.1	8.7	4.5	3.1	−0.2	0.4	5.2	4.4	3.9	4.4	5.9	6.8	7.4	7.5	7.5	8.5	7.19	13.7	−0.2
14	7.6	7.8	8.7	10.3	11.1	11.3	12.3	12.9	11.8	10.3	7.6	3.9	0.9	−0.2	0.4	1.6	3.1	5.4	6.1	6.1	6.2	6.4	9.2	9.2	7.08	12.9	−0.2
15	10.8	8.3	8.5	8.3	8.9	10.0	10.0	11.0	10.7	9.2	6.5	4.4	2.7	1.0	0.6	1.8	4.3	5.3	6.8	9.5	6.0	5.6	5.9	7.4	6.81	11.0	0.6
16	7.8	7.4	8.4	10.1	9.9	8.4	11.6	12.7	11.6	7.8	4.5	2.1	1.2	−0.4	0.1	2.1	4.4	6.1	7.3	7.3	7.4	7.5	7.5	7.6	6.68	12.7	−0.4
17*	7.6	6.3	6.4	10.0	11.7	12.7	14.1	14.8	13.4	10.1	6.9	3.8	1.1	0.4	1.5	3.1	4.5	6.0	6.0	6.8	6.9	6.9	7.6	7.2	7.32	14.8	0.4
18*	6.6	6.9	8.1	9.0	10.3	12.6	14.1	13.5	11.6	9.1	5.3	2.0	−0.4	−1.7	−0.6	1.9	3.8	5.6	6.6	6.7	6.8	6.8	7.3	8.0	6.66	14.1	−1.7
19*	7.7	7.1	8.5	10.8	12.9	14.7	15.8	15.2	12.8	9.3	5.0	2.0	1.1	1.3	0.6	1.9	5.0	4.5	4.5	5.3	5.8	5.9	6.1	6.2	7.08	15.8	0.6
20	7.1	7.6	8.9	10.7	13.1	15.1	14.1	14.2	12.5	8.6	5.3	2.8	0.5	−0.3	−0.2	2.2	3.6	4.6	5.7	6.1	7.5	7.8	6.8	7.6	7.16	15.1	−0.3
21	7.7	9.0	9.6	10.7	11.9	13.4	14.2	13.3	11.7	9.0	5.6	1.0	−0.4	0.5	0.4	1.9	4.5	5.2	5.5	5.7	8.4	9.2	9.1	9.0	7.34	14.2	−0.4
22	7.7	8.9	7.7	11.2	14.9	14.9	11.9	11.8	10.4	7.7	4.0	0.4	−1.1	−0.6	0.7	2.3	3.3	5.1	6.2	8.9	7.0	6.5	7.0	8.0	6.87	14.9	−1.1
23*	8.4	9.4	9.5	10.9	12.9	13.4	13.2	13.6	12.3	8.8	5.4	2.8	0.5	−0.1	1.3	3.2	4.0	5.0	5.5	5.9	6.2	6.6	6.9	6.9	7.19	13.6	−0.1
24†	7.3	7.2	8.5	8.5	11.1	8.8	9.3	9.4	11.0	8.5	2.2	1.6	1.3	2.2	2.3	2.3	1.6	2.8	5.8	12.3	12.6	16.5	21.3	24.0	8.27	24.0	1.3
25†	26.2	24.5	19.7	5.2	10.8	14.2	16.5	8.8	6.8	5.0	2.0	−0.6	−2.4	−1.3	−0.3	2.3	4.6	7.7	8.1	7.9	6.6	5.4	5.7	7.7	7.96	**26.2**	−2.4
26*	8.5	8.7	9.4	10.8	13.0	14.2	14.1	12.1	9.5	6.3	3.1	2.0	1.3	2.1	3.2	5.0	5.9	6.9	6.3	5.8	7.0	7.8	6.5	7.0	7.35	14.2	1.3
27	7.3	7.8	8.6	9.5	11.1	11.6	12.6	12.5	10.2	6.9	3.8	0.3	−1.8	−0.8	1.0	2.6	4.3	4.8	4.6	4.3	5.5	7.1	7.4	8.1	6.22	12.6	−1.8
28	7.8	3.5	9.0	12.9	14.4	15.4	14.9	13.9	10.9	8.2	4.6	0.8	−0.3	−0.1	0.4	1.9	2.9	3.6	4.6	5.8	6.2	7.1	9.9	8.4	6.95	15.4	−0.3
29	7.0	10.0	11.0	11.7	11.0	13.2	13.5	12.8	11.0	8.3	4.0	2.4	1.2	−1.2	−1.2	0.0	2.4	4.7	4.9	7.5	12.7	9.8	8.5	9.5	7.28	13.5	−1.2
30	10.0	9.4	9.5	8.4	11.2	12.8	13.0	12.5	11.2	8.5	2.7	−1.6	0.4	−1.6	−1.8	1.8	3.9	5.8	6.4	6.2	8.6	7.8	7.2	7.6	6.66	13.0	−1.8
31	8.2	8.3	8.7	6.2	11.4	12.8	13.0	13.2	11.6	6.5	2.2	−1.1	−3.1	−2.6	−0.9	1.3	2.6	5.0	6.2	4.7	4.6	6.6	9.0	7.3	5.90	13.2	−3.1
Mittel	9.3	9.1	9.1	9.9	11.7	12.7	13.0	12.6	10.9	8.0	4.5	1.7	0.0	−0.5	0.4	2.1	3.7	5.3	6.0	7.0	7.3	7.9	8.5	8.8	7.03	15.1	−0.7
August																											
1	7.2	8.7	8.0	7.1	8.6	9.0	11.4	11.6	9.4	7.2	5.1	1.8	−2.1	−1.9	−3.0	0.3	2.2	3.9	5.5	11.9	10.9	8.5	7.9	9.3	**6'.19**	11.9	−3.0
2	9.7	10.5	8.3	8.5	13.3	13.3	15.1	11.9	11.1	7.9	4.0	1.6	−1.6	−1.4	0.3	2.4	3.0	5.1	6.4	12.7	11.4	8.1	10.3	11.1	7.62	15.1	−1.6
3	10.2	8.2	4.3	9.9	14.4	12.0	12.0	11.4	8.8	6.4	3.9	1.3	−1.6	−2.4	−0.2	0.1	3.9	9.0	5.4	6.4	6.5	7.5	9.1	8.9	6.48	14.4	−2.4
4	9.6	9.5	8.5	9.5	11.4	11.1	10.5	10.5	9.0	7.2	6.2	3.0	1.0	0.0	1.4	4.7	5.3	6.5	6.9	7.4	6.3	7.2	7.2	7.7	6.98	11.4	0.0
5	8.0	8.1	8.9	9.0	9.7	9.7	10.1	10.2	10.5	9.5	6.3	2.9	1.1	−0.1	1.5	2.6	4.7	6.0	6.2	10.2	6.6	7.7	7.6	7.9	6.87	10.5	−0.1
6	9.8	13.7	10.9	10.6	12.2	13.1	13.4	13.6	12.5	9.7	7.1	3.4	0.6	0.5	1.0	1.7	3.3	5.7	5.6	5.2	6.2	6.6	8.9	10.9	7.76	13.7	0.5
7†	9.7	10.1	8.2	10.5	12.5	12.7	12.9	13.0	13.3	11.8	8.3	3.2	−1.9	−3.2	−3.2	−2.3	−1.6	0.8	6.0	6.6	11.2	12.2	14.0	16.1	7.54	16.1	−3.2
8†	19.8	29.5	13.3	8.3	5.0	1.0	6.4	7.9	6.4	6.2	4.2	2.9	4.2	5.9	8.4	8.9	8.8	9.0	10.1	8.8	7.9	9.4	12.0	9.7	8.92	29.5	2.9
9	11.6	8.0	11.1	12.4	9.2	7.5	9.0	10.2	10.6	6.6	5.0	4.1	4.0	2.9	7.1	5.8	6.3	12.1	10.5	8.1	11.9	10.9	13.8	13.0	8.82	13.8	2.9
10†	10.1	11.2	12.5	12.9	9.2	10.0	9.8	10.3	8.0	6.6	5.0	2.6	0.0	−1.4	0.8	7.4	7.4	6.7	11.1	18.4	10.9	8.6	7.1	10.3	8.15	18.4	−1.4
11	9.6	10.6	6.2	9.1	7.6	12.9	12.9	13.2	12.4	9.4	6.4	4.2	3.0	1.3	4.0	6.8	10.8	9.0	8.2	8.1	7.3	7.3	6.6	11.5	8.27	13.2	1.3
12	8.8	10.5	8.1	2.6	12.0	12.9	14.4	13.2	9.8	8.1	4.8	4.7	4.1	2.4	2.4	6.0	13.4	8.6	7.8	10.6	13.0	9.0	6.6	7.4	8.38	14.4	2.4
13	6.7	8.1	9.1	9.1	7.5	8.2	11.2	12.1	10.4	8.8	6.6	4.8	2.7	2.3	3.3	5.0	6.3	9.5	8.2	8.9	10.2	9.7	7.6	7.8	7.67	12.1	2.3
14	7.4	6.6	8.9	6.4	6.8	10.8	11.8	12.2	11.5	8.8	6.3	4.3	1.7	1.6	2.1	−0.7	0.0	2.5	3.9	5.9	7.1	7.5	9.9	9.6	6.37	12.2	−0.7
15	8.7	9.7	12.1	11.2	10.2	10.4	12.0	10.1	8.8	6.9	4.6	1.8	0.1	0.8	2.4	4.9	5.9	5.4	5.5	7.4	7.8	7.5	8.0	8.0	7.09	12.1	0.1
16*	7.4	8.1	9.6	10.5	11.3	12.3	13.0	12.2	9.8	6.5	3.3	1.8	1.6	1.6	2.6	5.0	7.1	7.6	7.8	7.9	8.1	8.1	8.1	8.0	7.47	13.0	1.6
17*	8.4	8.3	8.4	8.8	10.2	11.0	11.6	11.3	9.8	7.3	3.7	0.4	−0.9	0.1	3.0	5.8	7.4	7.4	6.7	7.5	8.4	7.9	9.2	9.4	7.13	11.6	−0.9
18	9.8	10.6	10.6	10.5	10.5	12.9	12.4	12.3	10.9	7.8	4.2	1.6	−0.3	−0.5	1.5	3.4	3.1	2.8	7.1	7.8	8.8	13.8	14.2	17.6	8.06	17.6	−0.5
19†	20.3	20.5	20.0	14.2	15.9	13.4	9.8	9.1	10.5	5.2	6.9	3.5	−2.1	−10.1	−18.3	−12.6	−5.0	4.8	7.5	17.3	28.4	31.7	32.9	25.5	**10.39**	**32.9**	**−18.3**
20†	32.8	14.9	17.4	4.2	1.8	3.5	9.4	11.6	10.5	0.1	1.9	0.7	3.6	5.8	6.4	8.7	9.0	8.1	8.3	7.8	7.0	7.6	9.0	9.7	8.32	32.8	0.1
21	10.6	11.5	12.4	13.3	14.6	15.6	15.5	12.6	6.5	4.7	4.1	4.2	3.3	4.3	3.9	6.5	7.3	7.3	12.5	9.0	6.6	7.3	8.3	9.2	8.80	15.6	3.3
22	9.8	9.3	10.8	12.6	13.3	13.9	14.9	13.2	10.3	7.4	4.9	3.0	3.5	4.4	5.9	7.4	9.2	8.4	6.7	5.9	6.9	7.4	8.2	8.8	8.59	14.9	3.0
23	8.6	9.0	11.0	11.8	12.7	13.5	14.0	13.3	10.8	6.7	5.0	2.3	2.1	2.7	4.0	6.2	7.0	8.5	8.7	7.5	7.7	8.0	10.0	8.5	8.32	14.0	2.1
24*	9.6	10.3	10.6	11.4	12.5	13.6	14.1	13.1	9.8	6.4	4.0	3.0	3.5	5.6	7.5	9.0	9.2	8.1	7.0	7.4	7.4	7.5	10.8	10.8	8.84	14.1	3.0
25*	9.3	9.7	10.9	13.3	13.4	14.0	13.4	11.5	8.8	6.0	2.8	0.5	1.3	3.6	6.0	7.5	8.1	7.6	7.0	7.3	7.8	7.8	7.5	8.1	8.05	14.0	0.5
26*	8.4	9.2	9.4	10.2	11.5	12.6	13.6	13.1	10.8	7.6	5.1	2.8	2.7	4.4	6.6	7.8	8.5	7.8	6.9	7.1	7.6	7.7	7.8	7.9	8.21	13.6	2.7
27	8.6	9.6	10.9	11.5	12.4	13.0	13.2	12.8	11.5	8.7	6.2	3.8	2.9	3.7	4.6	5.4	6.8	6.3	7.0	7.0	7.0	7.4	8.1	8.4	8.20	13.2	2.9
28	7.1	9.2	9.4	9.5	11.9	12.9	13.5	13.1	10.8	6.8	1.4	−1.8	0.8	4.5	5.4	4.5	5.3	6.1	6.5	6.2	9.6	10.8	11.9	17.1	8.02	17.1	−1.8
29	14.4	12.4	13.0	13.9	13.0	11.0	13.2	11.0	11.1	7.6	4.0	1.3	0.0	−1.1	1.0	3.7	5.2	6.4	7.5	9.2	8.8	11.9	9.0	8.2	8.15	14.4	−1.1
30	6.1	9.7	11.7	11.6	11.0	14.1	14.1	12.6	10.4	7.5	3.9	1.7	0.7	1.6	3.9	5.0	7.6	8.3	7.4	11.8	10.2	8.4	8.8	9.2	8.22	14.1	0.7
31	9.4	9.9	10.3	11.4	12.4	13.4	12.6	11.1	9.8	7.0	4.4	2.0	0.6	4.1	5.5	6.3	10.1	10.8	8.2	8.2	8.1	8.4	9.3	10.1	8.48	13.4	0.6
Mittel	10.6	10.8	10.5	10.2	10.9	11.5	12.3	11.8	10.1	7.2	4.8	2.5	1.2	1.4	2.5	4.3	6.0	7.0	7.4	8.8	9.1	9.3	10.0	10.5	7.95	15.6	−0.1

Niemegk — **Deklination** — **1950**

$D = -3° +$ Tafelwert

Weltzeit

September

Tag	0h–1h	1h–2h	2h–3h	3h–4h	4h–5h	5h–6h	6h–7h	7h–8h	8h–9h	9h–10h	10h–11h	11h–12h	12h–13h	13h–14h	14h–15h	15h–16h	16h–17h	17h–18h	18h–19h	19h–20h	20h–21h	21h–22h	22h–23h	23h–24h	Tagesmittel	Max.	Min.
1*	10.2	9.5	9.3	9.1	10.2	11.8	12.4	11.8	10.5	7.7	3.7	1.1	0.3	1.2	3.3	5.9	6.7	7.3	7.5	7.9	8.1	8.4	7.1	7.5	**7.44**	12.4	0.3
2	8.6	8.5	9.1	10.2	11.7	11.4	12.5	12.3	10.6	7.8	5.3	2.7	1.2	2.2	4.5	6.3	7.0	6.6	6.5	10.7	9.9	7.7	9.0	10.3	8.02	12.5	1.2
3†	9.7	10.1	9.4	8.5	11.4	11.8	8.6	5.4	5.2	7.8	3.5	0.1	-2.5	-0.4	-1.7	-2.0	4.0	7.8	19.5	18.7	15.4	11.4	15.7	22.6	8.34	**22.6**	**-2.5**
4†	18.8	13.9	13.2	10.1	10.4	10.6	9.9	10.2	9.0	4.8	5.9	3.1	3.0	4.1	6.4	9.4	6.2	10.1	13.9	10.4	9.5	10.3	17.0	20.8	10.04	20.8	3.0
5†	8.6	7.6	14.2	14.9	11.4	4.0	6.7	9.6	10.9	4.9	6.2	3.9	5.4	5.3	5.3	7.4	14.1	11.5	11.6	11.9	6.4	12.7	13.7	14.5	9.28	14.9	3.9
6†	12.7	12.8	7.0	10.7	13.8	11.5	3.8	4.4	4.0	4.6	5.5	3.0	5.8	5.2	11.9	11.5	9.5	9.6	9.3	10.5	7.4	9.8	8.4	10.8	8.48	13.8	3.0
7	8.2	10.3	10.8	9.3	9.9	12.6	11.7	11.8	10.3	6.9	5.4	4.1	3.1	5.5	6.8	7.6	7.6	7.6	8.0	11.1	12.4	11.8	11.7	8.2	8.86	12.6	3.1
8	8.6	10.2	9.3	7.3	4.5	2.7	8.6	7.5	7.0	4.1	4.7	2.8	2.6	5.7	6.1	16.3	8.6	9.9	20.8	8.7	5.7	11.1	15.8	13.4	8.42	20.8	2.6
9	11.1	9.6	4.5	13.3	13.1	13.0	13.0	11.8	10.1	7.8	5.3	4.2	4.6	5.8	6.1	6.7	7.8	7.8	7.9	12.8	13.8	11.2	11.9	10.7	9.33	13.8	4.2
10	4.6	7.4	8.7	13.4	12.9	12.7	12.7	12.4	10.9	8.6	5.3	2.1	1.1	2.8	3.8	14.5	9.2	8.2	17.4	14.7	14.8	12.1	9.4	9.6	9.55	17.4	1.1
11	3.8	8.6	10.3	3.7	9.1	12.2	10.8	10.4	10.0	7.2	4.4	3.0	3.3	4.6	7.3	8.7	9.6	9.1	13.3	10.9	10.4	11.3	10.9	6.9	8.32	13.3	3.0
12	4.1	8.7	12.0	11.9	11.8	12.3	12.6	11.1	8.4	5.5	2.6	1.1	0.1	3.1	5.3	7.8	8.2	7.7	7.7	8.1	8.4	9.6	9.2	9.4	7.78	12.6	0.1
13	9.5	8.4	11.3	11.9	12.1	12.3	12.1	11.2	9.1	6.3	2.9	1.4	1.7	3.8	5.9	7.3	7.0	7.7	7.8	11.6	16.1	14.2	10.0	9.8	8.81	16.1	1.4
14*	10.1	10.2	11.5	11.8	11.9	12.4	12.8	12.4	10.3	7.5	3.8	2.4	2.1	3.7	6.6	8.3	8.6	8.0	8.2	8.7	8.7	8.8	9.0	9.4	8.63	12.8	2.1
15*	9.4	9.5	9.6	9.5	10.3	11.5	12.5	12.4	10.8	8.2	4.8	2.6	2.2	2.5	4.2	5.7	6.8	7.0	7.4	8.2	8.6	8.3	8.3	8.7	7.88	12.5	2.2
16	9.3	10.0	11.1	11.4	11.0	12.1	13.5	13.6	12.4	9.0	2.8	0.1	0.1	4.1	2.8	1.2	6.3	8.3	12.7	8.8	14.8	11.6	10.0	9.8	8.62	14.8	0.1
17	10.7	11.0	10.4	11.9	10.9	11.8	12.0	9.5	8.8	7.3	6.5	5.8	4.3	2.8	3.6	8.5	13.2	7.7	12.9	12.1	14.5	18.4	12.0	14.5	**10.05**	18.4	2.8
18	12.8	11.8	11.7	9.4	11.2	11.1	10.4	11.0	7.8	8.3	6.6	5.9	3.5	2.5	5.8	5.8	6.3	8.4	9.2	8.6	8.6	10.7	11.5	12.0	8.79	12.8	2.5
19	10.6	9.7	11.5	10.9	11.1	11.2	11.5	12.0	11.0	7.7	3.6	1.7	1.4	1.3	3.6	5.3	6.6	7.3	7.9	11.7	12.7	15.0	20.7	14.6	9.19	20.7	1.3
20	15.9	11.8	10.7	10.6	5.1	5.8	11.0	11.8	11.6	8.6	4.4	6.6	4.6	2.4	4.2	6.6	14.0	13.9	8.6	15.5	15.6	11.1	8.8	9.0	9.51	15.9	2.4
21	8.1	6.3	9.8	7.8	9.3	10.2	11.4	11.0	10.7	9.4	6.9	5.5	5.3	5.9	7.0	8.0	9.9	10.4	10.6	9.8	8.8	9.2	8.8	8.7	8.70	11.4	5.3
22*	8.8	9.3	9.6	10.3	10.2	10.4	11.1	11.7	11.0	9.2	6.2	4.0	3.7	4.4	5.3	7.0	7.4	6.7	7.6	8.5	8.1	8.3	8.6	8.6	8.17	11.7	3.7
23	8.6	9.3	9.4	9.5	9.9	9.9	9.3	8.6	8.7	7.6	4.5	3.8	2.2	4.7	5.4	5.5	6.2	7.4	6.7	6.8	17.1	15.9	17.1	12.7	8.62	17.1	2.2
24†	14.6	9.7	11.4	12.7	12.0	11.5	11.2	11.0	10.9	9.7	6.4	4.1	-1.2	-0.9	-0.6	1.5	5.1	13.7	7.6	7.6	16.5	11.0	16.8	15.9	9.09	16.8	-1.2
25	9.1	15.4	13.1	11.8	10.3	10.6	11.0	11.1	7.9	7.1	4.8	3.4	2.8	1.3	3.7	9.3	16.2	9.8	12.9	9.3	12.7	14.1	6.2	10.7	9.36	16.2	1.3
26	10.0	9.9	10.4	10.2	9.4	9.3	11.1	12.5	11.7	9.4	6.6	3.7	1.8	1.6	3.1	5.0	6.5	7.4	9.0	21.3	17.2	11.9	9.3	11.9	9.18	21.3	1.6
27	10.3	9.6	9.5	8.0	9.9	10.7	11.8	11.2	10.5	9.8	7.2	5.2	3.6	3.8	4.6	6.4	7.4	8.2	12.7	12.2	11.3	10.2	9.7	9.0	8.87	12.7	3.6
28	9.2	9.0	9.0	9.1	9.4	10.0	11.8	12.8	12.0	10.8	7.0	3.8	3.2	3.8	4.7	6.5	9.3	9.2	8.8	9.6	10.9	10.6	11.2	10.0	8.82	12.8	3.2
29*	9.2	9.3	8.7	8.9	9.1	10.2	11.5	12.7	12.7	11.1	7.6	4.6	3.6	3.6	4.4	6.1	6.8	7.2	8.1	8.2	8.6	9.4	9.5	9.4	8.35	12.7	3.6
30	9.2	8.9	9.9	10.1	9.8	10.1	11.6	12.0	12.5	9.9	4.7	1.8	1.3	2.2	4.0	6.1	6.3	6.8	11.1	19.0	20.7	11.7	9.4	8.9	9.08	20.7	1.3
Mittel	9.8	9.9	10.2	10.3	10.4	10.6	11.0	10.9	9.9	7.8	5.2	3.3	2.5	3.3	4.8	7.0	8.3	8.6	10.4	11.1	11.8	11.3	11.2	11.3	8.79	15.5	2.1

Oktober

Tag	0h–1h	1h–2h	2h–3h	3h–4h	4h–5h	5h–6h	6h–7h	7h–8h	8h–9h	9h–10h	10h–11h	11h–12h	12h–13h	13h–14h	14h–15h	15h–16h	16h–17h	17h–18h	18h–19h	19h–20h	20h–21h	21h–22h	22h–23h	23h–24h	Tagesmittel	Max.	Min.
1†	8.4	12.7	11.8	13.2	11.8	7.6	9.8	5.5	9.6	8.0	5.9	2.6	3.4	-2.3	1.2	4.3	11.4	18.0	19.9	12.3	13.4	10.3	9.9	11.5	9.18	19.9	-2.3
2†	11.2	11.4	9.3	3.2	9.2	10.5	11.6	11.8	10.8	6.4	5.9	2.2	5.9	4.5	4.5	22.7	20.0	16.2	20.9	16.0	20.4	20.1	19.6	11.2	11.90	22.7	2.2
3	12.7	11.1	8.8	6.6	6.0	2.2	7.8	9.6	11.9	10.2	8.3	6.2	5.3	3.9	7.6	9.4	11.1	18.1	16.8	10.5	15.1	12.7	9.6	9.4	9.62	18.1	2.2
4	1.7	11.1	12.3	11.5	8.6	4.9	5.4	8.9	10.5	10.3	10.8	6.4	7.1	8.3	7.7	17.6	15.3	13.5	15.0	14.3	13.7	11.2	9.6	9.9	10.23	17.6	1.7
5	9.1	11.7	12.8	12.1	10.0	7.1	7.5	7.1	9.2	7.8	7.9	6.8	6.1	7.0	7.6	10.6	14.3	7.8	12.5	11.8	14.3	13.4	11.4	7.1	9.71	14.3	6.1
6	11.8	13.9	12.0	10.8	10.0	9.4	7.2	5.3	8.7	8.0	8.8	7.6	4.9	4.4	6.0	8.2	12.5	14.6	13.6	13.3	12.6	11.7	10.5	10.8	9.86	14.6	4.4
7	11.8	10.2	4.0	10.6	10.1	9.1	7.1	8.1	7.9	8.4	7.1	5.6	4.2	3.5	3.0	9.1	12.0	10.3	11.5	16.1	18.5	15.8	10.9	9.0	9.33	18.5	3.0
8	8.4	13.1	10.4	9.7	9.4	9.5	11.8	13.1	12.2	11.1	6.8	4.3	4.7	4.4	6.2	10.9	9.1	10.2	9.2	9.4	9.2	9.4	9.4	9.2	9.21	13.1	4.3
9	8.5	9.5	8.1	9.3	10.4	11.3	12.7	13.9	12.4	9.6	5.9	4.7	2.4	3.6	5.4	7.0	7.6	9.0	9.2	9.3	10.9	11.1	11.3	10.4	8.90	13.9	2.4
10*	10.0	9.6	9.4	10.1	9.6	10.4	12.3	13.3	13.0	10.6	8.0	5.3	4.2	3.3	4.5	6.4	7.5	7.8	7.9	8.4	8.9	10.1	10.1	9.0	8.74	13.3	3.3
11	10.9	10.8	10.2	10.1	9.9	10.1	11.7	12.9	13.0	11.0	7.7	4.6	3.3	3.4	4.5	6.4	6.6	6.4	6.6	6.6	7.9	8.5	8.8	9.0	**8.37**	13.0	3.3
12	9.5	10.3	8.4	7.5	6.8	8.6	10.7	13.1	12.8	10.3	5.8	5.2	4.6	4.6	5.6	6.9	7.2	7.3	15.3	15.2	15.4	14.9	12.9	10.0	9.54	15.4	4.6
13	8.4	8.7	7.8	6.3	9.0	10.4	11.7	13.0	11.9	11.2	8.0	5.0	4.3	5.2	6.2	8.3	7.0	7.4	7.6	11.6	11.1	11.0	12.0	10.6	8.90	13.0	4.3
14†	11.6	4.5	8.8	12.9	11.2	10.2	11.7	11.8	10.1	8.2	4.3	-1.7	-1.8	-1.4	3.4	4.7	9.6	10.4	9.4	11.0	13.5	14.1	15.1	15.9	8.65	14.1	-1.8
15	5.7	17.4	11.3	14.0	12.8	11.8	12.0	12.4	11.6	10.3	7.8	5.5	5.5	6.6	8.3	9.9	14.9	10.1	9.7	11.1	13.1	14.7	11.7	10.2	10.77	17.4	5.5
16	5.8	10.2	12.0	10.9	11.4	10.3	10.9	10.9	11.3	10.2	5.5	1.6	0.8	2.0	9.2	5.6	7.3	15.0	20.6	13.6	15.1	14.3	11.0	7.3	9.70	20.6	0.8
17	10.4	10.8	10.4	10.2	10.4	11.4	12.1	12.6	10.4	10.5	7.1	5.1	3.7	3.2	7.1	15.7	10.2	14.0	16.9	15.0	16.5	14.2	11.0	10.6	10.81	16.9	3.2
18	9.3	8.2	9.1	9.0	9.2	10.1	11.0	12.6	9.4	7.5	7.4	5.7	4.3	4.4	6.2	7.9	11.2	8.7	10.4	10.1	11.4	10.5	10.5	10.2	8.93	12.6	4.3
19*	9.8	9.5	8.6	8.8	9.5	10.3	11.6	12.6	12.1	9.6	6.9	5.3	5.5	6.7	7.9	8.8	9.2	9.3	9.2	10.7	10.1	9.6	9.4	8.6	9.15	12.6	5.3
20	9.5	9.5	9.5	9.6	9.6	9.6	10.0	10.8	10.4	9.1	7.5	5.3	4.8	6.0	6.8	7.5	7.4	7.0	11.0	9.6	9.4	9.3	9.1	9.2	8.65	11.0	4.8
21*	8.6	8.7	8.8	8.7	8.8	9.2	10.4	11.7	12.0	10.2	6.6	4.4	4.4	5.7	6.2	6.7	7.4	7.8	8.1	8.2	9.9	10.7	9.6	9.1	8.41	12.0	4.4
22	9.0	9.0	9.1	9.2	9.2	9.3	10.0	11.1	11.7	10.8	7.6	4.4	2.8	2.9	3.3	2.3	6.8	11.7	7.8	8.0	8.9	14.5	13.9	13.1	8.60	14.5	2.3
23	13.4	15.5	12.0	11.8	9.8	10.7	10.7	11.4	11.6	11.3	8.0	6.4	5.2	5.4	6.4	9.8	7.6	7.2	8.5	9.6	10.6	11.3	11.1	12.3	9.78	15.5	5.2
24	9.7	10.5	11.2	9.2	9.0	9.3	10.0	11.2	11.3	9.8	7.2	3.9	4.4	5.8	7.1	7.5	7.6	7.5	9.1	8.4	9.4	11.2	11.3	10.8	8.85	11.3	3.9
25*	9.8	10.2	9.8	9.0	8.9	9.4	10.4	11.7	11.7	9.9	6.8	5.5	5.9	7.4	8.5	8.4	8.5	8.6	8.8	10.2	10.1	9.5	11.2	11.0	9.22	11.7	5.5
26	10.2	9.4	10.1	10.4	9.9	9.8	10.5	11.2	10.1	8.2	5.9	5.2	6.6	7.6	8.6	8.9	8.8	9.2	11.1	14.7	12.8	11.6	10.2	9.6	9.61	14.7	5.2
27*	9.6	9.9	9.6	9.4	9.5	10.1	10.8	11.4	11.0	8.4	6.2	4.8	5.2	6.5	7.5	7.4	7.1	7.7	7.8	8.4	9.3	10.8	11.4	10.4	8.76	11.4	4.8
28†	9.6	10.3	11.0	12.5	10.7	10.8	10.9	11.0	11.4	5.0	2.4	1.2	-3.4	2.6	6.0	5.6	7.1	12.2	22.6	30.5	31.7	20.7	20.8	17.2	11.68	**31.7**	**-3.4**
29†	13.6	7.3	6.2	7.1	10.6	10.6	12.3	11.4	13.3	12.6	8.5	8.8	8.7	8.2	18.4	24.1	13.4	16.3	11.0	14.4	14.0	14.9	28.8	27.0	**13.40**	28.8	6.2
30	6.9	9.8	11.1	1.8	4.8	6.0	7.6	11.6	10.3	8.4	8.1	8.0	8.3	9.5	12.1	16.7	14.6	23.3	25.4	20.9	31.0	18.7	11.9	11.1	12.41	31.0	1.8
31	10.9	8.7	7.5	12.9	11.0	7.1	7.7	9.8	9.2	8.9	6.4	10.3	5.3	14.1	12.8	11.9	23.5	17.0	17.3	13.9	17.6	12.0	12.2	12.5	11.69	23.5	5.3
Mittel	9.5	10.4	9.7	9.6	9.6	9.3	10.3	11.1	11.1	9.4	7.0	5.0	4.4	5.1	7.0	9.5	10.4	11.3	12.6	12.4	13.7	12.7	12.1	11.1	9.76	16.7	3.3

Deklination

$D = -3° +$ Tafelwert

Niemegk 1950

November

Tag	0–1h	1–2h	2–3h	3–4h	4–5h	5–6h	6–7h	7–8h	8–9h	9–10h	10–11h	11–12h	12–13h	13–14h	14–15h	15–16h	16–17h	17–18h	18–19h	19–20h	20–21h	21–22h	22–23h	23–24h Weltzeit	Tagesmittel	Max.	Min.
1†	10.1	9.3	6.4	6.7	9.1	10.8	10.1	12.0	12.0	10.8	7.9	10.5	7.6	8.4	15.3	25.0	16.7	11.0	15.6	15.1	12.0	11.4	9.9	7.3	11.29	25.0	6.4
2	10.0	11.8	9.1	10.3	10.4	11.0	11.6	11.4	11.4	10.1	9.4	7.7	7.4	9.3	10.0	20.4	10.2	10.6	11.0	11.2	11.9	12.6	12.5	12.0	10.97	20.4	7.4
3	11.8	11.2	10.1	7.5	9.9	10.3	10.8	12.6	11.9	12.0	8.7	7.5	7.0	7.7	8.3	9.5	10.2	10.8	10.2	11.6	12.5	12.4	11.6	11.7	10.32	12.6	7.0
4†	10.6	11.7	11.1	9.6	7.0	2.6	6.7	5.0	8.3	6.0	7.1	6.2	5.6	4.7	3.7	1.9	11.6	19.7	13.6	12.3	12.7	12.7	13.1	15.5	**9.12**	19.7	1.9
5	12.3	11.2	12.7	12.8	11.9	12.2	13.1	13.8	12.6	11.0	8.4	8.0	7.8	8.6	8.6	9.1	9.4	10.8	11.4	11.6	13.4	18.0	15.5	14.5	11.61	18.0	7.8
6*	11.5	10.5	10.2	10.0	10.4	11.0	11.8	13.3	13.5	12.5	9.5	7.2	7.7	8.1	8.8	8.9	9.4	9.8	10.6	10.3	11.0	11.1	11.1	10.9	10.38	13.5	7.2
7*	11.0	11.0	11.0	11.0	11.0	11.0	10.8	11.3	11.9	11.0	8.6	7.4	7.5	8.3	8.7	9.2	9.5	9.6	9.7	10.0	10.4	10.8	12.5	12.2	10.22	12.5	7.4
8	11.6	12.1	11.1	14.9	11.9	11.3	11.1	11.7	11.8	10.0	7.7	6.6	6.3	6.9	7.4	7.4	7.5	8.4	8.9	9.8	10.4	11.0	11.2	11.6	9.94	14.9	6.3
9	11.2	11.0	10.4	9.3	12.1	11.8	11.5	12.1	12.1	11.4	9.4	8.2	7.6	8.0	8.5	8.4	8.5	8.0	8.0	9.6	11.2	12.1	12.3	12.7	10.22	12.7	7.6
10	14.9	13.8	15.1	14.3	10.8	11.1	11.6	12.9	10.8	5.1	6.9	3.7	4.0	−1.5	3.3	5.8	8.7	18.1	23.3	18.2	14.8	15.9	16.2	16.3	11.42	23.3	**−1.5**
11	11.0	13.1	11.9	10.5	9.5	11.4	11.5	11.7	11.9	10.2	8.4	6.2	6.2	5.7	4.8	8.7	12.7	10.3	10.9	13.9	14.2	14.9	14.5	13.9	10.75	14.9	4.8
12	10.9	8.8	8.4	9.7	8.5	8.5	10.2	11.2	10.8	9.2	8.7	6.2	6.8	6.4	5.3	15.9	9.6	10.2	10.7	13.9	16.1	15.6	16.2	14.3	10.50	16.2	5.3
13	15.6	13.5	11.1	9.5	9.1	10.1	7.8	11.2	12.2	12.5	10.2	8.0	7.8	6.1	6.1	11.7	11.7	10.4	15.4	13.8	20.6	19.2	13.1	10.1	11.53	20.6	6.1
14	12.4	10.6	11.7	12.2	10.8	10.4	11.1	12.0	13.1	11.7	10.0	7.9	7.7	7.0	10.2	12.4	10.2	9.9	10.4	11.4	15.9	12.8	12.4	11.4	11.07	15.9	7.0
15*	10.5	10.4	10.3	10.2	10.1	10.3	10.4	11.1	11.5	10.1	8.5	8.2	8.1	8.1	8.8	8.9	9.2	9.5	9.6	10.3	10.5	11.0	10.9	11.8	9.93	11.8	8.1
16	11.7	11.2	10.5	10.2	10.2	10.7	10.8	11.1	11.0	10.1	8.8	7.7	7.6	7.7	8.1	8.1	8.1	8.9	8.4	9.0	10.8	11.0	12.8	14.0	9.94	14.0	7.6
17	14.1	11.0	9.4	9.7	9.5	10.[illegible]	10.9	10.9	10.5	9.9	7.2	5.5	6.7	5.2	6.1	5.0	7.7	8.2	9.6	11.6	14.3	16.5	15.1	11.4	9.86	16.5	5.0
18	10.4	10.4	10.2	10.0	10.1	10.2	10.2	10.2	9.9	8.8	7.7	6.1	7.7	8.3	7.4	7.3	7.7	8.0	11.6	20.1	14.5	11.7	12.1	10.6	10.05	20.1	6.1
19*	11.5	9.8	11.2	11.7	11.4	10.7	11.2	11.0	10.4	10.3	9.3	8.9	9.1	9.4	9.4	9.5	10.0	10.2	10.4	10.4	10.6	10.5	10.5	10.2	10.32	11.7	8.9
20*	10.2	10.7	10.7	10.2	10.7	10.5	10.5	10.5	9.8	8.6	7.8	7.8	7.9	8.3	8.4	8.6	8.8	11.2	12.0	10.3	11.2	11.3	11.7	11.4	9.96	12.0	7.8
21	10.8	10.4	10.4	10.5	10.7	11.0	10.9	10.7	10.1	8.6	7.5	7.2	7.3	8.1	8.4	8.8	9.6	9.8	10.0	10.1	12.4	13.8	10.8	14.4	10.10	14.4	7.2
22	11.4	10.6	10.3	10.2	10.8	11.2	11.0	11.0	10.7	9.2	7.1	6.6	6.4	6.3	5.2	2.6	5.6	3.2	7.7	9.2	11.7	12.9	22.6	22.5	9.83	22.6	2.6
23	13.8	10.7	11.6	11.3	10.8	10.9	10.7	10.6	10.0	9.8	9.1	8.5	8.2	8.3	8.3	9.0	9.9	10.2	10.0	11.9	12.2	12.6	10.2	11.7	10.43	13.8	8.2
24	10.9	10.4	11.0	10.4	10.2	10.4	10.6	10.9	10.8	9.8	8.6	7.5	7.6	8.5	8.8	8.8	8.0	8.0	14.9	15.9	16.0	14.1	14.1	11.4	10.73	16.0	7.5
25†	16.7	18.1	11.6	11.4	7.7	6.9	5.5	8.7	11.4	11.5	9.7	8.7	12.0	8.9	7.8	17.6	17.1	11.6	10.7	11.8	13.1	13.6	12.8	12.2	11.55	18.1	5.5
26†	11.6	11.1	3.9	8.8	9.4	11.0	10.6	9.9	8.9	9.4	8.3	8.1	5.4	9.2	16.6	9.1	16.5	30.8	14.8	14.2	13.4	19.1	15.7	10.8	**11.94**	**30.8**	3.9
27†	4.6	9.0	10.1	5.9	10.0	7.1	7.9	6.7	8.8	9.2	9.2	13.9	9.2	9.0	20.6	11.7	16.4	16.1	11.7	20.4	13.6	10.8	12.7	10.2	11.04	20.6	4.6
28	7.2	7.5	10.0	8.9	8.3	7.4	9.4	10.1	9.4	10.7	6.8	6.4	10.5	8.8	11.7	11.8	15.0	18.0	16.4	18.0	18.7	23.1	17.1	12.7	11.83	23.1	6.4
29	7.4	8.6	12.0	9.3	9.1	10.0	10.2	10.9	10.5	11.0	9.0	8.1	7.2	9.1	10.0	10.0	10.4	13.1	16.9	13.3	13.6	13.3	12.7	13.2	10.79	16.9	7.2
30	10.9	9.6	10.2	11.1	10.2	10.2	10.4	10.4	10.9	10.8	10.0	9.2	8.5	8.8	9.4	9.8	10.4	14.9	15.8	14.3	15.3	12.9	12.9	11.9	11.20	15.8	8.5
Mittel	11.3	11.0	10.5	10.3	10.1	10.1	10.4	10.9	11.0	10.0	8.5	7.7	7.5	7.5	8.8	10.0	10.5	11.6	12.0	12.8	13.3	13.6	13.2	12.5	10.63	17.3	6.2

Dezember

Tag	0–1h	1–2h	2–3h	3–4h	4–5h	5–6h	6–7h	7–8h	8–9h	9–10h	10–11h	11–12h	12–13h	13–14h	14–15h	15–16h	16–17h	17–18h	18–19h	19–20h	20–21h	21–22h	22–23h	23–24h Weltzeit	Tagesmittel	Max.	Min.
1*	11.0	10.7	10.2	10.1	10.1	8.6	8.6	8.7	8.9	9.2	8.9	7.9	8.6	10.0	10.0	9.6	10.4	11.7	11.0	10.9	11.3	11.4	11.2	10.9	10.00	11.7	8.6
2	10.8	10.2	9.8	9.1	10.4	10.0	10.1	10.3	11.6	10.8	9.6	7.6	7.9	7.8	8.6	8.9	13.0	8.7	9.9	10.7	10.9	11.8	11.4	11.0	10.04	13.0	7.6
3	10.8	10.2	9.6	9.0	9.0	9.7	10.2	10.6	10.5	9.8	9.0	7.7	7.4	7.9	8.8	9.8	9.3	9.6	10.5	10.5	12.0	16.4	11.3	10.6	10.01	16.4	7.4
4*	11.2	10.9	10.9	10.8	11.1	11.1	10.5	10.0	10.3	9.4	8.6	7.6	7.0	7.9	8.2	7.2	8.7	8.3	8.4	10.4	12.5	12.5	12.0	13.4	9.95	13.4	7.0
5	14.7	12.5	11.0	10.1	10.0	10.0	10.2	9.9	9.6	8.6	8.1	7.4	7.4	8.0	8.4	8.5	8.9	7.2	10.2	10.2	11.2	11.7	10.4	11.0	**9.80**	14.7	7.2
6	10.9	10.4	10.0	10.1	10.0	10.3	10.0	7.6	5.1	8.3	6.7	6.1	7.6	9.1	9.9	11.5	11.0	10.9	11.7	12.4	12.1	12.3	12.4	12.0	9.93	12.4	6.1
7	12.0	9.4	7.4	10.2	10.4	10.5	10.9	10.9	10.4	9.4	8.8	8.5	7.7	8.6	8.7	9.0	9.1	8.8	14.0	11.9	13.5	12.8	11.5	10.4	10.20	14.0	7.4
8	10.5	10.4	10.4	9.7	9.6	10.2	10.1	10.6	10.4	9.2	7.8	7.2	6.0	5.2	7.0	9.2	9.0	15.8	13.1	11.4	12.3	12.4	11.2	11.3	10.00	15.9	5.2
9	12.7	10.2	10.3	10.2	8.3	10.0	10.7	11.6	11.9	10.5	9.0	7.8	7.8	9.0	9.8	10.0	10.5	10.9	11.2	11.4	12.9	12.2	11.7	12.0	10.52	12.9	7.8
10	11.4	11.0	11.7	10.2	11.3	10.9	11.1	11.2	10.4	9.6	8.5	7.2	7.4	9.2	9.0	10.3	10.1	10.2	10.4	12.8	14.2	14.6	12.7	11.1	10.69	14.6	7.2
11*	10.7	10.1	10.7	10.6	11.1	11.1	11.1	11.0	10.6	9.5	8.6	7.7	7.4	8.1	9.1	9.6	9.9	11.1	11.6	11.6	11.5	11.4	11.4	11.0	10.27	11.6	7.4
12	10.7	10.4	10.0	9.6	10.0	9.5	8.8	8.5	8.7	9.2	7.6	6.9	7.3	6.7	7.7	8.6	8.4	8.0	10.4	18.0	23.8	27.8	26.5	24.6	11.99	27.8	6.7
13†	15.9	22.4	14.4	10.7	8.8	13.8	11.5	12.8	13.5	11.6	9.2	9.4	6.2	9.0	9.0	7.7	8.9	12.5	22.9	22.4	23.2	28.5	22.1	14.5	**14.20**	28.5	6.2
14†	16.5	19.1	21.8	11.2	13.0	11.9	11.0	10.8	10.8	9.8	8.8	8.2	8.6	10.1	10.8	10.2	11.0	8.7	11.0	23.6	16.7	16.2	23.8	15.3	13.29	23.8	8.2
15	13.2	13.5	13.4	13.2	12.5	11.9	11.7	11.3	11.8	11.3	10.0	8.6	8.4	10.0	10.1	10.3	10.4	9.4	14.9	17.3	13.0	14.1	11.4	11.8	11.81	17.3	8.4
16	14.2	11.4	12.3	10.9	9.5	9.8	10.1	9.7	9.7	8.6	8.3	9.3	9.6	9.8	10.1	10.2	10.1	10.3	10.3	11.1	12.1	12.7	12.3	12.0	10.60	14.2	8.3
17	11.0	11.2	11.0	11.1	11.2	11.4	11.6	11.0	9.9	8.9	9.5	9.5	9.2	9.4	9.6	9.7	10.2	10.4	10.3	11.9	11.6	11.8	12.2	12.4	10.67	12.4	8.9
18	14.7	12.9	11.6	11.1	11.3	11.4	11.5	11.5	11.4	11.1	10.1	9.0	7.6	9.0	9.5	9.8	9.2	9.1	14.3	16.8	11.2	11.7	11.9	12.9	11.28	16.8	7.6
19	14.1	12.7	12.7	11.9	11.8	12.2	10.6	11.4	10.7	9.6	9.3	9.2	8.8	9.0	8.6	9.1	9.8	11.6	16.5	11.0	12.6	12.0	12.1	11.6	11.20	16.5	8.6
20	11.4	11.7	11.8	11.9	11.8	11.9	11.6	11.4	11.0	10.3	9.6	9.4	8.4	8.6	9.1	9.0	9.4	9.7	11.4	16.2	12.7	12.3	17.8	15.4	11.41	17.8	8.4
21*	14.0	11.6	11.1	10.8	10.7	10.8	10.9	11.0	11.1	10.5	10.5	9.4	9.2	8.8	9.3	9.5	10.1	10.4	10.8	11.2	12.4	11.8	12.1	11.6	10.82	14.0	8.8
22†	11.5	11.7	11.7	11.2	11.0	11.6	11.1	10.9	10.4	9.6	9.2	8.5	7.3	4.0	3.4	7.3	9.5	8.0	14.5	28.2	16.0	20.0	17.6	13.4	11.57	28.2	**3.4**
23†	18.2	12.2	11.8	12.2	10.2	7.8	3.6	5.1	9.1	11.6	11.7	11.7	10.5	13.2	11.0	10.9	14.4	12.6	11.9	13.4	13.5	20.3	15.0	10.0	11.75	20.3	3.6
24†	9.4	11.0	13.4	10.2	9.3	9.2	9.5	8.2	7.7	9.0	9.9	9.7	11.9	12.2	10.9	15.1	37.6	13.5	14.0	12.6	12.6	11.6	14.8	12.6	12.33	**37.6**	7.7
25	14.2	11.6	10.1	8.2	9.9	10.4	9.9	9.5	9.2	7.7	9.4	8.8	11.9	13.4	14.4	19.0	12.5	11.5	19.4	20.4	15.1	13.7	10.9	11.7	12.20	20.4	8.2
26	12.4	7.5	12.2	10.5	8.8	8.3	7.8	7.4	5.1	5.6	7.3	8.7	10.1	14.7	13.9	14.2	13.9	16.0	14.2	16.5	14.5	13.1	11.2	10.6	11.02	16.5	5.1
27	11.9	13.8	12.1	12.4	10.0	9.2	9.5	9.4	9.2	10.2	9.0	9.6	10.0	10.7	10.6	11.6	10.9	13.9	14.1	14.1	13.9	14.7	15.9	12.2	11.62	15.9	9.0
28	12.3	11.4	9.8	11.5	11.3	10.2	9.9	8.4	7.3	8.2	8.5	9.5	11.4	12.6	12.4	10.5	10.6	12.7	12.1	11.0	12.3	11.3	11.2	10.7	10.71	12.7	7.3
29	11.2	11.5	10.4	11.4	11.8	11.8	11.4	10.5	9.8	9.8	9.8	9.8	10.4	11.0	10.7	10.5	10.5	10.5	10.6	12.0	11.2	10.9	11.5	13.6	10.94	13.6	9.8
30	12.4	11.6	11.2	10.8	10.6	10.7	10.6	10.1	9.2	8.7	8.8	9.3	10.4	10.8	10.1	10.8	10.5	13.7	10.4	10.6	11.3	11.3	11.2	11.2	10.68	13.7	8.7
31*	10.6	10.7	10.4	10.8	10.9	11.2	11.2	10.7	9.7	8.3	7.4	7.4	8.4	9.0	9.0	9.4	9.8	10.1	10.6	11.1	11.1	11.2	11.8	12.9	10.15	12.9	7.4
Mittel	12.5	11.8	11.5	10.7	10.5	10.6	10.2	10.1	9.8	9.5	9.0	8.5	8.6	9.4	9.6	10.2	11.2	10.8	12.5	14.0	13.4	14.1	13.6	12.4	11.02	17.1	7.4

Horizontalintensität

Niemegk — $H = 18400^{\gamma} +$ Tafelwert — 1946

Weltzeit

März

Tag	0h–1h	1h–2h	2h–3h	3h–4h	4h–5h	5h–6h	6h–7h	7h–8h	8h–9h	9h–10h	10h–11h	11h–12h	12h–13h	13h–14h	14h–15h	15h–16h	16h–17h	17h–18h	18h–19h	19h–20h	20h–21h	21h–22h	22h–23h	23h–24h	Tagesmittel	Max.	Min.
																									γ		
1	00	13	26	01	10	01	00	-18	-43	-36	-28	-34	-39	-33	-30	-28	-21	-22	-15	-10	-13	-16	-17	-17	-15.4	26	-43
2	-01	-14	-26	-29	-22	-29	-10	-10	-21	-21	-14	-20	-24	-27	-24	-21	-20	-19	-16	-14	-13	-14	-14	-12	-18.1	-01	-29
3*	-13	-13	-12	-12	-13	-10	-04	-06	-14	(-21)	(-27)	-22	-19	-16	-15	-12	-11	-10	-05	-07	-08	00	-05	-09	-11.8	00	-27
4	-13	-04	-14	-08	-06	02	-05	-24	-39	-43	-50	-60	-37	-21	-18	-37	-40	-26	-07	-17	-12	-44	-07	-33	-23.5	02	-60
5	-14	-31	-30	-24	-24	-20	-23	-30	-40	-54	-59	-90	-66	-55	-38	-44	-38	-25	-18	-15	-19	-23	-12	-05	-33.2	-05	-90
6	-16	-24	-15	-12	-16	-23	-33	-38	-50	-59	-62	-72	-51	-31	-22	(-07)	-20	-18	-03	-14	-19	-13	08	-12	-25.9	08	-72
7	-16	-13	-07	-10	-14	-11	-08	-19	-31	-47	-57	-54	-50	-31	-21	-16	-15	-18	-12	-17	-13	-01	-12	-10	-21.0	-01	-57
8	-10	-10	-11	-10	-07	-07	-07	-13	-19	-26	-28	-27	-24	-22	-17	-13	-12	-15	-07	-08	-08	-03	-12	-12	-13.7	-03	-28
9	-10	-09	-08	-07	-06	-03	01	-01	-10	-16	-22	-25	-18	-11	02	-11	-24	-48	-22	-01	-12	-06	-10	-14	-12.1	02	-48
10†	-17	-13	09	16	02	-04	01	-02	-08	-23	-34	-33	-21	-08	-05	-29	-15	-10	-04	02	08	-49	-66	-43	-14.4	16	-66
11	-04	-64	-38	-50	-56	-51	-57	-62	-60	-65	-70	-54	-44	-28	-24	-16	-23	-16	-12	09	-20	-20	-08	-10	-35.1	09	-70
12*	-27	-25	-22	-19	-20	-21	-21	-22	-28	-31	-29	-24	-18	-13	-13	-17	-19	-18	-14	-12	-12	-10	-10	-11	-19.0	-10	-31
13*	-11	-11	-10	-09	-11	-09	-13	-17	-26	-27	-32	-29	-23	-19	-13	-14	-11	-11	-15	-11	-10	-06	-05	-08	-14.6	-05	-32
14*	-07	-06	-09	-08	-09	-08	-05	-08	-15	-21	-26	-20	-18	-11	-17	-14	-10	-07	-02	-09	-03	-02	-01	-01	-9.9	-01	-26
15	04	-04	-04	-03	-01	00	-03	-07	-12	-38	-42	-42	-37	-21	-26	-28	-16	-13	-06	03	06	12	-02	-02	-11.8	12	-42
16*	-04	-06	-05	-04	-03	-02	-03	-06	-09	-15	-16	-12	-12	-08	-09	-05	-04	-03	00	04	02	04	13	04	-4.1	13	-16
17	10	14	02	17	16	18	12	12	-06	-09	-21	-24	-47	-28	-20	-18	-14	-13	-18	-04	-02	-04	-10	-10	-6.1	18	-47
18	-03	-03	-03	02	01	05	04	-02	-06	-14	-10	-08	-06	-09	-11	-13	-13	-10	-10	-03	01	03	03	-01	-4.4	05	-14
19	-04	-05	-06	-07	-02	02	03	00	-05	-05	-10	-08	-12	-06	-08	-07	-03	-01	09	12	19	18	16	25	0.6	25	-12
20	22	10	04	06	11	12	10	04	-04	-13	-16	-23	-25	-14	-14	-16	-11	-06	-01	11	15	04	03	02	-1.2	22	-25
21	01	05	00	17	25	22	15	03	-10	-18	-22	-38	-40	-21	-12	-04	-08	-06	00	01	04	05	04	02	-3.1	25	-40
22†	01	01	02	03	06	15	22	-32	-39	-29	-40	-34	-55	-38	-41	-14	-12	-02	-06	-11	01	09	06	28	-10.8	28	-55
23	-01	-05	00	00	03	07	08	-03	-14	-20	-18	-12	-07	-03	-05	-01	-05	05	43	06	-03	22	14	24	**1.5**	**43**	-20
24†	-01	-147	-95	-152	-102	-87	-80	-74	-94	-103	-124	-99	-105	-95	-74	-38	-79	-98	-75	-76	—	—	—	—	(**-89.9**)	—	—
25†	—	—	—	—	—	—	—	—	—	—	—	—	-153	-86	16	25	-70	111	-154	-147	-188	-78	-160	-92	—	—	—
26	-115	-138	-84	-81	-94	-93	-127	-104	-115	-127	-110	-89	-86	-81	-70	-72	-63	-52	-44	-26	-23	-55	-57	-40	-81.1	-23	-138
27	-50	-56	-30	-30	-56	-41	-43	-55	-64	-71	-76	-80	-71	-57	-57	-33	-42	-37	-28	-22	-27	-32	-22	-33	-46.4	-22	-80
28†	-34	-23	-27	-41	-28	-67	—	—	—	—	—	—	—	—	—	—	—	—	-218	-50	-129	-200	-169	-139	—	—	—
29	-138	-145	-136	-132	-136	-124	-132	-138	-136	-125	-113	-109	-95	-94	-94	-78	-66	-68	-60	-56	-54	-46	-47	-54	-98.6	-46	**-145**
30	-50	-55	-56	-51	-45	-43	-43	-44	-51	-53	-49	-51	-47	-51	-38	-36	-37	-32	-29	-27	-24	-24	-26	-30	-41.3	-24	-56
31	-28	-29	-32	-32	-28	-26	-36	-39	-52	-76	-84	-75	-76	-66	-47	-35	-32	-28	-26	-20	-17	-10	-17	-30	-39.2	-10	-84
Mittel	-18	-27	-21	-22	-20	-20	-20	-26	-35	-42	-44	-44	-44	-34	-26	-22	-25	-25	-25	-17	-19	-19	-21	-18	-26.4	04	-52

April

Tag	0h–1h	1h–2h	2h–3h	3h–4h	4h–5h	5h–6h	6h–7h	7h–8h	8h–9h	9h–10h	10h–11h	11h–12h	12h–13h	13h–14h	14h–15h	15h–16h	16h–17h	17h–18h	18h–19h	19h–20h	20h–21h	21h–22h	22h–23h	23h–24h	Tagesmittel	Max.	Min.
																									γ		
1	-52	-35	-26	-30	-30	-24	-32	-54	-64	-62	-61	-63	-55	-47	-38	-36	-29	-22	-09	-04	-18	-17	-30	-30	-36.2	-04	-64
2	-35	-33	-26	-26	-25	-30	-24	-42	-48	-65	-75	-56	-60	-36	-41	-30	-33	-20	-22	-18	-18	-28	-28	-30	-35.4	-18	-75
3	-33	-33	-30	-26	-23	-21	-26	-38	-52	-60	-54	-49	-39	-23	-19	-20	-24	-06	-24	-25	-23	-16	-17	-24	-29.4	-06	-60
4	-24	-22	-21	-18	-19	-20	-23	-30	-40	-52	-56	-53	-46	-33	-20	-24	-20	-16	-09	-09	-07	01	-12	-23	-24.8	01	-56
5	-15	-15	-16	-16	-15	-17	-21	-30	-41	-52	-59	-49	-39	-30	-29	-22	-22	-29	-26	-30	-16	-13	-11	-11	-26.0	-11	-59
6	-15	-09	-13	-18	-18	-17	-16	-22	-34	-48	-54	-59	-48	-34	-27	-15	-15	-11	-13	-13	-10	-14	-15	-16	-23.1	-09	-59
7	-15	-13	-09	05	-04	-01	04	-07	-18	-24	-35	-51	-46	-33	-32	-37	-36	-17	-08	-08	-03	-04	-05	-05	-16.8	05	-51
8	-06	-08	-06	-04	-03	00	-18	-20	-25	-42	-46	-42	-39	-43	-34	-17	-13	-11	-11	03	07	04	08	16	-14.6	16	-46
9†	09	03	06	13	12	08	-01	-13	-12	-39	-62	-74	-62	-52	-22	-42	-63	-49	-38	-27	-17	-16	04	-01	-22.3	13	-74
10	-24	-11	-21	-20	-19	-20	-28	-40	-52	-57	-62	-69	-49	-45	-31	-21	-17	-15	-14	-12	-12	-09	-02	-05	-27.3	-02	-69
11*	-10	-11	-13	-12	-09	-09	-13	-19	-30	-36	-47	-39	-38	-31	-19	-15	-07	-10	-08	-04	-06	-05	-02	03	-16.2	03	-47
12	-01	03	-02	-03	-03	-04	-05	-13	-22	-31	-30	-36	-21	-12	-13	-13	-12	-02	04	18	22	52	27	09	-3.7	**52**	-36
13	05	20	27	00	01	05	-14	-08	-20	-35	-35	-27	-30	-22	-24	-13	-06	-10	-04	50	06	-11	11	-11	-6.0	50	-35
14†	-06	-11	-15	-10	-06	-09	-12	-16	-17	-26	-28	-44	-53	-05	-36	-33	-31	-24	-15	-18	-06	12	02	-22	-17.9	12	-53
15†	-12	-24	04	-02	-10	-24	—	—	—	—	—	—	—	—	—	-67	-63	-40	-37	-15	-35	-31	-29	-29	—	—	—
16	-28	-28	-30	-30	-30	-27	-32	-40	-50	-60	-62	-58	-49	-37	-28	-22	-22	-15	-10	-10	06	10	-12	-26	-28.8	10	-62
17	-23	-16	-16	-13	-12	-07	-12	-20	-33	-43	-46	-45	-45	-47	-23	-12	-09	-10	-09	-08	-08	-06	-05	-06	-19.8	-05	-47
18	-08	-08	-08	-07	-01	-02	-08	-20	-37	-55	-62	-48	-38	-26	-21	-13	-11	-04	02	00	03	02	-01	-01	-15.5	03	-62
19*	-02	-02	-02	-03	-02	-02	-09	-16	-23	-28	-28	-29	-27	-21	-13	-09	-03	06	-06	-01	-01	02	04	05	-8.8	06	-29
20*	-07	-08	-06	-02	01	02	-01	-08	-19	-29	-39	-42	-38	-27	-12	00	-10	-06	01	05	04	04	00	01	-9.8	05	-42
21*	00	00	00	02	06	06	02	-08	-19	-22	-25	-25	-22	-16	-17	-05	05	08	09	05	09	09	07	06	-3.5	09	-25
22	07	04	05	08	10	11	07	15	-08	-44	-51	-50	-34	-23	-15	-13	-02	16	29	24	11	15	13	14	**-2.1**	29	-51
23†	09	24	24	31	22	07	-01	-24	-52	-92	-99	-107	-99	-64	-54	-45	-50	-34	-102	-138	-145	-141	-152	—	-55.7	31	**-152**
24†	-119	-87	-138	-86	-103	-63	-81	-99	-135	-121	-121	-104	-81	-72	-78	-65	-38	-24	-49	-36	-41	-46	-54	-51	**-78.8**	-24	-138
25	-41	-28	-58	-63	-66	-60	-75	-88	-102	-102	-95	-88	-75	-65	-55	-46	-41	-35	-30	-31	-31	-34	-35	-36	-57.5	-28	-102
26	-43	-45	-47	-47	-47	-43	-39	-38	-42	-42	-46	-42	-36	-33	-30	-23	-17	-27	-10	-12	-22	-21	-12	-12	-32.3	-10	-47
27	-03	00	-39	-49	-48	-49	-50	-58	-66	-69	-65	-56	-49	-40	-33	-28	-23	-20	-17	-16	-20	-21	-24	-23	-36.1	00	-69
28	-22	-20	-23	-23	-22	-22	-27	-34	-41	-43	-43	-35	-31	-30	-18	-14	-13	-16	14	-03	-18	-20	-17	-14	-22.3	14	-43
29	-13	-16	-17	-15	-15	-17	-27	-46	-76	-48	-34	-34	-21	-18	-14	-08	-06	02	-08	-02	-02	-10	-13	-14	-19.7	02	-76
30*	-10	-10	-11	-08	-11	-14	-23	-30	-34	-36	-36	-25	-15	-12	-09	03	02	05	01	-04	-05	-07	-04	-04	-12.4	05	-36
Mittel	-18	-15	-18	-16	-16	-15	-20	-29	-40	-49	-52	-50	-43	-33	-27	-24	-21	-15	-14	-11	-13	-12	-13	-11	-23.9	05	-36

Niemegk

Horizontalintensität

H = 18400γ + Tafelwert

1946

0h 1h 2h 3h 4h 5h 6h 7h 8h 9h 10h 11h 12h 13h 14h 15h 16h 17h 18h 19h 20h 21h 22h 23h 24h Weltzeit

Mai

Tag	0h–1h	1h–2h	2h–3h	3h–4h	4h–5h	5h–6h	6h–7h	7h–8h	8h–9h	9h–10h	10h–11h	11h–12h	12h–13h	13h–14h	14h–15h	15h–16h	16h–17h	17h–18h	18h–19h	19h–20h	20h–21h	21h–22h	22h–23h	23h–24h	Tagesmittel	Max.	Min.
1	-04	-04	-04	-04	-09	-17	-34	-28	-33	-41	-39	-29	-23	-20	-10	-03	05	07	05	-01	-06	-05	-12	-10	γ -13.3	07	-41
2	-16	08	-05	-08	-08	-09	-17	-34	-39	-44	-41	-35	-27	-17	-14	-06	00	10	10	06	02	-03	-06	02	-12.1	10	-44
3	04	-12	-11	-04	00	-07	-19	-34	-49	-45	-36	-29	-19	-12	-05	03	06	04	14	21	02	-03	-05	-05	-10.0	21	-49
4	13	14	-03	01	04	04	-05	-13	-26	-40	-32	-16	-20	-13	-06	-06	-14	-07	07	02	-10	-10	-11	06	-8.0	14	-40
5	-07	-06	-05	-02	-02	00	-04	-14	-20	-29	-34	-29	-17	-08	-01	04	12	14	25	26	33	23	08	06	-1.1	33	-34
6†	08	06	04	26	49	36	-16	13	08	01	-17	-28	-31	-29	-17	-09	13	22	18	09	09	07	76	39	**8.2**	**76**	-31
7	34	45	52	44	43	-20	-28	-16	-28	-41	-41	-41	-69	-61	-45	-19	-14	-14	-09	-12	-13	-07	-07	-02	-11.2	52	-69
8	-10	-09	-15	01	03	-24	-43	-16	-08	-21	-38	-51	-73	-47	-27	-12	-12	-09	-12	-06	07	03	09	13	-16.5	13	-73
9†	-15	-02	09	-14	-01	-10	-26	-62	-53	-49	-58	-62	-52	-36	-38	-15	-05	06	21	-20	-35	-40	-25	-23	-25.2	21	-62
10	-30	-28	-29	-27	-28	-42	-42	-16	-28	-44	-48	-51	-35	-26	-08	05	03	11	16	19	16	14	21	18	-15.0	21	-51
11†	04	-07	-10	20	20	04	-13	-64	-98	-28	-31	-25	-24	-56	-30	-32	-12	18	-11	-06	-06	-11	-15	-11	-17.7	20	**-98**
12	-15	-12	-09	-06	-02	-04	-07	-19	-28	-43	-46	-35	-30	-30	-20	-14	-12	-02	-02	03	-03	-04	-08	-09	-14.9	03	-46
13	-11	-04	01	-03	02	-05	-14	-24	-30	-28	-24	-20	-15	-10	-11	-11	-07	-02	-02	06	06	03	05	-03	-8.4	06	-30
14*	-02	02	03	00	00	-04	-10	-15	-16	-13	-08	00	08	10	10	06	07	04	03	06	10	04	04	04	0.5	10	-16
15*	08	08	07	07	04	01	-08	-14	-21	-25	-30	-18	-03	-07	-02	05	09	09	14	15	12	12	12	12	0.3	15	-30
16	09	08	08	09	08	09	10	05	-05	-11	-19	-12	00	-15	02	13	11	12	15	01	04	08	08	07	3.5	15	-19
17	14	13	17	13	22	26	17	04	-06	-18	-18	-12	-10	-06	08	09	12	01	00	12	04	06	06	06	5.0	26	-18
18	06	05	-03	20	21	08	-05	-20	-56	-46	-29	-14	-28	-30	-22	-10	-08	10	07	07	05	04	02	06	-7.1	21	-56
19*	06	03	04	06	05	00	-08	-19	-29	-32	-32	-24	-19	-08	03	06	10	05	12	13	13	11	10	10	-2.2	13	-32
20	07	07	07	08	12	12	03	-10	-19	-23	-22	-17	-16	-08	05	15	23	29	37	45	45	11	16	-02	6.9	45	-23
21	-09	-08	-23	-09	-09	-23	-46	-55	-47	-53	-48	-41	-36	-48	-50	-03	00	08	14	13	09	-09	-08	-07	-20.3	14	-55
22†	-07	-12	-08	-24	-01	-19	-70	-91	-44	-48	-63	-52	-82	-86	-46	-28	06	-03	-07	10	-09	-25	-08	-06	**-30.1**	10	-91
23†	-08	-06	01	-17	-19	-26	-28	-40	-51	-56	-32	-36	-45	-23	-21	01	12	36	57	-09	-04	01	04	-07	-13.2	57	-56
24	-23	-05	-15	-26	-38	-44	-40	-40	-41	-34	-41	-41	-30	-29	-09	21	10	08	-03	01	-07	-11	-11	01	-18.6	21	-44
25	13	-09	-22	-11	-14	-32	-42	-42	-46	-41	-34	-37	-35	-34	-11	09	06	14	13	-01	-07	-01	11	-04	-14.9	14	-46
26	-11	-11	04	06	-05	-17	-30	-33	-37	-33	-33	-20	-24	-10	02	02	05	-02	-04	00	01	03	-05	-08	-10.8	06	-37
27*	-09	-05	-03	01	-01	-10	-24	-36	-40	-36	-24	-20	-15	-07	05	08	08	15	14	15	12	19	04	02	-5.3	19	-40
28	02	-02	00	-01	-04	02	-05	-13	-19	-25	-26	-20	-17	-24	-09	06	02	11	07	11	14	01	-06	-06	-5.0	14	-26
29	00	01	-02	-02	-06	-24	-34	-40	-38	-32	-23	-20	-21	-21	-20	-14	04	12	20	12	10	03	01	01	-9.7	20	-40
30*	-02	05	04	07	04	-04	-13	-20	-31	-33	-21	-05	01	08	13	22	15	12	12	18	17	06	-04	-03	0.3	22	-33
31	-04	-08	-04	16	05	-15	-04	-18	-30	-33	-30	-34	-30	-30	-32	-26	-16	00	14	22	14	09	03	02	-9.5	22	-34
Mittel	-02	-01	-02	01	02	-08	-20	-27	-33	-34	-33	-28	-27	-24	-13	-02	03	08	10	08	05	01	02	01	-8.9	21	-44

Juni

Tag	0h–1h	1h–2h	2h–3h	3h–4h	4h–5h	5h–6h	6h–7h	7h–8h	8h–9h	9h–10h	10h–11h	11h–12h	12h–13h	13h–14h	14h–15h	15h–16h	16h–17h	17h–18h	18h–19h	19h–20h	20h–21h	21h–22h	22h–23h	23h–24h	Tagesmittel	Max.	Min.
1	09	09	05	02	-02	-08	-07	-08	-16	-25	-30	-31	-27	-16	-05	05	13	11	16	20	13	12	12	10	γ -1.6	20	-31
2*	12	09	01	08	14	17	13	-02	-17	-25	-31	-31	-30	-21	-10	00	13	22	24	19	14	12	10	10	1.3	24	-31
3*	09	12	13	14	14	10	02	-09	-19	-23	-22	-17	-11	-05	04	07	07	13	16	16	17	15	14	13	3.8	17	-23
4	14	14	13	16	14	10	06	-04	-09	-18	-17	-21	-14	-20	-31	-02	15	12	20	19	16	12	12	11	2.8	20	-31
5	08	08	11	15	14	07	00	-10	-18	-25	-27	-26	-24	-08	04	12	18	15	14	19	58	51	36	28	7.5	58	-27
6	08	23	17	19	14	11	-04	-18	-36	-47	-48	-51	-18	-46	-42	-17	-06	05	14	15	15	13	14	15	-6.2	23	-51
7†	15	17	16	16	16	14	05	06	-01	-08	-15	-05	-45	06	-14	-06	08	-13	-25	-15	-10	-20	-19	-21	-4.1	17	-45
8†	-27	-19	-23	-08	-16	-29	-37	-46	-51	-36	-23	-38	-29	-22	-06	-49	-03	02	22	21	26	25	51	15	-12.5	51	-51
9	-03	04	-08	04	-05	-19	-31	-36	-32	-42	-30	-28	-25	-15	-22	04	-04	03	-07	-06	-04	-04	03	-04	-12.8	04	-42
10	-07	-06	00	02	-03	-10	-22	-27	-37	-40	-35	-30	-24	-29	-12	-04	23	-08	24	15	11	04	02	-01	-8.9	24	-40
11	03	08	16	12	07	04	-12	-33	-34	-30	-26	-16	-35	-17	-16	-04	04	04	18	23	22	22	20	20	-1.7	23	-35
12†	20	19	22	30	23	21	18	-02	-20	-16	-25	-19	-36	-31	18	40	04	06	-02	-13	-16	-02	21	-06	2.2	40	-36
13	10	11	19	26	13	-09	-16	-08	-26	-43	-63	-45	-29	-34	-08	-03	04	06	08	12	99	06	06	06	-6.2	26	-63
14	06	08	11	11	03	-13	-22	-35	-49	-37	-23	-11	-05	-04	-03	16	22	26	28	16	03	00	00	-01	-2.2	28	-49
15	00	02	04	08	09	04	-13	-38	-28	-29	-25	-19	-21	-18	-09	-12	05	15	15	14	23	09	08	08	-3.7	23	-38
16	09	11	10	12	15	15	02	-12	-21	-09	-23	-22	-30	-06	-12	19	29	45	34	47	42	19	00	24	8.2	47	-30
17	-21	-40	-16	26	-05	-15	01	-26	-42	-47	-54	-52	-54	-41	-16	-04	03	01	10	11	08	08	20	-02	-14.5	26	-54
18	-09	07	05	01	03	-04	-08	-24	-40	-58	-60	-41	-26	-19	-02	13	37	36	12	16	07	01	-06	18	-5.9	37	-60
19†	11	-01	28	02	-18	-55	-48	-54	-86	-89	-78	-57	-63	-40	-16	11	-03	06	14	07	01	06	-07	-12	-22.5	28	**-89**
20	-13	-11	-15	-19	-16	-14	-23	-35	-48	-50	-47	-39	-27	-03	07	04	06	07	09	18	06	-04	-08	-10	-13.5	18	-50
21	-08	-04	-03	-13	-06	-06	-09	-38	-53	-49	-32	-34	-38	-29	-14	05	10	04	13	18	20	18	02	04	-10.1	20	-53
22	01	07	-02	05	01	-07	-17	-28	-37	-36	-26	-24	-16	07	-05	08	18	-01	05	24	04	-04	-04	-05	-5.5	24	-37
23*	-08	-06	-04	00	-03	-09	-25	-40	-34	-33	-30	-32	-30	-21	-08	02	04	03	-01	-01	00	00	01	01	-11.4	04	-40
24*	-01	02	04	09	10	02	-04	-09	-09	-12	-16	-07	-04	01	09	11	07	08	15	15	15	11	12	09	3.2	15	-16
25	10	11	11	07	12	15	09	-15	-25	-32	-16	-20	-30	-30	-14	04	25	18	14	-03	-03	-02	-01	01	-2.2	25	-32
26	07	06	00	-02	-06	-13	-19	-21	-30	-34	-28	-26	-14	-06	20	18	17	03	-04	-02	00	00	04	08	-5.1	20	-34
27	00	03	10	13	12	06	-06	-32	-33	-33	-10	-09	-14	-22	-17	-12	02	18	25	46	27	15	26	23	1.6	46	-33
28	19	19	20	26	26	14	-08	-24	-22	-12	-12	-08	-02	09	13	21	26	33	38	30	25	05	06	09	**10.5**	38	-24
29†	25	20	15	21	28	05	-02	-19	-32	-37	-42	-24	-21	-23	-01	31	39	61	25	13	-24	-36	-38	-35	-2.1	**61**	-42
30*	-29	-25	-22	-21	-20	-35	-50	-57	-60	-59	-60	-48	-39	-40	-25	-17	-13	-07	-06	-04	00	-04	-05	-07	**-27.2**	00	-60
Mittel	02	04	05	06	05	-03	-11	-23	-32	-34	-32	-28	-26	-18	-08	03	11	12	13	14	11	06	06	04	-4.7	27	-42

Horizontalintensität

Niemegk — $H = 18400^{\gamma} +$ Tafelwert — 1946

0h 1h 2h 3h 4h 5h 6h 7h 8h 9h 10h 11h 12h 13h 14h 15h 16h 17h 18h 19h 20h 21h 22h 23h 24h Weltzeit

Juli

Tag	0h–1h	1h–2h	2h–3h	3h–4h	4h–5h	5h–6h	6h–7h	7h–8h	8h–9h	9h–10h	10h–11h	11h–12h	12h–13h	13h–14h	14h–15h	15h–16h	16h–17h	17h–18h	18h–19h	19h–20h	20h–21h	21h–22h	22h–23h	23h–24h	Tagesmittel (γ)	Max.	Min.
1*	-08	-10	-05	03	05	-06	-18	-31	-41	-46	-48	-40	-34	-27	00	09	08	03	05	07	10	08	07	04	-10.2	10	-48
2	03	06	08	11	12	16	-07	-36	-43	-52	-53	-52	-48	-22	-02	02	-03	01	07	10	08	06	03	01	-9.3	16	-53
3	-02	06	10	15	05	14	10	-31	-35	-41	-49	-23	-18	-16	-06	-15	02	05	11	08	11	10	10	08	-4.6	15	-49
4*	06	03	00	02	-03	-05	-11	-22	-35	-45	-39	-36	-35	-26	-02	16	13	04	07	07	06	07	05	03	-7.5	16	-45
5*	-01	-02	00	03	04	03	-07	-20	-32	-38	-36	-24	-08	10	06	06	01	-02	02	05	05	04	04	04	-4.7	10	-38
6	06	08	13	13	09	09	09	04	-03	-14	-15	-15	-15	-06	-11	06	14	11	11	18	16	06	03	04	03.4	18	-15
7†	04	09	10	30	41	03	17	05	10	00	-26	-41	-44	-21	-18	-08	-07	35	16	-14	-31	-47	-48	-49	-07.2	41	-49
8	-56	-45	-32	-31	-35	-41	-46	-45	-58	-60	-51	-28	-12	-17	-09	16	11	-02	02	03	02	12	15	14	-20.5	16	-60
9	15	16	18	37	23	06	-11	-18	-24	-19	-38	-31	-23	-18	-11	06	-06	-13	-04	-16	-09	-09	-10	-05	-06.0	37	-38
10	-03	-05	-07	-03	-08	-13	—	—	—	—	—	—	—	—	—	—	—	—	—	—	—	—	—	—	—	—	—
11	—	—	—	—	—	—	-17	-34	-44	-40	-25	-17	-13	-15	-17	-13	-03	14	29	-02	02	06	-04	-06	—	—	—
12	-06	-04	-03	-01	-04	-15	-25	-32	-39	-35	-28	-22	-22	-22	-15	-03	01	02	02	03	04	05	03	04	-10.5	05	-39
13*	03	04	04	05	08	04	-05	-15	-22	-23	-19	-22	-12	04	24	25	14	08	09	08	08	11	14	13	02.0	25	-23
14	13	15	17	22	20	16	05	-11	-23	-20	-12	02	03	08	-23	-25	08	13	08	07	08	14	10	06	03.4	22	-25
15	-06	-07	00	08	-02	15	12	-01	-16	-24	-24	-21	-11	00	08	01	-08	-06	05	01	03	00	00	-02	-03.1	15	-24
16	-03	-02	01	05	03	-06	-16	-26	-23	-10	-36	-24	-22	-08	-07	01	09	10	20	18	08	07	14	01	-03.6	20	-36
17	04	06	06	-01	-04	-16	-14	-10	-26	-31	-36	-29	-15	-15	01	19	18	14	07	11	12	06	20	10	-02.6	20	-36
18†	00	01	03	05	02	-05	-14	-16	-15	02	02	-16	-08	06	67	70	76	28	25	-03	-11	-05	12	-12	**08.1**	76	-16
19	-03	-13	-04	08	06	-23	-40	-47	-70	-77	-78	-82	-62	-24	-16	-20	-20	-17	-11	-07	-03	-08	-10	06	-25.6	08	-82
20*	-10	-11	-12	-10	-13	-18	-25	-35	-41	-43	-44	-42	-41	-26	-15	-02	-07	-02	07	07	03	03	-02	-05	-16.0	07	-44
21	-04	-05	-02	04	06	-05	-17	-18	-22	-36	-37	-36	-32	-26	-02	22	23	03	02	07	12	21	06	12	-05.2	23	-37
22	01	-04	01	-01	-12	00	-04	-16	-28	-30	-36	-33	-25	-22	-02	20	30	15	06	11	08	02	10	34	-03.1	34	-36
23	20	14	11	12	00	-10	-16	-23	-27	-22	-10	-05	-42	-02	-06	05	-05	-06	05	11	13	14	08	01	-02.5	20	-42
24	-02	-04	-05	-01	-05	-12	-15	-20	-23	-21	-21	-14	-19	-28	-13	-09	-06	-01	02	07	11	08	08	07	-07.3	11	-28
25	08	02	05	05	11	01	-06	-08	-19	-18	-13	-16	-10	-08	04	09	05	40	22	39	29	12	01	05	04.2	40	-19
26†	-07	05	-04	-02	-02	-30	-04	-08	-12	-34	-48	-50	-24	-06	-10	26	15	10	—	—	—	—	—	—	—	—	—
27†	—	—	—	—	—	—	—	-173	-156	-130	-117	-101	-87	-62	-62	-65	-69	-63	-60	-66	-64	-65	-61	-69	—	—	—
28	-75	-72	-70	-65	-64	-61	-69	-79	-91	-91	-87	-89	-86	-56	-38	-26	-34	-22	-30	-20	-26	-10	-28	-23	**-54.7**	-10	**-91**
29†	-27	-23	-31	-36	-36	-60	-75	-67	-67	-70	-66	-44	-30	-19	-20	-12	28	77	-08	-22	-21	-19	-07	-17	-28.0	**77**	-75
30	-10	-20	-32	-59	-35	-45.	-36	-51	-70	-69	-56	-39	-32	04	-14	-04	33	05	-23	-20	-20	-20	-22	-23	-27.4	33	-70
31	-22	-21	-24	-22	-22	-20	-25	-34	-45	-56	-51	-48	-45	-40	-32	-20	-11	-20	-16	-13	-07	-12	-11	-12	-26.2	-07	-56
Mittel	-06	-05	-04	-02	-03	-10	-16	-31	-38	-40	-40	-35	-29	-17	-08	01	04	05	02	00	00	-01	-02	-03	-11.5	21	-42

August

Tag	0h–1h	1h–2h	2h–3h	3h–4h	4h–5h	5h–6h	6h–7h	7h–8h	8h–9h	9h–10h	10h–11h	11h–12h	12h–13h	13h–14h	14h–15h	15h–16h	16h–17h	17h–18h	18h–19h	19h–20h	20h–21h	21h–22h	22h–23h	23h–24h	Tagesmittel (γ)	Max.	Min.
1	-20	-25	-31	-27	-17	-23	-27	-37	-47	-56	-57	-58	-51	-35	-14	-10	-06	-09	-08	-09	-08	-10	-11	-12	-25.3	-06	-58
2	-14	-14	-14	-11	-10	-13	-15	-23	-31	-37	-42	-50	-48	-30	-20	-08	-01	-01	-01	-03	-04	-07	-06	-08	-17.1	-01	-50
3	-11	-10	-08	-07	-09	-23	-33	-41	-51	-46	-34	-30	-26	-20	-08	00	06	02	-03	-07	-09	-08	-04	-04	-16.0	06	-51
4	-03	00	-01	00	-01	-03	-09	-21	-28	-26	-22	-18	-16	-17	-17	-05	01	02	07	02	03	01	-01	-02	-07.2	07	-28
5	-02	-04	-02	-02	00	-01	-10	-27	-36	-35	-34	-15	-17	-18	-06	01	-05	03	11	17	09	08	10	10	-06.0	17	-36
6	08	03	02	04	03	-01	-06	-14	-21	-28	-29	-18	01	-01	-11	-09	-13	-09	07	08	08	04	08	07	-04.0	08	-29
7†	03	08	07	18	10	10	06	-05	-28	-33	-45	-32	00	-12	14	05	12	01	-18	-12	-16	-07	-06	-06	-05.2	18	-45
8	-07	-11	-11	-11	-13	-20	-28	-36	-42	-40	-38	-33	-26	-20	-15	-08	-01	00	05	08	05	00	-04	00	-14.4	08	-42
9	02	05	03	01	-02	-08	-18	-27	-28	-17	-10	-06	-03	-03	-06	-07	-01	00	05	03	04	04	04	03	-04.2	05	-28
10	01	00	00	00	00	-06	-15	-23	-30	-30	-27	-20	-12	00	07	02	06	09	13	08	05	00	02	-01	-04.6	13	-30
11†	-09	-05	-04	01	-04	03	-07	-14	-22	-28	-44	-52	-27	07	-04	-13	11	10	01	02	-01	18	-04	-04	-07.9	18	-52
12	-12	13	-15	-14	-12	-14	-34	-40	-55	-51	-45	-35	-25	-16	-08	-07	03	-03	02	04	06	03	12	-11	-14.8	13	-55
13	-18	-16	-12	-05	-04	-13	-24	-26	-34	-39	-40	-31	-24	-20	-12	-02	-04	-03	-02	12	08	07	05	01	-12.3	12	-40
14†	04	03	04	13	14	04	-05	-53	-72	-82	-81	-75	-94	-38	-52	-50	-47	-27	-07	02	18	-17	-32	-30	**-29.2**	18	-94
15†	-11	15	-14	-40	-23	-21	-36	-47	-55	-61	-71	-51	-30	-22	-06	-16	15	00	-08	-11	-10	-04	-18	-07	-22.2	15	-71
16	-11	-14	-23	-18	-14	-19	-33	-42	-53	-57	-50	-42	-30	-23	-25	-10	-01	10	19	29	15	-06	13	-03	-16.2	29	-57
17	-14	-16	-12	-12	-19	-31	-58	-69	-68	-47	-36	-53	-31	-31	-42	-26	-14	-08	-06	-01	-10	07	-08	-15	-25.8	07	-69
18	-19	-18	-18	-14	-11	-10	-18	-31	-36	-46	-50	-38	-25	-14	-07	-04	-03	-01	-04	-06	-02	08	-08	-06	-15.9	08	-50
19	10	-08	-14	-15	-16	-20	-21	-28	-40	-44	-42	-38	-27	-22	-16	-14	-09	-04	-02	-03	02	00	-01	-06	-15.8	10	-44
20	-06	-05	-08	-05	-08	-07	-05	-18	-36	-53	-53	-36	-23	-17	-10	-03	-01	01	04	08	06	00	-02	-03	-11.7	08	-53
21*	-02	-03	-04	-04	-04	-03	-08	-22	-39	-49	-44	-29	-25	-21	-14	-06	-03	00	01	03	04	01	01	04	-11.1	04	-49
22*	01	01	01	-01	02	-02	-15	-28	-35	-35	-29	-22	-16	-12	-10	-06	-02	-02	01	04	03	03	03	05	-08.0	05	-35
23*	04	04	02	02	00	-07	-19	-34	-39	-30	-22	-21	-17	-14	-08	-02	00	02	06	11	13	15	18	20	-04.8	20	-39
24	19	23	31	23	15	11	-06	-10	-23	-20	-12	-08	-05	-06	00	-03	09	10	09	12	10	05	03	04	**03.8**	31	-23
25	11	10	14	07	-05	-15	-30	-41	-42	-36	-21	-10	-06	-06	-07	-09	-02	-07	-02	02	00	-02	-02	-02	-08.4	14	-42
26*	-02	-01	-02	00	-02	-08	-22	-41	-53	-47	-37	-22	-08	-02	02	05	04	06	05	12	06	05	05	05	-08.0	12	-53
27	05	05	06	05	02	-02	-11	-32	-45	-50	-46	-34	-30	-10	-02	-01	02	03	04	08	12	09	04	-03	-08.4	12	-50
28	00	01	-04	01	04	00	-10	-22	-32	-34	-29	-22	-13	-01	-05	-01	08	10	06	10	08	05	04	04	-04.7	10	-34
29*	04	04	03	04	02	-02	-08	-22	-37	-45	-42	-35	-22	-14	-08	00	10	11	10	07	06	05	04	04	-06.7	11	-45
30	02	02	02	02	01	-02	-10	-19	-26	-29	-26	-12	-04	06	14	11	11	15	20	32	19	10	19	23	02.5	32	-29
31†	46	47	17	03	-36	-38	09	-22	-46	-76	-94	-73	-49	-31	-22	-14	-14	-28	-30	-25	-21	-21	-22	-22	-23.4	**47**	**-94**
Mittel	-01	00	-03	-03	-05	-09	-17	-39	-40	-42	-40	-33	-24	-15	-10	-07	-01	00	01	04	03	01	00	-02	-11.4	13	-48

Horizontalintensität

Niemegk H = 18 400γ + Tafelwert **1946**

0h 1h 2h 3h 4h 5h 6h 7h 8h 9h 10h 11h 12h 13h 14h 15h 16h 17h 18h 19h 20h 21h 22h 23h 24h Weltzeit

September

Tag	0h	1h	2h	3h	4h	5h	6h	7h	8h	9h	10h	11h	12h	13h	14h	15h	16h	17h	18h	19h	20h	21h	22h	23h	Tagesmittel γ	Max.	Min.
1*	-20	-21	-21	-21	-21	-21	-21	-24	-32	-44	-48	-40	-38	-38	-37	-29	-19	-06	00	-03	-04	-04	-03	01	-21.4	01	-48
2	00	-04	-03	-09	-08	-02	-17	-13	-11	-19	-23	-29	-31	-29	-22	-13	-06	-05	07	00	-05	-04	-03	00	-10.4	07	-31
3	00	-03	-03	00	00	01	00	-04	-16	-32	-45	-40	-22	-10	-07	-01	-07	-17	-14	-04	-01	07	06	03	-08.7	07	-45
4	15	15	16	13	16	11	-14	-07	-36	-53	-73	-63	-46	-45	-24	-19	-13	-02	-04	-08	-10	-06	-02	17	-13.4	17	-73
5	10	-06	-08	-05	-02	-06	-13	-30	-51	-53	-47	-40	-31	-15	-18	-10	-02	-01	-10	-08	-03	03	12	10	-13.5	12	-53
6*	16	03	01	-06	04	13	03	-04	-18	-35	-39	-30	-17	-09	-04	-02	00	03	05	06	06	06	06	06	-03.6	16	-39
7	07	10	12	12	10	07	00	-06	-21	-55	-42	-29	-33	-34	-45	-28	-11	-12	-03	-04	-05	-02	06	03	-11.0	12	-55
8	-06	-05	-05	-06	-06	-09	-12	-37	-42	-36	-32	-16	-29	-23	-15	-13	-06	-02	-02	-07	-13	-08	09	11	-12.9	11	-42
9	-01	02	05	04	-02	-05	-22	-29	-33	-29	-28	-15	-06	-01	01	-11	-08	-16	-11	-07	-09	-06	01	-06	-09.7	05	-33
10	-02	-01	-01	-02	-03	-06	-14	-17	-49	-62	-31	-17	-06	-19	-22	-13	-04	-04	-02	-02	-02	06	14	09	-10.4	14	-62
11	-10	-07	-08	-04	02	06	-04	-15	-29	-36	-42	-39	-17	-15	-04	08	-04	06	02	11	07	02	-01	04	-07.8	11	-42
12	02	-01	-01	00	04	01	-12	-38	-39	-26	-30	-30	-34	-26	-22	-09	02	02	03	03	11	03	08	-06	-09.8	11	-39
13	-02	-01	-01	03	02	-02	04	-08	-24	-34	-37	-36	-30	-18	-06	-03	04	06	10	10	11	09	14	28	-04.2	28	-37
14	20	-08	-05	-02	01	01	-02	-10	-28	-36	-35	-37	-31	-19	-10	-04	02	06	12	12	12	13	16	17	-04.8	20	-37
15*	02	02	03	02	03	03	-01	-12	-24	-23	-22	-15	-12	-02	04	09	00	08	10	08	10	10	11	11	**-00.6**	11	-24
16	10	06	04	06	06	07	02	-10	-24	-36	-30	-18	-12	04	15	18	35	02	-32	-38	-49	-36	-24	-08	-08.4	**35**	-49
17	-05	-42	-27	-28	-27	-24	-20	-30	-37	-46	-46	-41	-37	-41	-35	-29	-12	-04	-09	00	09	-26	-27	-20	-25.2	09	-46
18†	13	33	-28	-117	-98	-78	-122	-131	-160	-136	-112	-102	-126	-136	-93	-67	-90	-57	-70	-67	-69	-53	-35	-44	-81.0	33	-160
19†	-34	-41	-06	-58	-52	-60	-63	-63	-71	-80	-88	-94	-82	-35	-68	-80	-63	-46	-41	-39	-44	-44	-43	-40	-55.6	-06	-94
20	-22	-42	-39	-38	-34	-33	-44	-48	-44	-49	-52	-60	-62	-59	-53	-41	-35	-25	-28	-33	-22	-22	-24	-27	-39.0	-22	-62
21	-16	-20	-28	-27	-25	-24	-27	-34	-42	-47	-43	-48	-30	-27	-32	-31	-25	33	14	-09	-07	02	-11	-21	-21.9	33	-48
22†	-18	-10	-20	-22	-64	-152	-209	-156	-150	-150	—	—	—	—	—	—	—	-89	-99	-69	-86	-74	-36	-23	—	—	—
23†	-42	05	-64	-104	-70	-122	-192	-196	-188	-185	-151	-129	-86	-88	-86	-61	-02	-64	-71	-86	-56	-54	-56	-77	**-92.7**	05	**-196**
24	-29	-46	-54	-64	-51	-58	-67	-87	-89	-93	-87	-74	-58	-48	-41	-44	-41	-36	-32	-32	-32	-29	-30	-29	-52.1	-29	-93
25*	-30	-29	-29	-28	-26	-28	-34	-45	-60	-64	-56	-49	-40	-35	-37	-38	-28	-21	-23	-20	-20	-20	-18	-16	-33.1	-16	-64
26*	-17	-20	-21	-21	-18	-18	-22	-33	-44	-52	-52	-49	-39	-32	-36	-34	-28	-20	-15	-13	-10	-05	-09	-11	-25.9	-05	-52
27	-11	-07	-06	-07	-13	-16	-29	-70	-84	-66	-57	-53	-54	-58	-45	-37	-47	-03	-30	-73	-69	-59	-34	-40	-40.3	-03	-84
28†	-35	-32	-23	-03	17	01	-52	-70	-66	-83	-109	-107	-80	-64	-86	-29	-44	-84	-110	-123	-116	-103	-106	-102	-67.0	17	-123
29	-117	-96	-69	-73	-57	-56	-64	-74	-82	-86	-88	-82	-84	-72	-64	-71	-64	-50	-51	-38	-28	-34	-21	-14	-64.0	-14	-117
30	-38	-34	-42	-24	-16	-38	-23	-40	-59	-75	-88	-83	-67	-49	-43	-53	-34	-36	-31	-10	-26	-31	-28	-23	-41.3	-10	-88
Mittel	-12	-13	-16	-21	-18	-24	-36	-45	-55	-61	-56	-51	-43	-36	-32	-25	-19	-18	-21	-21	-21	-19	-14	-13	-28.7	07	-67

Oktober

Tag	0h	1h	2h	3h	4h	5h	6h	7h	8h	9h	10h	11h	12h	13h	14h	15h	16h	17h	18h	19h	20h	21h	22h	23h	Tagesmittel γ	Max.	Min.
1	-14	-21	-28	-17	-14	-20	-20	-49	-75	-68	-66	-72	-68	-63	-63	-49	-35	-30	-30	-15	-26	-21	-12	-15	-37.1	-12	-75
2	-21	-21	-20	-21	-18	-18	-26	-44	-72	-75	-75	-66	-58	-50	-54	-37	-28	-33	-25	-17	-12	-10	-11	-10	-34.2	-10	-75
3	-06	-02	-02	-02	-06	-24	-07	-25	-43	-54	-52	-47	-42	-41	-45	-47	-39	-34	-15	-14	-13	-12	-10	-10	-24.2	-02	-54
4	-11	-11	-13	00	01	-01	-12	-26	-48	-61	-52	-43	-40	-29	-23	-23	-36	-25	-10	-06	-14	-15	-13	-08	-21.6	01	-61
5	-08	-07	-08	-04	-04	-04	-11	-15	-30	-37	-40	-44	-31	-20	-42	-62	-38	-29	-28	-16	-09	-07	-05	-09	-21.2	-04	-62
6	-09	-12	-10	-10	00	-01	-12	-20	-44	-59	-45	-36	-31	-26	-24	-26	-24	-22	-24	-26	-04	-05	-13	-15	-20.8	00	-59
7	-15	-17	-14	-17	-06	01	-05	-17	-31	-44	-46	-54	-57	-49	-46	-51	-47	-30	-12	-12	-01	03	01	-02	-23.7	03	-57
8*	-05	-08	-07	-06	-04	-05	-07	-12	-22	-29	-34	-31	-23	-15	-10	-03	01	07	15	15	16	13	17	12	-05.2	17	-34
9†	10	09	09	-05	-01	03	-10	-20	-29	-37	-53	-42	-48	-42	-28	-15	-13	-13	-23	-31	-13	-12	-09	07	-16.9	10	-53
10	-13	-15	-10	-16	-12	-10	-12	-18	-35	-38	-42	-36	-33	-28	-20	-18	-13	-06	-02	05	01	-03	-11	-14	-16.6	05	-42
11	-05	-04	-04	-05	-09	-08	-09	-14	-19	-25	-25	-20	-13	-06	-09	-26	-17	-08	-06	04	02	00	-02	00	-09.5	04	-26
12	-02	-02	-04	13	11	-02	-05	-18	-34	-41	-42	-38	-30	-24	-18	-11	-08	-07	-07	-03	-01	02	-02	01	-11.3	13	-42
13*	08	-04	-02	00	03	04	-01	-18	-36	-46	-47	-37	-29	-18	-11	-06	-02	02	05	07	08	08	08	-02	-08.6	08	-47
14	-02	05	-01	-01	00	02	01	-22	-45	-46	-46	-44	-34	-22	-14	-13	-02	04	08	06	04	-01	-04	00	-11.1	08	-46
15	01	02	03	04	05	03	-02	-14	-32	-50	-48	-35	-18	-09	-04	01	02	05	06	12	05	06	04	10	-06.0	12	-50
16	02	-01	00	01	03	03	-06	-14	-26	-45	-41	-32	-23	-18	-11	-11	-05	-01	01	-01	-03	24	01	00	-08.5	**24**	-45
17*	01	02	01	00	03	01	-01	-04	-19	-26	-29	-26	-23	-13	-06	-02	00	05	08	12	15	13	12	12	-02.7	15	-29
18*	10	10	10	07	07	06	03	-05	-13	-18	-19	-16	-10	-04	-01	01	00	02	03	03	03	09	07	15	**00.4**	15	-19
19	05	02	00	03	05	05	00	-08	-18	-24	-20	-16	-12	-07	-07	-07	02	00	-05	-12	-06	14	05	00	-04.2	14	-24
20†	-24	-23	-15	-06	11	02	-03	-05	-12	-26	-32	-18	-24	-27	-15	-06	-06	-01	04	-11	-14	-14	-12	-07	-11.8	11	-32
21	-05	-07	-01	-06	-05	-05	-02	-11	-27	-36	-37	-36	-30	-24	-18	-11	-06	00	08	02	00	09	11	10	-09.5	11	-37
22	06	05	03	04	06	07	06	-02	-17	-30	-32	-29	-30	-22	-09	-06	-03	-04	00	-02	03	03	04	02	-05.7	07	-32
23	06	11	10	09	06	04	-01	-10	-19	-29	-31	-28	-29	-24	-25	-18	-07	00	02	05	04	05	01	-02	-06.7	11	-31
24	00	-01	00	00	01	02	-07	-22	-33	-42	-44	-39	-34	-32	-25	-23	-10	-10	-07	-05	02	03	01	07	-13.2	07	-44
25	02	03	02	06	07	08	04	-16	-35	-54	-48	-44	-32	-21	-13	-13	-13	-19	-23	-17	-10	-08	-01	-10	-14.4	08	-54
26†	-09	-16	03	06	-03	01	03	-03	-24	-39	-43	-54	-43	-20	-15	-23	-32	-25	-24	-34	-45	-05	24	-50	-19.6	24	-54
27†	-29	-24	-36	-49	-24	-38	-31	-48	-74	-105	-94	-85	-80	-72	-85	-74	-68	-57	-37	-19	05	-14	-28	-28	**-49.8**	05	**-105**
28	-26	-28	-29	-28	-24	-25	-29	-32	-49	-58	-52	-51	-48	-44	-36	-33	-32	-15	-26	-16	-14	-12	-13	-05	-30.2	-05	-58
29	-06	-14	-24	-14	-06	-06	-06	-20	-35	-47	-48	-40	-31	-39	-37	-36	-27	-18	-15	-15	-15	-18	-11	03	-21.9	03	-48
30*	-06	-08	-08	-05	-06	-04	-14	-15	-28	-40	-44	-37	-32	-29	-29	-24	-22	-14	-05	-02	-02	-02	-03	-04	-16.0	-02	-44
31†	-04	-03	-01	00	01	-02	-04	-10	-32	-36	-27	-23	-36	-55	-49	-32	-37	-41	-55	-44	-41	-37	-38	-28	-26.4	01	-55
Mittel	-05	-06	-06	-05	-02	-04	-07	-18	-31	-44	-44	-39	-35	-29	-26	-23	-18	-13	-10	-11	-06	-03	-03	-05	-16.4	07	-48

Niemegk — **Horizontalintensität** — $H = 18400^{\gamma} + \text{Tafelwert}$ — **1946**

0^h 1^h 2^h 3^h 4^h 5^h 6^h 7^h 8^h 9^h 10^h 11^h 12^h 13^h 14^h 15^h 16^h 17^h 18^h 19^h 20^h 21^h 22^h 23^h 24^h Weltzeit

November

Tag	0h	1h	2h	3h	4h	5h	6h	7h	8h	9h	10h	11h	12h	13h	14h	15h	16h	17h	18h	19h	20h	21h	22h	23h	Tagesmittel (γ)	Max.	Min.
1†	-30	-23	-14	-14	-22	-08	-22	-36	-51	-59	-79	-73	-72	-65	-66	-70	-78	-60	-25	-27	-26	-15	-02	-20	**-39.9**	-02	**-79**
2	-18	-18	-17	-13	-10	-04	-21	-29	-30	-34	-42	-46	-44	-34	-26	-20	-16	-14	-11	03	-07	-13	-10	-10	-20.2	03	-46
3	-07	-03	-04	-06	-01	02	-05	-17	-22	-23	-24	-25	-22	-16	-13	-13	-10	-06	-02	00	01	-01	04	-03	-09.0	04	-25
4	-04	-03	-04	00	03	02	-01	-10	-21	-27	-31	-38	-30	-23	-20	-11	-06	-03	00	03	03	02	-05	-05	-09.5	03	-38
5	-05	-04	-02	-01	07	11	06	-07	-19	-17	-23	-21	-18	-08	-09	00	08	14	18	26	22	24	11	09	**00.9**	26	-23
6†	00	05	-02	01	15	11	04	-08	-14	-27	-54	-53	-31	-38	-71	-66	-35	-34	-18	-16	-12	-15	-17	08	-19.5	15	-71
7	-10	-17	-15	-16	-05	-07	-05	-08	-23	-40	-42	-36	-35	-27	-23	-22	-18	-15	-08	-06	-03	-03	-03	-06	-16.4	-03	-42
8	-07	-08	-06	-05	-01	01	02	-02	-07	-11	-14	-17	-21	-15	-10	-07	-04	00	01	-03	01	01	-01	02	-05.5	02	-21
9	-01	-12	-16	-16	-09	-05	-03	-08	-20	-30	-33	-26	-14	-15	-13	-17	-07	-01	05	06	06	05	01	-07	-09.6	06	-33
10	-10	-03	06	-04	00	04	04	-04	-13	-22	-27	-24	-18	-12	-11	-10	-11	-02	00	06	00	-31	-24	-13	-09.1	06	-31
11	-14	-12	13	10	-17	-16	-06	-20	-33	-34	-36	-23	-14	-13	-12	-10	-05	-05	-02	02	04	20	-08	-07	-09.9	20	-36
12	-09	02	20	09	-20	-18	-25	-29	-33	-37	-38	-37	-32	-27	-28	-29	-20	-25	-02	-01	-11	-09	-08	-09	-17.3	20	-38
13	-08	-06	-10	-08	-04	-04	-07	-11	-19	-31	-34	-27	-23	-17	-16	-10	-06	-01	-15	-05	-01	-06	-06	-09	-11.8	-01	-34
14*	-06	-06	-07	-05	-04	-02	-05	-12	-19	-20	-20	-22	-26	-21	-14	-09	-05	-02	01	02	03	07	04	-02	-07.9	07	-26
15	-01	-01	-02	03	01	02	00	-06	-03	-12	-03	02	02	08	-03	-07	00	-07	-09	00	-12	-19	-08	-03	-03.2	08	-19
16	-05	-30	-12	-15	-05	-04	-14	-26	-32	-30	-36	-31	-28	-21	-13	-09	-10	-08	-13	-20	-21	16	-11	-12	-16.2	16	-36
17	-10	-10	-08	-14	-02	-06	-09	-15	-28	-38	-37	-28	-20	-16	-11	-07	-03	-04	01	02	-02	-03	-06	-16	-12.1	02	-38
18	06	-09	-10	-06	-04	-04	-04	-10	-18	-24	-24	-22	-18	-12	-12	-04	02	03	05	05	04	03	02	-06	-06.5	06	-24
19	-02	-16	-12	-12	-04	-02	09	-02	-27	-42	-42	-33	-24	-25	-19	-27	-09	-05	-07	-22	-32	-31	00	-16	-16.8	09	-42
20	-16	-23	-22	-14	-13	-10	-09	-09	-13	-17	-16	-13	-15	-16	-36	-05	01	01	-17	-08	-07	-10	-10	08	-12.0	08	-36
21†	-02	-13	-08	-10	-05	00	07	01	05	-27	-44	-58	-42	-49	-47	-41	-32	-30	-26	-22	-16	-15	14	-08	-19.5	14	-58
22	-25	-18	-14	-16	-12	-11	-10	-27	-43	-35	-38	-37	-33	-37	-36	-27	-19	-14	-15	-10	-07	-12	-06	-05	-21.1	-05	-43
23	-08	-15	-05	-03	-01	-08	-11	-08	-17	-32	-33	-40	-35	-38	-28	-18	-11	-06	-03	00	00	01	01	-02	-13.3	01	-40
24†	-03	-04	-03	08	35	30	18	15	11	-02	-12	-17	-35	-69	-62	-40	-31	-32	-25	-22	-20	-20	-19	-22	-13.4	**35**	-69
25†	-24	-26	-29	-29	-20	-09	-03	-08	-20	-29	-28	-33	-41	-47	-46	-39	-33	-28	-35	-09	15	-11	-08	11	-22.0	15	-47
26	-12	-15	-13	-03	00	-03	-12	-18	-23	-25	-23	-21	-16	-19	-23	-25	-06	-12	-07	-02	-02	-06	-05	-04	-12.3	00	-25
27*	-04	-04	-04	-03	-01	-01	-03	-07	-16	-21	-20	-14	-07	-06	-07	-05	00	01	03	03	02	01	01	00	-04.7	03	-21
28*	-01	00	03	03	06	05	06	06	-01	-12	-17	-18	-14	-12	-07	-03	00	00	02	02	03	03	03	02	-01.7	06	-18
29*	02	03	04	07	10	10	10	05	-06	-18	-22	-16	-09	-05	-04	-02	01	03	05	05	03	03	06	05	00.0	10	-22
30*	05	00	00	02	06	07	07	08	02	-09	-18	-14	-08	-09	-08	-01	-01	00	03	04	04	10	03	-05	-00.5	10	-18
Mittel	-08	-10	-06	-06	-03	-01	-03	-10	-18	-26	-30	-29	-25	-23	-23	-18	-12	-10	-07	-03	-04	-04	-04	-05	-12.0	08	-37

Dezember

Tag	0h	1h	2h	3h	4h	5h	6h	7h	8h	9h	10h	11h	12h	13h	14h	15h	16h	17h	18h	19h	20h	21h	22h	23h	Tagesmittel (γ)	Max.	Min.
1	-05	-02	00	03	07	05	03	02	-04	-11	-14	-12	-07	-04	-01	00	-03	-20	-27	-26	-14	-06	-04	09	-05.5	09	-27
2	02	00	03	06	07	06	06	01	-07	-14	-18	-16	-13	-17	-25	-22	-13	-08	-10	-04	-07	-02	03	11	-05.5	11	-25
3	-01	-04	09	08	-09	-01	-01	-06	-12	-26	-41	-43	-36	-30	-26	-20	-10	-04	-02	-03	-04	-05	-05	-04	-11.5	09	-43
4	-04	-03	-05	-04	02	06	03	-05	-08	-13	-15	-15	-12	-08	-05	-04	01	08	14	14	12	07	07	08	-00.8	14	-15
5†	08	08	03	02	11	13	06	00	-09	-09	-14	-22	-21	-06	-01	-03	-20	-19	01	05	-05	-15	-18	-08	-04.7	13	-22
6	-03	-05	-07	-06	-06	-07	-10	-12	-19	-25	-24	-17	-12	-05	-05	00	04	03	07	03	(02)	(-04)	-08	-14	-07.1	07	-25
7	-09	-02	03	28	23	20	10	06	-03	-13	-15	-12	-07	-06	(-06)	(-05)	(-26)	(-23)	(-18)	(-04)	(00)	(01)	(03)	(-03)	-02.4	**28**	-26
8	-04	-06	-04	-03	14	06	00	-02	-10	-19	-27	-14	-06	-09	-10	-04	01	04	06	03	00	00	-02	-03	-03.7	14	-27
9*	03	-02	-01	-01	-03	00	00	01	-01	-03	-08	-08	-04	-04	-08	-06	-03	-03	05	05	06	02	02	02	-01.2	06	-08
10†	01	-04	-05	-02	00	07	10	—	—	—	—	—	—	—	—	—	—	—	—	—	-04	04	-20	06	—	—	—
11†	-02	-02	00	03	06	07	08	11	11	02	-08	-08	-09	-14	-24	-21	-28	-07	-07	15	-35	00	-24	-17	-06.0	15	-35
12†	-14	00	-10	-16	-15	-10	-06	-05	-08	-12	-21	-43	-44	-30	-31	-33	-25	-19	-16	-05	-14	-10	-05	07	-16.0	07	-44
13	-06	-08	-07	-06	-03	01	-01	-03	-10	-15	-22	-22	-13	-13	-24	-19	-12	-09	-01	-01	01	-03	-02	-03	-08.4	01	-24
14*	-04	-04	-04	-05	-05	-04	-05	-10	-14	-18	-18	-12	-07	-03	-03	-04	-02	02	03	04	03	03	00	-02	-04.5	04	-18
15*	-02	00	-02	-01	01	01	00	-04	-12	-24	-29	-29	-19	-07	-03	-01	04	04	03	03	03	02	00	02	-04.6	04	-29
16	02	01	02	02	02	04	03	01	01	-04	-11	-07	00	02	03	06	06	07	09	08	04	-03	02	00	0.17	09	-11
17	-06	-04	-04	-01	03	13	08	02	-08	-23	-31	-35	-31	-28	-13	-05	-02	-03	-04	-08	-14	-11	06	-04	-08.5	13	-35
18	-02	-05	-04	06	07	03	-02	02	02	-04	-06	-01	03	03	00	06	12	13	11	10	06	04	01	02	**02.8**	13	-06
19†	05	02	11	12	15	19	20	-02	-23	-36	-36	-38	-66	-75	-54	-51	-56	-23	-58	-46	-29	-26	-25	-26	-24.4	20	**-75**
20*	-26	-26	-22	-26	-24	-26	-27	-34	-43	-46	-45	-45	-40	-35	-30	-26	-19	-15	-14	-14	-14	-14	-14	-15	**-26.7**	-14	-46
21	-16	-12	-10	-09	-07	-04	-09	-07	-16	-57	-34	-30	-30	-31	-33	-24	-16	-10	-10	-08	-08	-07	-03	-10	-16.7	-03	-57
22	-17	-08	-06	-13	-12	-08	-06	-12	-20	-32	-31	-34	-38	-43	-26	-14	-10	-04	-10	-11	-08	-07	-05	-07	-15.9	-04	-43
23	-07	-07	-06	-04	-04	07	08	07	08	-06	-11	-15	-27	-19	-11	-09	-10	-04	-07	-05	-06	-05	02	-06	-05.7	08	-27
24	-11	-16	-17	-16	-12	-07	-08	-05	-06	-11	-11	-10	-05	-08	-15	-11	-08	-06	-02	-02	-02	-03	-06	-08	-08.6	-02	-17
25	-09	-09	-03	-06	-06	-05	-05	-02	01	-04	-10	-15	-10	-09	-12	-05	-04	-03	02	04	03	-03	-31	-20	-06.7	04	-31
26	-17	-11	-12	-04	01	-02	-04	-09	-14	-20	-16	-31	-42	-38	-40	-49	-45	-36	-41	-38	-30	-29	-25	-20	-23.8	01	-49
27	-20	-18	-08	-07	-11	-10	-15	-13	-28	-32	-28	-26	-17	-16	-19	-18	-19	-17	-14	-09	-23	-18	-26	-18	-17.9	-07	-32
28	-12	-10	-06	-12	-12	-14	-10	-09	-19	-19	-16	-16	-17	-28	-26	-20	-15	-16	-14	-10	-08	-06	-06	-06	-13.6	-06	-28
29	-04	-02	-06	00	01	04	-02	-11	-15	-18	-15	-14	-16	-22	-16	-12	-08	-10	-10	-10	-05	-04	-09	-05	-08.7	04	-22
30*	-07	-05	-05	-02	-01	-02	-03	-04	-06	-12	-13	-10	-04	-03	00	-01	-02	-02	02	03	04	03	04	05	-02.5	05	-13
31	03	05	14	10	08	10	09	06	-01	-10	-11	-06	-02	-09	-16	-12	-07	-04	-01	01	-02	05	02	03	-00.2	14	-16
Mittel	-06	-05	-04	-02	-01	01	-01	-04	-10	-18	-20	-20	-18	-17	-16	-13	-11	-07	-07	-04	-06	-05	-05	-05	-08.5	07	-29

Niemegk

Horizontalintensität

H = 18300γ + Tafelwert

1947

Tag	0h	1h	2h	3h	4h	5h	6h	7h	8h	9h	10h	11h	12h	13h	14h	15h	16h	17h	18h	19h	20h	21h	22h	23h	Tagesmittel	Max.	Min.
Januar																											
																									γ		
1	104	105	107	116	117	114	113	110	103	97	84	83	88	84	82	82	91	100	100	102	101	99	97	99	99.1	117	82
2	99	99	100	103	105	108	109	108	96	86	86	94	96	99	94	73	50	75	88	99	96	101	102	101	94.5	109	50
3	102	102	104	105	108	101	98	103	92	83	78	86	82	79	75	76	85	63	49	57	64	86	109	79	86.1	109	49
4†	82	82	82	87	84	86	86	82	75	66	69	81	63	82	86	50	50	72	65	81	92	88	84	78	77.2	92	50
5†	81	84	79	84	90	89	111	103	90	66	65	72	73	83	84	80	101	58	80	60	80	62	66	72	79.7	111	58
6	82	78	88	86	81	80	82	70	59	56	55	50	57	55	58	72	68	68	71	88	83	85	86	80	72.4	88	50
7	84	86	90	97	92	93	91	94	77	65	61	59	68	77	79	81	83	88	92	94	93	87	93	92	84.0	97	59
8	91	94	97	95	98	95	96	98	84	79	84	86	87	(86)	84	88	93	94	95	97	98	97	97	97	92.1	98	79
9*	96	96	99	101	104	106	106	105	100	90	84	84	84	84	85	88	92	96	97	98	98	98	98	98	95.3	106	84
10*	102	104	102	102	103	105	106	106	102	97	92	92	94	96	97	102	103	106	106	107	106	105	104	103	101.8	107	92
11*	102	102	104	106	109	111	114	117	115	109	101	100	101	100	101	102	105	108	108	109	107	106	104	105	**106.1**	117	100
12*	104	105	105	105	108	109	109	106	103	100	99	104	106	104	102	105	108	111	111	110	110	108	106	106	106.0	111	99
13*	104	105	106	105	107	111	112	108	102	92	88	92	97	100	102	103	107	108	106	106	104	102	96	96	102.5	112	88
14	96	104	102	101	102	104	106	103	96	87	85	80	96	102	98	95	94	98	101	101	105	106	106	105	99.3	106	90
15	102	102	104	104	106	112	108	101	92	80	72	81	93	99	98	97	105	108	111	106	95	90	82	85	97.2	112	72
16†	85	85	82	88	64	91	109	108	106	85	72	85	87	81	83	75	96	54	64	60	28	32	47	49	75.7	109	28
17	44	72	58	60	63	68	64	66	69	57	38	51	64	65	65	72	76	80	77	76	78	87	79	76	66.9	87	38
18	74	82	82	79	80	81	84	81	73	59	61	63	66	70	70	80	81	75	85	77	74	79	85	83	76.0	85	59
19	97	84	77	78	88	95	95	86	77	68	55	54	65	67	71	77	87	92	94	95	94	86	83	104	82.0	104	54
20	86	85	85	88	92	99	105	99	89	80	74	76	82	84	88	88	93	96	84	74	87	91	93	94	88.0	105	74
21	88	102	97	92	90	99	100	97	96	90	82	79	86	90	86	85	91	97	103	102	103	103	101	95	93.9	103	79
22	94	98	103	104	104	105	109	104	92	84	80	75	83	91	95	94	92	77	81	85	96	92	98	98	93.1	109	75
23	95	94	91	92	97	102	104	103	99	95	86	85	91	97	97	99	95	94	102	95	89	94	97	101	95.6	104	85
24	102	103	103	104	107	111	114	76	64	71	57	54	55	66	74	86	87	87	78	77	77	90	91	94	84.5	114	54
25†	94	97	102	119	116	69	58	30	22	30	04	-09	06	18	14	38	22	28	31	04	01	04	14	10	**38.4**	**119**	**-09**
26†	23	27	34	62	78	52	55	31	29	15	09	15	23	26	41	42	63	50	55	59	67	66	69	71	44.2	78	09
27	72	71	65	69	69	73	73	66	56	47	48	49	62	73	71	78	82	94	79	84	117	85	77	74	72.2	117	47
28	87	84	77	84	86	85	83	72	91	66	62	60	66	71	73	81	84	86	88	91	100	90	86	81	80.6	100	60
29	82	83	84	88	106	94	96	87	79	70	56	52	62	70	61	64	78	82	90	97	97	94	95	94	81.7	106	52
30	96	94	90	89	90	93	93	90	89	91	89	82	79	85	90	87	87	92	95	96	96	100	100	86	90.8	100	79
31	80	82	87	91	99	96	92	88	81	71	66	69	78	89	91	88	88	88	94	96	97	96	93	108	87.8	108	66
Mittel	88	90	90	93	95	95	96	90	84	75	69	71	75	80	80	82	85	85	86	87	88	87	88	88	85.3	105	63
Februar																											
																									γ		
1	107	97	92	95	99	100	98	93	73	68	63	61	65	75	83	89	90	92	93	91	89	90	100	99	87.6	107	61
2	97	98	99	100	103	105	104	97	86	75	68	63	67	77	90	96	99	102	99	101	97	85	88	88	91.0	105	63
3	90	90	91	94	98	100	106	106	97	88	73	64	69	76	79	93	94	89	97	108	104	105	108	107	92.8	108	64
4	111	123	114	106	104	105	116	117	96	77	66	62	46	56	68	80	87	90	93	96	96	91	92	99	91 3	123	46
5	98	93	93	97	99	100	104	105	98	85	80	82	87	93	98	97	92	92	98	100	101	101	99	96	95.3	105	80
6	94	99	100	105	106	104	118	113	90	84	76	72	67	78	85	84	92	84	96	91	101	106	104	101	93.8	118	67
7	100	98	100	104	108	110	112	106	106	91	83	77	81	80	75	98	100	93	71	85	88	95	99	102	94.2	112	71
8†	105	110	110	103	101	101	106	99	81	71	62	41	41	48	43	39	39	48	38	55	40	51	82	68	70.1	110	38
9†	64	65	70	93	73	86	79	69	72	53	41	49	68	71	73	76	75	70	89	97	106	100	94	71	75.2	106	41
10	72	79	80	74	78	85	99	107	94	81	50	50	53	54	50	59	79	87	84	86	84	87	97	91	77.5	107	50
11	91	89	89	91	96	94	97	92	77	60	53	57	67	74	87	95	93	96	99	102	105	106	101	105	88.2	106	53
12	102	103	105	104	109	112	112	104	90	76	69	69	76	84	85	90	87	93	95	100	102	101	101	102	94.6	112	69
13	98	101	102	106	109	110	114	108	92	75	61	64	70	76	81	92	96	94	99	103	108	107	107	106	95.0	114	61
14*	107	108	109	109	111	113	112	108	96	82	69	65	71	84	95	100	100	101	104	110	108	107	107	105	99.2	113	65
15*	109	110	111	112	112	114	117	107	91	72	60	64	73	84	93	93	96	101	106	105	105	106	107	106	98.1	117	60
16†	105	107	110	134	140	137	140	139	113	76	34	04	-17	-03	00	-18	-32	28	16	23	34	27	28	20	56.0	**140**	**-32**
17†	17	72	84	39	34	66	48	27	11	03	10	10	17	17	32	33	52	50	62	65	69	67	67	65	**42.4**	84	03
18	75	68	70	71	77	75	72	66	52	46	43	54	64	69	70	71	74	78	80	71	71	74	84	68	68.5	84	43
19†	74	79	76	77	79	82	80	84	80	64	55	47	50	54	68	58	51	72	58	67	81	90	91	83	70.8	91	47
20	94	81	82	97	98	85	78	72	64	57	56	63	66	70	75	77	80	84	88	91	94	93	92	92	80.4	98	56
21*	93	93	96	97	98	99	101	95	78	56	48	46	58	76	86	87	89	94	96	99	101	100	99	100	86.9	101	46
22*	99	100	101	103	105	107	108	102	96	86	79	82	88	97	102	101	102	104	104	108	107	111	108	105	100.2	111	79
23*	104	102	105	108	109	108	107	103	97	87	76	71	78	90	98	99	102	103	108	108	108	108	106	105	99.6	109	71
24	102	109	113	114	120	127	130	124	112	95	84	80	71	90	98	98	104	107	97	90	105	110	116	113	**104.5**	130	71
25	111	112	111	112	115	115	118	117	107	84	65	63	64	61	72	81	89	95	99	104	108	109	102	101	96.5	118	61
26	116	122	110	95	92	104	108	99	84	81	78	70	66	76	79	79	85	90	96	101	102	102	100	101	93.2	122	66
27	92	95	94	90	99	105	106	105	94	83	81	82	83	89	93	94	95	100	104	106	109	108	109	107	96.8	109	81
28	103	100	100	102	105	108	108	105	102	89	86	90	97	98	94	94	93	101	106	111	109	104	109	110	101.0	111	86
Mittel	94	97	97	98	99	102	104	99	87	73	63	61	64	71	77	80	82	87	88	92	94	94	96	93	87.2	110	56

Weltzeit: 0h – 24h

Horizontalintensität

Niemegk — $H = 18300^{\gamma} +$ Tafelwert — 1947

Weltzeit

Tag	0h–1h	1h–2h	2h–3h	3h–4h	4h–5h	5h–6h	6h–7h	7h–8h	8h–9h	9h–10h	10h–11h	11h–12h	12h–13h	13h–14h	14h–15h	15h–16h	16h–17h	17h–18h	18h–19h	19h–20h	20h–21h	21h–22h	22h–23h	23h–24h	Tagesmittel	Max.	Min.
März																									γ		
1*	107	108	104	104	106	105	103	99	90	75	72	81	88	94	92	95	97	99	102	105	108	109	114	106	**98.5**	114	72
2†	104	106	102	99	110	118	116	108	161	155	88	79	62	15	06	37	60	48	17	-05	19	02	46	95	72.8	**161**	-05
3†	85	101	77	05	06	02	-15	-10	-07	-39	-22	-30	-54	-58	-16	-31	-11	20	13	11	-20	-31	-92	-83	**-08.3**	101	**-92**
4	11	-14	31	59	02	42	30	22	-38	-46	14	21	30	22	18	37	47	47	78	73	44	52	57	60	29.1	78	-46
5	60	59	66	65	72	79	74	69	69	60	48	57	60	60	55	60	64	70	76	79	83	82	83	82	68.0	83	48
6*	80	83	82	84	92	94	97	91	71	58	52	56	67	74	75	69	75	82	89	87	94	96	92	92	80.5	97	52
7	90	90	91	92	97	104	112	92	78	57	40	51	45	39	68	72	88	104	105	100	103	101	99	98	84.0	112	39
8†	108	101	101	115	119	119	117	102	77	26	21	22	28	03	49	54	25	18	-15	-30	-26	-29	-29	-08	44.5	119	-30
9	-20	39	20	56	40	32	03	-27	-30	-14	-29	-25	-16	02	20	36	40	43	58	67	88	90	78	76	26.1	90	-30
10*	77	77	78	84	84	89	86	69	48	29	27	34	48	54	60	75	76	76	84	91	95	93	92	90	71.5	95	27
11*	89	89	92	94	95	97	95	84	61	46	47	46	52	70	77	82	84	89	93	96	98	98	98	97	82.0	98	46
12	104	108	106	110	108	133	131	117	92	73	64	60	62	78	104	85	82	94	100	105	105	105	102	103	97.1	133	60
13	104	105	105	100	109	108	110	92	80	72	65	74	65	80	89	91	98	102	111	121	110	119	120	119	97.9	121	65
14	117	110	112	114	120	124	123	118	100	72	65	66	70	56	74	92	80	66	88	90	91	85	86	91	92.1	124	56
15†	94	98	90	89	86	72	69	53	21	11	21	21	57	61	05	40	33	00	32	41	42	41	40	58	49.0	98	00
16	47	49	51	48	51	53	54	49	38	31	29	33	36	44	43	44	57	71	76	49	38	43	57	55	47.8	76	29
17	38	61	69	59	72	47	42	39	25	23	24	35	54	61	62	58	64	80	79	78	98	87	83	85	59.3	98	23
18	87	74	79	74	75	79	77	65	56	54	52	49	64	70	72	67	88	82	91	98	93	90	86	89	75.5	98	49
19	96	104	87	90	86	87	87	68	58	59	62	67	74	77	79	80	89	98	92	95	103	81	85	88	83.0	104	58
20	94	108	99	94	100	102	102	82	70	67	66	71	76	86	84	85	85	93	97	87	90	98	99	100	89.0	108	66
21*	100	92	93	99	98	103	99	90	81	73	79	85	89	98	101	93	90	97	104	107	109	109	95	87	94.6	109	73
22	89	95	101	124	130	143	114	89	71	47	60	70	75	81	80	68	90	90	107	94	92	100	101	104	92.3	143	47
23	104	106	104	101	105	100	104	98	94	75	84	—	—	—	—	—	—	—	—	—	—	—	—	—	—	—	—
24	83	95	101	78	64	103	85	77	59	47	44	49	64	74	80	85	80	84	84	93	90	89	101	98	79.5	103	44
25	98	95	97	100	94	87	79	67	64	51	59	65	64	69	77	81	84	87	94	108	104	103	98	114	85.0	114	51
26	116	89	104	85	78	83	80	63	40	43	40	28	44	67	67	75	78	71	62	90	93	118	95	94	75.1	118	28
27	90	97	94	96	95	104	98	84	74	59	55	66	59	63	69	84	92	90	92	100	81	81	96	96	84.0	104	55
28†	90	96	87	119	96	87	66	30	16	26	26	19	27	72	65	64	72	87	50	17	09	21	53	52	56.1	119	09
29	71	57	59	67	66	64	56	46	31	19	26	34	43	50	59	68	70	73	84	97	76	78	88	80	60.9	97	19
30	65	102	110	76	86	75	75	59	51	43	33	33	20	46	61	68	64	78	92	86	87	84	85	93	69.7	110	20
31	91	93	88	81	82	86	80	80	55	25	47	48	40	48	57	62	70	80	87	86	88	88	88	87	72.4	93	25
Mittel	83	86	86	86	85	88	82	70	57	44	44	46	50	55	61	66	70	74	77	77	76	76	77	80	70.7	107	29
April																									γ		
1*	83	84	84	83	87	94	94	87	65	56	56	61	64	72	81	91	99	102	104	103	107	115	107	104	86.8	115	56
2	102	100	100	103	106	112	113	106	91	74	70	66	70	76	75	86	101	100	102	104	104	107	107	106	95.0	113	66
3	104	104	105	118	114	110	109	92	69	60	59	67	80	92	100	116	110	103	111	118	122	116	115	112	100.2	122	59
4	113	100	100	103	112	117	121	102	75	46	40	43	49	58	74	68	87	80	76	90	91	93	81	78	83.2	121	40
5	90	83	81	81	87	93	89	72	51	40	41	45	56	60	78	89	92	103	96	96	106	104	105	104	80.9	106	40
6	102	105	106	128	119	116	109	81	58	29	30	43	63	76	86	84	74	93	100	110	105	104	103	106	88.8	128	29
7	104	10[illegible]	101	104	108	111	108	95	76	60	59	70	68	79	75	102	82	93	102	102	103	104	110	115	93.0	115	59
8	103	103	105	104	111	115	112	99	78	65	42	59	69	74	81	90	104	104	106	110	109	120	137	128	97.0	137	42
9†	117	107	104	107	111	94	85	51	42	16	09	05	35	49	34	57	58	72	85	85	85	91	80	80	69.1	117	05
10	84	80	83	78	83	86	82	74	67	57	42	37	48	55	74	93	96	100	100	98	98	102	104	114	80.6	114	37
11	116	93	88	90	85	95	89	75	61	48	46	51	58	79	103	103	108	100	93	96	96	98	103	98	86.3	108	46
12	88	88	92	95	94	93	83	72	60	44	44	41	51	72	81	94	96	108	105	104	104	115	112	103	85.0	115	41
13	91	90	113	96	98	96	95	86	72	60	54	57	74	89	101	98	103	105	105	107	109	118	105	98	92.5	118	54
14	105	107	105	107	105	99	93	90	94	90	75	78	86	101	99	103	99	104	117	109	122	106	103	102	100.0	122	75
15	107	111	88	95	104	110	104	91	80	62	51	63	68	78	100	113	113	100	106	114	113	101	99	103	94.8	114	51
16	98	102	110	98	99	98	87	76	73	75	73	73	67	76	82	92	83	101	110	101	93	97	98	108	90.4	110	67
17†	95	87	89	100	95	100	96	92	78	70	70	79	128	130	71	158	96	105	115	117	19	-91	29	17	81.0	**158**	**-91**
18†	-18	24	17	16	20	28	33	22	12	08	12	-02	02	27	38	72	21	30	50	72	66	81	48	55	**30.6**	81	-18
19†	56	55	50	62	67	68	60	34	35	27	18	27	52	48	41	69	94	94	88	85	84	88	98	100	62.5	100	18
20†	95	90	91	97	106	76	79	78	74	47	41	50	47	48	68	77	83	107	105	92	82	87	90	89	79.1	107	41
21*	89	91	89	89	89	92	80	61	62	58	60	60	75	82	86	91	94	98	99	101	103	101	98	102	85.7	103	58
22*	101	98	98	99	101	101	99	89	78	72	72	76	80	84	90	97	102	107	108	109	109	109	109	110	95.8	110	72
23*	113	109	107	108	112	113	105	95	81	76	77	81	91	95	107	114	116	120	121	123	121	120	117	115	105.7	123	76
24*	114	114	114	114	115	114	107	98	85	70	67	70	75	89	102	111	116	116	116	118	119	120	118	118	104.2	120	67
25	118	116	116	119	122	122	120	109	94	81	71	68	85	100	108	124	144	114	132	123	132	127	124	128	**112.4**	144	68
26	124	125	119	117	120	114	108	103	101	98	87	85	94	95	102	122	118	124	120	113	120	119	124	114	111.1	125	85
27	108	107	111	114	115	118	120	110	105	77	60	58	69	87	103	91	107	119	117	122	109	107	108	109	102.1	122	58
28	109	107	104	105	98	109	116	102	86	76	70	72	93	101	99	106	110	107	108	114	109	108	110	109	101.2	116	70
29	103	101	105	107	108	111	106	99	95	82	64	74	98	84	95	94	103	106	109	111	111	111	110	109	99.8	111	64
30	112	114	108	110	107	112	104	95	83	72	62	79	98	93	97	99	109	112	122	110	110	106	108	108	101.2	122	62
Mittel	98	97	96	98	100	101	97	85	73	60	54	58	70	78	84	97	97	101	104	105	102	99	102	101	89.9	117	47

Niemegk

Horizontalintensität

H = 18300γ + Tafelwert

1947

0^h 1^h 2^h 3^h 4^h 5^h 6^h 7^h 8^h 9^h 10^h 11^h 12^h 13^h 14^h 15^h 16^h 17^h 18^h 19^h 20^h 21^h 22^h 23^h 24^h Weltzeit

Tag	Mai																							Tagesmittel	Max.	Min.
																								γ		
1	107	110	115	105	100	103	93	88	82	76	76	81	91	75	75	92	109	109	93	105	104	100	97	93	95.0	115	75
2*	94	91	89	88	95	97	91	81	79	81	86	94	98	105	105	104	105	105	104	104	104	106	109	106	96.7	109	79
3	106	104	103	105	107	105	97	90	80	71	75	84	97	113	115	123	124	117	112	111	108	107	107	106	102.8	124	71
4	109	109	109	109	104	96	86	78	80	73	73	85	96	102	110	110	111	114	125	117	116	116	115	112	102.3	125	73
5	112	112	112	121	117	112	97	83	78	80	74	79	92	99	107	126	120	117	114	114	113	114	109	110	104.7	126	74
6	109	109	110	110	110	102	93	84	80	76	71	89	102	104	118	108	98	102	116	108	112	110	110	113	101.8	118	71
7	109	105	108	113	111	105	99	89	82	73	76	83	91	102	107	116	116	115	116	116	116	115	112	112	103.6	116	73
8*	113	113	113	116	116	112	102	93	87	82	88	85	89	97	106	112	116	113	110	114	117	114	113	114	105.6	117	82
9*	113	111	108	114	114	109	94	82	80	86	96	104	104	102	106	108	107	112	118	121	122	121	115	115	106.8	122	80
10*	114	114	116	117	119	119	109	93	83	82	83	81	89	94	101	111	118	114	118	116	115	108	103	107	105.2	119	81
11	107	107	111	114	112	105	93	83	78	78	75	86	82	83	96	113	122	127	129	117	106	102	99	103	101.2	129	75
12	100	104	122	106	104	92	77	61	56	48	65	65	72	82	96	105	110	118	114	115	114	117	104	105	93.8	122	48
13	118	102	103	105	99	89	91	91	94	95	96	91	82	82	91	108	122	132	128	125	122	119	92	89	102.8	132	82
14†	84	70	83	70	88	85	77	67	59	74	65	85	73	65	60	61	77	83	97	118	110	104	105	98	81.6	118	59
15†	102	100	96	94	105	108	98	90	82	53	76	86	95	108	95	69	83	99	109	112	141	110	102	106	96.6	141	53
16†	101	93	80	89	67	67	44	45	54	65	36	36	48	78	79	73	88	106	105	115	105	106	98	104	78.4	115	36
17	104	109	92	101	97	86	68	70	69	61	68	80	71	75	106	124	116	122	120	112	113	118	101	100	95.1	124	61
18	96	102	102	96	92	92	84	78	66	74	82	88	89	88	109	108	122	149	132	111	95	96	98	111	98.3	149	66
19	86	85	90	93	88	81	63	51	50	60	75	75	77	89	74	83	100	113	113	109	111	110	104	98	86.6	113	50
20	97	98	102	101	95	86	71	57	59	73	86	82	82	89	100	104	102	101	105	113	119	116	116	119	94.7	119	57
21	113	115	115	119	115	102	88	80	84	83	90	91	87	83	97	109	116	118	119	130	131	128	122	117	106.3	131	80
22	110	107	113	119	119	112	104	96	89	87	84	80	82	77	87	97	105	115	121	125	124	120	127	144	106.0	144	77
23†	139	140	127	124	146	131	135	126	102	80	58	60	70	86	104	128	128	122	127	127	130	127	122	120	**115.0**	146	58
24†	123	120	134	130	123	103	92	62	-33	-01	35	30	16	36	47	54	83	83	89	84	79	81	88	78	**72.3**	134	**-33**
25	72	80	77	85	77	68	56	45	32	21	24	38	43	63	90	99	105	104	110	108	103	102	96	91	74.5	110	21
26	96	98	105	110	101	101	96	78	59	54	49	32	30	37	57	88	90	122	118	120	115	112	136	113	88.2	136	30
27	100	102	108	109	113	96	87	71	59	59	55	66	59	61	68	86	102	121	106	109	108	111	109	108	90.5	121	55
28	110	107	102	112	114	101	85	74	70	70	67	61	74	96	104	91	112	130	122	117	116	115	125	120	99.8	130	61
29	127	118	116	118	120	112	106	(101)	96	101	82	74	74	78	115	177	135	107	97	90	95	91	95	95	105.0	**177**	74
30*	96	90	92	94	98	86	69	59	48	48	56	58	66	73	75	85	95	102	108	108	111	111	108	108	85.2	111	48
31	109	109	110	108	109	106	96	84	78	84	96	108	118	126	133	144	132	123	118	146	128	104	98	110	111.5	146	78
Mittel	106	104	105	106	106	99	88	78	70	69	72	75	79	85	95	104	109	113	113	114	113	110	108	107	97.0	127	61
	Juni																									
																								γ		
1†	119	126	98	96	79	87	63	44	22	05	18	35	40	51	70	79	84	89	96	95	91	92	93	95	73.6	126	05
2*	96	98	101	103	101	86	67	53	50	52	62	67	68	74	84	88	100	107	106	108	109	111	114	109	88.1	114	50
3	104	101	103	98	106	106	94	84	73	72	74	82	85	102	110	111	106	108	115	121	120	116	116	118	101.0	121	72
4	117	117	120	124	118	107	98	89	81	85	99	104	118	120	127	125	133	129	111	120	125	120	117	120	113.5	133	81
5†	120	121	126	126	116	108	101	87	51	90	101	102	100	110	104	112	127	168	174	151	146	131	121	90	**116.0**	**174**	51
6	77	72	76	79	79	66	56	50	47	52	62	73	78	87	96	96	100	99	107	104	107	111	100	104	82.4	111	47
7	104	103	105	105	106	96	80	61	47	46	70	83	92	78	83	113	114	112	105	118	119	128	106	97	94.6	128	46
8	88	87	103	79	81	78	61	52	51	51	61	66	72	76	91	92	84	115	108	107	98	101	107	106	84.0	115	51
9	96	91	93	105	84	67	55	61	62	51	41	42	51	70	85	97	112	122	116	114	114	112	93	103	84.9	122	41
10	103	103	114	107	96	100	90	80	70	58	46	68	78	91	94	91	98	107	115	123	119	100	103	99	93.9	123	46
11	100	107	100	103	100	92	91	74	61	69	76	69	72	90	109	116	110	114	128	113	110	106	106	108	96.8	128	61
12*	107	109	114	112	104	92	—	—	—	—	—	—	—	—	—	—	—	—	—	—	109	112	105	104	—	—	—
13	96	102	107	106	105	99	87	78	71	79	82	78	72	75	95	92	103	127	150	133	127	138	130	139	103.0	150	71
14†	102	107	97	48	95	72	62	(47)	30	07	04	35	30	47	46	57	70	103	117	119	121	105	104	103	**72.0**	121	**04**
15	101	93	88	—	—	—	—	61	50	40	43	38	69	64	74	97	102	—	—	—	—	—	—	—	—	—	—
16*	—	—	—	—	—	—	87	79	70	68	71	80	93	103	108	113	108	111	120	116	119	116	119	124	—	—	—
17†	121	120	118	124	111	117	104	86	55	56	63	46	62	80	96	82	83	140	126	142	102	106	98	102	97.5	142	46
18	99	100	104	108	98	80	72	69	72	70	77	78	86	91	97	109	100	100	116	130	116	118	132	116	97.4	132	69
19	105	102	107	103	97	116	90	73	55	49	62	84	84	97	116	125	126	102	110	112	112	115	117	124	99.3	126	49
20	106	102	105	110	109	97	82	65	53	45	57	65	81	93	96	118	114	121	124	126	128	126	123	118	98.5	128	45
21	117	117	121	126	125	108	89	67	49	43	56	70	84	94	101	107	111	124	118	123	132	126	124	118	102.1	132	43
22	119	123	132	131	140	128	112	96	74	65	70	79	87	109	110	126	138	150	122	126	138	140	125	127	115.3	150	65
23	129	114	123	130	127	114	103	92	72	65	70	78	81	89	123	148	126	110	115	107	109	112	115	116	107.0	148	65
24	118	114	114	118	121	108	88	79	66	65	61	81	87	84	90	85	99	125	119	121	124	124	117	120	101.2	125	61
25†	122	113	109	115	124	76	80	75	61	59	50	42	72	60	63	84	91	105	116	111	114	109	98	92	89.2	124	42
26	92	96	94	101	100	94	94	83	74	69	75	55	59	75	81	84	76	102	99	109	108	114	101	84	88.3	114	55
27*	90	106	108	110	110	103	87	74	68	65	71	70	74	87	102	105	98	105	113	121	118	118	113	113	97.0	121	65
28	108	109	109	111	111	104	101	92	73	57	64	67	75	103	118	121	119	116	126	120	122	120	116	116	103.2	126	57
29*	115	113	117	116	115	101	88	81	80	79	80	84	86	92	99	109	113	116	125	128	126	126	122	118	105.4	128	79
30	120	102	110	113	115	102	72	66	76	76	84	87	90	88	92	99	108	115	109	122	120	122	119	113	100.8	122	66
Mittel	107	106	107	107	106	97	81	72	61	58	64	69	77	86	95	103	105	116	118	119	117	116	116	110	(96.4)	129	53

Niemegk — **Horizontalintensität** — **1947**

$H = 18300^{\gamma} +$ Tafelwert

0h 1h 2h 3h 4h 5h 6h 7h 8h 9h 10h 11h 12h 13h 14h 15h 16h 17h 18h 19h 20h 21h 22h 23h 24h Weltzeit

Juli

Tag	0h	1h	2h	3h	4h	5h	6h	7h	8h	9h	10h	11h	12h	13h	14h	15h	16h	17h	18h	19h	20h	21h	22h	23h	Tagesmittel γ	Max.	Min.
1	116	112	119	125	125	115	102	84	76	76	78	75	70	73	90	106	127	145	127	118	126	131	126	124	106.9	145	70
2	109	108	123	121	119	119	99	66	58	63	70	70	84	95	100	142	147	108	120	121	128	130	120	114	105.6	147	58
3*	107	111	113	117	116	102	84	71	68	74	81	80	78	83	96	117	107	121	117	119	119	119	114	112	101.1	121	68
4*	110	111	113	118	119	113	100	89	84	80	76	80	90	103	121	123	116	113	115	117	120	121	120	118	107.1	123	76
5*	124	119	117	121	119	115	104	91	80	72	75	86	96	108	120	130	130	124	126	129	128	121	121	118	111.4	130	72
6	118	115	122	124	123	115	102	83	66	59	72	72	91	92	112	112	135	129	135	128	128	122	124	127	108.6	135	59
7	128	120	118	118	121	110	100	89	79	74	77	80	86	106	117	121	116	129	144	146	133	128	121	113	111.4	146	74
8	113	116	118	119	121	123	118	105	87	83	76	66	74	93	111	125	125	132	148	127	127	121	123	131	**111.8**	**148**	66
9	116	112	114	120	124	119	108	89	81	76	78	78	80	91	104	115	122	122	136	131	135	116	112	117	108.2	136	76
10	128	104	113	117	116	104	98	85	68	74	75	79	82	89	107	129	127	113	120	126	129	120	116	119	105.8	129	68
11	128	118	114	115	113	101	95	90	86	84	77	77	83	88	100	126	126	126	130	138	125	129	112	106	107.8	138	77
12	103	103	112	112	104	105	95	84	76	71	63	69	92	102	106	105	112	126	129	109	113	112	109	108	100.8	129	63
13	111	112	103	105	107	103	93	80	67	60	56	58	77	100	98	124	118	128	117	111	116	111	115	104	98.9	128	56
14*	107	108	109	—	—	—	—	—	—	78	78	90	95	104	108	117	132	124	126	125	117	107	107	109	—	—	—
15	118	116	116	108	109	93	85	72	79	80	76	76	89	96	104	108	123	114	122	115	110	109	107	110	101.5	123	72
16	110	114	116	115	112	106	96	82	81	81	81	90	96	97	103	116	116	116	116	116	116	121	122	126	106.0	126	81
17†	131	127	127	129	128	118	106	91	80	77	89	100	100	112	112	121	137	—	—	—	—	99	100	38	(105.1)	137	38
18†	79	104	98	113	129	104	90	70	66	52	60	30	39	89	100	56	84	108	126	77	54	62	80	95	81.9	129	30
19†	69	54	51	82	81	66	42	48	27	07	01	36	44	45	61	80	98	114	104	96	104	94	94	93	**66.3**	114	**01**
20†	94	93	91	86	90	92	65	30	41	46	34	20	41	47	63	97	62	67	93	97	102	90	94	81	71.5	102	20
21	84	91	90	89	102	101	71	60	55	54	55	67	61	76	100	112	113	120	124	120	117	112	108	103	91.2	124	54
22	104	100	96	105	112	101	96	85	66	60	78	78	73	101	97	88	108	111	118	126	117	104	102	99	96.9	126	60
23†	108	102	101	102	105	104	80	61	46	37	44	44	57	81	62	93	84	110	110	116	125	115	99	98	86.8	125	37
24	101	98	101	98	98	104	91	76	69	59	54	55	75	66	102	119	123	105	105	112	119	112	112	113	94.5	123	54
25	114	108	110	108	106	99	85	64	57	52	64	82	70	96	74	104	96	112	105	116	114	113	117	111	94.9	117	52
26	107	98	103	88	116	114	87	78	85	82	76	86	78	70	97	84	111	99	98	109	108	110	111	96	95.5	116	70
27	100	105	104	101	98	85	75	79	79	83	74	60	65	78	83	98	92	102	116	104	109	104	103	102	91.6	116	60
28	108	103	103	105	107	105	94	84	66	65	68	73	78	—	—	—	113	117	117	104	103	108	106	101	(96.6)	117	65
29	102	101	103	89	91	72	73	73	68	57	41	46	65	90	97	101	102	98	109	105	97	96	96	96	86.2	109	41
30*	98	99	103	107	112	101	90	84	83	79	79	79	86	100	108	110	113	109	117	116	116	118	110	108	101.0	118	79
31	112	111	108	110	110	106	107	(97)	87	(77)	77	83	82	78	97	118	124	117	113	117	126	121	125	105	104.5	126	77
Mittel	108	106	107	109	111	104	91	78	70	67	67	70	77	88	98	110	114	115	119	116	116	112	111	106	98.8	127	59

August

Tag	0h	1h	2h	3h	4h	5h	6h	7h	8h	9h	10h	11h	12h	13h	14h	15h	16h	17h	18h	19h	20h	21h	22h	23h	Tagesmittel γ	Max.	Min.
1	94	122	116	105	105	98	76	74	61	63	59	64	95	96	106	120	101	107	117	121	127	102	104	98	97.1	127	59
2	100	100	105	106	102	99	96	71	61	57	57	62	84	85	103	105	108	120	100	104	114	116	99	94	93.7	120	57
3	96	97	100	100	98	91	86	74	61	52	55	50	56	70	82	84	91	101	115	122	109	106	104	102	87.6	122	50
4	105	104	103	102	97	84	71	63	66	76	57	66	70	76	87	100	98	95	99	105	109	109	108	103	89.7	109	57
5*	105	104	99	107	107	97	87	76	65	66	66	67	72	73	85	93	109	115	109	108	113	113	113	114	94.3	115	65
6	112	110	109	107	103	98	93	90	82	74	66	58	85	98	98	115	107	112	115	124	119	118	108	110	**100.5**	124	58
7	114	108	109	104	103	106	96	82	62	50	58	69	77	88	96	105	108	117	109	114	111	112	107	110	96.5	117	50
8*	105	127	103	101	105	101	98	90	77	64	58	67	75	87	91	95	99	105	107	111	113	113	113	111	96.5	127	58
9*	111	111	114	120	120	115	107	93	80	61	55	59	70	78	89	106	112	118	119	119	119	118	106	103	100.1	120	55
10*	116	112	112	112	115	104	97	91	79	58	52	71	80	83	90	95	105	109	117	122	123	123	115	110	99.6	123	52
11	107	106	109	115	117	110	94	78	60	53	64	65	72	99	107	114	113	114	119	119	116	115	118	105	99.5	119	53
12	115	143	138	92	91	63	52	51	41	37	37	42	52	52	74	74	87	92	94	100	111	103	92	95	80.3	143	37
13	102	101	104	102	102	84	67	62	52	52	55	64	70	67	94	120	143	99	110	112	96	94	98	90	89.2	143	52
14	89	95	109	99	100	95	89	77	74	67	63	66	72	79	81	95	96	100	92	102	103	105	104	111	90.1	111	63
15†	104	101	100	102	102	96	85	69	58	64	87	108	109	132	137	152	132	113	133	120	136	71	24	08	97.6	**152**	08
16†	-22	42	31	43	42	28	17	09	-09	-17	-26	24	32	40	42	31	22	36	45	56	66	58	63	83	**30.7**	83	-26
17	72	74	94	79	68	78	61	20	-05	01	16	-04	15	27	41	40	46	73	105	77	61	99	73	71	53.4	105	-05
18†	71	54	80	91	65	45	64	—	16	-05	-08	21	07	35	57	68	56	45	99	80	74	95	71	92	53.0	99	-08
19	92	85	84	81	88	93	73	54	36	41	10	32	19	10	62	99	38	56	80	83	88	86	106	76	65.5	106	10
20	83	78	87	89	91	67	35	49	40	26	45	23	50	52	73	84	83	51	82	89	93	91	91	86	68.2	93	23
21	86	72	83	88	96	64	54	45	47	28	02	-02	35	42	58	69	86	73	84	92	101	98	86	92	65.8	101	-02
22†	93	93	94	96	100	88	92	68	39	95	—	—	-53	-37	-33	-19	22	18	60	82	66	60	53	61	47.4	100	**-53**
23†	101	67	74	34	34	27	30	28	16	10	13	03	27	60	116	66	60	84	81	66	66	69	71	81	53.5	116	03
24	88	77	69	66	77	72	53	39	36	31	33	41	66	55	62	65	77	79	86	104	81	74	86	83	66.7	104	31
25	86	95	86	76	81	67	61	55	24	12	25	46	65	79	61	75	61	91	97	97	100	105	104	92	72.5	105	12
26	92	86	88	93	88	87	83	79	56	46	52	47	46	56	59	64	73	78	88	95	98	98	99	113	77.7	113	46
27	115	102	112	107	99	99	75	44	44	54	62	63	73	79	80	77	84	91	97	(95)	(96)	94	94	93	84.5	115	44
28	92	93	94	97	99	101	99	90	83	—	—	—	—	—	—	102	97	116	109	116	122	111	98	84	—	—	—
29	107	91	100	103	94	84	74	60	51	50	64	68	72	85	87	108	93	95	105	112	113	111	106	99	88.8	113	50
30*	102	100	101	103	104	93	80	61	56	53	53	63	73	82	88	94	96	92	97	101	105	104	104	106	88.0	106	53
31	105	102	100	98	98	100	93	82	69	68	77	89	97	94	93	93	111	118	107	99	102	92	95	95	94.9	118	68
Mittel	95	95	97	94	93	85	75	64	51	46	45	51	59	67	79	87	88	91	99	102	102	99	94	93	81.3	115	34

Horizontalintensität

Niemegk — H = 18300γ + Tafelwert — 1947

September

Tag	0h–1h	1h–2h	2h–3h	3h–4h	4h–5h	5h–6h	6h–7h	7h–8h	8h–9h	9h–10h	10h–11h	11h–12h	12h–13h	13h–14h	14h–15h	15h–16h	16h–17h	17h–18h	18h–19h	19h–20h	20h–21h	21h–22h	22h–23h	23h–24h	Tagesmittel	Max.	Min.
1*	98	100	105	100	95	83	68	51	42	52	65	83	91	94	96	104	106	108	119	116	103	99	108	105	γ 91.3	119	42
2	104	104	104	102	100	96	77	51	35	38	53	73	89	100	105	105	105	107	114	116	116	114	114	117	**93.3**	117	35
3†	123	117	117	119	116	90	97	77	32	-36	-64	-15	10	06	15	36	51	77	71	41	54	58	72	86	56.2	123	-64
4	64	70	59	56	49	37	-05	-03	-08	-11	08	24	43	67	73	89	89	102	91	84	—	85	86	85	51.4	102	-11
5	86	72	86	81	81	78	65	38	28	28	24	41	63	56	62	75	82	80	100	106	116	123	113	101	74.4	123	24
6	108	109	92	90	87	80	64	47	37	40	46	66	81	83	84	107	119	76	74	69	90	87	83	92	79.6	119	37
7	94	84	96	86	78	85	66	37	32	29	24	27	44	42	85	97	93	89	105	102	44	27	43	72	65.9	105	24
8	90	89	68	72	77	72	68	72	72	64	57	56	61	72	68	74	76	77	86	89	87	84	87	86	75.2	90	56
9*	93	84	84	87	88	88	81	72	66	55	55	60	66	74	84	92	96	101	106	107	101	90	92	94	84.0	107	55
10*	99	94	93	94	96	95	86	72	60	52	54	57	66	77	84	90	95	102	107	107	108	113	112	112	88.5	113	52
11	110	109	110	111	110	105	97	85	73	66	67	70	61	57	78	75	129	82	75	94	85	92	108	107	89.8	**129**	57
12	105	105	105	106	108	108	101	88	62	49	64	72	80	82	84	88	97	102	95	88	71	67	57	57	85.0	108	49
13	62	66	86	103	89	78	54	16	02	-11	-06	-15	03	-09	-01	34	48	65	69	77	86	80	81	77	47.2	103	-15
14†	78	94	100	76	72	90	67	20	18	06	-29	-33	-12	02	23	16	40	84	61	78	74	58	94	75	48.0	100	-33
15†	71	54	74	61	72	76	59	08	-02	04	-01	21	36	31	30	66	35	64	54	66	96	47	74	76	48.8	96	-02
16	78	83	80	81	80	64	46	36	52	50	49	50	62	73	81	83	82	93	75	83	94	92	66	63	70.7	94	36
17	99	88	94	92	98	71	57	59	42	42	35	30	30	53	65	63	53	42	74	68	68	56	73	66	63.2	99	30
18	91	84	79	98	108	84	60	47	29	18	15	22	41	51	63	62	75	109	90	97	109	94	79	90	70.6	109	15
19	86	81	76	72	94	88	56	55	34	29	32	30	50	59	54	69	71	97	93	112	120	96	86	92	72.2	120	29
20	108	79	87	85	84	74	81	86	70	60	43	41	53	61	73	70	100	90	88	88	96	96	103	88	79.3	108	41
21	88	88	89	81	100	107	100	99	74	49	40	37	45	46	50	59	75	83	100	82	90	77	97	110	77.8	110	37
22	98	97	96	95	98	104	84	68	58	23	-02	19	41	46	36	56	84	74	94	97	81	73	77	90	70.3	104	-02
23	87	88	80	89	86	93	103	64	44	28	10	21	40	51	58	66	75	80	88	94	98	103	101	107	73.1	107	10
24†	125	108	108	100	102	100	89	62	45	27	24	09	31	55	100	—	62	04	23	05	-45	-34	-46	-57	41.5	125	-57
25†	-08	15	08	45	15	-33	-75	-70	-31	-16	02	-01	-16	32	52	39	53	27	48	56	68	52	46	44	**14.7**	68	**-75**
26	59	61	70	65	64	65	51	31	22	22	30	45	59	70	69	69	68	72	79	88	84	80	95	85	62.6	95	22
27	78	79	103	76	76	75	61	48	41	45	49	60	72	88	86	86	82	83	88	90	92	86	86	82	75.5	103	41
28*	82	94	92	87	83	79	71	59	46	42	36	51	67	86	92	88	93	93	96	99	91	106	95	91	80.0	106	36
29*	89	91	93	91	88	88	81	69	53	41	47	47	58	64	66	70	83	87	87	89	96	91	85	100	77.2	100	41
30	100	89	93	98	89	88	82	70	56	49	47	44	48	55	64	73	84	92	112	116	113	97	100	97	81.5	116	44
Mittel	88	86	88	87	86	80	66	50	39	31	29	36	49	57	66	70	80	81	85	87	83	80	82	83	69.6	107	18

Oktober

Tag	0h–1h	1h–2h	2h–3h	3h–4h	4h–5h	5h–6h	6h–7h	7h–8h	8h–9h	9h–10h	10h–11h	11h–12h	12h–13h	13h–14h	14h–15h	15h–16h	16h–17h	17h–18h	18h–19h	19h–20h	20h–21h	21h–22h	22h–23h	23h–24h	Tagesmittel	Max.	Min.
1	112	91	94	102	94	92	98	58	40	—	—	—	—	—	—	80	90	98	106	101	76	65	71	60	γ —	—	—
2†	75	62	61	63	89	73	52	39	20	-01	-09	-01	16	29	52	84	45	49	32	31	32	32	50	13	41.2	89	-09
3	33	47	61	51	61	76	51	46	19	-09	-17	-12	23	46	52	55	57	65	75	79	80	102	94	73	50.3	102	-17
4	72	73	74	79	85	84	79	61	40	28	22	29	42	57	70	74	82	87	90	92	93	93	89	91	70.2	93	22
5	88	87	88	90	92	93	87	70	52	40	43	49	65	75	86	87	93	97	100	101	101	101	103	107	83.1	107	40
6	104	101	97	99	97	99	89	74	54	40	36	35	54	66	75	83	91	102	105	109	105	106	99	104	84.3	109	35
7	101	101	100	101	103	104	103	95	80	53	40	49	60	68	74	83	101	98	81	84	100	98	88	93	85.8	104	40
8	88	89	91	95	102	110	102	91	71	55	50	47	54	67	69	63	79	92	82	88	99	104	106	102	83.2	110	47
9†	105	124	112	114	102	111	92	81	63	49	31	11	16	03	25	67	45	26	28	10	40	57	41	51	58.5	124	03
10†	55	77	74	71	82	60	59	33	04	01	07	06	09	-21	-01	10	37	45	54	43	30	51	70	77	**38.9**	82	**-21**
11	69	66	60	72	56	65	52	25	20	24	19	22	44	31	40	75	60	36	48	48	75	51	39	49	47.8	75	19
12†	65	83	99	67	82	67	26	21	33	21	11	17	31	40	32	53	75	58	72	76	55	72	77	90	55.1	99	11
13	92	75	87	100	86	90	79	61	52	51	48	40	46	53	60	65	74	64	76	75	70	97	84	65	70.4	100	40
14	71	71	72	81	88	66	49	63	47	18	-07	10	23	16	31	44	68	65	92	89	78	64	56	91	56.1	92	-07
15†	74	71	77	84	79	83	71	78	57	51	43	36	-08	31	52	56	44	48	59	65	73	103	145	83	64.8	**145**	08
16	86	82	75	76	89	92	78	67	57	45	34	22	47	48	55	86	68	75	76	83	91	93	91	90	71.1	93	22
17	94	86	87	93	97	100	85	65	50	48	38	43	50	52	53	68	70	76	87	73	86	92	95	96	74.3	100	38
18	94	90	90	90	94	97	94	89	64	47	54	62	69	71	69	85	79	78	79	74	75	83	97	97	80.0	97	47
19	86	88	93	101	95	95	96	79	52	36	33	53	64	45	66	66	61	52	45	88	83	67	76	81	70.9	101	33
20	85	84	93	88	96	85	70	62	45	39	41	43	45	45	60	78	77	82	81	90	94	96	83	109	73.8	109	39
21	83	85	84	84	82	88	76	64	55	50	50	49	49	61	71	77	74	81	88	90	90	97	103	98	76.2	103	49
22	94	108	104	104	93	98	95	80	62	52	53	55	54	60	67	80	84	91	96	98	98	98	102	100	84.4	108	52
23	94	92	92	98	99	84	100	89	66	52	45	33	40	49	66	62	74	72	56	74	66	83	88	90	73.5	100	33
24	92	125	102	100	80	82	79	74	66	50	48	58	61	64	69	78	87	97	102	108	106	92	86	84	82.9	125	48
25	102	94	92	92	91	90	90	80	69	61	60	58	67	78	83	89	96	99	101	99	92	99	101	98	86.7	102	58
26*	99	97	98	98	101	100	90	83	63	54	57	63	74	83	90	93	98	102	102	107	101	105	102	99	90.0	107	54
27*	99	98	100	102	104	102	94	80	64	57	56	68	83	94	100	99	101	104	106	108	108	107	108	107	93.7	108	56
28*	106	103	104	105	106	104	98	86	71	66	65	73	79	87	93	95	98	102	105	109	111	110	110	108	95.6	111	65
29*	105	104	106	109	110	111	107	94	77	66	71	80	90	94	95	96	103	106	102	104	106	105	106	105	98.0	111	66
30*	103	104	104	107	107	109	106	101	88	78	77	85	—	—	—	—	—	—	—	—	—	—	—	—	—	—	—
31	108	108	105	109	107	104	104	100	87	80	86	97	98	91	98	97	101	104	105	106	106	104	97	96	**99.9**	109	80
Mittel	88	89	90	91	92	91	82	71	54	43	40	43	50	55	64	74	77	78	81	83	84	88	89	87	74.3	104	33

Horizontalintensität

Niemegk — $H = 18300^{\gamma} +$ Tafelwert — 1947

Weltzeit: 0^h 1^h 2^h 3^h 4^h 5^h 6^h 7^h 8^h 9^h 10^h 11^h 12^h 13^h 14^h 15^h 16^h 17^h 18^h 19^h 20^h 21^h 22^h 23^h 24^h

November

Tag	0–1	1–2	2–3	3–4	4–5	5–6	6–7	7–8	8–9	9–10	10–11	11–12	12–13	13–14	14–15	15–16	16–17	17–18	18–19	19–20	20–21	21–22	22–23	23–24	Tagesmittel γ	Max.	Min.
1	107	103	99	102	103	104	102	93	86	78	77	74	78	85	92	95	100	104	106	108	112	103	88	90	95.4	112	74
2	96	101	94	114	114	105	103	92	77	59	57	65	74	83	88	92	96	101	106	107	106	107	102	104	93.5	114	57
3*	105	103	104	104	106	106	106	99	86	75	70	68	83	96	95	95	97	104	102	99	100	107	113	124	97.8	124	68
4	120	102	99	101	106	104	103	92	80	70	65	62	68	78	78	78	82	89	92	99	104	104	104	106	91.1	120	62
5*	104	103	99	105	101	103	100	91	79	69	65	72	83	92	92	94	98	101	107	109	108	105	104	104	95.3	109	65
6*	105	106	106	107	107	106	104	97	89	79	78	84	93	99	101	104	106	111	113	112	110	109	107	107	101.7	113	78
7*	106	107	108	111	112	112	111	106	105	106	105	106	106	106	103	105	110	103	110	109	112	109	111	126	**108.5**	**126**	103
8†	116	112	105	115	114	111	99	91	81	68	65	61	59	55	54	44	64	69	69	72	79	85	88	91	82.0	116	44
9†	93	109	94	96	98	90	95	90	80	64	72	80	18	22	06	−12	07	18	54	57	18	50	−06	−03	53.8	109	**−12**
10†	28	22	40	30	35	33	29	38	35	32	16	27	27	33	48	50	56	50	68	71	104	90	59	48	**44.5**	104	16
11†	67	54	74	64	71	78	76	77	79	75	73	64	48	54	37	17	12	26	34	54	69	66	72	73	58.9	79	12
12	61	69	91	65	71	83	67	55	49	49	53	54	57	49	44	56	68	75	78	83	81	86	93	87	67.7	93	44
13	85	76	76	84	90	93	88	74	58	57	40	36	61	60	60	63	76	77	108	92	90	91	91	97	76.0	108	36
14	89	88	92	93	92	95	98	92	86	67	58	57	53	46	50	61	63	87	79	79	75	79	81	84	76.8	98	46
15	87	84	96	96	94	91	94	84	60	60	61	63	67	71	75	84	95	91	95	91	90	97	95	97	84.1	97	60
16	97	102	99	102	102	93	89	89	82	67	56	58	58	60	63	60	65	75	89	94	93	92	98	106	82.9	106	56
17	87	89	88	87	92	99	95	88	75	72	60	61	74	82	80	76	84	90	99	102	104	102	101	98	86.9	104	60
18	98	101	93	105	102	97	98	89	76	89	88	88	92	88	80	70	76	76	82	89	84	94	96	102	89.7	105	70
19†	92	95	97	99	90	101	80	67	60	49	36	35	37	42	51	53	60	53	65	46	52	66	85	84	66.5	101	35
20	80	81	82	81	81	84	83	77	64	55	46	44	60	66	73	81	82	78	83	87	88	96	89	85	76.1	96	44
21	86	88	94	96	95	94	94	87	78	70	67	70	75	78	74	79	90	73	62	68	66	79	86	85	80.6	96	62
22	85	88	89	89	90	89	90	89	87	80	78	70	69	68	64	71	75	74	78	87	85	92	90	90	82.0	92	64
23	89	91	94	101	102	102	96	102	77	87	81	76	81	82	83	76	79	86	85	90	94	95	104	105	89.9	105	76
24	96	92	94	94	95	96	98	97	95	90	79	79	84	85	86	92	97	100	102	89	56	68	88	85	89.0	102	56
25	77	77	81	82	84	86	84	90	84	75	66	78	81	79	79	85	91	97	100	101	100	95	92	87	85.5	101	66
26*	87	91	90	89	89	85	86	86	85	84	86	83	83	83	88	94	99	103	100	97	96	90	90	94	89.9	103	83
27	84	82	86	92	93	96	104	106	100	93	82	74	81	87	94	101	105	106	117	122	113	108	102	100	97.0	122	74
28	99	99	100	104	110	110	112	108	102	—	—	—	—	—	—	—	—	—	—	—	—	—	—	—	—	—	—
29	—	—	—	—	—	—	—	—	—	91	88	85	86	91	95	93	91	97	86	85	93	88	96	94	—	—	—
30	95	94	94	96	97	100	98	100	100	88	77	77	81	85	88	94	97	102	93	88	82	88	92	92	91.6	102	77
Mittel	90	90	92	93	94	95	92	88	79	72	67	67	70	73	73	74	80	83	88	89	88	91	90	91	83.8	106	56

Dezember

Tag	0–1	1–2	2–3	3–4	4–5	5–6	6–7	7–8	8–9	9–10	10–11	11–12	12–13	13–14	14–15	15–16	16–17	17–18	18–19	19–20	20–21	21–22	22–23	23–24	Tagesmittel γ	Max.	Min.
1	93	105	96	95	99	102	104	104	102	74	76	90	92	90	92	93	96	100	100	100	99	98	98	95	95.5	105	74
2	91	91	94	97	96	95	97	96	94	89	86	78	83	87	84	72	70	67	86	99	96	98	92	89	88.6	99	67
3*	92	91	89	91	93	94	96	92	92	87	89	90	90	90	94	98	98	98	100	100	98	99	101	95	94.0	101	87
4	96	99	99	97	99	102	116	124	121	112	99	102	96	88	94	86	66	76	86	93	99	100	96	94	97.5	124	66
5	94	103	109	94	126	109	107	102	93	86	76	84	90	88	78	82	88	86	93	92	98	97	99	87	94.2	126	76
6†	100	101	93	80	83	86	88	88	85	65	55	62	44	37	32	36	47	47	21	48	69	104	107	85	**69.3**	107	**21**
7	74	78	82	79	82	86	86	85	69	70	67	65	64	65	68	69	83	59	55	64	68	85	87	85	74.0	87	55
8	84	86	86	88	93	99	95	96	86	76	72	69	72	76	82	84	84	81	90	89	93	94	94	95	86.0	99	69
9†	93	97	103	114	113	106	102	109	96	82	62	59	72	51	47	78	71	63	45	57	99	84	76	80	81.6	114	45
10	80	82	90	94	97	95	84	85	78	64	55	72	75	72	73	76	81	93	96	95	92	98	94	85	83.6	98	55
11	86	86	89	92	97	100	98	95	87	79	67	58	59	60	62	70	76	66	56	63	93	89	91	102	80.0	102	56
12†	95	85	90	93	99	100	102	92	91	84	79	72	42	63	60	67	40	56	59	74	80	83	76	93	78.1	102	42
13†	87	90	93	100	104	97	91	89	93	74	66	60	60	50	58	58	58	71	87	86	89	95	89	92	80.7	104	50
14	91	90	90	92	102	104	95	82	71	56	50	42	56	63	52	52	61	73	80	77	81	82	94	92	76.2	104	42
15	88	105	96	100	100	98	96	90	87	82	78	79	78	75	63	58	64	79	84	83	87	90	91	98	85.4	105	58
16	92	93	93	96	106	100	100	101	94	82	70	70	81	83	86	88	91	94	96	96	97	98	98	98	91.8	106	70
17*	99	99	101	103	103	104	104	98	94	86	85	88	92	88	87	85	85	88	92	96	96	97	98	102	94.6	104	85
18	106	111	101	104	107	106	101	96	94	92	92	90	91	88	88	92	94	97	98	93	85	89	94	109	96.6	111	85
19	99	100	100	97	99	108	99	94	90	84	78	74	76	78	74	71	72	80	84	79	79	88	96	96	87.3	108	71
20*	96	96	98	98	98	98	99	98	99	92	86	85	85	84	80	75	77	81	85	92	95	92	96	100	91.0	100	75
21*	99	100	100	102	104	104	103	(102)	(96)	90	87	91	92	92	94	96	101	105	106	106	106	105	104	103	99.5	106	87
22	102	103	106	107	110	112	111	109	102	99	102	103	102	97	89	80	79	90	86	76	90	95	94	100	97.7	112	76
23†	81	82	86	93	94	93	86	94	99	100	100	106	103	99	—	—	—	—	—	—	—	—	96	92	—	—	—
24	90	89	94	97	102	102	102	102	100	93	90	91	93	94	93	96	97	96	93	91	88	112	97	89	95.5	112	88
25	88	89	92	102	105	108	107	108	108	105	99	95	97	97	101	103	102	104	101	96	104	103	90	93	99.9	108	88
26	91	102	110	107	110	118	113	110	105	103	103	101	97	94	88	89	98	94	103	105	101	101	102	101	101.9	118	88
27	103	94	93	91	95	107	110	113	102	98	90	91	90	93	91	91	96	98	85	80	86	95	97	88	94.9	113	80
28	84	86	89	92	96	96	101	105	100	98	99	104	96	99	97	94	96	100	100	100	100	101	108	90	97.1	108	84
29	89	90	90	92	90	95	100	101	101	98	94	96	90	86	63	56	79	84	97	98	104	128	107	94	92.6	**128**	56
30	92	94	91	95	98	100	99	98	96	(97)	98	99	100	98	105	101	100	101	103	103	106	101	98	100	98.9	106	91
31*	100	99	101	105	107	106	106	106	108	107	107	108	109	108	105	103	102	104	100	96	101	102	103	103	**104.0**	109	96
Mittel	92	94	95	96	100	101	100	99	95	87	82	83	83	82	79	80	82	84	86	88	93	97	96	94	90.3	108	69

Horizontalintensität

Niemegk — H = 18300$^{\gamma}$ + Tafelwert — 1948

0^h 1^h 2^h 3^h 4^h 5^h 6^h 7^h 8^h 9^h 10^h 11^h 12^h 13^h 14^h 15^h 16^h 17^h 18^h 19^h 20^h 21^h 22^h 23^h 24^h Weltzeit

Januar

Tag	0h	1h	2h	3h	4h	5h	6h	7h	8h	9h	10h	11h	12h	13h	14h	15h	16h	17h	18h	19h	20h	21h	22h	23h	Tagesmittel γ	Max.	Min.
1	105	104	106	109	110	112	112	104	94	86	87	90	96	97	87	62	71	80	79	64	81	100	96	77	92.0	112	62
2†	77	81	81	85	92	109	97	86	81	73	71	74	76	78	76	74	61	41	35	36	79	79	74	77	74.7	109	35
3†	84	82	86	106	109	98	86	87	83	75	75	65	43	46	30	43	10	05	-12	19	16	32	40	44	**56.3**	109	**-12**
4*	45	48	49	50	53	54	55	54	50	46	44	45	50	55	58	62	65	69	67	74	81	80	79	76	58.7	81	44
5	76	79	81	80	86	88	86	86	81	70	66	63	74	62	53	61	64	61	73	90	80	76	80	81	74.9	90	53
6	85	85	88	92	95	87	100	99	80	73	80	80	76	67	69	76	70	60	72	87	86	89	86	82	81.8	100	60
7	110	92	92	91	97	102	104	99	77	83	81	78	58	67	77	83	73	77	76	84	71	80	68	76	83.2	110	58
8†	93	82	82	88	105	109	100	93	87	81	73	65	47	68	75	62	69	71	67	62	81	83	90	111	81.0	111	47
9†	91	96	84	90	86	82	87	81	74	67	67	68	69	70	79	82	85	86	85	85	90	112	100	89	83.5	112	67
10	89	89	90	93	98	102	101	98	87	81	73	71	80	84	69	56	81	89	90	98	99	92	93	96	87.5	102	56
11	104	95	89	98	92	97	105	98	79	70	68	66	68	69	74	76	81	90	94	91	94	91	92	93	86.5	105	66
12	95	99	95	94	97	103	102	106	97	88	80	66	79	82	85	88	91	92	84	83	96	109	92	94	91.5	109	66
13	93	93	94	96	99	102	105	102	91	87	80	76	79	82	82	82	85	83	88	95	96	96	99	95	90.8	105	76
14*	95	98	99	100	102	105	108	109	105	97	89	85	84	86	85	87	86	95	101	103	104	102	102	98	96.9	109	84
15	96	99	100	100	104	107	106	106	100	91	86	84	86	88	88	89	97	99	103	105	104	100	115	95	**97.8**	115	84
16	98	100	102	104	103	112	109	111	103	86	79	81	87	87	82	95	95	94	92	92	99	101	101	101	96.4	112	79
17†	102	101	100	106	110	111	114	113	118	105	100	105	106	86	43	57	68	44	43	67	95	88	69	68	88.3	**118**	43
18	75	90	82	72	73	78	80	75	66	55	64	73	76	75	76	77	82	85	91	90	84	88	90	83	78.3	91	55
19	87	90	84	83	82	86	91	92	96	82	85	87	80	80	95	96	87	85	84	96	92	96	95	93	88.5	96	80
20	92	95	93	95	99	102	100	95	89	81	81	86	84	80	69	84	82	78	86	85	84	88	104	98	88.8	104	69
21	79	86	86	89	94	90	83	83	81	78	77	78	79	72	74	84	86	91	80	61	80	88	80	98	82.4	98	61
22	80	76	81	102	84	87	84	87	86	78	78	85	85	74	75	87	91	91	90	78	76	86	103	93	84.9	103	74
23	90	88	89	93	94	96	96	92	83	75	71	77	84	90	92	91	93	93	89	87	91	94	84	90	88.4	96	71
24*	91	92	95	99	100	101	100	98	86	76	72	75	83	91	94	95	94	96	99	99	94	93	92	93	92.0	101	72
25*	93	95	95	98	101	105	108	102	90	86	86	82	79	82	86	90	88	93	99	101	104	104	101	100	94.5	108	79
26*	101	100	97	100	99	102	103	102	94	89	86	89	93	94	95	96	94	97	100	99	100	99	98	98	96.9	103	86
27	98	97	98	99	102	107	114	112	108	98	101	101	95	84	76	82	82	86	84	89	97	98	99	100	96.1	114	76
28	98	97	96	98	100	104	106	105	97	86	89	88	79	80	84	88	85	89	101	106	102	106	104	105	95.5	106	79
29	94	111	95	89	95	98	100	104	99	90	85	83	81	79	86	74	46	78	90	95	95	109	93	90	90.0	111	46
30	91	93	98	110	107	104	97	88	85	76	69	69	61	62	66	62	75	80	74	88	97	95	92	106	85.2	110	61
31	93	105	98	93	94	94	101	98	96	92	86	82	77	77	74	78	87	96	100	101	101	100	99	98	92.5	105	74
Mittel	90	92	90	94	96	98	98	96	88	81	78	78	77	77	76	78	78	80	81	84	89	92	91	90	86.3	105	63

Februar

Tag	0h	1h	2h	3h	4h	5h	6h	7h	8h	9h	10h	11h	12h	13h	14h	15h	16h	17h	18h	19h	20h	21h	22h	23h	Tagesmittel γ	Max.	Min.
1*	100	104	97	101	105	106	107	104	97	88	79	75	78	87	95	101	104	104	107	109	109	110	107	107	99.2	110	75
2	109	108	106	105	119	116	106	102	88	71	62	49	43	58	61	64	68	54	82	83	78	80	95	94	83.4	119	43
3†	95	98	118	115	119	123	126	103	73	47	55	57	49	36	65	72	82	90	88	89	95	104	105	95	87.5	126	36
4	93	88	94	91	97	98	96	87	95	90	81	74	64	66	63	69	64	82	93	82	77	84	87	95	83.8	98	63
5	96	89	84	98	100	96	98	94	88	80	72	63	64	72	70	71	70	66	84	85	86	86	90	102	83.5	102	63
6	95	94	95	96	97	98	101	100	92	81	67	61	53	65	69	78	86	99	101	99	99	99	110	105	89.2	110	53
7	80	89	93	97	96	102	101	98	97	91	80	66	51	64	71	73	82	86	93	106	104	95	96	102	88.0	106	51
8	114	99	92	94	93	94	97	99	100	100	99	94	86	87	85	84	87	95	97	100	100	97	112	86	95.5	114	84
9*	101	94	94	94	94	97	101	103	97	95	89	85	84	82	83	86	91	90	95	102	103	99	101	101	94.2	103	82
10	101	103	111	112	116	119	115	121	110	104	92	85	79	85	92	87	74	90	99	103	105	106	103	102	**100.6**	121	74
11	102	104	109	101	99	104	106	100	91	85	83	82	82	80	79	72	78	91	93	95	93	90	98	102	92.5	109	72
12	103	104	104	103	105	108	111	108	101	94	88	87	84	74	85	86	92	90	93	95	99	103	104	107	97.0	111	74
13	107	96	98	100	104	110	111	108	96	85	79	70	86	90	86	89	88	86	99	106	104	102	95	88	95.1	111	70
14	98	97	97	100	106	111	110	107	96	79	70	61	60	56	69	67	61	54	67	63	71	75	83	83	80.9	111	54
15†	84	92	91	94	105	115	115	113	104	84	73	58	51	47	48	54	55	63	74	27	72	80	86	72	77.4	115	27
16†	87	89	70	73	70	83	93	74	62	60	40	45	52	70	72	68	81	80	77	88	92	103	82	89	75.0	103	40
17	75	79	84	81	86	98	94	86	75	60	47	53	58	63	60	74	72	76	81	86	100	100	99	87	78.1	100	47
18†	93	98	98	89	89	101	94	90	86	67	63	75	80	81	60	60	76	85	106	132	95	89	98	89	87.2	**132**	60
19	78	82	81	80	89	95	99	90	76	63	64	69	72	69	71	74	75	81	91	95	106	109	109	84	83.4	109	63
20*	87	87	87	90	93	94	95	91	81	71	68	67	68	76	84	88	93	94	95	93	95	94	94	94	86.6	95	67
21*	93	94	93	95	96	96	95	87	76	64	60	61	67	76	86	91	95	96	97	99	99	99	98	102	88.1	102	60
22*	107	104	91	93	90	98	99	92	76	65	61	61	65	70	73	81	89	94	97	100	102	102	101	98	87.9	107	61
23†	101	105	104	98	104	113	120	114	95	69	58	43	37	30	31	12	24	35	54	65	68	77	85	78	**71.7**	120	**12**
24	81	85	87	86	90	92	96	91	72	68	68	66	61	62	68	74	84	89	83	76	57	77	80	81	78.1	96	61
25	80	80	81	85	88	95	102	98	88	71	64	68	75	82	84	81	83	92	92	93	88	87	90	92	85.0	102	64
26	93	92	94	96	99	103	104	99	89	82	80	85	79	83	87	91	91	95	100	106	106	104	106	103	94.5	106	79
27	102	108	107	99	99	98	106	98	89	78	74	74	84	92	87	83	89	97	102	104	104	94	78	84	92.9	108	74
28	76	74	100	95	79	85	100	94	75	62	51	53	63	71	73	71	81	83	91	100	100	98	93	87	81.5	100	51
29	97	95	93	87	88	96	98	91	83	72	64	63	72	75	84	80	76	77	83	86	95	96	101	105	85.7	105	63
Mittel	94	94	95	95	97	102	103	98	88	77	70	67	67	71	74	75	79	83	90	92	93	94	96	94	87.0	109	59

Horizontalintensität

Niemegk — $H = 18300^{\gamma}$ + Tafelwert — 1948

Weltzeit

März

Tag	0h–1h	1h–2h	2h–3h	3h–4h	4h–5h	5h–6h	6h–7h	7h–8h	8h–9h	9h–10h	10h–11h	11h–12h	12h–13h	13h–14h	14h–15h	15h–16h	16h–17h	17h–18h	18h–19h	19h–20h	20h–21h	21h–22h	22h–23h	23h–24h	Tagesmittel γ	Max.	Min.
1†	106	86	99	75	106	93	85	113	84	63	55	42	32	54	52	67	77	82	88	98	95	66	102	66	78.6	113	32
2†	96	78	75	82	84	77	87	91	83	76	46	28	42	63	65	66	70	79	83	82	102	99	94	100	77.0	102	28
3	88	76	83	86	101	90	97	96	80	46	24	32	48	68	67	72	72	84	86	90	91	91	103	92	77.6	103	24
4	94	92	88	89	90	94	97	98	92	75	76	77	74	70	73	79	85	92	93	96	97	97	98	103	88.3	103	70
5	99	96	97	98	102	106	108	106	98	83	81	74	77	73	78	79	87	82	98	102	103	103	100	100	92.9	108	73
6	99	97	100	100	102	106	108	107	97	81	74	82	71	77	85	76	69	91	85	78	106	95	91	106	91.0	108	69
7	96	90	92	91	95	97	100	98	95	88	79	81	87	85	79	74	84	83	91	96	98	98	99	100	90.7	100	74
8	100	98	97	98	102	103	102	98	86	74	67	72	81	71	81	80	69	68	71	84	83	87	89	95	85.8	103	67
9	96	96	95	97	100	104	107	104	83	72	66	73	84	90	97	95	84	88	96	101	120	103	100	100	93.8	120	66
10	101	97	100	104	106	114	112	100	83	65	60	65	78	85	89	92	86	82	100	101	117	110	98	98	93.5	117	60
11	97	98	98	98	103	105	109	104	94	82	75	76	80	92	98	98	96	100	103	106	106	119	133	91	98.4	**133**	75
12	86	85	87	109	128	120	104	96	100	77	73	66	66	59	54	53	66	88	96	96	91	92	94	109	87.3	128	53
13†	99	114	114	109	85	96	98	89	77	67	46	35	35	46	56	60	49	42	57	58	66	65	70	81	71.4	114	35
14†	104	100	65	62	80	75	77	68	63	47	49	52	54	70	61	68	68	77	83	78	83	82	92	73	72.1	104	47
15†	99	70	92	100	72	12	-56	-34	-80	-69	-49	-43	04	35	22	03	06	24	29	18	17	35	43	46	**16.5**	100	**-80**
16	45	39	58	45	46	42	39	36	30	23	18	24	30	40	49	54	54	57	65	72	78	72	76	72	48.5	78	18
17	74	65	68	70	74	78	78	65	55	42	24	30	46	56	60	67	66	66	78	80	81	79	76	80	64.9	81	24
18*	82	77	72	76	85	87	84	72	63	59	58	58	61	60	70	80	75	84	88	89	92	89	87	86	76.4	92	58
19	90	101	84	86	88	96	87	72	66	70	71	67	71	75	78	83	81	85	83	91	88	91	92	91	82.8	101	66
20	91	91	90	91	90	93	94	91	78	78	73	70	66	64	62	64	74	80	93	96	103	104	98	95	84.5	104	62
21	93	92	92	94	92	90	88	88	97	88	68	68	73	79	83	92	92	95	101	102	101	107	95	92	90.1	107	68
22	100	96	97	97	99	101	100	92	84	74	74	69	64	68	76	80	90	94	100	108	124	107	98	97	91.2	124	64
23*	97	97	93	97	99	103	102	95	87	80	76	71	74	78	86	92	96	100	103	107	109	106	106	103	94.0	109	71
24*	104	108	105	105	103	104	102	96	90	84	81	81	86	83	81	86	93	98	103	106	106	107	107	106	96.9	108	81
25*	104	103	102	102	106	110	113	108	96	80	74	76	81	88	96	104	109	110	114	115	117	114	110	109	101.7	117	74
26	108	108	107	106	108	109	108	104	96	95	90	84	90	106	98	71	82	103	108	104	94	103	80	81	97.6	109	71
27	95	100	89	94	105	99	86	94	86	71	64	61	76	92	102	103	92	93	98	102	104	103	98	106	92.2	106	61
28	108	104	92	95	100	103	100	92	78	74	67	66	72	81	88	82	79	87	94	96	98	98	98	97	89.5	108	66
29*	100	95	94	96	97	95	95	94	90	86	83	83	86	87	91	88	89	97	102	96	96	98	95	93	92.8	102	83
30	95	99	106	101	106	105	102	88	80	71	68	63	76	79	85	87	87	99	101	106	106	86	86	97	90.8	106	63
31	98	110	99	90	100	114	114	102	89	79	70	76	82	92	105	108	115	115	118	116	110	114	122	120	**102.4**	122	70
Mittel	95	92	91	92	95	94	91	87	77	67	61	60	66	73	76	78	79	85	91	93	96	94	95	93	84.2	107	55

April

Tag	0h–1h	1h–2h	2h–3h	3h–4h	4h–5h	5h–6h	6h–7h	7h–8h	8h–9h	9h–10h	10h–11h	11h–12h	12h–13h	13h–14h	14h–15h	15h–16h	16h–17h	17h–18h	18h–19h	19h–20h	20h–21h	21h–22h	22h–23h	23h–24h	Tagesmittel γ	Max.	Min.
1†	138	112	110	110	111	117	110	88	80	63	74	77	77	81	91	90	93	96	100	99	94	96	116	108	97.1	138	63
2	97	96	94	98	99	97	107	103	89	86	53	69	77	84	87	92	96	101	103	104	112	110	108	103	94.4	112	53
3	100	95	101	110	106	98	98	93	86	80	58	64	74	88	94	98	98	97	103	101	104	101	101	102	93.8	110	58
4	103	102	98	100	102	108	99	89	69	70	59	57	65	76	81	88	90	103	101	103	103	105	106	103	90.8	108	57
5*	103	102	100	101	98	102	97	87	76	72	68	69	75	79	86	93	95	103	106	105	106	106	106	105	93.3	106	68
6†	102	101	102	103	124	126	119	114	95	80	74	83	86	84	89	96	110	156	98	110	101	105	118	113	103.7	**156**	74
7	109	104	114	109	112	114	105	96	80	63	60	62	74	80	88	95	94	97	103	106	105	91	84	89	93.1	114	60
8*	102	92	92	94	101	104	102	90	76	66	62	64	72	82	90	91	93	95	99	98	99	101	100	102	90.3	104	62
9*	101	100	102	106	109	110	104	92	76	65	61	65	72	83	90	101	104	104	104	115	105	100	100	106	94.8	115	61
10	115	110	104	100	104	105	100	94	84	71	67	72	85	93	95	97	108	115	101	101	101	102	102	118	97.7	118	67
11	106	99	99	102	97	108	96	82	72	62	60	68	76	82	87	90	100	98	102	116	108	110	112	112	93.5	116	60
12	110	117	114	107	113	113	108	94	78	63	48	61	56	63	88	96	105	96	94	91	93	97	98	96	91.6	117	48
13	90	92	92	97	114	106	105	94	78	65	56	57	63	78	88	91	98	102	114	121	111	111	99	106	92.8	121	56
14	110	120	106	98	109	104	95	85	76	62	51	52	54	70	84	88	99	87	105	106	107	109	113	109	91.6	120	51
15	104	104	102	109	118	122	113	98	83	69	62	64	71	72	88	106	99	79	60	76	85	93	93	93	90.1	122	60
16*	91	91	91	91	95	97	98	92	82	70	56	53	57	58	75	87	97	105	108	113	111	108	110	116	89.7	116	53
17	113	110	109	101	102	101	99	92	84	76	69	68	72	72	80	94	100	109	112	109	111	112	112	113	96.7	113	68
18	111	104	106	107	107	105	102	93	76	80	68	69	69	72	74	89	101	107	112	115	113	117	118	114	97.0	118	68
19*	111	112	108	110	110	108	105	96	87	85	88	93	93	88	87	98	102	104	111	115	116	119	116	118	103.3	119	85
20	117	124	117	121	120	121	115	99	84	79	77	80	81	98	102	104	104	111	114	114	116	115	117	133	**106.8**	133	77
21†	122	88	58	63	77	74	—	—	58	47	48	45	53	65	76	87	89	94	96	102	100	93	97	90	78.3	122	45
22†	104	100	106	114	—	—	94	56	26	09	08	34	44	42	20	37	60	62	80	86	85	76	70	66	**62.7**	114	**08**
23	76	76	66	66	70	65	52	38	35	41	38	41	43	49	54	65	80	87	91	97	96	94	94	92	66.9	97	35
24	92	88	78	80	89	85	84	75	63	50	48	51	62	69	84	96	97	101	110	112	109	108	112	131	86.4	131	48
25	108	96	89	96	89	93	87	77	72	59	64	65	69	62	71	81	92	100	113	97	100	94	92	97	86.0	113	59
26	96	92	92	94	96	94	86	67	60	44	32	37	64	84	73	106	113	89	89	98	92	98	94	95	82.7	113	32
27	98	96	96	96	101	86	77	68	61	56	61	64	72	81	89	94	98	106	100	106	111	100	103	105	88.5	111	56
28	98	97	98	92	95	103	102	91	79	71	74	84	84	95	—	—	—	—	—	111	113	110	107	109	—	113	71
29†	105	98	96	98	97	109	98	67	96	92	88	90	95	82	85	104	106	110	105	105	107	110	122	109	98.9	122	67
30	101	105	103	103	105	106	107	91	70	59	58	69	74	86	96	102	107	106	114	116	107	107	106	105	96.0	116	58
Mittel	104	101	98	99	102	103	99	86	74	65	60	64	70	77	82	92	98	100	102	105	104	103	104	105	91.6	118	58

Niemegk — **Horizontalintensität** — $H = 18300^{\gamma}$ + Tafelwert — **1948**

Tag	0h–1h	1h–2h	2h–3h	3h–4h	4h–5h	5h–6h	6h–7h	7h–8h	8h–9h	9h–10h	10h–11h	11h–12h	12h–13h	13h–14h	14h–15h	15h–16h	16h–17h	17h–18h	18h–19h	19h–20h	20h–21h	21h–22h	22h–23h	23h–24h Weltzeit	Tagesmittel	Max.	Min.
Mai																									γ		
1*	100	104	101	105	107	106	100	88	77	74	72	77	88	94	98	105	108	114	125	106	99	106	108	100	98.4	125	72
2	97	103	101	103	94	101	99	85	72	75	74	71	69	105	88	100	107	112	117	126	112	87	93	96	95.3	126	69
3	101	101	101	101	88	88	87	70	62	59	56	66	91	93	92	104	101	115	110	117	130	109	106	110	94.1	130	56
4	105	103	109	109	111	105	96	79	67	64	66	75	86	89	106	118	107	124	114	115	103	105	108	98	98.4	124	64
5	79	94	96	98	99	98	90	78	74	77	84	89	97	100	109	115	121	113	115	112	103	101	94	93	97.0	121	74
6	89	101	103	90	91	86	86	75	63	44	45	64	68	68	100	108	98	125	120	103	91	91	106	102	88.2	125	44
7†	98	95	97	90	83	74	16	19	36	38	31	17	28	39	43	40	71	96	121	102	90	88	92	88	66.3	121	17
8	81	80	83	87	92	89	71	62	62	56	55	42	50	57	50	78	91	97	104	104	103	102	102	97	79.0	104	42
9†	97	92	88	92	96	95	87	70	50	58	61	58	46	51	71	68	78	100	118	117	114	102	97	94	83.3	118	46
10	89	90	89	89	92	91	81	58	49	45	49	41	39	56	59	89	112	138	137	104	94	86	91	90	81.6	**138**	39
11	90	94	88	91	88	85	81	71	54	53	50	60	76	89	92	91	108	130	126	115	104	93	97	111	89.0	130	50
12	96	96	98	99	87	90	87	84	74	66	68	67	65	79	89	106	101	114	118	117	116	121	113	101	93.8	121	65
13	110	102	90	86	83	98	94	85	69	58	38	51	50	62	80	91	99	102	108	106	102	100	96	95	85.6	110	38
14	95	95	97	100	104	102	96	83	69	58	51	54	68	86	96	108	109	113	125	103	101	102	99	101	92.3	125	51
15†	96	92	89	112	95	91	53	43	53	41	37	45	43	64	82	88	97	94	93	101	108	92	108	86	79.3	112	37
16†	88	95	86	101	47	56	48	40	32	05	06	11	36	44	69	45	63	79	94	97	96	113	109	106	**65.2**	113	**05**
17	89	84	88	89	87	75	60	49	39	34	33	35	53	64	71	78	89	99	104	99	94	103	104	95	75.6	104	33
18	88	83	90	95	83	80	74	66	48	53	72	77	78	82	82	—	96	104	119	98	96	102	102	91	85.2	119	48
19*	93	94	94	94	90	83	78	75	73	76	76	82	92	88	92	93	98	98	101	104	104	104	102	102	91.1	104	73
20*	100	105	103	101	100	101	102	98	89	82	78	82	95	103	107	105	107	111	113	108	104	100	90	88	98.8	113	78
21†	88	99	114	113	114	93	61	74	73	68	82	77	90	78	87	78	108	123	92	104	114	85	80	79	90.6	123	61
22	77	87	93	93	82	91	74	66	45	47	52	54	47	54	64	89	99	97	96	94	94	91	76	72	76.4	99	45
23	69	90	99	98	80	97	76	58	47	42	43	40	45	65	89	84	82	96	106	104	106	101	92	94	79.3	106	40
24	99	120	94	89	86	86	74	45	42	40	37	47	53	64	77	90	99	96	105	103	104	107	107	109	82.2	120	37
25	99	91	96	91	88	89	77	60	54	48	51	52	68	72	86	84	94	95	91	90	93	96	99	107	82.1	107	48
26*	94	96	95	99	95	83	72	59	43	43	44	57	65	75	91	104	105	113	110	104	105	105	104	103	86.0	113	43
27	113	118	113	112	109	99	81	67	62	62	61	65	62	71	76	97	110	124	124	120	111	109	109	103	94.9	124	61
28*	107	96	104	108	109	106	97	84	70	63	65	75	83	92	100	109	120	116	120	122	125	125	124	125	101.9	125	63
29	115	117	118	121	117	110	98	80	62	55	61	86	72	113	131	121	92	118	127	122	124	121	121	131	105.5	131	55
30	114	108	108	112	109	114	106	90	73	64	61	65	75	86	96	113	134	120	104	109	112	112	112	111	100.3	134	61
31	108	106	107	109	113	109	100	93	82	75	81	89	90	96	102	105	110	129	133	133	131	126	111	100	**105.8**	133	75
Mittel	96	98	98	99	94	93	81	69	60	56	56	60	67	77	86	93	100	110	113	108	106	103	102	99	88.5	119	51
Juni																									γ		
1†	92	106	114	98	75	67	47	65	57	31	09	39	46	72	89	123	123	106	98	91	90	94	95	96	**80.1**	123	**09**
2	92	96	96	94	90	74	63	68	64	62	67	73	74	83	89	91	96	99	99	102	105	105	104	114	87.5	114	62
3	102	106	102	102	102	92	93	85	74	73	70	73	82	92	99	111	117	108	105	103	104	101	102	104	95.9	117	70
4*	104	100	100	101	100	94	82	69	62	63	70	81	91	90	106	113	116	118	117	119	121	113	108	106	97.7	121	62
5	104	109	112	111	100	96	84	74	68	69	71	91	117	101	112	114	103	118	129	127	118	118	120	120	103.6	129	68
6	119	120	120	122	120	110	91	72	66	69	69	72	86	89	104	110	120	120	127	127	125	123	123	117	105.0	127	66
7	113	110	113	118	113	101	91	81	76	78	85	97	106	109	107	119	139	133	127	121	122	131	118	112	109.2	139	76
8	110	112	116	118	115	106	103	93	84	79	81	72	80	79	94	107	125	120	119	134	119	106	98	103	103.0	134	72
9	111	118	120	108	108	99	87	75	68	76	84	88	100	108	112	130	106	118	124	127	124	118	112	108	105.4	130	68
10	113	114	116	116	109	94	78	67	63	59	74	86	89	103	101	110	119	117	121	120	118	118	117	117	101.6	121	59
11	116	111	114	117	116	109	103	91	81	74	75	84	92	102	109	112	119	123	126	148	136	139	134	133	111.0	**148**	74
12	131	126	124	129	130	125	114	98	79	71	67	78	88	107	111	114	116	119	127	128	123	118	109	113	110.2	131	67
13	107	109	116	112	107	104	100	103	96	90	76	80	78	96	92	107	113	123	136	118	108	100	98	104	103.0	136	76
14	107	109	110	114	114	109	99	89	77	74	68	71	83	96	102	123	137	110	107	112	112	112	108	106	102.0	137	68
15*	106	108	110	111	111	109	103	89	84	87	84	82	83	92	106	114	114	114	111	115	112	112	112	111	103.3	115	82
16*	110	111	114	116	114	110	105	101	99	95	95	98	98	96	107	114	124	126	122	121	122	122	126	123	111.2	126	95
17	124	118	119	122	122	112	105	98	98	94	91	93	101	104	115	127	144	139	136	122	133	124	117	100	**114.9**	144	91
18†	106	106	114	118	120	114	105	97	81	78	62	76	94	82	103	116	118	118	130	134	114	94	96	93	102.9	134	62
19†	91	103	100	112	110	88	59	40	38	38	40	55	67	78	84	93	102	100	97	109	115	113	108	98	84.9	115	38
20	97	117	102	105	102	96	88	78	70	53	64	65	65	81	106	122	129	125	116	118	122	123	109	99	98.0	129	53
21†	101	104	101	110	110	100	81	80	88	79	65	74	85	74	104	90	105	128	131	116	106	94	93	94	96.4	131	65
22	117	100	96	118	105	91	76	68	60	57	52	62	69	74	89	86	95	103	111	114	113	114	118	103	91.3	118	52
23	102	102	106	106	104	97	83	67	59	54	52	62	81	100	113	127	124	116	116	125	120	111	116	110	98.0	127	52
24	106	109	114	118	116	112	108	94	74	69	70	79	87	100	111	116	114	112	115	132	128	124	119	118	106.0	132	69
25	119	118	119	117	114	108	101	88	81	88	98	101	94	93	117	127	122	118	131	129	140	120	130	103	111.5	140	81
26†	108	120	117	110	108	93	85	81	69	62	70	93	98	98	122	139	79	101	103	123	124	115	114	117	102.0	139	62
27	113	110	112	113	113	99	94	82	72	77	76	70	85	90	111	104	118	122	110	116	113	111	114	112	101.5	122	70
28*	111	108	109	111	108	99	90	81	78	—	—	94	92	98	107	104	104	106	112	117	114	111	112	113	103.6	117	—
29*	112	111	113	113	111	113	107	92	76	60	59	76	94	108	115	118	118	118	114	115	113	113	110	112	103.8	118	59
30	113	113	118	121	121	114	104	90	78	76	88	92	96	95	114	110	109	109	111	116	122	118	114	113	106.5	122	76
Mittel	109	110	111	113	110	101	91	82	74	70	70	79	87	93	105	113	116	116	118	120	118	114	112	109	101.6	128	(66)

Horizontalintensität

Niemegk — $H = 18300^{\gamma}$ + Tafelwert — 1948

Weltzeit

Juli

Tag	0h–1h	1h–2h	2h–3h	3h–4h	4h–5h	5h–6h	6h–7h	7h–8h	8h–9h	9h–10h	10h–11h	11h–12h	12h–13h	13h–14h	14h–15h	15h–16h	16h–17h	17h–18h	18h–19h	19h–20h	20h–21h	21h–22h	22h–23h	23h–24h	Tagesmittel γ	Max.	Min.
1	114	105	104	114	114	105	101	98	91	87	91	88	79	85	101	120	125	126	126	116	106	104	104	102	104.4	126	79
2	100	106	108	107	109	108	103	99	88	80	77	91	100	104	99	109	105	115	128	132	120	111	106	107	104.7	132	77
3	109	116	122	122	118	114	107	101	88	78	80	86	97	100	116	118	112	116	117	120	118	117	120	122	108.9	122	78
4†	116	114	114	124	122	111	96	73	50	70	89	102	111	108	106	108	113	122	120	131	141	117	112	113	107.6	**141**	50
5	106	110	107	107	108	95	84	73	71	74	73	83	100	92	102	114	112	108	108	115	117	117	118	113	100.3	118	71
6	96	103	106	109	107	95	74	65	61	79	92	96	90	88	93	118	120	120	124	115	113	109	108	109	99.6	124	61
7	109	105	109	113	115	117	114	110	103	97	94	95	90	96	104	129	125	120	125	112	114	110	112	115	**109.7**	129	90
8	116	115	118	121	123	108	91	76	63	62	73	65	58	70	84	101	114	127	108	105	104	106	106	104	96.6	127	58
9	103	101	103	106	107	103	94	88	78	70	62	58	68	79	96	112	108	103	106	120	119	122	118	110	97.2	122	58
10	111	111	114	120	119	105	96	98	89	77	84	70	72	77	71	74	99	109	118	121	122	120	119	116	100.5	122	70
11	112	111	112	121	126	118	109	100	88	83	81	82	91	93	102	112	121	122	129	126	115	114	111	108	107.8	129	81
12	99	104	112	115	118	105	92	78	81	76	68	75	71	87	88	102	110	113	107	110	115	110	112	111	98.3	118	68
13	112	110	106	108	103	105	105	99	92	88	87	79	75	80	102	111	108	106	114	118	120	116	112	114	102.9	120	75
14†	113	127	126	116	122	114	97	91	83	71	60	64	56	74	95	92	102	107	118	119	116	118	111	100	99.7	127	56
15	108	108	116	113	108	100	93	86	83	86	90	79	80	80	96	108	103	113	112	123	125	123	123	118	103.1	125	79
16	110	119	122	122	122	106	90	85	75	70	82	81	78	66	70	102	110	126	120	121	117	119	113	115	101.7	126	66
17	110	110	111	116	106	93	75	64	54	46	57	68	73	80	92	103	92	108	131	129	104	102	103	102	92.9	131	46
18	102	104	103	112	107	98	86	77	70	70	75	81	86	91	98	92	108	118	119	117	113	108	107	105	97.8	119	70
19*	105	112	115	108	110	103	88	78	73	74	76	74	79	86	93	97	97	106	112	113	115	115	114	113	98.2	115	73
20*	113	112	116	110	112	112	108	96	76	58	62	75	91	103	112	114	120	131	130	130	120	120	118	110	106.2	131	58
21	125	116	110	114	110	104	94	79	72	65	76	89	93	95	106	116	120	127	130	135	137	118	110	104	106.0	137	65
22*	106	113	110	112	110	103	84	79	78	74	70	70	70	76	97	117	116	119	115	117	119	117	115	116	100.1	119	70
23*	115	113	112	115	116	106	91	77	63	56	62	73	88	97	101	106	101	109	116	121	123	124	117	116	100.8	124	56
24*	110	109	111	111	121	118	104	87	71	63	65	74	84	100	112	117	115	111	116	119	122	120	121	117	104.1	122	63
25	115	117	115	119	116	109	104	99	94	85	84	85	96	98	103	106	99	110	102	110	112	110	110	108	104.4	119	84
26	111	110	109	110	112	109	98	92	93	95	85	80	84	90	102	(102)	102	116	120	121	119	115	116	106	104.0	121	80
27	109	111	107	111	102	102	98	96	91	86	86	89	95	99	105	117	113	120	120	114	114	113	112	116	105.2	120	86
28	108	106	103	103	100	96	90	91	87	83	85	93	96	105	112	113	114	134	137	129	127	122	114	108	106.5	137	83
29†	101	97	104	99	100	99	77	69	68	58	44	40	22	68	73	91	106	101	110	112	109	108	108	107	**86.3**	112	**22**
30†	106	104	107	113	109	100	84	76	59	62	69	80	83	88	75	89	106	111	122	135	125	111	116	119	97.9	135	59
31†	109	119	103	101	103	106	93	64	55	61	76	61	77	73	90	94	98	89	97	105	105	98	102	99	90.8	119	55
Mittel	109	110	111	112	112	105	94	85	77	74	76	78	82	88	97	107	109	115	118	120	118	114	113	110	101.4	125	67

August

Tag	0h–1h	1h–2h	2h–3h	3h–4h	4h–5h	5h–6h	6h–7h	7h–8h	8h–9h	9h–10h	10h–11h	11h–12h	12h–13h	13h–14h	14h–15h	15h–16h	16h–17h	17h–18h	18h–19h	19h–20h	20h–21h	21h–22h	22h–23h	23h–24h	Tagesmittel γ	Max.	Min.
1	99	104	101	102	101	89	74	64	46	58	43	60	72	81	85	92	94	101	98	99	99	98	93	93	85.2	104	43
2	98	107	107	106	104	98	58	62	71	66	54	75	92	75	88	93	90	94	100	111	114	110	106	106	91.0	114	54
3	108	105	107	108	107	100	86	69	64	83	82	96	89	92	99	85	96	108	104	105	108	103	103	102	96.2	108	64
4	102	103	106	110	109	108	100	82	67	71	58	77	48	91	108	92	95	108	112	95	97	97	96	98	92.9	112	48
5	99	96	96	98	106	104	92	80	72	70	72	71	77	77	83	92	91	104	108	108	108	107	106	107	92.7	108	70
6	106	108	107	108	104	96	90	85	73	60	66	72	80	91	113	113	66	85	103	105	107	105	106	107	94.0	113	60
7	108	108	109	123	136	120	99	92	80	68	72	83	78	66	64	86	95	94	100	108	113	114	110	140	98.6	140	64
8†	111	126	124	126	125	65	-05	-60	-45	-35	-42	00	19	88	44	24	20	28	46	74	56	02	70	08	**40.4**	126	**-60**
9†	52	59	54	44	42	38	22	03	-06	00	05	12	18	64	45	66	72	110	107	116	116	113	71	74	54.0	116	-06
10†	67	77	87	89	88	62	15	-39	-21	08	33	27	37	29	52	69	89	120	101	72	54	67	52	52	53.6	120	-39
11†	41	58	55	50	54	59	68	42	39	50	66	63	50	46	56	59	63	78	90	95	87	79	82	78	62.8	95	39
12	79	82	68	73	78	64	45	19	19	32	44	52	49	57	70	69	79	94	93	95	85	69	91	76	65.9	95	19
13	88	76	75	63	64	70	62	52	51	48	49	61	66	74	83	76	75	78	92	93	90	88	86	82	72.6	93	48
14	81	81	82	82	82	79	73	65	61	61	67	77	60	68	85	103	110	105	95	101	91	87	89	101	82.8	110	60
15	88	83	84	90	84	79	70	62	60	61	68	69	74	83	88	99	97	103	104	99	99	91	95	87	84.0	104	60
16*	87	86	86	90	84	77	69	64	64	56	57	62	72	77	83	92	98	97	98	100	99	99	97	98	83.0	100	56
17*	98	94	97	98	96	92	88	84	76	77	82	84	91	94	93	91	102	108	106	100	100	100	107	96	93.9	108	76
18*	93	97	99	100	97	90	82	73	69	65	68	84	87	95	98	100	102	107	110	108	103	99	103	107	93.2	110	65
19	102	99	97	96	94	91	86	81	74	69	77	81	86	90	90	92	108	114	118	135	151	148	155	141	**103.1**	**155**	69
20†	111	113	68	76	88	84	86	76	62	53	70	64	80	83	63	79	93	96	98	112	103	86	91	90	84.4	113	53
21	89	87	87	89	103	99	94	81	65	54	52	54	66	72	60	70	65	72	90	92	99	91	98	86	79.8	103	52
22	85	86	88	89	86	85	83	69	55	41	55	68	80	87	86	91	102	101	101	107	104	114	90	84	84.9	114	41
23	93	109	118	114	84	88	83	69	65	62	63	78	78	92	93	89	92	97	101	105	101	100	100	108	90.9	118	62
24	101	104	103	104	100	89	84	69	55	62	72	81	79	81	88	88	91	90	104	108	110	98	96	96	89.7	110	55
25	96	98	102	95	101	96	89	69	60	55	52	58	69	83	91	96	102	100	106	111	118	98	90	89	88.5	118	52
26*	91	94	96	99	97	93	87	78	69	58	60	71	85	92	98	104	104	105	109	109	106	106	106	107	92.7	109	58
27*	106	105	104	101	101	101	101	95	88	78	72	80	96	87	86	100	105	97	108	112	114	112	112	104	98.5	114	72
28	105	108	108	112	112	108	103	91	78	70	64	81	89	93	101	106	102	93	104	111	108	93	84	105	97.0	112	64
29	97	86	97	107	109	101	86	80	66	45	67	91	76	76	80	81	91	73	84	89	88	90	107	99	86.1	109	45
30	92	82	86	102	87	85	78	63	51	40	39	55	47	44	49	61	79	90	91	87	91	80	79	84	72.6	102	39
31	92	90	92	94	89	80	76	60	52	52	63	72	68	76	72	74	85	99	105	105	102	103	106	110	84.0	110	52
Mittel	92	94	93	95	94	87	75	61	54	53	56	66	70	78	80	85	89	95	100	102	101	95	96	94	83.5	112	46

Horizontalintensität

Niemegk — H = 18300$^{\gamma}$ + Tafelwert — 1948

Weltzeit

September

Tag	0h	1h	2h	3h	4h	5h	6h	7h	8h	9h	10h	11h	12h	13h	14h	15h	16h	17h	18h	19h	20h	21h	22h	23h	Tagesmittel (γ)	Max.	Min.
1†	112	115	117	130	101	106	94	78	66	49	43	57	47	42	71	69	90	89	87	100	101	61	68	90	82.6	130	42
2†	100	90	99	110	81	89	82	64	42	36	35	35	44	55	75	77	81	84	102	79	84	81	86	86	74.9	110	35
3	84	77	78	77	77	75	72	65	60	55	59	70	63	82	60	63	83	90	80	82	87	92	99	86	75.7	99	55
4	87	87	85	86	91	87	86	69	36	24	59	58	84	76	76	84	104	86	96	96	90	106	102	91	81.1	106	**24**
5*	87	86	90	87	84	78	78	70	61	70	79	85	86	83	87	87	88	90	95	98	100	101	98	100	86.2	101	61
6*	96	97	95	94	91	89	82	83	82	79	76	76	78	74	76	83	93	96	103	100	103	110	102	105	90.1	110	74
7	105	103	96	101	100	90	110	104	86	68	67	68	74	76	82	92	95	100	111	105	102	106	106	103	93.8	111	67
8	103	102	91	102	102	98	94	86	71	64	55	64	80	85	89	93	97	101	101	101	103	102	102	97	91.0	103	55
9	108	108	100	94	95	92	91	87	78	67	59	69	70	84	90	100	99	98	101	104	102	102	105	104	92.0	108	59
10	98	98	97	96	96	95	93	87	77	67	62	71	97	96	106	106	114	103	106	107	109	103	102	103	95.4	114	62
11	99	101	106	105	103	101	94	94	91	84	64	74	82	80	84	82	85	88	96	91	91	112	101	97	91.9	112	64
12	93	94	105	112	108	91	78	72	67	60	63	77	85	102	91	60	74	95	80	74	85	93	98	100	85.7	112	60
13	97	101	101	98	98	97	94	88	81	73	72	84	80	81	83	86	90	96	101	103	105	106	105	104	92.7	106	72
14	102	102	102	103	99	92	99	90	80	74	69	65	78	82	90	93	96	96	102	103	103	102	103	100	92.7	103	65
15	100	100	99	102	103	101	94	81	72	72	88	84	93	95	89	73	94	106	110	101	83	79	105	81	91.9	110	72
16	83	71	85	99	76	63	57	38	37	47	50	60	70	77	74	80	85	83	84	82	88	98	91	93	73.8	99	37
17	83	84	88	88	84	82	70	61	56	56	52	60	67	85	93	90	84	91	91	96	96	94	92	93	80.7	96	52
18	94	96	96	94	92	90	80	68	59	61	70	80	92	96	94	92	95	92	99	103	90	87	116	109	89.4	116	59
19	90	96	101	95	88	80	71	59	49	46	58	74	92	99	101	98	95	98	110	111	95	99	100	100	87.3	110	46
20*	101	101	101	101	99	91	82	68	54	59	62	69	77	86	87	90	92	104	99	99	102	101	101	118	89.3	118	54
21	99	98	100	101	100	93	83	68	63	62	64	68	75	84	95	100	97	99	100	112	114	111	110	112	92.0	114	62
22	114	110	107	103	100	98	87	86	80	75	74	78	78	85	90	91	100	108	116	123	129	130	117	134	**100.5**	**134**	74
23	101	112	130	118	110	110	102	94	82	71	75	74	69	73	81	84	98	100	97	100	100	104	113	132	97.1	132	69
24†	105	91	107	91	98	90	92	83	65	53	45	38	56	74	69	80	82	87	72	83	95	106	90	88	80.8	107	38
25†	84	98	83	89	94	96	79	83	70	48	42	48	38	52	60	58	53	48	64	64	67	75	75	67	68.1	98	38
26	65	73	73	74	83	94	78	65	45	26	26	31	42	39	57	57	69	81	84	81	84	91	100	95	**67.2**	100	26
27*	99	88	89	89	89	88	83	75	64	57	50	51	58	67	73	76	82	87	93	95	97	96	45	94	80.6	99	50
28*	95	95	96	96	97	97	96	89	79	72	71	72	77	83	87	89	94	101	104	105	106	107	108	106	92.6	108	71
29†	108	108	120	120	109	98	103	91	64	52	41	36	40	35	42	41	44	58	68	73	78	82	87	80	74.1	120	35
30	81	72	77	77	76	82	88	73	64	70	71	57	48	62	74	65	57	76	82	88	92	92	92	96	75.5	96	48
Mittel	91	95	97	98	94	91	86	77	66	60	60	64	71	76	81	81	87	91	94	95	96	98	99	99	85.5	109	54

Oktober

Tag	0h	1h	2h	3h	4h	5h	6h	7h	8h	9h	10h	11h	12h	13h	14h	15h	16h	17h	18h	19h	20h	21h	22h	23h	Tagesmittel (γ)	Max.	Min.
1†	96	116	121	117	108	68	116	94	80	25	19	24	28	31	38	45	56	72	81	84	97	86	94	102	74.9	**121**	19
2	96	83	85	86	90	56	60	75	39	19	12	09	00	07	12	32	46	62	66	71	75	90	78	84	55.5	96	00
3	80	77	75	83	80	84	87	75	54	43	42	42	45	50	48	45	46	54	82	58	61	80	76	65	63.8	87	42
4	76	76	76	80	84	84	71	76	68	62	60	65	72	78	—	—	—	—	—	—	—	—	—	—	—	—	—
5	—	—	—	—	—	—	—	—	—	—	—	—	—	68	88	91	92	82	88	98	96	93	92	92	—	—	—
6*	92	90	92	93	89	88	83	76	65	58	57	60	66	75	84	90	92	94	99	95	96	99	102	99	84.8	102	57
7	97	98	102	102	105	106	101	90	77	65	64	81	93	100	98	94	97	100	107	104	106	100	102	114	**96.0**	114	64
8*	94	96	98	101	98	102	103	101	92	76	73	77	85	90	95	96	99	100	102	106	103	104	101	110	95.9	110	73
9*	99	98	98	98	102	102	98	93	84	71	62	63	68	78	87	92	104	105	96	103	106	106	107	106	92.8	107	62
10	110	106	102	109	99	106	46	46	54	48	29	31	43	52	67	78	90	91	98	97	91	99	94	93	78.3	110	29
11	85	94	90	89	90	91	82	74	75	66	54	49	36	62	70	53	75	74	79	94	90	90	93	101	77.3	101	36
12	91	90	90	90	91	92	89	72	59	54	36	38	62	61	78	75	85	91	93	96	96	103	105	102	80.8	105	36
13	88	89	90	94	102	97	87	69	61	60	62	68	80	88	89	92	93	74	86	92	99	104	94	96	85.6	104	60
14	97	92	93	92	95	96	84	79	71	48	49	58	66	65	76	69	56	76	89	90	80	74	88	63	76.9	97	48
15†	41	65	69	51	51	59	46	16	08	08	-01	-04	-01	34	21	37	43	63	44	49	69	56	61	62	39.5	69	-04
16*	61	62	69	70	76	64	62	53	41	34	36	40	45	50	59	65	68	71	—	79	84	85	85	86	62.8	86	34
17	86	87	88	89	89	89	84	62	48	50	46	42	46	57	70	78	82	88	92	98	101	94	—	—	75.7	(101)	42
18†	-81	10	25	04	-11	47	61	55	46	26	08	16	25	45	60	73	62	73	97	66	76	30	32	-04	35.0	97	**-81**
19†	24	21	34	60	-02	-12	-30	-67	-58	-32	-09	-31	-20	-18	-03	19	44	33	38	63	60	60	58	57	**12.0**	63	-67
20	58	54	54	59	64	61	63	53	41	33	35	38	46	54	45	42	44	31	48	58	68	60	59	63	51.3	68	31
21†	70	68	86	83	60	74	69	59	04	-11	16	-03	12	45	55	48	12	30	61	08	30	41	52	52	42.5	86	-11
22	56	57	58	66	72	75	59	38	34	25	-18	-03	26	38	35	64	66	51	64	64	41	58	89	70	49.4	89	-18
23	70	64	58	60	82	69	56	52	54	38	15	20	34	43	27	40	81	44	45	44	79	57	66	65	52.6	82	15
24	86	72	69	67	66	69	74	68	67	60	58	45	23	31	49	50	62	54	53	89	58	64	70	72	61.5	89	23
25	79	68	73	73	84	84	86	81	72	62	59	62	67	60	42	49	62	76	76	82	84	89	78	76	71.8	89	42
26	85	110	90	100	88	85	82	72	68	70	68	61	64	56	56	49	58	67	75	88	84	74	104	79	76.4	110	49
27	78	67	91	93	93	93	84	73	56	56	50	40	28	25	36	42	56	52	64	70	61	75	88	74	64.4	93	25
28	71	75	76	68	80	78	73	69	51	44	45	51	51	57	62	70	79	82	84	92	84	86	98	97	71.8	98	44
29	82	84	86	88	92	96	83	74	69	57	53	48	50	50	64	72	73	69	78	83	85	80	84	77	74.0	96	48
30	80	85	87	92	90	100	96	90	83	75	68	65	68	70	71	82	91	88	93	95	94	94	92	101	85.4	101	65
31*	96	97	97	97	118	112	108	92	79	66	54	56	53	51	57	62	74	81	83	84	91	93	86	87	82.2	118	51
Mittel	75	78	81	82	81	80	75	65	55	45	40	40	45	53	58	63	70	71	78	80	82	81	84	81	68.5	96	28

Horizontalintensität

H = 18300γ + Tafelwert

Niemegk **1948**

Weltzeit

November

Tag	0h	1h	2h	3h	4h	5h	6h	7h	8h	9h	10h	11h	12h	13h	14h	15h	16h	17h	18h	19h	20h	21h	22h	23h	Tagesmittel (γ)	Max.	Min.
1	88	89	90	93	95	96	95	88	80	68	62	62	60	60	67	66	60	58	52	76	79	81	74	53	74.7	96	52
2†	83	88	89	82	89	61	44	40	26	21	12	13	10	21	30	18	28	33	15	29	37	29	42	39	**40.6**	89	10
3	41	44	61	61	62	63	60	55	49	44	42	45	50	51	59	64	58	58	48	45	58	62	69	68	54.9	69	41
4*	68	75	75	75	78	82	89	88	79	70	64	65	69	74	76	83	88	91	91	94	94	94	91	89	80.9	94	64
5*	89	88	89	93	98	99	99	91	80	67	65	66	70	72	75	81	91	93	93	97	101	93	95	94	86.6	101	65
6	93	91	92	98	103	103	104	95	82	76	72	75	80	85	91	98	104	104	104	105	102	107	107	131	**95.9**	**131**	72
7	115	101	94	97	99	104	105	99	92	86	77	71	70	84	90	90	94	97	98	97	95	92	112	100	94.1	115	70
8	91	85	111	95	89	90	91	87	82	90	92	86	89	91	89	91	88	93	89	93	110	90	85	89	91.1	111	82
9	94	94	89	93	93	96	88	89	84	73	71	73	71	80	84	80	90	97	84	87	93	96	99	96	87.2	99	71
10	90	91	95	85	91	92	91	86	77	69	68	74	78	82	85	90	94	98	96	100	101	98	100	101	88.8	101	68
11	100	89	86	87	90	91	92	85	74	65	67	72	77	83	89	91	93	96	98	102	101	101	98	97	88.5	102	65
12*	95	95	95	96	100	103	104	96	83	78	78	78	79	78	72	84	90	94	98	99	98	98	98	98	91.1	104	72
13	98	95	95	93	93	92	88	82	77	68	62	67	74	82	89	85	68	87	98	106	122	116	99	91	88.6	122	62
14	100	97	96	97	100	102	100	93	80	69	65	75	80	85	89	92	98	97	97	99	105	109	103	98	92.8	109	65
15	96	98	106	103	108	103	97	91	87	82	76	76	77	80	86	86	94	104	90	103	67	93	112	87	91.8	112	67
16	68	80	94	85	88	89	79	85	78	68	59	58	64	75	82	86	89	90	91	91	93	93	94	100	82.5	100	58
17	94	91	91	95	90	91	107	93	82	61	49	52	51	36	50	50	53	55	55	50	89	78	78	81	71.8	107	36
18	80	87	78	92	91	84	87	71	78	77	72	61	57	49	49	65	55	65	65	66	81	81	75	85	73.0	92	49
19	82	82	87	98	106	101	87	83	71	58	70	72	71	68	63	58	58	74	78	80	68	74	82	89	77.5	106	58
20†	99	87	85	81	91	91	90	70	76	63	51	18	17	35	57	10	06	32	-10	-14	-02	18	27	17	45.6	99	**-14**
21†	47	59	66	42	76	60	34	39	40	41	41	43	37	41	56	61	66	72	75	76	65	68	71	73	56.2	76	34
22	86	78	78	78	81	81	78	71	56	48	49	58	37	59	64	58	73	64	72	82	74	80	86	105	70.7	105	37
23	82	80	73	74	86	77	79	75	69	68	64	62	65	64	62	67	70	80	83	85	101	90	82	99	76.6	101	62
24†	92	79	78	82	82	87	90	80	65	64	60	65	75	74	69	90	83	85	81	58	89	66	49	70	75.5	92	49
25†	60	60	68	73	74	73	78	78	60	50	42	33	50	42	40	72	65	87	89	82	89	84	70	68	66.1	89	33
26	76	72	76	78	80	80	78	72	63	37	33	33	26	55	56	66	76	81	85	86	86	82	78	81	68.2	86	26
27	81	83	88	90	94	90	90	80	78	77	67	43	53	59	60	65	62	81	85	86	85	83	83	84	77.0	94	43
28	86	88	91	91	104	105	98	96	77	55	62	81	83	82	87	88	90	88	88	88	84	88	90	83	86.4	105	55
29*	86	88	86	85	82	86	92	96	96	93	92	88	86	86	86	89	88	90	90	92	92	93	92	91	89.4	96	82
30*	90	90	89	89	91	92	94	96	101	98	93	92	93	91	92	89	94	97	100	98	93	91	92	91	93.2	101	89
Mittel	85	84	86	86	90	89	87	82	74	66	63	62	63	67	71	74	76	81	79	81	85	84	84	85	78.6	100	54

Dezember

Tag	0h	1h	2h	3h	4h	5h	6h	7h	8h	9h	10h	11h	12h	13h	14h	15h	16h	17h	18h	19h	20h	21h	22h	23h	Tagesmittel (γ)	Max.	Min.
1*	94	94	96	98	102	101	98	95	89	87	86	87	90	96	98	105	108	110	111	110	109	106	106	105	**99.2**	111	86
2	106	100	92	99	102	105	110	102	96	88	86	87	86	88	87	87	92	96	97	98	96	87	79	77	93.5	110	77
3*	84	88	89	96	101	93	92	92	92	76	74	73	75	78	80	83	93	96	99	101	100	99	95	94	89.3	101	73
4	94	95	95	98	101	102	101	101	94	87	85	86	86	87	88	89	93	87	87	82	84	83	87	85	90.7	102	82
5*	97	94	92	98	102	103	103	103	98	90	88	86	85	81	82	88	91	96	96	94	93	97	94	100	93.8	133	81
6†	100	96	98	105	119	122	108	109	106	106	92	95	90	96	100	82	43	43	47	96	100	86	75	62	90.7	122	43
7	67	79	76	79	82	81	82	85	80	72	69	63	41	66	74	62	70	89	86	81	105	77	81	82	76.2	105	41
8	77	73	78	83	85	88	90	88	78	76	75	77	82	90	93	94	91	92	93	94	97	96	135	87	88.0	**135**	73
9	80	86	90	87	92	93	89	87	78	70	74	75	82	82	85	90	92	84	83	88	92	97	93	90	85.8	97	70
10	89	88	90	96	100	98	99	98	87	78	72	78	85	90	94	96	84	77	76	76	108	84	86	94	88.5	108	72
11	84	111	93	86	90	94	96	96	91	79	56	62	78	74	77	83	78	88	79	85	94	108	90	84	85.7	111	56
12*	85	87	86	89	93	93	93	91	82	73	72	72	80	84	89	94	94	96	97	97	97	98	98	98	89.1	98	72
13	100	100	105	104	103	102	101	101	97	89	87	89	95	102	105	87	62	52	51	60	76	58	60	67	85.5	105	51
14	66	74	76	83	133	113	100	89	78	41	49	50	52	55	61	63	63	54	60	74	76	79	77	103	73.7	133	41
15	80	81	83	88	93	98	101	98	90	75	68	65	72	73	60	76	84	91	92	93	93	92	102	110	85.8	110	60
16	76	88	89	82	88	97	96	96	91	78	67	67	73	63	63	55	54	53	68	69	84	83	84	94	77.4	97	53
17	80	83	103	97	78	81	84	88	83	76	71	72	78	79	83	86	89	89	90	92	95	90	90	95	85.5	103	71
18	100	94	86	90	95	99	100	98	89	70	61	66	67	66	60	76	87	93	95	95	94	94	95	96	86.1	100	60
19	95	103	100	98	101	93	97	99	88	78	61	65	70	73	79	71	78	91	93	94	91	92	93	93	87.3	103	61
20	94	94	94	97	98	99	98	98	98	97	93	69	71	74	79	73	80	86	95	95	91	95	94	101	90.1	101	69
21†	109	94	96	99	107	106	106	95	71	49	45	52	73	77	47	19	20	20	31	42	55	64	64	70	67.1	109	19
22	74	75	80	79	80	80	82	83	66	52	54	58	53	54	66	74	79	90	85	83	84	84	89	96	75.0	96	52
23	90	87	88	91	92	93	94	95	88	78	68	73	72	73	81	86	91	88	89	91	103	84	84	83	85.9	103	68
24	83	83	91	107	94	78	85	93	84	69	63	65	72	75	83	86	92	94	92	88	88	87	78	84	83.9	107	63
25†	81	78	87	91	93	96	97	99	103	99	99	95	100	93	93	62	45	31	29	34	15	19	36	47	71.8	103	**15**
26	85	48	64	75	74	72	79	72	64	60	54	53	59	65	70	73	76	73	70	55	49	60	68	70	**66.2**	85	48
27	72	75	79	84	101	105	99	98	90	78	73	67	76	74	74	77	81	80	69	63	74	84	85	88	81.1	105	63
28*	86	88	88	89	93	94	94	93	83	78	80	83	82	80	83	92	96	91	88	84	88	92	91	95	88.0	96	78
29	105	101	97	97	102	106	106	102	89	74	69	64	68	67	64	65	83	88	72	75	80	90	85	89	84.9	106	64
30†	89	89	93	97	99	102	103	101	96	86	82	80	83	93	95	71	56	40	26	30	38	42	49	55	74.8	103	26
31†	73	83	73	78	83	89	98	103	86	41	41	55	61	56	41	25	32	69	77	78	79	78	78	82	69.1	103	25
Mittel	87	87	89	92	96	96	96	95	87	76	71	72	75	78	79	76	77	78	78	80	85	83	85	86	83.5	106	58

Horizontalintensität

Niemegk — $H = 18300^{\gamma}$ + Tafelwert — 1949

0h 1h 2h 3h 4h 5h 6h 7h 8h 9h 10h 11h 12h 13h 14h 15h 16h 17h 18h 19h 20h 21h 22h 23h 24h Weltzeit

Januar

Tag	0h	1h	2h	3h	4h	5h	6h	7h	8h	9h	10h	11h	12h	13h	14h	15h	16h	17h	18h	19h	20h	21h	22h	23h	Tagesmittel	Max.	Min.
																									γ		
1	80	77	79	76	80	90	78	82	76	59	47	50	52	64	65	61	72	80	78	66	63	64	71	73	70.1	90	47
2†	76	59	80	64	122	91	86	99	77	65	49	30	42	44	44	47	64	70	66	90	96	83	78	74	70.7	122	30
3*	73	73	75	76	82	82	81	82	78	68	65	67	72	76	79	85	88	90	88	83	81	84	85	83	79.0	90	65
4*	81	82	83	88	90	94	96	100	100	92	91	100	99	91	89	89	93	95	96	98	98	98	97	98	93.2	100	81
5*	97	99	103	104	103	103	103	102	94	85	84	93	98	101	102	103	104	104	106	107	106	103	100	92	**99.8**	107	84
6	88	87	90	101	99	100	102	99	85	77	88	94	90	89	92	93	98	95	100	102	101	113	88	76	93.6	113	76
7	68	75	72	68	75	101	105	90	79	72	64	64	69	83	87	87	84	82	72	72	84	82	89	94	79.9	105	64
8	82	80	84	87	91	95	99	100	94	84	90	89	85	86	86	76	88	76	74	92	93	86	85	92	87.2	100	74
9	98	96	96	103	106	105	105	100	88	78	80	75	69	67	78	71	80	88	75	60	60	86	89	87	85.0	106	60
10	85	90	92	96	104	104	95	92	93	80	73	71	71	69	73	82	75	88	97	94	82	113	76	81	86.5	113	69
11	87	87	90	95	94	96	99	100	86	72	69	70	74	79	84	89	90	88	91	90	110	74	63	92	86.2	110	63
12	85	86	87	87	92	97	96	100	94	84	83	85	88	88	94	96	93	82	64	54	71	76	56	64	83.4	100	54
13	60	79	73	80	82	80	87	85	69	60	47	47	58	65	76	80	83	83	81	95	90	90	88	87	76.0	95	47
14	88	90	92	90	92	94	97	96	84	74	71	61	66	71	77	84	83	85	94	94	88	87	86	90	84.8	97	61
15*	95	95	96	96	96	99	102	102	85	74	71	65	71	81	86	86	88	92	96	97	98	100	106	102	90.8	106	65
16	92	90	101	109	106	107	107	102	91	76	65	64	72	70	70	72	72	74	73	69	71	81	86	91	83.8	109	64
17	92	116	96	95	96	100	103	109	94	82	74	75	83	93	100	102	103	108	108	106	104	103	99	100	97.5	116	74
18†	101	93	94	94	113	101	102	102	96	74	70	80	85	77	84	86	78	84	85	67	62	83	86	70	86.1	113	62
19	72	97	98	91	75	71	78	79	80	64	53	45	52	57	72	76	82	87	91	80	87	88	88	89	77.2	98	45
20	86	87	91	92	96	99	104	103	100	92	83	72	69	79	83	92	96	98	101	99	100	100	97	101	92.5	104	69
21	96	97	96	99	103	103	115	113	104	98	90	76	75	80	87	90	91	87	92	99	98	98	85	82	93.9	115	75
22	92	102	99	96	99	87	103	99	82	86	80	73	72	68	77	81	82	81	87	94	96	97	97	94	88.1	103	62
23	93	94	95	93	96	98	102	97	89	78	72	64	71	75	72	62	65	64	72	72	59	60	74	100	79.9	102	59
24†	84	85	84	88	93	94	92	89	80	72	66	70	72	70	72	75	76	68	115	228	35	43	95	65	83.8	**228**	35
25†	-48	04	-87	-101	-74	-67	-66	-56	-50	-27	-15	-08	-17	13	28	33	15	08	-30	-82	-75	-122	-207	-176	**-50.3**	33	**-207**
26†	-122	-174	00	-45	-55	-55	-47	-46	-40	-24	-25	-13	-23	-03	-05	-04	22	19	-03	12	47	53	49	36	-18.6	53	-174
27	36	38	43	60	53	49	53	52	33	26	22	20	31	41	40	46	51	54	58	68	55	58	64	64	46.5	68	20
28	70	64	65	66	70	69	76	70	56	44	36	39	46	46	48	54	61	62	70	70	66	70	70	72	60.8	76	36
29	75	74	77	77	79	80	80	77	70	61	54	45	44	49	58	70	73	70	72	78	78	82	77	77	69.9	82	44
30*	76	80	81	82	83	85	89	87	76	67	63	62	63	67	71	75	77	79	80	82	84	84	83	86	77.6	89	62
31	83	82	84	86	92	94	93	90	82	76	67	61	58	58	65	70	72	71	88	78	79	81	82	82	78.1	94	58
Mittel	72	74	78	77	82	82	84	84	75	67	62	61	63	68	72	74	77	78	79	81	76	77	74	75	74.6	101	43

Februar

Tag	0h	1h	2h	3h	4h	5h	6h	7h	8h	9h	10h	11h	12h	13h	14h	15h	16h	17h	18h	19h	20h	21h	22h	23h	Tagesmittel	Max.	Min.
																									γ		
1*	82	83	82	84	88	89	88	88	85	73	62	55	49	70	78	83	84	87	89	92	92	91	90	91	81.5	92	49
2*	91	92	95	96	99	101	105	108	105	98	88	79	76	77	77	85	86	86	86	86	90	92	91	89	**90.8**	108	76
3	89	90	97	101	101	102	104	108	102	96	95	96	97	98	91	93	103	104	105	95	71	46	26	30	89.2	108	26
4†	13	28	39	73	78	55	61	51	42	35	35	17	19	34	43	46	51	61	65	68	70	70	69	69	**49.7**	78	13
5	72	72	70	70	74	78	77	74	67	55	47	45	60	79	89	93	95	88	85	88	89	86	86	93	76.3	95	45
6†	94	83	83	87	92	96	97	92	80	58	34	25	35	40	47	44	36	20	37	42	40	42	52	55	58.8	97	20
7	62	47	55	77	89	76	65	53	38	31	33	24	33	46	49	60	68	70	68	65	64	64	68	70	57.3	89	24
8*	69	70	76	76	78	78	78	75	65	55	47	47	54	59	65	67	70	72	83	85	85	83	82	84	71.0	85	47
9*	85	85	88	90	93	93	92	84	71	62	62	63	67	72	80	84	88	90	92	94	96	95	94	94	83.9	96	62
10	93	94	99	97	99	100	97	92	83	71	65	65	69	74	80	86	88	87	92	88	87	92	92	90	86.1	100	65
11	92	93	88	93	98	104	115	116	93	67	58	53	70	73	80	88	90	96	93	97	100	100	67	75	87.5	116	53
12	77	79	79	82	83	83	93	91	74	63	58	51	42	38	51	57	77	79	89	98	88	87	87	84	74.6	98	38
13	119	84	88	87	98	88	103	110	92	67	54	50	55	59	66	70	76	83	83	86	88	103	116	102	84.5	119	50
14	89	94	84	88	81	87	95	80	72	66	57	57	60	64	66	72	82	85	91	64	97	96	105	93	81.4	105	57
15	87	85	87	90	92	94	102	94	74	63	55	62	71	77	72	63	69	50	63	88	90	90	90	96	79.3	102	50
16	103	89	97	92	96	99	101	88	81	70	59	55	60	64	74	80	85	91	97	102	102	102	106	103	87.3	106	55
17†	88	88	100	95	96	93	90	100	85	55	35	32	36	31	35	39	42	39	41	52	60	88	102	68	66.2	102	31
18	75	71	68	73	75	92	92	99	74	59	48	34	33	35	42	62	69	73	62	73	77	82	96	79	68.5	99	33
19	73	75	76	82	82	83	84	83	76	57	46	50	60	66	69	73	71	80	87	88	89	89	90	91	75.8	91	46
20	90	91	93	96	98	101	101	94	82	62	68	70	72	70	64	72	67	76	95	78	82	92	97	121	84.7	**121**	62
21†	102	87	87	93	93	99	109	106	87	70	64	60	62	62	74	82	79	102	109	113	94	91	79	77	86.7	113	60
22†	48	97	84	74	82	46	60	53	43	29	12	29	39	56	68	70	61	49	59	81	89	85	86	78	61.6	97	**12**
23	83	72	72	70	74	78	83	78	67	52	51	57	57	85	79	67	71	77	82	86	82	88	84	94	74.5	94	51
24	98	102	109	94	85	92	95	78	71	67	52	62	58	60	62	63	72	77	82	86	86	89	112	98	81.2	112	52
25*	86	83	85	88	92	93	91	82	70	55	47	48	59	65	72	77	83	91	92	93	94	95	93	94	80.3	95	47
26	94	97	98	99	103	107	102	93	77	63	54	55	59	71	79	85	82	92	94	99	99	108	113	105	88.7	113	54
27	103	104	105	114	120	113	89	80	76	61	51	43	51	58	67	76	80	81	88	93	90	91	89	89	83.8	120	43
28	86	88	88	90	92	98	100	94	82	75	65	61	64	71	76	86	92	97	101	103	105	105	104	100	88.5	105	61
Mittel	84	83	85	88	90	90	92	87	76	62	54	52	56	63	68	72	76	78	82	86	86	87	88	86	77.9	102	46

Horizontalintensität

Niemegk — H = 18300$^{\gamma}$ + Tafelwert — 1949

0h 1h 2h 3h 4h 5h 6h 7h 8h 9h 10h 11h 12h 13h 14h 15h 16h 17h 18h 19h 20h 21h 22h 23h 24h Weltzeit

März

Tag	0h–1h	1h–2h	2h–3h	3h–4h	4h–5h	5h–6h	6h–7h	7h–8h	8h–9h	9h–10h	10h–11h	11h–12h	12h–13h	13h–14h	14h–15h	15h–16h	16h–17h	17h–18h	18h–19h	19h–20h	20h–21h	21h–22h	22h–23h	23h–24h	Tagesmittel	Max.	Min.
																									γ		
1	102	97	102	102	107	109	112	108	98	85	75	74	67	56	52	57	49	57	66	69	77	82	88	86	82.4	112	49
2	86	82	95	92	91	94	104	101	86	66	39	48	52	50	48	53	57	58	67	66	77	116	97	94	75.8	116	39
3	90	104	114	104	103	106	96	88	78	64	49	34	30	44	51	52	71	101	64	55	66	81	80	82	75.3	114	30
4	94	82	82	86	91	95	96	91	75	55	47	51	52	58	73	74	81	94	98	98	94	95	94	97	81.4	98	47
5	94	88	96	101	105	109	110	96	76	57	47	45	50	62	76	84	90	89	93	96	102	103	95	95	85.8	110	45
6*	96	95	95	97	97	99	98	90	78	68	63	62	60	72	87	89	89	91	93	100	101	102	102	102	88.6	102	60
7	103	109	98	101	103	102	101	100	96	82	75	77	82	85	92	87	80	85	91	100	101	101	102	106	94.1	109	75
8	110	102	98	101	103	106	112	107	102	101	102	94	89	85	87	82	91	91	99	102	104	104	101	98	**98.8**	112	82
9	111	106	96	96	88	93	93	92	91	83	76	76	85	79	87	80	30	72	86	79	80	80	88	88	84.8	111	30
10*	88	86	86	86	87	88	87	83	77	70	65	64	66	71	76	80	83	91	90	90	92	94	95	95	82.9	95	64
11*	94	94	94	95	96	97	97	92	84	73	63	56	61	72	82	90	90	93	102	105	105	106	104	103	89.5	106	56
12	102	102	102	101	102	106	109	100	92	82	78	71	76	77	84	80	80	100	102	99	94	100	98	90	92.8	109	71
13	82	106	91	92	99	93	97	97	82	84	82	79	82	75	82	89	72	75	85	84	76	77	70	80	84.6	106	70
14†	78	72	55	96	73	65	50	50	53	22	20	51	54	50	52	48	47	64	32	52	51	51	61	78	55.2	96	20
15	76	76	81	76	74	75	69	61	51	34	16	30	35	47	44	54	57	58	55	65	64	70	79	79	59.4	81	16
16†	86	88	89	84	85	90	90	80	64	47	48	49	58	70	82	104	130	96	−04	40	54	52	48	63	70.5	130	−04
17†	75	72	75	77	76	73	72	67	62	43	23	33	45	58	59	55	63	74	88	44	32	27	38	54	57.7	88	23
18	50	68	53	75	79	64	49	39	42	27	18	29	48	48	54	62	72	60	72	101	78	78	74	71	58.8	101	18
19	75	80	80	83	83	76	72	67	54	41	42	56	63	73	77	82	79	84	88	91	87	86	106	90	75.6	106	41
20	89	86	85	88	94	99	96	80	58	35	37	49	67	76	80	94	87	94	101	81	82	76	79	82	79.0	101	35
21	97	88	88	87	88	78	79	74	64	54	55	59	69	72	78	74	88	93	92	91	100	133	160	93	85.6	**160**	54
22†	67	107	79	84	99	−08	20	24	00	−13	−21	−12	−17	00	14	17	40	64	88	44	63	60	74	62	**39.0**	107	**−21**
23†	62	68	79	57	48	63	45	38	17	05	18	13	−01	16	27	38	63	55	61	67	72	80	75	75	47.5	80	−01
24	75	75	76	73	77	80	80	75	60	44	35	34	41	54	66	78	79	83	86	93	95	93	88	88	72.0	95	34
25	89	88	88	88	80	96	102	94	80	64	64	59	53	72	80	83	86	84	89	95	95	96	103	106	84.8	106	53
26	111	89	85	85	83	90	77	89	62	42	43	44	47	64	63	76	79	79	89	91	92	93	92	91	77.3	111	42
27*	90	90	91	92	94	95	94	83	72	62	53	50	59	73	79	84	91	92	95	99	100	102	104	102	85.2	104	50
28	102	104	103	107	98	109	106	109	94	80	68	74	84	83	96	90	85	103	98	97	107	120	95	92	96.0	120	68
29	107	108	87	89	92	92	88	83	59	64	49	38	57	60	75	80	88	100	83	94	94	100	106	103	83.2	108	38
30	99	97	96	99	118	107	111	106	90	74	57	63	64	60	72	81	84	88	92	96	100	103	102	105	90.2	118	57
31*	106	101	97	100	100	107	108	98	87	80	72	73	76	81	87	93	97	99	102	107	108	109	109	109	96.1	109	72
Mittel	90	91	88	90	91	89	88	83	70	57	50	52	57	63	70	74	77	83	82	84	85	89	91	89	78.4	107	42

April

Tag	0h–1h	1h–2h	2h–3h	3h–4h	4h–5h	5h–6h	6h–7h	7h–8h	8h–9h	9h–10h	10h–11h	11h–12h	12h–13h	13h–14h	14h–15h	15h–16h	16h–17h	17h–18h	18h–19h	19h–20h	20h–21h	21h–22h	22h–23h	23h–24h	Tagesmittel	Max.	Min.
																									γ		
1	109	109	109	111	113	114	116	112	97	86	84	82	85	91	101	104	108	113	122	122	111	113	113	117	105.9	122	82
2	128	109	101	104	108	109	105	97	87	76	72	69	74	85	95	100	103	109	115	115	116	115	116	116	101.0	128	69
3	112	111	111	113	112	112	106	99	89	76	70	63	64	74	93	106	106	95	108	108	107	107	106	107	98.1	113	63
4	109	108	109	107	110	111	110	106	90	74	67	71	74	77	85	98	107	107	110	110	108	110	110	109	99.0	111	67
5*	109	107	106	108	112	119	124	121	111	93	80	81	85	92	100	105	107	103	106	108	110	110	115	115	105.3	124	80
6*	106	102	103	105	108	114	118	118	108	94	86	78	81	91	98	102	107	108	110	111	110	109	110	110	103.6	118	78
7†	117	112	103	106	110	110	106	100	85	76	77	88	91	94	95	101	113	118	136	134	108	99	80	52	100.5	136	52
8†	09	37	82	72	27	50	35	17	−09	−46	−84	−53	−26	−20	40	52	50	36	60	55	56	54	56	51	25.0	82	**−84**
9	54	57	56	56	58	61	62	49	36	26	17	16	22	34	50	63	76	82	86	83	86	86	85	86	**57.8**	86	16
10†	71	77	92	85	93	84	71	53	38	29	27	32	33	50	68	79	99	99	90	92	96	90	84	80	71.3	99	27
11†	86	74	81	86	86	86	85	90	84	70	63	62	77	65	109	100	83	82	86	91	97	97	95	96	84.6	109	62
12†	93	92	90	90	90	87	79	55	37	24	20	43	53	33	35	77	83	99	108	116	113	110	111	112	77.1	116	20
13	99	92	104	96	73	85	82	70	48	25	21	29	47	62	84	76	84	88	110	94	80	85	94	86	75.6	110	21
14	77	80	80	96	82	89	80	62	46	35	30	37	54	61	78	89	95	108	125	125	115	108	109	103	81.8	125	30
15	99	93	92	96	94	89	82	79	70	52	43	45	54	66	80	92	98	99	105	107	104	116	111	101	86.1	116	43
16	95	98	95	94	99	103	107	98	86	70	63	65	82	98	98	110	86	89	93	103	104	124	108	102	94.6	124	63
17	96	99	106	103	107	105	96	91	68	53	43	45	59	67	75	94	98	96	98	100	110	104	106	124	89.3	124	43
18	98	102	106	97	95	98	95	85	73	64	63	71	80	89	97	105	99	102	109	105	116	98	94	100	93.4	116	63
19	99	95	96	96	95	94	92	82	73	69	79	82	83	96	92	93	95	103	108	112	105	99	108	108	93.9	112	69
20*	100	101	98	99	97	100	101	95	86	79	79	83	89	96	99	105	109	115	118	110	104	103	106	110	99.2	118	79
21*	117	111	103	103	102	103	102	98	90	83	76	74	76	86	97	104	106	108	112	116	111	106	103	106	99.7	117	74
22	104	106	110	114	117	117	112	101	88	70	62	73	90	107	115	121	112	106	105	108	108	110	109	107	103.0	121	62
23	106	105	105	107	112	115	111	102	89	71	57	54	63	84	94	100	106	122	99	97	102	104	103	104	96.3	122	54
24	103	104	114	113	112	113	110	101	95	81	72	78	84	82	96	102	111	108	111	112	112	114	114	112	102.2	114	72
25	112	107	107	108	111	108	102	97	91	84	74	82	92	95	110	110	114	113	114	118	116	116	115	115	104.6	118	74
26	113	106	104	117	120	119	114	102	93	87	82	89	97	95	110	113	112	114	110	116	118	120	114	114	**107.5**	120	82
27	112	118	118	108	128	125	110	98	97	78	64	66	68	83	90	101	104	101	103	104	109	108	107	105	100.2	128	64
28	104	102	103	108	115	116	115	108	92	77	73	78	83	90	98	102	107	117	110	110	111	108	116	103	101.9	117	73
29	100	103	100	104	110	108	98	82	73	68	69	77	83	90	95	110	156	166	96	98	81	81	83	83	96.4	**166**	68
30*	89	89	90	94	98	98	91	81	71	62	61	66	73	92	103	104	102	98	98	101	99	100	103	104	90.3	104	61
Mittel	98	97	99	100	100	101	97	88	76	63	56	61	69	77	89	97	101	103	105	106	104	103	103	101	915	117	54

Niemegk

Horizontalintensität

H = 18300γ + Tafelwert

1949

Mai

Tag	0h	1h	2h	3h	4h	5h	6h	7h	8h	9h	10h	11h	12h	13h	14h	15h	16h	17h	18h	19h	20h	21h	22h	23h	Tagesmittel	Max.	Min.
1*	102	102	102	104	106	101	88	75	71	72	71	79	88	94	100	105	124	126	117	110	97	90	87	95	γ 96.1	126	71
2	99	94	99	96	96	92	82	68	67	67	68	70	74	82	84	96	92	94	104	109	110	103	110	114	90.4	114	67
3	110	99	105	106	111	111	102	91	81	79	69	70	77	82	90	99	105	105	130	132	129	129	122	90	101.0	132	69
4†	58	75	87	79	88	79	75	74	62	56	50	37	41	46	70	65	96	92	96	91	93	92	90	89	74.2	96	37
5	89	85	84	86	91	90	76	53	44	43	48	53	58	80	90	112	132	104	111	101	106	104	105	96	85.0	132	43
6	93	110	126	105	90	78	76	72	60	58	62	70	72	71	80	84	97	104	122	106	99	91	91	98	88.1	126	58
7	94	95	88	93	102	102	92	79	69	64	67	71	79	87	88	96	108	122	109	106	106	106	103	105	93.0	122	64
8	99	92	94	91	92	94	94	86	81	80	83	92	85	83	95	95	103	96	99	106	115	117	131	106	96.2	131	80
9	108	113	111	105	103	96	90	84	77	88	95	88	97	94	100	86	98	107	112	115	118	111	109	111	100.7	118	77
10	107	102	105	106	107	99	88	80	76	73	72	74	76	88	107	99	106	99	107	105	116	114	118	120	97.7	120	72
11	103	100	146	133	125	117	108	100	84	63	59	63	79	90	94	98	100	101	103	106	117	110	105	103	100.3	146	59
12†	102	101	106	107	108	107	117	99	72	87	75	117	95	120	157	200	211	77	25	26	56	-02	33	48	93.5	**211**	-02
13†	-17	31	36	-14	-24	-15	-20	-30	-36	-32	-20	-04	15	31	24	23	34	42	48	51	54	59	62	62	**15.0**	62	**-36**
14	51	54	56	46	55	54	45	32	05	09	22	35	59	54	68	84	86	84	72	79	88	93	81	77	57.9	93	05
15	72	72	64	77	87	80	70	56	45	32	35	53	66	67	74	81	84	81	80	81	82	82	82	82	70.2	87	32
16	82	78	79	82	78	61	42	47	50	51	40	41	34	60	71	75	75	83	82	78	79	79	84	100	68.0	100	34
17	92	85	83	81	83	84	72	60	50	42	47	49	55	63	76	95	98	103	103	98	93	91	92	92	78.6	103	42
18*	92	92	90	92	92	88	78	68	64	62	60	60	65	68	77	88	93	98	107	104	104	99	99	98	84.9	107	60
19	95	96	97	103	108	104	93	84	77	76	74	72	77	83	88	100	108	102	106	109	107	105	104	104	94.7	109	72
20*	100	97	96	99	103	101	100	94	84	81	82	79	77	80	84	98	102	108	113	108	105	106	102	101	95.8	113	77
21	101	101	102	104	104	101	96	89	85	88	83	97	88	83	86	98	107	112	115	115	119	114	110	111	100.4	119	83
22	113	107	105	100	107	104	95	87	84	91	89	86	75	76	92	101	103	115	115	111	114	114	111	108	100.1	115	75
23	107	103	104	102	106	99	91	84	66	68	69	72	72	76	73	89	102	111	111	111	116	112	112	108	94.3	116	66
24	95	92	96	96	89	74	61	71	70	64	60	63	61	75	86	96	102	108	110	112	110	111	110	106	88.2	112	60
25	104	103	105	106	105	99	86	74	66	74	63	91	112	110	105	90	89	93	97	105	106	103	102	102	95.4	112	63
26	101	100	102	106	105	98	90	77	67	51	67	71	79	92	114	116	108	97	98	98	97	101	100	98	93.0	116	51
27	96	98	100	104	105	98	88	78	68	61	62	62	80	104	90	101	95	94	107	108	109	109	110	105	93.0	110	61
28*	106	101	104	108	107	100	90	82	74	59	55	67	80	88	99	106	107	99	103	106	107	104	101	101	93.9	108	55
29*	102	104	108	110	106	98	85	69	56	54	59	68	75	85	97	103	106	110	114	115	114	112	112	112	94.8	115	54
30†	112	112	113	116	115	110	100	88	77	71	70	72	98	121	122	131	130	152	154	135	83	51	55	40	**101.2**	154	40
31†	37	62	61	71	48	62	57	40	20	18	16	21	35	64	95	74	74	91	98	100	103	104	96	77	63.5	104	16
Mittel	90	92	95	94	93	89	81	71	62	60	60	66	72	81	90	96	102	100	102	101	102	97	98	95	87.1	117	52

Juni

Tag	0h	1h	2h	3h	4h	5h	6h	7h	8h	9h	10h	11h	12h	13h	14h	15h	16h	17h	18h	19h	20h	21h	22h	23h	Tagesmittel	Max.	Min.
1	69	78	90	77	78	61	50	37	23	34	51	54	53	65	68	77	85	97	98	98	99	96	103	100	γ 72.5	103	23
2	102	95	91	94	96	91	84	62	38	42	54	52	72	92	91	90	104	108	111	108	108	105	102	102	87.2	111	38
3	102	98	94	96	94	86	80	78	77	73	84	81	80	80	91	94	98	104	107	112	108	109	130	117	94.7	130	73
4†	135	138	94	102	93	95	62	55	43	53	54	60	72	80	87	97	113	116	111	106	86	68	77	67	86.0	138	43
5†	66	78	79	69	62	57	30	16	12	11	12	30	47	38	57	88	83	97	80	63	46	39	72	72	**54.3**	97	11
6†	88	82	71	75	80	69	60	53	43	43	51	61	66	75	81	90	99	106	110	103	105	132	127	113	82.6	132	43
7	115	115	103	104	108	102	84	67	61	74	70	75	74	75	91	98	104	112	109	110	106	99	100	100	94.0	115	61
8*	102	103	103	103	101	92	82	74	70	66	78	87	99	103	103	101	94	100	104	109	110	106	104	104	95.9	110	66
9	103	103	112	112	105	96	85	67	66	72	78	90	87	86	97	100	108	107	108	116	126	119	111	116	98.8	126	66
10*	119	119	119	120	114	104	96	87	78	73	82	88	91	100	108	102	108	112	118	119	116	116	114	113	104.8	120	73
11*	112	114	115	117	114	105	95	87	74	68	78	92	102	117	124	132	127	120	122	118	112	109	108	103	106.9	132	68
12†	105	109	123	115	108	95	65	58	57	55	55	70	85	80	99	132	143	144	117	110	71	59	49	41	89.4	**144**	41
13†	62	62	70	67	65	58	45	28	16	02	30	42	77	87	93	98	94	98	95	93	91	99	94	85	68.8	99	**02**
14	82	82	86	87	85	77	67	62	56	58	66	66	62	66	77	92	100	102	110	120	112	116	108	109	85.3	120	56
15	101	100	112	106	93	88	87	88	87	80	80	87	80	88	115	110	118	130	112	112	113	115	109	109	100.8	130	80
16	108	111	112	112	112	111	96	85	75	85	83	75	80	92	100	109	124	126	119	123	123	120	117	122	105.0	126	75
17	112	109	109	112	117	115	109	97	86	80	85	88	88	100	120	132	129	124	126	123	117	115	117	122	**109.7**	132	80
18	99	99	97	110	103	96	94	87	63	52	61	65	67	76	92	93	114	96	117	114	115	107	106	111	93.1	117	52
19	106	102	108	110	108	111	101	82	73	72	70	60	75	95	111	102	113	111	103	104	106	104	101	100	97.0	113	60
20	100	103	107	111	110	100	88	75	72	82	88	92	88	88	83	92	106	106	113	119	112	104	103	99	97.5	119	72
21*	98	97	102	107	107	99	92	86	77	79	75	89	93	104	109	117	123	123	113	111	108	109	112	112	101.8	123	75
22	115	116	119	123	120	108	96	90	86	90	90	82	76	99	117	121	118	106	109	110	98	105	102	102	104.1	123	76
23*	103	103	104	110	108	96	83	71	59	51	63	76	89	92	103	104	106	104	106	106	106	105	102	102	93.8	110	51
24	102	102	105	107	106	100	90	82	74	64	74	70	80	97	113	115	122	137	131	114	116	119	113	112	101.9	137	64
25	107	100	110	118	117	106	67	62	78	85	80	66	77	94	105	106	100	100	100	106	107	108	104	104	96.1	118	62
26	101	100	100	103	100	90	75	62	57	54	70	77	87	99	113	110	110	115	111	116	119	115	114	102	95.8	119	54
27	99	108	104	104	105	95	94	89	81	81	71	72	75	81	94	99	103	113	119	122	120	111	111	118	98.7	122	71
28	112	105	106	108	107	97	81	70	52	55	74	90	100	104	108	102	102	116	119	122	117	113	126	115	100.0	126	52
29	101	106	107	112	110	93	77	64	49	55	72	84	96	103	103	118	118	124	130	112	112	107	92	97	97.6	130	49
30	94	97	94	103	102	100	90	79	73	67	61	76	80	78	85	101	105	120	114	109	114	110	101	98	93.8	120	61
Mittel	101	101	102	103	101	93	80	70	62	62	68	73	80	88	98	104	109	112	111	110	107	105	104	102	93.6	121	57

Weltzeit

Horizontalintensität

Niemegk — H = 18300$^{\gamma}$ + Tafelwert — 1949

0^h 1^h 2^h 3^h 4^h 5^h 6^h 7^h 8^h 9^h 10^h 11^h 12^h 13^h 14^h 15^h 16^h 17^h 18^h 19^h 20^h 21^h 22^h 23^h 24^h Weltzeit

Juli

Tag	0–1	1–2	2–3	3–4	4–5	5–6	6–7	7–8	8–9	9–10	10–11	11–12	12–13	13–14	14–15	15–16	16–17	17–18	18–19	19–20	20–21	21–22	22–23	23–24	Tages-mittel γ	Max.	Min.
1	97	102	108	112	105	101	93	87	81	84	67	66	78	87	104	109	107	110	114	106	109	109	110	101	97.8	114	66
2*	99	100	101	107	106	102	99	93	85	80	80	81	85	92	101	108	110	110	107	103	104	106	102	100	98.4	110	80
3	100	101	103	106	109	106	95	84	77	75	79	88	87	95	111	117	124	123	120	111	107	107	105	107	101.5	124	75
4*	106	101	102	104	106	104	98	94	84	75	70	76	83	93	103	110	116	120	118	118	116	117	112	110	101.5	120	70
5	111	113	113	117	119	112	101	88	76	75	84	101	109	107	100	101	111	112	112	116	117	112	113	111	105.5	119	75
6	108	107	107	107	110	109	100	92	86	83	88	96	104	111	106	104	108	109	116	120	118	116	120	120	106.0	120	83
7	120	119	129	124	122	116	110	97	89	87	90	94	109	102	116	74	79	99	108	107	108	107	105	106	104.9	129	74
8	107	106	110	113	112	110	101	91	80	79	74	80	84	96	106	120	131	125	117	102	100	101	102	111	102.4	131	74
9	110	109	109	110	108	103	83	59	52	50	81	87	98	104	100	101	106	109	110	109	108	108	108	108	97.2	110	**50**
10	107	107	111	117	117	110	104	94	87	83	86	92	96	104	105	109	114	114	111	112	110	107	105	106	104.5	117	83
11	105	106	108	111	106	99	102	96	90	84	81	72	80	89	102	116	112	108	118	109	108	104	108	105	100.8	118	72
12	102	103	106	113	116	105	93	82	74	78	78	78	82	94	102	100	111	118	120	123	142	146	138	138	105.9	**146**	74
13†	138	127	132	130	120	85	105	102	101	92	81	75	83	84	97	99	120	131	125	122	124	124	122	116	109.8	138	75
14	112	109	110	112	107	108	99	93	82	75	74	83	81	79	93	106	112	117	121	122	119	114	111	111	102.1	122	74
15*	111	109	109	110	110	104	101	101	94	83	81	82	83	85	98	111	118	120	118	116	116	115	114	112	104.2	120	81
16†	110	112	113	113	114	108	104	102	103	97	92	85	84	96	77	108	118	126	145	114	110	111	119	113	107.2	145	77
17†	108	105	102	101	103	98	95	89	70	76	87	75	80	89	79	97	101	97	114	114	114	112	113	112	97.1	114	70
18	111	108	105	105	107	100	90	85	82	80	66	85	96	111	103	127	137	128	136	120	120	116	122	112	106.3	137	66
19†	104	109	121	118	104	114	96	85	73	61	54	65	66	84	75	87	96	103	111	113	113	109	115	114	95.4	121	54
20	113	105	104	106	102	93	86	78	73	74	73	64	71	78	86	92	104	113	112	112	110	107	102	102	**94.2**	113	64
21	103	103	102	102	98	96	97	93	81	80	78	78	82	90	97	90	99	108	111	116	118	116	116	111	98.5	118	78
22	111	109	108	107	107	105	97	88	74	75	75	88	101	118	120	139	142	140	144	127	112	111	109	126	109.7	144	74
23†	122	116	119	127	116	103	94	88	73	73	74	93	80	92	92	96	106	111	121	113	114	114	114	112	102.6	127	73
24	106	103	102	102	103	100	96	88	86	84	89	99	102	84	93	108	108	106	114	118	109	106	106	107	100.8	118	84
25	107	106	104	111	108	98	74	85	86	79	79	83	84	81	99	108	114	121	120	113	114	118	112	107	100.5	121	74
26	110	108	105	103	100	90	70	72	83	87	88	85	83	92	93	102	106	106	110	115	112	109	106	106	97.5	115	70
27*	110	109	108	109	106	102	93	88	84	84	93	94	101	101	109	119	114	115	120	128	120	117	115	113	106.3	128	84
28*	111	112	112	113	112	106	95	79	74	70	68	66	79	92	108	118	123	123	126	127	122	118	117	119	103.8	127	66
29	118	120	118	118	118	112	108	104	101	105	108	110	117	116	121	120	127	131	130	132	130	124	124	123	**118.1**	132	101
30	123	122	122	126	127	126	118	99	84	74	86	93	103	112	121	124	125	130	134	126	126	119	117	121	114.9	134	74
31	121	116	115	117	114	104	100	96	96	99	93	94	98	94	102	115	118	132	117	118	119	119	121	119	109.9	132	93
Mittel	110	109	110	112	110	104	97	89	83	80	81	84	89	95	101	108	113	117	119	116	115	114	113	112	103.4	125	74

August

Tag	0–1	1–2	2–3	3–4	4–5	5–6	6–7	7–8	8–9	9–10	10–11	11–12	12–13	13–14	14–15	15–16	16–17	17–18	18–19	19–20	20–21	21–22	22–23	23–24	Tages-mittel γ	Max.	Min.
1	117	118	116	115	118	112	103	93	94	94	96	93	87	104	98	105	108	112	116	125	124	116	116	114	108.1	125	87
2	115	111	113	115	112	113	115	122	98	91	75	86	103	86	111	57	67	78	91	95	100	107	114	108	99.3	122	57
3†	106	98	141	148	114	145	75	07	60	34	06	08	55	65	85	85	88	94	97	94	89	82	81	102	81.6	**148**	**06**
4†	88	90	104	82	93	50	21	12	34	42	31	21	49	67	62	92	94	93	109	90	87	74	65	81	**68.0**	109	12
5	77	59	66	66	65	64	62	60	59	57	67	76	82	81	92	79	92	122	86	92	93	81	82	95	77.3	122	57
6	94	86	82	86	88	88	82	74	67	66	66	78	68	83	89	84	91	92	98	98	102	101	94	95	85.5	102	66
7	97	97	95	95	95	85	77	74	76	76	76	82	91	90	117	125	100	96	104	114	107	107	112	108	95.7	125	74
8†	81	84	90	46	35	58	57	54	36	46	43	34	51	78	78	78	82	88	91	94	92	89	88	88	69.2	94	34
9	87	86	87	88	92	90	90	87	78	67	65	67	67	78	89	83	93	83	94	98	102	97	100	99	86.1	102	65
10	97	98	98	98	96	99	102	89	82	76	75	72	79	73	80	80	82	96	99	98	98	98	103	101	90.4	103	72
11*	89	90	90	89	90	87	82	75	65	64	67	71	71	76	78	94	97	102	104	103	103	102	101	93	86.8	104	64
12	93	94	97	100	97	95	86	72	61	60	67	73	81	90	98	108	106	106	108	114	106	102	102	102	92.4	114	60
13	102	106	110	108	106	103	99	103	99	88	85	87	92	100	108	100	116	106	111	113	116	117	109	117	104.2	117	85
14†	103	112	130	119	107	96	90	66	54	74	66	91	78	64	71	76	98	95	91	90	94	104	92	79	89.2	130	54
15†	90	102	92	105	84	109	92	85	79	74	64	83	83	86	96	86	101	98	103	104	105	124	102	114	94.2	124	64
16	100	100	100	105	104	86	73	59	60	72	72	84	88	92	93	91	102	103	107	107	108	108	108	112	93.1	112	59
17	114	112	112	110	110	109	104	102	102	97	97	106	103	103	77	104	112	105	98	110	108	113	103	106	104.9	114	77
18	106	104	107	109	107	102	94	87	80	63	61	66	75	85	73	88	105	128	110	107	110	111	108	104	95.4	128	61
19	104	109	112	110	106	100	88	82	76	72	71	80	79	95	92	99	114	109	107	106	110	112	99	104	97.3	114	71
20	106	109	105	109	102	89	86	82	79	65	61	64	73	86	85	88	98	97	103	111	106	99	101	105	92.0	111	61
21	103	104	104	104	98	97	89	80	67	65	67	72	81	87	97	99	109	115	109	107	110	109	101	109	95.1	115	65
22	113	108	105	104	102	92	85	76	72	75	86	91	97	98	106	104	99	102	101	103	100	104	104	103	97.1	113	72
23*	104	104	104	105	104	92	80	73	70	74	82	88	96	99	105	107	104	102	102	104	104	106	106	106	96.7	107	70
24*	105	106	105	105	103	100	92	80	72	71	78	87	96	103	109	110	112	113	113	115	116	117	117	118	101.8	118	71
25*	116	115	114	114	111	106	97	85	73	66	65	76	95	107	110	108	109	114	117	118	117	116	113	117	103.3	118	65
26*	116	115	113	112	109	104	92	83	69	58	59	69	84	90	102	108	104	110	113	119	116	120	120	116	100.0	120	58
27	116	114	108	104	111	110	110	94	74	64	71	68	80	101	91	107	111	113	103	105	106	106	108	111	99.4	116	64
28	110	103	105	109	106	106	98	92	85	81	71	78	83	91	94	99	109	112	117	120	118	114	114	117	101.3	120	71
29	116	116	114	117	119	118	115	110	107	99	90	85	86	97	107	112	111	108	112	118	120	115	111	117	**109.2**	120	85
30	113	120	111	110	114	129	122	104	86	73	66	67	66	75	86	96	100	108	106	101	99	105	109	110	99.0	129	66
31	108	110	114	113	112	111	106	96	82	73	69	74	84	95	100	109	113	113	115	112	105	119	122	106	102.5	122	69
Mittel	103	103	105	103	100	98	89	79	74	70	68	73	81	88	93	96	101	104	104	106	106	106	103	105	94.1	117	63

Horizontalintensität

Niemegk — $H = 18\,300^{\gamma}$ + Tafelwert — 1949

September

Tag	0h–1h	1h–2h	2h–3h	3h–4h	4h–5h	5h–6h	6h–7h	7h–8h	8h–9h	9h–10h	10h–11h	11h–12h	12h–13h	13h–14h	14h–15h	15h–16h	16h–17h	17h–18h	18h–19h	19h–20h	20h–21h	21h–22h	22h–23h	23h–24h	Tagesmittel γ	Max.	Min.
1	112	105	107	108	109	107	105	79	69	76	73	67	83	82	98	108	110	113	102	108	116	110	96	94	97.4	116	67
2†	101	112	117	128	121	104	74	84	71	55	48	48	63	84	96	88	92	94	86	80	77	90	102	115	88.8	128	48
3†	118	90	82	85	80	89	89	48	34	52	42	54	53	72	63	63	81	82	114	105	97	96	95	95	78.3	118	34
4	93	92	87	87	90	87	81	62	55	54	61	69	83	90	93	91	87	96	101	108	114	99	100	104	86.8	114	54
5	120	113	109	95	95	90	77	68	68	64	63	64	85	94	98	106	98	97	97	98	104	106	105	112	92.8	120	63
6	111	97	95	99	100	99	92	83	68	58	55	69	82	85	85	89	95	99	102	107	109	108	111	111	92.0	111	55
7	103	102	101	102	108	109	108	96	72	73	74	81	82	84	85	86	91	89	96	94	94	98	102	102	93.0	109	72
8	102	95	95	99	100	103	91	74	71	64	87	88	98	100	100	99	99	102	110	109	108	113	112	108	97.0	113	64
9	103	103	95	98	101	94	86	74	58	49	53	70	88	93	104	103	104	109	105	110	113	111	111	107	93.4	113	49
10*	107	107	108	108	108	104	94	83	70	64	66	72	87	98	97	99	101	108	111	111	110	108	100	101	96.8	111	64
11	106	104	106	108	101	111	94	84	72	57	49	67	76	91	102	96	100	106	105	107	100	104	105	103	93.9	111	49
12†	107	111	118	125	111	97	71	56	38	34	32	34	40	61	60	70	66	56	76	74	84	84	88	88	74.2	125	32
13	95	76	77	86	92	89	81	66	48	40	39	56	68	73	85	93	88	91	97	96	93	93	89	94	79.4	97	39
14	87	89	89	90	89	81	72	68	54	45	41	38	52	70	60	63	82	89	94	95	96	99	102	98	76.8	102	38
15	100	100	94	100	97	97	92	84	72	68	74	83	82	89	81	86	100	94	103	103	106	106	104	107	92.6	107	68
16	106	109	113	102	101	101	93	81	66	52	48	54	63	75	80	84	88	100	104	104	109	105	103	105	89.4	113	48
17	104	104	102	102	101	100	93	85	73	68	67	76	86	90	95	92	96	104	109	114	111	125	114	106	96.5	125	67
18	105	106	104	104	104	101	95	80	64	49	54	68	79	90	96	100	101	104	106	107	107	107	107	108	93.6	108	49
19*	107	108	108	108	108	107	103	94	79	68	67	74	89	98	100	104	105	106	109	109	106	107	108	108	99.2	109	67
20*	107	107	106	105	105	105	99	86	70	60	59	67	81	92	100	104	105	108	108	111	112	111	110	108	96.9	112	59
21*	108	108	108	108	107	103	95	85	76	75	80	86	92	97	101	104	110	112	115	116	116	117	117	130	**102.8**	**130**	75
22	126	113	113	114	117	118	114	100	91	79	73	62	78	83	88	82	83	103	111	110	107	107	107	108	99.5	126	62
23*	110	110	106	112	110	105	98	87	78	71	77	91	96	99	99	101	105	106	111	112	111	112	112	114	101.4	114	71
24	114	110	111	110	111	105	104	91	79	77	75	81	82	87	78	88	97	109	115	112	117	120	112	114	100.0	120	75
25†	99	102	84	98	101	96	98	92	77	53	26	29	43	52	58	45	55	49	68	88	89	83	85	86	**73.2**	102	**26**
26	84	90	108	100	102	88	93	77	55	40	47	49	56	52	55	76	84	87	91	94	96	108	109	100	80.9	109	40
27†	91	85	97	85	90	93	80	47	42	48	50	39	44	63	72	83	94	100	97	97	97	106	111	109	80.0	111	39
28	99	106	110	95	102	98	83	68	69	61	55	59	71	76	81	89	93	97	99	97	99	101	97	96	87.5	110	55
29	97	93	97	97	97	98	97	91	82	70	66	66	71	78	92	98	102	107	106	109	110	106	111	107	93.7	111	66
30	104	103	105	110	114	112	99	76	70	60	52	55	55	51	66	71	75	89	88	96	110	89	99	100	85.4	114	51
Mittel	104	102	102	102	102	100	92	78	66	59	58	64	74	82	86	89	93	97	101	103	104	104	104	104	90.4	114	55

Oktober

Tag	0h–1h	1h–2h	2h–3h	3h–4h	4h–5h	5h–6h	6h–7h	7h–8h	8h–9h	9h–10h	10h–11h	11h–12h	12h–13h	13h–14h	14h–15h	15h–16h	16h–17h	17h–18h	18h–19h	19h–20h	20h–21h	21h–22h	22h–23h	23h–24h	Tagesmittel γ	Max.	Min.
1	111	96	101	101	96	66	89	80	70	73	68	63	69	71	81	88	98	99	104	103	105	108	108	107	91.0	111	63
2	112	110	107	109	117	109	103	83	75	64	60	66	70	76	78	85	90	95	98	101	100	99	99	102	92.0	117	60
3*	99	99	101	102	104	104	97	86	80	75	70	74	77	81	88	96	97	101	104	103	106	104	110	101	94.1	110	70
4	104	100	118	114	122	116	118	109	93	89	86	80	87	74	54	86	94	94	89	81	89	88	91	94	**94.6**	122	54
5	102	110	95	101	106	99	82	77	72	66	66	61	71	73	77	73	68	77	84	86	84	103	96	93	84.2	110	61
6	90	94	93	94	99	96	86	81	69	68	71	73	66	55	77	82	55	64	88	101	92	88	90	100	82.2	101	54
7†	97	95	95	100	95	80	74	54	39	23	24	24	18	32	34	36	33	11	24	04	23	11	26	06	44.1	100	04
8†	06	06	42	39	49	49	40	24	18	11	10	28	30	28	30	23	56	57	55	59	65	73	71	77	39.4	77	06
9	73	96	111	82	81	85	75	71	57	43	35	39	45	52	64	51	57	71	75	72	74	78	82	82	68.8	111	35
10	82	82	82	83	85	84	81	33	61	57	56	51	64	69	72	76	76	84	86	86	94	95	91	91	77.5	95	51
11	93	96	82	95	88	88	82	67	56	51	55	68	82	75	76	70	51	79	85	86	91	96	91	76	78.3	96	51
12	82	92	90	87	89	92	88	79	66	49	48	43	55	67	78	80	83	87	91	94	96	100	100	98	80.6	100	43
13	104	95	94	96	100	100	92	80	68	62	60	59	68	81	90	92	69	68	87	92	117	111	108	109	87.6	117	59
14†	110	98	93	81	89	102	101	92	60	51	48	16	10	26	22	25	46	04	02	33	18	−27	27	21	47.8	110	−27
15†	10	26	17	42	32	16	41	25	−84	−119	−43	−43	−34	00	−02	−53	−27	−14	06	−39	−38	−08	−12	−86	**−16.1**	42	**−119**
16†	07	54	52	33	11	20	20	08	−09	−50	−31	−13	−05	08	06	40	40	52	72	62	62	77	69	75	27.5	77	−50
17	68	75	72	71	72	71	61	54	37	31	39	34	30	38	45	54	64	63	58	63	75	75	80	69	58.3	80	30
18*	69	73	73	75	80	84	83	71	57	46	36	35	40	45	45	48	52	57	68	73	75	77	75	75	63.0	84	35
19	75	75	75	77	79	80	81	83	54	48	30	26	26	24	25	34	48	55	56	63	70	74	76	79	58.9	83	24
20	84	78	74	73	74	76	72	66	54	51	53	57	45	41	58	65	74	78	65	48	55	71	87	75	65.8	87	41
21	72	75	80	78	90	88	84	71	57	41	30	42	55	58	61	72	64	57	74	84	87	87	86	84	70.2	90	39
22	89	85	82	84	86	88	83	69	64	55	52	57	66	72	72	74	82	83	89	83	64	111	69	70	76.2	111	52
23	77	78	78	83	84	83	86	80	70	64	54	45	46	62	62	65	59	68	50	43	67	78	81	78	68.4	86	43
24	76	77	84	125	92	82	74	59	56	58	50	55	65	66	66	70	72	80	82	85	88	90	92	89	76.4	125	50
25*	84	87	90	88	87	92	90	80	68	55	61	64	70	76	78	76	79	84	90	95	95	95	95	94	82.2	95	55
26*	96	102	91	90	97	103	98	88	77	70	65	64	70	74	78	79	79	89	87	100	95	103	100	96	87.1	103	64
27	92	96	98	97	104	140	134	122	100	89	85	85	91	95	91	93	81	63	36	45	63	42	50	62	85.6	**140**	36
28	46	59	96	75	57	38	67	63	44	40	45	40	51	54	55	52	58	56	50	73	66	73	76	70	58.5	96	38
29	69	70	67	68	75	84	83	75	72	64	54	48	46	50	53	63	75	75	78	89	86	100	82	84	71.2	100	46
30*	83	85	86	85	87	92	86	74	68	62	59	54	53	56	57	69	77	86	83	85	85	84	85	95	76,5	95	53
31	88	80	101	94	89	88	93	86	68	56	50	54	61	67	70	75	78	79	79	89	97	86	90	90	79.5	101	50
Mittel	79	82	84	84	84	85	82	72	56	46	47	47	51	56	59	62	65	68	71	72	76	79	80	76	69.3	99	35

Horizontalintensität

Niemegk H = 18300$^{\gamma}$ + Tafelwert **1949**

November

Tag	0h–1h	1h–2h	2h–3h	3h–4h	4h–5h	5h–6h	6h–7h	7h–8h	8h–9h	9h–10h	10h–11h	11h–12h	12h–13h	13h–14h	14h–15h	15h–16h	16h–17h	17h–18h	18h–19h	19h–20h	20h–21h	21h–22h	22h–23h	23h–24h	Tages-mittel	Max.	Min.
1†	90	89	97	97	99	103	98	85	72	62	61	51	41	34	26	-04	01	-34	-12	-12	01	29	37	40	48.0	103	**-34**
2†	55	49	52	57	63	65	43	57	40	19	05	07	02	23	14	12	44	49	39	18	49	62	58	70	**39.7**	70	02
3	54	56	49	62	47	69	61	58	46	34	23	22	29	38	49	59	61	67	70	64	73	93	85	74	56.0	93	22
4	74	70	70	76	78	81	80	71	46	36	33	35	38	50	58	69	74	84	80	92	93	94	91	93	69.4	94	33
5	92	96	93	91	100	86	79	67	59	42	30	33	36	44	44	58	70	76	82	85	83	81	61	75	69.3	100	30
6	75	102	72	78	75	80	80	76	65	63	65	70	78	80	74	79	85	93	93	92	92	92	89	86	80.6	102	63
7*	86	86	90	91	92	95	92	81	68	62	60	68	79	86	86	86	89	93	92	88	88	90	90	86	84.3	95	60
8*	86	86	87	90	91	90	87	82	71	62	62	69	80	86	88	90	92	94	97	98	100	98	97	98	86.7	100	62
9	101	96	96	96	98	105	110	102	88	78	80	86	87	88	96	100	103	106	110	109	99	100	106	102	97.6	110	78
10	99	100	99	99	100	106	108	103	77	62	63	66	66	70	70	80	95	102	107	105	104	76	86	102	89.4	108	62
11	120	118	112	102	92	103	98	90	77	68	57	55	62	68	70	69	71	82	70	87	92	101	98	91	85.5	120	55
12	91	84	85	88	96	97	84	80	75	53	61	61	63	63	56	66	79	63	52	84	75	70	66	76	73.7	97	52
13	78	78	80	75	77	80	79	69	59	51	48	52	54	51	57	60	65	70	81	90	91	91	92	92	71.7	92	48
14	91	89	89	90	108	104	103	99	80	60	63	66	71	74	73	67	55	86	91	92	82	74	79	92	82.4	108	55
15	91	88	92	98	99	100	97	91	86	73	70	73	78	80	82	83	56	50	58	57	61	65	80	96	79.3	100	50
16	95	77	86	79	84	82	83	74	69	58	51	53	58	66	71	78	84	88	89	92	91	90	90	89	78.2	95	71
17*	90	90	90	92	94	97	101	95	88	80	74	74	85	92	95	97	100	100	104	104	108	106	105	97	94.1	108	74
18	108	100	100	98	101	103	102	98	88	83	86	85	88	99	102	110	113	114	109	109	109	111	111	102	**101.2**	114	83
19†	106	100	100	100	102	106	124	121	116	102	89	83	87	92	92	72	78	80	70	24	14	05	21	-02	78.4	**124**	-02
20†	16	25	29	36	40	31	37	44	50	44	27	32	44	42	18	42	62	57	63	61	70	67	65	58	44.2	70	16
21	52	64	64	66	73	76	77	79	76	64	64	59	60	65	65	58	75	82	62	50	49	62	65	66	65.5	82	49
22	67	72	72	77	81	87	90	90	85	76	70	69	72	75	77	72	77	81	79	80	85	80	78	79	78.0	90	67
23	89	87	87	87	91	97	98	98	94	90	88	82	82	82	85	89	88	90	90	83	77	74	74	75	86.5	98	74
24	79	75	81	88	99	95	95	93	85	79	70	69	73	75	78	81	82	86	92	92	93	93	93	93	84.9	99	69
25*	94	93	93	94	95	98	99	96	84	79	81	81	74	80	88	93	94	97	95	87	90	95	96	95	90.5	99	74
26*	93	96	99	100	100	102	104	105	94	84	79	79	85	91	100	101	102	105	104	105	106	110	98	100	97.6	110	79
27	98	104	111	110	107	112	103	99	91	82	80	75	72	68	68	75	82	68	90	99	108	103	97	92	91.4	112	68
28	92	88	88	92	96	99	96	96	88	81	80	84	86	87	89	92	95	99	102	105	104	103	103	106	93.8	106	80
29	93	104	105	97	98	98	101	95	90	89	81	66	61	65	60	45	35	26	33	52	78	77	76	74	75.0	105	26
30†	80	67	79	81	81	91	74	70	46	51	54	59	-03	28	22	08	16	64	58	47	118	86	61	57	58.1	118	-03
Mittel	84	84	85	86	89	91	89	85	75	66	62	62	63	68	68	70	74	77	78	78	83	83	82	82	77.7	101	48

Dezember

Tag	0h–1h	1h–2h	2h–3h	3h–4h	4h–5h	5h–6h	6h–7h	7h–8h	8h–9h	9h–10h	10h–11h	11h–12h	12h–13h	13h–14h	14h–15h	15h–16h	16h–17h	17h–18h	18h–19h	19h–20h	20h–21h	21h–22h	22h–23h	23h–24h	Tages-mittel	Max.	Min.
1	65	72	64	70	76	80	77	66	48	51	59	64	66	68	74	76	77	82	83	85	89	89	87	87	**73.1**	89	**48**
2	87	87	87	90	92	96	97	83	77	76	70	72	79	80	83	85	87	90	93	94	94	96	96	90	86.7	97	70
3	91	90	89	94	96	99	102	104	107	103	108	108	100	76	92	80	84	91	97	95	90	104	90	89	95.0	108	76
4†	86	86	105	102	100	100	100	89	89	88	92	92	85	81	92	94	92	92	98	75	71	74	89	98	90.4	105	71
5	95	83	92	96	90	94	100	96	87	81	82	85	88	89	86	79	83	83	100	102	105	109	98	97	91.7	109	79
6	91	98	96	99	100	100	93	102	96	84	85	85	74	74	87	88	95	96	101	112	105	104	101	99	94.4	112	74
7*	100	98	94	107	97	95	97	99	94	88	88	90	91	91	90	92	96	101	103	104	103	100	102	102	96.8	107	88
8	103	105	108	109	111	111	111	111	111	105	107	110	109	107	101	100	106	110	104	112	112	103	100	104	**107.5**	114	100
9†	107	109	109	104	126	126	117	83	77	71	81	75	65	57	56	75	88	78	86	84	90	88	87	108	89.5	**126**	56
10	82	77	80	81	85	86	80	70	67	67	66	71	73	78	79	76	81	81	84	89	92	89	91	100	80.2	100	66
11*	96	94	96	98	98	97	96	90	82	76	77	82	84	85	88	93	94	93	97	102	105	105	104	102	93.1	105	76
12*	100	100	101	103	104	107	104	97	92	91	90	91	94	98	99	96	92	92	93	97	98	98	98	96	97.1	107	90
13*	98	98	103	110	110	104	101	93	91	93	94	98	99	101	102	99	100	104	106	108	106	105	104	100	101.1	110	91
14†	100	105	106	105	106	110	108	95	99	98	94	89	89	90	82	75	64	88	101	104	102	99	98	96	96.0	110	64
15	96	99	108	99	99	97	104	98	89	88	86	89	94	94	98	99	103	104	109	109	107	110	105	101	99.4	110	86
16	93	109	96	87	91	91	99	100	94	93	88	89	91	98	99	102	103	107	106	103	103	104	103	102	98.0	109	87
17	102	103	95	99	103	103	103	103	94	84	80	79	84	90	92	97	100	104	107	105	107	107	101	101	97.6	107	79
18*	98	97	95	98	99	102	101	99	95	92	90	90	93	98	100	103	107	108	109	109	106	105	104	102	100.0	109	90
19	103	103	104	110	119	119	115	112	109	107	102	100	105	101	96	90	99	98	103	110	108	106	101	101	105.0	119	90
20	110	102	107	109	111	110	109	104	97	80	85	87	86	87	86	82	81	95	89	82	78	76	76	85	92.2	111	76
21	91	94	94	97	94	109	108	110	102	110	104	101	107	110	103	98	105	110	112	114	114	110	103	103	104.3	114	91
22	101	107	107	93	105	106	107	105	106	107	107	105	100	94	90	92	99	104	106	107	114	109	102	100	103.0	114	90
23	99	101	99	101	106	106	107	106	103	95	98	99	100	97	105	100	82	98	111	98	92	94	101	100	99.9	111	82
24	103	99	123	99	100	97	98	95	74	70	86	94	88	89	89	87	90	78	89	103	100	98	97	96	93.4	123	70
25	95	97	101	106	106	106	102	92	87	86	89	92	94	91	78	82	81	97	106	102	97	98	98	93	94.8	106	78
26	94	84	92	96	103	106	108	104	91	82	82	91	94	95	94	93	98	100	102	103	101	100	101	98	96.3	108	82
27	96	104	103	105	108	107	106	102	97	92	98	109	113	113	108	109	116	112	107	99	94	93	100	101	103.8	116	92
28	103	110	107	107	109	109	110	106	96	99	103	110	110	104	99	100	102	98	82	74	67	76	82	69	97.2	110	67
29	81	93	102	98	91	90	86	79	75	77	87	100	108	108	101	97	100	102	105	105	104	100	104	97	95.4	108	75
30†	93	88	93	94	94	91	91	96	94	87	89	103	118	117	117	116	112	105	78	52	55	76	78	81	92.2	117	52
31†	85	85	90	96	93	93	97	90	70	65	68	88	94	92	87	89	86	94	95	110	106	78	88	88	88.6	110	65
Mittel	95	96	98	99	101	102	101	96	90	87	88	92	93	92	92	92	94	97	99	98	97	97	96	96	95.3	110	77

Niemegk

Horizontalintensität

H = 18300 γ + Tafelwert

1950

Januar

Tag	0h–1h	1h–2h	2h–3h	3h–4h	4h–5h	5h–6h	6h–7h	7h–8h	8h–9h	9h–10h	10h–11h	11h–12h	12h–13h	13h–14h	14h–15h	15h–16h	16h–17h	17h–18h	18h–19h	19h–20h	20h–21h	21h–22h	22h–23h	23h–24h Weltzeit	Tagesmittel γ	Max.	Min.
1	93	103	102	94	102	100	91	84	84	81	82	89	94	97	94	94	97	104	110	104	102	105	105	102	96.4	110	81
2	101	97	102	102	87	93	94	92	78	70	76	89	93	99	102	102	104	105	106	105	104	102	101	101	96.0	106	70
3	102	104	103	104	108	107	104	99	90	88	86	93	97	94	102	105	104	104	106	106	106	106	124	98	101.7	124	86
4	101	96	98	100	104	106	107	95	88	84	82	82	90	94	103	102	99	100	101	103	103	100	87	88	96.4	107	82
5*	94	92	93	98	108	112	116	111	98	95	95	99	96	97	98	88	93	97	100	101	96	100	104	105	99.4	116	88
6	104	105	107	115	118	114	110	110	104	102	102	102	97	91	88	89	74	79	85	94	99	102	98	100	99.5	118	74
7	95	91	88	95	98	104	98	99	93	90	97	101	93	93	94	87	91	83	84	111	100	97	97	97	94.8	111	83
8*	97	96	95	97	102	101	100	96	91	90	94	100	107	110	108	105	105	—	—	—	105	103	103	102	(100.3)	110	90
9	103	98	108	111	124	132	124	108	101	90	93	102	112	115	113	110	111	112	113	111	108	107	107	105	**109.1**	**132**	90
10	100	106	106	114	118	116	110	110	101	100	100	106	112	110	111	110	108	108	103	106	104	102	98	118	107.4	118	98
11	105	98	96	100	101	104	105	103	96	94	98	104	107	105	106	99	103	104	108	97	103	105	121	98	102.5	121	94
12	101	104	106	103	103	104	105	103	95	88	88	95	104	106	111	106	102	92	89	101	101	98	100	94	100.0	111	88
13	89	87	100	101	100	104	105	104	100	101	104	108	109	108	114	116	104	96	97	101	99	102	101	103	102.2	116	87
14†	101	101	103	100	114	128	116	110	97	101	110	101	105	98	90	89	85	92	78	87	122	105	96	98	101.1	128	78
15	101	102	104	106	109	113	114	112	105	95	77	56	49	63	87	89	82	90	93	88	91	97	98	100	92.5	114	49
16	100	99	99	99	106	108	110	90	97	88	79	80	86	86	93	96	89	89	95	95	90	111	122	120	97.0	122	79
17*	98	95	95	100	105	107	110	108	100	90	84	88	96	95	96	98	98	102	95	94	96	90	95	98	97.2	110	84
18*	100	102	107	124	112	114	113	110	94	83	83	81	87	90	97	99	102	105	106	107	104	105	105	105	101.5	124	81
19	108	109	112	110	112	116	123	123	110	104	85	77	83	91	94	96	98	91	89	77	71	54	69	72	94.8	123	54
20†	74	72	94	89	97	100	91	83	56	61	53	45	46	48	44	53	38	41	76	81	84	88	90	93	70.7	100	38
21†	94	98	107	102	96	94	99	94	87	81	65	50	62	79	78	85	67	84	79	73	98	86	87	87	84.7	107	50
22	102	97	94	85	100	99	94	91	82	71	66	64	78	85	87	88	82	90	95	98	96	90	90	92	88.2	102	64
23	92	93	94	96	99	100	100	110	98	83	83	89	96	98	96	99	100	99	101	107	111	109	114	112	99.1	114	83
24†	103	106	101	103	104	102	104	104	96	84	74	77	78	83	90	75	46	20	20	05	00	11	15	54	69.0	106	**00**
25†	53	31	32	34	40	38	52	76	63	34	38	34	30	44	48	42	54	53	56	63	63	76	86	69	**50.4**	86	30
26	67	68	63	63	70	85	86	86	79	70	65	64	69	78	76	70	82	73	69	84	85	85	84	73	74.8	86	63
27	77	77	75	70	68	81	85	89	88	78	69	62	60	58	71	74	81	83	81	72	67	66	62	78	73.8	89	58
28	83	73	86	85	76	73	74	79	79	73	70	69	78	83	73	68	70	69	72	76	78	80	76	79	75 9	86	68
29*	79	86	77	77	75	72	73	75	71	70	72	76	84	89	87	89	94	95	87	82	79	84	87	87	81.1	95	70
30	91	96	89	87	90	95	86	83	83	75	81	80	79	78	82	90	82	74	82	84	90	77	82	82	84.1	96	74
31	85	83	83	87	90	91	90	87	87	79	75	72	76	81	86	87	91	98	101	103	99	107	98	93	88.7	107	72
Mittel	93	92	94	95	98	100	100	98	90	84	81	82	86	89	91	90	88	88	89	91	92	92	94	94	91.2	110	71

Februar

Tag	0h–1h	1h–2h	2h–3h	3h–4h	4h–5h	5h–6h	6h–7h	7h–8h	8h–9h	9h–10h	10h–11h	11h–12h	12h–13h	13h–14h	14h–15h	15h–16h	16h–17h	17h–18h	18h–19h	19h–20h	20h–21h	21h–22h	22h–23h	23h–24h	Tagesmittel γ	Max.	Min.
1	94	93	96	100	107	108	100	96	84	71	70	74	75	77	83	84	88	88	85	95	98	98	97	97	89.9	108	70
2	96	97	100	104	109	109	110	96	78	81	78	74	53	44	48	59	50	64	70	79	78	78	80	80	79.8	110	44
3	80	81	82	85	88	88	89	83	78	79	51	53	70	70	56	58	57	63	59	88	80	78	88	95	75.0	95	51
4	99	97	99	101	104	106	105	96	90	87	86	84	83	78	65	55	87	74	64	76	110	93	80	84	87.6	110	55
5	83	90	89	75	85	104	96	92	86	76	78	84	92	95	89	84	86	91	99	96	98	98	99	97	90.1	104	75
6	97	97	69	103	104	110	111	103	92	79	75	84	87	94	106	103	93	90	92	101	102	105	107	106	97.5	111	75
7	101	104	106	100	100	103	106	102	94	91	85	90	87	84	99	97	98	98	99	91	98	94	119	94	97.5	119	84
8	90	92	94	96	97	94	101	103	96	84	80	78	82	91	87	78	80	76	82	81	77	87	88	109	88.5	109	76
9	113	86	86	88	98	90	89	97	92	92	90	86	92	98	97	92	78	74	74	77	100	95	83	86	89.7	113	74
10*	90	92	93	94	98	100	100	97	94	91	90	88	88	91	95	97	99	99	103	102	104	107	107	103	96.8	107	88
11	104	104	102	101	101	108	106	104	97	89	87	98	99	111	112	113	112	113	112	114	114	111	109	112	105.5	114	87
12	111	101	101	105	110	110	106	104	98	91	90	91	98	101	101	101	107	111	109	102	103	104	107	107	102.9	111	90
13*	106	102	104	109	113	117	116	110	97	89	82	82	90	96	103	107	110	107	106	108	110	109	109	109	103.8	117	82
14	106	104	102	114	117	118	118	114	105	93	89	91	95	105	106	104	105	106	108	107	115	114	114	111	106.7	118	89
15	111	108	109	109	106	108	115	110	94	85	85	83	87	92	101	106	106	105	100	96	95	98	100	104	100.5	115	83
16*	103	103	104	106	108	108	108	105	98	86	85	84	92	100	104	105	102	104	108	111	110	111	117	113	103.1	117	84
17*	112	110	109	110	110	111	111	111	104	97	94	96	102	108	108	103	105	108	108	109	111	109	111	109	106.9	112	94
18	106	110	110	112	114	114	112	109	106	102	97	94	99	109	112	109	108	113	106	118	124	123	118	124	110.4	124	94
19	119	118	117	118	123	123	120	120	112	105	104	107	117	120	119	117	113	115	116	116	114	116	115	120	**116.0**	123	104
20†	122	123	132	131	130	129	127	123	110	100	97	96	102	108	119	120	126	129	20	-43	-67	02	-47	-39	81.2	**132**	**-67**
21†	-10	-17	-12	12	24	44	35	21	32	18	04	13	13	43	22	19	40	54	53	60	81	52	58	58	**29.9**	81	-17
22†	70	63	71	48	53	56	54	52	52	50	54	46	48	56	61	49	61	57	65	50	65	74	48	67	57.1	74	46
23†	64	69	73	74	67	66	65	60	55	47	42	15	44	55	33	30	41	46	67	42	00	14	73	22	48.5	74	00
24†	38	77	76	80	53	50	33	59	61	58	47	38	43	47	54	56	57	61	63	65	105	84	56	59	59.2	105	33
25	85	78	68	67	79	81	90	93	100	87	78	68	54	64	70	72	75	81	82	86	88	87	90	88	79.6	100	54
26*	88	88	89	91	93	96	94	87	82	76	68	63	62	71	82	83	84	86	88	91	93	93	92	91	84.6	96	62
27	91	93	95	96	98	101	101	97	88	80	76	77	78	87	98	99	101	102	105	106	104	106	106	103	95.3	106	76
28	98	101	102	104	103	106	107	104	83	62	70	69	70	75	69	74	86	92	92	93	94	98	95	101	89.5	107	62
Mittel	92	92	93	94	96	98	97	95	88	80	76	75	79	85	86	85	88	90	87	86	89	91	90	90	88.3	108	62

Horizontalintensität

Niemegk H = 18300$^{\gamma}$ + Tafelwert **1950**

März

Tag	0h–1h	1h–2h	2h–3h	3h–4h	4h–5h	5h–6h	6h–7h	7h–8h	8h–9h	9h–10h	10h–11h	11h–12h	12h–13h	13h–14h	14h–15h	15h–16h	16h–17h	17h–18h	18h–19h	19h–20h	20h–21h	21h–22h	22h–23h	23h–24h	Tagesmittel	Max.	Min.
																									γ		
1	99	92	95	91	96	94	96	91	80	74	72	65	79	85	88	89	91	94	94	95	95	96	96	96	89.3	99	65
2	98	100	95	99	99	98	106	95	76	74	71	72	82	88	92	79	84	84	92	95	98	98	98	98	90.5	106	71
3	98	100	99	96	99	101	96	94	87	83	75	76	88	84	86	87	79	87	93	100	101	105	101	100	92.3	105	75
4*	99	96	97	101	103	102	101	98	96	86	83	81	82	79	83	92	93	89	96	99	97	101	104	106	94.3	106	79
5	103	102	102	102	101	105	101	100	93	81	88	92	88	89	91	94	99	103	105	104	111	108	104	101	98.6	111	81
6	103	120	115	116	111	98	91	88	81	74	78	82	88	94	94	91	84	80	72	85	103	102	109	87	93.6	120	72
7	105	116	101	100	96	88	82	53	42	36	40	45	52	54	61	67	75	80	87	90	83	82	84	84	75.1	116	36
8	101	88	84	86	88	87	84	80	76	73	72	74	82	86	91	91	94	92	96	98	98	98	103	104	88.6	104	72
9	101	90	102	100	98	102	101	100	89	84	84	82	84	82	77	76	83	88	96	105	108	106	106	107	93.8	108	76
10*	109	104	98	101	103	108	110	108	102	95	87	79	84	91	95	95	99	100	102	105	104	104	103	101	99.5	110	79
11*	101	102	102	103	106	106	109	108	104	102	102	97	97	99	101	102	102	106	107	112	108	100	97	101	103.1	112	97
12*	102	105	107	107	110	113	111	105	99	92	92	93	95	101	104	104	96	100	104	107	101	101	99	101	102.0	113	92
13	102	103	103	104	107	113	114	112	104	96	92	93	96	103	109	104	104	98	98	101	105	109	107	108	103.5	114	92
14	111	110	110	114	117	124	131	121	110	102	104	102	96	108	105	100	106	101	118	104	111	110	110	109	**109.8**	131	96
15†	107	110	102	158	110	91	98	99	75	72	71	72	76	77	78	76	80	82	86	88	94	98	98	97	91.5	**158**	71
16	98	98	101	101	110	98	110	95	86	86	77	82	87	88	88	92	88	86	99	103	104	104	106	107	95.6	110	77
17	107	104	103	104	105	106	102	98	82	66	73	82	83	90	96	97	98	100	104	105	104	112	106	106	97.2	112	66
18*	109	108	110	113	112	114	110	94	83	74	72	71	78	86	95	102	105	107	107	107	114	114	110	108	100.1	114	71
19†	102	103	100	104	108	119	148	124	60	18	-23	-53	-35	01	-10	-16	-32	19	12	32	36	38	33	42	**42.9**	148	**-53**
20	37	47	45	46	48	51	51	42	31	29	31	35	39	45	50	55	54	53	50	72	64	60	61	64	48.3	72	29
21†	64	63	67	67	82	86	73	68	55	33	24	24	24	42	57	70	43	41	51	58	72	68	66	67	56.9	86	24
22†	74	77	56	80	90	68	83	69	61	60	39	50	62	77	78	84	83	91	96	75	81	83	76	72	73.5	96	39
23	79	74	75	79	87	87	88	86	74	58	57	62	63	70	83	83	84	87	89	91	96	94	98	95	80.8	98	57
24	81	102	117	104	92	84	62	63	50	39	33	39	45	49	60	64	66	80	92	84	88	82	75	80	72.1	117	33
25	81	87	91	79	87	87	85	77	63	54	55	57	63	71	81	85	89	86	96	99	100	87	87	90	80.7	100	54
26	93	92	96	92	91	90	87	81	71	64	69	81	94	97	102	102	104	108	114	113	113	116	104	96	94.6	116	64
27†	118	110	146	104	104	87	96	91	82	67	48	72	62	78	85	78	105	97	86	80	94	89	87	88	89.8	146	48
28	90	90	90	94	98	98	93	86	83	71	55	58	70	74	88	91	91	91	97	100	101	111	103	97	88.3	111	55
29	97	99	99	103	95	101	103	104	98	91	78	65	81	94	93	98	96	106	106	109	106	110	114	106	98.0	114	65
30	102	101	106	103	102	102	101	102	92	77	71	76	87	92	90	96	88	99	102	105	109	109	110	110	97.2	110	71
31	109	108	108	111	116	116	115	102	90	93	96	85	90	112	109	94	105	87	91	100	88	100	83	96	100.2	116	83
Mittel	96	97	97	99	99	98	98	91	80	71	67	67	73	80	84	85	85	88	92	94	96	97	95	94	88.4	112	62

April

Tag	0h–1h	1h–2h	2h–3h	3h–4h	4h–5h	5h–6h	6h–7h	7h–8h	8h–9h	9h–10h	10h–11h	11h–12h	12h–13h	13h–14h	14h–15h	15h–16h	16h–17h	17h–18h	18h–19h	19h–20h	20h–21h	21h–22h	22h–23h	23h–24h	Tagesmittel	Max.	Min.
																									γ		
1†	98	103	91	101	78	110	107	94	71	64	65	73	86	72	92	89	86	80	95	95	95	96	89	99	88.7	107	64
2†	103	83	94	100	96	79	59	47	64	63	48	47	65	71	87	94	90	92	92	91	87	100	97	96	81.0	103	47
3†	101	109	78	80	89	87	75	78	57	63	56	50	75	92	87	96	80	80	81	81	101	98	86	89	82.0	109	50
4	82	80	90	88	94	95	95	72	43	44	47	31	40	54	62	63	73	86	81	81	91	91	107	97	74.5	107	31
5†	93	94	117	101	88	95	91	83	46	32	37	43	51	60	83	69	72	62	94	77	80	60	62	40	**72.1**	117	32
6	51	64	80	79	85	72	86	78	66	54	42	25	26	47	70	75	88	90	100	117	116	96	90	75	73.8	117	**25**
7	89	105	91	93	89	88	80	80	73	59	52	41	47	60	68	91	100	98	100	106	113	100	99	100	84.2	113	41
8	100	100	105	101	104	104	100	81	77	70	67	63	69	82	90	83	86	99	102	108	103	100	100	101	91.5	108	63
9	103	104	101	101	105	110	111	106	97	77	68	68	71	84	81	72	80	95	103	106	107	112	114	113	95.4	114	68
10	104	108	114	103	107	122	113	107	95	82	74	78	83	91	99	106	101	105	112	112	110	111	113	110	102.5	122	74
11*	104	107	108	108	110	106	103	96	84	72	67	69	72	79	87	97	98	106	113	111	119	124	118	120	99.1	124	67
12	117	109	119	124	123	119	110	109	95	84	79	48	54	76	87	95	101	106	105	109	110	114	121	114	101.2	124	48
13	110	106	96	110	113	112	103	94	82	76	80	78	87	94	102	102	102	107	115	116	115	113	112	115	101.7	116	76
14*	114	110	111	112	118	118	113	103	91	83	88	96	102	111	115	114	112	110	115	120	120	118	114	106	108.9	120	83
15	110	113	116	122	110	115	96	73	79	83	95	86	80	78	103	110	109	116	115	118	112	111	109	105	102.7	122	73
16	100	102	105	105	107	104	96	84	84	88	90	96	94	104	116	108	108	115	115	113	106	109	108	130	103.6	130	84
17	120	104	110	110	108	106	99	89	82	74	82	91	105	113	118	115	119	111	109	107	97	102	109	103	103.5	120	74
18	97	97	106	109	100	95	94	84	68	68	78	90	98	102	108	100	109	122	134	113	97	104	112	111	99.8	134	68
19	102	115	119	119	123	111	80	82	74	72	62	64	79	88	105	90	94	98	76	88	105	104	102	92	93.5	123	62
20	90	94	108	103	120	114	106	98	78	63	56	62	66	75	90	97	101	105	129	90	86	98	101	87	92.4	129	56
21*	96	99	95	98	101	102	98	90	79	64	55	54	63	68	78	89	101	108	112	111	106	106	106	105	91.0	112	54
22	104	105	107	109	112	116	116	110	96	95	91	84	88	106	115	126	129	126	126	131	131	131	128	132	113.1	132	84
23	135	141	142	143	147	148	121	116	104	92	86	90	81	94	86	102	112	110	124	124	126	134	138	122	**117.4**	**148**	81
24	109	110	102	127	98	84	101	91	60	60	54	58	66	78	85	94	106	132	108	108	109	118	125	120	96.0	132	54
25	109	111	112	113	111	86	77	71	70	69	76	78	83	90	98	101	108	111	114	115	113	114	114	112	98.2	115	69
26*	109	109	110	109	110	104	95	91	87	81	73	71	79	90	100	108	108	112	117	117	118	116	116	116	101.9	118	71
27*	115	117	116	116	117	118	112	107	100	89	86	93	106	117	120	116	118	118	120	124	143	127	118	115	113.7	143	86
28	114	119	118	117	118	119	121	119	104	94	91	88	93	96	88	93	106	113	114	112	98	94	92	99	105.0	121	88
29	123	113	116	101	103	103	96	88	83	84	66	76	76	85	87	94	109	97	109	109	100	106	99	108	97.1	123	66
30†	101	102	106	142	122	106	76	76	67	52	46	55	63	79	83	92	85	92	78	84	94	89	91	92	86.4	142	46
Mittel	103	104	106	108	107	105	98	90	79	72	69	68	75	85	93	96	100	103	107	106	107	107	106	104	95.7	122	63

Niemegk — **Horizontalintensität** — H = 18300γ + Tafelwert — **1950**

Mai

Tag	0–1ʰ	1–2ʰ	2–3ʰ	3–4ʰ	4–5ʰ	5–6ʰ	6–7ʰ	7–8ʰ	8–9ʰ	9–10ʰ	10–11ʰ	11–12ʰ	12–13ʰ	13–14ʰ	14–15ʰ	15–16ʰ	16–17ʰ	17–18ʰ	18–19ʰ	19–20ʰ	20–21ʰ	21–22ʰ	22–23ʰ	23–24ʰ	Tagesmittel γ	Max.	Min.
1	95	95	99	99	94	88	76	64	58	61	65	74	81	90	101	109	106	107	119	118	120	110	102	107	93.2	120	58
2	107	105	110	107	112	108	101	87	78	82	87	93	106	117	114	136	137	114	109	86	84	84	69	94	101.1	137	69
3†	71	78	108	127	131	104	70	58	53	28	26	59	60	79	78	97	95	117	126	110	103	107	103	103	87.1	131	26
4	102	97	97	106	109	97	82	68	53	53	56	63	85	93	100	119	109	116	136	117	104	109	104	102	94.9	136	53
5	95	104	96	99	91	86	75	64	46	45	48	72	71	74	83	110	115	121	122	117	130	130	99	102	91.5	130	45
6	99	100	99	99	102	102	97	81	72	72	74	75	75	79	101	100	117	122	121	115	111	104	103	89	96.2	122	72
7	112	106	102	108	106	101	90	79	79	74	76	87	86	83	102	118	110	112	114	115	118	112	110	123	101.0	123	74
8*	110	106	111	107	107	101	98	87	82	81	84	81	82	88	102	113	116	120	122	121	115	116	124	112	103.6	124	81
9*	110	108	111	114	116	114	108	100	95	90	89	91	92	94	94	103	112	119	125	124	121	116	116	118	107.5	125	89
10	112	110	116	114	116	113	109	100	90	89	90	85	79	90	102	105	110	121	126	130	130	134	120	122	108.9	134	79
11	113	110	122	117	122	114	106	95	88	83	92	98	104	98	88	80	108	108	129	134	131	118	117	115	107.9	134	80
12*	114	114	117	122	116	111	107	103	103	102	104	97	97	104	110	118	116	114	115	120	128	128	128	123	113.0	128	97
13	125	126	124	133	135	111	109	114	113	107	108	93	97	97	107	100	117	117	117	116	127	117	109	106	113.5	135	93
14	104	104	109	112	113	106	104	99	98	104	97	106	93	106	116	114	112	114	114	116	110	113	118	132	108.9	132	93
15†	106	106	105	123	114	98	98	87	63	79	81	93	98	106	115	103	117	136	138	127	98	91	124	98	104.3	138	63
16	102	104	99	106	104	96	86	71	75	79	85	85	96	89	97	105	114	112	116	113	122	114	107	123	100.0	123	71
17	106	108	113	113	110	98	90	83	82	85	82	88	98	94	108	107	113	111	118	119	125	123	114	109	104.0	125	82
18	101	107	113	113	119	113	103	95	91	86	84	90	93	93	101	112	111	115	122	123	122	119	118	117	106.7	123	84
19*	113	115	117	120	121	113	104	98	93	91	93	91	98	103	111	120	133	118	125	128	122	122	121	122	112.2	133	91
20*	121	121	120	125	125	119	113	105	103	101	95	93	103	94	101	108	117	134	148	140	137	141	132	110	116.9	148	93
21	106	118	113	123	125	118	105	91	76	67	72	80	87	100	114	121	109	115	127	130	128	127	130	129	108.8	130	67
22	132	129	130	134	137	130	122	122	113	96	99	80	89	54	105	118	141	140	141	150	146	163	156	145	**123.8**	**163**	54
23†	131	131	130	134	134	116	119	116	108	93	74	58	83	103	100	120	108	128	107	101	92	99	94	108	107.8	134	58
24	114	102	98	92	96	86	79	81	78	76	78	73	72	74	83	99	112	118	120	119	119	117	111	106	96.0	120	72
25	111	113	104	108	108	106	101	99	93	97	99	96	102	108	102	113	128	117	125	128	130	129	125	129	111.3	130	93
26	113	115	113	109	114	116	114	106	92	70	72	85	92	96	111	94	88	105	123	126	118	102	102	104	103.3	126	70
27†	102	109	113	114	106	103	96	85	80	92	102	101	114	126	108	120	143	109	113	131	107	101	95	88	106.6	143	80
28†	102	100	127	71	16	10	01	09	13	11	44	52	52	80	101	107	99	111	112	115	120	93	82	86	**71.4**	127	**01**
29	98	111	117	103	92	88	86	78	73	50	47	58	79	84	79	99	100	89	106	110	107	115	119	106	91.4	119	47
30	99	103	108	90	96	92	75	73	68	72	78	87	95	95	116	92	99	111	121	120	108	104	105	112	96.6	121	68
31	105	104	106	107	103	91	79	75	75	78	84	90	97	97	101	110	109	112	117	120	120	129	129	121	102.5	129	75
Mittel	107	108	111	111	109	102	94	86	80	79	80	83	89	93	102	109	114	116	122	121	118	116	112	112	103.0	130	70

Juni

Tag	0–1ʰ	1–2ʰ	2–3ʰ	3–4ʰ	4–5ʰ	5–6ʰ	6–7ʰ	7–8ʰ	8–9ʰ	9–10ʰ	10–11ʰ	11–12ʰ	12–13ʰ	13–14ʰ	14–15ʰ	15–16ʰ	16–17ʰ	17–18ʰ	18–19ʰ	19–20ʰ	20–21ʰ	21–22ʰ	22–23ʰ	23–24ʰ	Tagesmittel γ	Max.	Min.
1	122	121	116	113	113	112	96	81	80	94	106	98	98	109	117	120	96	114	125	125	125	120	118	134	110.5	134	80
2	141	126	114	122	109	102	80	62	56	47	64	77	86	95	101	110	115	112	105	118	120	126	143	113	101.8	143	47
3	111	108	103	112	116	114	107	98	94	93	82	79	79	90	108	131	132	132	119	130	113	110	106	108	107.3	132	79
4	114	114	112	118	123	114	103	86	82	83	85	86	89	111	118	105	102	107	114	117	120	113	111	115	105.9	123	82
5	114	116	116	123	118	108	99	98	88	82	85	93	87	96	106	108	115	123	127	128	119	116	114	118	108.2	128	82
6†	124	124	135	116	103	134	113	88	77	77	76	94	87	71	61	136	87	101	109	115	120	97	98	110	102.2	136	61
7*	107	107	105	105	103	99	91	86	86	88	94	100	103	92	99	102	110	118	126	131	130	128	128	129	107.0	131	86
8	124	120	119	119	121	121	120	117	117	113	109	113	112	105	109	106	116	127	135	130	131	134	122	116	119.0	135	106
9†	142	125	114	114	106	111	109	104	85	77	92	84	96	70	98	103	110	106	103	119	115	115	112	113	105.1	142	70
10	104	113	133	130	116	96	87	76	76	90	82	86	98	93	116	110	118	121	126	125	127	124	110	109	106.9	133	76
11	106	106	116	109	108	100	90	86	88	91	90	91	101	100	101	106	116	112	114	120	119	116	111	117	104.8	120	86
12	128	112	108	115	116	114	108	92	76	78	86	91	76	96	106	108	115	120	127	126	123	122	112	112	107.0	128	76
13*	113	112	113	113	113	107	101	91	87	88	95	97	96	98	106	109	113	120	118	125	125	127	128	127	109.2	128	87
14	128	125	127	124	124	116	107	102	97	86	89	99	94	111	121	111	114	120	123	126	129	128	128	124	114.7	129	86
15*	122	121	122	124	123	117	105	100	96	93	98	110	117	114	119	120	116	118	125	128	129	128	126	124	116.5	129	93
16	122	124	124	126	126	123	114	107	101	97	93	96	97	113	128	134	141	137	143	144	142	146	146	144	123.7	146	93
17	135	134	138	146	140	129	127	121	101	86	77	84	99	110	129	131	133	131	125	119	112	114	117	119	119.0	146	77
18	122	117	117	118	118	112	97	91	74	78	88	90	90	96	104	115	124	130	126	127	122	119	119	119	108.9	130	74
19*	119	119	122	123	126	120	108	97	91	92	96	102	113	122	124	120	116	121	126	127	130	130	131	130	116.9	131	91
20*	126	125	125	126	126	123	121	119	112	102	102	102	102	108	124	129	125	136	136	133	133	130	128	126	121.6	136	102
21	127	127	130	133	132	124	116	108	99	100	110	117	125	126	129	130	130	128	115	133	132	127	126	122	122.8	133	99
22	124	126	129	128	140	150	142	131	124	111	110	103	118	123	147	119	118	126	139	132	132	130	130	128	**127.5**	150	103
23	133	123	120	120	129	128	115	102	89	90	90	101	107	103	112	127	128	122	164	154	136	129	110	97	117.9	164	89
24†	104	92	110	98	84	64	89	80	41	83	89	63	60	78	81	93	99	105	111	108	126	118	112	112	91.7	126	41
25	112	116	120	117	105	100	88	72	41	42	51	90	79	69	83	100	106	107	114	117	113	119	102	108	94.7	120	41
26	117	123	109	108	103	87	78	65	66	73	73	70	74	88	104	102	108	111	108	113	118	114	113	109	97.2	123	65
27	113	111	111	114	112	105	100	96	102	107	108	106	106	119	122	124	120	129	119	114	115	117	118	118	112.8	129	96
28	121	113	117	117	116	112	105	97	90	90	100	108	110	111	111	115	116	124	129	127	124	121	120	116	112.9	129	90
29†	119	120	120	123	122	114	100	90	92	100	114	116	131	127	152	150	164	169	142	108	75	75	70	60	114.7	**169**	60
30†	72	80	99	95	76	79	60	52	32	20	35	47	60	82	90	108	101	119	122	114	97	94	97	116	**81.1**	122	**20**
Mittel	119	117	118	118	116	111	103	93	85	85	89	93	96	101	111	116	117	122	124	124	122	120	117	116	109.7	134	78

Niemegk | **Horizontalintensität** | **1950**

$H = 18300^{\gamma} + \text{Tafelwert}$

Weltzeit

Juli

Tag	0h–1h	1h–2h	2h–3h	3h–4h	4h–5h	5h–6h	6h–7h	7h–8h	8h–9h	9h–10h	10h–11h	11h–12h	12h–13h	13h–14h	14h–15h	15h–16h	16h–17h	17h–18h	18h–19h	19h–20h	20h–21h	21h–22h	22h–23h	23h–24h	Tages-mittel	Max.	Min.
																									γ		
1	104	99	89	99	99	91	78	62	49	46	60	66	64	93	100	102	104	104	118	120	121	120	123	110	92.5	123	46
2	110	110	109	111	108	95	87	83	71	66	69	68	72	86	102	109	112	120	119	121	122	118	119	113	100.0	122	66
3	112	112	112	117	119	112	100	88	79	73	68	70	69	82	100	130	117	111	122	129	120	106	71	77	99.8	130	68
4†	69	84	90	94	81	90	86	75	61	44	39	51	66	77	93	111	101	109	113	115	101	99	102	130	86.7	130	39
5	110	105	96	95	97	93	83	75	72	70	72	87	71	78	88	104	108	125	125	115	117	125	128	112	98.0	128	70
6	107	112	114	114	118	111	95	80	76	66	80	94	78	83	96	102	117	127	122	123	114	116	116	115	103.2	127	66
7	112	110	112	121	117	108	103	96	88	87	90	89	98	106	106	111	113	118	119	127	126	126	135	110	109.5	135	87
8	104	104	108	109	108	97	84	75	72	81	82	88	95	94	105	99	96	111	116	119	116	115	114	112	100.2	119	72
9	113	115	122	126	125	100	91	94	82	82	86	90	104	107	98	94	114	120	117	120	119	119	118	112	107.0	126	82
10	114	114	116	116	113	107	95	84	82	72	67	78	96	96	109	123	108	117	121	120	124	124	122	117	105.6	124	67
11†	135	115	119	124	123	117	107	105	101	97	81	108	118	134	118	122	141	152	142	131	111	112	118	91	117.6	**153**	81
12†	89	104	76	110	58	99	76	76	54	32	48	58	67	62	57	70	87	94	107	112	122	114	118	111	83.4	122	32
13	107	112	108	122	125	118	105	97	94	58	67	86	99	76	94	97	97	102	115	123	118	111	115	110	102.3	125	58
14	116	109	104	107	108	104	98	85	64	74	76	81	94	103	105	104	111	113	121	116	115	117	116	110	102.1	121	64
15	114	111	111	101	109	105	89	87	88	80	81	84	86	96	110	96	91	110	116	125	118	122	121	124	103.1	125	80
16	116	113	113	110	115	106	98	93	86	66	55	72	79	86	97	105	105	109	113	119	119	120	120	117	101.3	120	55
17*	114	106	111	118	123	122	110	93	81	68	72	80	84	91	103	112	121	130	128	125	124	120	121	122	107.5	130	68
18*	122	126	122	129	128	114	98	86	82	69	60	65	77	92	98	119	122	128	126	124	125	124	123	118	107.4	129	60
19*	112	114	115	119	122	112	96	82	71	68	68	80	97	109	116	119	119	128	133	132	138	138	135	135	110.8	138	68
20	134	136	137	141	138	125	120	114	108	104	97	98	97	105	112	112	122	129	130	130	132	125	118	116	**120.0**	141	97
21	129	119	116	115	118	119	110	99	88	82	80	92	93	106	131	126	107	117	139	139	126	134	126	121	113.8	139	80
22	124	119	122	132	124	122	114	103	98	72	95	98	102	99	107	111	115	117	122	132	118	116	118	116	112.3	132	72
23*	118	113	113	118	116	111	107	105	101	94	89	88	90	102	117	119	123	124	128	130	130	126	127	128	113.2	130	88
24†	127	130	145	145	132	97	101	104	106	106	91	60	101	108	114	115	125	132	141	134	121	115	82	85	113.2	145	60
25†	105	109	133	81	128	83	40	30	20	16	28	46	51	60	56	64	77	85	84	96	103	98	102	102	**74.9**	133	**16**
26*	96	97	97	101	101	92	88	79	72	71	68	63	75	91	98	96	104	115	113	113	109	108	109	108	94.3	115	63
27	108	110	110	114	115	112	105	94	86	84	80	87	84	100	107	110	115	118	120	130	133	126	130	122	108.3	133	80
28	114	134	134	135	121	114	103	94	78	70	69	79	87	107	114	113	115	121	122	127	131	127	116	111	109.8	135	69
29	118	123	120	120	127	126	115	102	92	91	98	96	113	129	134	134	120	127	132	141	133	114	118	113	118.2	141	91
30	115	110	112	116	120	109	93	86	82	82	86	73	79	101	107	106	120	120	122	128	137	120	117	115	106.5	137	73
31	116	117	118	122	136	122	102	89	75	68	72	88	101	106	111	110	115	128	110	122	133	126	128	114	109.5	136	68
Mittel	112	113	113	116	115	107	96	88	79	72	73	79	87	94	103	108	111	118	121	124	122	119	117	113	104.2	130	67

August

Tag	0h–1h	1h–2h	2h–3h	3h–4h	4h–5h	5h–6h	6h–7h	7h–8h	8h–9h	9h–10h	10h–11h	11h–12h	12h–13h	13h–14h	14h–15h	15h–16h	16h–17h	17h–18h	18h–19h	19h–20h	20h–21h	21h–22h	22h–23h	23h–24h	Tages-mittel	Max.	Min.
																									γ		
1	118	111	109	113	119	127	121	107	88	84	94	97	94	85	121	112	130	134	124	139	122	114	119	127	112.9	139	84
2	114	110	104	121	116	110	107	90	88	88	91	100	106	94	111	111	116	120	130	149	110	109	124	126	110.2	149	88
3	115	100	110	115	105	90	94	93	89	76	66	91	102	117	110	116	117	134	132	126	123	117	129	119	107.8	134	66
4	112	109	104	113	111	100	91	84	84	85	86	94	88	100	110	124	118	119	122	118	118	122	116	116	106.0	124	84
5	115	114	115	112	111	114	110	98	90	90	92	97	107	114	107	120	127	135	130	136	125	118	117	124	113.2	136	90
6	132	113	106	111	111	107	102	99	98	100	108	111	117	118	121	119	115	117	132	138	125	134	130	124	**116.2**	138	98
7†	110	125	121	126	111	112	106	95	82	80	86	114	124	129	130	136	143	123	130	139	122	115	86	70	113.1	143	70
8†	96	57	84	96	83	97	-01	-11	18	74	82	71	56	52	45	64	77	81	90	85	76	76	91	84	67.6	97	-11
9	75	76	85	94	74	69	63	45	26	34	41	51	63	70	79	70	101	118	96	94	100	125	86	109	76.8	125	26
10†	91	96	95	92	91	82	87	82	78	70	68	78	90	71	58	70	97	92	104	162	113	94	112	106	90.8	**162**	58
11	102	92	76	87	103	98	79	73	75	59	64	52	70	78	76	64	86	96	108	109	107	117	113	128	88.0	128	52
12	103	104	88	68	103	97	84	58	21	42	61	61	63	76	78	96	109	108	110	108	104	98	96	103	84.9	110	21
13	100	100	101	99	81	86	85	75	75	73	67	78	85	94	108	98	109	113	109	103	104	106	104	106	94.1	113	67
14	101	108	108	98	108	116	105	86	82	70	62	81	97	83	94	107	111	120	124	123	128	129	150	124	104.8	150	62
15	123	123	109	106	99	102	93	77	76	69	73	76	77	90	97	105	118	123	124	112	112	114	114	114	101.1	124	69
16*	118	110	115	105	105	102	97	88	88	88	86	80	84	91	99	107	111	112	115	111	110	109	111	114	102.3	118	80
17*	116	115	111	112	112	107	104	98	87	76	77	86	98	109	111	115	112	112	115	118	115	112	110	107	105.6	118	76
18	111	115	117	115	122	116	109	105	96	93	96	101	109	119	115	126	143	142	108	110	107	124	92	92	111.8	143	92
19†	93	94	103	97	102	80	55	27	16	02	-13	-37	-20	31	15	03	19	-11	16	26	67	03	-23	-43	29.2	103	-43
20†	-49	-16	04	-85	-106	-88	-117	-100	-112	-46	04	14	09	15	20	32	36	59	63	66	72	70	68	67	**-05.0**	72	**-117**
21	70	71	79	76	76	71	55	26	02	36	35	56	54	51	56	50	75	84	76	91	88	87	84	85	63.9	91	02
22	86	86	91	93	90	86	76	61	49	43	39	44	69	80	84	81	82	92	94	100	98	97	96	96	79.7	100	39
23	100	101	96	90	88	82	76	70	64	55	51	63	70	78	90	81	83	87	94	100	99	100	94	104	84.0	104	51
24*	90	90	89	88	86	80	71	61	58	58	66	77	81	86	91	93	90	93	98	103	106	109	114	105	86.8	114	58
25*	104	106	112	104	99	87	76	71	66	62	68	78	83	89	99	99	97	105	106	108	110	106	105	105	93.5	112	62
26*	105	105	104	103	101	98	90	82	77	72	71	78	84	93	96	96	96	102	110	111	115	114	114	115	97.2	115	71
27	122	120	109	112	112	111	101	94	85	82	87	98	105	109	110	112	115	122	121	122	123	127	125	123	110.3	127	82
28	119	117	115	117	116	108	98	92	93	88	97	99	103	116	115	116	110	115	120	134	110	142	138	109	112.0	142	88
29	107	105	107	106	103	112	106	92	90	83	78	86	93	102	79	92	109	106	113	111	110	114	104	115	101.0	115	78
30	118	109	112	100	92	96	84	71	77	76	80	83	88	96	98	111	100	100	107	130	115	104	109	104	98.3	130	71
31	106	105	103	102	101	103	92	87	88	90	94	97	102	98	113	115	106	112	107	106	106	109	112	112	102.8	115	87
Mittel	101	99	99	96	94	92	81	70	64	66	70	76	82	88	92	95	102	105	107	113	108	107	105	103	92.3	122	55

Niemegk

Horizontalintensität

H = 18300$^{\gamma}$ + Tafelwert

1950

0h–24h Weltzeit

September

Tag	0h	1h	2h	3h	4h	5h	6h	7h	8h	9h	10h	11h	12h	13h	14h	15h	16h	17h	18h	19h	20h	21h	22h	23h	Tagesmittel (γ)	Max.	Min.
1*	110	110	108	108	108	102	93	84	77	71	78	83	93	100	104	105	114	115	115	116	114	111	116	119	102.2	119	71
2	116	115	112	112	110	102	98	90	82	78	81	85	97	105	110	109	116	117	125	136	122	117	123	119	107.4	136	78
3†	120	120	122	131	124	103	89	75	95	92	91	65	66	57	80	79	66	77	85	81	77	92	88	48	88.5	131	48
4†	82	76	82	72	84	86	75	70	35	30	43	55	56	62	53	71	59	82	87	104	91	98	123	123	**75.0**	123	30
5†	43	100	108	103	91	65	68	50	33	19	43	52	64	66	74	94	101	98	110	116	120	91	122	85	79.8	122	**19**
6†	73	95	72	115	105	87	35	57	51	45	34	25	58	66	86	81	87	85	94	110	109	105	101	110	78.6	115	25
7	97	85	88	80	77	84	76	57	56	61	60	79	85	99	88	87	98	96	100	104	109	99	94	95	85.6	109	56
8	99	97	95	87	80	85	71	62	37	44	67	77	81	89	91	105	95	94	105	103	110	105	140	128	89.5	140	37
9	98	93	108	106	96	92	84	74	62	74	76	86	91	104	102	99	98	92	98	110	127	107	94	99	94.6	127	62
10	96	111	108	96	88	88	84	75	68	65	72	87	87	77	81	100	100	94	90	79	94	102	100	97	89.1	111	65
11	102	103	113	82	100	105	93	78	78	62	62	81	90	94	93	93	94	92	102	106	104	113	107	104	93.8	113	62
12	111	112	106	104	110	109	96	68	65	60	73	94	88	91	98	96	101	106	110	109	107	106	102	106	97.0	112	60
13	105	107	108	107	106	99	95	83	72	71	83	98	110	115	115	114	119	105	103	83	83	81	92	94	97.8	119	71
14*	95	97	100	102	98	91	81	72	70	73	81	88	100	105	105	103	102	106	109	109	107	107	106	111	96.6	111	70
15*	107	106	105	105	105	106	101	88	79	72	78	87	100	110	109	106	102	105	110	112	113	115	118	119	102.4	119	72
16	117	121	119	116	116	116	109	95	84	80	99	111	111	105	128	115	88	100	114	115	127	114	119	116	**109.8**	128	80
17	110	109	110	113	121	123	96	91	87	86	92	94	102	101	100	85	89	84	105	102	95	110	99	96	100.0	123	84
18	84	102	93	101	109	92	78	71	71	46	46	59	79	72	89	84	96	93	96	105	111	135	131	112	89.8	135	46
19	127	111	103	107	110	103	101	86	81	78	71	65	71	88	101	95	98	102	105	110	118	123	124	87	98.5	127	65
20	114	93	93	102	74	93	108	88	90	83	70	54	78	92	69	78	89	106	92	94	107	88	95	96	89.4	114	54
21	97	103	102	83	104	105	90	80	73	67	76	85	88	92	94	96	96	99	105	107	100	103	103	102	93.8	107	67
22*	100	100	100	100	100	96	93	85	79	76	76	83	87	91	90	92	95	106	112	106	108	106	108	108	95.7	112	76
23	111	111	111	111	110	108	109	100	104	101	88	68	66	72	91	103	74	86	101	107	121	117	92	93	98.1	121	66
24†	98	88	118	110	100	96	90	87	80	73	81	85	100	101	102	102	92	101	78	94	135	157	92	97	98.2	**157**	73
25	112	91	86	90	85	82	86	75	54	80	81	90	92	90	83	84	98	77	98	99	104	93	103	109	89.2	112	54
26	79	86	87	89	92	94	99	97	89	84	85	89	88	93	95	97	96	100	101	99	111	91	105	102	93.7	111	79
27	95	100	91	100	106	106	104	88	78	64	62	78	87	93	94	95	100	101	113	114	102	100	101	106	94.9	114	62
28	104	103	104	105	107	106	105	90	78	69	70	70	72	83	92	94	102	103	107	110	115	110	115	108	96.8	115	69
29*	103	102	103	104	105	105	102	95	83	80	83	89	96	101	105	103	106	107	111	113	115	110	112	111	101.8	115	80
30	113	114	110	110	111	114	109	97	76	61	65	79	93	102	106	105	104	117	125	124	82	83	102	105	100.3	125	61
Mittel	101	102	102	102	101	98	91	80	72	68	72	78	86	91	94	96	96	98	104	106	108	106	108	104	94.3	121	61

Oktober

Tag	0h	1h	2h	3h	4h	5h	6h	7h	8h	9h	10h	11h	12h	13h	14h	15h	16h	17h	18h	19h	20h	21h	22h	23h	Tagesmittel (γ)	Max.	Min.
1†	126	113	98	94	97	112	56	71	48	30	47	46	20	21	42	54	59	70	94	80	77	139	123	95	75.5	139	20
2†	87	90	85	68	96	96	87	79	32	-31	-11	10	55	77	77	67	65	67	58	75	89	85	58	69	63.8	96	**-31**
3	96	78	80	73	75	55	76	62	51	38	26	45	46	67	70	84	84	93	80	113	108	81	85	102	73.7	113	26
4	102	103	79	71	84	83	75	64	57	40	54	60	49	65	58	85	92	66	118	67	86	78	87	86	75.4	118	40
5	97	96	117	100	89	85	64	56	52	50	41	48	61	78	78	71	101	89	109	116	92	103	95	104	83.0	117	41
6	106	90	88	88	94	97	75	76	66	60	42	65	76	78	79	78	77	101	64	76	85	86	96	100	81.0	106	42
7	97	98	116	100	102	99	68	68	60	60	58	67	71	76	57	49	77	74	85	103	123	78	81	93	81.7	123	49
8	126	117	85	90	106	93	93	90	78	70	72	73	82	90	91	87	95	100	105	107	106	105	105	104	94.6	126	70
9	111	106	118	105	106	107	98	90	77	42	53	79	94	93	95	97	100	101	102	105	108	108	107	102	96.0	118	42
10*	102	108	102	105	104	105	101	90	79	72	71	79	84	88	93	96	97	105	104	108	110	112	110	117	97.6	117	71
11	107	104	104	108	112	113	111	98	88	81	84	91	100	108	114	114	115	125	113	126	124	126	123	119	108.7	126	81
12	118	126	118	122	129	106	98	91	77	67	62	63	76	89	94	99	106	104	102	93	82	102	96	96	96.5	129	62
13	101	106	105	112	116	118	113	95	85	84	88	89	88	93	93	93	97	97	101	104	115	115	105	109	100.9	118	84
14†	107	102	133	132	119	117	127	110	95	87	100	108	78	56	94	75	56	48	65	70	69	66	89	78	90.9	133	48
15	102	114	93	107	91	104	90	69	64	72	74	74	75	80	82	80	83	86	94	92	105	101	91	91	88.1	114	64
16	96	108	100	100	114	115	80	87	68	43	30	18	44	42	53	38	49	54	65	65	79	78	81	90	70.7	115	18
17	103	101	81	88	86	92	92	78	39	50	64	68	72	53	52	69	65	77	94	69	70	84	90	96	76.4	103	39
18	89	89	91	93	96	94	102	87	56	48	47	69	77	84	84	84	88	87	96	100	113	111	101	100	86.9	113	47
19*	101	101	100	101	104	106	101	90	75	71	76	82	84	91	95	97	100	103	102	106	107	104	106	107	96.2	107	71
20	106	104	106	109	112	113	112	109	102	84	88	98	104	105	106	103	106	108	114	118	117	110	127	115	107.3	127	84
21*	113	113	115	116	117	120	114	108	99	96	93	94	95	100	104	104	105	109	117	120	114	114	113	114	108.6	120	93
22	114	116	116	114	115	120	122	114	102	93	93	101	111	104	95	89	105	100	101	120	115	128	117	106	**108.8**	128	89
23	142	106	100	104	108	109	106	109	100	93	96	96	101	102	102	100	100	104	106	109	110	101	117	101	105.1	**142**	93
24	114	112	108	107	106	109	109	106	92	79	83	87	95	102	102	105	107	107	107	108	109	115	109	104	103.4	115	79
25*	100	105	104	103	106	108	105	96	88	89	93	100	106	105	102	104	107	111	112	108	108	110	121	119	104.6	121	88
26	103	105	106	105	113	111	107	97	84	83	94	104	110	111	106	105	106	110	114	109	100	96	104	104	103.6	114	83
27*	105	108	107	109	112	112	109	103	94	89	90	101	110	114	111	111	112	112	113	115	116	114	110	113	107.9	116	89
28†	112	113	107	141	118	123	121	106	58	-02	-01	60	53	23	22	-08	08	27	-10	12	58	22	65	61	**57.9**	141	-10
29†	76	63	56	56	65	67	52	65	19	52	50	37	64	46	46	35	46	56	62	72	110	84	96	77	60.5	110	19
30	64	97	83	91	93	77	67	70	61	45	62	72	80	81	42	53	80	111	85	50	74	55	70	84	72.8	111	42
31	82	73	98	95	90	95	71	87	63	52	39	48	47	54	68	66	90	81	82	110	66	93	93	90	76.4	110	39
Mittel	103	102	100	100	102	102	94	88	71	61	63	72	78	80	81	80	86	90	92	94	98	97	99	98	88.9	119	54

Horizontalintensität

Niemegk — $H = 18300^{\gamma} + \text{Tafelwert}$ — **1950**

Weltzeit

November

Tag	0h–1h	1h–2h	2h–3h	3h–4h	4h–5h	5h–6h	6h–7h	7h–8h	8h–9h	9h–10h	10h–11h	11h–12h	12h–13h	13h–14h	14h–15h	15h–16h	16h–17h	17h–18h	18h–19h	19h–20h	20h–21h	21h–22h	22h–23h	23h–24h	Tagesmittel	Max.	Min.
																									γ		
1†	79	82	75	67	90	95	85	65	75	69	53	20	42	52	43	47	37	49	94	104	74	84	89	96	69.4	104	20
2	96	95	78	89	91	87	91	87	71	47	49	60	67	67	60	80	82	85	88	93	92	91	90	90	80.2	96	47
3	91	86	88	88	108	103	99	89	76	65	68	70	76	83	92	96	93	94	96	98	101	102	104	110	90.7	110	65
4†	107	110	116	112	103	96	82	71	54	37	36	31	26	31	36	33	13	41	60	76	76	77	80	86	**66.2**	116	**13**
5	69	87	86	84	83	88	84	83	78	63	56	69	69	83	86	89	90	84	80	88	94	113	93	86	82.7	113	56
6*	86	88	88	91	96	101	102	98	97	85	83	84	85	92	94	99	104	104	103	101	98	98	99	98	94.8	104	83
7*	101	102	102	105	107	107	111	109	102	98	97	100	101	101	102	105	108	110	109	107	108	103	106	104	104.4	111	97
8	104	105	115	121	108	109	110	107	104	100	105	105	107	112	113	113	110	100	104	110	112	112	107	105	108.2	121	100
9	103	103	104	112	118	116	116	113	110	97	96	100	106	111	113	113	115	117	110	105	98	101	103	106	107.8	118	96
10	110	118	116	122	113	124	117	89	40	41	52	50	44	36	40	57	76	58	79	69	79	86	85	77	78.2	124	36
11	83	93	91	91	94	92	98	89	67	58	56	52	50	52	60	65	82	95	96	101	101	112	118	97	83.0	118	50
12	92	92	98	104	96	100	105	88	74	88	90	88	76	79	67	58	78	92	98	97	106	94	136	109	91.9	136	58
13	109	94	94	108	120	107	118	109	102	94	93	80	64	50	60	86	99	98	124	123	99	86	90	102	96.2	124	50
14	100	99	98	96	100	101	102	103	100	96	93	92	96	95	90	87	86	92	103	98	114	100	106	104	98.0	114	86
15*	102	104	104	107	111	112	112	107	101	100	98	97	99	108	106	107	110	111	111	112	109	108	116	115	107.0	117	97
16	112	109	110	111	111	112	114	112	106	102	101	105	112	112	112	113	111	120	120	106	111	105	108	99	109.8	120	99
17	106	101	106	116	121	119	113	107	112	118	116	113	112	112	102	103	107	101	107	118	137	124	106	103	111.7	**137**	101
18	106	108	110	111	112	112	111	111	110	109	112	113	104	115	114	109	107	105	114	134	79	96	95	97	108.1	134	79
19*	94	96	100	102	100	104	106	102	102	103	105	105	105	105	104	106	108	111	112	113	112	109	106	106	104.8	113	94
20*	110	111	110	111	114	119	119	114	107	104	102	107	111	110	107	104	105	104	113	112	110	107	111	112	109.8	119	102
21	112	110	111	112	113	111	112	111	113	111	112	116	121	119	114	112	115	117	118	119	116	105	104	105	**112.9**	121	104
22	99	104	106	105	105	105	108	111	110	109	112	116	120	116	114	108	63	76	94	86	98	100	135	80	103.3	135	63
23	76	84	88	91	95	95	95	97	96	95	96	98	101	100	98	100	104	107	105	98	100	100	119	108	97.8	119	76
24	103	104	104	104	109	112	113	111	107	104	106	110	116	115	114	116	120	91	70	72	76	104	104	97	103.4	120	70
25†	100	93	96	103	98	89	96	110	98	88	72	57	16	100	84	91	114	81	90	99	92	107	101	103	90.8	114	16
26†	104	104	121	120	126	105	104	104	88	40	20	74	40	39	51	40	54	64	56	91	106	104	79	84	79.9	126	20
27†	86	92	117	83	101	109	75	82	91	84	69	41	87	76	82	65	83	95	84	125	98	109	111	94	89.1	125	41
28	96	118	121	103	106	82	96	92	78	54	28	63	58	42	70	84	73	97	90	89	109	76	78	80	82.6	121	28
29	78	90	100	90	94	94	96	95	83	73	77	83	78	61	81	97	102	88	100	90	102	129	104	97	90.9	129	61
30	90	88	97	90	99	104	99	100	94	81	85	94	101	104	102	100	100	89	86	82	120	104	99	99	96.1	120	81
Mittel	97	99	102	102	105	104	103	99	92	84	81	83	83	86	87	89	92	93	97	101	101	102	103	98	95.0	119	66

Dezember

Tag	0h–1h	1h–2h	2h–3h	3h–4h	4h–5h	5h–6h	6h–7h	7h–8h	8h–9h	9h–10h	10h–11h	11h–12h	12h–13h	13h–14h	14h–15h	15h–16h	16h–17h	17h–18h	18h–19h	19h–20h	20h–21h	21h–22h	22h–23h	23h–24h	Tagesmittel	Max.	Min.
																									γ		
1*	101	101	103	110	114	111	111	107	108	101	99	101	100	101	105	102	101	104	107	103	107	108	108	108	105.0	114	99
2	108	110	111	119	117	112	117	117	104	99	94	92	98	104	101	100	105	98	104	110	117	108	111	111	107.0	119	92
3	112	108	110	109	116	119	120	119	115	106	105	110	115	113	108	109	111	112	115	116	108	118	104	106	**111.8**	120	104
4*	105	106	106	111	117	117	115	115	107	103	102	101	102	102	101	101	107	101	100	101	98	102	106	110	105.7	117	98
5	103	106	107	112	116	119	118	118	118	120	123	126	124	119	119	121	124	105	72	81	92	102	106	106	110.7	126	72
6	110	104	109	115	122	121	120	108	100	90	83	67	82	94	86	79	84	93	99	99	103	97	95	97	98.2	122	67
7	97	99	103	112	112	115	115	119	122	122	115	114	114	108	114	110	109	107	105	93	93	94	109	114	109.0	122	93
8	106	106	105	111	119	123	119	121	124	133	132	116	98	99	101	106	97	95	89	101	102	109	126	114	110.5	133	89
9	105	100	107	111	100	108	109	105	94	94	95	97	100	104	97	103	106	108	109	111	114	106	113	108	104.3	114	94
10	107	112	108	106	118	124	117	115	111	104	104	107	108	109	102	106	111	115	109	96	110	110	101	106	109.0	124	96
11*	104	104	106	107	110	112	110	109	105	107	111	118	118	117	116	112	109	110	107	110	111	111	113	110	110.3	118	104
12	110	110	110	115	120	134	159	164	136	124	116	119	120	120	118	119	122	126	101	82	68	61	57	51	110.9	**164**	51
13†	54	103	90	103	108	87	90	84	70	69	72	85	85	67	75	60	60	60	92	30	44	58	52	83	**74.2**	108	**30**
14†	83	109	77	89	80	82	85	89	90	93	96	91	92	91	88	86	91	84	87	91	64	77	82	80	86.5	109	64
15	79	79	83	86	89	88	91	99	102	99	104	107	104	101	106	106	106	102	82	82	89	96	110	101	95.5	110	79
16	95	92	97	97	103	108	111	114	112	108	103	96	103	106	104	103	101	101	97	101	101	103	102	99	102.4	114	92
17	100	100	104	104	101	100	103	102	100	100	94	110	107	108	105	103	105	108	100	108	108	109	109	100	103.7	110	94
18	116	103	102	104	108	107	108	110	111	114	114	117	112	106	111	111	112	87	104	126	103	106	100	101	108.0	126	87
19	118	104	102	101	104	113	108	112	112	110	106	106	107	100	106	105	106	102	116	96	102	108	103	103	106.2	118	96
20	103	104	104	105	107	111	114	115	114	110	98	102	105	107	112	113	113	111	110	123	114	103	127	112	109.9	127	98
21*	98	103	108	112	117	112	111	114	119	118	117	110	105	104	106	105	107	108	107	109	112	111	110	109	109.7	119	98
22†	110	109	109	109	115	117	122	129	130	128	131	122	92	73	65	46	53	44	42	65	44	56	71	83	90.2	131	42
23†	72	67	98	80	84	98	93	83	72	64	80	77	65	64	72	70	51	64	89	91	86	83	80	90	78.1	98	51
24†	105	99	105	92	98	103	100	95	89	93	89	90	78	86	90	68	71	39	80	94	116	103	102	91	90.7	116	39
25	84	103	80	92	104	104	94	97	73	68	88	91	71	79	70	70	83	85	106	129	106	106	115	103	91.7	129	68
26	87	102	118	117	104	106	92	78	68	59	71	94	88	99	77	69	85	92	114	91	80	90	92	97	90.4	118	59
27	102	113	110	104	96	96	102	101	84	79	94	89	95	90	88	90	95	96	92	90	116	114	99	90	96.9	116	79
28	92	94	98	102	105	106	100	99	99	92	95	97	99	93	99	99	90	89	100	98	99	98	96	98	97.4	106	89
29	100	99	99	105	106	105	102	98	96	86	96	105	110	111	108	107	102	98	99	96	104	105	105	103	101.9	111	86
30	108	103	107	109	110	109	107	110	112	112	117	121	123	118	108	99	103	107	112	108	107	123	108	106	110.3	123	99
31*	108	108	108	110	108	109	110	109	108	105	107	113	116	116	114	110	114	116	118	119	116	115	112	102	111.3	119	102
Mittel	99	102	103	105	107	109	109	108	103	100	102	103	101	100	99	96	98	96	99	98	98	100	101	100	101.5	119	81

Niemegk

Vertikalintensität

$Z = 43\,600^{\gamma} + \text{Tafelwert}$

1946

Weltzeit

März

Tag	0h–1h	1h–2h	2h–3h	3h–4h	4h–5h	5h–6h	6h–7h	7h–8h	8h–9h	9h–10h	10h–11h	11h–12h	12h–13h	13h–14h	14h–15h	15h–16h	16h–17h	17h–18h	18h–19h	19h–20h	20h–21h	21h–22h	22h–23h	23h–24h	Tagesmittel	Max.	Min.
																									γ		
1	37	32	28	31	15	21	22	26	27	23	21	22	28	32	36	38	39	40	41	42	42	42	42	42	32.0	42	15
2	37	31	31	35	33	33	27	29	28	22	23	24	28	28	34	36	37	37	39	39	40	39	39	38	32.8	40	22
3*	38	37	37	36	36	36	37	34	32	28	24	24	28	31	31	32	32	33	36	36	38	36	35	35	33.4	38	24
4	37	32	33	35	34	35	39	38	32	24	18	20	23	27	38	51	52	51	47	50	49	48	20	23	35.7	52	18
5	15	27	33	34	33	35	38	37	35	31	31	35	40	55	70	75	70	60	50	46	47	46	42	38	42.6	75	15
6	38	38	33	29	32	36	38	36	36	34	34	36	38	39	46	(54)	52	52	50	52	52	49	39	40	41.0	54	29
7	43	42	39	39	40	39	37	37	34	31	29	30	35	35	37	43	47	50	50	51	48	43	42	41	40.1	51	29
8	42	41	42	42	42	42	43	41	35	28	25	23	25	29	36	44	44	46	45	46	45	42	42	42	38.8	46	23
9	42	42	41	41	40	38	38	36	32	28	24	23	26	30	39	50	60	69	61	55	53	45	41	39	41.4	69	23
10†	39	36	09	05	14	23	33	37	36	39	32	31	34	50	59	69	63	55	50	51	47	37	24	-05	36.1	69	-05
11	-12	-10	07	26	28	32	41	46	45	47	47	44	50	57	55	58	57	56	53	47	48	47	43	40	39.7	58	**-12**
12*	43	44	44	45	45	46	48	45	41	38	38	39	40	42	45	47	46	45	45	45	45	45	44	44	43.7	51	38
13*	44	44	44	44	43	43	44	43	37	33	34	34	35	37	40	40	40	44	47	46	44	43	42	42	41.1	47	33
14*	42	40	40	41	41	41	44	43	35	28	28	30	37	40	41	44	42	44	45	46	42	40	40	39	39.8	46	28
15	39	39	39	39	40	40	38	35	32	31	29	30	33	41	47	49	49	46	44	43	40	37	39	39	39.1	49	29
16*	40	40	40	39	39	39	40	38	30	20	15	15	21	29	36	40	40	41	41	41	40	40	37	37	34.9	41	15
17	38	37	38	29	30	31	35	32	32	24	27	29	34	36	40	45	51	53	50	44	44	45	43	42	37.9	53	24
18	40	40	40	38	38	39	39	38	30	24	20	18	21	29	34	39	37	41	45	42	40	38	37	38	35.2	45	18
19	38	38	48	38	36	37	38	38	35	30	26	22	26	32	39	40	37	37	37	37	35	36	35	31	34.8	40	22
20	31	33	33	34	34	38	39	36	31	26	22	28	24	31	39	44	45	42	43	40	38	37	37	35	35.0	45	22
21	35	35	36	31	29	32	36	36	29	24	16	16	19	26	31	37	42	41	40	40	39	39	38	39	32.8	42	16
22†	39	40	41	40	39	37	38	42	33	26	23	28	33	43	46	46	46	44	48	49	47	44	42	36	39.6	49	23
23	36	32	30	31	32	34	35	31	26	21	13	11	15	25	34	43	43	42	36	43	46	39	34	13	**31.0**	46	11
24†	-15	-57	-58	-47	-15	37	56	57	59	55	58	63	78	102	138	232	210	113	94	87	—	—	—	—	—	—	—
25†	—	—	—	—	—	—	—	—	—	—	—	—	141	158	232	366	279	215	140	132	136	32	42	15	—	—	—
26	23	27	21	42	38	37	42	45	57	66	70	74	77	88	99	100	102	103	98	87	71	74	75	66	65.9	**103**	21
27	66	60	44	48	54	51	56	60	60	53	46	47	52	65	82	90	93	79	73	73	74	74	56	55	63.0	93	44
28†	56	46	38	30	19	32	45	35	42	09	52	—	—	—	—	—	—	262	259	198	98	76	37	59	—	—	—
29	64	77	79	86	90	95	92	95	93	85	80	82	82	85	84	87	85	83	83	81	80	73	70	70	**82.5**	95	64
30	70	71	69	69	69	72	71	68	63	57	53	52	55	60	62	65	65	64	63	64	65	63	62	63	64.0	72	52
31	63	63	62	61	62	65	70	65	59	53	43	44	54	55	58	60	61	60	60	60	60	60	55	47	58.3	70	43
Mittel	68	37	35	36	37	41	43	43	40	35	33	34	41	48	57	69	66	66	62	58	53	47	42	39	45.8	56	24

April

Tag	0h–1h	1h–2h	2h–3h	3h–4h	4h–5h	5h–6h	6h–7h	7h–8h	8h–9h	9h–10h	10h–11h	11h–12h	12h–13h	13h–14h	14h–15h	15h–16h	16h–17h	17h–18h	18h–19h	19h–20h	20h–21h	21h–22h	22h–23h	23h–24h	Tagesmittel	Max.	Min.
																									γ		
1	48	52	43	49	56	61	68	73	63	52	46	50	50	53	60	65	65	63	60	59	60	57	55	51	56.6	73	46
2	54	50	51	54	52	53	53	55	53	40	36	44	47	61	69	71	75	68	65	61	61	54	54	55	55.7	75	36
3	58	60	60	60	60	62	63	61	56	46	35	36	41	46	56	63	69	68	70	67	64	62	60	60	57.6	70	35
4	59	59	58	56	57	61	64	59	50	41	35	39	44	48	55	63	64	60	58	58	58	55	58	59	54.9	64	35
5	56	55	56	56	58	61	59	53	44	33	24	26	35	46	56	66	71	78	78	75	67	63	60	58	55.6	78	24
6	57	52	52	54	54	56	55	51	45	36	29	29	40	53	59	64	65	66	65	65	63	62	59	56	53.6	66	29
7	54	53	52	47	48	51	49	46	41	31	30	33	38	50	62	72	66	62	59	59	57	56	54	54	51.0	72	30
8	54	54	53	53	56	61	66	56	53	51	46	42	50	61	60	61	60	57	58	57	55	54	53	50	55.0	66	42
9†	50	51	50	50	51	55	56	53	45	43	41	43	52	65	82	118	105	91	82	76	71	67	56	50	62.6	118	41
10	49	41	52	57	62	65	67	61	49	43	36	33	41	48	50	51	50	51	52	52	53	54	51	49	50.7	67	33
11*	50	51	53	53	54	59	60	56	50	44	40	37	46	53	54	54	55	55	54	54	54	54	52	51	51.8	60	37
12	52	51	51	51	53	56	56	52	48	43	38	36	35	44	53	58	53	50	52	50	49	44	48	50	48.9	58	35
13	50	44	36	40	46	48	51	45	41	35	30	32	36	44	50	53	60	63	60	47	48	50	42	43	45.6	63	30
14†	40	41	46	49	54	58	57	53	42	36	34	35	41	65	89	75	72	69	65	65	61	50	42	45	53.5	89	34
15†	39	42	21	24	33	39	—	—	—	—	—	—	—	—	—	133	105	—	87	67	66	65	63	63	—	—	—
16	62	62	61	61	60	61	59	54	47	36	31	33	40	48	54	56	60	57	58	44	51	50	58	49	51.8	62	31
17	46	44	50	53	56	59	64	62	55	46	40	43	52	56	53	56	58	57	56	55	55	55	55	54	53.3	64	40
18	54	55	55	55	54	58	59	58	53	48	45	42	46	52	54	58	56	55	56	55	55	54	54	54	53.5	59	42
19*	53	52	52	52	53	53	52	49	44	38	32	31	33	39	42	46	46	53	53	53	52	51	49	48	46.9	53	31
20*	50	50	50	51	50	50	50	50	49	46	41	36	32	35	42	49	57	56	54	51	50	49	49	49	47.8	57	32
21*	49	50	50	50	51	54	52	50	46	35	28	28	32	40	43	44	47	50	51	51	50	48	47	47	45.5	54	28
22	47	47	47	47	47	47	48	39	36	37	30	29	34	44	49	46	49	51	52	50	52	50	50	48	**44.8**	52	29
23†	46	43	40	37	39	44	42	39	40	39	45	59	76	103	145	201	227	190	164	145	110	87	56	—	—	—	—
24†	-129	-32	-45	-42	-10	-09	26	37	48	61	76	106	96	106	122	119	121	107	96	85	65	64	64	64	49.8	**122**	**-129**
25	50	33	45	62	70	69	81	84	77	62	55	56	60	65	69	74	74	73	72	72	72	72	72	72	**66.3**	84	33
26	71	70	69	66	64	62	60	61	58	55	55	54	57	62	69	71	70	71	70	71	71	69	65	57	64.5	71	54
27	47	38	46	57	61	64	65	61	56	51	45	45	49	54	60	63	66	67	67	67	66	66	67	67	58.1	67	38
28	66	64	63	63	63	61	62	58	53	46	38	38	47	53	60	68	75	72	70	78	73	69	67	64	61.3	78	38
29	64	64	63	63	64	64	59	56	50	35	27	34	42	48	51	54	58	61	62	61	61	61	60	60	55.1	64	27
30*	59	58	55	56	57	58	57	52	47	38	30	29	35	44	48	52	55	58	59	59	58	57	56	57	51.4	59	29
Mittel	47	48	48	49	52	55	57	55	50	43	39	41	46	55	63	71	72	68	67	64	61	58	56	55	54.9	70	29

Vertikalintensität

Niemegk — $Z = 43600^{\gamma} +$ Tafelwert — 1946

0h 1h 2h 3h 4h 5h 6h 7h 8h 9h 10h 11h 12h 13h 14h 15h 16h 17h 18h 19h 20h 21h 22h 23h 24h Weltzeit

Mai

Tag	0h–1h	1h–2h	2h–3h	3h–4h	4h–5h	5h–6h	6h–7h	7h–8h	8h–9h	9h–10h	10h–11h	11h–12h	12h–13h	13h–14h	14h–15h	15h–16h	16h–17h	17h–18h	18h–19h	19h–20h	20h–21h	21h–22h	22h–23h	23h–24h	Tages-mittel	Max.	Min.
																									γ		
1	57	57	57	57	58	59	58	51	44	33	27	27	36	47	52	59	66	70	72	70	66	60	58	56	54.0	72	27
2	56	42	45	51	54	55	56	58	50	39	30	30	36	42	49	54	59	63	60	59	58	57	56	52	50.5	63	30
3	48	52	54	54	52	53	54	50	40	24	08	08	23	34	41	47	55	58	55	54	55	55	54	54	45.1	58	**08**
4	49	41	45	48	48	48	50	50	46	39	30	30	36	44	56	63	66	65	65	65	65	61	59	57	51.1	66	30
5	56	55	55	55	54	51	47	43	36	34	30	24	26	35	40	44	49	50	49	49	48	49	51	50	45.0	56	24
6†	50	49	53	43	36	42	52	41	41	33	28	28	35	43	48	50	55	58	56	55	54	54	35	35	44.8	58	28
7	41	42	44	40	38	44	22	20	25	23	20	26	36	42	46	49	53	56	58	59	59	58	58	55	**42.2**	59	20
8	54	55	57	50	46	52	44	36	34	42	39	40	48	55	53	53	57	59	64	65	60	57	49	39	50.3	65	34
9†	42	41	26	36	20	28	37	47	48	44	42	45	57	80	100	117	118	112	93	79	70	66	48	51	**60.3**	**118**	20
10	56	57	60	64	63	55	42	36	35	28	23	22	25	34	42	51	55	60	57	54	53	53	50	52	47.0	64	22
11†	54	54	45	36	36	39	39	45	44	34	30	30	35	54	64	72	74	82	73	66	63	62	60	60	52.1	82	30
12	60	58	58	60	59	57	57	56	53	48	40	34	38	47	52	56	59	60	59	58	58	57	56	56	54.0	60	34
13	55	47	44	44	48	52	55	55	48	43	41	39	42	48	52	55	55	57	58	57	56	56	55	54	50.7	58	39
14*	54	53	52	56	57	58	56	53	52	47	42	42	43	45	49	53	54	53	51	51	51	51	52	51	51.1	58	42
15*	50	49	50	51	50	50	49	46	44	37	31	30	36	43	48	51	51	52	50	49	49	48	48	48	46.2	52	30
16	49	49	50	52	52	49	49	49	47	42	34	34	41	49	46	46	45	50	55	59	55	52	50	48	48.0	59	34
17	48	46	43	44	38	37	40	40	37	34	30	29	33	44	50	59	70	79	68	60	56	54	53	52	47.7	79	29
18	52	53	51	39	38	40	42	39	37	28	20	23	36	45	53	61	67	68	62	55	53	52	53	52	46.6	68	20
19*	52	53	55	57	56	54	52	50	46	42	41	39	44	51	59	61	63	59	54	55	55	54	53	53	52.4	63	39
20	54	54	55	56	57	57	57	55	51	44	34	34	37	41	45	48	50	52	52	53	54	59	38	38	49.0	59	34
21	41	35	42	46	53	55	51	42	42	47	40	33	37	53	64	75	84	84	83	77	68	63	64	60	55.8	84	33
22†	57	57	59	60	25	20	21	25	24	29	40	46	63	68	75	85	92	97	86	75	72	67	58	46	56.1	97	20
23†	42	28	26	39	49	53	58	57	45	42	38	39	51	55	56	64	75	83	80	76	65	59	46	41	52.8	83	26
24	43	37	40	39	45	47	47	47	48	43	32	34	44	53	68	78	86	88	80	71	65	62	58	45	54.2	88	32
25	35	42	41	40	46	52	54	53	48	43	31	31	41	47	49	56	68	73	70	67	60	55	46	46	49.8	73	31
26	47	46	41	33	40	45	46	45	42	37	29	23	29	39	50	53	59	60	59	57	55	53	55	55	45.8	60	23
27*	55	54	55	58	61	59	58	53	42	33	26	29	31	38	45	50	54	55	57	57	57	53	54	52	49.4	61	26
28	52	52	49	50	49	42	41	33	26	19	16	18	28	44	58	65	69	65	63	61	55	52	53	54	46.4	69	16
29	52	49	49	51	54	52	51	43	29	22	18	26	36	47	57	57	58	58	61	64	59	57	55	55	48.3	64	18
30*	55	52	51	54	54	54	53	49	42	31	21	22	30	36	46	56	58	61	61	57	56	55	56	52	48.4	61	21
31	48	46	47	40	38	34	32	39	36	28	21	32	42	48	50	57	64	66	67	62	61	59	58	56	47.1	67	21
Mittel	50	49	48	48	48	48	49	45	41	36	30	30	38	47	54	60	64	66	64	61	58	56	53	51	49.7	68	27

Juni

Tag	0h–1h	1h–2h	2h–3h	3h–4h	4h–5h	5h–6h	6h–7h	7h–8h	8h–9h	9h–10h	10h–11h	11h–12h	12h–13h	13h–14h	14h–15h	15h–16h	16h–17h	17h–18h	18h–19h	19h–20h	20h–21h	21h–22h	22h–23h	23h–24h	Tages-mittel	Max.	Min.
																									γ		
1	53	52	54	56	58	56	54	51	46	41	36	36	40	46	51	52	56	60	60	60	57	55	53	53	51.5	60	36
2*	52	54	54	52	52	52	52	48	33	25	27	26	28	32	40	48	55	60	62	60	57	55	52	52	47.0	62	25
3*	52	52	52	53	55	56	55	51	41	34	30	24	31	41	49	53	55	56	56	52	51	50	50	50	47.9	56	24
4	50	50	50	53	56	57	54	49	42	35	31	32	35	49	53	52	57	58	54	52	52	52	51	50	48.9	58	31
5	50	51	53	54	55	52	52	47	39	32	27	27	31	35	42	47	53	56	56	53	48	48	46	46	45.8	56	27
6	43	42	46	48	53	56	57	57	53	47	41	41	52	60	58	58	59	57	54	54	54	54	52	51	52.0	60	41
7†	51	48	50	53	54	52	49	43	44	39	34	38	40	62	110	105	127	135	115	95	82	73	64	60	**67.6**	**135**	34
8†	56	47	38	41	49	54	54	49	40	31	28	30	33	41	55	63	64	66	59	61	58	59	42	46	48.5	66	28
9	51	54	56	43	42	48	51	53	53	52	44	44	55	68	80	87	92	84	78	69	64	61	55	55	60.0	92	42
10	57	59	58	60	62	59	54	51	49	44	36	38	43	47	54	61	70	68	61	61	58	58	57	57	55.1	70	36
11	56	55	55	57	58	54	53	52	43	38	36	38	38	43	52	52	56	62	59	56	54	52	52	52	51.0	62	36
12†	52	52	54	56	56	51	47	47	46	40	39	46	55	58	80	101	108	107	102	90	78	66	44	49	63.5	108	39
13	47	44	40	35	36	42	42	42	42	47	47	42	46	46	50	52	61	67	66	62	61	57	56	56	49.4	67	35
14	56	55	56	58	59	57	56	57	55	47	33	28	37	49	56	58	64	68	66	64	59	55	54	53	54.2	68	28
15	54	54	54	55	55	56	54	51	44	38	33	35	42	50	53	56	56	55	58	59	57	55	56	55	51.5	59	33
16	54	54	55	55	57	56	55	49	39	25	22	19	24	31	39	46	54	57	58	60	60	52	53	33	46.1	60	19
17	18	25	16	13	27	28	29	42	45	45	45	42	37	41	47	53	56	58	60	61	60	58	52	53	**42.1**	61	13
18	53	41	31	40	44	47	49	47	38	29	26	23	26	33	45	57	66	82	80	71	64	59	52	35	47.4	82	23
19†	31	21	12	20	28	36	37	40	39	36	34	32	53	63	72	86	84	77	76	73	62	54	50	52	48.7	86	**12**
20	51	48	52	57	56	56	57	54	49	45	42	42	47	48	56	56	59	62	62	62	61	59	58	58	54.0	62	42
21	55	50	45	48	49	47	51	48	50	43	38	36	36	40	46	49	56	58	60	62	59	56	54	50	49.4	62	36
22	45	42	47	52	57	56	52	50	47	43	40	42	38	39	48	52	57	61	58	62	62	59	58	57	51.0	62	38
23*	55	54	53	55	58	58	54	53	49	46	34	30	33	40	47	47	47	51	52	52	53	53	54	53	49.2	58	30
24*	53	53	53	54	56	57	56	51	44	40	31	26	32	39	48	50	49	49	50	50	50	50	51	51	47.6	57	26
25	49	45	48	50	45	40	40	44	42	39	31	38	44	46	44	53	62	66	69	63	56	54	54	53	49.0	69	31
26	51	49	50	54	54	51	53	51	48	40	32	32	30	33	52	70	85	87	77	70	63	60	57	52	54.2	87	30
27	52	52	56	56	58	58	59	57	50	49	45	36	40	49	57	60	65	62	60	60	59	63	58	55	54.8	65	36
28	56	55	55	54	50	46	47	50	46	41	27	20	23	31	41	46	47	51	53	54	53	54	52	50	45.9	56	20
29†	46	46	46	47	40	39	38	36	35	34	29	31	46	63	86	101	117	106	94	83	66	53	57	63	58.4	117	29
30*	62	65	65	66	70	70	71	66	61	53	46	44	50	57	66	71	70	73	73	68	64	65	62	62	63.3	73	44
Mittel	50	49	48	50	52	52	51	50	45	40	35	34	39	46	56	61	67	69	66	63	59	57	54	52	51.8	71	31

Niemegk

Vertikalintensität

$Z = 43600^{\gamma} +$ Tafelwert

1946

Tag	0^h	1^h	2^h	3^h	4^h	5^h	6^h	7^h	8^h	9^h	10^h	11^h	12^h	13^h	14^h	15^h	16^h	17^h	18^h	19^h	20^h	21^h	22^h	23^h (24^h Weltzeit)	Tagesmittel	Max.	Min.
Juli																									γ		
1*	62	62	61	64	67	64	59	60	56	49	44	43	44	50	57	65	67	64	62	60	60	59	57	57	58.0	67	43
2	57	56	57	57	54	49	51	54	48	42	36	38	44	45	49	56	60	64	61	60	58	55	53	53	52.4	64	36
3	52	52	52	54	58	51	52	55	42	44	46	40	50	61	67	66	63	64	61	57	55	54	53	53	54.2	67	40
4*	52	53	53	54	55	54	47	46	46	43	38	42	47	52	60	64	60	56	53	55	54	52	53	52	51.7	64	38
5*	52	52	52	51	51	51	48	45	42	38	30	25	30	42	52	54	55	54	53	52	52	52	51	50	47.2	55	25
6	50	50	49	48	48	48	49	48	46	40	27	24	29	39	47	49	55	57	54	50	51	52	50	49	46.2	57	24
7†	48	48	49	43	37	38	34	28	20	16	16	18	23	34	49	54	63	72	80	83	79	74	67	59	47.2	83	**16**
8	51	48	48	49	52	48	46	46	42	39	42	50	55	70	65	64	61	58	57	58	57	54	55	54	52.9	70	39
9	53	52	44	38	42	44	43	40	37	32	36	44	52	60	70	81	84	77	64	61	56	56	55	52	53.0	84	32
10	52	52	52	49	52	51	—	—	—	—	—	—	—	—	—	—	—	—	—	—	—	—	—	—	—	—	—
11	—	—	—	—	—	—	44	44	41	33	24	23	32	43	53	61	58	56	61	65	61	56	54	51	—	—	—
12	50	50	50	49	52	51	47	42	37	37	30	29	37	46	51	54	53	56	55	55	52	52	51	51	47.4	56	29
13*	51	50	52	54	53	50	50	49	50	49	46	43	44	48	53	57	58	55	52	50	50	50	50	50	50.6	58	43
14	49	50	51	51	53	56	55	53	46	34	26	26	34	44	64	76	82	92	77	68	63	58	56	52	54.8	92	26
15	52	54	55	53	53	43	46	49	47	43	36	36	34	41	51	56	52	50	51	53	52	52	52	51	48.4	56	34
16	52	52	53	50	55	53	53	47	36	29	27	21	30	40	49	56	63	60	60	58	55	52	45	46	47.6	63	21
17	45	38	38	44	47	46	42	36	33	33	34	28	33	49	58	64	62	57	53	50	50	49	45	44	41.9	64	28
18†	45	47	48	49	53	51	44	38	30	26	23	20	21	31	42	71	82	90	95	86	74	59	45	43	50.5	95	20
19	41	42	31	35	44	45	48	51	49	49	51	51	54	69	92	97	92	83	74	70	64	59	56	47	58.1	**97**	31
20*	47	50	54	59	63	62	58	48	40	35	33	31	32	36	44	50	52	52	52	53	53	53	52	50	48.3	63	31
21	49	49	50	48	49	51	49	47	44	41	33	28	28	34	45	53	65	56	53	49	47	44	43	36	45.5	65	28
22	38	41	43	47	49	36	30	30	29	25	25	22	27	38	48	58	65	69	63	58	54	50	45	32	42.6	69	22
23	29	34	38	43	40	34	37	32	29	22	18	26	26	30	37	45	48	48	48	48	48	45	45	45	37.3	48	18
24	46	45	46	50	51	49	48	49	42	26	22	27	34	38	48	52	51	49	46	46	46	45	45	45	43.6	52	22
25	45	45	43	42	42	41	38	37	37	40	40	32	32	33	39	46	54	54	54	51	52	51	50	43	43.4	54	32
26†	40	32	35	35	33	33	26	30	28	27	26	26	29	41	48	53	62	59	44	45	71	70	61	41	**41.5**	71	26
27†	—	—	—	—	—	—	—	—	31	75	84	89	86	88	94	94	93	91	85	79	77	74	75	75	—	—	—
28	74	73	74	73	71	74	75	71	62	60	57	62	69	72	76	76	75	75	77	78	73	62	57	57	**69.7**	78	57
29†	53	56	58	59	57	56	57	62	61	56	53	59	66	70	75	71	74	82	84	75	68	62	54	53	63.4	84	53
30	39	42	47	46	46	58	58	58	53	45	43	44	48	64	73	70	83	83	70	62	59	58	56	56	56.7	83	39
31	55	50	50	54	54	56	60	62	60	54	43	42	48	57	62	67	70	65	62	59	56	56	54	52	56.2	70	42
Mittel	49	49	49	50	51	50	48	47	42	39	36	36	41	49	57	63	65	65	62	60	58	56	53	50	51.1	69	32
August																									γ		
1	51	51	52	54	58	60	68	72	69	63	56	51	53	59	68	72	71	67	61	59	57	56	55	54	59.9	72	51
2	54	54	56	57	59	57	54	50	47	41	38	37	34	36	40	48	56	57	59	57	57	56	54	53	50.5	59	34
3	52	52	51	51	53	58	55	54	51	40	36	38	41	43	46	51	55	53	50	51	51	51	50	50	49.3	58	36
4	49	49	50	52	53	50	47	44	38	28	26	32	37	41	41	42	43	45	46	49	49	50	49	48	44.1	53	26
5	48	48	48	49	49	52	55	55	50	45	39	39	44	43	43	46	48	49	49	48	49	48	47	46	47.4	55	39
6	45	46	47	49	50	50	50	48	43	37	22	18	27	40	46	52	52	50	48	49	50	49	48	47	44.3	52	18
7†	47	46	46	39	38	40	42	42	46	47	43	37	41	58	87	106	105	109	97	82	70	61	58	58	**60.2**	**109**	37
8	57	57	56	57	57	58	56	53	45	34	28	29	36	44	52	55	52	50	51	51	52	52	52	50	49.3	58	28
9	48	48	49	49	48	49	53	50	41	32	26	28	33	39	44	47	50	54	53	54	50	49	48	48	45.4	54	26
10	48	48	47	49	49	48	45	41	35	27	24	25	30	37	45	46	48	49	50	50	50	50	47	46	43.1	50	24
11†	46	41	38	45	48	46	49	53	50	42	39	35	39	48	54	57	61	70	71	62	60	48	43	39	49.3	71	35
12	34	24	32	39	45	50	56	54	45	39	33	28	35	43	48	52	51	49	46	46	47	49	41	40	42.8	56	24
13	43	45	47	48	48	52	52	48	43	36	29	28	32	36	38	43	49	48	46	44	45	44	44	45	43.0	52	28
14†	44	44	44	42	43	46	47	52	50	47	42	46	48	57	58	62	67	63	59	64	59	48	48	52	51.3	64	42
15†	47	33	33	41	41	49	58	56	51	48	45	43	45	47	52	60	62	76	72	62	58	55	55	48	51.5	76	33
16	47	47	44	45	48	46	44	41	38	30	26	27	32	38	43	46	50	55	53	56	52	48	26	30	42.2	56	26
17	38	44	47	48	48	48	45	39	34	31	24	21	30	45	62	70	66	62	58	56	56	47	45	46	46.2	70	21
18	48	49	50	51	51	53	57	58	53	45	40	33	37	47	54	58	55	56	55	54	54	52	52	50	50.5	58	33
19	42	44	47	50	51	51	51	49	45	39	34	33	42	47	50	54	54	53	52	54	52	51	49	50	47.7	54	33
20	49	48	48	48	49	48	49	52	47	37	29	29	35	42	45	49	51	51	51	52	53	52	50	50	46.4	53	29
21*	50	50	50	51	52	51	53	56	56	48	36	36	39	44	49	54	52	51	50	49	49	50	50	49	49.0	56	36
22*	48	48	49	51	52	52	53	52	48	37	35	37	36	39	46	50	48	46	45	45	47	47	48	48	46.1	53	35
23*	48	48	49	51	52	54	52	51	41	29	30	35	40	42	49	51	46	40	40	43	44	44	45	45	44.5	54	29
24	45	44	40	41	42	43	47	45	41	35	29	28	30	37	45	50	48	46	46	47	48	48	48	47	42.5	50	28
25	44	43	42	43	43	44	43	35	24	20	18	25	35	41	45	48	49	44	43	45	46	47	47	47	**40.0**	49	18
26*	47	47	48	49	50	52	54	51	43	36	30	28	32	39	45	50	45	40	40	44	45	45	45	46	43.8	54	28
27	46	46	46	48	50	50	51	48	38	32	32	37	35	35	43	49	48	45	46	48	48	48	48	48	44.4	51	35
28	47	45	46	46	46	47	48	50	48	43	40	41	43	49	52	50	48	49	51	51	49	48	48	48	47.2	52	40
29*	48	48	48	48	49	50	52	53	49	40	34	34	36	40	43	45	48	50	49	51	50	49	48	46	46.2	53	34
30	47	47	48	48	50	52	52	49	42	30	27	30	32	35	41	46	47	47	48	45	46	48	46	45	43.7	52	27
31†	23	15	19	23	34	07	01	27	41	46	46	44	52	64	73	88	97	97	84	75	69	64	64	61	50.6	97	**01**
Mittel	46	45	46	47	49	49	50	49	45	38	33	33	37	44	50	55	56	56	54	53	52	50	48	48	47.2	60	30

Vertikalintensität

Niemegk — $Z = 43600^{\gamma}$ + Tafelwert — 1946

Weltzeit

September

Tag	0h–1h	1h–2h	2h–3h	3h–4h	4h–5h	5h–6h	6h–7h	7h–8h	8h–9h	9h–10h	10h–11h	11h–12h	12h–13h	13h–14h	14h–15h	15h–16h	16h–17h	17h–18h	18h–19h	19h–20h	20h–21h	21h–22h	22h–23h	23h–24h	Tagesmittel γ	Max.	Min.
1*	59	59	60	60	61	59	58	56	49	43	35	34	38	46	52	57	58	57	57	56	56	55	54	52	53.0	61	34
2	52	49	48	50	52	49	50	47	43	40	36	37	42	43	44	50	54	56	56	57	57	57	55	52	49.0	57	36
3	48	48	48	47	51	53	52	49	46	41	34	27	36	48	57	65	71	71	65	61	58	53	48	50	51.1	71	27
4	48	48	49	50	53	54	56	52	52	50	55	55	58	63	67	73	74	72	69	68	66	64	60	47	58.5	74	47
5	42	48	51	52	56	57	58	57	52	43	41	47	54	55	59	63	70	71	69	65	62	59	53	49	55.5	71	41
6*	44	44	46	49	45	44	48	47	48	42	32	37	41	43	47	50	52	50	49	49	50	50	50	51	**46.1**	52	32
7	50	50	49	50	50	52	52	50	46	46	38	40	49	63	66	62	61	56	58	62	62	56	50	53	53.0	66	38
8	53	50	52	55	57	58	60	60	52	43	40	39	47	52	56	57	56	56	60	63	62	58	52	47	53.5	63	39
9	49	51	53	53	54	57	59	55	48	43	41	39	42	47	60	65	73	79	77	69	62	60	58	58	56.3	79	39
10	57	57	56	56	54	53	53	48	45	40	39	44	47	52	57	54	55	57	58	58	57	56	51	39	51.8	58	39
11	46	50	53	54	54	54	55	53	49	44	37	35	38	43	47	53	56	60	61	58	57	57	57	56	51.1	61	35
12	54	53	53	53	53	53	55	51	45	41	37	38	47	56	55	53	51	53	55	55	54	56	53	54	51.2	56	37
13	54	54	54	54	55	56	55	54	49	44	39	38	42	44	52	50	50	51	51	52	52	52	51	45	49 9	56	38
14	44	46	49	50	51	52	54	53	47	40	35	36	38	41	45	49	49	49	51	52	54	52	50	46	47.2	54	35
15*	50	51	51	51	51	51	55	56	46	34	25	27	32	36	44	54	52	48	51	52	52	52	49	49	46.6	56	25
16	50	49	50	50	50	50	53	52	46	34	23	23	30	33	37	44	57	78	94	74	58	66	63	41	50.2	94	23
17	29	25	10	35	45	48	51	50	47	42	40	43	49	55	64	68	68	68	66	64	51	59	58	55	49.6	68	10
18†	11	-07	-45	-29	-33	-11	17	40	52	60	66	77	120	136	161	192	190	153	144	86	93	96	80	83	72.2	192	**-45**
19†	62	43	16	18	19	48	60	62	70	68	68	71	83	134	144	145	109	91	84	84	84	84	81	78	75.2	145	16
20	69	72	73	73	74	73	73	66	61	57	57	59	60	62	62	64	69	70	78	79	76	75	73	71	68.6	79	57
21	65	63	67	67	67	69	73	73	68	57	49	43	49	56	65	70	72	63	73	73	74	72	73	76	65.7	76	43
22†	—	—	—	—	—	—	—	—	—	—	—	—	—	—	—	—	—	—	—	—	—	—	—	—	—	—	—
23†	58	26	03	32	05	26	38	43	76	86	104	119	148	172	204	226	223	157	120	115	107	86	75	70	96.6	**226**	03
24	61	66	72	76	78	92	97	99	91	82	72	72	72	77	81	81	81	82	82	82	82	81	81	81	80.0	99	61
25*	81	80	80	80	81	83	86	86	81	74	66	66	67	72	74	75	76	79	80	79	78	78	77	76	77.3	86	66
26*	75	75	75	75	76	75	76	76	70	68	66	63	66	73	79	82	78	78	77	76	75	74	73	72	73.9	82	63
27	72	72	68	66	69	70	74	77	73	68	66	66	74	86	88	106	121	102	94	93	96	86	73	75	80.6	121	66
28†	77	78	71	52	49	60	75	69	67	74	83	98	126	151	161	187	177	181	136	121	114	65	74	70	**100.7**	187	49
29	59	47	58	76	80	88	96	95	91	87	85	86	95	107	120	125	139	129	115	100	87	89	84	74	92.2	139	47
30	72	69	72	68	67	78	72	77	78	79	81	88	95	95	98	108	108	102	97	87	86	85	84	82	84.5	108	67
Mittel	55	52	50	53	53	57	61	60	58	54	51	53	62	70	77	84	84	80	77	72	70	67	63	60	63.5	91	37

Oktober

Tag	0h–1h	1h–2h	2h–3h	3h–4h	4h–5h	5h–6h	6h–7h	7h–8h	8h–9h	9h–10h	10h–11h	11h–12h	12h–13h	13h–14h	14h–15h	15h–16h	16h–17h	17h–18h	18h–19h	19h–20h	20h–21h	21h–22h	22h–23h	23h–24h	Tagesmittel γ	Max.	Min.
1	78	76	79	79	82	85	85	87	86	82	76	78	84	90	102	101	92	92	92	90	86	83	78	78	**85.0**	102	76
2	78	78	78	77	76	82	86	86	85	80	75	74	79	88	98	92	89	89	88	84	81	79	79	77	82.4	98	74
3	74	69	69	69	72	76	72	71	69	64	61	65	71	81	90	95	92	85	81	79	78	78	76	75	75.5	95	61
4	75	74	74	64	66	72	76	79	78	72	66	67	70	72	79	83	86	85	79	77	79	77	75	73	74.9	86	64
5	74	71	71	71	66	69	74	73	70	62	63	65	65	76	95	105	87	88	90	85	77	75	74	73	75.8	105	62
6	72	72	68	66	62	66	72	72	69	66	61	62	66	71	74	76	74	75	78	79	67	63	61	60	68.8	79	60
7	62	66	67	67	66	67	73	73	70	65	64	68	69	72	81	92	92	84	79	77	73	70	69	68	72.2	92	62
8*	69	69	68	68	68	70	72	69	64	56	50	47	48	53	59	62	63	64	63	65	66	66	65	66	62.9	72	47
9†	66	64	62	61	60	60	64	65	64	59	58	59	62	68	72	73	72	73	77	80	76	74	70	48	66.1	80	48
10	59	65	66	68	68	69	72	71	65	56	58	60	64	64	70	73	70	70	70	69	71	69	69	71	67.0	73	56
11	68	67	66	66	69	68	68	66	64	59	55	56	59	65	73	76	69	70	69	68	68	67	68	66	66.2	76	55
12	66	67	64	58	59	64	65	68	64	55	52	52	57	59	64	67	65	67	68	66	67	66	66	66	63.0	68	52
13*	60	62	64	64	65	69	74	79	73	61	53	55	58	61	65	66	65	64	64	64	64	63	65	66	64.3	79	53
14	65	64	64	65	66	65	74	76	68	55	51	51	53	60	67	68	65	65	65	65	66	66	66	66	64.0	76	51
15	66	65	64	65	66	67	70	71	65	55	48	46	50	56	61	60	58	60	61	61	63	63	63	62	61.1	71	46
16	63	62	63	63	64	66	70	69	66	61	55	51	54	59	65	66	66	66	67	69	69	63	64	64	63.5	70	51
17*	63	64	64	65	65	66	68	64	59	53	51	49	51	53	60	61	60	62	60	61	61	61	61	60	60.1	68	49
18*	61	61	61	60	60	61	63	62	57	54	52	54	54	57	60	59	60	61	62	63	63	62	63	59	59.5	63	52
19	61	61	62	61	62	63	67	67	60	50	46	48	52	56	60	61	61	64	66	67	67	62	63	54	60.0	67	46
20†	53	58	58	60	58	58	59	55	42	42	43	45	50	55	62	64	63	64	63	68	68	68	67	64	**57.8**	68	42
21	64	64	62	63	63	62	62	63	56	52	52	55	58	60	61	60	60	60	59	61	61	61	60	61	60.0	64	52
22	61	61	60	60	60	61	62	63	58	53	51	52	55	57	59	60	60	60	59	62	61	62	61	62	59.2	63	51
23	61	59	59	59	59	60	63	64	61	61	59	60	60	62	67	68	65	64	64	63	63	63	64	63	62.1	68	59
24	62	63	62	62	62	64	67	66	62	54	52	55	61	68	71	69	68	67	66	65	64	61	62	59	63.0	71	52
25	60	55	57	57	58	60	64	67	63	59	54	56	60	59	62	64	65	70	71	72	69	67	61	56	61.9	72	54
26†	54	58	53	54	58	59	59	63	58	54	56	63	67	69	73	75	78	80	78	77	76	56	24	25	61.1	80	24
27†	11	06	05	28	39	52	52	61	60	63	71	74	85	104	111	100	105	97	85	75	60	59	61	60	63.5	**111**	**05**
28	53	62	65	67	68	68	69	69	64	58	52	54	64	69	70	74	73	70	72	68	67	67	67	64	65.6	74	52
29	59	61	64	62	64	65	68	70	63	57	59	63	65	70	72	74	72	71	69	69	69	70	66	57	65.8	74	57
30*	60	62	63	64	65	66	70	67	66	59	57	62	64	67	69	66	69	69	67	66	64	64	63	64	64.7	70	57
31†	64	64	64	64	65	65	64	65	63	53	52	56	62	76	84	79	86	91	94	91	87	82	79	72	71.8	94	52
Mittel	63	63	63	63	64	66	69	69	65	59	57	58	62	67	73	74	73	72	72	71	69	67	65	63	66.1	78	52

Niemegk

Vertikalintensität

$Z = 43600^{\gamma} +$ Tafelwert

1946

0^h 1^h 2^h 3^h 4^h 5^h 6^h 7^h 8^h 9^h 10^h 11^h 12^h 13^h 14^h 15^h 16^h 17^h 18^h 19^h 20^h 21^h 22^h 23^h 24^h Weltzeit

November

Tag	0h	1h	2h	3h	4h	5h	6h	7h	8h	9h	10h	11h	12h	13h	14h	15h	16h	17h	18h	19h	20h	21h	22h	23h	Tagesmittel	Max.	Min.
																									γ		
1†	69	65	58	58	62	60	63	66	64	61	67	71	80	84	88	99	113	104	88	82	79	66	58	64	**73.7**	**113**	58
2	66	68	70	70	70	69	77	70	64	59	62	65	69	73	72	71	69	70	68	64	65	64	64	65	67.7	77	59
3	62	60	61	64	64	66	70	74	69	63	60	62	62	63	64	65	66	67	67	66	66	66	65	65	64.9	74	60
4	64	64	64	65	65	67	71	72	69	62	59	63	63	65	65	65	65	65	65	65	65	66	65	65	65.2	72	59
5	65	65	64	64	62	63	64	67	66	58	56	54	55	58	63	62	61	59	59	58	59	60	60	60	60.9	67	54
6†	61	62	62	59	57	59	63	66	68	66	69	68	63	69	83	86	84	90	81	76	73	73	72	64	69.8	90	57
7	62	64	65	65	63	62	63	66	65	63	59	57	58	64	68	69	68	68	68	67	67	68	66	66	64.6	69	57
8	66	66	65	65	64	63	61	64	61	50	49	52	53	59	62	63	62	62	64	66	64	64	65	64	61.4	66	49
9	63	64	63	64	64	64	65	68	64	58	53	56	60	63	62	65	64	62	62	61	62	64	65	68	62.7	68	53
10	66	63	57	59	61	60	61	66	66	60	59	60	61	63	63	64	64	62	63	64	63	66	67	64	62.6	67	57
11	65	64	56	45	55	60	61	68	66	66	60	54	57	59	60	61	62	63	63	64	65	60	63	63	60.8	68	**45**
12	63	61	49	48	53	51	58	64	65	62	60	60	62	62	66	67	68	70	66	68	67	66	66	65	62.0	70	48
13	64	65	64	64	64	64	67	71	70	67	64	64	63	65	65	66	66	66	68	67	67	68	68	66	66.0	71	63
14*	64	65	65	65	66	66	68	71	68	63	62	65	67	67	67	68	67	65	65	65	65	65	64	64	65.7	71	62
15	66	64	65	64	65	65	67	68	64	59	55	56	56	57	59	67	67	71	76	80	85	85	79	73	67.2	85	55
16	70	70	65	61	62	64	70	72	71	65	64	65	65	66	66	68	68	66	69	73	72	58	63	64	66.5	73	58
17	65	66	66	65	63	66	68	71	73	70	68	68	66	66	66	66	65	65	63	65	67	67	67	67	66.6	73	63
18	58	62	64	64	66	65	66	68	68	62	57	56	55	58	62	64	62	60	61	61	62	62	63	64	62.1	68	55
19	63	62	60	61	62	62	60	62	65	62	62	62	63	65	68	72	68	68	71	77	79	80	64	64	65.9	80	60
20	63	67	68	67	66	62	62	62	64	63	62	64	65	70	70	66	63	62	68	68	69	70	67	63	65.5	70	62
21†	64	63	63	62	62	62	60	65	62	63	66	71	72	78	86	83	79	76	75	74	71	70	58	56	68.4	86	56
22	57	56	60	61	59	62	63	65	64	62	64	68	69	73	74	73	72	72	68	68	67	67	66	62	65.5	74	59
23	64	66	63	65	67	70	70	69	68	66	64	68	73	77	75	72	72	71	68	65	64	64	64	64	68.0	77	63
24†	64	65	65	63	57	56	60	57	55	51	51	60	78	91	86	86	82	80	77	76	75	75	74	73	69.0	91	51
25†	74	74	74	74	72	70	68	69	69	65	63	64	67	76	77	80	79	78	80	74	63	64	64	56	70.6	80	56
26	60	64	64	56	57	62	62	62	57	54	52	52	57	64	66	68	68	70	67	66	65	66	65	65	62.0	70	52
27*	65	64	65	66	65	65	65	67	67	64	57	56	58	61	62	63	62	62	62	62	62	62	62	62	62.8	67	56
28*	63	62	63	62	63	63	62	63	62	58	57	55	57	62	64	64	63	62	62	62	62	61	61	61	61.4	64	55
29*	61	60	61	61	60	59	60	59	58	54	51	52	56	60	61	61	60	60	58	60	59	60	59	60	58.8	61	51
30*	58	60	60	61	60	60	59	59	56	54	53	54	55	57	58	59	58	60	59	59	59	58	58	59	**58.0**	61	53
Mittel	64	64	63	62	63	63	64	66	65	61	60	61	63	66	68	69	69	69	68	67	67	66	65	64	64.9	74	56

Dezember

Tag	0h	1h	2h	3h	4h	5h	6h	7h	8h	9h	10h	11h	12h	13h	14h	15h	16h	17h	18h	19h	20h	21h	22h	23h	Tagesmittel	Max.	Min.
																									γ		
1	58	59	58	58	58	58	58	57	55	54	55	51	51	56	58	59	61	64	67	69	67	64	60	54	58.7	69	51
2	56	57	56	57	58	58	57	57	58	55	51	52	53	60	63	64	63	62	63	62	63	60	59	53	58.2	64	51
3	54	54	46	45	52	53	56	58	59	61	61	58	58	62	63	63	61	59	59	59	60	60	61	60	57.6	63	45
4	60	60	59	60	58	59	59	60	56	53	52	55	58	60	59	58	57	55	54	54	56	57	57	57	57.2	60	52
5†	56	57	57	56	56	55	56	55	53	49	48	51	54	55	57	61	66	67	62	62	66	68	69	68	58.5	69	48
6	65	62	62	61	60	61	60	61	57	53	56	58	60	58	57	57	56	55	55	56	(59)	(57)	58	58	58.4	65	53
7	53	56	57	51	48	46	46	47	46	47	50	50	52	53	—	—	—	—	—	—	—	—	52	55	—	—	—
8	54	56	56	54	47	50	52	55	55	53	49	47	50	52	57	57	59	58	58	60	60	60	60	60	55.0	60	47
9*	59	59	59	58	58	58	56	54	50	47	45	47	48	53	56	58	56	56	56	55	55	57	57	57	**54.8**	59	45
10†	56	58	56	56	56	54	52	—	—	—	—	—	—	—	—	—	—	—	—	—	66	60	55	54	—	—	—
11†	55	56	56	56	56	55	53	50	49	48	49	52	53	56	63	65	68	64	65	60	65	53	56	60	56.8	68	48
12†	61	57	58	61	62	63	62	62	60	60	61	64	63	65	75	78	76	72	71	68	69	68	65	60	65.1	78	57
13	62	62	62	62	62	62	61	61	60	60	61	60	60	63	65	67	64	64	63	62	61	60	60	60	61.8	67	60
14*	61	60	61	61	62	60	60	58	56	54	54	54	54	56	58	60	59	59	59	56	55	55	56	56	57.7	62	54
15*	56	56	57	57	58	58	59	59	58	56	55	54	54	58	58	59	59	60	60	59	59	58	59	59	57.7	60	54
16	57	57	57	56	56	56	55	54	49	48	48	52	53	52	55	58	58	55	55	55	57	60	59	59	55.0	60	48
17	58	56	57	57	56	54	55	54	52	56	58	57	56	60	60	60	60	59	59	61	63	61	64	59	58.0	64	52
18	60	59	60	58	53	54	54	54	51	44	43	44	48	51	53	54	52	52	52	53	54	54	55	54	52.8	60	**43**
19†	54	54	52	52	52	52	49	51	52	50	49	50	65	78	80	85	90	78	78	76	74	69	68	67	63.5	**90**	49
20*	67	67	67	68	67	67	68	70	68	65	65	65	66	68	70	68	67	66	65	65	64	63	63	63	66.3	70	63
21	64	64	64	64	64	63	62	60	60	62	59	64	67	67	67	67	66	64	64	64	62	62	60	58	63.2	67	58
22	63	61	61	62	61	60	59	59	58	58	58	61	65	70	67	69	67	65	65	64	63	62	59	60	62.4	70	58
23	60	59	59	59	58	56	54	52	51	46	44	47	52	56	58	59	61	61	63	63	62	62	59	59	56.7	63	44
24	59	60	60	62	62	62	61	59	58	56	54	50	54	58	61	62	60	60	60	60	60	61	61	61	59.2	62	50
25	61	62	60	61	61	60	58	53	52	52	48	50	50	55	61	61	61	62	62	63	64	67	76	73	59.7	76	48
26	71	69	68	65	61	62	62	60	57	56	56	62	66	70	76	85	84	83	85	84	80	77	73	70	**70.1**	85	56
27	69	67	62	60	61	62	64	64	64	62	59	57	58	60	63	65	65	65	64	66	67	64	67	64	63.3	69	57
28	60	56	56	58	60	62	63	64	65	62	57	57	59	63	65	65	64	66	66	65	64	62	62	62	61.8	66	56
29	61	60	60	58	60	60	60	58	53	51	49	48	52	56	61	64	64	65	65	64	63	63	62	60	59.0	65	48
30*	61	62	62	61	62	62	62	61	57	58	57	53	49	53	59	60	61	60	59	58	59	59	58	59	58.8	62	49
31	58	58	56	56	57	57	59	59	56	54	50	49	47	52	58	62	61	59	59	59	60	58	58	57	56.6	62	47
Mittel	60	59	59	58	58	58	58	58	56	54	53	54	56	59	62	64	64	63	63	62	63	61	61	60	59.2	67	51

Niemegk — **Vertikalintensität** — 1947

$Z = 43\,700^{\gamma}$ + Tafelwert

Weltzeit

Januar

Tag	0h–1h	1h–2h	2h–3h	3h–4h	4h–5h	5h–6h	6h–7h	7h–8h	8h–9h	9h–10h	10h–11h	11h–12h	12h–13h	13h–14h	14h–15h	15h–16h	16h–17h	17h–18h	18h–19h	19h–20h	20h–21h	21h–22h	22h–23h	23h–24h	Tagesmittel γ	Max.	Min.
1	-43	-43	-45	-47	-46	-45	-44	-45	-46	-47	-46	-51	-51	-45	-38	-33	-36	-38	-38	-38	-38	-38	-39	-40	-42.5	-33	-51
2	-41	-41	-40	-40	-41	-42	-42	-42	-45	-48	-52	-55	-52	-47	-41	-32	-26	-22	-32	-36	-38	-39	-41	-41	-40.7	-22	-55
3	-42	-42	-42	-44	-43	-42	-40	-42	-46	-48	-48	-51	-48	-40	-37	-33	-31	-24	-18	-16	-18	-23	-32	-32	-36.8	-16	-51
4†	-34	-34	-36	-36	-35	-34	-35	-33	-36	-37	-38	-38	-35	-32	-25	-13	-12	-18	-16	-22	-28	-35	-38	-34	-30.6	-12	-38
5†	-34	-36	-34	-35	-35	-36	-42	-39	-39	-38	-41	-42	-36	-33	-27	-27	-30	-20	-24	-18	-29	-27	-25	-28	-32.3	-18	-42
6	-34	-42	-43	-38	-37	-37	-36	-35	-35	-36	-38	-34	-24	-16	-15	-16	-22	-22	-21	-28	-31	-36	-38	-33	-31.1	-15	-43
7	-32	-32	-32	-38	-36	-35	-33	-32	-32	-33	-38	-40	-33	-31	-30	-29	-30	-31	-33	-35	-35	-34	-35	-35	-33.5	-29	-40
8	-35	-36	-38	-38	-38	-38	-39	-39	-35	-35	-38	-42	-34	-32	-29	-29	-31	-33	-32	-32	-32	-32	-32	-32	-34.6	-29	-42
9*	-32	-32	-32	-32	-32	-33	-35	-38	-35	-36	-39	-38	-38	-35	-34	-34	-36	-36	-35	-35	-35	-35	-35	-34	-34.8	-32	-39
10*	-36	-35	-35	-34	-35	-34	-35	-38	-43	-44	-48	-48	-43	-42	-42	-40	-41	-40	-39	-38	-39	-39	-38	-37	-39.3	-34	-48
11*	-37	-36	-36	-36	-36	-36	-38	-42	-43	-44	-50	-52	-46	-43	-44	-43	-43	-43	-45	-45	-45	-45	-45	-45	-42.4	-36	-52
12*	-44	-45	-43	-44	-43	-43	-44	-46	-47	-50	-52	-50	-44	-43	-46	-46	-46	-45	-45	-45	-46	-45	-46	-45	**-45.5**	-43	-52
13*	-45	-45	-44	-45	-44	-45	-46	-47	-46	-44	-52	-56	-50	-47	-45	-45	-46	-45	-44	-44	-42	-42	-40	-39	-45.3	-39	-56
14	-40	-42	-42	-41	-41	-42	-41	-42	-41	-40	-44	-49	-45	-43	-44	-43	-41	-41	-40	-40	-41	-42	-43	-42	-42.1	-40	-49
15	-41	-41	-41	-41	-40	-41	-39	-39	-39	-40	-45	-45	-39	-40	-42	-45	-45	-44	-43	-41	-37	-36	-35	-37	-40.7	-35	-45
16†	-40	-40	-40	-43	-65	-59	-54	-48	-45	-44	-49	-53	-44	-40	-36	-32	-28	-03	-03	-17	-17	-13	-10	-13	-34.8	-03	**-65**
17	-13	-25	-24	-23	-22	-21	-21	-18	-18	-21	-24	-29	-26	-25	-25	-26	-27	-28	-25	-24	-24	-27	-28	-25	-23.7	-13	-29
18	-25	-27	-28	-28	-28	-27	-26	-23	-21	-28	-32	-31	-28	-23	-23	-23	-24	-22	-21	-21	-22	-25	-27	-28	-25.5	-21	-32
19	-35	-34	-31	-30	-29	-28	-28	-29	-31	-33	-36	-42	-40	-33	-31	-30	-31	-30	-30	-31	-31	-27	-28	-35	-31.8	-27	-42
20	-31	-31	-30	-30	-31	-32	-32	-30	-30	-29	-32	-36	-34	-32	-34	-36	-36	-33	-28	-23	-27	-29	-29	-31	-31.1	-23	-36
21	-30	-33	-34	-34	-34	-35	-34	-35	-38	-38	-40	-42	-41	-38	-39	-40	-40	-38	-37	-37	-38	-39	-38	-37	-37.0	-30	-42
22	-36	-37	-38	-37	-36	-36	-37	-36	-35	-34	-32	-37	-39	-41	-44	-39	-38	-30	-28	-28	-31	-30	-34	-33	-35.2	-28	-44
23	-33	-33	-33	-33	-35	-34	-34	-35	-40	-46	-47	-50	-46	-43	-41	-41	-42	-40	-39	-38	-37	-36	-38	-38	-38.8	-33	-50
24	-38	-38	-37	-37	-38	-37	-39	-33	-31	-36	-37	-44	-34	-27	-28	-29	-32	-31	-28	-26	-27	-31	-34	-36	-33.7	-26	-44
25†	-36	-37	-36	-41	-50	-42	-41	-36	-38	-35	-22	-03	18	33	42	46	28	22	19	20	12	11	04	-02	**-06.8**	**46**	-50
26†	-05	-04	-06	-20	-32	-31	-25	-17	-19	-23	-26	-30	-20	-06	-08	-03	-01	01	01	-02	-09	-13	-16	-16	-13.8	01	-32
27	-18	-18	-17	-20	-22	-21	-19	-19	-19	-20	-24	-25	-21	-15	-16	-17	-20	-22	-17	-17	-28	-24	-25	-24	-20.3	-15	-28
28	-28	-30	-29	-28	-26	-24	-23	-22	-21	-21	-23	-27	-28	-22	-20	-23	-25	-23	-24	-24	-28	-25	-28	-27	-25.0	-20	-30
29	-26	-25	-24	-26	-33	-30	-28	-25	-28	-22	-19	-22	-29	-27	-21	-20	-20	-20	-21	-24	-26	-25	-27	-27	-24.8	-19	-33
30	-28	-29	-29	-28	-28	-28	-26	-29	-34	-34	-34	-34	-35	-32	-32	-31	-29	-27	-27	-28	-28	-28	-27	-27	-29.7	-26	-35
31	-26	-26	-26	-28	-30	-28	-24	-23	-29	-30	-28	-34	-39	-38	-33	-30	-30	-30	-28	-28	-28	-27	-26	-32	-29.2	-23	-39
Mittel	-33	-34	-34	-35	-36	-35	-35	-34	-35	-36	-38	-40	-36	-32	-30	-28	-29	-28	-27	-28	-30	-30	-31	-32	-32.7	-22	-43

Februar

Tag	0h–1h	1h–2h	2h–3h	3h–4h	4h–5h	5h–6h	6h–7h	7h–8h	8h–9h	9h–10h	10h–11h	11h–12h	12h–13h	13h–14h	14h–15h	15h–16h	16h–17h	17h–18h	18h–19h	19h–20h	20h–21h	21h–22h	22h–23h	23h–24h	Tagesmittel γ	Max.	Min.
1	-35	-35	-34	-34	-34	-34	-32	-31	-30	-30	-27	-27	-28	-27	-26	-30	-29	-29	-28	-28	-28	-28	-30	-32	-30.2	-26	-35
2	-30	-30	-30	-30	-30	-29	-28	-27	-30	-34	-34	-32	-31	-28	-26	-26	-28	-30	-28	-28	-26	-23	-24	-24	-28.6	-23	-34
3	-25	-25	-26	-27	-27	-29	-30	-30	-33	-39	-42	-39	-35	-32	-31	-28	-26	-24	-27	-29	-29	-32	-32	-33	-30.4	-24	-42
4	-34	-43	-45	-42	-40	-37	-36	-33	-33	-39	-42	-39	-35	-32	-30	-28	-28	-30	-30	-30	-30	-28	-28	-30	**-34.2**	-28	-45
5	-32	-30	-28	-29	-29	-29	-32	-34	-34	-38	-39	-34	-33	-32	-33	-35	-33	-33	-33	-32	-32	-31	-30	-29	-32.2	-28	-39
6	-28	-30	-30	-30	-30	-31	-34	-31	-30	-34	-34	-34	-34	-33	-31	-26	-26	-24	-24	-25	-30	-32	-33	-32	-30.2	-24	-34
7	-31	-30	-29	-29	-29	-30	-29	-28	-32	-40	-42	-34	-32	-29	-26	-30	-31	-28	-21	-21	-23	-26	-30	-30	-29.6	-21	-42
8†	-30	-33	-33	-31	-30	-29	-29	-28	-28	-28	-22	-20	-24	-18	-04	03	10	15	19	03	-07	-18	-30	-28	-17.5	19	-33
9†	-26	-25	-29	-38	-33	-32	-24	-21	-22	-21	-18	-19	-21	-23	-17	-17	-15	-14	-18	-18	-21	-26	-30	-33	-23.4	-14	-38
10	-31	-24	-22	-20	-20	-21	-23	-23	-23	-30	-30	-34	-36	-22	-02	-05	-16	-18	-19	-18	-19	-21	-25	-25	-22.0	-02	-36
11	-25	-24	-24	-24	-24	-24	-21	-25	-33	-38	-42	-48	-45	-42	-41	-36	-31	-30	-29	-28	-28	-29	-29	-31	-31.3	-21	-48
12	-30	-30	-29	-29	-28	-29	-29	-25	-27	-39	-41	-38	-37	-35	-32	-30	-28	-30	-30	-30	-28	-29	-28	-28	-30.8	-25	-41
13	-28	-30	-29	-28	-28	-28	-28	-24	-27	-32	-34	-37	-34	-31	-30	-30	-30	-29	-28	-28	-29	-30	-30	-31	-29.7	-25	-37
14*	-30	-31	-33	-31	-30	-30	-27	-25	-28	-36	-37	-39	-38	-35	-31	-29	-30	-29	-30	-30	-29	-30	-31	-31	-31.2	-25	-39
15*	-30	-31	-30	-29	-29	-29	-29	-24	-26	-31	-33	-36	-35	-33	-33	-31	-31	-31	-31	-28	-28	-29	-30	-30	-30.3	-24	-36
16†	-30	-30	-30	-36	-38	-38	-38	-37	-37	-34	-28	-14	00	23	55	63	79	43	31	21	17	14	04	-05	**-01.9**	**79**	-38
17†	-26	-35	-49	-47	-37	-45	-24	-19	-20	-33	-32	-24	-17	-15	-04	05	08	11	04	-01	-04	-06	-06	-06	-17.6	11	**-49**
18	-12	-16	-17	-19	-19	-18	-15	-10	-08	-12	-14	-13	-08	-07	-03	02	-02	-04	-03	01	01	-01	-07	-06	-08.8	02	-19
19†	-06	-09	-10	-11	-12	-14	-11	-11	-14	-21	-20	-23	-20	-08	06	13	07	07	10	01	-07	-19	-28	-33	-09.7	13	-33
20	-42	-30	-25	-39	-34	-28	-25	-22	-19	-21	-23	-27	-25	-23	-19	-17	-17	-19	-20	-20	-21	-21	-22	-21	-24.2	-17	-42
21*	-21	-20	-20	-19	-18	-18	-17	-18	-21	-26	-29	-31	-33	-35	-31	-25	-24	-24	-24	-24	-23	-24	-23	-23	-23.8	-17	-35
22*	-22	-23	-22	-22	-22	-22	-21	-18	-20	-29	-35	-37	-37	-34	-33	-30	-30	-28	-28	-28	-27	-28	-28	-28	-27.2	-18	-37
23*	-28	-28	-26	-26	-26	-25	-23	-23	-26	-33	-39	-39	-38	-36	-34	-31	-30	-28	-27	-27	-26	-25	-26	-26	-29.0	-23	-39
24	-24	-26	-26	-27	-28	-29	-28	-25	-26	-34	-39	-40	-36	-39	-34	-31	-31	-29	-25	-22	-24	-27	-29	-28	-29.5	-22	-40
25	-27	-28	-27	-26	-27	-27	-24	-23	-25	-31	-36	-38	-34	-31	-27	-23	-21	-22	-23	-25	-25	-28	-25	-28	-27.1	-21	-38
26	-37	-46	-44	-36	-32	-29	-26	-21	-24	-32	-38	-39	-37	-36	-31	-23	-22	-21	-23	-24	-24	-25	-25	-25	-30.0	-21	-46
27	-23	-24	-23	-22	-23	-26	-25	-21	-20	-27	-34	-36	-35	-33	-28	-26	-25	-24	-25	-26	-25	-25	-27	-27	-26.2	-20	-36
28	-27	-28	-26	-27	-26	-26	-23	-22	-24	-29	-34	-38	-37	-34	-28	-24	-23	-25	-25	-28	-27	-25	-28	-32	-27.8	-22	-38
Mittel	-28	-28	-28	-29	-28	-28	-26	-24	-26	-31	-33	-32	-31	-27	-22	-19	-18	-19	-19	-20	-22	-23	-25	-26	-25.5	-13	-38

Niemegk

Vertikalintensität

$Z = 43\,700^{\gamma} + \text{Tafelwert}$

1947

Weltzeit

Tag	0h–1h	1h–2h	2h–3h	3h–4h	4h–5h	5h–6h	6h–7h	7h–8h	8h–9h	9h–10h	10h–11h	11h–12h	12h–13h	13h–14h	14h–15h	15h–16h	16h–17h	17h–18h	18h–19h	19h–20h	20h–21h	21h–22h	22h–23h	23h–24h	Tagesmittel	Max.	Min.
März																									γ		
1*	-24	-32	-30	-28	-26	-25	-22	-21	-21	-29	-34	-36	-35	-30	-27	-24	-22	-24	-23	-23	-22	-24	-24	-24	**-26.7**	-21	-36
2†	-25	-26	-26	-26	-26	-28	-26	-26	-48	-56	-42	-35	-21	03	-01	11	08	23	60	88	70	56	09	-24	-04.5	88	-56
3†	-24	-37	-43	-29	-24	-10	03	03	02	-01	10	27	29	34	57	60	67	75	71	00	-52	-55	-31	-66	02.8	75	-66
4	-42	-49	-59	-30	-10	-46	-36	-22	-10	-06	-11	00	14	28	34	30	17	14	04	00	00	00	-01	-03	-07.7	34	-59
5	-02	-03	-09	-04	-02	-01	06	06	01	-10	-12	-10	-07	01	03	02	-02	-04	-04	-05	-05	-06	-06	-07	-03.3	06	-12
6*	-07	-09	-08	-08	-08	-09	-05	-03	-07	-18	-28	-31	-26	-21	-14	-06	-08	-09	-09	-09	-11	-12	-13	-13	-12.2	-03	-31
7	-13	-12	-12	-13	-12	-13	-09	-07	-13	-26	-35	-42	-25	-23	-22	-14	-14	-13	-14	-16	-14	-14	-12	-13	-16.7	-07	-42
8†	-16	-15	-14	-19	-20	-18	-12	-06	-07	-10	-14	05	25	46	77	152	144	104	72	70	50	33	20	-03	**26.8**	**152**	-20
9	-18	-34	-22	-30	-15	-04	08	09	02	04	05	15	24	26	30	35	34	29	20	17	04	00	02	01	05.9	35	-34
10*	01	00	00	00	01	03	11	18	16	08	-03	-05	-05	01	02	02	01	00	-02	-04	-05	-05	-04	-04	01.1	18	-05
11*	-04	-04	-04	-05	-03	-02	02	03	00	-08	-14	-12	-12	-16	-14	-12	-11	-12	-13	-14	-13	-13	-13	-13	-08.6	03	-16
12	-14	-16	-15	-14	-14	-20	-16	-15	-13	-18	-24	-21	-16	-21	-16	-05	-13	-15	-16	-15	-14	-12	-14	-14	-15.5	-05	-24
13	-14	-14	-13	-13	-13	-09	-02	-02	-08	-17	-32	-32	-27	-23	-21	-17	-17	-18	-19	-19	-18	-20	-23	-27	-17.4	-02	-32
14	-26	-24	-22	-20	-21	-20	-14	-08	-09	-07	-08	-10	-06	02	09	30	48	21	05	01	00	00	-04	-07	-03.8	48	-26
15†	-12	-19	-17	-16	-13	-09	-10	-10	-11	-12	-06	01	-04	27	70	89	113	62	34	25	19	19	18	06	14.3	113	-19
16	09	10	10	10	10	10	08	08	04	02	-02	-02	-04	-04	04	23	30	31	22	21	23	17	-02	-14	09.3	31	-14
17	-19	-35	-27	-30	-32	-19	-07	-05	-05	-03	-03	00	-02	-05	04	09	08	05	05	01	-04	-04	-06	-08	-07.6	09	-35
18	-09	-06	-06	-04	-04	-01	05	04	-02	-12	-14	-14	-19	-14	-07	00	08	01	-06	-08	-06	-07	-08	-09	-05.8	08	-19
19	-10	-17	-15	-15	-12	-08	-04	-03	-07	-15	-21	-24	-20	-15	-13	-11	-07	-05	-06	-08	-11	-08	-08	-10	-11.4	-03	-24
20	-14	-24	-22	-20	-22	-24	-16	-12	-15	-23	-26	-24	-22	-18	-10	-06	-04	-10	-08	-07	-07	-09	-10	-12	-15.2	-04	-26
21*	-14	-12	-13	-12	-14	-14	-11	-11	-17	-22	-26	-27	-25	-22	-17	-11	-08	-11	-14	-16	-14	-14	-13	-14	-15.5	-08	-27
22	-14	-13	-14	-22	-35	-49	-41	-35	-32	-32	-38	-32	-25	-18	-11	-12	-14	-10	-08	-07	-10	-13	-15	-16	-21.5	-07	-49
23	-17	-21	-23	-20	-20	-17	-20	-22	-30	-36	-38	—	—	—	—	—	—	—	—	—	—	—	—	—	—	—	—
24	-13	-21	-27	-33	-27	-32	-24	-19	-18	-24	-30	-31	-32	-24	-16	-10	-09	-11	-11	-12	-13	-14	-18	-23	-20.5	-09	-33
25	-24	-20	-19	-18	-18	-16	-16	-19	-23	-31	-36	-35	-28	-22	-17	-11	-09	-07	-07	-15	-18	-20	-24	-41	-20.6	-07	-41
26	-39	-36	-43	-39	-34	-31	-24	-21	-21	-26	-25	-18	-10	02	19	27	31	28	23	08	01	-17	-21	-19	-11.9	31	-43
27	-17	-20	-19	-21	-17	-18	-15	-13	-26	-36	-34	-31	-24	-15	-08	-08	-03	01	03	-01	01	01	-06	-14	-14.2	03	-36
28†	-28	-36	-46	-71	-50	-32	-16	-12	-11	-06	-01	12	24	52	70	75	70	57	42	42	36	22	07	-01	08.3	75	**-71**
29	-14	-04	-01	-01	03	12	12	04	00	-08	-16	-20	-08	-03	02	07	10	12	13	01	-01	-03	-08	-14	-01.0	13	-20
30	-27	-41	-35	-37	-45	-22	-10	-06	-12	-24	-27	-26	-22	-24	-15	-03	07	18	19	20	14	06	01	-02	-12.2	20	-45
31	-05	-12	-18	-21	-11	-03	00	-05	-13	-23	-35	-26	-11	07	24	20	16	06	-02	-03	-03	-04	-04	-03	-0.54	24	-35
Mittel	-16	-19	-20	-20	-17	-15	-10	-08	-11	-17	-20	-16	-11	-03	06	14	16	11	08	04	-01	-04	-08	-14	-07.1	24	-33
April																									γ		
1*	-04	-06	-06	-06	-08	-07	-07	-13	-23	-34	-44	-44	-37	-26	-17	-14	-11	-11	-10	-10	-10	-13	-13	-12	-16.1	-04	-44
2	-12	-11	-12	-14	-14	-10	-05	-12	-21	-29	-34	-35	-28	-12	-09	-12	-06	-06	-08	-10	-12	-12	-12	-13	-14.5	-05	-35
3	-12	-12	-12	-20	-24	-18	-14	-15	-25	-39	-42	-40	-36	-26	-22	-21	-21	-22	-22	-21	-19	-17	-20	-20	-22.5	-12	-42
4	-25	-21	-19	-18	-15	-10	-10	-13	-20	-26	-35	-29	-14	03	10	14	20	21	15	07	-01	-08	-15	-20	-08.7	21	-35
5	-26	-20	-17	-14	-08	-02	03	05	-09	-28	-33	-27	-16	-10	-10	-10	-13	-14	-08	-09	-12	-12	-13	-14	-13.2	09	-33
6	-14	-14	-15	-35	-31	-22	-15	-08	-11	-23	-34	-32	-25	-15	-02	08	01	-07	-07	-09	-10	-11	-12	-14	-14.9	08	-35
7	-14	-13	-13	-13	-11	-06	-01	-01	-05	-24	-38	-40	-31	-18	-11	02	10	-01	-11	-11	-12	-12	-13	-16	-12.6	10	-40
8	-15	-14	-14	-13	-13	-10	-08	-12	-17	-31	-39	-47	-34	-16	-06	-08	-09	-13	-14	-13	-13	-16	-18	-23	-17.3	-06	-47
9†	-45	-33	-25	-20	-17	-12	-10	-01	-07	-10	-11	-11	-16	-06	05	11	13	08	05	05	03	00	02	00	-07.2	13	-45
10	-01	00	-02	-02	00	02	02	-05	-15	-26	-31	-33	-30	-20	-13	-10	-10	-11	-11	-11	-11	-12	-13	-19	-11.8	02	-33
11	-28	-20	-16	-14	-13	-13	-12	-14	-21	-24	-28	-33	-35	-30	-15	-05	05	11	06	-01	-04	-06	-10	-15	-14.0	11	-35
12	-15	-13	-13	-14	-16	-15	-17	-17	-25	-35	-43	-43	-40	-27	-15	-02	04	04	-01	-08	-11	-16	-22	-24	-17.7	04	-43
13	-20	-20	-31	-25	-23	-21	-20	-20	-29	-40	-49	-53	-44	-35	-19	-13	-07	-06	-06	-08	-10	-17	-16	-18	-22.9	-06	-53
14	-21	-24	-24	-23	-23	-22	-22	-27	-37	-44	-47	-43	-35	-28	-26	-11	-08	-14	-15	-09	-14	-16	-18	-17	**-23.7**	-08	-47
15	-22	-28	-28	-28	-33	-29	-24	-24	-28	-31	-37	-35	-28	-18	-12	-06	00	-04	-09	-10	-09	-08	-14	-16	-20.0	00	-37
16	-16	-17	-29	-20	-19	-18	-15	-20	-29	-38	-49	-46	-34	-19	-10	-04	-04	-07	-02	-04	-06	-10	-12	-20	-18.7	-02	-49
17†	-24	-23	-21	-27	-23	-21	-21	-26	-30	-40	-50	-56	-58	-31	-26	-03	39	48	67	55	-08	25	-94	-06	-14.8	67	**-94**
18†	16	07	08	08	12	16	21	23	20	15	10	21	28	45	53	83	78	35	20	14	18	06	05	03	**23.5**	**83**	03
19†	03	02	02	-04	01	04	02	00	-08	-17	-23	-18	-08	01	05	04	08	12	06	04	-01	-02	-06	-08	-01.7	12	-23
20†	-14	-10	-09	-09	-08	-05	-15	-19	-21	-22	-24	-24	-17	-16	-14	-11	-10	-07	05	07	03	-02	-04	-04	-10.4	07	-24
21*	-06	-06	-06	-06	-06	-10	-10	-06	-08	-16	-23	-23	-20	-19	-18	-17	-14	-13	-12	-13	-13	-13	-11	-12	-12.5	-06	-23
22*	-13	-12	-11	-11	-09	-08	-08	-11	-20	-33	-42	-44	-38	-29	-24	-24	-21	-18	-18	-17	-17	-17	-16	-15	-19.8	-08	-44
23*	-17	-16	-15	-14	-12	-12	-09	-11	-20	-28	-31	-31	-31	-27	-26	-23	-21	-22	-21	-20	-19	-19	-18	-18	-20.0	-09	-31
24*	-18	-18	-17	-16	-13	-12	-10	-17	-26	-34	-42	-47	-42	-32	-26	-23	-22	-22	-22	-20	-20	-19	-19	-19	-23.2	-10	-47
25	-19	-19	-19	-18	-16	-16	-15	-15	-24	-40	-46	-51	-51	-39	-30	-18	-08	-08	-13	-12	-17	-18	-19	-19	-22.9	-08	-51
26	-19	-22	-21	-16	-14	-12	-13	-17	-28	-43	-50	-49	-46	-33	-26	-22	-13	-06	-08	-04	-08	-13	-16	-17	-21.5	-04	-50
27	-15	-15	-15	-14	-12	-12	-11	-11	-21	-32	-46	-51	-50	-42	-28	-22	-18	-18	-14	-12	-11	-14	-15	-17	-21.5	-11	-51
28	-17	-18	-17	-14	-12	-19	-21	-22	-31	-43	-48	-54	-47	-25	-11	-16	-11	-11	-16	-15	-13	-13	-16	-16	-21.9	-11	-54
29	-16	-16	-14	-12	-11	-12	-14	-18	-27	-35	-40	-49	-41	-31	-20	-21	-17	-16	-16	-16	-14	-14	-15	-15	-20.8	-11	-49
30	-17	-22	-22	-19	-15	-20	-20	-18	-23	-25	-25	-36	-37	-31	-25	-22	-17	-17	-15	-13	-13	-13	-15	-15	-20.6	-13	-37
Mittel	-16	-15	-15	-15	-14	-12	-11	-12	-20	-29	-36	-37	-31	-20	-13	-07	-03	-04	-05	-06	-09	-10	-16	-15	-15.5	04	-41

Vertikalintensität

Niemegk — $Z = 43700^{\gamma}$ + Tafelwert — 1947

Tag	0h–1h	1h–2h	2h–3h	3h–4h	4h–5h	5h–6h	6h–7h	7h–8h	8h–9h	9h–10h	10h–11h	11h–12h	12h–13h	13h–14h	14h–15h	15h–16h	16h–17h	17h–18h	18h–19h	19h–20h	20h–21h	21h–22h	22h–23h	23h–24h Weltzeit	Tagesmittel	Max.	Min.
Mai																									γ		
1	-16	-16	-19	-17	-09	-13	-12	-13	-23	-36	-43	-40	-30	-17	-10	-08	-05	-05	-07	-12	-13	-13	-13	-13	-16.8	-05	-43
2*	-13	-12	-11	-09	-07	-07	-10	-15	-25	-34	-38	-42	-37	-31	-24	-20	-19	-19	-17	-17	-17	-17	-17	-18	-19.8	-07	-42
3	-17	-16	-16	-15	-16	-16	-16	-19	-22	-30	-37	-45	-40	-30	-21	-16	-12	-14	-16	-17	-17	-18	-17	-17	-20.8	-12	-45
4	-17	-17	-17	-14	-12	-13	-17	-25	-33	-40	-49	-51	-45	-36	-30	-23	-20	-20	-20	-17	-17	-19	-20	-20	-24.7	-12	-51
5	-20	-19	-17	-21	-21	-20	-20	-23	-32	-43	-49	-51	-44	-31	-20	-15	-09	-07	-13	-14	-16	-17	-17	-18	-23.2	-07	-51
6	-17	-17	-16	-12	-08	-07	-09	-16	-25	-32	-45	-52	-42	-21	-08	-02	-04	-09	-13	-14	-16	-16	-16	-16	-18.0	-02	-52
7	-21	-20	-16	-12	-09	-09	-13	-18	-27	-37	-50	-51	-42	-29	-22	-19	-15	-16	-17	-17	-16	-18	-18	-18	-22.1	-09	-51
8*	-17	-17	-16	-14	-14	-16	-20	-26	-34	-45	-52	-52	-45	-36	-27	-21	-18	-18	-20	-21	-21	-20	-20	-20	-25.4	-14	-52
9*	-20	-20	-19	-17	-15	-15	-19	-24	-33	-45	-52	-54	-47	-36	-31	-26	-25	-23	-23	-22	-21	-21	-21	-22	-27.1	-15	-54
10*	-21	-21	-20	-18	-15	-14	-16	-19	-28	-42	-52	-50	-47	-39	-27	-20	-13	-11	-11	-12	-13	-14	-15	-18	-23.2	-11	-52
11	-19	-20	-18	-16	-15	-14	-16	-20	-32	-47	-60	-63	-50	-34	-26	-16	-08	-03	-04	-05	-07	-11	-12	-15	-22.1	-03	-63
12	-16	-19	-30	-28	-23	-20	-19	-22	-33	-39	-49	-44	-38	-30	-22	-13	-07	-06	-09	-11	-12	-15	-16	-16	-22.4	-06	-49
13	-24	-20	-17	-13	-12	-17	-26	-34	-38	-43	-51	-53	-46	-38	-30	-24	-20	-14	-10	-07	-10	-20	-21	-25	-25.6	-07	-53
14†	-30	-31	-38	-33	-42	-36	-30	-36	-47	-54	-58	-58	-35	-24	-12	-06	-07	-05	-08	-12	-13	-16	-19	-20	-27.9	-05	-58
15†	-19	-17	-19	-32	-34	-28	-24	-23	-28	-34	-41	-40	-28	-10	02	08	-02	-11	-19	-15	-18	-15	-24	-36	-21.1	08	-41
16†	-38	-50	-58	-60	-47	-35	-30	-33	-35	-43	-50	-52	-45	-21	-02	-02	-07	-10	-05	-06	-07	-12	-18	-29	-29.0	-02	-60
17	-26	-30	-25	-22	-20	-18	-19	-20	-21	-29	-34	-34	-24	-20	-13	-04	03	01	03	-01	-10	-19	-20	-17	-17.5	03	-34
18	-17	-20	-22	-17	-12	-16	-20	-22	-25	-25	-28	-32	-34	-28	-24	-13	-04	11	19	10	-01	-10	-12	-17	-15.0	19	-34
19	-20	-18	-17	(-18)	(-12)	(-18)	-23	-23	-25	-36	-42	-42	-35	-19	-07	-08	-10	-10	-12	-12	-15	-16	-18	-17	-19.7	-07	-42
20	-17	-16	-16	-12	-12	-22	-32	-35	-38	-42	-44	-37	-32	-30	-21	-12	-12	-14	-19	-20	-19	-19	-19	-20	-23.3	-12	-44
21	-21	-21	-19	-19	-18	-18	-24	-34	-49	-60	-65	-58	-51	-46	-39	-30	-23	-22	-23	-23	-22	-22	-22	-23	-31.3	-18	**-65**
22	-26	-24	-21	-18	-16	-14	-15	-16	-21	-30	-38	-42	-41	-34	-29	-21	-16	-19	-21	-20	-20	-21	-24	-27	-23.9	-14	-42
23†	-25	-25	-23	-39	-64	-50	-33	-31	-34	-52	-58	-57	-51	-47	-39	-32	-27	-23	-22	-21	-21	-22	-21	-23	**-35.0**	-21	-64
24†	-24	-24	-24	-21	-19	-20	-29	-33	-42	-30	-47	-39	-22	-13	-04	-02	-01	01	-02	-01	-03	-03	-04	-03	-17.0	01	-47
25	-03	-04	-05	-07	-04	-04	-07	-09	-21	-31	-38	-37	-26	-24	-12	-02	00	01	00	00	-02	-04	-06	-08	-10.5	01	-38
26	-10	-10	-12	-11	-12	-16	-11	-10	-17	-31	-40	-46	-50	-34	-19	-03	06	10	07	-01	-07	-12	-26	-24	-15.8	10	-50
27	-19	-16	-15	-10	-11	-10	-06	-11	-22	-34	-41	-41	-29	-19	-12	-08	-03	-03	-05	-05	-09	-11	-13	-14	-15.3	-03	-41
28	-15	-14	-14	-14	-12	-13	-18	-23	-34	-46	-53	-53	-44	-34	-05	04	02	00	-05	-08	-14	-14	-21	-22	-19.6	04	-53
29	-22	-20	-15	-13	-10	-09	-13	(-21)	-28	-35	-33	-30	-23	-11	08	34	48	50	40	25	14	05	-01	-04	**-02.7**	**50**	-35
30*	-05	-05	-04	-02	00	-02	-12	-22	-29	-34	-46	-51	-44	-35	-26	-20	-21	-19	-15	-15	-15	-14	-14	-14	-19.3	00	-51
31	-14	-15	-14	-14	-14	-13	-16	-21	-35	-51	-58	-58	-53	-39	-30	-19	-08	-08	-07	-12	-06	-09	-11	-16	-22.5	-06	-58
Mittel	-19	-19	-19	-18	-17	-17	-19	-22	-30	-39	-46	-47	-39	-29	-19	-12	-08	-08	-09	-10	-12	-15	-17	-18	-21.2	-03	-49
Juni																									γ		
1†	-37	-51	-55	-57	-51	-46	-37	-28	-36	-44	-52	-49	-32	-20	-06	03	07	03	-02	-06	-09	-10	-09	-08	-26.3	07	-57
2*	-07	-07	-06	-02	-01	-02	-01	-06	-18	-28	-36	-39	-38	-32	-22	-14	-11	-08	-11	-11	-12	-12	-13	-14	-14.6	-01	-39
3	-13	-14	-15	-12	-18	-22	-20	-20	-24	-28	-36	-34	-26	-19	-11	-08	-05	-06	-10	-12	-12	-13	-13	-13	-16.8	-05	-36
4	-13	-12	-10	-06	-04	-06	-09	-14	-18	-20	-24	-25	-22	-18	-13	-09	-06	-01	-03	-10	-14	-14	-16	-16	-12.6	-01	-25
5†	-16	-16	-13	-10	-08	-12	-15	-24	-29	-38	-44	-48	-32	-21	-11	-07	-08	-10	-09	-08	-06	-08	-10	-12	-17.3	-06	-48
6	-29	-20	-08	-05	-02	00	-02	-08	-15	-22	-28	-28	-20	-15	-11	-10	-08	-08	-08	-08	-09	-10	-10	-15	-12.5	00	-29
7	-16	-17	-19	-18	-20	-20	-17	-18	-21	-29	-40	-32	-14	-05	-05	-02	12	11	04	-03	-04	-16	-27	-33	-14.5	12	-40
8	-34	-40	-42	-38	-34	-31	-19	-23	-31	-40	-48	-45	-36	-18	-07	02	06	09	11	04	-02	-06	-11	-14	-20.3	11	-48
9	-16	-16	-18	-27	-21	-15	-20	-25	-26	-28	-38	-33	-22	-16	-07	-06	-06	-01	00	-03	-06	-08	-06	-16	-15.8	00	-38
10	-17	-19	-26	-24	-18	-22	-22	-20	-23	-39	-46	-48	-40	-23	-07	-06	-06	-06	-08	-07	-07	-09	-11	-12	-19.4	-06	-48
11	-15	-20	-17	-15	-16	-16	-19	-23	-24	-34	-44	-44	-36	-24	-16	-11	-10	-12	-12	-10	-12	-13	-14	-15	-19.7	-10	-44
12*	-15	-15	-14	-12	-14	-19	—	—	—	—	—	—	—	—	—	—	—	—	—	—	-09	-12	-12	-16	—	—	—
13	-20	-20	-20	-20	-16	-15	-16	-17	-20	-21	-35	-44	-39	-27	-15	-08	-04	-06	-06	-10	-15	-18	-22	-42	-19.8	-04	-44
14†	-49	-67	-55	-62	-87	-57	-43	(-51)	-45	-45	-49	-50	-21	-03	02	05	10	16	17	06	-01	-02	-06	-07	**-26.8**	17	**-87**
15	-13	-12	-10	-11	-13	-12	(-18)	-17	-19	-24	-27	-31	-26	-20	-13	-10	-03	—	—	—	—	—	—	—	—	—	—
16*	—	—	—	—	—	—	-09	-17	-28	-37	-48	-47	-39	-33	-22	-19	-14	-11	-12	-13	-15	-14	-13	-14	—	—	—
17†	-14	-14	-13	-15	-19	-27	-29	-30	-35	-33	-33	-27	-21	-13	-03	18	24	31	41	21	16	03	00	-03	-07.3	**41**	-35
18	-03	-03	-02	-02	-02	-01	-04	-12	-20	-20	-20	-17	-15	-08	-03	03	07	04	00	-01	-01	-04	-13	-15	-06.3	07	-20
19	-15	-13	-11	-07	-11	-15	-07	-06	-11	-19	-29	-34	-32	-19	-06	01	11	11	07	01	-01	-05	-08	-14	-09.7	11	-34
20	-12	-08	-05	-04	00	04	03	03	00	-09	-15	-18	-16	-08	-03	-02	06	08	08	02	-05	-05	-08	-09	-03.9	08	-18
21	-08	-07	-06	-03	02	05	03	01	-07	-27	-43	-45	-34	-21	-12	-04	-03	-01	-02	-08	-09	-10	-12	-15	-11.1	05	-45
22	-14	-14	-14	-14	-14	-09	-08	-12	-22	-35	-40	-36	-28	-23	-12	-04	00	08	08	02	-06	-10	-11	-14	-13.4	08	-40
23	-14	-15	-18	-17	-11	-08	-12	-11	-11	-23	-34	-35	-27	-17	02	18	25	18	05	-02	-07	-09	-10	-11	-09.3	25	-35
24	-10	-10	-05	-06	-03	00	-04	-17	-26	-28	-36	-37	-28	-17	-10	-04	03	06	07	06	02	-03	-06	-10	-09.8	27	-37
25†	-12	-09	-13	-23	-28	-12	-18	-16	-16	-15	-16	-21	-15	04	00	04	11	13	10	09	04	02	01	-01	-06.6	13	-28
26	-04	-06	-03	-03	-05	-09	-13	-14	-17	-18	-14	-04	-08	00	11	18	23	20	15	07	02	00	-03	-02	**-01.1**	23	-18
27*	-07	-08	-06	-04	-04	-04	-05	-07	-12	-19	-24	-24	-19	-14	-05	-03	-02	-04	-02	-03	-04	-08	-08	-08	-08.5	-02	-24
28	-08	-09	-08	-05	-04	-10	-13	-16	-18	-26	-35	-32	-31	-28	-18	-10	-08	-04	-01	-06	-10	-11	-10	-10	-13.8	-01	-35
29*	-11	-10	-08	-06	-06	-06	-08	-14	-20	-28	-38	-37	-28	-20	-17	-18	-14	-13	-13	-12	-13	-14	-14	-13	-15.9	-06	-38
30	-18	-18	-15	-14	-12	-08	-08	-14	-18	-21	-25	-29	-24	-14	-08	-03	-03	02	03	-02	-06	-08	-09	-09	-11.7	03	-29
31	-16	-17	-16	-15	-15	-14	-13	-16	-21	-24	-34	-34	-27	-17	-09	-03	01	02	01	-03	-06	-09	-11	-13	-13.6	06	-38
Mittel																											

Vertikalintensität

Niemegk $Z = 43700^{\gamma} +$ Tafelwert **1947**

0^h 1^h 2^h 3^h 4^h 5^h 6^h 7^h 8^h 9^h 10^h 11^h 12^h 13^h 14^h 15^h 16^h 17^h 18^h 19^h 20^h 21^h 22^h 23^h 24^h Weltzeit

Juli

Tag	0h	1h	2h	3h	4h	5h	6h	7h	8h	9h	10h	11h	12h	13h	14h	15h	16h	17h	18h	19h	20h	21h	22h	23h	Tages-mittel	Max.	Min.
1																											
2																											
3*																											
4*																											
5*																											
6																											
7																											
8																											
9																											
10																											
11																											
12																											
13																											
14*																											
15																											
16																											
17†																											
18†																											
19†																											
20†																											
21																											
22																											
23†																											
24																											
25																											
26																											
27																											
28																											
29	-10	-12	-12	-10	-06	-04	-10	-16	-23	-28	-33	-34	-34	-17	-07	06	08	04	03	00	-03	-05	-05	-06	γ -10.6	08	-34
30*	-07	-07	-07	-03	01	01	-04	-09	-16	-27	-33	-32	-31	-27	-18	-12	-09	-10	-09	-07	-09	-08	-09	-07	-12.5	01	-33
31	-10	-11	-12	-09	-06	-05	-05	-08	-14	-27	-33	-37	-31	-30	-21	-09	-03	01	00	-05	-09	-08	-09	-10	-13.0	01	-37
Mittel																									(-15.0)		

August

Tag	0h	1h	2h	3h	4h	5h	6h	7h	8h	9h	10h	11h	12h	13h	14h	15h	16h	17h	18h	19h	20h	21h	22h	23h	Tages-mittel	Max.	Min.
1	-12	-25	-25	-19	-14	-18	-12	-14	-12	-20	-27	-36	-41	-29	-17	-06	-01	-06	-08	-07	-09	-06	-08	-08	γ -15.8	-01	-41
2	-09	-10	-13	-10	-10	-12	-12	-05	-06	-20	-40	-45	-42	-40	-30	-13	-10	-08	-08	-10	-10	-14	-15	-15	-17.0	-05	-45
3	-15	-15	-12	-08	-05	-06	-12	-19	-27	-37	-46	-43	-42	-34	-19	-11	-08	-08	-11	-07	-10	-13	-14	-14	-18.2	-05	-46
4	-16	-16	-15	-14	-10	-09	-11	-15	-27	-36	-39	-38	-29	-23	-18	-09	-09	-14	-19	-18	-17	-16	-15	-15	-18.7	-09	-39
5*	-16	-18	-16	-17	-13	-12	-11	-10	-16	-23	-30	-33	-32	-25	-19	-14	-14	-14	-15	-18	-18	-17	-17	-18	-18.2	-10	-33
6	-18	-18	-18	-15	-10	-11	-15	-20	-25	-26	-29	-34	-30	-20	-18	-11	-10	-16	-16	-16	-15	-16	-17	-18	-18.4	-10	-34
7	-22	-22	-20	-17	-17	-23	-26	-27	-36	-46	-52	-56	-42	-34	-25	-18	-15	-15	(-19)	-23	-27	-17	-17	-19	**-26.5**	-15	-56
8*	-21	-31	-27	-22	-20	-17	-09	-09	-11	-22	-30	-32	-28	-22	-06	03	03	-06	-11	-11	-11	-12	-12	-11	-15.6	03	-32
9*	-12	-12	-12	-10	-08	-10	-09	-14	-25	-39	-48	-47	-38	-33	-27	-19	-14	-15	-14	-14	-14	-13	-13	-13	-19.7	-08	-48
10*	-15	-15	-15	-14	-11	-07	-09	-17	-28	-38	-45	-47	-39	-30	-20	-15	-13	-15	-18	-18	-17	-16	-14	-14	-20.4	-07	-47
11	-14	-15	-15	-14	-12	-13	-17	-22	-22	-27	-36	-39	-37	-26	-09	02	01	01	-03	-04	-09	-11	-14	-14	-15.4	02	-39
12	-17	-23	-28	-26	-31	-31	-36	-45	-45	-48	-47	-40	-31	-27	-20	10	-07	-08	-10	-10	-08	-05	-05	-06	-23.5	-05	-48
13	-07	-09	-09	-06	-06	-12	-17	-19	-20	-25	-34	-33	-23	-14	-04	18	23	22	12	10	11	09	01	-07	-05.8	23	-34
14	-10	-19	-23	-15	-10	-04	00	-03	-12	-24	-34	-34	-28	-16	-03	10	10	14	15	08	02	-02	-03	-09	-07.9	15	-34
15†	-08	-08	-06	-03	-02	-04	-07	-08	-11	-26	-44	-50	-52	-57	-41	-30	-12	-18	-18	-12	-08	04	-34	-19	-19.8	04	**-57**
16†	-55	-29	-09	-05	07	16	15	09	06	05	07	08	31	63	83	99	95	75	52	39	27	16	14	01	**23.8**	**99**	-55
17	-04	-18	-18	-11	-01	-08	07	18	13	16	07	05	14	23	39	60	54	67	48	33	27	-09	-08	-05	14.5	67	-18
18†	-01	-20	-36	-13	01	-02	-08	-04	-08	-12	-23	-14	02	20	34	57	62	53	46	27	21	07	07	-21	07.3	62	-36
19	-16	-03	-02	-06	-09	-08	-07	-07	-02	-06	00	04	19	18	16	51	75	49	44	32	23	16	-09	-10	10.9	75	-16
20	-06	-28	-24	-04	02	09	13	04	-02	-04	-09	-06	-01	04	26	35	58	39	19	16	12	10	03	-09	06.5	58	-28
21	-25	-10	-08	-21	-15	-05	-02	-01	04	02	-08	-14	-12	01	14	31	33	40	32	19	06	-05	01	01	02.4	40	-25
22†	01	01	-01	01	02	-01	-03	-02	00	-03	—	25	30	40	40	44	62	53	33	19	16	15	18	15	17.6	62	-03
23†	-14	-42	-42	-29	-37	-25	-19	-15	-09	-04	00	-02	-03	13	48	51	32	36	32	19	13	10	08	04	01.0	51	-42
24	-04	-03	00	-02	-06	-01	-02	-02	02	03	01	-04	07	17	24	29	25	19	14	13	08	01	-02	-01	05.7	29	-06
25	-04	-14	-17	-18	-11	-03	00	01	00	-10	-14	-17	-10	10	19	30	33	22	15	10	07	02	-03	-04	01.0	33	-18
26	-04	-01	00	—	—	—	—	—	—	—	-23	-18	-11	-02	04	10	12	09	08	05	02	02	-01	-05	—	—	—
27	-12	-16	-22	-24	-15	-08	-01	-01	-08	-16	-21	-25	-19	-09	-01	02	-01	-06	-05	-04	-03	-03	-02	-02	-09.2	02	-25
28	-02	-03	-04	-05	-04	-03	-03	-04	-12	—	—	—	—	—	—	01	01	-01	02	-01	-02	03	04	02	—	—	—
29	-12	-12	-14	-15	-05	02	04	03	-06	-20	-22	-12	-08	01	11	12	13	03	-02	-03	-04	-03	-02	-02	-03.9	13	-22
30*	-04	-04	-04	-06	-06	-03	-01	01	-04	-14	-20	-18	-12	-06	-02	00	00	-03	-06	-05	-05	-04	-04	-06	-05.7	01	-20
31	-06	-06	-06	-06	-05	-06	-07	-11	-19	-27	-38	-37	-32	-18	-08	-01	01	-01	03	08	08	08	00	-02	-08.7	08	-38
Mittel	-12	-15	-15	-12	-09	-08	-07	-09	-12	-20	-26	-24	-18	-08	02	13	15	11	06	02	00	-03	-06	-08	-06.8	20	-34

Vertikalintensität

Niemegk — $Z = 43700^{\gamma}$ + Tafelwert — 1947

Weltzeit

September

Tag	0h–1h	1h–2h	2h–3h	3h–4h	4h–5h	5h–6h	6h–7h	7h–8h	8h–9h	9h–10h	10h–11h	11h–12h	12h–13h	13h–14h	14h–15h	15h–16h	16h–17h	17h–18h	18h–19h	19h–20h	20h–21h	21h–22h	22h–23h	23h–24h	Tages-mittel (γ)	Max.	Min.
1*	-06	-07	-09	-07	-06	-06	-06	-08	-18	-35	-41	-37	-29	-21	-17	-10	-08	-10	-10	-05	-01	-03	-06	-06	-13.0	-01	-41
2	-06	-08	-08	-07	-09	-10	-10	-12	-19	-30	-38	-37	-29	-19	-13	-10	-14	-16	-15	-11	-10	-10	-10	-12	-15.1	-06	-38
3†	-14	-13	-17	-19	-19	-14	-20	-22	-43	-34	-19	-12	-01	16	24	41	49	52	62	57	26	12	-16	-26	02.1	62	-43
4	-28	-23	-13	-02	09	11	12	11	08	-02	-12	-10	-03	04	12	08	03	07	12	16	(17)	14	08	02	02.5	17	-28
5	-10	-08	-06	-01	03	08	11	11	05	-09	-15	-10	01	13	17	21	20	18	08	06	03	00	00	-01	03.5	21	-15
6	-04	-04	00	00	03	07	06	-02	-11	-19	-24	-22	-17	-07	02	17	38	49	49	43	22	12	09	02	06.2	49	-24
7	-08	-13	-20	-12	-11	-12	-09	-09	-08	-13	-19	-18	-15	-07	13	33	45	32	31	22	03	04	07	00	00.7	45	-20
8	-21	-13	00	06	11	15	14	08	-05	-14	-16	-14	-14	-14	-12	-05	00	00	00	02	03	03	02	02	-02.6	15	-21
9*	-01	01	00	00	00	02	02	00	-04	-12	-17	-19	-18	-15	-14	-09	-04	-04	-03	-01	02	02	02	01	-04.5	02	-19
10*	-03	-03	-03	-03	-03	00	04	05	-02	-14	-18	-18	-18	-16	-13	-11	-10	-11	-09	-07	-06	-06	-06	-07	**-07.4**	05	-18
11	-07	-08	-08	-08	-06	-03	-03	-06	-13	-23	-27	-20	-10	-05	03	04	11	30	23	14	14	08	-05	-05	-02.1	30	-27
12	-03	-03	-05	-07	-03	-02	-01	-05	-13	-18	-22	-17	-12	-06	-06	-05	-05	-02	04	09	17	14	12	11	-02.8	17	-22
13	06	-04	-18	-22	-16	-21	-18	-06	-09	-15	-15	04	24	45	39	39	34	25	22	18	14	01	-13	-08	04.4	45	-22
14†	-01	-12	-16	-07	-06	-06	03	03	-05	-09	06	11	33	40	45	45	58	56	35	23	24	17	-09	-16	13.0	58	-16
15†	-12	-14	-19	-08	-12	-05	05	08	00	-11	-11	-03	10	18	28	62	59	54	44	30	04	04	04	07	10.1	62	-19
16	08	05	03	07	11	13	16	14	07	-01	-08	-11	-09	-04	-02	01	02	12	17	15	10	01	-06	-08	03.9	17	-11
17	-21	-24	-31	-35	-17	-07	-02	-01	-04	-08	-07	06	16	17	26	49	61	51	31	25	16	10	-08	-06	05.7	61	-35
18	-27	-21	-17	-26	-17	-08	-01	03	02	00	00	03	08	(24)	18	22	22	23	16	(16)	-03	-04	00	-06	01.1	24	-27
19	-08	-04	00	00	-06	02	09	08	04	03	06	06	10	15	16	18	24	19	12	04	-04	-04	-03	-18	04.5	24	-18
20	-26	-11	-08	-04	01	06	03	00	00	-04	-02	01	05	09	20	24	19	20	14	12	07	05	-03	-02	03.6	24	-26
21	-05	-03	-03	-02	-10	-08	-02	-02	02	03	-02	-01	02	06	19	21	21	20	16	(16)	14	12	02	-08	04.5	21	-10
22	-04	-02	-01	01	02	03	05	03	03	02	-02	-06	-02	06	24	30	35	28	18	14	12	03	-01	-12	06.6	35	-12
23	-24	-17	-04	-01	02	-08	-09	01	05	02	01	-03	-02	04	07	09	07	04	04	03	03	02	02	-01	-00.5	09	-24
24†	-10	-09	-09	-07	-07	01	05	07	02	01	03	15	31	68	132	—	—	146	66	14	09	-02	11	-43	—	—	—
25†	-89	-62	-53	-76	-65	-50	-28	-15	06	15	23	40	48	44	60	74	86	86	62	48	31	20	12	18	09.8	**86**	**-89**
26	18	10	-02	03	11	18	24	23	15	04	01	05	08	17	18	22	21	17	16	16	16	16	10	11	**13.2**	24	-02
27	12	11	-01	03	06	13	14	14	09	01	-07	-05	02	05	07	08	05	03	03	04	06	09	09	09	05.8	14	-07
28*	09	02	02	04	06	11	11	04	-05	-14	-16	-13	-05	-07	-02	02	02	06	07	07	09	06	06	05	01.5	11	-16
29*	04	03	02	03	02	03	02	-03	-09	-17	-22	(-10)	-10	-02	06	15	18	20	20	20	19	19	16	03	04.2	20	-22
30	02	07	06	06	10	15	20	19	11	-03	-13	-17	-15	-09	-01	05	08	08	04	07	15	17	16	17	05.6	20	-17
Mittel	-09	-08	-09	-07	-05	-01	02	02	-03	-09	-11	-07	00	07	15	18	21	25	19	15	10	06	01	-03	02.8	28	-24

Oktober

Tag	0h–1h	1h–2h	2h–3h	3h–4h	4h–5h	5h–6h	6h–7h	7h–8h	8h–9h	9h–10h	10h–11h	11h–12h	12h–13h	13h–14h	14h–15h	15h–16h	16h–17h	17h–18h	18h–19h	19h–20h	20h–21h	21h–22h	22h–23h	23h–24h	Tages-mittel (γ)	Max.	Min.
1	12	12	04	-11	-12	-07	01	08	02	—	—	—	—	—	—	-15	-10	-05	-04	04	16	27	15	09	—	—	—
2†	00	-01	-04	-04	-13	-11	-06	00	03	03	02	05	26	44	63	93	84	71	66	42	36	25	-05	-19	**20.8**	**93**	-19
3	-45	-20	-19	-16	-28	-29	-06	02	06	07	12	12	10	32	32	30	22	18	18	17	18	10	-01	07	03.7	32	**-45**
4	10	13	13	12	11	18	25	25	16	03	-02	-03	-04	01	06	11	11	10	11	11	11	10	10	10	10.0	25	-04
5	09	08	08	07	08	12	16	14	07	-04	-12	-12	-12	-12	-03	02	02	02	04	05	06	08	06	02	03.0	16	-12
6	01	01	02	02	04	08	12	11	05	-05	-11	-16	-16	-07	-02	06	04	03	03	02	04	04	05	02	00.9	12	-16
7	02	02	02	00	02	03	06	08	05	02	-06	-14	-13	-10	-04	04	06	12	20	21	17	10	09	08	03.8	21	-14
8	08	06	05	03	01	-03	01	04	06	-02	-11	-15	-12	-06	05	11	10	09	13	11	08	06	04	02	02.7	13	-15
9†	-02	-19	-26	-24	-15	-10	01	02	00	-04	00	10	19	41	54	62	66	77	69	63	53	35	31	13	20.7	77	-26
10†	08	-24	-18	-01	01	09	13	17	18	15	14	24	38	44	56	70	72	56	44	42	36	06	-24	-18	**20.8**	72	-24
11	-05	-16	-11	-17	-04	02	10	11	11	08	10	18	22	35	42	58	66	55	49	47	27	12	08	04	18.4	66	-17
12†	-09	-17	-26	-01	04	13	18	10	06	09	11	14	32	58	53	38	39	38	31	13	15	14	10	02	15.6	58	-26
13	02	07	-02	-02	05	02	10	16	15	12	12	10	12	16	21	22	34	38	29	24	21	05	-02	-03	12.7	38	-03
14	-13	-08	03	07	09	15	14	13	17	15	21	21	31	42	50	40	33	28	20	14	03	01	04	-16	15.2	50	-16
15†	-04	06	09	09	11	11	12	13	11	04	05	15	26	27	38	50	52	46	38	34	25	12	-13	-18	17.5	52	-18
16	-09	-04	00	04	04	08	16	20	17	07	03	13	20	27	32	41	34	26	24	20	16	13	12	09	14.7	41	-09
17	04	-03	01	01	02	06	14	15	12	06	07	13	20	23	30	34	32	26	22	20	17	15	11	09	14.0	34	-03
18	09	07	07	08	07	07	09	06	06	00	-04	01	06	11	17	22	24	23	24	23	18	15	04	05	10.6	24	-04
19	07	07	08	04	06	08	09	11	13	08	07	07	11	16	18	31	40	47	52	29	10	17	15	14	16.5	52	04
20	11	08	-01	02	04	11	16	15	16	12	12	13	17	22	26	27	27	20	19	16	10	03	02	-16	12.2	27	-16
21	-10	-08	-06	00	06	08	15	16	10	00	-04	00	02	03	07	09	14	15	16	15	15	12	07	04	06.1	16	-10
22	02	-03	-04	-02	03	04	07	06	-03	-09	-08	-04	-01	06	08	07	07	06	07	07	08	08	07	04	02.6	08	-09
23	-02	00	04	04	06	07	02	01	-02	-09	-08	00	02	10	18	25	25	27	32	26	25	18	15	12	09.9	32	-09
24	08	-15	-08	-06	-01	04	08	08	03	01	01	09	14	18	18	14	10	07	08	08	09	15	12	13	06.6	18	-15
25	06	05	05	06	06	08	12	13	04	-04	-06	-06	-03	01	05	04	04	08	10	09	11	10	08	08	05.2	13	-06
26*	07	06	06	07	05	08	12	12	09	05	-01	-03	-02	01	03	04	04	02	02	04	05	04	05	06	04.6	12	-03
27*	05	06	09	08	08	07	11	13	07	-02	-07	-07	-05	-01	01	-02	-01	-01	01	00	00	03	04	04	02.5	13	-07
28*	04	04	03	03	04	04	07	06	01	-07	-09	-11	-10	-08	-04	-03	-03	-03	-04	-03	-02	-01	-01	00	-01.4	07	-11
29*	02	02	02	01	00	00	01	00	-04	-16	-18	-19	-14	-08	-06	-06	-07	-03	01	00	00	00	00	00	-03.8	02	-19
30*	00	00	00	-01	-01	-01	-01	00	-07	-14	-20	-21	-17	-12	-07	-03	-03	-02	-02	-03	-03	-02	-02	-02	**-05.2**	00	-21
31	-01	-03	-04	-03	-05	-02	-02	-02	-08	-11	-12	—	—	—	—	—	—	—	—	—	-02	01	03	03	—	—	—
Mittel	01	-01	-01	00	01	04	08	09	07	01	-01	02	07	11	20	24	24	23	21	17	14	10	05	02	08.7	32	-14

Niemegk

Vertikalintensität

$Z = 43700^{\gamma}$ + Tafelwert

1947

0h 1h 2h 3h 4h 5h 6h 7h 8h 9h 10h 11h 12h 13h 14h 15h 16h 17h 18h 19h 20h 21h 22h 23h 24h Weltzeit

November

Tag	0h–1h	1h–2h	2h–3h	3h–4h	4h–5h	5h–6h	6h–7h	7h–8h	8h–9h	9h–10h	10h–11h	11h–12h	12h–13h	13h–14h	14h–15h	15h–16h	16h–17h	17h–18h	18h–19h	19h–20h	20h–21h	21h–22h	22h–23h	23h–24h	Tagesmittel γ	Max.	Min.
1	-01	00	01	00	-01	-01	02	02	-04	-06	-05	-06	-07	-04	-04	-04	-04	-06	-05	-05	-04	-02	01	-01	-02.7	02	-07
2	-01	-01	00	-08	-05	-05	-02	00	-06	-10	-10	-10	-07	-03	-01	-01	-02	-03	-04	-03	-02	-02	-02	-02	-03.8	00	-10
3*	-02	-02	-02	-02	-02	-03	-02	00	-03	-13	-13	-12	-13	-07	-05	-03	-04	-07	-02	00	00	-03	-07	-12	**-05.0**	00	-13
4	-16	-11	-07	-05	-04	-02	01	02	-02	-05	-04	-02	01	04	07	10	08	08	07	03	02	01	00	-02	-00.2	10	-16
5*	-02	-02	-01	-01	00	01	02	05	02	04	06	05	03	04	03	01	-02	-03	-03	-02	-02	-01	-02	-02	00.5	06	-03
6*	-02	-02	-02	-03	-03	-03	-01	02	00	-03	-03	-04	-04	-04	-04	-05	-05	-05	-05	-03	-02	-02	-02	-02	-02.8	02	-05
7*	-02	-03	-03	-04	-03	-04	-02	02	-02	-07	-07	-08	-09	-08	-05	-05	-03	-02	-02	01	01	00	00	-07	-03.4	01	-09
8†	-06	-07	-06	-07	-06	-04	00	01	-03	-05	-02	02	02	07	13	24	20	21	24	20	14	04	01	-02	04.4	24	-07
9†	-02	-13	-06	-05	-04	-02	-01	00	-01	-03	-03	03	24	45	58	61	55	47	33	28	33	-08	-14	-36	12.0	61	**-36**
10†	-28	-35	-14	06	13	16	18	14	14	13	15	22	29	41	47	35	31	34	29	21	08	-06	-10	-13	12.5	47	-35
11†	-22	-31	-12	00	05	07	12	15	11	02	03	12	19	33	74	79	75	64	54	39	17	12	11	08	**20.3**	**79**	-31
12	10	02	-09	00	06	08	14	19	16	12	09	11	17	25	25	23	22	18	18	15	15	14	09	04	12.6	25	-09
13	02	07	04	05	06	08	11	16	12	08	14	17	16	19	21	21	20	18	11	10	10	11	09	06	11.8	21	02
14	07	08	08	08	09	08	07	08	07	07	11	14	20	25	26	24	27	22	22	19	20	17	16	15	14.8	27	07
15	14	06	-06	-12	-09	-07	-06	-04	-06	02	01	04	08	11	13	11	10	11	11	12	11	09	07	05	04.0	14	-12
16	05	01	02	-01	01	04	05	06	05	07	10	17	20	20	18	20	20	18	15	13	12	12	10	02	10.1	20	-01
17	07	07	08	09	09	08	09	12	08	02	04	08	05	07	07	11	11	09	07	07	08	07	06	07	07.6	12	02
18	07	04	07	04	04	05	03	06	05	-04	-04	-04	-01	04	09	13	14	16	16	16	15	10	06	05	06.5	16	04
19†	06	06	06	07	09	-01	01	06	08	12	17	17	19	27	26	26	28	31	28	33	31	26	16	10	16.5	33	-01
20	10	08	09	11	12	12	14	16	13	06	08	08	09	12	13	13	12	15	14	12	11	08	07	07	10.8	16	06
21	08	08	06	04	04	04	04	08	05	02	03	05	08	12	14	13	14	19	24	24	25	20	15	14	11.0	25	02
22	13	12	12	11	10	10	08	06	04	02	03	05	07	13	15	11	13	17	16	15	14	11	10	10	10.3	17	02
23	09	08	08	06	06	06	05	06	01	-02	-02	02	06	10	11	13	13	13	13	13	11	11	07	04	07.4	13	-02
24	06	08	08	07	07	08	07	04	00	-04	-05	-02	00	04	06	07	06	03	09	15	20	19	17	15	06.9	20	-05
25	15	16	14	12	10	09	08	03	03	00	-02	-01	02	07	08	09	09	07	08	09	10	10	09	10	07.7	16	-02
26*	10	08	09	08	07	07	05	07	04	-01	-04	02	04	05	08	07	06	05	06	09	08	07	06	07	05.8	10	-04
27	08	08	08	07	06	04	01	-01	-06	-09	-07	-05	-01	04	05	03	02	01	00	-02	-01	01	03	04	01.4	08	-09
28	03	03	03	00	00	-01	-02	-02	-02	—	—	—	—	—	—	—	—	—	—	—	—	—	—	—	—	—	—
29	—	—	—	—	—	—	—	—	—	-08	-12	-11	-07	-06	00	03	01	03	09	09	09	08	06	05	—	—	—
30	03	04	04	02	04	02	-01	-04	-07	-10	-14	-10	-05	01	04	05	03	04	06	10	10	08	07	05	01.3	10	-14
Mittel	02	01	02	02	03	03	04	05	03	00	00	03	06	11	14	15	14	13	12	12	10	07	05	02	06.2	19	-07

Dezember

Tag	0h–1h	1h–2h	2h–3h	3h–4h	4h–5h	5h–6h	6h–7h	7h–8h	8h–9h	9h–10h	10h–11h	11h–12h	12h–13h	13h–14h	14h–15h	15h–16h	16h–17h	17h–18h	18h–19h	19h–20h	20h–21h	21h–22h	22h–23h	23h–24h	Tagesmittel γ	Max.	Min.
1	05	-02	-01	02	02	02	01	00	-03	-06	-11	-08	-09	-07	-02	01	01	00	01	02	03	04	04	03	-00.8	05	-11
2	04	03	04	04	04	03	01	01	-04	-06	-06	-03	-02	-02	02	08	10	14	07	06	07	06	07	05	03.0	14	-06
3*	05	04	05	03	03	02	03	03	03	01	-02	-02	-02	-03	-01	03	04	04	04	05	05	04	04	04	02.5	05	-03
4	04	03	03	03	04	02	-01	-02	-03	-07	-08	-10	-09	-06	-02	05	13	10	09	08	06	03	02	02	01.2	13	-10
5	02	-02	-07	-04	-15	-07	-05	-03	-02	-03	-05	-10	-06	-01	05	04	05	06	05	05	(06)	01	-02	-02	-01.5	06	-15
6†	-15	-24	-22	-15	-09	-04	00	05	06	06	04	06	13	17	22	24	26	30	36	29	21	06	-01	00	06.7	**36**	**-24**
7	03	03	04	04	03	04	04	03	01	-09	-10	-07	-02	04	07	12	10	19	21	18	18	11	11	09	05.9	21	-10
8	07	06	05	04	03	03	02	02	04	04	04	05	07	10	08	08	08	07	06	07	06	05	04	03	05.3	10	02
9†	04	02	01	-04	-05	-02	-02	-03	00	-05	01	05	07	17	15	10	14	17	24	22	03	03	07	05	05.7	24	-05
10	04	04	01	-01	00	02	03	03	03	00	01	02	02	08	10	13	10	08	06	06	06	05	04	05	04.4	13	-01
11	04	04	03	02	01	00	-01	01	00	-03	-02	01	05	10	12	14	14	18	22	21	13	10	07	02	06.6	22	-03
12†	01	03	01	-02	-02	-01	-01	00	-05	-06	-05	-03	06	06	11	16	29	29	28	23	20	15	13	06	07.6	29	-06
13†	07	06	04	-03	-02	02	04	02	02	02	03	08	08	14	18	22	22	21	15	13	09	08	08	06	**08.3**	22	-03
14	06	05	04	04	00	03	04	06	06	06	09	15	19	21	24	24	23	19	18	16	14	12	07	05	11.2	24	00
15	04	-05	00	00	02	02	02	03	01	00	02	03	06	11	14	19	19	16	14	13	11	08	05	04	06.4	19	-05
16	05	05	05	04	00	04	03	03	04	02	02	00	00	04	09	09	07	06	06	05	04	05	03	03	04.1	09	00
17*	04	04	03	03	03	04	04	04	02	-01	-05	-07	-01	00	03	07	07	07	06	06	06	04	04	00	02.8	07	-07
18	-01	-03	01	00	00	02	03	01	-03	-04	-06	-04	00	04	05	07	06	06	08	08	10	09	07	-01	02.3	10	-06
19	01	01	01	03	03	01	02	02	-01	-04	-02	-02	00	04	10	13	14	14	14	16	15	12	09	08	05.6	16	-04
20*	07	06	05	04	05	05	04	02	00	-05	-04	-04	-03	01	06	12	12	12	13	11	09	08	07	05	04.9	13	-05
21*	04	03	03	03	02	02	03	(-04)	(-12)	-23	-16	-14	-11	-09	-05	00	00	01	02	02	02	01	02	01	02.6	04	-23
22	01	02	02	03	03	04	04	02	-05	-09	-06	-04	-03	00	04	09	12	13	16	21	20	16	14	07	05.2	21	-09
23†	09	06	06	07	07	07	08	06	05	00	01	02	07	15	—	—	—	—	—	—	—	—	-02	06	—	—	—
24	05	05	04	04	04	05	04	02	01	01	00	-04	-04	03	07	08	08	06	04	03	05	00	01	04	03.2	08	-04
25	05	05	04	03	01	01	01	00	01	-01	01	-01	01	06	08	05	06	08	09	09	07	08	11	10	04.5	11	-01
26	09	04	01	01	-01	-03	00	-02	-02	00	00	02	-01	08	14	11	10	10	09	08	04	04	03	02	03.8	14	-03
27	00	01	00	-01	-02	-03	-06	-09	-09	-11	-10	-13	-12	-08	-05	-02	-01	05	09	14	13	10	07	05	-01.2	14	-13
28	05	04	03	02	02	01	-02	-04	-10	-08	-08	-10	-04	01	01	04	04	04	03	03	01	01	-02	01	-00.3	05	-10
29	02	01	01	01	02	01	-01	-05	-05	-03	03	03	06	11	16	20	18	16	10	08	04	-03	-04	-01	04.2	20	-05
30	01	02	03	02	02	02	01	-04	-10	-12	-07	-05	-02	02	02	01	00	01	02	02	00	01	00	00	-00.7	03	-12
31*	-02	-01	-01	-02	-03	-02	-03	-08	-09	-12	-13	-13	-14	-11	-09	-03	-01	02	03	04	02	02	00	00	**-03.9**	04	-14
Mittel	03	02	01	01	01	01	01	00	-01	-04	-03	-02	00	04	07	09	10	11	11	10	08	06	05	03	03.6	14	-07

Niemegk — **Vertikalintensität** — $Z = 43700^{\gamma}$ + Tafelwert — **1948**

Weltzeit

Januar

Tag	0h–1h	1h–2h	2h–3h	3h–4h	4h–5h	5h–6h	6h–7h	7h–8h	8h–9h	9h–10h	10h–11h	11h–12h	12h–13h	13h–14h	14h–15h	15h–16h	16h–17h	17h–18h	18h–19h	19h–20h	20h–21h	21h–22h	22h–23h	23h–24h	Tagesmittel	Max.	Min.
																									γ		
1	-01	-02	-02	-03	-02	-03	-04	-04	-05	-06	-06	-05	-03	-03	05	12	12	12	16	19	15	06	02	04	2.2	19	-06
2†	03	03	04	03	01	-04	-03	-03	-02	02	02	04	07	06	08	12	21	33	44	41	27	20	16	12	10.7	44	-04
3†	10	10	07	-03	-13	-16	-11	-03	04	10	12	18	22	30	54	79	83	88	94	68	50	37	31	30	**28.8**	**94**	**-16**
4*	28	26	26	25	25	26	26	25	21	22	24	21	22	25	24	23	23	22	24	23	20	20	20	19	23.3	28	19
5	18	18	17	17	17	17	18	18	19	18	21	19	20	22	28	29	28	29	27	23	21	20	20	19	21.0	29	17
6	18	16	15	14	13	15	13	12	13	11	12	14	16	22	23	22	24	28	27	23	21	19	18	16	17.7	28	11
7	06	07	07	08	10	10	09	09	09	06	08	09	14	12	14	14	19	19	20	20	23	23	22	18	13.2	23	06
8†	07	08	09	08	03	02	05	06	06	09	11	12	15	13	18	23	22	22	28	24	20	18	14	04	12.8	28	02
9†	05	-01	00	03	06	04	08	12	12	12	15	17	19	20	19	19	16	16	17	18	16	10	07	08	11.6	20	-01
10	10	12	12	11	09	08	09	10	11	08	11	09	10	15	22	25	20	17	16	14	12	12	12	09	12.7	25	08
11	02	03	07	06	08	06	06	10	14	11	11	09	15	20	20	21	19	17	17	18	15	15	14	12	12.3	21	02
12	12	08	09	09	09	09	08	07	02	01	10	12	09	13	13	14	12	12	16	16	12	09	10	10	10.1	16	01
13	10	10	10	09	09	09	09	10	10	06	03	04	09	13	16	17	17	18	17	14	14	13	12	12	11.3	18	03
14*	12	12	12	11	10	09	09	09	08	05	06	06	06	11	15	15	16	15	14	12	11	10	10	09	10.5	16	05
15	08	09	09	09	09	09	09	06	04	-01	02	06	06	12	15	16	14	13	12	11	10	10	04	07	08.7	16	-01
16	06	06	07	07	08	06	06	05	03	10	14	08	04	13	17	18	16	15	16	16	13	12	10	10	10.2	18	03
17†	09	09	08	08	08	07	06	04	-03	-12	-10	-10	-06	11	35	23	28	43	47	39	25	18	19	19	13.5	47	-12
18	17	10	09	13	14	15	16	15	15	14	10	09	08	11	18	23	22	21	20	22	22	20	18	18	15.8	23	08
19	16	14	14	14	16	16	15	14	08	07	08	12	14	16	15	14	17	20	23	21	19	17	16	16	15.1	23	07
20	14	14	13	12	11	12	11	12	10	09	10	06	08	19	24	20	23	27	26	27	27	25	18	16	16.4	27	06
21	19	21	19	20	17	18	19	19	13	08	08	11	16	20	19	18	22	23	28	32	26	22	21	08	18.6	32	08
22	12	16	16	10	14	14	14	15	13	11	11	14	12	14	14	13	13	15	17	22	24	21	15	15	14.8	24	10
23	15	15	14	11	08	10	11	10	06	06	08	07	08	09	12	13	12	13	15	16	16	16	18	14	11.8	18	06
24*	15	14	13	13	12	12	11	11	06	03	06	08	08	11	09	09	08	08	08	10	10	12	11	10	09.9	15	03
25*	11	10	10	09	08	07	06	04	02	01	02	08	13	13	12	13	13	12	12	11	09	09	09	08	08.8	13	01
26*	08	08	08	07	07	05	06	05	02	04	03	01	02	04	07	05	06	06	06	07	07	09	10	07	**05.8**	10	01
27	08	09	08	08	07	06	03	-02	-06	-10	-05	-05	-05	00	08	10	11	16	19	19	16	15	12	10	06.3	19	-10
28	09	10	10	10	09	08	06	03	00	-01	-02	-02	-03	02	08	10	11	10	08	08	06	06	06	06	**05.8**	11	-03
29	07	-04	-01	04	06	07	06	05	04	02	05	05	07	07	11	18	28	20	16	15	12	07	08	09	08.5	28	-04
30	09	09	08	02	03	03	04	05	03	-04	-03	02	09	18	22	24	23	20	23	19	16	15	13	08	10.5	24	-04
31	09	-01	-02	03	06	07	06	06	04	00	-03	-03	-03	04	13	16	13	12	12	12	11	10	10	09	06.3	16	-03
Mittel	11	10	09	09	09	08	08	08	07	05	07	07	09	13	17	19	20	21	22	21	18	15	14	12	12.4	25	02

Februar

Tag	0h–1h	1h–2h	2h–3h	3h–4h	4h–5h	5h–6h	6h–7h	7h–8h	8h–9h	9h–10h	10h–11h	11h–12h	12h–13h	13h–14h	14h–15h	15h–16h	16h–17h	17h–18h	18h–19h	19h–20h	20h–21h	21h–22h	22h–23h	23h–24h	Tagesmittel	Max.	Min.
																									γ		
1*	07	02	05	07	08	08	08	08	09	09	09	11	12	12	12	12	09	08	08	08	09	07	07	06	08.4	12	02
2	06	06	06	06	03	05	06	06	05	03	07	11	13	17	22	24	29	32	25	23	21	19	15	12	13.4	32	03
3†	12	09	04	04	03	01	02	08	08	10	16	16	22	38	23	20	19	16	15	15	15	14	14	13	13.2	38	01
4	13	14	12	13	11	10	08	06	00	-01	-03	-02	02	11	17	20	23	20	16	18	19	17	15	08	11.1	23	-03
5	08	08	09	03	04	07	07	04	-02	-01	-01	-02	02	12	18	21	23	24	19	18	19	16	13	09	09.9	24	-02
6	10	11	11	12	12	12	10	08	10	09	04	04	13	19	19	19	16	14	12	11	11	10	06	06	11.2	19	04
7	10	09	10	09	10	07	06	04	04	-01	-01	02	11	14	17	19	17	15	14	10	10	11	10	07	09.3	19	-01
8	03	04	05	03	06	07	07	05	04	03	01	-02	01	07	10	11	11	10	10	09	10	11	06	10	06.3	11	-02
9*	03	04	06	06	07	08	07	05	02	-03	-05	-05	-04	03	07	06	07	07	08	08	07	06	06	06	04.2	08	-05
10	04	05	02	02	00	00	01	-02	-04	-09	-06	-06	-07	-04	04	10	14	10	10	09	08	08	06	07	**02.6**	14	**-09**
11	07	06	03	04	06	05	06	05	00	-04	-03	-02	01	08	14	18	14	13	12	12	13	14	11	11	07.2	18	-04
12	10	10	10	08	08	08	07	06	03	-02	-05	-04	00	08	09	06	05	07	07	08	05	05	03	01	05.1	10	-05
13	-05	-02	-02	01	02	03	04	04	-01	-02	-04	-04	00	06	07	09	11	13	11	10	09	10	09	09	04.1	13	-05
14	06	07	09	09	08	08	10	09	04	-01	-04	-02	01	11	16	21	26	32	32	33	28	24	17	14	13.2	33	-04
15†	12	09	09	09	05	03	06	04	02	04	04	08	12	20	22	29	33	32	31	45	33	25	17	14	16.2	45	02
16†	-07	-01	03	06	10	07	06	06	07	09	10	06	10	16	20	25	27	28	25	20	18	14	13	09	12.0	28	-07
17	10	06	07	09	05	05	06	08	10	08	09	07	08	20	27	26	26	26	24	21	16	13	13	16	13.7	27	05
18†	16	11	06	09	11	11	13	08	06	06	03	02	02	08	24	26	23	18	16	08	12	14	13	13	11.6	26	02
19	15	17	20	20	15	15	16	17	14	13	12	10	12	15	22	24	26	24	20	20	17	09	06	11	16.2	26	06
20*	12	14	14	14	13	14	15	16	15	12	11	13	11	10	12	11	12	12	11	11	11	12	12	12	12.5	16	10
21*	12	12	11	11	11	11	12	14	09	07	02	01	04	05	06	07	07	08	08	08	10	10	09	09	08.5	14	01
22*	07	06	06	06	07	09	12	14	10	03	00	00	02	08	12	14	13	12	12	11	10	11	09	09	08.5	14	00
23†	08	05	03	00	00	-01	-03	01	-01	-03	-04	02	19	37	50	66	62	56	43	33	28	21	16	17	**19.0**	**66**	-04
24	18	17	16	17	16	16	17	16	14	06	05	04	07	10	11	09	08	12	19	26	32	22	17	16	14.6	32	04
25	16	16	16	15	15	14	12	10	09	07	02	-02	-05	-03	03	07	05	06	06	08	10	10	09	10	08.2	16	-05
26	12	12	12	12	10	09	08	09	06	02	-04	-04	-07	-02	02	05	06	07	07	05	07	08	08	08	05.8	12	-07
27	09	04	02	04	06	08	11	14	12	06	04	02	03	07	10	09	07	07	07	09	10	14	17	09	08.0	14	02
28	10	08	01	04	08	10	08	10	06	02	-03	-06	-07	01	09	13	15	14	15	13	12	12	14	13	07.6	15	-07
29	04	02	05	08	08	03	03	02	-02	-03	-03	-02	00	03	11	13	20	21	22	20	17	15	13	08	07.8	22	-03
Mittel	09	08	08	08	08	08	08	08	06	03	02	02	05	11	15	17	18	17	16	16	15	13	11	10	10.0	22	-01

Niemegk — **Vertikalintensität** — **1948**

$Z = 43700^{\gamma} +$ Tafelwert

Weltzeit

März

Tag	0h–1h	1h–2h	2h–3h	3h–4h	4h–5h	5h–6h	6h–7h	7h–8h	8h–9h	9h–10h	10h–11h	11h–12h	12h–13h	13h–14h	14h–15h	15h–16h	16h–17h	17h–18h	18h–19h	19h–20h	20h–21h	21h–22h	22h–23h	23h–24h	Tagesmittel	Max.	Min.
1†	03	01	-09	-04	-05	00	01	00	09	10	08	10	08	08	19	25	21	20	17	16	16	12	-18	-02	γ 06.9	25	-18
2†	-09	-01	05	08	11	10	11	12	12	09	09	11	10	08	18	20	20	19	17	17	14	09	05	-12	09.7	20	-12
3	-07	04	10	11	05	02	01	05	05	08	08	11	17	21	22	24	24	19	16	14	13	13	09	10	11.0	24	-07
4	07	08	11	12	11	10	12	09	06	01	-01	-02	-01	08	11	14	11	11	11	11	11	11	11	09	08.4	14	-02
5	08	09	09	09	09	08	11	11	10	01	-03	-04	-05	-03	02	09	14	15	11	09	08	08	08	08	06.8	15	-05
6	09	09	08	08	06	06	08	08	04	-03	-09	-09	-03	01	04	17	18	19	19	20	12	13	12	06	07.6	20	-09
7	04	07	09	10	09	08	08	08	04	-06	-12	-08	-04	02	14	19	21	18	13	12	12	11	10	10	07.5	21	-12
8	10	09	08	09	08	08	10	09	05	01	-05	-09	-04	03	10	17	22	24	22	18	18	15	14	12	09.8	24	-09
9	13	12	12	12	10	10	12	14	10	03	02	-02	-03	00	06	12	16	17	15	14	08	08	09	10	09.2	17	-03
10	08	10	10	09	08	08	12	14	11	00	-06	-04	-01	03	12	17	17	15	14	13	05	00	03	04	07.6	17	-06
11	05	06	06	05	05	04	04	04	01	-08	-14	-11	-07	-04	04	08	06	04	03	03	04	01	-02	00	01.1	08	-14
12	03	04	04	-06	-13	-10	01	02	-03	-07	-15	-16	-04	03	13	18	17	13	11	11	14	13	11	04	02.8	18	-16
13†	-01	-11	-19	-16	-06	-02	05	06	03	-07	-06	-05	12	21	37	43	44	48	42	35	29	14	04	-02	11.2	48	-19
14†	-17	-20	-11	-03	-13	-13	-06	04	04	-02	-04	00	02	10	23	32	41	34	31	25	12	12	05	06	06.3	41	-20
15†	-05	-11	-28	-31	-57	-51	-35	-29	-09	-14	01	18	28	70	78	88	120	129	96	49	50	40	30	19	**22.8**	**129**	**-57**
16	20	27	24	30	29	33	36	34	32	22	10	06	08	12	19	24	25	25	25	25	24	23	20	19	23.0	36	06
17	18	18	17	15	14	15	18	14	08	-02	-01	-02	05	10	17	26	33	31	27	25	24	22	22	21	16.5	33	-02
18*	19	17	18	18	17	20	25	25	19	13	07	09	14	16	18	20	24	20	20	19	19	18	18	17	17.9	25	07
19	15	08	10	13	16	20	23	18	13	06	00	-03	02	08	12	14	17	18	19	19	18	16	15	15	13.0	23	-03
20	14	15	14	13	13	16	19	17	11	04	00	05	12	18	27	33	34	26	22	21	18	17	17	16	16.8	34	00
21	15	16	16	14	15	19	22	17	08	-01	-06	-05	01	07	12	18	18	16	17	19	20	18	17	18	13.0	22	-06
22	15	15	14	13	12	12	14	15	11	09	04	02	05	12	18	21	23	19	16	13	09	09	10	11	12.6	23	02
23*	11	10	11	11	11	13	16	13	07	-01	-05	-04	-02	03	10	12	12	12	10	10	10	12	12	12	08.6	16	-05
24*	12	10	10	08	08	10	11	10	06	-02	-07	-10	-07	03	06	08	08	08	08	08	08	08	08	09	05.9	12	-10
25*	09	08	08	08	07	10	11	08	03	-06	-12	-13	-10	-04	04	07	05	04	02	03	03	04	05	06	02.9	11	-13
26	07	06	07	07	06	08	09	06	01	-09	-15	-15	-13	-03	12	20	13	09	09	11	14	10	11	09	05.0	20	-15
27	05	-01	06	10	10	13	15	10	06	-01	-08	-08	-01	06	11	19	17	12	11	11	11	12	14	09	07.9	19	-08
28	06	04	06	07	08	11	13	10	06	-02	-04	00	02	07	14	23	24	20	16	15	14	14	14	12	10.0	24	-04
29*	10	10	10	09	10	14	16	13	07	01	-05	-09	-06	00	07	12	11	10	12	15	15	15	15	13	08.5	16	-09
30	12	12	10	09	08	10	13	11	04	-07	-12	-13	-11	-06	03	10	12	09	12	10	13	18	15	13	06.5	18	-13
31	13	08	05	07	06	05	07	06	00	-07	-13	-18	-16	-10	-04	-02	-02	-03	-01	02	07	06	05	04	**00.2**	08	-18
Mittel	07	07	07	07	06	07	10	10	07	00	-04	-03	01	07	15	20	22	21	18	16	15	13	11	09	09.6	25	-10

April

Tag	0h–1h	1h–2h	2h–3h	3h–4h	4h–5h	5h–6h	6h–7h	7h–8h	8h–9h	9h–10h	10h–11h	11h–12h	12h–13h	13h–14h	14h–15h	15h–16h	16h–17h	17h–18h	18h–19h	19h–20h	20h–21h	21h–22h	22h–23h	23h–24h	Tagesmittel	Max.	Min.
1†	-06	-09	-09	-06	-06	-08	-03	-01	-05	-05	-10	-12	-08	-01	08	12	15	15	14	14	13	13	04	02	γ **00.9**	15	-12
2	03	06	06	07	07	10	10	11	05	-06	-13	-14	-09	00	07	12	11	11	12	13	11	12	10	08	05.4	13	-14
3	05	02	-04	-04	-01	07	12	11	04	-05	-05	-05	01	06	13	16	18	18	16	14	13	13	13	13	07.1	18	-05
4	14	13	13	13	14	19	23	17	12	02	-03	-04	02	11	19	19	19	20	18	17	16	15	14	15	13.2	23	-04
5*	15	15	15	14	14	18	21	19	14	07	00	-04	-01	07	14	16	14	12	12	12	12	13	13	12	11.8	21	-04
6†	12	12	11	10	09	13	15	10	02	-05	-14	-18	-13	-04	05	07	05	04	16	16	15	12	11	13	06.0	16	-18
7	12	12	09	09	11	15	17	13	07	00	-10	-11	-06	-01	04	08	13	15	14	16	15	17	16	13	08.7	17	-11
8*	08	12	14	13	12	15	15	10	05	-03	-16	-17	-06	03	05	08	10	11	12	14	14	13	13	13	07.4	15	-17
9*	12	12	12	11	11	14	15	09	03	-06	-18	-26	-21	-09	01	06	10	13	16	14	16	17	16	13	05.9	17	-26
10	08	08	08	09	10	13	15	14	05	-03	-15	-20	-16	-03	06	13	18	25	23	20	17	16	16	10	08.2	25	-20
11	09	10	10	12	14	15	19	16	09	-01	-18	-24	-17	-06	02	07	08	11	12	12	13	12	12	11	06.2	19	-24
12	11	08	05	08	10	12	16	15	11	01	-06	-07	-03	00	09	23	37	38	32	29	26	23	19	17	13.9	38	-07
13	15	12	13	12	04	11	19	19	16	07	-01	-05	-08	-04	06	10	15	14	19	20	17	16	17	15	10.8	20	-08
14	14	-03	-03	05	-05	04	10	09	06	-03	-16	-16	-10	-05	04	10	15	18	14	16	15	15	14	14	05.1	18	-16
15	14	14	15	13	11	13	16	19	16	10	-01	-03	01	10	21	40	63	67	58	42	34	29	27	24	**23.0**	**67**	-03
16*	24	24	25	27	30	31	31	31	24	07	-04	-06	-06	00	04	08	13	16	16	16	18	17	17	15	15.8	31	-06
17	16	15	14	16	17	19	19	16	08	-06	-13	-14	-10	-04	00	04	07	09	11	14	15	16	15	14	08.2	19	-14
18	14	14	14	14	14	18	20	18	13	00	-12	-20	-13	-01	07	14	15	16	15	15	16	15	14	15	09.8	20	-20
19*	15	15	16	15	16	18	16	10	-02	-15	-23	-20	-11	-02	04	04	12	11	11	12	12	11	12	11	06.2	18	-23
20	12	07	09	10	11	10	10	10	05	-05	-11	-10	-08	02	10	15	17	15	14	15	15	16	16	02	07.8	17	-11
21†	-20	-47	-16	03	14	21	24	23	14	07	-01	-05	-03	06	11	14	19	19	19	19	20	21	21	22	08.5	24	-47
22†	16	09	-02	-12	-12	-09	-28	-14	-08	-04	05	12	33	53	63	57	59	52	46	38	32	31	30	30	19.9	63	-28
23	26	25	27	27	27	33	34	29	16	01	-07	-03	06	18	20	19	21	20	20	22	23	23	24	24	19.8	34	-07
24	23	24	24	22	20	22	21	22	20	12	02	00	04	12	14	14	18	17	15	16	16	17	17	04	15.7	24	**00**
25	02	08	12	12	18	19	18	16	08	-01	-08	-08	-01	04	08	11	17	20	24	26	22	20	18	16	11.7	26	-08
26	14	14	16	17	19	20	20	16	04	-06	-11	-15	-08	09	22	37	42	39	30	26	27	24	22	22	16.7	42	-15
27	16	11	10	11	13	17	12	01	-07	-14	-17	-14	-08	07	15	16	20	22	26	22	19	18	17	16	09.5	26	-17
28	17	16	16	17	12	13	18	15	06	-03	-13	-14	-09	01	—	—	—	—	—	14	16	16	14	12	—	—	—
29†	12	13	16	17	17	13	12	10	-02	-10	-16	-20	-19	-04	07	19	18	17	16	17	17	18	14	13	08.1	19	-20
30	14	12	13	14	15	15	12	08	01	-07	-17	-17	-10	00	07	10	13	15	16	19	17	16	15	14	08.1	19	-17
Mittel	12	09	10	11	12	14	15	13	07	-02	-10	-11	-06	04	11	15	19	20	20	19	18	17	16	14	10.3	25	-15

Niemegk

Vertikalintensität

$Z = 43700^{\gamma}$ + Tafelwert

1948

Weltzeit

Mai

Tag	0–1h	1–2h	2–3h	3–4h	4–5h	5–6h	6–7h	7–8h	8–9h	9–10h	10–11h	11–12h	12–13h	13–14h	14–15h	15–16h	16–17h	17–18h	18–19h	19–20h	20–21h	21–22h	22–23h	23–24h	Tagesmittel (γ)	Max.	Min.
1*	14	13	13	14	16	17	18	12	02	-06	-10	-12	-08	01	08	08	16	21	21	23	20	16	15	14	10.2	23	-12
2	14	14	15	16	20	20	19	19	13	03	-04	-08	-01	05	13	24	24	18	18	20	23	19	19	19	14.2	24	-08
3	17	12	08	07	10	09	08	09	05	-02	-09	-10	02	13	20	28	25	26	32	24	12	13	16	16	12.1	32	-10
4	17	17	14	16	17	17	17	14	07	-09	-24	-33	-27	-14	00	16	20	21	27	21	21	19	15	10	08.3	27	-33
5	13	12	16	18	21	17	10	01	-08	-17	-25	-29	-21	-12	-01	06	16	22	24	24	24	22	21	19	**07.2**	24	-29
6	17	12	06	11	12	17	14	12	06	00	-11	-11	-04	05	20	38	41	38	40	37	34	30	16	11	16.3	41	-11
7†	10	05	05	10	12	11	09	-04	-08	-13	-10	-05	00	14	15	15	21	36	45	48	43	44	32	25	15.0	48	-13
8	26	29	30	30	29	30	28	19	15	12	07	06	04	08	21	20	24	28	28	26	26	26	25	25	21.8	30	04
9†	23	25	26	26	28	28	29	27	22	09	02	02	13	24	37	39	47	50	44	38	36	34	32	30	**28.0**	50	02
10	31	31	31	31	32	27	22	15	07	04	-03	-06	-06	04	13	15	30	34	40	37	31	29	24	24	20.7	40	-06
11	22	17	20	23	24	25	24	20	14	-04	-15	-18	-10	04	13	15	21	30	38	33	29	26	24	18	16.4	38	-18
12	18	22	22	23	25	26	24	19	10	02	-02	-03	03	08	14	21	25	25	27	27	23	22	21	22	17.7	27	-03
13	20	12	04	12	14	18	26	27	22	11	03	02	08	10	13	19	25	28	27	26	25	24	24	24	17.6	28	02
14	23	23	22	23	22	23	22	20	15	06	-05	-11	-10	-01	06	14	22	23	28	32	28	25	23	22	16.5	32	-11
15†	15	09	15	02	07	12	20	24	25	16	03	12	18	24	29	32	34	31	29	28	28	30	20	07	19.6	34	02
16†	03	07	-27	-33	-08	-16	-09	10	21	26	21	17	16	21	32	58	52	42	39	38	40	33	23	17	17.6	58	-33
17	26	30	31	34	34	32	30	26	18	07	-06	-16	-10	04	12	17	19	22	25	27	26	24	19	14	18.5	34	-16
18	12	12	12	12	19	21	20	16	11	04	-03	-05	-03	06	14	24	28	27	31	30	25	24	24	22	16.0	31	-05
19*	20	19	22	23	26	22	18	13	04	-06	-15	-22	-18	-05	04	07	11	14	15	17	18	18	19	18	10.1	26	-22
20*	18	17	18	21	25	23	18	12	04	00	-04	-06	-04	08	19	26	28	27	25	26	25	25	24	21	16.5	28	-06
21†	18	12	05	00	-02	-02	-04	-16	-24	-34	-35	-26	-07	24	50	53	64	77	69	53	22	15	18	-02	13.7	**77**	**-35**
22	08	07	-01	15	21	08	10	06	05	-03	-08	-02	11	31	46	42	59	55	59	51	41	32	28	27	22.8	59	-08
23	26	15	13	13	21	13	20	20	14	03	-09	-11	-02	06	16	27	26	24	24	25	24	24	25	21	15.8	27	-11
24	08	-09	04	13	15	20	24	23	12	04	-06	-14	-08	09	18	26	32	31	27	26	23	22	22	18	14.2	32	-14
25	10	09	07	07	11	15	19	20	14	13	09	11	27	39	45	50	54	50	44	35	31	28	25	20	24.7	54	07
26*	20	18	20	25	32	36	38	31	25	17	10	06	05	14	21	31	33	36	36	34	28	25	24	24	24.5	38	05
27	18	10	13	18	18	15	15	16	06	-02	-05	-02	03	13	15	16	22	28	27	25	22	20	20	17	14.5	28	-05
28*	15	19	19	21	25	23	19	15	07	01	-07	-10	-11	-06	02	07	10	13	15	15	14	14	14	14	10.3	25	-11
29	13	10	02	-10	-01	10	16	18	13	-02	-14	-18	-14	-07	20	36	34	22	22	22	21	20	20	08	10.0	36	-18
30	06	07	13	12	18	18	19	16	09	-03	-12	-17	-14	00	09	14	21	34	40	35	27	21	20	17	12.9	40	-17
31	19	19	20	21	21	23	24	20	18	08	-11	-21	-12	-04	08	17	20	24	26	25	24	23	21	17	14.6	26	-21
Mittel	17	15	13	15	18	18	18	15	10	01	-06	-08	-03	08	18	25	29	31	32	30	26	24	22	18	16.1	36	-11

Juni

Tag	0–1h	1–2h	2–3h	3–4h	4–5h	5–6h	6–7h	7–8h	8–9h	9–10h	10–11h	11–12h	12–13h	13–14h	14–15h	15–16h	16–17h	17–18h	18–19h	19–20h	20–21h	21–22h	22–23h	23–24h	Tagesmittel (γ)	Max.	Min.
1†	14	02	-10	-10	-06	02	11	15	09	03	06	-03	-04	01	11	28	47	53	49	43	37	32	29	27	16.1	**53**	-10
2	27	28	28	27	27	25	19	14	08	-01	-10	-05	04	12	16	20	25	26	27	26	25	24	23	13	17.8	28	-10
3	12	12	14	18	21	24	22	23	22	12	-01	-05	-01	11	21	29	31	32	28	24	22	22	20	20	**18.0**	32	-05
4*	19	18	20	22	22	21	19	17	11	05	-01	-04	00	05	06	11	18	19	21	22	20	21	19	19	14.6	22	-04
5	19	18	19	22	22	15	07	-01	-12	-25	-32	-31	-18	-06	07	18	23	20	20	21	21	19	18	18	07.6	23	**-32**
6	16	18	21	23	22	22	18	11	03	-03	-09	-10	-09	-02	08	14	20	24	25	25	24	21	19	19	13.3	25	-10
7	20	20	21	23	25	23	23	18	12	03	-11	-15	-08	07	14	10	19	23	23	24	20	19	20	20	14.7	25	-15
8	18	20	22	23	22	17	15	15	10	-03	-08	-07	04	05	10	17	23	28	26	25	27	28	24	19	15.8	28	-08
9	11	06	03	12	18	22	22	23	19	08	-03	-01	06	11	13	18	25	25	27	25	22	21	22	21	15.7	27	-03
10	18	18	20	23	25	26	25	18	08	02	-01	-03	04	08	14	17	20	20	19	17	15	15	15	14	14.9	26	-03
11	14	16	18	22	23	20	22	20	16	11	11	07	05	07	12	14	15	19	21	20	18	15	13	12	15.5	23	05
12	12	14	16	16	17	18	14	12	04	-05	-16	-22	-22	-17	-04	12	16	16	19	19	17	15	12	10	07.2	19	-22
13	09	06	08	13	14	10	12	11	10	01	-04	-03	-01	06	15	18	26	27	28	27	23	20	17	16	12.9	28	-04
14	16	17	17	17	22	25	22	13	02	-11	-15	-18	-13	-02	05	14	24	30	29	24	20	18	17	16	12.0	30	-18
15*	17	17	18	19	20	20	13	12	08	-04	-08	-03	-01	03	11	14	16	18	17	16	14	12	14	14	11.5	20	-08
16*	15	14	17	19	23	21	20	14	05	-01	-04	-05	-01	02	08	12	13	13	12	13	14	14	14	15	11.1	23	-05
17	14	14	15	17	19	15	09	08	06	01	-03	-05	00	07	12	13	19	30	31	31	24	21	20	20	14.1	31	-05
18†	18	17	11	10	08	04	09	09	06	-08	-16	-14	-01	05	14	21	28	32	31	30	30	29	26	26	13.5	32	-16
19†	24	12	13	04	02	03	02	01	-03	-01	-02	01	08	18	26	30	30	27	24	21	18	21	21	22	13.4	30	-03
20	20	14	16	19	17	17	22	19	15	12	03	01	01	03	14	20	30	33	29	22	19	19	18	16	16.6	33	01
21†	16	16	15	10	09	10	11	10	02	-03	-03	00	04	03	08	18	29	39	42	40	34	26	19	12	15.3	42	-03
22	-01	07	03	-08	-10	-07	-02	03	01	-09	-12	-12	-12	-05	08	16	21	25	22	18	17	16	14	15	**0.45**	25	-12
23	14	16	16	16	17	18	18	12	06	00	-11	-19	-14	-05	-02	01	13	19	19	17	17	18	17	13	09.0	19	-19
24	12	13	15	17	21	18	11	11	11	03	-06	-15	-16	-08	05	14	18	20	18	16	16	14	14	15	09.9	21	-16
25	14	15	16	17	20	19	18	16	06	-11	-27	-31	-29	-20	-08	08	16	20	18	20	13	14	07	09	05.8	20	-31
26†	07	-06	-05	08	17	25	21	21	20	11	-04	-07	-02	08	17	36	42	36	29	22	23	23	20	16	15.8	42	-07
27	17	19	20	21	18	17	13	08	06	-06	-07	-08	-06	06	19	27	27	27	27	21	21	19	17	17	14.2	27	-08
28*	17	17	18	20	23	18	12	12	04	-06	-09	-11	-10	00	11	15	15	15	14	14	15	15	15	15	10.4	23	-11
29*	14	14	13	15	15	15	18	20	10	-02	-15	-19	-18	-04	05	09	11	13	16	16	16	16	15	15	08.7	20	-19
30	15	15	17	19	21	20	15	11	01	-03	-08	-06	-06	02	15	26	35	32	26	22	19	19	18	16	14.2	35	-08
Mittel	15	14	14	16	17	17	15	13	08	-01	-08	-09	-05	02	10	17	23	25	25	23	21	20	18	17	12.8	28	-10

Niemegk — **Vertikalintensität** — $Z = 43700^{\gamma} +$ Tafelwert — **1948**

Tag	0–1h	1–2h	2–3h	3–4h	4–5h	5–6h	6–7h	7–8h	8–9h	9–10h	10–11h	11–12h	12–13h	13–14h	14–15h	15–16h	16–17h	17–18h	18–19h	19–20h	20–21h	21–22h	22–23h	23–24h Weltzeit	Tagesmittel	Max.	Min.
Juli																									γ		
1	16	16	13	08	12	12	10	12	04	01	-06	-07	-03	01	12	16	18	26	25	25	25	22	20	19	12.4	26	-07
2	18	16	13	14	17	18	16	14	14	08	-04	-12	-08	03	10	10	16	17	19	22	21	22	20	19	12.6	22	-12
3	18	17	16	20	22	18	14	06	02	-04	-10	-14	-07	11	28	35	33	31	25	21	18	18	18	17	14.7	35	-14
4†	17	18	18	17	19	19	20	20	16	02	-03	-09	-07	00	09	17	23	28	27	22	16	16	18	09	13.8	28	-09
5	-01	-02	08	16	18	20	22	14	08	02	-05	-02	03	14	18	25	35	32	27	22	20	20	19	13	14.4	35	-05
6	08	12	18	23	27	29	26	20	04	-08	-09	-08	-04	08	15	20	28	30	26	22	19	18	18	18	15.0	30	-09
7	18	19	19	20	20	15	05	00	00	-06	-16	-14	-09	-04	04	14	24	27	26	22	21	20	19	18	10.9	27	-16
8	18	16	12	14	19	21	19	20	18	08	00	-01	03	10	19	32	41	45	39	29	24	22	21	20	**19.5**	**45**	-01
9	20	21	21	23	24	24	23	14	05	00	02	-03	-08	-10	03	15	24	27	22	20	19	17	16	16	14.0	27	-10
10	17	18	19	23	28	28	22	16	02	-06	-12	-04	00	10	24	29	36	43	39	29	23	19	18	17	18.2	43	-12
11	17	17	17	16	14	16	12	10	02	-06	-11	-08	01	05	12	20	24	26	28	29	25	21	17	13	13.2	29	-11
12	12	08	07	05	10	14	14	10	04	01	01	02	-01	06	12	19	20	20	21	19	21	18	18	17	11.6	21	-01
13	17	16	17	18	19	18	16	09	04	02	06	08	12	10	15	20	22	21	21	18	19	18	17	16	15.0	22	02
14†	15	00	-01	04	07	10	15	10	06	02	-03	-08	-10	-04	14	26	24	20	17	20	19	16	13	14	09.4	26	-10
15	10	09	10	10	08	05	01	02	-05	-15	-14	-08	-01	05	14	21	22	22	19	17	16	15	11	08	07.7	22	-15
16	08	09	11	12	14	15	12	09	00	-03	-13	-16	-05	08	07	09	10	14	16	16	16	14	14	14	08.0	16	-16
17	13	12	07	02	03	05	06	09	-04	-06	-06	-04	01	06	13	17	20	18	20	22	20	16	15	15	09.2	22	-06
18	14	14	14	09	08	11	09	02	-01	-03	-04	-03	04	03	07	11	13	16	18	17	16	14	14	13	09.0	18	-04
19*	13	08	04	08	10	12	08	-02	-16	-23	-18	-12	-07	03	08	10	10	06	06	10	10	08	09	10	03.1	13	**-23**
20*	10	09	07	11	10	09	10	07	-03	-15	-20	-15	-10	03	12	16	12	10	13	15	15	12	12	12	05.9	16	-20
21	05	06	09	15	18	14	10	11	04	-03	-14	-16	-09	-06	03	08	10	07	10	11	13	14	12	13	06.0	18	-14
22*	12	11	12	13	16	16	20	18	07	-02	-08	-02	07	12	15	17	20	20	17	16	16	14	13	13	12.2	20	-08
23*	14	14	16	19	21	19	11	09	00	-08	-16	-12	-06	07	17	18	16	11	11	11	10	09	11	10	08.8	21	-16
24*	10	10	11	11	10	13	15	13	10	-03	-12	-13	-06	04	15	19	20	18	14	14	14	14	14	14	09.5	20	-13
25	13	13	14	13	13	09	06	03	-02	-02	-06	-07	-02	03	13	16	16	23	22	19	19	17	15	14	10.1	23	-07
26	14	14	14	16	16	14	15	11	01	-08	-10	-13	-09	01	12	17	16	16	13	15	15	14	10	10	08.9	17	-13
27	10	10	11	14	18	08	03	-04	-11	-17	-18	-16	-12	-03	00	04	05	09	14	14	12	11	09	08	03.3	18	-18
28	10	10	10	10	11	06	05	03	01	-05	-16	-13	-08	-08	-08	-04	02	05	04	06	06	07	07	08	**02.0**	11	-16
29†	06	09	10	13	08	03	02	02	02	02	-04	-01	00	-01	18	29	32	35	28	26	23	21	20	19	12.6	35	-04
30†	18	18	17	12	13	10	08	08	08	00	-09	-09	-07	05	14	09	10	13	15	21	22	20	17	12	10.2	22	-09
31†	02	-05	-08	01	04	04	15	14	09	04	05	11	04	11	17	31	36	44	39	30	27	25	22	21	15.1	44	-08
Mittel	13	12	12	13	15	14	13	09	03	-04	-08	-07	-03	04	12	18	21	22	21	19	18	17	15	14	10.8	25	-10
August																									γ		
1	19	17	18	20	24	20	25	25	21	21	15	13	13	22	27	27	28	23	23	24	24	23	17	17	21.1	28	13
2	16	13	12	19	24	21	26	18	16	16	06	01	16	32	41	39	37	28	24	22	22	22	22	22	21.5	41	01
3	22	23	23	25	24	23	24	19	08	-02	-12	-16	-09	01	16	18	19	25	26	22	20	20	18	18	14.8	26	-16
4	16	16	14	08	14	12	16	18	14	08	05	08	22	14	27	38	38	38	40	40	31	27	25	23	21.3	40	05
5	22	21	21	22	18	18	18	12	01	-02	-06	-01	04	14	19	23	23	18	17	16	16	16	17	17	14.3	23	-06
6	16	16	17	16	17	16	16	14	14	12	00	-01	03	06	23	43	42	30	22	20	19	18	17	17	17.2	43	-01
7	16	17	17	17	12	12	13	06	01	-06	-05	02	09	15	11	17	22	22	19	17	16	15	15	08	12.0	22	-06
8†	07	-11	-14	-01	-22	-17	-11	-16	-15	03	29	50	75	143	172	182	134	94	72	60	33	-08	-22	-20	37.4	**182**	-22
9†	-24	-14	-10	-04	-09	08	24	20	18	14	10	04	10	18	24	29	43	48	54	41	32	18	-01	-02	14.6	54	**-24**
10†	07	-06	-04	08	12	16	23	23	16	22	23	24	31	37	46	71	92	97	99	86	66	55	51	46	**39.2**	99	-06
11†	47	41	38	40	41	33	22	26	23	18	16	14	18	28	30	45	44	43	45	42	42	40	40	39	34.0	47	14
12	35	26	29	32	32	35	35	32	36	31	27	35	40	36	47	60	60	61	57	48	32	34	28	22	37.9	61	22
13	14	18	25	27	22	18	27	27	20	16	06	05	08	17	28	35	35	32	34	34	34	33	32	31	24.1	35	-05
14	31	31	30	30	31	29	28	28	28	23	12	07	19	25	27	35	44	42	40	37	36	34	32	25	29.3	44	07
15	25	27	28	29	27	24	23	25	25	18	12	11	14	21	27	35	35	34	34	33	31	31	29	28	26.1	35	11
16*	28	28	30	30	31	29	26	24	20	18	12	08	13	19	25	28	25	23	25	26	27	26	28	27	24.0	31	08
17*	27	28	27	28	29	25	20	22	20	12	06	11	12	09	15	18	24	26	28	29	28	28	25	26	21.8	29	06
18*	27	26	23	27	29	28	32	27	15	07	00	01	05	09	17	19	20	21	24	25	27	27	25	25	20.2	32	00
19	25	25	25	27	28	26	26	20	14	04	-11	-12	-08	-01	09	13	17	18	18	16	15	17	13	10	**13.9**	28	-12
20†	03	-11	06	05	-02	09	18	24	22	13	-04	-03	05	24	34	35	36	30	27	28	31	33	30	31	17.7	36	-11
21	29	27	26	27	22	28	34	37	32	30	17	17	34	48	62	73	68	49	36	36	34	35	30	29	35.8	73	17
22	29	31	31	34	32	29	27	29	27	23	14	10	09	17	24	28	30	33	32	31	31	29	31	30	26.7	30	09
23	30	28	17	03	18	25	28	29	24	11	05	08	11	12	27	37	35	32	31	32	30	29	29	26	23.2	37	05
24	26	26	26	24	23	24	22	19	15	03	04	10	16	17	23	33	43	38	33	32	29	30	29	28	23.9	43	03
25	28	28	24	26	24	25	25	27	24	17	14	14	16	18	24	28	26	26	26	27	25	26	26	26	23.8	28	14
26*	26	26	26	27	28	28	28	28	26	20	13	10	10	13	16	25	25	26	27	25	25	25	24	24	23.0	28	10
27*	25	24	24	25	25	22	20	20	15	09	01	-01	05	10	16	22	28	28	25	24	24	23	24	23	19.2	28	-01
28	21	22	22	22	22	22	22	22	22	20	13	06	09	14	22	32	38	40	34	33	33	30	26	17	23.5	40	06
29	20	23	21	18	20	21	26	26	26	25	20	24	34	39	46	54	63	62	53	50	47	38	29	28	33.9	63	18
30	21	24	24	18	26	20	19	23	22	18	21	27	36	41	39	40	39	40	38	40	37	35	33	31	29.7	41	18
31	31	32	31	32	33	33	32	33	30	24	21	23	32	37	47	44	38	35	34	34	34	33	32	27	32.6	47	21
Mittel	21	20	20	21	21	20	23	22	19	14	09	10	16	24	33	40	40	37	35	33	30	27	24	23	24.4	45	03

Niemegk

Vertikalintensität

$Z = 43700^{\gamma}$ + Tafelwert

1948

Tag	0h–1h	1h–2h	2h–3h	3h–4h	4h–5h	5h–6h	6h–7h	7h–8h	8h–9h	9h–10h	10h–11h	11h–12h	12h–13h	13h–14h	14h–15h	15h–16h	16h–17h	17h–18h	18h–19h	19h–20h	20h–21h	21h–22h	22h–23h	23h–24h Weltzeit	Tagesmittel	Max.	Min.
September																									γ		
1†	22	03	01	-05	02	05	10	16	16	20	18	21	34	46	52	52	43	40	37	36	32	25	32	31	24.5	52	**-05**
2†	27	25	16	12	20	22	26	27	30	28	22	27	36	42	47	48	42	39	37	46	38	34	33	34	31.6	48	12
3	30	30	30	35	39	41	43	41	35	25	22	28	37	51	58	55	50	52	45	41	37	34	31	32	38.4	58	22
4	32	33	34	34	34	36	40	42	45	33	19	21	32	41	48	49	55	53	42	37	36	30	27	28	36.7	55	19
5*	30	31	30	32	32	34	35	37	32	17	09	09	15	22	27	30	28	26	27	27	28	29	29	28	26.8	34	09
6*	29	29	30	30	31	33	36	33	27	21	14	15	24	24	25	32	35	34	32	32	31	27	27	25	28.2	36	14
7	25	23	25	25	27	25	17	17	19	12	06	07	15	19	21	22	23	25	26	28	28	26	27	27	21.5	28	06
8	27	25	26	22	23	27	28	27	25	19	10	05	07	14	20	20	23	24	26	27	26	26	25	26	22.0	28	05
9	23	19	19	22	24	28	29	30	27	22	12	14	17	20	24	25	30	33	32	30	28	28	27	25	24.5	33	12
10	25	25	25	25	26	28	27	27	25	15	08	04	03	05	14	18	29	28	30	28	27	29	29	27	22.0	30	03
11	27	25	23	22	23	27	28	23	16	08	03	03	08	14	24	38	46	42	40	36	35	24	24	24	24.3	46	03
12	26	24	18	10	14	20	24	22	19	14	08	07	09	13	41	42	32	38	46	46	40	36	34	30	25.5	46	07
13	30	25	24	25	27	29	30	26	24	14	10	13	17	16	19	23	25	24	25	26	27	28	28	28	23.5	30	10
14	27	27	26	24	27	28	25	21	16	12	09	10	13	16	22	25	24	22	24	24	25	25	26	25	21.8	28	09
15	26	26	26	24	24	27	28	24	13	00	-05	05	08	12	25	29	21	26	28	34	40	41	25	16	21.8	41	**-05**
16	09	18	17	07	16	25	27	25	21	11	05	09	16	25	30	30	34	38	42	41	39	33	30	28	24.0	42	05
17	32	31	30	30	32	35	39	36	32	26	21	28	36	35	37	38	35	34	33	32	31	31	30	30	32.2	39	21
18	29	28	26	26	27	28	29	27	23	18	15	15	18	24	26	28	33	30	30	30	33	32	21	18	25.6	33	15
19	20	20	18	18	22	27	28	25	22	13	03	03	08	16	23	24	22	23	25	27	28	26	26	26	20.5	28	03
20*	26	25	25	26	27	28	26	20	11	00	-04	-02	08	17	21	27	24	22	27	27	27	27	26	17	19.9	28	-04
21	21	22	22	23	26	26	26	21	11	02	00	03	07	14	19	26	30	29	29	27	27	26	26	24	20.3	30	00
22	23	22	20	22	24	25	28	27	23	16	05	-01	01	03	10	16	18	19	20	18	18	20	21	17	**17.3**	28	-01
23	25	21	09	08	12	16	18	21	18	12	04	06	09	10	15	23	28	30	32	29	29	28	24	10	18.2	32	04
24†	08	13	08	14	12	17	21	23	20	17	17	14	13	20	30	45	53	52	57	49	36	28	24	23	25.6	57	08
25†	22	16	23	22	30	35	38	34	36	33	30	35	53	68	76	69	67	68	58	53	49	43	37	28	**42.6**	**76**	16
26	13	14	24	23	25	26	35	36	34	32	30	30	34	32	35	47	42	42	42	43	41	37	30	25	32.2	47	13
27*	20	28	30	31	32	36	41	41	37	32	28	25	20	21	28	34	34	34	35	33	32	32	32	31	31.1	41	20
28*	31	31	30	30	30	32	37	34	31	24	18	19	18	17	22	26	26	26	29	29	30	30	29	30	27.5	37	17
29†	28	28	24	19	22	25	26	28	27	28	30	34	39	39	51	65	76	58	50	47	47	43	41	37	38.0	76	19
30	28	27	25	29	34	36	36	37	35	29	26	27	31	31	39	54	56	50	46	41	40	38	35	35	36.0	56	25
Mittel	25	24	23	22	25	28	29	28	25	18	13	14	20	24	31	35	36	35	35	34	33	31	29	26	26.8	41	09
Oktober																									γ		
1†	35	28	21	20	21	28	11	22	27	37	33	46	57	73	74	64	54	49	46	44	42	44	40	34	39.6	74	11
2	35	38	37	37	36	44	38	28	29	27	37	46	48	68	83	79	62	54	51	47	44	40	40	38	45.2	83	27
3	37	37	37	32	35	38	41	40	36	32	29	36	48	51	58	72	78	77	59	54	52	45	42	40	46.1	78	29
4	40	42	43	42	42	44	47	40	38	34	30	31	33	36	39	40	37	38	44	49	44	34	20	18	37.7	49	18
5	16	22	27	25	27	32	32	33	33	32	28	27	30	38	42	43	43	43	41	37	37	36	36	36	33.2	43	16
6*	36	37	34	33	34	36	38	38	36	31	23	17	20	23	30	33	33	34	35	36	35	34	32	32	32.1	38	17
7	32	32	31	31	31	33	36	35	29	24	16	12	14	13	21	24	27	28	29	31	31	30	27	19	26.5	36	12
8*	24	27	28	28	29	28	30	26	22	19	11	12	14	18	24	26	26	28	28	29	30	30	30	27	**24.8**	30	11
9*	29	28	28	29	29	30	32	30	30	26	20	16	15	17	22	24	23	27	31	28	27	28	28	27	26.0	32	15
10	25	25	25	24	25	25	37	29	32	27	24	22	24	25	29	30	29	30	32	34	37	35	35	33	28.9	37	22
11	33	29	28	28	28	32	37	40	36	32	30	30	32	28	40	40	43	42	43	37	35	35	33	29	34.2	43	28
12	28	29	28	28	28	31	36	36	32	23	18	17	23	27	33	36	34	33	32	30	30	28	27	26	28.9	36	17
13	28	27	27	26	25	30	35	36	29	21	16	18	22	27	28	27	33	38	40	36	34	33	32	31	29.1	40	16
14	28	28	29	29	27	31	36	35	33	30	28	25	28	35	44	57	58	50	42	38	41	31	15	11	33.7	58	11
15†	03	-18	-09	09	20	27	36	42	39	33	37	49	55	79	84	93	81	63	61	55	34	41	44	44	41.8	93	-18
16*	44	44	42	40	36	42	45	46	46	41	36	34	36	43	44	42	40	44	47	44	43	41	40	40	41.7	47	34
17	39	38	38	37	38	38	41	42	35	25	22	23	28	32	35	35	34	35	34	34	34	37	-05	-39	29.6	42	-39
18†	-99	-68	16	23	26	19	26	24	25	26	32	35	40	46	48	49	50	57	54	56	49	51	58	32	28.1	58	**-99**
19†	01	10	-04	-24	-15	-22	-04	22	24	40	50	74	69	74	95	96	82	73	69	51	50	50	49	46	39.8	96	-24
20	44	46	46	45	46	48	51	51	47	44	41	35	35	45	66	80	75	75	65	54	48	50	48	48	51.4	80	35
21†	44	37	31	34	37	20	25	36	44	38	42	55	48	46	53	62	88	85	57	64	56	51	49	50	48.0	88	20
22	51	51	51	49	49	50	51	50	50	48	52	53	72	88	64	55	54	59	59	53	45	26	22	27	51.2	88	22
23	29	29	35	41	40	45	48	45	49	51	52	51	66	73	90	91	78	76	75	71	48	45	45	43	**54.8**	91	29
24	30	34	41	45	46	49	49	50	49	42	39	46	62	69	87	85	75	74	69	51	51	51	48	42	53.5	87	30
25	38	44	46	46	46	46	44	43	41	37	39	40	43	55	66	72	67	63	56	52	49	47	50	48	49.1	72	37
26	45	29	29	25	32	36	41	42	40	37	38	45	48	59	68	73	68	65	59	53	51	53	34	31	45.9	73	25
27	32	35	24	28	33	39	43	45	45	43	43	53	73	112	101	80	69	68	65	61	52	45	38	41	52.8	**112**	24
28	44	46	46	47	45	49	52	52	51	48	46	47	50	53	52	51	51	49	48	48	48	47	42	38	47.9	53	38
29	38	40	41	41	40	41	46	48	45	40	40	46	53	58	54	51	52	51	51	51	50	49	42	44	46.3	58	38
30	44	42	43	42	42	40	41	43	40	36	36	38	41	46	48	46	44	44	43	42	42	42	42	38	41.9	48	36
31*	39	38	38	35	28	31	32	39	38	36	39	39	46	54	59	58	52	49	48	47	44	42	42	40	42.2	59	28
Mittel	29	29	32	31	32	34	37	38	37	34	33	36	41	49	54	55	53	52	49	46	42	40	36	33	39.7	62	15

Vertikalintensität

Niemegk $Z = 43700^{\gamma} +$ Tafelwert **1948**

Weltzeit

November

Tag	0h–1h	1h–2h	2h–3h	3h–4h	4h–5h	5h–6h	6h–7h	7h–8h	8h–9h	9h–10h	10h–11h	11h–12h	12h–13h	13h–14h	14h–15h	15h–16h	16h–17h	17h–18h	18h–19h	19h–20h	20h–21h	21h–22h	22h–23h	23h–24h	Tagesmittel	Max.	Min.
																									γ		
1	40	41	41	40	39	38	38	40	37	34	36	38	40	47	49	50	54	61	66	57	54	50	32	17	43.3	66	17
2†	00	01	11	23	29	35	38	37	44	49	58	69	78	75	82	93	98	91	97	91	82	43	45	48	54.9	98	**00**
3	49	48	33	31	40	45	48	47	43	40	34	33	36	45	51	56	61	68	79	80	74	69	64	62	51.5	80	31
4*	58	54	52	51	50	47	46	46	44	39	35	32	34	37	40	44	44	44	44	44	43	43	43	42	44.0	58	32
5*	42	42	42	41	40	39	39	39	37	34	30	31	36	37	40	42	43	42	43	42	41	41	40	39	39.2	43	30
6	39	39	39	36	35	35	35	38	37	35	34	34	34	34	35	35	34	34	36	36	37	36	36	24	35.3	39	24
7	25	28	30	30	32	32	33	35	32	28	26	28	30	30	33	36	36	36	36	37	38	41	34	32	32.4	41	25
8	33	34	27	28	32	32	33	36	37	36	36	36	35	38	38	40	39	42	44	44	39	40	40	41	36.7	44	27
9	41	39	36	35	35	35	37	37	39	40	39	37	37	36	36	40	42	41	43	44	42	39	37	36	38.5	44	35
10	36	35	33	35	33	35	38	41	37	34	30	28	28	29	33	33	34	34	34	34	35	35	34	34	33.8	41	28
11	32	32	33	33	34	34	34	34	29	19	21	25	27	31	33	35	34	35	35	35	35	35	35	34	31.8	35	19
12*	34	34	33	33	33	32	33	34	32	30	30	30	32	34	36	37	36	35	35	36	36	35	35	35	33.8	37	30
13	35	34	34	34	33	33	33	34	32	29	27	25	29	32	35	39	40	38	37	34	28	24	25	27	32.1	40	24
14	27	27	28	30	29	28	29	29	29	28	29	27	28	30	31	31	31	30	32	32	31	29	29	30	**29.3**	32	27
15	31	30	28	28	27	28	28	27	22	20	21	22	24	29	33	34	32	31	38	39	45	38	31	29	29.8	45	20
16	30	29	22	24	27	30	32	30	29	28	26	25	26	31	33	34	35	36	36	37	37	35	31	31	30.6	37	22
17	33	32	30	25	26	26	23	28	28	29	32	40	48	55	62	61	61	56	54	54	39	40	39	39	40.0	62	23
18	39	35	34	29	30	31	31	34	31	31	33	39	44	53	62	62	56	53	52	49	44	40	38	34	41.0	62	29
19	37	38	37	33	20	22	26	30	34	36	35	37	37	43	48	53	53	49	48	46	44	42	40	36	38.5	53	20
20†	29	30	32	33	30	31	31	32	32	32	40	53	65	68	79	118	107	89	90	91	79	67	53	48	**56.6**	**118**	29
21†	25	29	17	16	14	22	42	39	40	40	43	48	49	53	53	53	51	49	49	48	50	48	46	44	40.8	53	14
22	37	32	36	39	40	40	40	39	39	39	39	42	51	52	52	56	57	59	53	48	45	44	40	29	43.7	59	29
23	30	30	29	31	33	38	38	36	32	28	26	26	31	38	45	47	49	44	43	43	40	39	37	31	36.0	49	26
24†	30	34	36	35	36	36	35	37	38	32	30	30	32	39	43	43	48	53	53	56	39	32	37	30	38.1	56	30
25†	39	43	43	43	42	42	41	45	48	50	53	51	56	68	74	73	70	58	53	54	51	49	50	48	51.8	74	39
26	46	47	46	46	44	43	44	42	39	41	46	49	63	61	56	52	46	44	43	41	40	39	40	40	45.8	63	39
27	40	40	39	39	37	37	36	39	36	33	34	40	43	47	50	51	53	48	46	43	42	42	42	41	41.6	53	33
28	41	40	40	38	34	34	33	32	35	38	34	33	34	35	37	40	40	41	43	43	43	41	40	40	37.9	43	32
29*	39	39	39	37	37	35	33	32	33	27	26	27	30	35	37	39	39	39	39	38	37	36	36	36	35.2	39	26
30*	36	36	36	36	36	35	33	32	32	27	27	28	27	28	32	36	34	34	33	33	36	36	35	34	33.0	36	27
Mittel	35	35	34	34	34	35	35	36	35	34	34	35	39	42	46	49	49	47	48	47	44	41	39	36	39.2	53	26

Dezember

Tag	0h–1h	1h–2h	2h–3h	3h–4h	4h–5h	5h–6h	6h–7h	7h–8h	8h–9h	9h–10h	10h–11h	11h–12h	12h–13h	13h–14h	14h–15h	15h–16h	16h–17h	17h–18h	18h–19h	19h–20h	20h–21h	21h–22h	22h–23h	23h–24h	Tagesmittel	Max.	Min.
																									γ		
1*	34	34	33	33	32	32	32	34	34	33	33	32	30	30	32	33	33	32	32	32	31	30	30	30	32.1	34	30
2	30	32	32	32	31	30	28	29	28	30	29	28	30	32	33	34	34	33	33	32	32	32	32	33	31.2	34	28
3*	33	34	34	32	29	30	30	30	30	33	36	37	37	36	38	38	37	34	34	34	32	32	32	32	33.6	38	29
4	31	31	31	32	32	31	30	28	24	22	25	27	29	30	32	34	34	36	36	38	36	36	33	32	31.2	38	22
5*	30	30	30	29	29	29	29	26	24	24	24	28	30	30	33	34	34	33	34	35	35	33	32	27	**30.0**	35	24
6†	27	27	28	27	22	21	20	20	20	20	22	25	25	27	31	37	58	64	64	52	38	32	32	38	32.4	64	20
7	39	30	29	32	32	30	30	34	35	35	36	38	44	45	45	48	47	44	44	43	37	37	37	36	37.8	48	29
8	37	38	37	36	35	34	34	33	35	36	36	35	34	34	35	36	35	35	36	37	36	36	24	29	34.7	38	24
9	23	34	33	32	32	32	31	32	34	34	35	36	32	34	36	36	35	37	39	38	35	33	32	32	34.0	39	31
10	32	32	32	32	30	30	30	30	32	29	29	29	30	33	34	35	38	41	42	43	35	38	36	33	33.5	43	29
11	33	19	23	29	32	33	31	32	32	28	31	32	34	37	40	40	41	41	40	38	36	29	32	32	33.1	41	19
12*	33	32	32	31	31	31	31	32	32	30	30	28	31	33	34	34	34	33	33	32	33	32	32	30	31.8	34	28
13	30	30	28	28	28	28	27	28	30	27	24	22	24	26	29	36	46	54	61	58	50	42	38	34	34.4	61	22
14	33	29	31	27	07	13	18	25	30	34	32	36	41	46	48	48	49	55	56	50	45	42	40	32	36.1	56	**07**
15	34	34	35	35	34	34	33	34	30	28	29	29	32	35	44	45	40	37	38	38	37	37	32	26	34.6	45	26
16	31	28	29	32	33	33	33	35	35	30	31	30	30	36	44	51	54	58	54	52	44	41	39	32	38.1	58	28
17	33	32	22	23	29	32	32	32	34	31	29	27	29	35	37	38	37	36	36	36	35	35	32	30	32.2	38	22
18	26	27	29	31	33	32	32	33	36	39	38	36	36	40	47	46	41	40	39	38	37	37	36	35	36.0	47	26
19	35	32	32	33	32	34	34	34	33	34	34	32	32	35	40	44	43	40	39	38	38	37	36	35	35.7	44	32
20	35	34	34	34	34	35	34	33	30	26	26	28	27	34	38	42	41	40	39	39	39	38	37	34	34.6	42	26
21†	31	33	34	34	32	32	32	32	34	32	34	33	33	40	54	68	80	82	75	68	59	51	49	47	45.8	82	31
22	46	44	43	44	44	44	43	42	42	41	41	41	45	47	46	48	47	44	45	44	44	43	40	38	43.6	48	38
23	37	38	38	38	39	39	38	38	36	32	32	32	33	37	37	39	39	39	39	40	37	38	37	33	36.9	40	32
24	33	35	34	31	29	28	27	28	34	38	38	39	40	38	40	41	41	42	44	45	46	46	47	45	37.9	47	27
25†	43	42	40	37	37	36	34	32	32	30	32	31	37	40	48	56	84	102	94	90	93	79	60	54	**52.6**	**102**	30
26	40	42	41	38	43	45	44	45	45	44	48	50	50	49	51	50	49	48	49	57	54	54	52	50	47.4	57	38
27	50	49	48	46	40	36	36	38	40	41	44	43	44	48	52	52	48	48	50	52	48	45	44	44	45.2	52	36
28*	44	43	43	42	42	41	40	42	40	36	39	39	40	44	46	45	43	42	42	44	43	42	41	39	41.8	46	36
29	35	34	36	37	37	37	37	38	39	38	38	39	39	44	50	51	46	46	49	48	46	42	41	40	41.1	51	34
30†	40	40	40	39	39	37	37	37	38	39	41	39	39	39	40	47	58	70	79	73	67	58	35	37	46.2	79	35
31†	36	35	41	44	44	42	41	40	42	48	48	48	50	54	64	77	82	68	57	53	51	49	48	46	50.3	82	35
Mittel	35	34	34	34	33	33	33	33	34	33	34	34	35	38	41	44	46	47	47	46	43	41	38	36	37.6	50	28

Vertikalintensität

Niemegk — $Z = 43700^{\gamma}$ + Tafelwert — 1949

0^h 1^h 2^h 3^h 4^h 5^h 6^h 7^h 8^h 9^h 10^h 11^h 12^h 13^h 14^h 15^h 16^h 17^h 18^h 19^h 20^h 21^h 22^h 23^h 24^h Weltzeit

Januar

Tag																									Tagesmittel	Max.	Min.
																									γ		
1	47	47	46	47	46	45	47	44	46	45	48	47	49	49	54	57	54	51	53	58	58	56	51	43	49.5	58	43
2†	30	34	29	06	03	20	22	26	36	41	46	47	50	52	60	65	62	59	58	51	44	44	45	46	40.7	65	03
3*	46	46	46	46	44	45	45	45	47	43	41	37	39	43	46	48	47	46	47	48	48	47	46	47	45.1	48	37
4*	47	46	45	44	44	43	43	43	42	40	39	34	33	39	43	43	42	41	41	41	39	39	38	38	41.1	47	33
5*	38	38	37	36	38	37	38	39	35	31	28	26	25	29	32	34	35	36	35	35	35	35	36	38	34.4	39	25
6	38	38	36	36	36	36	37	38	35	33	35	34	33	36	38	38	37	40	41	40	40	37	41	39	37.2	41	33
7	42	38	39	40	39	32	30	33	33	34	33	32	35	40	41	41	42	44	48	50	47	47	41	32	38.9	50	30
8	37	39	39	39	39	39	39	40	36	35	32	30	30	36	40	44	43	48	48	45	43	44	41	38	39.3	48	30
9	37	36	36	35	34	35	35	37	37	38	36	36	41	48	50	46	45	44	50	56	56	48	42	40	41.6	56	34
10	40	40	38	36	35	35	36	38	39	39	40	36	36	43	48	48	47	43	42	41	44	34	35	36	39.5	48	34
11	37	38	37	36	37	36	33	35	34	32	32	33	35	40	42	41	40	40	40	40	33	39	42	34	36.9	42	32
12	30	34	34	35	36	37	36	35	31	28	29	28	30	35	38	36	38	45	55	56	51	38	40	35	37.1	56	28
13	30	22	33	36	38	40	40	41	41	43	41	39	43	49	50	48	45	45	45	43	42	41	41	40	40.7	50	22
14	41	41	40	41	40	40	39	41	39	34	34	32	34	41	44	41	41	42	41	40	41	41	40	38	39.4	44	32
15*	37	38	38	37	36	36	36	37	39	36	28	25	28	39	39	38	38	38	37	37	36	34	33	34	35.6	39	25
16	35	35	31	30	31	32	33	32	31	31	27	21	28	40	47	44	44	45	48	48	48	45	42	38	36.9	48	21
17	36	24	30	32	33	33	33	31	29	28	25	20	21	29	33	34	34	33	33	34	34	33	32	32	30.7	36	20
18†	30	32	32	33	30	31	31	30	25	22	23	20	20	26	34	39	42	41	47	56	59	50	44	43	35.0	59	20
19	40	26	26	27	32	36	37	37	34	37	37	36	36	44	47	46	43	45	45	47	45	41	42	41	38.6	47	26
20	41	40	38	37	36	36	35	35	35	39	40	33	34	38	43	40	36	36	36	37	36	37	37	35	37.1	43	33
21	35	35	35	35	35	34	30	34	24	22	22	23	27	34	36	36	34	36	37	36	36	36	37	36	32.7	37	22
22	31	27	27	29	31	33	25	23	21	17	15	16	21	28	32	34	35	37	38	36	35	35	34	34	**28.9**	38	15
23	33	34	34	34	34	34	34	33	34	34	32	32	32	41	44	46	48	50	48	47	50	48	41	27	38.5	50	32
24†	30	30	30	28	30	30	32	30	31	30	28	25	33	43	46	48	51	55	44	24	64	60	28	30	36.7	64	24
25†	69	-25	-84	-83	-44	11	42	64	64	65	68	66	66	78	83	97	125	135	157	121	59	-06	51	-30	47.9	**157**	-84
26†	-95	-149	-114	-62	-61	-24	26	46	53	55	60	70	93	104	105	106	94	92	97	92	76	63	61	59	35.3	106	**-149**
27	61	62	55	38	43	52	53	56	64	67	66	61	63	68	65	65	64	62	61	60	61	57	55	53	**58.8**	68	38
28	52	52	52	51	50	52	52	52	50	49	46	42	49	55	61	62	59	58	54	53	53	50	49	49	52.2	62	42
29	51	52	50	50	50	49	50	49	46	46	46	49	53	57	57	54	52	54	54	52	51	49	49	48	50.8	57	46
30*	48	48	47	47	47	46	45	46	45	43	42	41	43	47	49	49	48	47	47	48	47	46	44	43	46.0	49	41
31	44	44	44	44	44	43	43	42	39	37	37	38	40	46	49	49	49	50	46	48	46	47	45	44	44.1	50	37
Mittel	36	30	29	30	31	35	37	39	38	38	37	36	39	45	48	49	49	50	51	49	47	42	42	37	40.2	53	19

Februar

Tag																									Tagesmittel	Max.	Min.
																									γ		
1*	44	43	44	44	43	44	42	42	40	37	40	42	44	44	46	46	43	42	42	41	41	40	39	39	42.2	46	37
2*	39	39	39	38	38	38	38	36	33	32	30	30	31	33	39	41	40	41	42	42	41	40	38	38	37.3	42	30
3	39	38	37	37	36	37	34	32	30	25	27	27	26	30	33	35	34	35	36	39	44	44	34	24	33.9	44	24
4†	25	28	15	24	28	37	39	42	47	50	51	60	59	57	61	63	59	57	56	54	52	51	50	49	46.4	63	15
5	49	49	49	48	48	48	49	52	52	53	53	57	57	54	54	48	43	42	44	44	44	45	43	39	48.5	57	39
6†	37	39	40	40	41	41	42	45	45	46	46	49	60	64	68	76	80	91	78	68	68	66	60	49	**55.8**	**91**	37
7	28	21	26	21	14	24	31	38	43	44	46	50	49	54	58	59	53	51	53	55	54	54	52	50	42.8	59	14
8*	49	48	47	48	47	47	47	48	49	48	48	47	46	48	51	53	51	49	47	47	46	46	45	45	47.8	53	45
9*	44	43	43	42	41	41	42	40	40	38	35	32	33	38	41	43	40	39	39	39	39	39	38	38	39.5	44	32
10	38	38	36	37	38	37	38	39	37	35	37	40	38	40	43	40	39	41	41	43	40	37	35	37	38.5	43	35
11	37	36	38	35	36	36	38	36	34	33	36	37	36	41	43	42	40	40	42	43	43	44	48	43	39.0	48	33
12	42	43	44	42	42	40	39	40	41	39	38	33	33	40	49	49	44	44	45	45	45	44	42	43	41.9	49	33
13	28	37	37	38	38	38	34	33	31	28	23	26	29	31	36	40	41	41	42	42	41	37	28	28	34.5	42	23
14	29	25	31	32	36	36	36	39	36	34	30	27	26	29	35	41	39	38	38	38	38	38	30	32	33.9	41	25
15	35	37	37	37	37	36	35	37	36	29	23	18	21	28	37	46	50	60	56	49	46	44	42	38	38.1	60	18
16	33	35	31	34	35	36	38	44	38	30	23	22	24	28	30	32	34	34	35	35	36	35	32	32	**32.8**	44	22
17†	35	34	32	33	32	33	35	35	35	35	32	30	36	46	62	75	80	73	75	70	64	51	40	40	46.4	80	30
18	32	34	40	42	42	36	35	38	41	35	31	28	27	34	46	50	46	46	51	50	48	45	33	35	39.4	51	27
19	37	38	38	37	39	40	40	40	37	32	30	30	27	28	35	39	42	42	42	42	41	40	39	39	37.2	42	27
20	38	38	39	38	38	38	38	42	39	30	25	26	29	35	42	49	46	49	46	47	45	42	40	29	38.7	49	25
21†	26	28	28	30	34	33	33	36	35	30	30	31	35	36	35	47	49	42	39	40	46	46	46	37	36.3	49	26
22†	28	-09	01	-01	-09	12	19	29	32	32	39	43	52	51	50	51	52	55	55	50	50	49	47	46	34.3	55	**-09**
23	44	45	45	45	45	44	46	50	49	42	40	36	37	39	45	48	45	46	46	46	46	43	43	40	44.0	50	36
24	37	28	11	23	33	35	38	43	38	31	31	33	46	53	58	65	61	51	47	45	44	43	36	36	40.2	65	11
25*	36	39	39	40	40	40	43	44	38	28	21	22	29	36	39	41	40	39	39	40	40	40	39	39	37.1	44	21
26	39	37	37	37	37	37	37	36	32	27	24	23	27	29	35	39	38	40	38	37	37	34	32	32	34.2	40	23
27	32	32	31	27	27	28	36	30	28	28	27	28	30	38	44	45	42	40	39	39	40	40	40	40	34.6	45	27
28	40	41	40	40	40	38	42	44	41	39	32	32	34	36	39	37	35	34	32	34	35	37	34	36	37.2	44	32
Mittel	36	35	35	35	36	37	38	40	38	35	34	34	36	40	45	48	47	47	46	45	45	43	40	38	39.7	51	26

Niemegk

Vertikalintensität

$Z = 43700^{\gamma}$ + Tafelwert

1949

Tag	0h–1h	1h–2h	2h–3h	3h–4h	4h–5h	5h–6h	6h–7h	7h–8h	8h–9h	9h–10h	10h–11h	11h–12h	12h–13h	13h–14h	14h–15h	15h–16h	16h–17h	17h–18h	18h–19h	19h–20h	20h–21h	21h–22h	22h–23h	23h–24h Weltzeit	Tagesmittel	Max.	Min.
März																									γ		
1	37	36	36	36	37	35	36	37	33	30	26	23	28	37	48	56	64	59	57	53	48	44	38	36	40.4	64	23
2	35	35	28	28	30	31	31	29	26	22	22	20	28	37	45	52	58	62	62	62	54	38	38	40	38.0	62	20
3	40	34	26	27	31	32	36	40	38	27	27	30	35	42	51	60	63	62	59	60	57	51	46	43	42.4	63	26
4	38	39	40	40	40	39	40	42	39	36	32	30	33	38	49	50	48	44	43	42	43	42	42	39	40.3	50	30
5	38	38	37	36	33	28	33	38	36	32	30	28	27	30	36	38	37	37	36	37	36	37	37	36	34.6	38	27
6*	35	36	37	36	36	38	42	41	37	31	25	20	20	26	32	35	35	35	36	35	35	35	34	34	33.6	42	20
7	34	32	33	33	33	33	36	33	29	27	24	24	23	24	30	36	37	36	37	35	35	34	33	32	31.8	37	23
8	32	32	31	31	32	30	31	30	24	18	10	10	16	23	33	38	36	36	35	34	33	33	34	32	28.9	38	10
9	27	24	26	24	29	32	37	40	38	33	24	20	25	37	48	69	65	51	48	49	50	49	45	41	38.8	69	20
10*	40	40	40	40	40	39	40	39	34	29	26	24	24	25	29	34	31	33	38	41	40	38	38	36	34.9	41	24
11*	36	36	36	35	35	35	37	34	28	18	10	08	09	14	24	32	32	32	33	32	31	32	32	33	28.5	37	08
12	34	33	33	33	32	30	34	35	27	14	06	05	12	19	28	36	33	30	32	34	36	36	34	32	**28.2**	36	05
13	32	19	22	24	24	27	29	29	25	16	14	20	27	35	36	49	54	56	56	58	57	57	57	48	36.3	58	14
14†	41	29	24	10	23	28	33	28	20	18	13	15	25	41	55	64	72	80	87	76	71	62	52	42	42.0	87	10
15	34	32	27	37	39	41	42	38	31	27	31	32	34	37	45	57	65	67	71	67	62	55	49	46	44.4	71	27
16†	42	39	39	42	42	42	45	43	38	34	29	27	26	30	38	44	74	100	113	84	65	60	56	50	50.1	113	26
17†	45	46	45	45	47	50	53	49	42	41	40	40	45	52	62	72	78	69	64	69	65	60	41	23	**51.8**	**78**	23
18	06	13	20	14	20	27	36	33	30	28	27	28	42	58	60	58	58	62	62	52	50	47	47	46	38.5	62	06
19	45	43	44	44	45	49	54	56	53	44	38	36	34	36	42	52	52	47	47	47	48	48	39	39	45.1	56	34
20	40	42	42	42	42	42	41	42	39	36	30	24	27	32	37	41	50	50	52	55	54	54	51	48	42.2	55	24
21	42	40	39	38	37	41	40	38	32	25	20	17	18	25	33	40	43	48	51	50	45	33	14	10	34.1	51	10
22†	00	-26	08	-02	-40	-24	-16	-16	-02	13	28	43	61	71	85	77	64	67	65	62	52	46	45	50	29.6	85	**-40**
23†	52	50	48	38	16	08	24	36	47	44	38	40	54	63	67	75	71	61	58	57	55	51	51	50	48.1	75	08
24	50	50	50	50	48	48	49	45	38	31	30	28	30	36	44	46	47	45	45	44	44	44	44	44	42.9	50	28
25	45	45	45	44	45	38	42	43	37	32	28	29	32	32	38	40	43	44	43	42	43	44	43	36	39.7	45	28
26	32	37	41	41	38	39	44	40	34	28	24	25	30	36	45	54	57	54	51	48	46	45	44	44	40.7	57	24
27*	44	44	44	44	43	45	48	47	36	25	17	17	18	24	34	39	41	41	43	42	42	41	41	41	37.5	48	17
28	42	40	40	39	41	40	39	31	26	15	08	05	10	19	26	39	41	43	46	45	44	36	35	36	32.8	46	05
29	29	23	32	35	37	40	43	38	33	21	18	22	28	34	39	43	42	45	48	46	45	41	37	36	35.6	48	18
30	37	37	38	36	27	30	32	32	28	23	16	18	27	36	37	42	46	46	45	44	42	41	39	39	34.9	46	16
31*	36	36	38	39	39	41	43	41	32	20	15	18	23	30	36	39	37	34	36	36	36	37	37	36	34.0	43	15
Mittel	36	34	35	34	33	34	37	36	33	27	23	23	28	35	42	49	51	51	52	50	47	44	41	39	38.1	56	17
April																									γ		
1	37	37	36	37	37	39	38	33	24	16	08	10	17	24	31	32	33	31	32	33	36	36	36	35	30.3	39	08
2	30	33	35	35	37	42	44	39	29	22	15	14	16	21	27	30	30	30	32	34	35	34	33	33	30.4	44	14
3	34	34	33	34	34	37	42	40	32	21	12	09	12	20	26	36	45	45	39	37	36	36	36	36	31.9	45	09
4	35	36	35	35	36	39	40	35	27	18	12	12	18	22	28	30	31	32	33	35	34	35	34	35	30.3	40	12
5*	35	35	35	36	37	38	39	37	29	19	10	11	20	27	30	36	36	34	33	34	35	35	34	32	31.1	39	10
6*	33	32	32	32	33	38	40	40	32	21	17	18	21	25	29	28	29	29	31	31	32	32	33	32	30.0	40	17
7†	29	29	30	31	33	35	35	32	24	17	11	06	05	10	25	29	29	29	28	34	42	47	50	37	28.2	50	05
8†	12	-03	-07	-08	-03	00	18	25	38	36	42	49	72	94	110	122	128	122	95	75	68	66	62	62	**53.1**	**128**	**-08**
9	61	58	57	56	56	57	58	57	47	32	20	14	18	27	32	36	42	44	45	47	48	48	48	45	43.9	61	14
10†	42	32	28	28	21	26	35	38	30	22	15	16	32	44	52	60	68	75	69	62	56	45	40	34	40.4	75	15
11†	28	40	42	43	47	51	55	52	46	37	21	10	12	33	40	55	75	72	59	57	54	49	47	47	44.7	75	10
12†	46	47	46	45	46	46	46	48	44	38	31	29	42	55	56	59	63	74	63	56	53	53	47	43	49.0	74	29
13	43	42	27	21	34	44	49	52	49	41	31	25	23	37	54	54	56	51	50	54	53	46	39	38	42.2	56	21
14	40	38	33	30	34	42	46	46	39	30	21	16	20	27	36	39	41	42	44	39	40	40	39	38	35.8	46	16
15	30	29	32	33	38	44	46	44	40	32	24	18	20	27	36	41	46	46	44	42	43	36	35	38	36.0	46	18
16	30	39	39	39	37	38	39	38	34	29	23	15	15	28	44	49	59	51	45	44	44	36	36	36	37.4	59	15
17	35	33	30	33	35	37	39	39	38	30	20	20	35	46	46	47	50	49	47	47	43	43	40	28	37.9	50	20
18	32	34	30	34	39	43	49	50	43	30	18	12	15	19	21	28	36	37	42	44	40	42	41	39	34.1	50	12
19	38	38	38	40	41	44	45	43	33	19	06	03	06	14	23	28	35	39	41	41	41	41	37	34	32.0	45	03
20*	36	37	38	38	37	34	35	34	25	11	00	-03	05	15	20	23	28	32	36	39	40	39	39	37	28.1	40	-03
21*	33	31	33	34	34	33	32	34	29	20	16	15	20	23	25	29	34	33	33	36	39	40	39	39	30.6	40	15
22	38	37	37	37	39	40	37	35	29	16	04	-01	07	22	31	34	36	36	35	36	36	36	36	36	30.4	40	-01
23	36	36	36	38	42	44	43	39	32	28	24	20	22	33	42	43	44	48	51	48	45	42	40	39	38.1	51	20
24	39	38	36	38	36	36	34	30	30	24	16	10	16	24	28	32	35	38	38	38	37	37	37	36	31.8	39	10
25	34	33	32	32	35	35	35	30	19	08	03	00	04	12	18	25	33	35	35	35	35	35	35	35	**26.4**	35	00
26	33	33	34	29	29	29	30	32	26	14	07	04	09	18	26	31	36	36	35	35	34	35	36	35	27.8	36	04
27	36	31	28	30	20	26	31	30	22	12	06	08	16	25	35	41	42	41	38	38	39	38	39	38	29.6	42	06
28	38	38	38	39	43	41	38	35	30	22	14	12	17	28	32	34	36	38	44	46	42	39	35	36	34.0	46	12
29	37	39	39	39	42	43	42	38	27	15	10	10	19	29	37	41	47	63	65	48	47	43	43	43	37.8	65	10
30*	41	42	44	46	50	50	47	40	34	24	21	23	26	29	37	42	43	42	40	40	40	40	40	40	38.4	50	21
Mittel	36	35	34	34	36	38	40	39	33	23	16	14	19	29	36	40	45	46	44	43	42	41	40	38	35.1	52	11

Vertikalintensität

Niemegk — $Z = 43700^{\gamma} +$ Tafelwert — 1949

Weltzeit: 0h 1h 2h 3h 4h 5h 6h 7h 8h 9h 10h 11h 12h 13h 14h 15h 16h 17h 18h 19h 20h 21h 22h 23h 24h

Mai

Tag	0–1h	1–2h	2–3h	3–4h	4–5h	5–6h	6–7h	7–8h	8–9h	9–10h	10–11h	11–12h	12–13h	13–14h	14–15h	15–16h	16–17h	17–18h	18–19h	19–20h	20–21h	21–22h	22–23h	23–24h	Tagesmittel (γ)	Max.	Min.
1*	40	41	42	44	46	46	43	39	31	22	16	19	33	39	39	38	40	43	45	46	47	45	44	40	38.7	47	16
2	36	34	31	36	39	45	49	43	35	27	21	24	35	47	55	62	65	59	56	51	49	45	42	40	42.8	65	21
3	35	37	33	35	38	41	41	40	36	27	25	27	31	38	44	45	45	44	41	42	42	41	26	-03	35.5	45	-03
4†	-02	24	31	27	28	32	26	24	22	17	12	19	29	34	45	60	66	63	54	50	48	45	45	45	35.2	66	-02
5	44	45	46	46	48	48	47	43	32	25	23	24	33	43	55	62	69	69	61	59	51	39	27	37	44.8	69	23
6	39	26	18	19	28	37	39	39	39	30	20	16	24	37	47	55	55	53	55	53	50	48	45	42	38.1	55	16
7	42	42	44	38	35	36	34	31	26	19	14	10	14	23	29	33	40	47	51	45	43	43	41	34	33.9	51	10
8	31	36	38	38	39	35	32	30	25	23	23	24	31	33	39	42	44	43	37	38	37	36	27	30	33.8	44	23
9	32	30	27	28	31	29	24	21	12	07	08	11	14	19	22	28	29	32	34	36	34	36	37	37	**25.8**	37	07
10	37	36	35	36	38	40	40	37	31	20	12	16	23	29	42	50	49	48	42	41	39	39	34	32	35.2	50	12
11	33	32	15	15	21	32	36	34	28	24	20	22	29	36	37	38	41	41	41	40	40	39	38	38	32.1	41	15
12†	38	37	33	34	33	33	29	16	05	-07	-08	05	51	134	246	284	274	272	176	130	82	79	74	50	**87.5**	**284**	-08
13†	26	-30	-08	-05	39	64	81	82	77	72	68	64	59	74	93	84	84	79	74	72	71	69	66	61	59.0	93	**-30**
14	60	54	56	59	59	63	64	63	57	45	33	32	48	55	61	67	71	70	63	59	57	53	50	54	56.4	71	32
15	55	54	55	52	54	53	49	44	42	39	35	36	45	47	50	52	57	60	57	56	56	56	55	55	50.6	60	35
16	55	56	57	58	62	61	56	51	48	45	40	45	57	72	88	93	88	79	73	68	63	61	58	52	61.9	93	40
17	41	41	49	55	59	55	53	50	43	33	25	20	23	32	40	46	48	51	51	52	52	50	50	51	44.6	59	20
18*	51	52	52	53	56	56	54	48	40	34	31	33	38	44	46	48	52	53	54	55	54	53	53	52	48.4	56	31
19	51	52	52	55	57	57	52	48	42	35	29	30	31	36	38	42	47	49	49	49	48	48	47	47	45.5	57	29
20*	47	48	47	46	48	46	44	42	33	24	16	16	27	37	37	39	40	44	46	47	47	46	46	47	40.0	48	16
21	47	48	48	48	49	51	49	45	40	30	17	13	24	35	38	42	44	42	43	44	44	44	43	43	40.5	51	13
22	42	43	45	48	47	47	44	40	35	27	19	13	15	26	33	38	40	43	48	48	46	45	44	42	38.2	48	13
23	41	42	45	45	47	43	45	41	39	27	20	21	26	34	37	40	41	41	42	44	43	45	43	39	38.8	47	20
24	36	39	42	46	50	52	41	32	26	18	12	10	16	23	28	34	40	41	44	45	45	44	43	43	35.4	52	10
25	42	43	44	45	47	48	50	44	37	25	19	18	33	52	59	60	59	52	46	44	46	46	45	45	43.7	60	18
26	45	46	47	49	50	48	46	44	40	38	29	24	30	34	42	51	60	61	53	47	45	44	45	45	44.3	61	24
27	45	45	46	48	48	48	48	46	37	30	24	25	27	39	47	50	55	51	47	46	46	45	45	45	43.0	55	24
28*	45	45	42	40	43	43	42	38	30	19	06	08	20	30	37	43	46	48	46	46	45	45	44	44	37.3	48	06
29*	43	43	46	49	52	54	51	45	34	20	10	14	23	28	34	38	40	43	43	43	42	44	41	42	38.4	54	10
30†	42	42	42	44	46	46	46	42	33	22	12	09	08	13	23	20	28	39	52	68	60	57	39	26	35.8	68	08
31†	27	21	34	32	30	36	49	57	52	47	46	51	54	56	68	76	70	69	68	65	58	51	45	44	50.2	76	21
Mittel	40	39	40	41	44	46	45	42	36	28	22	23	31	41	52	57	59	59	55	53	49	48	45	42	43.1	65	15

Juni

Tag	0–1h	1–2h	2–3h	3–4h	4–5h	5–6h	6–7h	7–8h	8–9h	9–10h	10–11h	11–12h	12–13h	13–14h	14–15h	15–16h	16–17h	17–18h	18–19h	19–20h	20–21h	21–22h	22–23h	23–24h	Tagesmittel (γ)	Max.	Min.
1	44	39	33	38	46	53	54	54	50	44	33	27	29	40	47	50	51	52	54	52	51	50	48	45	45.2	54	27
2	41	44	48	51	50	46	39	31	22	21	24	20	26	32	41	42	49	54	52	52	49	49	45	43	40.5	54	20
3	40	39	44	49	51	51	49	38	31	30	22	19	26	36	43	49	52	52	49	50	49	45	39	33	41.1	52	19
4†	06	-15	20	34	37	34	34	28	33	34	29	28	44	64	80	91	120	129	123	96	83	73	57	50	54.7	129	**-15**
5†	50	42	34	30	29	28	41	41	47	57	56	65	87	116	129	148	159	153	138	120	97	74	31	39	**75.5**	**159**	28
6†	24	18	35	36	51	63	64	65	57	48	36	29	32	40	44	46	49	54	60	62	58	49	41	41	45.9	65	18
7	35	38	46	44	46	48	46	37	25	19	16	16	25	35	41	46	47	47	49	51	52	54	52	51	40.2	54	16
8*	50	49	50	51	52	54	54	51	46	38	34	35	44	50	54	57	56	52	52	51	52	52	50	50	49.3	57	34
9	50	50	45	49	56	56	53	50	36	27	24	27	32	37	42	47	49	46	42	45	44	45	45	45	43.4	56	24
10*	45	46	46	48	52	52	52	53	46	41	38	30	28	33	43	46	46	45	45	44	44	44	44	43	43.9	53	28
11*	43	44	44	48	48	48	46	38	33	24	16	17	24	30	34	44	53	57	58	54	49	48	45	43	41.2	58	16
12†	41	38	27	30	29	33	36	28	16	13	13	19	41	60	86	99	104	104	89	80	75	63	55	51	51.2	104	13
13†	41	48	54	61	64	66	64	54	43	41	39	44	54	55	60	66	73	75	69	60	56	50	50	50	55.7	75	39
14	50	50	50	49	48	51	52	46	37	29	29	35	42	41	45	46	48	51	51	51	49	46	48	44	45.3	52	29
15	45	46	46	52	54	50	48	41	31	27	27	33	39	44	45	44	43	44	50	49	48	46	46	46	43.5	54	27
16	46	45	47	47	47	46	46	43	38	29	25	27	26	32	39	44	46	48	49	48	44	44	42	38	41.1	49	25
17	38	39	42	43	40	40	42	40	34	29	20	13	19	26	31	36	42	46	46	44	45	44	40	32	36.3	46	13
18	29	32	38	42	41	44	44	42	38	30	25	22	24	30	43	49	53	59	53	54	50	48	46	43	40.8	59	22
19	40	40	42	44	47	47	44	36	32	33	31	25	22	32	46	57	57	58	54	50	48	47	46	46	42.7	58	22
20	45	44	47	48	48	48	44	43	36	30	25	21	27	40	45	48	53	50	46	44	46	46	44	44	42.2	53	21
21*	43	43	42	43	46	46	45	43	41	32	25	25	27	33	38	43	50	51	48	43	43	42	42	42	40.7	51	25
22	41	42	44	45	46	44	38	37	33	26	23	27	29	38	52	58	70	69	58	53	51	48	47	45	44.3	70	23
23*	45	46	47	48	49	48	44	39	30	25	18	17	27	36	48	53	56	53	48	46	44	45	44	44	41.7	56	17
24	45	46	46	48	50	46	42	36	29	19	11	14	18	26	37	44	46	45	50	52	47	44	43	43	38.6	52	11
25	44	40	33	34	37	42	45	37	32	26	22	21	32	44	53	51	54	56	51	45	44	44	44	43	40.6	56	21
26	44	45	46	46	43	39	38	34	29	29	27	25	31	38	40	46	44	44	43	40	41	41	40	42	39.0	46	25
27	41	39	42	43	44	45	42	32	25	21	12	08	14	26	35	46	50	49	46	42	43	44	41	36	**36.1**	50	08
28	36	38	41	43	43	42	40	33	28	23	16	13	19	27	39	51	49	49	46	44	44	42	37	34	36.5	51	13
29	37	39	37	32	36	38	39	38	28	15	16	17	22	31	40	47	58	61	61	56	51	45	45	44	38.9	61	15
30	44	44	43	43	44	49	49	45	41	38	28	21	22	30	36	43	46	53	54	49	44	43	42	42	41.4	54	21
Mittel	41	40	43	44	46	47	46	41	35	30	25	25	31	40	49	55	59	60	58	54	51	48	45	43	43.9	63	20

Niemegk

Vertikalintensität

$Z = 43700^{\gamma}$ + Tafelwert

1949

Weltzeit

Juli

Tag	0h–1h	1h–2h	2h–3h	3h–4h	4h–5h	5h–6h	6h–7h	7h–8h	8h–9h	9h–10h	10h–11h	11h–12h	12h–13h	13h–14h	14h–15h	15h–16h	16h–17h	17h–18h	18h–19h	19h–20h	20h–21h	21h–22h	22h–23h	23h–24h	Tagesmittel (γ)	Max.	Min.
1	43	39	38	37	39	39	43	44	41	34	28	23	18	28	35	41	43	46	46	46	43	43	42	42	38.4	46	18
2*	40	39	41	42	43	46	45	43	38	30	24	20	24	27	34	40	43	43	44	43	44	41	40	39	38.0	46	20
3	39	39	41	42	41	40	42	41	34	28	18	18	24	31	34	37	43	47	45	44	44	42	42	40	37.3	47	18
4*	40	40	41	42	42	40	37	32	28	22	14	12	14	24	34	40	42	43	42	42	40	38	39	38	34.4	43	12
5	37	38	39	39	37	35	32	31	26	16	06	08	21	30	40	36	38	42	40	37	37	38	38	37	32.4	42	06
6	37	36	37	40	39	34	31	29	22	17	04	02	11	23	33	36	36	36	35	35	36	36	36	36	29.9	40	02
7	36	35	30	30	32	31	33	36	32	27	24	21	30	42	46	56	50	45	42	42	42	42	42	40	36.9	56	21
8	40	40	40	40	37	35	37	39	39	33	22	16	19	26	36	43	50	58	63	53	48	43	41	40	39.1	63	16
9	40	40	41	43	44	41	36	38	33	28	22	19	27	36	43	40	42	43	41	40	40	41	40	40	37.4	44	19
10	41	41	41	41	41	39	38	35	31	24	17	13	19	34	45	47	45	45	41	40	39	40	40	41	36.5	47	13
11	42	40	41	43	47	42	39	39	32	20	18	21	21	30	38	46	49	49	48	47	44	43	41	40	38.3	49	18
12	41	40	41	44	48	48	46	46	42	38	34	23	22	30	40	41	45	46	42	38	32	33	34	35	38.7	48	22
13†	33	37	39	38	42	47	36	38	34	31	35	38	38	46	56	58	52	52	51	46	43	42	40	40	42.2	58	31
14	40	41	42	45	46	43	42	41	41	36	29	25	29	34	40	44	44	44	43	41	40	40	40	39	39.5	46	25
15*	39	39	39	40	42	43	44	42	36	33	28	22	21	29	37	39	40	39	38	38	38	37	37	36	36.5	44	21
16†	37	37	37	39	41	38	33	26	15	15	14	12	12	30	34	44	50	62	69	66	55	50	45	38	37.5	**69**	12
17†	41	40	44	45	45	46	44	40	37	31	28	32	40	51	56	60	63	57	53	49	45	45	44	44	**45.0**	63	28
18	44	45	46	47	48	46	40	34	28	26	24	24	28	35	41	41	51	52	51	51	46	44	40	39	40.5	52	24
19†	41	35	32	32	33	30	33	32	30	28	19	15	25	40	46	59	66	65	58	55	52	50	46	44	40.2	66	15
20	38	33	41	44	47	48	45	32	24	25	23	22	28	38	46	49	48	46	46	46	45	45	44	44	39.5	49	**22**
21	43	44	44	46	48	47	46	37	32	28	22	29	39	45	49	49	46	45	44	44	44	44	42	42	41.6	49	22
22	41	41	41	42	40	40	44	38	29	15	10	12	13	29	40	44	46	46	50	54	56	50	46	42	37.9	56	10
23†	43	40	28	20	20	25	29	33	30	28	27	26	31	37	48	46	46	44	43	45	43	42	42	40	35.7	48	20
24	40	41	39	40	39	38	34	34	29	20	16	16	17	27	36	45	48	48	42	43	42	42	41	40	35.7	48	16
25	39	40	40	36	37	34	37	37	36	36	31	29	35	36	42	46	50	48	51	49	43	40	38	39	39.5	51	29
26	38	36	37	38	39	37	35	26	16	17	16	11	14	24	31	34	35	36	38	40	40	41	41	40	31.7	41	11
27*	38	37	39	42	43	44	47	42	32	23	24	30	33	37	44	50	49	46	42	42	40	39	39	40	39.2	50	23
28*	40	40	41	43	43	41	40	36	26	17	11	12	12	18	27	36	40	40	38	41	41	40	39	39	33.4	43	11
29	38	37	38	38	34	30	27	29	33	26	13	01	-02	07	15	20	24	27	28	30	31	31	32	32	**25.8**	38	**-02**
30	32	32	33	34	36	35	34	33	26	21	10	09	14	19	23	30	34	38	37	35	34	34	34	34	29.2	38	09
31	33	33	33	39	41	39	36	35	31	23	17	17	21	26	32	38	41	39	43	39	39	37	36	35	33.5	43	17
Mittel	39	39	39	40	40	39	38	36	31	26	20	19	23	31	39	43	45	46	45	44	42	41	40	39	36.8	49	17

August

Tag	0h–1h	1h–2h	2h–3h	3h–4h	4h–5h	5h–6h	6h–7h	7h–8h	8h–9h	9h–10h	10h–11h	11h–12h	12h–13h	13h–14h	14h–15h	15h–16h	16h–17h	17h–18h	18h–19h	19h–20h	20h–21h	21h–22h	22h–23h	23h–24h	Tagesmittel (γ)	Max.	Min.
1	35	35	36	37	38	37	35	35	32	29	24	20	16	23	30	33	33	33	33	33	37	37	36	36	**32.2**	38	16
2	34	34	34	36	34	28	28	20	19	23	23	18	29	47	81	80	72	63	52	47	47	46	45	44	41.0	81	18
3†	43	41	20	04	15	00	15	14	17	32	49	60	70	70	66	64	60	57	55	54	53	54	53	45	42.1	70	00
4†	43	32	13	-06	-33	-19	-02	-04	12	28	34	29	42	58	87	88	84	78	73	71	56	55	55	50	38.5	**88**	**-33**
5	46	48	46	42	47	52	54	57	50	46	31	24	28	36	55	54	58	63	62	55	54	51	48	41	47.8	63	24
6	38	40	42	43	44	45	46	43	38	30	24	21	23	30	37	43	45	43	42	45	45	43	44	43	39.0	46	21
7	43	42	43	43	44	45	45	45	40	39	38	36	32	34	44	57	66	64	52	45	46	47	45	43	44.9	66	32
8†	44	31	02	-16	01	12	36	41	40	36	37	40	46	49	56	62	59	54	50	51	52	52	52	52	39.1	62	-16
9	52	51	51	51	50	48	47	43	29	20	24	29	34	44	61	71	80	76	68	64	56	54	51	51	**50.2**	80	20
10	51	51	52	52	51	50	49	48	44	42	43	38	38	46	56	63	61	55	54	51	49	47	43	41	49.0	63	38
11*	42	44	47	47	47	46	47	48	44	37	34	36	35	40	43	45	49	48	47	45	45	45	44	44	43.7	49	34
12	44	46	44	46	48	47	47	46	39	31	25	23	25	30	40	44	44	45	43	43	44	43	43	43	40.5	48	23
13	43	42	39	41	44	44	43	37	32	27	22	21	27	31	43	42	48	48	44	43	43	44	42	35	38.5	48	21
14†	36	16	16	21	28	36	39	39	32	28	33	37	49	54	58	55	56	62	64	60	57	43	32	28	40.7	64	16
15†	21	16	33	38	37	18	28	37	39	38	36	37	42	43	54	56	58	58	55	54	50	42	37	26	39.7	58	16
16	28	34	38	41	44	45	42	34	22	16	14	22	29	33	41	45	48	50	47	46	43	43	42	42	37.0	50	14
17	42	42	42	40	38	42	45	44	39	38	37	36	38	48	45	43	43	41	41	41	41	40	39	38	41.0	48	36
18	39	39	39	40	39	39	38	37	35	28	27	30	26	35	43	44	45	45	49	43	41	41	42	38	38.4	49	26
19	37	33	36	36	40	43	42	42	38	28	18	17	21	33	39	43	45	47	45	42	37	37	38	37	36.4	47	17
20	36	33	35	37	39	40	37	40	34	29	28	25	25	34	47	46	43	39	37	38	40	41	40	39	36.8	47	25
21	39	39	38	38	38	33	30	31	30	23	19	27	33	37	40	44	44	40	41	40	40	40	41	38	36.0	44	19
22	33	32	34	36	38	38	38	36	29	19	17	22	29	35	40	42	42	38	39	39	38	38	38	38	34.5	42	17
23*	38	38	38	38	37	36	33	34	32	23	18	22	26	30	31	32	31	33	36	38	39	39	38	39	33.3	39	18
24*	39	39	39	41	44	43	42	42	39	33	24	24	30	32	36	40	40	37	36	38	39	40	40	40	37.4	44	24
25*	41	41	40	42	43	44	46	44	35	27	18	13	18	26	33	34	32	32	34	36	37	38	38	37	34.5	46	13
26*	37	37	38	39	40	41	42	41	36	27	17	11	17	24	30	39	43	41	43	40	40	39	39	39	35.0	43	11
27	37	36	37	41	41	43	43	43	38	30	24	24	28	35	44	50	59	60	56	50	49	47	46	44	41.9	60	24
28	44	44	44	42	41	41	39	37	32	29	24	17	18	25	38	40	42	42	42	43	45	45	44	43	37.5	45	17
29	43	43	43	44	44	43	41	40	39	36	29	23	24	30	37	45	50	49	47	47	46	45	44	43	40.6	50	23
30	43	38	41	43	43	40	43	46	40	32	29	29	34	41	49	54	55	54	55	55	54	51	48	47	44.3	55	29
31	46	44	41	42	45	46	46	47	46	39	32	31	33	34	37	38	41	43	48	50	52	46	40	41	42.0	52	31
Mittel	40	38	37	36	37	37	39	38	35	30	27	27	31	38	46	50	51	50	48	47	46	44	43	41	39.8	54	19

Vertikalintensität

Niemegk — $Z = 43700^{\gamma} + \text{Tafelwert}$ — 1949

September

Tag	0h–1h	1h–2h	2h–3h	3h–4h	4h–5h	5h–6h	6h–7h	7h–8h	8h–9h	9h–10h	10h–11h	11h–12h	12h–13h	13h–14h	14h–15h	15h–16h	16h–17h	17h–18h	18h–19h	19h–20h	20h–21h	21h–22h	22h–23h	23h–24h	Tagesmittel (γ)	Max.	Min.
1	40	41	42	43	43	43	42	46	41	34	32	36	40	43	46	52	53	64	66	57	53	53	52	50	46.3	66	32
2†	50	48	42	31	31	38	46	48	48	41	34	33	37	40	48	65	73	78	82	75	68	57	50	42	50.2	82	31
3†	33	20	24	32	31	29	40	49	48	35	33	32	40	53	63	66	70	71	60	54	53	53	53	51	45.5	71	20
4	50	47	45	43	46	52	57	58	52	46	47	51	51	54	58	59	56	55	56	55	49	50	50	50	51.5	59	43
5	42	38	38	42	47	52	54	50	41	34	28	31	38	40	46	52	62	66	62	59	52	47	47	46	46.4	66	28
6	42	44	44	47	48	52	52	50	42	32	28	35	44	51	54	54	52	49	50	50	50	50	48	48	46.5	54	28
7	49	49	49	49	49	52	52	45	36	26	21	23	38	47	52	58	61	58	57	58	55	52	49	47	47.2	61	21
8	43	46	47	49	52	55	59	57	50	42	36	32	34	42	48	53	56	55	56	58	55	50	47	44	48.6	59	32
9	41	41	45	46	50	55	58	56	51	43	36	34	34	39	42	44	44	47	49	48	48	48	47	47	45.5	58	34
10*	47	47	47	47	49	51	54	54	50	42	34	26	28	32	35	42	44	44	45	46	46	47	45	44	43.6	54	26
11	43	42	42	45	48	45	49	49	49	47	42	38	41	44	51	52	52	55	56	56	55	51	48	44	47.7	56	38
12†	43	40	36	35	38	43	45	43	39	40	45	58	69	95	110	108	99	90	77	73	63	57	56	54	**60.7**	**110**	35
13	46	51	51	46	52	58	63	65	63	53	42	38	41	48	52	56	56	53	54	55	54	55	55	51	52.4	65	38
14	52	52	52	52	53	56	56	55	50	42	35	39	49	68	83	67	61	55	55	54	54	53	51	52	54.0	83	35
15	51	48	49	47	49	49	50	46	36	19	14	14	19	23	32	36	46	53	54	52	51	50	50	48	41.1	54	**14**
16	48	40	38	41	42	44	50	50	46	34	22	18	19	24	33	43	48	47	47	47	46	47	47	46	40.3	50	18
17	46	46	46	46	46	48	48	46	42	31	24	24	25	27	36	42	41	41	43	44	46	41	41	41	40.0	48	24
18	41	40	41	43	43	44	45	46	42	35	29	31	32	35	40	42	41	41	43	43	43	43	44	43	40.4	46	29
19*	43	43	43	43	44	45	46	42	39	32	27	28	31	31	36	37	36	38	40	41	42	42	43	43	39.0	46	27
20*	43	43	43	43	43	44	47	46	39	31	25	22	26	29	34	40	38	39	40	40	40	42	43	43	38.5	47	22
21*	43	43	43	43	43	46	49	48	41	28	21	22	25	30	34	36	35	35	38	39	39	39	40	36	37.3	49	21
22	37	40	40	39	40	41	45	45	42	38	31	30	29	32	39	48	45	43	43	43	43	43	43	43	40.1	48	29
23*	43	43	43	40	41	43	47	46	38	30	23	20	18	24	30	36	37	40	41	41	42	42	42	40	**37.1**	47	18
24	41	41	41	41	42	44	45	48	42	34	31	32	31	34	40	40	40	40	42	44	45	41	34	16	38.7	48	16
25†	18	18	26	22	27	37	42	42	44	45	47	44	52	59	67	76	85	80	74	64	47	50	43	46	48.1	85	18
26	49	47	35	35	42	47	51	56	55	51	46	50	54	55	58	58	56	54	54	55	53	46	43	41	49.6	58	35
27†	39	36	34	43	46	47	51	56	51	43	42	42	46	53	54	50	49	51	52	53	53	51	47	45	47.2	56	34
28	44	35	27	37	40	44	47	47	41	32	28	28	30	33	37	42	43	44	48	49	49	49	49	49	40.5	49	27
29	49	48	46	45	47	48	49	46	41	31	22	18	21	28	36	43	41	43	46	48	47	47	45	45	40.8	49	18
30	45	45	45	44	43	46	50	51	47	41	39	37	39	41	44	53	56	53	58	56	46	49	48	48	46.8	58	37
Mittel	43	42	41	42	44	47	50	50	45	37	32	32	36	42	48	52	53	53	53	52	50	48	47	45	45.1	59	28

Oktober

Tag	0h–1h	1h–2h	2h–3h	3h–4h	4h–5h	5h–6h	6h–7h	7h–8h	8h–9h	9h–10h	10h–11h	11h–12h	12h–13h	13h–14h	14h–15h	15h–16h	16h–17h	17h–18h	18h–19h	19h–20h	20h–21h	21h–22h	22h–23h	23h–24h	Tagesmittel (γ)	Max.	Min.
1	40	39	40	41	45	49	50	47	40	30	28	32	38	42	46	50	48	46	46	47	48	46	45	44	**42.8**	50	28
2	41	40	41	41	37	42	50	52	49	44	38	35	36	41	43	47	46	46	48	47	47	47	46	45	43.7	52	35
3*	45	45	45	45	45	50	53	56	49	37	32	32	36	39	41	43	43	44	45	44	44	44	42	43	43.4	56	32
4	42	42	37	37	38	41	41	42	39	28	29	32	40	53	55	53	52	49	50	54	52	52	47	45	43.8	55	28
5	40	26	34	36	35	39	46	50	49	43	42	46	46	51	58	63	62	60	59	57	56	47	46	46	47.4	63	26
6	47	46	47	47	48	52	55	52	46	34	31	38	45	46	50	71	82	77	68	62	62	61	52	36	52.3	82	31
7†	33	36	34	30	36	47	54	56	48	48	50	60	73	79	92	113	132	139	125	113	66	63	66	67	69.2	139	30
8†	52	43	57	68	68	76	82	81	76	73	72	68	76	86	107	119	110	93	86	81	75	68	65	62	76.8	119	43
9	61	45	24	30	44	55	66	73	72	60	50	45	48	56	69	80	78	72	70	69	67	64	63	62	59.3	80	24
10	62	61	60	59	58	59	60	56	48	41	39	41	41	49	55	62	61	62	61	61	58	56	56	56	55.1	62	39
11	55	52	52	47	51	55	61	59	50	42	39	41	50	65	77	91	83	71	66	63	60	59	58	60	58.6	91	39
12	58	55	54	54	56	56	59	58	55	50	47	48	50	53	57	57	55	55	54	53	53	53	52	52	53.9	59	47
13	50	51	51	50	51	54	61	61	60	52	46	44	46	49	53	60	65	64	60	58	52	52	52	50	53.8	65	44
14†	49	45	44	49	49	48	49	50	45	40	47	57	61	76	101	124	134	121	128	98	53	64	48	47	67.8	134	40
15†	58	55	59	44	50	56	50	57	66	46	62	84	85	130	182	186	168	146	96	117	79	56	16	21	**82.0**	**186**	**16**
16†	20	19	26	33	26	30	34	40	39	65	69	79	82	94	95	99	97	83	76	73	70	57	58	56	59.2	99	19
17	51	52	52	56	58	62	71	71	65	63	64	65	64	67	71	73	73	74	77	71	67	65	64	65	65.0	77	51
18*	64	62	61	62	62	63	68	67	60	57	56	58	61	71	79	79	78	74	70	67	65	64	63	63	65.6	79	56
19	63	63	63	62	62	61	60	56	52	42	44	52	60	71	77	84	86	80	76	74	70	67	65	60	64.6	86	42
20	55	52	53	55	57	59	61	58	55	51	51	55	64	67	65	66	62	62	67	73	71	64	55	52	59.6	73	51
21	56	58	58	58	51	53	55	60	60	56	59	65	66	69	65	65	69	70	65	62	60	59	58	58	60.6	70	51
22	55	55	55	56	57	58	60	60	54	46	47	54	54	52	55	55	55	56	56	61	66	44	33	43	53.6	66	33
23	46	48	50	52	53	54	56	56	53	52	51	52	50	50	57	64	64	64	75	73	56	49	51	53	55.4	75	46
24	54	53	40	21	34	40	46	48	43	40	44	49	54	59	60	59	59	58	58	56	54	54	50	49	49.2	60	21
25*	50	49	45	47	50	51	54	54	52	52	52	56	58	57	61	60	56	56	55	54	53	52	51	51	53.2	61	45
26*	48	46	48	48	48	49	52	52	52	47	46	48	46	47	52	53	53	52	55	51	51	48	49	49	49.6	53	46
27	50	49	49	49	46	37	38	40	39	35	35	36	41	52	60	56	62	78	96	95	73	68	69	61	54.8	96	35
28	48	36	20	22	31	38	38	45	48	49	51	54	57	64	66	68	68	75	80	73	74	68	64	63	54.2	80	20
29	61	59	60	59	57	54	54	54	51	47	49	53	57	58	64	61	60	61	61	58	58	50	49	49	56.0	64	47
30*	50	52	51	51	50	51	54	56	51	43	43	48	53	56	58	57	57	56	56	58	58	58	55	50	53.0	58	42
31	47	47	37	43	47	49	51	53	50	43	41	44	49	54	56	58	60	58	61	58	57	57	55	53	51.2	61	37
Mittel	50	48	47	47	48	51	53	55	52	47	47	51	54	61	69	73	73	71	69	67	60	57	53	52	56.6	79	37

Vertikalintensität

Niemegk — $Z = 43700^{\gamma}$ + Tafelwert — 1949

November

Tag (Weltzeit)	0h–1h	1h–2h	2h–3h	3h–4h	4h–5h	5h–6h	6h–7h	7h–8h	8h–9h	9h–10h	10h–11h	11h–12h	12h–13h	13h–14h	14h–15h	15h–16h	16h–17h	17h–18h	18h–19h	19h–20h	20h–21h	21h–22h	22h–23h	23h–24h	Tagesmittel γ	Max.	Min.
1†	53	52	48	50	51	51	55	58	50	41	43	49	64	89	104	114	129	180	168	134	109	90	79	74	**80.6**	**180**	41
2†	64	65	70	69	68	68	72	67	66	66	70	72	77	82	97	97	89	86	89	93	85	77	71	45	75.2	97	45
3	37	43	54	55	56	48	56	61	62	60	60	57	60	64	64	65	65	64	64	66	62	52	47	52	57.2	66	37
4	54	56	56	56	56	57	62	64	64	60	55	54	57	59	61	62	64	63	61	58	58	56	55	53	58.4	64	53
5	52	47	45	48	49	53	56	57	53	52	51	50	56	59	64	66	70	66	64	63	64	64	66	62	57.4	70	45
6	59	50	54	53	55	55	54	54	50	44	44	44	49	57	58	56	56	55	55	56	56	55	55	55	53.3	59	44
7*	55	54	54	54	54	54	56	59	56	50	44	43	44	49	50	51	51	52	54	56	56	56	54	54	52.5	59	43
8*	54	54	53	53	52	52	53	53	51	47	47	45	45	49	50	51	52	51	50	50	51	51	50	49	50.5	54	45
9	48	48	48	48	49	47	47	49	49	46	45	43	42	44	46	46	45	46	49	53	57	54	53	52	48.1	57	42
10	50	49	48	48	48	47	48	50	52	49	47	48	45	50	55	53	53	50	51	51	53	61	58	52	50.7	61	45
11	40	34	34	32	28	28	30	33	36	37	41	44	50	57	62	66	66	66	64	60	59	55	54	53	**47.0**	66	**28**
12	53	53	53	53	52	52	55	57	57	53	52	53	54	59	64	61	60	68	71	60	59	59	60	53	57.1	71	52
13	49	49	49	49	50	52	55	56	54	51	51	53	58	60	66	67	67	68	63	60	59	58	57	56	56.5	68	49
14	56	55	54	53	49	49	50	54	54	57	57	58	59	62	67	68	71	68	64	63	65	66	63	58	59.2	71	49
15	57	56	57	57	57	54	56	56	53	47	46	48	49	53	55	59	70	74	73	75	73	69	62	53	58.7	75	46
16	44	37	32	41	46	48	51	56	56	56	55	55	55	56	59	57	57	57	56	56	56	57	55	55	52.3	59	32
17*	55	54	53	53	52	49	50	52	50	48	48	50	47	49	50	51	51	50	49	49	52	52	53	52	50.8	55	47
18	49	50	50	50	49	49	50	50	51	50	52	54	53	48	48	45	45	44	46	48	50	50	49	49	49.1	54	44
19†	45	44	45	45	46	45	39	42	40	38	40	40	42	46	52	60	70	87	107	120	106	106	94	83	61.8	120	38
20†	49	53	54	52	55	58	58	58	60	59	65	64	68	81	97	92	82	82	79	74	70	68	66	62	66.9	97	49
21	57	52	56	58	59	58	58	57	53	49	50	54	56	58	67	72	73	72	85	86	82	73	69	67	63.4	86	49
22	65	63	62	62	61	58	56	53	53	53	53	50	48	54	59	63	63	63	64	62	62	60	60	59	58.6	65	48
23	54	52	54	56	56	55	54	54	52	48	47	45	48	51	54	56	56	56	58	61	61	58	58	56	54.2	61	45
24	54	54	51	50	49	49	49	49	49	50	50	48	48	50	53	55	56	56	56	56	56	55	55	54	52.2	56	48
25*	53	53	53	53	53	53	52	54	52	46	48	52	52	54	56	55	55	54	55	58	58	55	54	53	53.4	58	46
26*	53	53	53	52	51	51	50	50	48	46	46	46	47	49	51	51	51	52	53	51	52	52	52	51	50.5	53	46
27	50	45	44	44	46	46	48	50	50	47	45	46	48	52	56	58	64	64	60	57	54	53	52	51	51.2	64	45
28	50	50	51	52	52	51	52	52	51	46	44	41	42	49	51	51	50	49	50	50	50	50	50	48	49.2	52	41
29	49	34	31	37	41	46	45	50	50	50	55	55	55	60	64	70	80	91	95	88	70	55	59	53	57.6	95	31
30†	49	54	53	55	56	55	58	57	62	64	62	67	87	88	97	100	99	84	78	76	56	52	55	59	67.6	100	49
Mittel	52	50	51	51	52	51	52	54	53	50	50	51	54	58	63	64	65	67	68	66	63	61	59	56	56.7	73	44

Dezember

Tag	0h–1h	1h–2h	2h–3h	3h–4h	4h–5h	5h–6h	6h–7h	7h–8h	8h–9h	9h–10h	10h–11h	11h–12h	12h–13h	13h–14h	14h–15h	15h–16h	16h–17h	17h–18h	18h–19h	19h–20h	20h–21h	21h–22h	22h–23h	23h–24h	Tagesmittel γ	Max.	Min.
1	59	55	59	59	60	62	61	62	60	62	64	62	61	62	65	62	63	61	61	61	60	60	60	58	60.8	65	55
2	59	59	59	58	56	56	57	59	56	53	55	54	54	57	60	59	60	59	59	59	58	58	58	59	57.5	60	53
3	59	59	59	57	56	56	54	54	53	47	48	50	54	56	56	60	60	60	59	59	61	59	61	57	56.4	61	47
4†	58	57	52	51	52	52	51	53	51	56	56	53	55	54	55	56	57	58	58	67	70	66	57	54	56.2	70	51
5	52	55	54	53	54	52	48	47	47	47	47	46	50	50	55	57	58	59	58	56	54	51	52	51	52.2	59	46
6	53	50	51	50	50	51	50	47	48	52	55	54	56	57	57	57	57	57	56	53	52	51	51	51	52.8	57	47
7*	51	51	52	48	49	51	50	48	50	50	51	51	49	49	52	53	52	52	53	53	53	52	54	56	51.2	56	48
8	59	62	64	64	63	62	61	60	60	62	63	60	60	62	64	63	62	61	60	61	62	62	61	59	**61.5**	64	59
9†	58	56	56	57	42	39	43	52	56	64	67	67	70	76	76	73	72	72	70	68	64	61	58	47	61.0	76	39
10	45	41	41	42	43	45	47	44	43	45	46	44	42	43	43	45	46	49	50	51	49	49	48	45	45.2	51	41
11*	45	46	47	47	49	49	50	48	48	50	50	47	46	51	51	51	51	52	54	53	53	54	55	54	50.0	55	45
12*	54	53	52	53	52	52	52	54	54	56	54	51	53	55	54	53	55	55	56	56	57	56	53	52	53.8	57	51
13*	52	51	50	48	49	51	52	51	50	52	52	53	52	53	53	52	52	52	51	51	52	51	50	51	51.3	53	48
14†	50	48	48	48	48	47	50	50	48	51	47	46	45	52	58	62	67	64	61	58	58	58	57	56	53.2	67	45
15	55	52	49	49	48	49	48	52	54	54	52	50	52	54	55	55	52	49	49	49	48	47	48	48	50.8	55	47
16	50	44	46	47	46	47	47	46	45	49	50	47	47	48	47	49	49	48	49	51	50	50	49	49	47.9	51	44
17	48	49	50	48	46	45	45	45	49	49	48	50	53	52	50	48	47	47	46	46	46	46	47	47	47.8	53	45
18*	48	48	48	47	47	46	48	48	49	46	42	43	46	47	47	47	47	47	47	48	48	48	48	47	47.0	49	42
19	47	47	46	45	43	44	44	43	44	41	39	42	44	42	45	47	46	47	48	47	45	46	47	46	**44.8**	48	39
20	45	46	44	44	43	43	44	44	48	55	51	54	56	52	54	54	55	54	56	57	58	58	58	56	51.2	58	43
21	54	52	52	53	52	49	49	47	49	45	45	47	49	47	46	48	51	51	51	50	49	50	52	49	49.5	54	45
22	50	46	46	50	47	49	49	46	46	45	43	44	46	48	50	51	52	52	51	51	49	48	49	50	48.2	52	43
23	50	49	50	51	50	50	50	48	48	48	46	47	50	49	45	48	51	51	52	57	61	57	54	52	50.6	61	45
24	50	50	36	43	48	50	52	55	57	56	53	55	56	57	55	55	56	60	59	56	55	54	54	53	53.1	60	**36**
25	52	52	50	49	50	50	52	52	51	47	46	49	50	51	54	59	62	59	56	56	56	55	54	53	52.7	62	46
26	51	53	52	53	52	52	53	54	58	62	57	51	53	53	53	53	54	55	55	54	53	53	52	52	53.7	62	51
27	52	50	51	51	51	51	50	49	49	48	45	44	48	48	47	47	48	50	51	54	56	55	53	51	50.0	56	44
28	48	46	47	49	49	50	50	49	48	44	39	38	40	44	47	50	52	55	62	65	67	65	64	64	51.3	67	38
29	60	54	50	51	53	54	56	57	58	58	52	52	54	52	51	53	55	55	55	54	54	54	53	54	54.1	60	50
30†	54	55	54	53	54	55	55	53	53	52	47	43	44	47	48	49	52	55	63	78	77	74	70	65	56.2	**78**	43
31†	61	59	55	53	54	54	55	57	60	61	61	58	56	57	60	61	64	63	62	59	59	60	59	59	58.6	64	53
Mittel	53	51	51	51	50	50	51	51	51	52	51	50	51	52	53	54	55	55	55	56	56	55	54	53	52.6	59	46

Niemegk

Vertikalintensität

$Z = 43700^{\gamma}$ + Tafelwert

1950

Januar

Tag	0h–1h	1h–2h	2h–3h	3h–4h	4h–5h	5h–6h	6h–7h	7h–8h	8h–9h	9h–10h	10h–11h	11h–12h	12h–13h	13h–14h	14h–15h	15h–16h	16h–17h	17h–18h	18h–19h	19h–20h	20h–21h	21h–22h	22h–23h	23h–24h	Tages-Mittel γ	Max.	Min.
1	56	52	51	52	51	51	54	53	57	58	56	55	55	55	56	56	57	57	57	58	59	58	56	56	55.2	59	51
2	57	58	55	53	55	54	55	55	59	59	55	51	53	55	55	54	53	53	54	53	53	53	52	52	54.4	59	51
3	52	52	52	51	51	51	52	52	52	53	54	53	55	55	53	51	53	54	54	55	55	54	48	52	52.7	55	48
4	52	53	53	53	52	52	51	52	52	53	55	52	54	57	56	54	53	57	57	56	56	54	55	54	53.9	57	51
5*	54	55	54	53	53	52	51	49	52	49	49	45	48	50	48	48	47	48	48	50	53	57	55	54	50.9	57	45
6	55	55	50	46	46	48	47	44	46	47	45	44	48	50	53	53	59	62	62	58	56	52	52	50	51.2	62	44
7	50	50	50	49	49	50	50	47	47	46	45	43	43	47	51	53	54	58	59	52	51	51	51	51	49.9	59	43
8*	51	51	50	50	50	50	51	50	48	48	47	44	45	47	47	50	50	—	—	—	52	52	51	52	(49.3)	52	44
9	51	51	47	43	36	37	41	44	46	47	45	45	46	46	46	46	47	48	48	49	49	50	49	48	46.0	51	**36**
10	48	44	42	41	42	44	47	46	48	48	45	37	37	43	48	49	48	49	51	52	52	52	52	45	46.2	52	37
11	46	47	48	47	48	48	48	49	48	48	46	44	43	46	50	52	52	52	53	56	53	53	48	50	49.0	56	43
12	50	49	48	48	47	48	48	48	46	46	45	41	43	45	46	47	48	52	55	55	55	53	52	53	48.7	55	41
13	53	53	48	47	48	48	48	46	46	50	49	45	45	49	49	47	53	55	56	57	58	58	55	54	50.7	58	45
14†	52	51	50	50	45	42	45	46	47	44	40	40	40	44	52	54	55	55	60	59	49	49	49	50	48.7	60	40
15	50	50	49	48	48	47	47	48	49	50	51	48	54	56	55	58	59	59	57	57	57	55	53	52	52.4	59	47
16	52	52	51	51	49	48	47	47	41	46	46	44	45	48	51	51	54	53	52	54	55	49	45	48	49.1	55	41
17*	49	49	50	50	50	50	50	52	52	51	51	46	46	49	51	52	52	50	52	52	51	54	52	50	50.5	54	46
18*	50	49	48	44	46	46	47	47	45	43	42	43	46	50	51	50	51	51	50	50	50	50	49	48	47.8	51	42
19	48	48	48	47	46	46	43	44	43	40	45	44	44	46	48	51	53	56	61	62	63	65	62	58	50.5	65	40
20†	54	52	43	46	44	44	47	52	52	47	51	51	57	69	77	76	81	82	68	62	59	55	53	52	57.2	82	43
21†	50	46	41	42	43	44	43	45	44	41	42	46	45	49	50	51	58	58	57	59	52	52	50	51	48.3	59	41
22	45	42	42	42	42	44	46	48	50	49	49	48	46	47	45	49	53	52	51	51	51	52	51	50	47.7	53	42
23	50	49	48	48	49	49	50	48	49	47	42	37	38	40	44	46	45	46	47	47	46	48	44	44	**45.9**	50	37
24†	43	41	42	42	44	46	46	45	42	38	39	40	45	49	52	65	106	123	141	130	111	84	80	53	**64.5**	**141**	38
25†	56	57	63	66	64	63	55	50	53	60	62	62	63	66	66	72	69	70	71	71	72	64	57	61	63.0	72	50
26	61	58	58	55	55	51	51	50	51	53	50	45	44	46	50	51	49	55	58	55	56	56	56	58	53.0	61	44
27	56	54	55	54	56	57	55	53	56	53	51	46	43	49	53	55	57	56	54	57	60	61	59	56	54.4	61	43
28	51	51	45	45	46	47	48	45	45	46	49	49	50	54	62	66	62	66	64	62	62	60	59	59	53.9	66	45
29*	58	55	56	53	54	55	55	54	50	47	48	52	51	54	55	54	53	53	57	58	59	58	57	55	54.2	59	47
30	53	51	51	51	50	50	48	47	44	43	50	46	45	46	47	49	53	55	56	56	52	54	53	52	50.1	56	43
31	52	53	52	51	49	49	49	50	46	44	44	44	42	40	44	49	47	45	46	46	47	43	46	43	46.7	53	40
Mittel	52	51	50	49	49	49	49	49	49	48	48	46	47	50	52	54	56	56	57	56	57	55	53	52	51.8	61	43

Februar

Tag	0h–1h	1h–2h	2h–3h	3h–4h	4h–5h	5h–6h	6h–7h	7h–8h	8h–9h	9h–10h	10h–11h	11h–12h	12h–13h	13h–14h	14h–15h	15h–16h	16h–17h	17h–18h	18h–19h	19h–20h	20h–21h	21h–22h	22h–23h	23h–24h	Tages-Mittel γ	Max.	Min.
1	44	42	42	41	41	39	39	40	39	36	36	39	44	49	45	47	46	47	49	46	45	45	46	46	43.0	49	36
2	45	45	45	44	43	44	43	48	43	45	47	52	53	62	75	91	99	88	81	72	65	61	58	55	58.5	99	43
3	55	55	56	56	55	54	54	55	52	52	58	58	51	58	69	75	80	80	83	70	64	61	57	54	60.9	83	51
4	51	53	53	53	53	53	55	56	54	50	50	51	54	55	64	75	72	71	77	71	54	52	53	54	57.7	77	50
5	54	52	53	56	50	47	52	53	49	44	44	42	45	51	56	58	57	56	56	54	53	52	50	51	51.5	58	42
6	50	51	50	49	50	48	49	50	48	45	43	41	42	44	44	47	49	50	51	50	49	47	46	47	47.5	51	41
7	46	46	45	47	45	46	48	50	52	50	50	44	45	46	50	52	54	54	59	58	55	55	37	38	48.8	59	37
8	45	48	48	48	49	49	49	50	48	42	40	39	42	48	54	62	63	66	65	65	66	62	59	51	52.4	66	39
9	42	47	50	51	50	52	50	49	48	42	43	45	49	52	56	58	60	62	64	65	60	54	56	56	52.5	65	42
10*	55	52	52	53	52	52	53	53	49	47	47	48	48	48	49	48	49	49	49	49	49	48	47	47	49.7	55	47
11	46	46	46	46	46	45	46	47	43	38	41	43	44	43	40	41	41	42	43	43	43	45	44	43	43.5	47	38
12	41	42	43	43	43	43	46	46	46	42	41	42	42	44	47	47	45	45	47	49	49	48	47	46	44.8	49	41
13*	45	44	44	44	44	43	44	45	42	36	36	38	40	40	42	42	42	43	44	45	45	45	45	44	42.6	45	36
14	45	45	44	42	40	40	40	41	40	39	38	38	37	38	41	43	44	43	43	46	44	44	43	43	41.7	46	37
15	43	42	41	41	42	42	39	38	40	35	33	36	36	38	40	40	43	45	48	51	51	50	49	48	42.1	51	33
16*	48	49	46	46	45	44	42	42	40	36	35	34	35	39	42	44	45	45	45	45	45	44	43	43	42.6	49	34
17*	43	44	43	44	44	44	42	43	40	32	30	32	36	40	44	44	43	44	44	45	44	45	44	44	41.6	45	30
18	44	44	43	43	43	42	40	40	39	35	33	32	32	31	31	34	37	38	41	40	39	38	38	36	38.0	44	31
19	37	36	36	36	36	35	36	38	33	26	19	18	22	26	28	30	32	34	35	36	36	37	37	36	**32.3**	38	18
20†	36	35	34	34	34	34	35	39	36	27	26	29	31	34	36	39	33	38	103	156	118	37	65	37	46.9	**156**	26
21†	43	44	21	-01	20	16	41	56	64	66	70	80	83	90	103	107	90	78	73	72	66	69	64	56	61.3	107	**-01**
22†	54	58	55	60	63	65	68	66	65	61	60	62	66	68	70	75	78	80	74	72	66	66	69	63	66.0	80	54
23†	61	58	57	57	58	59	60	63	61	57	56	71	97	114	116	117	108	105	91	83	82	69	32	26	**73.2**	117	26
24†	35	35	38	10	25	38	40	39	42	42	45	47	51	59	66	69	69	68	66	66	58	58	57	57	49.2	69	10
25	44	45	51	47	48	52	52	53	51	45	45	49	55	54	57	60	61	61	60	60	60	61	60	60	53.8	61	44
26*	59	60	58	59	59	57	58	59	60	55	54	55	57	58	60	59	57	57	57	58	57	57	56	55	57.5	60	54
27	56	56	55	56	56	55	56	59	60	52	46	49	53	54	54	51	51	52	52	52	53	54	53	52	53.6	60	46
28	53	52	52	51	52	52	53	55	57	54	47	52	52	54	62	62	59	58	58	57	56	56	55	53	54.7	62	47
Mittel	47	47	46	45	46	46	48	49	48	44	43	45	48	51	55	58	57	57	59	60	56	52	50	48	50.3	66	37

Weltzeit

Niemegk — **Vertikalintensität** — $Z = 43700^{\gamma}$ + Tafelwert — **1950**

Weltzeit

Tag	0h–1h	1h–2h	2h–3h	3h–4h	4h–5h	5h–6h	6h–7h	7h–8h	8h–9h	9h–10h	10h–11h	11h–12h	12h–13h	13h–14h	14h–15h	15h–16h	16h–17h	17h–18h	18h–19h	19h–20h	20h–21h	21h–22h	22h–23h	23h–24h	Tagesmittel	Max.	Min.
März																									γ		
1	52	54	49	49	50	51	53	54	55	54	55	56	52	56	58	58	56	55	55	55	55	55	54	54	54.0	58	49
2	53	51	53	52	51	50	50	52	51	49	48	49	47	44	48	55	57	57	56	55	54	54	54	54	51.8	57	44
3	53	53	52	53	52	53	53	51	50	46	42	42	47	52	56	59	60	60	56	55	54	53	53	53	52.4	60	42
4*	53	52	52	52	51	51	52	52	52	45	40	43	44	51	54	54	53	54	52	53	53	52	51	50	50.7	54	40
5	50	50	50	50	49	48	51	50	50	47	41	38	36	44	46	47	47	47	48	50	49	51	53	54	47.8	54	36
6	50	44	41	39	42	43	47	49	47	41	36	37	38	40	48	53	60	62	70	66	60	56	49	51	48.7	70	36
7	46	39	43	44	44	40	46	53	56	54	48	50	53	63	72	72	64	63	63	64	61	61	58	56	54.7	72	39
8	51	51	55	56	56	57	57	57	52	45	39	39	39	42	46	51	52	53	55	54	54	54	52	52	50.8	57	39
9	50	52	49	48	49	50	51	51	47	40	35	34	37	41	47	51	56	56	56	56	54	53	53	53	48.7	56	34
10*	50	50	50	50	50	50	53	51	45	40	34	28	32	36	41	47	46	47	49	50	50	50	50	50	45.8	53	28
11*	50	50	49	50	49	49	49	46	35	27	21	21	31	38	44	47	48	48	48	50	52	54	54	53	**44,3**	54	21
12*	51	49	47	46	46	46	46	46	42	37	37	37	39	42	49	55	54	52	51	51	53	53	53	52	47.2	55	37
13	50	49	49	47	47	47	47	44	39	36	34	36	39	44	49	54	53	54	56	57	54	51	51	50	47.4	57	34
14	49	48	47	47	45	44	45	43	38	32	29	30	34	37	42	46	51	51	48	54	53	52	50	51	44.4	54	29
15†	50	46	42	15	31	41	47	46	46	42	42	41	44	47	53	55	54	55	57	58	56	55	54	53	47.1	58	**15**
16	53	53	50	50	49	51	50	52	50	45	44	42	42	42	44	49	53	54	54	53	52	52	51	50	49.3	54	42
17	50	50	50	49	50	51	54	52	46	40	37	39	41	41	46	48	48	48	50	50	51	47	48	48	47.2	54	37
18*	48	48	46	46	48	49	51	51	47	40	39	37	37	38	42	45	46	45	47	48	48	47	48	47	45.3	51	37
19†	46	44	44	45	46	46	44	48	50	51	62	79	95	140	165	193	177	150	113	94	85	80	79	75	**85,5**	**193**	44
20	76	72	73	75	76	75	75	71	65	61	57	53	56	61	64	67	74	80	85	76	77	76	74	70	70.4	85	53
21†	72	72	70	70	64	58	60	59	57	51	53	59	70	82	96	117	114	101	94	85	69	66	62	63	73.5	117	51
22†	61	56	59	51	49	49	55	63	63	54	54	54	56	58	61	65	68	66	65	75	73	72	75	72	61.4	75	49
23	67	67	67	67	66	67	68	66	62	57	52	51	57	59	62	63	62	61	62	62	63	62	60	58	62.0	68	51
24	54	45	32	34	45	53	60	55	59	56	51	54	62	69	80	85	82	75	71	71	70	70	70	68	61.3	85	32
25	65	62	57	61	63	63	61	66	61	56	55	55	58	62	66	69	67	65	65	64	63	64	63	63	62.2	69	55
26	62	62	59	59	60	63	65	65	60	52	47	46	51	55	56	58	56	56	57	58	60	61	63	61	58.0	65	46
27†	51	53	35	42	50	56	55	52	47	42	41	43	48	52	61	77	82	81	77	79	69	55	59	62	57.0	82	35
28	63	62	62	60	62	65	66	64	61	56	56	55	56	54	56	62	64	61	60	60	61	58	58	59	60.0	66	54
29	58	58	58	54	56	57	56	48	45	37	34	32	30	36	44	52	53	56	59	60	60	58	56	56	50.5	60	30
30	56	56	54	54	56	59	61	59	52	41	37	34	41	49	60	64	60	54	54	56	56	56	55	54	53.2	64	34
31	54	54	54	53	52	55	55	53	47	37	34	34	38	41	55	74	79	78	71	70	71	67	69	62	56.5	79	34
Mittel	55	53	52	51	52	53	54	54	51	46	43	43	47	52	58	64	64	63	61	61	59	58	57	57	54.5	69	39
April																									γ		
1†	57	46	51	47	51	50	56	56	55	52	47	42	51	62	64	64	68	73	71	71	48	28	34	35	53.3	73	28
2†	38	46	31	30	34	40	42	43	41	43	43	45	48	58	65	70	80	82	79	74	70	61	53	38	52.2	82	30
3†	39	40	49	54	56	59	65	62	58	48	45	51	53	58	74	89	92	91	91	83	64	45	50	52	61.2	92	39
4	55	59	56	53	47	47	49	49	55	52	52	62	72	83	97	100	107	107	90	80	74	69	56	58	67.9	107	47
5†	60	54	44	48	55	57	63	63	61	56	55	59	70	79	104	115	122	121	100	92	89	81	60	56	**73,5**	122	44
6	66	65	63	67	67	68	57	63	66	65	62	59	58	58	65	71	82	86	82	69	64	61	57	54	65.6	86	54
7	40	39	44	44	48	55	64	67	70	66	57	55	63	74	72	72	76	71	69	67	65	64	62	62	61.1	76	39
8	62	61	56	58	60	64	64	61	54	48	41	38	37	45	58	66	66	66	66	64	64	62	60	60	57.5	66	37
9	61	60	60	60	59	59	59	53	44	33	29	30	36	46	60	67	64	64	62	62	60	60	60	58	54.4	67	29
10	57	54	49	54	52	51	52	49	44	40	40	40	43	52	57	61	60	57	56	59	60	59	58	55	52.5	61	40
11*	57	57	57	56	56	58	57	54	44	34	33	37	44	52	58	65	65	64	62	64	60	56	56	56	54.2	65	33
12	56	57	54	52	50	56	56	50	46	36	34	40	39	45	51	55	57	57	58	58	58	57	55	52	51.2	58	34
13	51	52	54	44	50	56	61	59	52	44	42	48	54	62	63	62	60	55	55	56	57	57	57	57	54.5	63	42
14*	56	56	56	56	55	57	60	60	52	44	37	34	35	41	50	54	54	53	52	54	55	55	54	54	51.4	60	34
15	54	54	54	54	56	54	55	49	37	24	19	23	33	36	44	54	56	56	56	57	58	57	58	56	**48,1**	58	**19**
16	55	55	55	56	57	59	58	51	40	28	27	32	35	42	49	58	58	61	63	63	60	58	58	50	51.2	63	27
17	50	54	52	52	55	59	60	57	46	32	28	32	42	48	56	58	61	67	71	69	68	63	59	57	54.0	71	28
18	55	55	53	50	57	59	58	55	49	33	28	30	36	42	50	59	63	62	64	64	65	62	59	58	52.8	65	28
19	59	53	47	46	46	48	53	53	52	43	37	34	42	55	77	88	95	101	97	82	66	57	56	54	60.0	101	34
20	52	49	49	46	33	39	52	64	65	62	50	44	44	50	53	58	64	63	66	78	80	74	62	61	56.6	80	33
21*	60	60	60	60	64	70	75	75	68	60	57	54	52	56	60	62	64	63	60	61	62	62	62	62	62.0	75	52
22	62	62	61	60	61	62	63	64	60	44	35	34	33	34	38	43	49	52	53	54	54	54	54	54	51.7	64	33
23	52	51	50	49	48	49	52	50	39	29	25	25	34	41	56	58	62	63	61	63	61	57	52	50	49.0	63	25
24	45	25	22	21	33	43	48	54	57	48	40	37	44	51	57	64	71	74	71	66	65	60	55	54	50.2	74	21
25	55	55	57	58	63	68	64	57	48	40	33	34	40	47	53	56	60	60	59	59	60	59	59	58	54.2	68	33
26*	58	58	58	57	59	61	60	59	58	53	45	40	39	44	50	55	58	58	57	57	58	58	58	57	54.8	61	39
27*	57	56	56	57	58	59	58	52	49	44	34	28	34	43	48	54	56	57	58	59	56	57	56	56	51.8	59	28
28	56	56	55	57	58	56	53	50	46	36	30	29	36	49	59	68	77	82	80	76	74	69	65	59	57.3	82	29
29	38	44	47	53	58	63	66	65	58	38	34	43	58	72	81	91	99	91	86	81	76	73	70	64	64.5	99	34
30†	60	56	54	33	33	45	54	53	46	42	36	43	58	79	102	117	126	127	111	94	80	69	71	72	69.2	**127**	33
Mittel	54	53	52	51	53	56	58	57	52	44	39	40	45	53	62	68	72	73	70	68	64	60	58	56	56.6	76	34

Niemegk

Vertikalintensität

$Z = 43700^{\gamma}$ + Tafelwert

1950

0h 1h 2h 3h 4h 5h 6h 7h 8h 9h 10h 11h 12h 13h 14h 15h 16h 17h 18h 19h 20h 21h 22h 23h 24h Weltzeit

Mai

Tag	0–1h	1–2h	2–3h	3–4h	4–5h	5–6h	6–7h	7–8h	8–9h	9–10h	10–11h	11–12h	12–13h	13–14h	14–15h	15–16h	16–17h	17–18h	18–19h	19–20h	20–21h	21–22h	22–23h	23–24h	Tagesmittel (γ)	Max.	Min.
1	71	69	68	72	73	73	71	67	59	45	36	33	43	52	57	63	67	67	66	68	67	66	66	65	61.8	73	33
2	65	65	62	65	66	68	68	63	49	34	28	30	38	53	59	71	89	97	98	95	84	80	67	51	64.4	98	28
3†	55	61	46	29	23	41	52	52	52	42	35	38	46	53	63	68	75	76	82	81	70	44	52	49	53.5	82	23
4	45	54	56	56	58	64	66	64	63	50	43	38	41	48	56	63	72	73	81	78	71	62	51	43	58.2	81	38
5	33	40	55	61	62	64	62	61	58	49	41	39	51	56	64	68	72	72	75	71	64	57	57	58	57.9	75	33
6	58	60	61	63	66	70	68	65	60	52	49	48	52	57	66	72	72	77	78	75	71	70	66	62	64.1	78	48
7	49	50	57	61	64	63	61	55	51	49	42	41	44	50	55	64	71	71	70	68	66	65	63	56	57.8	71	41
8*	56	57	59	61	64	66	61	54	44	30	30	35	39	42	49	57	63	65	65	65	65	63	60	60	54.6	66	30
9*	60	60	60	59	62	62	60	57	51	44	38	35	39	44	47	53	58	61	62	62	62	61	60	58	54.8	62	35
10	57	58	57	57	59	59	59	52	46	40	34	36	39	43	47	52	61	63	62	62	62	59	58	50	53.0	63	34
11	51	52	51	55	57	57	52	47	43	35	34	40	49	57	64	71	66	63	62	63	64	66	64	63	55.2	71	34
12*	62	62	62	62	62	60	57	54	49	39	34	30	32	39	47	56	65	70	70	66	62	60	58	58	54.8	70	30
13	56	56	57	51	50	50	45	42	37	36	31	27	34	44	54	62	64	66	63	64	61	58	54	53	50.6	66	27
14	50	51	49	49	55	60	60	55	49	40	36	40	55	59	62	66	71	75	76	72	67	63	60	50	57.1	76	36
15†	51	56	54	47	46	51	54	50	45	34	31	32	36	43	55	62	66	74	73	66	65	64	54	57	52.8	74	31
16	58	58	59	55	52	53	53	55	53	45	36	34	44	55	65	67	74	80	75	70	63	58	58	49	57.0	80	34
17	51	55	57	61	65	66	63	55	49	40	34	32	38	50	62	71	74	74	70	64	62	60	60	60	57.2	74	32
18*	59	55	56	58	60	61	65	66	64	59	46	41	44	51	55	61	67	67	64	60	59	58	58	58	58.0	67	41
19*	58	59	60	60	64	64	64	61	54	42	32	25	28	37	48	52	58	59	57	58	57	56	56	55	52.7	64	25
20	55	56	57	59	61	60	58	53	44	33	27	26	31	37	47	58	59	62	62	63	58	56	54	55	51.3	63	26
21	51	45	50	51	55	60	66	66	60	52	42	39	46	48	56	65	70	66	61	59	58	57	54	55	55.5	70	39
22	56	56	56	58	60	58	51	42	37	31	30	30	40	38	43	50	57	63	60	61	59	56	54	52	49.9	63	30
23†	54	54	57	58	60	60	52	42	40	33	31	42	52	72	91	110	125	120	104	94	84	71	66	63	**68,1**	**125**	31
24	55	53	55	57	60	64	66	63	53	41	40	41	44	50	55	58	62	66	68	66	63	58	58	60	56.5	68	40
25	58	55	58	61	62	62	59	52	44	34	30	31	35	44	56	63	74	74	69	64	63	62	60	55	55.2	74	30
26	57	57	58	60	59	59	55	51	46	43	40	37	37	44	54	67	65	64	61	63	66	65	62	60	55.4	67	37
27†	60	56	51	50	52	54	56	54	46	41	36	37	41	56	75	76	94	94	77	77	76	52	12	32	56.5	94	12
28†	34	-07	-38	-40	-26	-30	05	31	51	56	64	73	82	82	84	81	81	75	82	80	68	66	68	67	**45,4**	84	**-40**
29	63	59	55	58	66	68	66	60	52	46	42	45	45	63	62	67	78	76	72	72	66	65	62	60	61.2	78	42
30	59	54	48	44	42	53	60	60	57	52	44	46	50	58	68	78	75	74	72	69	69	65	64	61	59.3	78	42
31	60	62	64	63	64	68	67	61	55	45	43	40	42	51	57	62	66	65	65	66	65	61	57	55	58.5	68	40
Mittel	55	54	53	54	56	58	58	55	50	42	37	37	43	51	59	66	71	73	71	69	66	61	58	56	56.4	75	31

Juni

Tag	0–1h	1–2h	2–3h	3–4h	4–5h	5–6h	6–7h	7–8h	8–9h	9–10h	10–11h	11–12h	12–13h	13–14h	14–15h	15–16h	16–17h	17–18h	18–19h	19–20h	20–21h	21–22h	22–23h	23–24h	Tagesmittel (γ)	Max.	Min.
1	54	53	56	58	55	52	53	48	38	35	34	32	40	56	68	77	76	72	71	67	64	65	62	53	55.8	77	32
2	46	42	43	40	40	39	47	45	36	35	30	27	27	36	47	54	66	76	74	67	64	63	52	55	**48.0**	76	27
3	56	57	59	57	58	60	64	65	59	48	39	40	46	46	60	68	78	82	82	76	70	66	64	62	60.9	82	39
4	61	60	61	56	53	57	62	63	58	50	45	44	48	56	63	64	63	64	65	63	64	63	63	61	58.6	65	44
5	59	57	58	58	60	62	62	59	55	47	39	34	39	43	54	60	61	66	67	68	67	64	63	62	56.8	68	34
6†	59	49	40	39	37	24	30	33	32	32	32	29	41	58	58	75	96	88	84	82	78	75	71	65	54.5	96	24
7*	66	67	68	70	72	74	75	71	64	55	50	48	48	51	55	56	57	57	59	58	58	58	58	59	60.6	75	48
8	62	62	63	64	67	68	66	60	54	45	46	47	46	50	58	62	62	65	64	66	66	61	62	60	59.4	68	45
9†	51	49	49	49	52	43	47	45	40	41	40	47	59	61	62	66	70	76	71	69	71	69	66	58	56.3	76	40
10	60	52	38	34	34	42	51	54	56	52	51	49	58	57	63	73	76	78	74	75	70	64	63	60	57.7	78	34
11	62	58	52	57	59	60	64	62	59	50	42	40	49	52	57	59	63	66	67	65	64	63	63	60	58.0	67	40
12	54	56	58	60	62	65	66	64	58	52	44	48	56	57	57	62	65	67	68	69	65	61	61	61	59.8	69	44
13*	60	60	60	61	62	59	59	58	48	34	30	35	43	51	56	59	61	60	56	57	57	58	58	58	54.2	62	30
14	57	58	58	59	62	64	63	63	60	55	46	45	46	47	57	62	62	61	61	60	59	59	60	61	57.7	64	45
15*	61	60	61	63	65	63	62	60	54	48	43	41	45	53	61	67	67	63	60	59	59	59	60	59	58.0	67	41
16	60	60	62	62	62	59	60	60	52	43	39	40	45	55	59	61	64	67	59	62	60	58	58	57	56.8	67	39
17	58	60	60	61	60	60	59	57	56	44	42	46	49	55	61	70	74	78	78	75	70	67	64	62	61.1	78	42
18	61	62	62	64	66	66	66	64	63	58	54	51	54	59	65	69	69	69	68	64	61	60	59	60	62.2	69	51
19*	59	60	60	63	64	63	62	57	52	47	44	42	46	53	61	61	66	64	62	61	61	60	59	59	57.8	66	42
20*	58	59	61	63	63	59	57	58	54	45	39	38	39	48	55	59	63	64	62	60	59	58	58	57	55.7	64	38
21	57	57	59	59	60	58	52	49	44	34	24	34	45	54	59	61	64	67	63	60	62	61	60	59	54.2	67	24
22	59	58	59	59	55	50	49	51	43	40	31	29	32	39	51	61	62	62	59	58	58	58	56	55	51.4	62	29
23	53	55	56	53	51	55	60	58	51	46	37	34	41	45	53	57	66	68	67	69	69	65	61	50	55.0	69	34
24†	46	48	47	54	64	52	40	44	41	43	49	52	47	58	70	72	76	76	74	73	68	68	66	62	57.9	76	40
25	61	56	54	58	61	66	69	68	66	63	65	61	64	67	67	67	68	72	72	70	70	65	64	60	**64,8**	72	54
26	53	45	40	48	53	57	60	55	48	43	46	48	46	48	53	60	61	62	64	65	62	63	61	61	54.2	65	40
27	62	62	64	64	61	60	63	57	51	45	40	37	36	44	55	63	66	67	68	65	63	62	62	61	57.4	68	36
28	57	58	60	60	62	60	61	59	57	50	39	38	46	51	56	59	61	61	62	61	60	60	57	58	56.4	62	38
29†	57	57	59	62	62	62	66	62	53	45	33	30	32	37	57	69	86	98	99	92	86	79	70	59	63.0	**99**	30
30†	44	33	18	-01	-04	33	61	67	67	66	56	56	60	63	68	84	87	83	82	82	78	74	72	62	58.0	87	**-04**
Mittel	57	56	55	55	56	56	59	57	52	46	42	41	46	52	59	65	69	70	69	67	65	64	62	59	57.4	72	37

Niemegk

Vertikalintensität

$Z = 43700^{\gamma} +$ Tafelwert

1950

Juli

Tag	0h–1h	1h–2h	2h–3h	3h–4h	4h–5h	5h–6h	6h–7h	7h–8h	8h–9h	9h–10h	10h–11h	11h–12h	12h–13h	13h–14h	14h–15h	15h–16h	16h–17h	17h–18h	18h–19h	19h–20h	20h–21h	21h–22h	22h–23h	23h–24h Weltzeit	Tagesmittel (γ)	Max.	Min.
1	64	65	66	64	67	69	70	68	64	56	55	53	52	52	60	65	72	70	70	68	66	64	61	63	63.5	72	52
2	62	62	63	64	63	64	64	64	63	58	53	51	54	56	62	64	66	69	66	64	63	62	61	61	61.6	69	51
3	61	62	63	66	67	67	66	62	56	48	42	42	48	49	50	61	70	69	74	77	74	55	47	42	59.1	77	42
4†	37	05	31	50	56	56	57	63	62	62	54	55	61	65	71	75	83	90	91	86	82	73	69	58	62.2	91	05
5	52	47	50	56	63	66	69	68	63	58	51	51	57	61	60	64	69	73	77	71	66	64	58	58	61.3	77	47
6	59	59	56	59	58	58	58	57	53	42	37	40	45	46	55	61	64	68	69	67	66	63	60	59	56.6	69	37
7	60	62	61	61	57	56	55	56	54	52	50	53	57	62	67	69	72	72	73	69	67	62	56	55	60.8	73	50
8	55	57	60	62	65	68	68	62	53	41	38	35	42	55	61	66	68	68	66	63	63	62	61	61	58.3	68	35
9	60	58	53	53	54	58	57	52	47	35	28	35	42	52	62	65	66	67	65	64	63	62	59	59	54.8	67	28
10	59	60	62	64	65	64	61	59	54	50	46	39	47	54	61	72	75	73	71	69	66	62	61	62	60.7	75	39
11†	53	51	58	61	62	62	59	52	50	49	43	31	33	47	62	62	75	85	85	74	73	65	47	36	57.3	85	31
12†	34	20	04	-05	18	15	30	34	45	48	40	42	50	69	81	90	98	93	94	87	79	73	71	64	53.1	**98**	**-05**
13	59	61	66	56	62	63	66	64	61	61	55	49	53	71	70	75	78	73	71	72	72	71	66	65	65.0	78	49
14	62	62	62	64	64	64	66	69	67	56	49	47	49	55	61	62	66	70	68	68	66	65	58	60	61.7	70	47
15	55	56	58	62	63	67	71	70	69	64	57	48	47	50	59	68	68	75	76	70	64	60	60	58	62.3	76	47
16	58	57	58	61	61	64	64	65	63	58	54	54	50	49	51	56	60	63	63	61	60	59	59	58	58.6	65	49
17*	56	58	57	60	60	62	65	65	61	55	49	47	46	47	51	56	60	62	64	62	60	59	58	58	57.4	65	46
18*	58	54	54	57	59	61	59	55	53	47	44	39	43	53	58	57	61	66	64	61	60	59	59	60	55.9	66	39
19*	60	60	61	63	65	66	65	64	61	52	43	42	41	43	52	53	53	56	58	59	58	57	56	55	56.0	66	41
20	55	55	56	59	62	62	60	57	52	48	43	41	46	50	57	61	62	60	60	61	60	59	58	57	55.9	62	41
21	52	52	54	58	61	63	62	56	51	45	43	36	36	37	48	58	61	58	60	61	61	58	55	55	53.4	63	36
22	54	56	52	49	52	51	54	50	45	44	36	34	39	48	52	51	54	59	60	62	61	59	58	57	51.5	62	34
23*	55	56	59	60	62	61	61	58	52	48	45	41	39	43	47	52	56	57	56	54	54	56	55	54	53.4	62	39
24†	53	52	50	51	55	56	46	42	36	31	29	33	32	40	56	61	62	67	73	71	65	54	50	44	50.4	73	29
25†	34	22	12	17	02	21	31	38	44	47	45	48	55	71	87	94	98	98	93	82	73	71	70	67	55.0	**98**	02
26*	66	67	69	71	71	63	56	54	54	53	52	52	51	57	63	68	66	67	67	68	67	66	66	65	62.5	71	51
27	64	63	64	66	68	68	68	67	64	62	63	66	66	70	75	76	73	70	64	60	60	61	59	60	**65.7**	76	59
28	61	48	41	46	51	53	56	54	53	46	43	41	49	56	60	61	61	62	60	59	58	59	61	59	54.1	62	41
29	56	55	54	57	58	57	57	56	49	41	35	29	29	37	47	58	60	59	57	55	55	56	55	55	51.1	60	29
30	54	55	56	52	50	55	56	52	50	45	42	43	37	41	54	58	59	59	58	57	53	54	53	53	51.9	59	37
31	53	54	54	49	44	48	49	47	46	44	39	31	32	43	52	61	58	63	64	58	53	54	54	56	**50.2**	64	31
Mittel	56	53	54	55	57	58	59	57	55	50	45	43	46	53	60	65	68	69	69	66	64	61	59	57	57.5	72	37

August

Tag	0h–1h	1h–2h	2h–3h	3h–4h	4h–5h	5h–6h	6h–7h	7h–8h	8h–9h	9h–10h	10h–11h	11h–12h	12h–13h	13h–14h	14h–15h	15h–16h	16h–17h	17h–18h	18h–19h	19h–20h	20h–21h	21h–22h	22h–23h	23h–24h Weltzeit	Tagesmittel (γ)	Max.	Min.
1	54	55	56	49	46	44	52	60	59	47	35	33	38	42	48	56	55	64	62	63	64	64	58	51	52.3	64	33
2	51	52	51	48	52	51	49	48	42	43	43	37	42	49	59	61	65	67	67	63	61	58	53	52	52.7	67	37
3	52	54	39	41	48	48	46	50	45	40	40	34	31	43	53	57	62	66	66	64	61	59	54	53	50.2	66	31
4	52	52	52	51	53	52	49	50	48	42	37	39	44	52	57	61	65	63	62	61	57	54	54	54	52.5	65	37
5	53	54	54	55	54	53	57	56	51	43	41	40	38	42	49	55	59	62	61	59	58	57	56	51	52.4	62	38
6	46	48	48	50	53	56	57	56	50	41	34	36	42	42	48	53	55	54	53	54	56	53	53	52	49.6	56	34
7†	53	49	47	42	49	51	54	54	50	44	35	23	24	26	35	39	48	50	54	57	62	52	39	-16	**42.5**	62	-16
8†	-26	-44	02	34	46	36	40	32	49	52	53	58	64	70	72	73	77	77	77	77	76	72	64	62	49.7	77	-44
9	60	55	57	62	65	63	63	61	57	51	47	53	59	66	85	82	83	91	84	78	72	58	54	35	64.2	91	35
10†	40	49	57	58	58	59	62	63	60	57	60	60	70	79	85	100	94	89	86	62	61	62	55	44	65.4	100	40
11	53	58	57	49	44	51	56	59	60	58	55	61	70	78	88	90	91	82	80	76	70	65	63	49	65.1	91	44
12	54	51	58	48	45	58	65	67	68	66	63	64	69	68	74	77	82	78	72	73	71	69	67	62	65.4	82	45
13	63	63	64	66	69	65	68	68	66	56	54	51	50	55	66	69	69	75	75	72	70	68	66	64	64.7	75	50
14	64	61	61	65	59	60	65	66	61	55	50	42	49	63	66	68	64	65	63	65	64	61	55	60	60.5	68	42
15	59	54	59	62	64	59	62	61	55	55	53	51	48	55	64	65	67	65	63	63	63	62	63	62	59.8	67	48
16*	61	61	59	63	66	67	67	63	58	51	46	39	41	46	53	60	62	63	59	60	58	58	58	58	57.4	67	39
17*	57	58	59	61	64	66	64	60	52	47	42	37	42	50	57	62	62	60	59	60	60	60	61	61	56.7	66	37
18	60	60	59	58	58	58	57	56	51	43	38	40	42	46	53	59	65	72	79	78	76	60	60	63	58.0	79	38
19†	58	49	38	39	37	39	43	46	46	48	49	68	107	162	276	334	312	228	163	140	76	32	34	-10	**100.6**	**334**	-10
20†	-08	-74	-82	-66	-33	05	54	76	102	103	125	138	134	130	128	125	113	103	99	96	94	93	94	94	68.5	138	**-82**
21	92	91	89	90	90	91	92	93	89	78	78	79	83	80	87	92	94	96	100	96	92	88	87	86	88.9	100	78
22	84	83	80	82	83	84	83	83	84	80	75	73	70	74	83	88	86	84	86	84	84	84	83	82	81.8	88	70
23	79	76	77	80	83	86	88	86	82	75	74	70	71	77	82	88	83	78	82	84	83	81	82	76	80.1	88	70
24*	77	78	78	80	80	83	84	79	75	74	70	71	78	82	85	85	81	78	77	78	78	78	77	78	78.5	85	70
25*	77	77	73	75	77	78	78	72	68	69	66	68	74	78	80	80	77	75	76	76	76	77	77	75	75.0	80	66
26*	75	75	75	77	76	76	74	72	69	64	59	58	64	68	73	75	72	70	70	71	71	71	71	70	70.7	77	58
27	70	66	69	69	70	70	70	70	69	61	58	56	58	61	61	63	64	65	68	69	66	68	68	68	65.7	70	56
28	70	67	70	69	70	70	70	70	69	62	54	55	57	59	60	67	63	63	65	69	76	66	58	60	65.0	76	54
29	62	66	66	66	67	60	59	57	50	45	47	52	60	71	83	79	79	79	77	76	74	73	73	67	66.2	83	45
30	57	59	60	64	67	67	68	67	60	56	57	61	68	73	75	75	78	77	75	69	70	70	68	70	67.1	78	56
31	70	70	70	69	70	68	68	66	60	54	51	56	64	66	64	74	79	77	75	73	70	69	69	68	67.5	79	51
Mittel	57	54	55	57	59	60	63	63	61	57	54	55	60	66	76	81	81	78	75	73	70	66	64	58	64.3	86	37

Niemegk

Vertikalintensität

$Z = 43700^{\gamma} + \text{Tafelwert}$

1950

Weltzeit

Tag	0h–1h	1h–2h	2h–3h	3h–4h	4h–5h	5h–6h	6h–7h	7h–8h	8h–9h	9h–10h	10h–11h	11h–12h	12h–13h	13h–14h	14h–15h	15h–16h	16h–17h	17h–18h	18h–19h	19h–20h	20h–21h	21h–22h	22h–23h	23h–24h	Tagesmittel	Max.	Min.
September																									γ		
1*	68	68	68	67	68	68	66	63	57	50	46	50	55	62	69	69	68	67	68	67	67	67	66	63	63.6	69	46
2	63	62	63	65	68	70	71	71	70	63	57	56	58	60	64	64	62	62	64	62	66	66	64	65	64.0	71	56
3†	65	64	62	58	60	67	67	65	60	53	50	57	66	76	78	106	123	113	122	116	91	78	60	33	74.8	**123**	33
4†	31	62	68	73	72	72	72	77	80	72	71	71	73	78	91	97	96	90	92	85	83	79	64	50	**75.0**	97	31
5†	56	33	44	58	66	65	60	63	66	65	70	66	81	86	82	83	92	95	83	70	60	63	45	56	67.0	95	33
6†	56	42	43	31	46	60	65	58	65	64	68	77	75	81	90	94	90	88	86	79	70	64	66	56	67.2	94	31
7	56	64	68	70	70	73	73	72	70	70	68	71	79	82	90	81	74	71	73	74	71	70	67	68	71.9	90	56
8	68	70	71	70	63	59	65	72	76	72	63	65	73	76	84	95	88	88	82	80	65	64	49	46	71.0	95	46
9	52	58	45	47	58	62	63	65	68	64	61	62	67	69	69	69	69	71	70	69	65	64	65	67	63.3	71	45
10	66	43	45	50	58	63	67	69	69	64	58	58	64	71	79	84	87	83	84	82	72	71	71	71	67.9	87	43
11	65	61	60	63	53	62	66	66	63	61	57	57	62	68	72	73	72	75	73	73	70	66	64	62	65.2	75	53
12	56	55	60	64	65	67	69	72	67	62	57	56	63	62	68	67	67	66	67	69	70	71	70	69	65.0	72	55
13	69	68	67	67	68	68	67	66	62	56	49	49	54	60	63	64	69	72	80	83	77	76	76	75	66.9	83	49
14*	75	73	71	70	71	74	74	73	68	62	61	61	61	62	63	64	65	66	68	69	69	68	68	66	67.6	75	61
15*	67	67	67	68	69	72	75	74	68	61	58	59	61	65	67	67	65	63	65	65	65	65	64	64	65.9	75	58
16	64	62	62	62	63	65	67	69	66	56	49	44	47	54	60	75	78	76	74	72	67	67	62	60	63.4	78	44
17	60	63	64	64	63	62	67	65	62	62	60	56	58	64	64	80	94	89	84	80	77	69	70	64	68.4	94	56
18	56	53	60	63	63	65	70	70	69	66	63	58	58	65	76	79	76	82	80	76	72	62	57	57	66.5	82	53
19	46	47	54	59	61	64	66	66	66	64	61	69	79	74	72	73	70	69	71	72	70	65	51	43	63.8	79	43
20	17	44	56	60	61	56	63	70	70	64	60	67	65	66	78	75	80	81	76	76	69	68	69	70	65.0	81	**17**
21	69	64	62	67	64	68	71	72	68	61	56	57	56	59	62	65	68	69	67	68	67	66	65	65	64.8	72	56
22*	66	66	66	65	66	67	70	69	64	58	56	58	59	60	64	68	67	65	66	66	66	65	65	65	64.5	70	56
23	65	65	65	64	65	65	65	64	59	56	54	58	58	59	62	69	86	82	78	77	73	64	58	62	65.5	86	54
24†	63	62	39	51	56	59	63	66	62	57	50	47	49	50	58	72	87	85	85	79	66	48	52	51	60.7	87	39
25	50	53	58	60	60	62	64	62	59	49	48	50	55	67	76	92	99	91	79	75	69	65	42	37	63.4	99	37
26	53	59	63	66	66	69	70	70	64	58	54	54	58	60	66	72	69	69	70	74	72	68	62	62	64.5	74	53
27	65	64	66	64	65	68	70	71	68	63	58	55	56	61	68	70	69	68	68	67	68	68	67	65	65.5	71	55
28	66	66	66	65	65	67	68	69	68	62	58	57	59	62	63	67	69	68	67	66	64	63	60	60	64.4	69	55
29*	61	62	63	63	64	64	65	64	62	56	51	48	49	53	58	62	63	63	63	63	62	63	62	63	**60.3**	65	48
30	62	62	62	62	62	64	68	66	60	53	50	50	52	57	61	64	63	63	63	63	67	68	66	66	61.4	68	50
Mittel	59	59	60	62	63	66	68	68	66	61	57	58	62	66	71	75	78	76	76	74	70	67	62	60	65.9	82	47
Oktober																									γ		
1†	52	43	41	31	43	52	63	63	63	64	60	67	89	112	99	104	102	95	86	81	77	56	47	52	68.4	112	31
2†	59	63	64	50	48	61	70	74	79	85	83	86	88	91	88	107	125	108	95	76	55	49	55	49	75.3	125	48
3	45	51	48	46	54	59	60	64	66	70	74	76	78	76	83	84	82	84	89	74	59	69	66	58	67.3	89	45
4	44	43	58	62	60	62	67	74	76	81	75	72	77	90	87	97	102	94	80	80	66	73	71	68	73.3	102	43
5	64	57	51	56	62	66	68	73	72	76	75	80	82	84	84	90	88	83	75	70	71	59	59	44	70.4	90	44
6	45	58	64	68	68	72	79	78	77	71	68	66	63	64	70	77	83	83	88	86	84	80	67	61	71.7	88	45
7	67	69	52	56	62	67	74	71	71	63	62	65	67	73	93	103	104	98	90	81	69	70	73	71	73.8	104	52
8	56	54	61	65	68	75	77	80	81	74	72	75	77	79	79	83	79	77	76	75	74	72	72	73	73.1	83	54
9	70	68	61	63	65	70	74	74	71	69	63	61	61	64	69	72	73	73	74	74	73	73	72	72	69.1	74	61
10*	72	69	69	69	70	72	75	74	71	66	63	63	62	63	69	73	72	73	74	74	74	73	72	68	70.0	75	62
11	69	70	70	70	69	70	72	74	72	65	58	57	56	58	61	65	65	67	68	67	67	67	67	68	66.3	74	56
12	67	63	64	58	56	61	68	72	72	64	57	54	58	63	68	72	72	73	74	76	75	66	65	67	**66.0**	76	54
13	68	68	69	64	63	66	71	73	71	64	58	58	63	66	72	74	74	75	76	75	69	65	68	68	68.2	76	58
14†	68	66	46	49	56	62	64	64	61	54	48	56	65	67	68	95	132	121	111	102	94	81	69	62	73.4	132	46
15	52	45	42	43	62	67	73	76	76	72	71	72	74	75	76	80	82	83	80	80	75	70	74	74	69.8	83	42
16	67	61	64	66	67	69	78	75	74	70	70	76	81	99	122	112	107	106	101	94	86	83	81	72	82.5	122	61
17	63	63	70	73	77	80	84	85	87	80	76	74	79	91	100	101	105	97	91	88	86	79	77	75	82.5	105	63
18	76	77	78	79	79	81	80	79	79	78	80	76	71	76	81	86	86	86	84	83	78	76	77	77	79.3	86	71
19*	77	76	76	75	75	76	80	80	75	68	68	73	77	75	78	78	78	78	78	78	78	77	77	75	76.1	80	68
20	74	74	74	74	74	75	77	77	73	66	64	66	70	74	76	76	76	76	76	75	74	75	71	70	73.2	77	64
21*	71	72	71	71	71	72	75	76	74	66	61	65	68	68	72	74	75	74	74	74	75	74	75	74	71.8	76	61
22	73	72	72	71	71	71	72	73	71	67	61	61	65	71	75	77	77	89	86	81	81	77	78	77	73.7	89	61
23	63	68	70	70	69	69	72	73	73	71	72	73	72	73	75	76	75	78	77	76	76	75	67	71	72.2	78	63
24	69	66	67	69	70	70	71	73	72	66	62	64	69	76	77	75	73	74	74	74	74	72	72	73	70.9	77	62
25*	76	74	74	74	73	73	73	73	72	69	69	69	72	73	74	72	72	72	72	73	73	72	70	68	72.2	76	68
26	70	69	69	69	68	72	74	76	77	72	71	72	72	71	72	72	73	74	74	75	76	75	73	73	72.5	77	68
27*	74	73	73	73	72	72	73	75	72	67	67	68	69	72	71	68	68	71	74	74	75	75	75	74	71.9	75	67
28†	74	71	71	55	63	63	66	71	75	75	73	72	89	120	129	152	144	149	172	130	60	76	50	42	89.2	**172**	42
29†	53	66	66	71	80	86	93	97	104	98	95	96	93	102	120	141	128	117	108	101	82	70	51	46	**90.2**	141	46
30	33	30	43	44	48	63	71	75	76	72	67	74	78	84	106	109	97	91	88	80	60	73	74	67	71.0	109	**30**
31	67	74	50	62	72	74	76	77	82	80	86	99	109	117	114	106	100	101	94	78	81	68	68	72	83.6	117	50
Mittel	64	64	63	63	66	69	73	75	75	71	69	71	74	80	84	89	89	88	86	81	74	72	69	66	73.8	95	54

Niemegk

Vertikalintensität

Z = 43700$^{\gamma}$ + Tafelwert

1950

Weltzeit

November

Tag	0h–1h	1h–2h	2h–3h	3h–4h	4h–5h	5h–6h	6h–7h	7h–8h	8h–9h	9h–10h	10h–11h	11h–12h	12h–13h	13h–14h	14h–15h	15h–16h	16h–17h	17h–18h	18h–19h	19h–20h	20h–21h	21h–22h	22h–23h	23h–24h	Tagesmittel	Max.	Min.
																									γ		
1†	79	78	77	70	72	76	81	85	88	85	87	101	112	115	134	137	128	118	98	86	89	88	84	77	93.5	137	70
2	74	75	80	80	81	82	85	88	89	88	88	92	96	100	106	105	101	95	94	91	90	88	87	87	89.2	106	74
3	85	85	83	83	80	82	85	88	89	86	84	83	81	81	84	88	91	90	90	89	87	85	82	78	85.0	91	80
4†	77	75	73	72	73	71	74	78	79	86	88	96	108	121	142	164	186	151	128	112	108	104	98	92	**102.3**	**186**	71
5	95	87	88	90	90	91	92	92	88	85	88	89	90	90	90	90	90	92	95	93	90	84	83	82	89.3	95	82
6*	84	84	85	86	85	84	83	84	80	76	74	76	79	82	85	86	87	87	87	88	88	87	86	86	83.7	88	74
7*	86	85	84	82	82	81	79	83	84	79	76	80	81	82	82	82	82	82	83	83	84	85	85	85	82.4	86	76
8	84	83	79	75	78	78	78	81	81	75	75	76	77	79	79	79	82	87	88	87	84	83	84	83	80.6	88	75
9	82	82	81	79	77	77	76	76	76	76	77	78	78	80	80	81	80	81	84	87	90	88	88	87	80.9	90	76
10	88	82	80	77	80	77	79	81	85	80	87	92	106	117	129	112	104	112	107	103	98	94	91	89	93.8	129	77
11	81	76	79	80	80	82	82	82	83	83	87	88	91	97	101	102	99	94	92	90	90	85	80	81	86.9	102	76
12	80	81	79	78	79	79	78	82	80	79	80	79	80	82	98	106	104	97	94	93	90	89	71	71	84.5	106	71
13	69	76	80	79	76	76	75	78	78	75	74	74	82	87	93	92	91	90	83	79	77	79	78	72	79.7	93	69
14	73	73	72	76	78	80	81	83	83	81	81	81	81	84	89	93	94	93	90	90	85	86	83	82	83.0	94	72
15*	82	81	81	81	81	80	81	84	83	80	81	82	82	83	83	82	81	82	82	82	83	82	80	80	81.6	84	80
16	81	80	79	79	79	79	78	79	80	74	73	74	76	76	77	79	79	78	80	82	84	84	82	83	79.0	84	73
17	82	83	81	79	79	77	78	76	74	71	70	72	74	77	79	82	82	87	85	83	75	72	76	78	78.0	87	70
18	79	79	78	78	77	77	76	75	72	70	72	75	75	77	80	80	80	82	81	76	85	83	83	83	78.0	85	70
19*	83	82	80	79	80	78	77	78	77	77	79	80	80	81	81	81	81	80	80	80	80	80	81	80	79.8	83	77
20*	80	79	78	77	76	76	75	75	75	76	76	78	77	79	79	80	82	82	82	82	82	81	81	80	78.7	82	75
21	80	80	80	80	79	78	78	77	76	73	74	76	78	78	77	76	77	78	77	77	77	81	76	75	**77.5**	81	73
22	76	77	78	77	76	76	75	74	72	70	68	70	74	76	77	82	96	101	98	100	94	90	77	71	80.2	101	68
23	78	82	82	82	82	82	80	78	76	76	77	77	79	81	81	82	82	82	84	86	86	84	78	78	80.6	86	76
24	80	81	80	80	79	78	77	76	77	75	75	76	76	78	78	78	78	86	103	99	99	89	86	80	81.8	103	75
25†	44	60	71	72	74	73	70	69	72	74	79	90	112	94	95	92	88	93	88	88	91	87	87	81	81.0	112	**44**
26†	80	80	73	61	61	70	72	72	74	85	92	88	105	111	119	122	118	118	112	93	70	68	73	72	87.0	122	61
27†	64	60	64	63	67	72	80	83	82	85	89	98	96	98	106	104	100	98	96	85	83	77	70	75	83.1	106	60
28	72	63	59	66	68	75	75	78	77	77	82	87	95	106	107	102	99	97	96	91	68	71	70	73	81.4	107	59
29	73	65	72	76	78	79	81	80	81	83	87	89	92	94	93	90	88	91	90	91	86	71	74	76	82.5	94	65
30	79	79	77	81	80	79	81	84	86	85	84	83	82	83	84	86	87	90	93	93	80	79	80	81	83.2	93	77
Mittel	78	78	78	77	78	78	79	80	80	79	80	83	86	89	93	94	94	93	91	89	86	83	81	80	83.6	100	72

Dezember

Tag	0h–1h	1h–2h	2h–3h	3h–4h	4h–5h	5h–6h	6h–7h	7h–8h	8h–9h	9h–10h	10h–11h	11h–12h	12h–13h	13h–14h	14h–15h	15h–16h	16h–17h	17h–18h	18h–19h	19h–20h	20h–21h	21h–22h	22h–23h	23h–24h	Tagesmittel	Max.	Min.
																									γ		
1*	82	81	81	80	80	81	77	77	77	77	77	82	84	84	84	87	85	85	85	85	84	83	82	81	81.7	87	77
2	81	81	81	78	78	78	78	78	80	81	80	82	83	83	83	85	87	89	86	85	82	82	81	80	81.8	89	78
3	80	80	79	79	77	77	76	76	77	76	75	75	77	80	80	81	82	81	81	81	83	81	81	80	79.0	83	75
4*	80	80	80	80	77	77	76	75	78	79	79	80	82	85	85	85	84	86	88	89	90	89	86	83	82.2	90	75
5	84	82	80	79	78	77	77	76	77	77	76	72	73	76	77	77	76	83	95	96	94	89	85	83	80.8	96	72
6	80	81	80	79	77	76	75	75	74	74	86	90	87	88	93	94	93	89	87	87	86	85	84	83	83.5	94	74
7	82	81	77	74	76	77	78	75	73	71	74	75	77	80	79	80	81	82	83	86	86	86	81	78	78.8	86	71
8	80	80	80	79	78	75	76	74	74	71	71	72	74	75	80	82	85	86	89	86	85	80	74	71	78.2	89	71
9	74	78	78	79	80	77	77	77	77	76	75	76	80	82	85	85	85	85	85	84	83	84	81	81	80.2	85	74
10	82	79	80	80	78	77	77	78	76	72	76	79	81	81	83	83	83	81	82	85	82	80	82	80	79.9	85	72
11*	80	80	80	80	80	80	78	76	74	73	74	74	74	78	80	81	80	80	82	81	80	79	78	78	78.3	82	73
12	79	78	79	78	78	73	67	63	67	68	68	68	72	76	76	77	77	78	87	93	93	80	70	68	**75.5**	93	63
13†	69	56	72	71	68	74	75	78	81	82	83	85	89	92	96	100	102	104	94	97	92	85	82	69	83.2	104	56
14†	57	54	65	60	72	80	82	83	81	79	78	78	79	81	85	88	88	92	95	91	96	71	72	83	78.8	96	**54**
15	86	87	87	87	87	87	84	82	81	78	77	78	83	86	88	88	87	89	93	96	93	89	86	84	86.0	96	77
16	85	85	85	86	85	82	81	79	77	76	82	84	86	87	87	87	88	88	89	88	88	86	86	86	84.7	89	76
17	86	86	84	85	85	85	83	82	81	83	83	80	81	81	83	84	85	86	87	86	86	83	83	85	83.9	87	80
18	82	84	83	82	82	82	82	79	79	78	77	77	79	80	82	82	82	90	87	86	85	84	84	84	82.2	90	77
19	80	81	80	81	81	79	78	78	78	78	78	79	78	83	84	84	84	86	85	88	87	86	85	84	81.9	88	78
20	84	83	82	82	82	80	79	77	76	77	81	80	79	81	81	82	81	82	83	83	83	83	76	72	80.4	84	72
21*	77	79	80	79	79	78	77	75	72	74	77	76	77	80	83	83	83	82	83	83	82	83	82	82	79.4	83	72
22†	81	81	80	80	79	78	77	75	72	72	73	73	77	86	95	112	123	129	141	127	103	102	97	86	**91.6**	**141**	72
23†	83	80	72	79	84	84	83	85	86	90	90	88	93	101	99	99	104	104	98	95	95	94	92	84	90.1	104	72
24†	74	77	78	82	83	84	84	84	84	86	87	89	92	94	93	98	110	117	104	93	85	79	78	77	88.0	117	74
25	69	67	76	76	75	79	82	82	86	86	82	82	91	100	106	106	101	97	91	84	84	77	72	74	84.4	106	67
26	81	75	67	68	73	75	80	85	93	98	94	90	95	97	101	102	100	95	88	90	92	89	88	86	87.6	102	67
27	83	77	76	77	80	80	81	82	88	92	90	90	92	91	92	93	91	92	93	94	84	77	80	83	85.8	94	76
28	84	85	84	84	84	83	84	83	84	89	89	89	90	92	95	93	94	94	92	91	92	90	90	89	88.5	95	83
29	89	88	87	87	87	87	87	89	92	94	90	86	86	85	86	87	88	89	89	89	89	87	87	86	88.0	94	85
30	85	85	85	86	86	86	86	85	86	88	87	87	87	86	85	87	88	90	90	89	88	82	82	84	86.2	90	82
31*	84	84	84	84	84	84	84	85	85	86	86	86	85	82	82	83	84	84	84	83	83	83	83	85	84.0	86	82
Mittel	80	79	79	79	80	80	79	79	80	80	80	81	83	85	87	88	89	90	90	89	88	84	82	81	83.0	94	74

Aktivitätszahlen und erste Kennziffern

Niemegk — 1946

Januar

Tag	n	f	ν	Σ K_1	K_1

Februar

Tag	n	f	ν	Σ K_1	K_1
27			0.0		— 1110
28			0.1	9	1112 1111

März

Tag	n	f	ν	Σ K_1	K_1
1	1	0.5	1.1	24	4543 2213
2	0	0.5	0.7	19	4333 2112
3	0	0	0.2	12	1111 2132
4	1	1	1.0	27	3334 3335
5	1	1	1.0	29	4335 4433
6	1	0.5	0.7	24	3323 3334
7	0	0.5	0.5	21	2223 4233
8	0	0	0.2	13	1121 1133
9	1	1	1.0	18	0111 3453
10	1	1	1.7	37	6443 5465
11	1	0.5	1.2	31	6334 4344
12	0	0	0.0	8	1111 1111
13	0	0.5	0.1	14	1112 2232
14	0	0.5	0.2	12	1112 2131
15	0	0.5	0.7	18	2122 3332
16	0	0.5	0.2	11	1111 2113
17	1	1	1.1	30	3333 4554
18	0	0	0.4	14	2222 2121
19	0	0.5	0.3	13	1121 2123
20	1	0.5	0.6	19	3113 4232
21	0	0.5	0.5	17	3422 3210
22	1	1	1.3	26	1354 4234
23	1	1	1.1	26	3232 2356
24	1	1.5	1.9	(33)	7644 57—
25	2	1.5	2.0	(34)	—5 7778
26	1	1	1.5	33	5444 3454
27	1	1	1.1	28	5422 3435
28	2	2	2.0	54	4578 8787
29	1	1	1.3	31	4455 4333
30	0	0.5	0.2	17	2222 2223
31	0	0.5	0.7	19	1233 2224
Mittel:	0.6	0.7	0.8	22.2	
Max.:	2	2	2.0	54	
Min.:	0	0	0.0	8	

April

Tag	n	f	ν	Σ K_1	K_1
1	1	0.5	0.8	26	5233 3343
2	1	0.5	0.9	29	4323 4445
3	0	0.5	0.3	16	1122 2422
4	0	0.5	0.2	16	2222 2213
5	0	0.5	0.4	19	2122 3333
6	0	0.5	0.3	18	2222 2233
7	0	0.5	0.5	20	3332 3321
8	0	0.5	0.4	17	1132 2233
9	1	1	1.2	31	3234 5635
10	0	0.5	0.3	18	4223 2113
11	0	0	0.1	12	1122 2211
12	1	0.5	0.7	22	2222 3335
13	1	1	1.1	29	4343 3354
14	1	1	1.1	27	4124 5434
15	1	1	1.6	(18)	43— –461
16	0	0.5	0.3	20	2222 2244
17	0	0.5	0.1	14	3212 3111
18	0	0.5	0.2	14	1222 2221
19	0	0.5	0.1	13	1111 1323
20	0	0.5	0.1	11	2112 2210
21	0	0	0.0	8	0111 2111
22	0	0.5	0.9	20	1133 3342
23	2	1.5	1.9	36	3333 5757
24	1	1	1.9	38	6644 3744
25	0	0.5	0.6	13	4321 1011
26	0	0	0.3	14	1122 1223
27	0	0.5	0.3	9	4111 0011
28	0	0.5	0.5	16	1112 2342
29	0	0.5	0.4	18	2133 2223
30	0	0	0.1	13	2112 2221
Mittel:	0.3	0.6	0.6	19.2	
Max.:	2	1.5	1.9	38	
Min.:	0	0	0.0	8	

Aktivitätszahlen und erste Kennziffern

Niemegk — **1946**

Mai

Tag	n	f	ν	Σ K₁	K₁
1	0	0.5	0.3	12	0111 2223
2	0	0.5	0.3	14	4111 2212
3	0	0.5	0.2	13	2211 1132
4	1	0.5	0.4	17	3213 2321
5	0	0.5	0.4	14	1111 2224
6	1	1	1.3	32	3553 3436
7	1	0.5	1.4	28	4554 4222
8	1	0.5	1.2	28	2453 4334
9	1	1	1.2	34	4443 5554
10	0	0.5	0.8	24	2343 3324
11	1	1	1.4	31	4454 5522
12	0	0.5	0.2	17	2223 2231
13	0	0.5	0.2	15	3311 1123
14	0	0.5	0.1	12	3211 2210
15	0	0	0.1	13	1112 2222
16	0	0.5	0.2	17	2212 4132
17	1	0.5	0.6	21	3322 3431
18	1	0.5	0.6	19	3233 3311
19	0	0	0.1	10	1112 1211
20	1	0.5	0.8	15	0111 1335
21	1	1	1.2	29	4333 4543
22	1	1	1.5	34	3554 4454
23	1	1	1.3	32	4334 4554
24	1	1	1.0	25	4223 4433
25	1	0.5	0.7	22	4322 3323
26	0	0.5	0.4	18	3223 3311
27	0	0	0.1	11	2111 1113
28	0	0.5	0.3	16	2222 2231
29	0	0.5	0.3	15	2221 2222
30	0	0.5	0.3	16	2112 3232
31	0	0.5	0.6	18	2332 2222
Mittel:	0.4	0.6	0.6	20.1	
Max.:	1	1	1.5	34	
Min.:	0	0	0.1	10	

Juni

Tag	n	f	ν	Σ K₁	K₁
1	0	0.5	0.2	15	2211 2232
2	0	0	0.1	13	2112 2221
3	0	0	0.0	6	1111 1100
4	0	0.5	0.3	15	1232 3310
5	0	0.5	0.5	14	0011 2154
6	1	0.5	0.7	20	3323 4221
7	1	1.5	1.4	30	3235 6443
8	1	1	1.2	31	4334 5534
9	1	0.5	0.9	24	4422 3423
10	1	0.5	0.4	16	2111 3431
11	0	0.5	0.5	19	2223 3232
12	1	1	1.1	28	1333 5535
13	0	0.5	0.7	23	3334 4321
14	0	0.5	0.3	18	2332 2231
15	0	0.5	0.3	17	1132 3331
16	1	1	0.9	25	1224 4345
17	1	1	1.0	26	5442 3224
18	1	0.5	0.8	24	3223 2444
19	1	1	1.2	32	4434 5444
20	0	0.5	0.4	22	3323 4331
21	0	0.5	0.7	21	2332 2333
22	0	0.5	0.5	22	3223 4341
23	0	0	0.2	9	1131 1110
24	0	0	0.1	10	1111 1122
25	0	0.5	0.5	20	2323 3331
26	0	0.5	0.5	19	1212 4333
27	1	0.5	0.8	23	2123 3444
28	1	0.5	0.8	23	2432 4332
29	1	1.5	1.5	31	2433 4564
30	0	0.5	0.3	14	1212 3221
Mittel:	0.4	0.6	0.6	20.3	
Max.:	1	1.5	1.5	32	
Min.:	0	0	0.0	6	

Juli

Tag	n	f	ν	Σ K₁	K₁
1	0	0	0.1	9	1101 2211
2	0	0.5	0.2	15	1222 2222
3	0	0.5	0.8	22	2344 3321
4	0	0.5	0.1	10	1111 2211
5	0	0	0.1	9	1111 2111
6	0	0	0.1	13	2211 2221
7	1	1	1.3	27	1434 4443
8	1	0.5	1.0	22	3223 4422
9	1	0.5	1.1	23	4324 2332
10	—	—	0.4	(3)	12— —
11	1	0.5	0.4	(19)	—23 3443
12	0	0	0.1	11	1121 2211
13	0	0	0.1	12	1112 2212
14	1	0.5	0.9	22	1222 4533
15	1	0.5	0.5	18	2422 2321
16	1	1	0.8	22	2124 3433
17	1	0.5	0.6	21	3332 3223
18	1	1.5	1.4	29	2214 5645
19	1	1	1.1	24	4332 5133
20	0	0.5	0.2	13	3211 1212
21	1	0.5	0.5	20	2222 3423
22	0	0.5	0.6	21	2322 3324
23	1	0.5	0.9	25	3225 4432
24	0	0	0.1	13	1112 3221
25	1	0.5	0.7	23	2323 2533
26	1	1.5	1.7	32	4324 4367
27	1	2.0	1.9	42	8776 5432
28	1	0.5	0.9	23	1322 4344
29	1	1	1.5	37	4554 4654
30	1	1	1.2	29	5434 4522
31	0	0.5	0.2	16	3222 2311
Mittel:	0.6	0.6	0.7	20.8	
Max.:	2	2	1.9	42	
Min.:	0	0	0.1	9	

August

Tag	n	f	ν	Σ K₁	K₁
1	0	0	0.2	16	3221 2312
2	0	0	0.1	13	1221 2122
3	0	0	0.1	11	1112 2211
4	0	0	0.0	10	1111 2121
5	0	0.5	0.2	13	1112 2222
6	0	0.5	0.2	15	1112 4222
7	1	1	1.0	25	2323 4452
8	0	0.5	0.4	15	2111 1333
9	0	0.5	0.2	12	2112 1221
10	0	0.5	0.2	13	0111 2233
11	1	1	1.2	29	3333 5534
12	1	0.5	0.7	20	4231 2314
13	0	0.5	0.4	17	2321 2232
14	1	1	1.4	32	2245 5365
15	1	0.5	0.9	29	4424 3444
16	1	0.5	1.0	23	2222 3354
17	1	0.5	1.0	25	2234 4334
18	0	0	0.2	15	1122 2223
19	0	0.5	0.3	13	3111 2221
20	0	0.5	0.2	13	1212 1231
21	0	0	0.0	7	1111 1002
22	0	0	0.0	4	1110 0001
23	0	0	0.0	7	1012 1101
24	0	0.5	0.3	13	2131 1212
25	0	0.5	0.2	13	3222 1210
26	0	0	0.1	6	1001 1120
27	0	0.5	0.2	12	1112 3112
28	0	0.5	0.1	11	2111 2220
29	0	0	0.0	8	1111 1111
30	0	0.5	0.4	(0)	00— —
31	1	1	1.4	(20)	—54 4322
Mittel:	0.1	0.4	0.4	15.1	
Max.:	1	1	1.4	30	
Min.:	0	0	0.0	4	

Aktivitätszahlen und erste Kennziffern

Niemegk — 1946

September

Tag	n	f	ν	ΣK_1	K_1
1	0	0	0.1	11	1112 2211
2	0	0.5	0.3	14	2131 1132
3	1	0.5	0.4	16	2111 2324
4	1	0.5	0.8	23	2233 3424
5	1	0.5	0.6	18	3122 3313
6	0	0.5	0.3	8	2311 1000
7	1	1	0.9	20	0133 3343
8	0	0.5	0.5	17	2122 2233
9	1	0.5	0.9	19	2222 2342
10	0	0.5	0.7	21	2133 3225
11	0	0.5	0.5	19	2123 3332
12	0	0.5	0.5	21	2234 2233
13	0	0	0.2	13	2211 2122
14	0	0.5	0.2	16	3122 2123
15	0	0.5	0.1	12	2121 2211
16	1	1	1.4	25	1112 4574
17	1	1	1.2	29	5322 2456
18	1	1.5	2.0	41	6645 5564
19	1	1	1.6	30	4533 5433
20	0	0.5	0.5	18	3232 1232
21	1	1	1.1	25	4113 3544
22	2	2	2.0	53	3778 8875
23	2	1.5	1.9	45	6565 5756
24	1	0.5	0.8	22	5323 3321
25	0	0.5	0.1	12	1122 2121
26	0	0.5	0.1	13	1112 2213
27	1	1	1.4	29	2233 3655
28	1	1	1.7	39	4454 4756
29	1	1	1.3	31	6322 4554
30	1	0.5	1.2	28	3333 3553
Mittel:	0.6	0.7	0.8	22.9	
Max.:	2	2	2.0	53	
Min.:	0	0	0.1	8	

Oktober

Tag	n	f	ν	ΣK_1	K_1
1	1	0.5	0.9	22	3223 3252
2	0	0.5	0.5	17	1222 3322
3	0	0.5	0.4	15	3221 2311
4	0	0.5	0.4	19	3322 2322
5	1	0.5	0.8	20	1222 3451
6	1	0.5	0.9	23	2233 2344
7	0	0.5	0.6	18	2223 3321
8	0	0	0.2	11	1211 1122
9	1	1	1.2	24	2343 3234
10	1	1	0.5	20	3123 3143
11	0	0.5	0.3	17	3221 2232
12	0	0.5	0.3	18	3341 1123
13	0	0.5	0.1	13	3122 1112
14	0	0.5	0.1	15	2122 2222
15	0	0.5	0.2	14	0123 2123
16	0	0.5	0.4	21	1124 3244
17	0	0	0.1	9	1121 1111
18	0	0	0.1	9	2111 1012
19	1	0.5	0.4	14	1111 1234
20	1	0.5	1.0	26	3433 3343
21	0	0.5	0.4	15	3121 1232
22	0	0	0.2	9	1121 1111
23	0	0.5	0.2	16	2222 3212
24	0	0.5	0.2	15	1113 3222
25	0	0.5	0.3	14	3111 1223
26	1	1	1.2	28	3333 3346
27	1	1	1.5	36	6543 4545
28	1	0.5	0.6	18	2222 2422
29	1	0.5	0.5	20	3322 2233
30	0	0	0.1	10	1121 1220
31	1	0.5	1.0	19	0023 3533
Mittel:	0.4	0.5	0.5	17.6	
Max.:	1	1	1.5	36	
Min.:	0	0	0.1	9	

November

Tag	n	f	ν	ΣK_1	K_1
1	1	0.5	1.1	27	3323 3445
2	0	0.5	0.4	18	2232 2133
3	0	0	0.0	12	2221 1112
4	0	0.5	0.2	13	2112 2122
5	1	0.5	0.9	22	1225 3333
6	1	0.5	1.2	23	2223 4424
7	0	0.5	0.3	13	3321 1111
8	0	0	0.2	13	1112 2123
9	0	0.5	0.4	18	3222 3213
10	1	0.5	0.7	22	3222 2254
11	1	0.5	0.7	25	4423 2244
12	1	0.5	0.7	23	4432 2341
13	0	0.5	0.2	16	1112 2234
14	0	0	0.1	10	1111 2112
15	1	0.5	1.0	21	0043 3344
16	1	0.5	0.7	25	4332 3244
17	0	0.5	0.2	13	1211 1214
18	0	0.5	0.2	14	3212 2103
19	1	0.5	0.9	24	4232 2344
20	1	0.5	0.8	23	3312 4343
21	1	1	1.3	27	3234 5334
22	1	0.5	0.7	22	4322 2522
23	0	0.5	0.3	13	3212 2111
24	1	0.5	1.2	23	1433 5421
25	1	1	1.2	25	1323 3553
26	0	0.5	0.4	16	4321 2310
27	0	0	0.0	5	1111 0100
28	0	0	0.0	8	1111 1111
29	0	0	0.0	3	1000 0002
30	0	0.5	0.1	11	1111 2113
Mittel:	0.4	0.4	0.5	17.6	
Max.:	1	1	1.3	27	
Min.:	0	0	0.0	3	

Dezember

Tag	n	f	ν	ΣK_1	K_1
1	0	0.5	0.2	11	1100 1233
2	0	0.5	0.3	17	3112 2233
3	0	0.5	0.3	15	5312 2110
4	0	0.5	0.2	13	1211 1232
5	1	0.5	0.7	22	2223 3433
6	0	0.5	0.3	15	3211 2123
7	0	0.5	0.6	18	2321 2323
8	0	0.5	0.3	13	2412 1111
9	0	0.5	0.1	11	1112 1131
10	0	0.5	0.7	19	2113 3423
11	1	0.5	1.0	20	2112 2354
12	1	0.5	0.8	21	3212 3433
13	0	0.5	0.3	14	2122 2221
14	0	0	0.0	5	0111 1010
15	0	0	0.0	5	0001 1111
16	0	0	0.2	11	1011 2123
17	0	0.5	0.5	15	2212 2123
18	0	0.5	0.3	14	3221 2121
19	1	0.5	1.3	24	2223 4641
20	0	0	0.1	8	2211 1001
21	0	0.5	0.8	17	1124 3213
22	0	0.5	0.7	18	3332 2311
23	0	0.5	0.4	16	1222 3213
24	0	0	0.1	12	2212 2111
25	1	0.5	0.8	16	2111 2144
26	0	0.5	0.7	18	2223 3321
27	1	0.5	0.7	19	2222 2153
28	0	0.5	0.3	14	4212 2111
29	0	0.5	0.2	12	1112 2311
30	0	0	0.0	7	0111 1111
31	0	0.5	0.1	11	2111 1113
Mittel:	0.2	0.4	0.4	14.5	
Max.:	1	0.5	1.3	24	
Min.:	0	0	0.0	5	

Aktivitätszahlen nnd erste Kennziffern

Niemegk 1947

Januar

Tag	n	f	ν	ΣK_1	K_1
1	0	0	0.3	11	1112 2211
2	1	0.5	0.9	18	1122 2532
3	1	0.5	1.0	21	1122 2445
4	1	1	1.2	26	3215 4443
5	1	1	1.2	30	3333 4653
6	1	0.5	0.9	27	4333 4343
7	0	0.5	0.5	19	3233 2213
8	0	0.5	0.2	13	2122 2211
9	0	0	0.0	8	1111 1111
10	0	0	0.0	6	1011 1110
11	0	0	0.0	4	0011 1001
12	0	0	0.0	3	0001 1100
13	0	0.5	0.1	7	0101 1112
14	0	0	0.1	10	2112 1111
15	0	0.5	0.3	13	1113 2122
16	1	1	1.5	31	2633 3554
17	0	0.5	0.8	21	3223 3134
18	1	0.5	0.6	20	2123 3432
19	0	0.5	0.5	19	3223 1224
20	0	0.5	0.3	15	2212 2231
21	0	0.5	0.2	15	3222 2121
22	0	0.5	0.4	18	2122 2333
23	0	0.5	0.2	13	2112 2122
24	1	0.5	1.1	25	1243 4344
25	1	1	1.6	37	4554 4654
26	1	0.5	1.2	31	3544 3552
27	1	0.5	1.0	25	2323 4353
28	0	0.5	0.6	19	4122 2233
29	0	0.5	0.4	16	1322 2321
30	0	0.5	0.4	17	2123 2214
31	0	0.5	0.2	16	2222 2123
Mittel:	0.4	0.5	0.6	17.9	
Max.:	1	1	1.6	37	
Min.:	0	0	0.0	3	

Februar

Tag	n	f	ν	ΣK_1	K_1
1	0	0.5	0.4	16	3231 2122
2	0	0.5	0.1	10	1111 1221
3	0	0.5	0.4	15	2123 1231
4	0	0.5	0.6	20	3232 3223
5	0	0	0.2	14	2122 2122
6	0	0.5	0.5	20	2233 2332
7	1	0.5	0.8	17	1123 3232
8	1	1	1.3	29	2233 4555
9	1	1	1.1	29	4423 2365
10	1	0.5	0.9	19	2134 3312
11	0	0.5	0.3	13	1121 1223
12	0	0.5	0.2	13	1112 2213
13	0	0	0.0	13	2222 2111
14	0	0	0.0	6	0011 1111
15	0	0	0.0	11	1122 2111
16	1	1	1.6	29	0334 4654
17	1	1	1.4	26	5542 3421
18	0	0.5	0.6	19	3222 2233
19	1	0.5	1.1	26	2132 4455
20	1	0.5	0.6	18	4422 2121
21	0	0	0.0	5	0011 2100
22	0	0	0.2	8	0011 1113
23	0	0	0.0	4	1111 0000
24	0	0.5	0.4	17	2213 3231
25	1	0.5	0.7	16	1123 3114
26	1	0.5	0.6	19	4322 2213
27	0	0.5	0.2	13	2212 2112
28	0	0.5	0.4	14	1112 2214
Mittel:	0.4	0.4	0.5	16.4	
Max.:	1	1	1.6	29	
Min.:	0	0	0.0	4	

März

Tag	n	f	ν	ΣK_1	K_1
1	0	0.5	0.2	10	2111 1112
2	1	1	1.9	37	2356 5556
3	2	1.5	2.0	44	6454 5587
4	1	1	1.6	37	6655 4254
5	0	0.5	0.5	15	3223 2111
6	0	0.5	0.2	13	2122 2121
7	1	0.5	0.9	23	1234 4432
8	1	1.5	1.8	38	2334 7667
9	1	1	1.4	27	5443 3233
10	0	0.5	0.4	13	2221 2121
11	0	0	0.3	10	1122 2101
12	1	0.5	1.0	24	2334 4422
13	1	0.5	0.9	24	2243 4342
14	1	0.5	1.1	26	2343 3443
15	1	1	1.5	31	3335 5633
16	1	0.5	0.9	22	1231 2454
17	1	1	1.0	24	5332 2333
18	1	0.5	0.7	24	3222 3444
19	1	0.5	0.6	20	3231 2342
20	1	0.5	0.5	20	3322 2242
21	0	0.5	0.4	18	2223 2313
22	1	0.5	0.9	22	1443 2341
23			1.3	(13)	3334 —
24	1	0.5	1.0	27	5553 2232
25	0	0.5	0.6	19	2222 2234
26	1	0.5	1.1	25	4323 3334
27	1	0.5	1.2	27	3343 2345
28	1	1	1.5	34	5442 5545
29	1	0.5	0.9	24	3223 3254
30	1	0.5	1.1	28	5433 4432
31	0	0.5	0.9	19	2333 3311
Mittel:	0.7	0.6	1.0	24.2	
Max.:	2	1.5	2.0	38	
Min.:	0	0	0.2	10	

April

Tag	n	f	ν	ΣK_1	K_1
1	0	0.5	0.3	16	1232 2222
2	0	0.5	0.4	16	1232 2321
3	0	0.5	0.7	19	2321 2333
4	1	0.5	1.0	23	3232 3433
5	0	0.5	0.5	17	4212 2222
6	1	0.5	0.8	26	4434 3332
7	0	0.5	0.4	17	1213 3313
8	0	0.5	0.8	17	1222 2215
9	1	0.5	1.2	24	3344 4222
10	0	0.5	0.5	16	2132 3212
11	0	0.5	0.5	19	3223 3213
12	1	0.5	0.6	19	1232 3224
13	0	0.5	0.5	19	4222 2232
14	1	0.5	0.7	19	2222 3242
15	0	0.5	0.5	23	4332 3323
16	1	0.5	0.6	20	3122 2334
17	2	1.5	1.8	37	3322 6678
18	1	1	1.5	33	5424 4536
19	1	1	1.0	26	4234 3415
20	1	1	1.2	27	4443 4341
21	0	0	0.3	13	1332 1111
22	0	0	0.0	6	1111 1100
23	0	0	0.0	11	1211 2211
24	0	0	0.0	5	1111 1000
25	0	0.5	0.6	17	1112 2532
26	0	0.5	0.5	20	2222 2433
27	1	0.5	0.6	21	2233 4331
28	0	0.5	0.4	18	2321 3322
29	1	0.5	0.6	19	1233 4222
30	0	0.5	0.5	21	3233 3232
Mittel:	0.4	0.5	0.6	19.5	
Max.:	2	1.5	1.8	37	
Min.:	0	0	0.0	6	

Aktivitätszahlen und erste Kennziffern

Niemegk — **Mai** — **Juni** — **1947**

Mai

Tag	n	f	ν	Σ K_1	K_1
1	1	0.5	0.7	21	3331 4322
2	0	0	0.0	8	1111 1111
3	0	0	0.2	12	1221 2211
4	0	0	0.2	12	2122 1121
5	0	0.5	0.3	15	2222 1321
6	0	0.5	0.4	15	1113 2322
7	0	0.5	0.2	11	3211 1111
8	0	0	0.1	8	1112 1110
9	0	0	0.0	8	1111 1111
10	0	0	0.1	12	1121 2212
11	0	0.5	0.4	14	1112 3222
12	0	0.5	0.6	18	4212 2223
13	1	0.5	0.8	22	3222 2344
14	1	0.5	1.1	27	4434 3333
15	1	0.5	1.2	30	3334 4454
16	1	1	1.3	32	5444 4434
17	0	0.5	0.6	22	3322 4233
18	1	0.5	0.7	22	3221 3443
19	0	0.5	0.5	17	2322 3311
20	0	0	0.3	12	1212 2112
21	0	0.5	0.3	15	2122 2222
22	0	0.5	0.6	13	2111 2114
23	1	1	1.2	26	3553 3322
24	1	1	1.6	28	3365 4223
25	0	0.5	0.7	20	3322 3223
26	1	0.5	1.0	27	3334 3434
27	1	0.5	0.7	25	3433 3432
28	1	0.5	0.9	22	2212 4533
29	1	1	1.0	25	2233 5541
30	0	0	0.2	11	2211 1211
31	1	0.5	0.9	23	1223 3444
Mittel:	0.4	0.4	0.6	18.5	
Max.:	1	1	1.6	32	
Min.:	0	0	0.0	8	

Juni

Tag	n	f	ν	Σ K_1	K_1
1	1	0.5	1.1	22	6442 2121
2	0	0	0.1	9	1111 1211
3	0	0.5	0.4	16	2321 2321
4	0	0.5	0.3	15	2212 2321
5	1	1	1.3	29	2254 4444
6	1	0.5	0.6	16	5211 2122
7	1	0.5	0.8	24	2423 3334
8	1	0.5	0.9	26	4432 3433
9	1	0.5	0.8	23	2432 2433
10	0	0.5	0.5	21	3333 3222
11	0	0.5	0.3	18	2222 3322
12	0	0.5	0.3	(5)	12— —2
13	1	0.5	1.1	26	2322 3545
14	1	1	1.6	40	5665 4563
15	1	0.5	0.8	(18)	*3324 33—
16	0	0.5	0.4	(11)	—11 3222
17	1	1	1.5	31	2433 5653
18	0	0.5	0.7	20	2323 2233
19	0	0.5	0.6	21	2313 3432
20	0	0.5	0.3	15	2122 2321
21	0	0.5	0.3	18	2222 2323
22	1	0.5	0.7	25	3332 3443
23	1	0.5	0.7	22	3322 5421
24	0	0.5	0.5	20	1323 2432
25	1	0.5	0.9	25	3433 4323
26	1	0.5	0.8	24	2234 3433
27	0	0.5	0.4	16	3212 3221
28	0	0.5	0.4	20	2323 3322
29	0	0	0.1	13	2222 2111
30	0	0.5	0.5	20	3232 3331
Mittel:	0.5	0.5	0.7	21.3	* ohne H
Max.:	1	1	1.6	40	
Min.:	0	0	0.1	9	

Juli

Tag	n	f	ν	Σ K_1	K_1
1	0	0.5	0.5	22	3222 3433
2	1	0.5	0.7	24	3332 3433
3	0	0.5	0.3	17	2322 2312
4	0	0	0.1	6	1211 1000
5	0	0	0.1	6	1110 0111
6	0	0.5	0.5	16	2112 3322
7	0	0.5	0.4	19	2311 3333
8	1	0.5	0.5	20	2223 3332
9	1	0.5	0.5	19	3222 2233
10	1	0.5	0.6	21	4322 2323
11	1	0.5	0.6	21	3322 3233
12	0	0.5	0.5	17	2222 2232
13	1	0.5	0.6	19	3222 3322
14	0	0.5	0.3	14	*1111 2332
15	0	0.5	0.3	15	2221 2321
16	0	0.5	0.4	12	4211 2110
17	1	1	1.6	27	1122 2676
18	1	1	1.6	40	5455 5655
19	1	1	1.1	28	4434 4432
20	1	0.5	1.2	31	4444 4533
21	0	0.5	0.5	20	2432 2232
22	0	0.5	0.6	23	2323 4333
23	1	0.5	0.9	27	4343 4333
24	0	0.5	0.5	24	3352 4322
25	1	0.5	0.8	25	3333 4432
26	1	0.5	0.8	25	3433 3333
27	1	0.5	0.7	22	2233 4332
28	0	0.5	0.3	(10)	2222 —2
29	0	0.5	0.5	18	2223 4320
30	0	0	0.1	11	1121 1212
31	1	0.5	0.5	17	2122 3223
Mittel:	0.5	0.5	0.6	20.2	* ohne H
Max.:	1	1	1.6	40	
Min.:	0	0	0.1	6	

August

Tag	n	f	ν	Σ K_1	K_1
1	1	0.5	0.9	25	4334 2432
2	1	0.5	0.7	20	1233 3323
3	0	0.5	0.4	16	1222 2232
4	0	0.5	0.6	16	2223 2212
5	0	0.5	0.2	16	2321 3221
6	1	0.5	0.6	22	2233 3333
7	0	0.5	0.3	12	2211 2121
8	0	0.5	0.2	13	3222 2200
9	0	0.5	0.2	11	1211 1113
10	0	0.5	0.3	16	2223 2212
11	1	0.5	0.7	20	2223 3323
12	1	1	1.2	26	4334 3324
13	1	1	1.1	27	3223 4535
14	1	0.5	0.8	21	5322 2223
15	1	1.5	1.7	27	1115 4645
16	1	1	1.6	31	7324 3444
17	1	1	1.4	35	4534 4555
18	1	1	1.4	38	6444 5555
19	1	1	1.3	31	3334 5544
20	1	1	1.3	33	6344 4534
21	1	1	1.2	33	5434 4454
22	1	1	1.8	36	3347 6544
23	1	1	1.4	36	6544 5543
24	1	0.5	1.0	27	3333 4344
25	1	0.5	1.0	27	3334 4433
26	0	0.5	0.5	17	*1223 3213
27	0	0.5	0.5	15	3332 1111
28	0	0.5	0.4	17	1122 2324
29	1	0.5	0.7	24	4333 3422
30	0	0.5	0.2	15	2321 2122
31	1	0.5	0.7	19	1222 3333
Mittel:	0.6	0.7	0.8	23.3	* ohne D
Max.:	1	1.5	1.8	38	
Min.:	0	0	0.2	11	

* Stern über der Zahl bedeutet ohne H oder D

Aktivitätszahlen und erste Kennziffern

Niemegk — 1947

September

Tag	n	f	ν	Σ K_1	K_1
1	0	0.5	0.5	18	3222 2232
2	0	0.5	0.5	16	2121 2224
3	1	1.5	1.8	39	4366 5546
4	1	1	1.2	(28)	4433 55 4
5	1	0.5	0.9	24	4222 3344
6	1	1	1.2	23	3223 3442
7	1	1	1.4	32	4332 4565
8	0	0.5	0.9	21	4243 3311
9	0	0	0.2	11	3111 1121
10	0	0	0.1	9	1111 1112
11	1	0.5	1.0	22	1123 3543
12	1	0.5	0.9	22	2233 3243
13	1	1	1.4	28	4333 4335
14	1	1	1.5	37	5444 4655
15	1	1	1.4	39	5444 5656
16	1	0.5	0.8	23	3232 1345
17	1	0.5	1.5	36	5434 4556
18	1	0.5	1.3	33	4433 4546
19	1	0.5	1.1	28	2433 3544
20	1	0.5	0.8	24	3232 3524
21	1	0.5	0.8	22	2232 2443
22	1	0.5	1.2	25	1233 3544
23	1	0.5	1.3	24	4334 5212
24	2	1.5	1.7	40	4453 5766
25	2	1.5	1.7	39	6555 4554
26	0	0.5	0.7	20	3322 2233
27	1	0.5	0.6	18	4222 3212
28	0	0.5	0.5	20	3223 3223
29	0	0.5	0.5	16	1223 1223
30	1	0.5	0.7	15	2112 1152
Mittel:	0.8	0.7	1.0	25.0	
Max.:	2	1.5	1.8	40	
Min.:	0	0	0.5	9	

Oktober

Tag	n	f	ν	Σ K_1	K_1
1	1	1	1.3	(22)	444- —55
2	1	1	1.5	33	3333 6555
3	1	1	1.3	27	6532 4124
4	0	0.5	0.3	13	2222 2111
5	0	0.5	0.2	11	1112 2112
6	0	0.5	0.4	21	2333 3223
7	1	1	0.9	23	1222 2455
8	0	0.5	0.6	20	2322 3323
9	1	1	1.6	33	4333 4655
10	1	1	1.5	34	5334 4564
11	1	1	1.3	32	5433 3554
12	1	1	1.4	31	5333 4463
13	1	1	1.2	30	4433 2455
14	1	1	1.3	29	3343 3355
15	1	1	1.4	31	3443 5435
16	1	1	1.0	22	3333 3511
17	1	0.5	0.7	22	3223 3441
18	1	0.5	0.7	23	2222 2544
19	1	1	1.1	27	2233 3563
20	1	0.5	0.9	24	3323 2344
21	1	0.5	0.7	22	4222 2433
22	0	0.5	0.3	14	3221 2112
23	1	0.5	0.6	21	2332 2342
24	1	0.5	0.6	18	4322 1213
25	0	0.5	0.3	14	3122 2121
26	0	0	0.1	8	1111 1111
27	0	0	0.1	9	0112 2111
28	0	0	0.0	9	1111 1121
29	0	0.5	0.1	8	0011 2220
30	0	0	0.2	12	1112 1312
31	0	0.5	0.5	16	*** 1232 2222
Mittel:	0.6	0.6	0.8	21.2	* ohne D
Max.:	1	1	1.6	34	
Min.:	0	0	0.0	8	

November

Tag	n	f	ν	Σ K_1	K_1
1	1	0.5	0.5	20	3233 3123
2	0	0.5	0.3	12	2322 1011
3	0	0.5	0.2	13	1113 1222
4	1	0.5	0.6	16	2112 2422
5	0	0.5	0.1	10	2112 2011
6	0	0	0.0	6	1001 1111
7	1	0.5	0.2	10	0011 1223
8	1	0.5	0.9	20	2223 3323
9	1	1	1.7	35	4324 5566
10	1	1	1.5	33	6323 4555
11	1	1	1.6	25	4344 6644
12	1	1	0.8	21	4322 2422
13	1	0.5	0.6	18	3213 1332
14	0	0.5	0.5	17	1112 3333
15	1	0.5	0.6	20	3322 2233
16	1	0.5	0.5	19	3223 2214
17	0	0	0.3	9	1212 1101
18	0	0.5	0.4	16	2222 1223
19	1	0.5	0.8	22	2332 3333
20	0	0.5	0.4	14	2112 1313
21	0	0.5	0.5	15	1112 2431
22	0	0.5	0.3	12	1112 2221
33	0	0.5	0.4	14	1221 2222
24	1	1	1.0	19	2112 0364
25	0	0.5	0.4	13	3122 1121
26	0	0.5	0.2	10	1112 1112
27	0	0.5	0.4	13	1122 1132
28	Ausfall		0.3	(5)	221- —
29			0.6	(11)	—1 2233
30	1	0.5	0.6	14	1112 1143
Mittel:	0.5	0.6	0.6	17.0	
Max.:	1	1	1.7	35	
Min.:	0	0	0.0	6	

Dezember

Tag	n	f	ν	Σ K_1	K_1
1	0	0.5	0.7	14	3124 1111
2	0	0.5	0.6	15	1112 2422
3	0	0	0.1	7	1111 1101
4	0	0.5	0.7	15	1121 2422
5	1	1	0.7	23	4422 2324
6	1	1	1.3	28	5323 4344
7	1	0.5	0.8	18	2121 2541
8	0	0.5	0.4	13	1232 2111
9	1	1	1.1	24	1323 4353
10	0	0.5	0.5	20	3223 2323
11	0	0.5	0.7	22	2223 3343
12	1	0.5	1.1	22	2322 3433
13	1	0.5	0.9	24	4322 3343
14	0	0.5	0.6	17	2222 3222
15	1	0.5	0.6	20	4112 3333
16	0	0.5	0.1	7	1212 0001
17	0	0	0.1	10	1112 1112
18	0	0.5	0.3	13	2112 1033
19	0	0.5	0.4	13	2212 2121
20	0	0	0.1	8	1110 1211
21	0	0	0.0	(2)	10-1 0000
22	1	0.5	0.5	11	0001 1234
23	1	0.5	0.9	(13)	3173 3—2
24	1	0.5	0.5	12	1111 1124
25	0	0.5	0.2	12	1112 1132
26	0	0.5	0.6	18	3223 2222
27	1	0.5	0.7	21	2333 2224
28	0	0.5	0.4	16	3222 2113
29	1	0.5	0.9	18	2212 2423
30	0	0.5	0.2	12	2112 1121
31	0	0	0.0	8	1111 1111
Mittel:	0.4	0.5	0.5	15.9	
Max.:	1	1	1.3	28	
Min.:	0	0	0.0	7	

Aktivitätszahlen und erste Kennziffern

Niemegk **1948**

Januar

Tag	n	f	ν	Σ K_1	K_1
1	1	0.5	0.9	20	1212 3344
2	1	1	1.2	26	3332 2454
3	1	1	1.6	32	3444 3662
4	0	0	0.1	9	1111 1121
5	1	0.5	0.6	20	1122 4343
6	0	0.5	0.6	19	1232 3332
7	1	0.5	1.0	26	3233 3354
8	1	1	1.2	28	4333 3444
9	1	0.5	0.9	23	4423 3223
10	0	0.5	0.5	21	2322 3333
11	0	0.5	0.4	18	3322 2231
12	1	0.5	0.7	19	2212 2244
13	0	0.5	0.2	17	1222 2323
14	0	0.5	0.1	9	1002 2301
15	0	0.5	0.4	11	1111 1114
16	0	0	0.2	13	1222 2121
17	1	1	1.4	26	1123 5554
18	1	0.5	0.7	19	4222 3132
19	1	0.5	0.8	20	3322 2242
20	1	1	1.0	22	2223 3334
21	1	1	0.9	25	3222 3535
22	1	0.5	0.7	21	4313 3133
23	0	0.5	0.2	15	2312 1132
24	0	0.5	0.1	10	1111 1131
25	0	0.5	0.1	8	0111 1211
26	0	0	0.0	11	2211 1112
27	0	0.5	0.5	13	1123 2121
28	0	0	0.3	13	1112 2321
29	1	1	1.0	24	4222 2444
30	1	0.5	0.8	23	3223 2533
31	1	0.5	0.5	14	4212 2201
Mittel:	0.5	0.5	0.6	18.5	
Max.:	1	1	1.6	32	
Min.:	0	0	0.0	8	

Februar

Tag	n	f	ν	Σ K_1	K_1
1	0	0.5	0.2	6	3101 0001
2	1	0.5	0.8	21	1232 3343
3	1	0.5	1.5	27	3343 5333
4	0	0.5	0.9	23	3233 3333
5	1	0.5	0.9	27	4423 3443
6	1	0.5	0.7	17	1122 3314
7	1	0.5	0.6	19	3212 2333
8	1	0.5	0.6	16	3222 1114
9	0	0.5	0.1	11	3111 1121
10	1	0.5	0.6	17	2332 2311
11	0	0.5	0.3	20	3213 2333
12	1	0.5	0.4	16	1123 3213
13	1	0.5	0.7	19	4123 2223
14	1	0.5	0.7	18	2122 3233
15	1	1	1.4	27	3332 3355
16	1	1	1.2	32	5433 3554
17	1	0.5	0.9	25	4333 3333
18	1	1	1.1	27	3333 3444
19	1	0.5	0.8	22	2323 2244
20	0	0.5	0.1	15	2223 2211
21	0	0	0.0	6	0011 1111
22	0	0.5	0.2	10	3211 1101
23	1	1	1.3	26	2334 4433
24	1	1	1.1	25	2232 2365
25	0	0.5	0.2	11	0212 1221
26	0	0.5	0.3	13	1003 2232
27	1	0.5	0.8	21	3322 2234
28	1	0.5	0.9	24	4333 3323
29	1	0.5	0.9	24	4313 3433
Mittel:	0.7	0.6	0.7	19.5	
Max.:	1	1	1.5	32	
Min.:	0	0	0.0	6	

März

Tag	n	f	ν	Σ K_1	K_1
1	1	1	1.4	33	4444 4355
2	1	1	1.3	28	4334 3254
3	1	0.5	1.0	26	3443 3414
4	0	0.5	0.4	17	3222 3212
5	0	0.5	0.5	18	3112 2333
6	1	0.5	0.8	22	1123 3543
7	0	0.5	0.5	14	2222 2310
8	0	0.5	0.5	16	0112 3333
9	0	0.5	0.5	17	1132 2332
10	1	0.5	0.7	20	2221 2344
11	1	0.5	0.8	14	1111 3115
12	1	1	1.1	26	5442 3323
13	1	1	1.4	35	4434 4655
14	1	1	1.4	33	5443 3455
15	1	1.5	1.9	45	5665 5675
16	0	0.5	0.7	17	4221 1133
17	0	0.5	0.7	17	3223 2212
18	0	0	0.2	15	2221 2222
19	0	0	0.4	15	3223 1121
20	0	0.5	0.7	17	1121 3333
21	0	0.5	0.7	20	2233 2233
22	0	0.5	0.5	21	2223 3333
23	0	0	0.2	10	2111 1112
24	0	0	0.1	9	1211 2210
25	0	0	0.1	8	1110 1112
26	1	0.5	0.8	20	1113 3434
27	0	0.5	0.6	21	4323 2313
28	0	0	0.3	14	3122 2211
29	0	0.5	0.2	13	2111 1232
30	1	0.5	0.8	22	2222 2354
31	1	0.5	0.9	21	3332 2233
Mittel:	0.4	0.5	0.7	20.1	
Max.:	1	1.5	1.9	45	
Min.:	0	0	0.1	8	

April

Tag	n	f	ν	Σ K_1	K_1
1	1	1	1.0	27	5443 2234
2	1	0.5	0.7	26	2454 3233
3	1	0.5	0.7	20	3333 2321
4	0	0.5	0.3	15	2222 2311
5	0	0.5	0.1	10	1212 1210
6	1	0.5	1.3	24	0332 2554
7	1	0.5	0.9	22	3233 2333
8	0	0	0.1	8	3110 1110
9	0	0.5	0.3	10	0001 1233
10	1	0.5	0.5	18	3212 2413
11	0	0.5	0.2	15	3321 1131
12	1	0.5	0.7	20	3123 3323
13	1	0.5	0.7	19	2412 2233
14	1	0.5	1.0	20	4422 1313
15	0	0.5	0.8	20	2231 3432
16	0	0.5	0.2	11	1002 2222
17	0	0.5	0.3	14	2111 2322
18	0	0.5	0.4	14	1123 2212
19	0	0	0.2	12	1111 2213
20	1	0.5	0.8	22	4223 3215
21	1	1	1.3	22	6332 1322
22	1	1	1.5	31	4544 4442
23	0	0.5	0.3	15	3212 2212
24	0	0.5	0.7	18	2222 2224
25	0	0.5	0.7	22	3222 3343
26	0	0.5	0.8	21	2123 3433
27	0	0.5	0.6	19	2223 2332
28	0	0.5	0.5	(16)	2322 2 23
29	1	0.5	1.0	23	3243 4323
30	0	0.5	0.5	18	3222 1233
Mittel:	0.4	0.5	0.6	18.5	
Max.:	1	1	1.5	31	
Min.:	0	0	0.1	8	

Aktivitätszahlen und erste Kennziffern

Niemegk — 1948

Mai

Tag	n	f	v	ΣK_1	K_1
1	0	0.5	0.4	19	2312 2333
2	1	0.5	1.1	25	2323 5352
3	1	0.5	1.0	25	3323 3443
4	1	0.5	0.9	20	2212 3334
5	0	0.5	0.4	16	3111 2233
6	1	0.5	0.7	26	3322 4444
7	1	0.5	1.3	31	4354 4542
8	0	0.5	0.6	21	1233 3423
9	1	1	1.3	27	3354 4422
10	0	0.5	0.8	25	2423 2543
11	0	0.5	0.7	24	3332 2443
12	0	0.5	0.6	21	2322 3324
13	1	0.5	1.0	21	5533 2111
14	0	0.5	0.4	21	1123 3434
15	1	1	1.4	36	5654 5335
16	1	1	1.7	37	7543 5544
17	0	0.5	0.6	18	3322 2123
18	0	0.5	0.5	20	3322 2233
19	0	0	0.2	11	1112 3111
20	0	0	0.3	12	2111 2122
21	1	1	1.5	33	3334 5555
22	1	0.5	1.1	26	5333 2343
23	1	0.5	0.8	21	3421 3323
24	1	0.5	0.9	22	4223 3323
25	0	0.5	0.7	20	3322 3223
26	0	0.5	0.3	14	2112 2222
27	0	0.5	0.4	17	4222 1222
28	0	0	0.3	14	3111 1232
29	1	1	1.0	27	3313 5534
30	1	0.5	0.8	20	4311 1442
31	0	0.5	0.6	19	1122 3334
Mittel:	0.5	0.5	0.8	22.2	
Max.:	1	1	1.7	37	
Min.:	0	0	0.2	11	

Juni

Tag	n	f	v	ΣK_1	K_1
1	1	1	1.4	29	4344 5432
2	0	0.5	0.5	15	1222 1223
3	0	0.5	0.3	12	2111 3211
4	0	0.5	0.2	12	1101 2232
5	0	0.5	0.5	19	2223 3322
6	0	0	0.3	14	1212 2222
7	0	0.5	0.6	19	2213 3323
8	0	0.5	0.5	19	2113 3333
9	0	0.5	0.6	16	3211 2322
10	0	0.5	0.3	13	2212 2211
11	0	0	0.4	11	2101 1132
12	0	0.5	0.4	16	2211 2323
13	0	0.5	0.6	22	3223 3342
14	0	0.5	0.3	10	1001 1421
15	0	0	0.1	10	1121 1211
16	0	0	0.0	13	1112 2312
17	0	0.5	0.7	20	3212 2433
18	1	0.5	1.0	24	2323 4343
19	1	0.5	0.0	24	5323 2333
20	1	0.5	0.8	23	3223 3334
21	1	0.5	1.1	27	2333 4444
22	0	0.5	0.8	20	4422 2213
23	0	0.5	0.4	13	2111 1232
24	0	0.5	0.5	17	2222 1233
25	1	0.5	0.8	19	2212 3234
26	1	0.5	1.0	27	3224 3544
27	0	0.5	0.5	21	3243 3321
28	0	0	0.2	12	1122 2211
29	0	0	0.1	9	1111 1121
30	0	0	0.4	15	1211 3322
Mittel:	0.2	0.4	0.5	17.4	
Max.:	1	1	1.4	29	
Min.:	0	0	0.0	9	

Juli

Tag	n	f	v	ΣK_1	K_1
1	0	0.5	0.6	19	3221 3233
2	0	0.5	0.3	15	1211 2233
3	0	0.5	0.5	20	2322 3323
4	1	0.5	1.0	25	3233 3344
5	1	0.5	0.8	20	3212 3324
6	1	0.5	0.7	18	2133 3321
7	0	0.5	0.6	17	1322 2331
8	0	0.5	0.6	18	3223 2321
9	0	0.5	0.3	17	2212 2233
10	0	0.5	0.8	21	2223 3432
11	0	0.5	0.4	17	2222 2223
12	0	0.5	0.4	16	2222 3221
13	0	0.5	0.4	17	2212 3232
14	1	0.5	1.0	24	4323 4323
15	0	0.5	0.5	18	2222 2233
16	1	0.5	0.8	21	2332 4322
17	0	0.5	0.6	23	3333 3332
18	0	0	0.3	13	1211 2321
19	0	0	0.1	10	2111 1211
20	0	0.5	0.3	14	2111 1323
21	0	0.5	0.7	19	3112 2343
22	0	0	0.2	11	2212 1111
23	0	0	0.3	12	2112 1212
24	0	0	0.1	11	2211 1211
25	0	0	0.3	13	2212 1221
26	0	0.5	0.6	19	2122 2433
27	0	0.5	0.3	20	2234 2322
28	0	0.5	0.7	17	2211 1433
29	1	0.5	1.1	24	3233 4423
30	1	0.5	1.0	27	3422 3454
31	1	0.5	1.2	28	4443 4432
Mittel:	0.3	0.4	0.6	18.2	
Max.:	1	0.5	1.2	28	
Min.:	0	0	0.1	10	

August

Tag	n	f	v	ΣK_1	K_1
1	1	0.5	0.8	23	3333 3224
2	1	0.5	0.9	22	4333 3222
3	0	0.5	0.5	20	2222 3333
4	1	0.5	1.1	23	2224 5431
5	0	0.5	0.4	13	2312 2210
6	0	0.5	0.6	15	1222 2411
7	1	0.5	1.0	21	1332 4224
8	2	1.5	2.0	48	5666 6577
9	1	1.5	1.7	37	5543 5546
10	1	1	1.8	39	5364 5664
11	1	0.5	1.3	29	3444 3443
12	1	0.5	1.1	26	3243 3344
13	0	0.5	0.6	21	4322 3322
14	0	0.5	0.5	18	1222 2333
15	0	0.5	0.3	19	3322 2322
16	0	0	0.1	9	2111 1111
17	0	0.5	0.3	12	1111 2123
18	0	0.5	0.2	15	2113 2222
19	1	0.5	0.9	15	1112 3322
20	1	1	1.4	25	5413 4332
21	1	0.5	0.9	26	3332 4434
22	1	0.5	0.6	19	1222 2334
23	1	0.5	0.9	22	3434 3122
24	1	0.5	0.6	19	3322 2322
25	0	0.5	0.0	14	2221 1132
26	0	0	0.0	11	2111 2121
27	0	0.5	0.3	13	1111 2223
28	1	0.5	0.7	17	1112 2334
29	1	1	1 2	29	4324 4453
30	1	0.5	1.0	25	4423 3342
31	0	0.5	0.5	16	2122 2223
Mittel:	0.6	0.6	0.8	21.3	
Max.:	2	1.5	2.0	48	
Min.:	0	0	0.0	9	

Aktivitätszahlen und erste Kennziffern

Niemegk — **1948**

September

Tag	n	f	v	Σ K_1	K_1
1	1	1	1.2	32	5433 4355
2	1	0.5	1.1	26	4432 3244
3	1	0.5	0.7	22	3112 4434
4	1	0.5	0.9	26	1244 3543
5	0	0.5	0.3	14	2233 2011
6	0	0.5	0.3	13	1121 2213
7	0	0.5	0.7	20	2443 2122
8	0	0.5	0.4	18	3323 2113
9	0	0.5	0.6	19	3223 3321
10	0	0.5	0.5	15	1112 3322
11	0	0.5	0.8	22	2223 2434
12	0	0.5	1.1	23	2323 4432
13	0	0.5	0.5	17	3223 2221
14	0	0.5	0.4	15	1333 2210
15	1	0.5	1.0	22	1212 3445
16	1	0.5	1.1	26	4432 2344
17	0	0.5	0.5	16	2222 3221
18	0	0.5	0.7	20	2223 2234
19	0	0.5	0.5	20	3323 2232
20	0	0	0.4	16	1122 3223
21	0	0	0.6	16	1222 2232
22	0	0	1.0	22	2222 2345
23	0	0.5	1.0	25	4334 2324
24	1	0.5	1.2	28	4323 3454
25	1	0.5	1.2	27	3343 4523
26	0	0.5	1.0	25	4343 3323
27	0	0	0.1	11	3112 1111
28	0	0	0.0	4	0011 0101
29	0	0.5	1.2	27	3333 3534
30	1	0.5	1.0	22	4233 3421
Mittel:	0.3	0.4	0.7	20.3	
Max.:	1	1	1.2	32	
Min.:	0	0	0.0	4	

Oktober

Tag	n	f	v	Σ K_1	K_1
1	1	0.5	1.5	29	4544 4233
2	1	0.5	1.4	31	3553 4434
3	1	0.5	1.1	28	3233 3644
4			1.0	20	1232 2244
5			0.7	17	3322 2221
6	0	0	0.1	10	2110 1122
7	1	0.5	0.5	15	1112 1144
8	0	0.5	0.3	15	2223 2112
9	0	0.5	0.1	13	2112 1222
10	1	0.5	1.2	26	3453 4223
11	1	0.5	0.9	28	3334 4443
12	1	0.5	0.7	23	2234 4413
13	1	0.5	0.7	22	2223 3433
14	1	1	1.5	29	3233 4446
15	1	1	1.5	32	4443 5543
16	0	0.5	0.3	15	2211 2331
17	1	1	1.3	20	1132 1138
18	1	1	1.8	38	6553 3457
19	1	1	1.8	38	5555 5553
20	1	1	1.0	25	2221 4554
21	1	1	1.7	38	4554 5465
22	1	1	1.3	27	1233 5454
23	1	1	1.3	30	3334 4553
24	1	1	1.2	31	4333 5553
25	1	0.5	0.9	19	2221 3414
26	1	1	1.0	29	4333 4435
27	1	1	1.3	27	4233 5244
28	0	0.5	0.5	22	2323 2334
29	0	0.5	0.5	18	2222 3223
30	0	0.5	0.3	16	1323 2212
31	1	0.5	0.6	18	2432 2131
Mittel:	0.8	0.7	1.0	24.2	
Max.:	1	1	1.8	38	
Min.:	0	0	0.1	10	

November

Tag	n	f	v	Σ K_1	K_1
1	1	1	1.1	18	0011 2356
2	1	1	1.7	35	4343 4566
3	1	0.5	0.9	24	5322 2343
4	0	0	0.1	8	2121 1100
5	0	0.5	0.2	9	0111 1131
6	0	0.5	0.4	11	0211 1114
7	0	0.5	0.6	20	3223 3223
8	1	0.5	0.9	25	4323 3343
9	1	0.5	0.8	25	4323 3433
10	0	0.5	0.3	15	3322 1112
11	0	0.5	0.3	12	3112 1211
12	0	0	0.1	9	1111 2111
13	0	0.5	0.5	15	1011 2343
14	0	0.5	0.3	17	3222 2222
15	1	1	0.9	22	2222 2255
16	0	0.5	0.7	20	4332 1322
17	1	1	1.0	27	3233 4453
18	1	1	1.1	27	3333 5442
19	1	1	1.0	26	2433 2453
20	2	1.5	1.6	34	3344 5555
21	1	1	1.2	24	4533 2232
22	1	1	1.1	28	3224 4553
23	1	0.5	0.7	24	4422 2334
24	1	1	1.1	28	3223 3555
25	1	1	1.2	29	3233 3564
26	1	0.5	1.0	16	2113 4212
27	0	0.5	0.6	15	1223 2311
28	0	0.5	0.6	20	1323 2234
29	0	0.5	0.1	12	2221 1112
30	0	0	0.0	7	1100 1121
Mittel:	0.6	0.6	0.7	20.1	
Max.:	2	1.5	1.7	35	
Min.:	0	0	0.0	7	

Dezember

Tag	n	f	v	Σ K_1	K_1
1	0	0	0.0	9	1111 2111
2	0	0.5	0.5	17	3211 2134
3	0	0.5	0.2	15	2313 2211
4	0	0.5	0.4	14	1012 1243
5	0	0.5	0.3	15	3111 1233
6	1	1	1.4	27	3323 3553
7	1	0.5	1.1	28	3333 4453
8	1	0.5	0.7	17	3221 1125
9	0	0.5	0.3	17	3213 2222
10	1	0.5	0.7	18	1112 2353
11	1	0.5	0.9	24	4133 3433
12	0	0	0.0	10	2112 1111
13	1	1	0.9	20	1012 3445
14	1	1	1.1	29	4434 2354
15	1	0.5	0.6	18	3212 3214
16	1	0.5	1.0	23	3322 3343
17	0	0.5	0.4	14	3311 1122
18	0	0.5	0.4	14	2122 3211
19	0	0	0.3	16	2323 2211
20	0	0.5	0.5	13	0013 2223
21	1	1	1.3	29	3334 5533
22	0	0.5	0.6	18	2133 2313
23	1	0.5	0.6	17	2121 2243
24	1	0.5	1.0	25	3542 2333
25	1	1.5	1.5	30	2223 4665
26	1	1	0.9	19	5320 1152
27	0	0.5	0.5	18	2312 2242
28	0	0.5	0.1	11	1111 1222
29	1	0.5	0.6	19	2112 2344
30	1	1	1.4	24	1212 3555
31	1	1	1.3	26	4235 4512
Mittel:	0.5	0.6	0.7	19.2	
Max.:	1	1.5	1.5	30	
Min.:	0	0	0.0	9	

Aktivitätszahlen und Kennziffern

Niemegk — **Januar** — **1949**

Tag	n	f	ν	ΣK₁	K₁	K₂ 0—3	3—6	6—9	9—12	12—15	15—18	18—21	21—0
1	1	0.5	0.8	22	2332 2334	1001	1001	0011	1001	0011	1011	0011	0012
2	1	1	1.4	35	5635 5353	1321	2321	1011	2012	2012	1012	1221	1011
3	0	0.5	0.1	12	2211 1131	1001	1001	1001	0001	0001	1001	1001	1001
4	0	0	0.1	10	2012 2111	0001	0000	0001	1001	1001	1001	1001	1001
5	0	0	0.0	9	1111 1112	1001	1001	1001	1001	1001	1001	1001	1001
6	1	0.5	0.7	15	1122 1224	1001	1001	1001	1001	1001	1011	1001	1211
7	1	0.5	0.8	23	3432 1235	1012	1111	1011	1001	0001	1001	0011	1221
8	1	0.5	0.7	19	3112 2433	1011	1001	1001	1001	1001	1111	1011	1011
9	1	0.5	1.0	24	3223 3353	1001	1001	1001	1011	1011	1012	1012	1012
10	1	0.5	1.0	27	3232 4445	1001	1001	2011	1011	1012	1012	1012	2221
11	0	0.5	0.8	21	1233 2244	1011	1001	1001	1001	1011	1001	1002	1012
12	1	1	1.1	25	4222 2454	1012	1001	1001	1001	1001	1201	1221	1012
13	1	0.5	0.8	19	5232 2131	1022	1001	1001	1011	1011	1001	1111	0001
14	0	0.5	0.2	12	1012 1133	0001	0000	1001	1001	1001	1001	1001	1101
15	0	0.5	0.1	10	1012 2103	1001	1000	1001	1011	1011	0001	0000	1001
16	0	0.5	0.4	17	3212 2331	1011	1001	1001	1011	1011	1011	1011	1001
17	0	0.5	0.6	15	4122 2211	1111	1001	1001	1001	1011	1001	1001	1001
18	1	1	1.1	27	2324 3445	1001	1111	2001	1012	1012	1012	1012	1211
19	1	0.5	0.9	27	4332 3444	1211	1001	1001	1001	1001	1002	1111	1012
20	0	0.5	0.2	13	2121 2212	1001	1001	1001	1001	1001	1001	1001	1001
21	1	0.5	0.6	18	2322 1224	1001	1001	1001	0001	0001	0001	0001	1002
22	0	0.5	0.5	18	3233 3211	1001	1001	1001	1001	1001	0001	0001	1001
23	1	0.5	0.8	18	1112 2344	0001	0001	1001	0001	0001	0001	0002	0002
24	1	1	1.6	25	3211 2376	0001	0001	0001	0001	0001	1001	2311	1013
25	2	2	2.0	47	8743 4588	1322	1023	1012	1001	1002	1012	1023	1023
26	1	1.5	1.9	40	8654 4454	1023	1023	1012	2002	1002	0012	1012	0012
27	1	1	0.8	24	4422 3342	0002	0012	1001	1001	1001	1001	1002	0001
28	0	0.5	0.3	17	2222 1332	1001	1001	1001	1001	1001	1001	1001	1001
29	0	0.5	0.2	17	3222 2222	1001	1001	1001	1001	1011	1001	1001	1001
30	0	0	0.0	9	1111 1112	1001	0001	1001	1001	1001	1000	1001	1001
31	0	0.5	0.3	13	1111 2331	1001	1001	1001	1001	1001	1001	1002	0001
Mittel:	0.6	0.6	0 7	20.3									
Max.:	2	2	2.0	47									
Min.:	0	0	0.0	9									

Niemegk — **Februar** — **1949**

Tag	n	f	ν	ΣK₁	K₁	K₂ 0—3	3—6	6—9	9—12	12—15	15—18	18—21	21—0
1	0	0	0.3	7	1111 1101	0001	0000	1000	1001	1000	0000	0000	0000
2	0	0	0.1	9	1011 2121	1001	0000	1000	1001	1001	0000	1001	1000
3	1	0.5	1.1	18	2111 2254	0001	1000	1000	0001	1001	1001	1002	1012
4	1	0.5	1.2	21	6432 2211	1322	1112	2002	1001	1001	0001	0000	0001
5	0	0.5	0.3	13	1121 2222	0001	0000	1001	0001	1001	1001	0001	1001
6	1	1	1.3	27	3123 4554	1001	0001	1001	2001	1112	1202	1212	1012
7	1	0.5	1.1	20	4433 2121	0022	1212	1011	1001	0001	0001	1001	1001
8	0	0.5	0.1	9	1002 1311	1001	0000	0000	0001	0000	1100	0000	0000
9	0	0	0.0	9	1112 2101	0000	1000	1001	1001	0001	0000	0000	0000
10	0	0.5	0.3	13	2111 1232	1101	0001	0001	0000	0001	1001	1001	1001
11	1	0.5	1.1	28	2344 4245	0001	1001	2012	1101	1101	1001	1002	1212
12	0	0.5	0.6	24	3333 3333	1001	2001	2002	1002	2001	1001	1001	1001
13	1	0.5	0.8	24	4333 3224	1211	1002	1001	1002	1001	2000	1001	1012
14	1	0.5	0.6	21	3333 2214	1111	0001	1001	1001	1001	1000	1000	1211
15	1	0.5	0.8	22	2213 3443	0001	0001	1001	1001	1002	1002	1002	1111
16	1	0.5	0.5	18	3222 2124	1011	1011	1001	1001	1001	0000	1001	2101
17	1	1	1.4	29	3333 5534	1011	1001	1001	1001	2012	1012	1001	1212
18	1	1	1.0	28	4334 4244	0012	1001	2001	1002	1012	1011	1211	1212
19	0	0	0.1	14	3221 2211	1001	0001	1001	1000	1001	1001	1001	0001
20	1	0.5	0.7	18	1112 2443	0000	0001	0001	1000	1001	1211	1211	1002
21	1	0.5	1.3	24	3222 3435	0002	0001	0001	0001	1001	2012	1002	1212
22	1	1	1.5	32	5543 3354	1222	1022	2012	2002	2002	1002	1012	2012
23	1	0.5	0.7	20	3113 4323	2001	0001	1001	1001	2012	2001	1001	1001
24	1	0.5	1.1	28	5334 4414	1012	1012	1002	1002	2012	1012	1001	1212
25	0	0	0.1	11	2121 2111	0001	1000	2001	1001	1001	0001	0001	0000
26	1	0.5	0.5	16	1212 2413	1001	1001	1001	1001	1001	1201	0000	1012
27	0	0.5	0.9	20	3333 2222	1001	2001	2012	1002	1001	1001	1001	0001
28	0	0.5	0.3	11	1122 1211	0001	1001	2001	1000	0001	1001	0001	0001
Mittel:	0.6	0.5	0.7	19.1									
Max.:	1	1	1.5	32									
Min.:	0	0	0.0	7									

Aktivitätszahlen und Kennziffern

Niemegk — **März** — **1949**

Tag	n	f	ν	ΣK₁	K₁	K₂ 0—3	3—6	6—9	9—12	12—15	15—18	18—21	21—0
1	1	0.5	1.1	20	2114 3333	1001	1001	1001	1002	1001	1001	1002	0001
2	1	0.5	1.1	27	3333 2355	1012	1001	2001	1002	1001	1001	1212	0211
3	1	0.5	1.1	24	3322 3632	1002	1001	2001	1001	1001	1302	0001	1001
4	0	0.5	0.5	18	3133 2222	1002	0001	1001	1001	1001	1001	1001	1001
5	1	0.5	0.5	19	3432 1123	1002	1211	1001	0001	0000	0001	1001	1101
6	0	0	0.0	9	1111 2111	0001	0000	1001	0001	0001	0000	1001	0000
7	0	0.5	0.1	14	2122 1222	1001	0000	1000	1001	1001	1001	0000	2001
8	0	0.5	0.3	14	2111 2223	1001	0001	1001	0001	1001	1001	0001	1001
9	1	1	1.2	28	4322 5543	1112	1001	0001	1001	1012	1012	1002	1001
10	0	0.5	0.1	11	1111 1231	0000	0001	1000	0000	0000	1001	1001	1000
11	0	0	0.1	11	1121 2211	0000	1000	1001	0000	1001	1001	0000	0000
12	0	0.5	0.6	18	1122 3324	0001	1000	1001	1001	0001	1001	1001	1012
13	1	0.5	1.1	28	4334 4334	1012	1002	2002	1002	1002	1001	1002	1202
14	1	0.5	1.3	35	5444 4554	1012	1221	2002	2002	1002	1202	1012	1012
15	1	0.5	1.0	25	5223 3343	1211	0001	1001	1001	1001	1001	0001	1001
16	1	1	1.5	26	3221 2754	1001	0001	0001	0001	1001	1023	1022	0012
17	1	1	1.4	31	3333 3556	2002	2001	2001	1001	2001	1212	0212	0023
18	1	1	1.2	31	6333 3454	0023	1012	2012	2001	1011	1002	0212	1002
19	0	0.5	0.5	19	2123 2324	0001	1001	1002	0001	1001	1001	0001	1211
20	0	0.5	0.7	23	1332 3443	0001	1002	1001	1001	1001	1201	0201	1001
21	1	1	1.3	28	4333 3336	1201	1001	1001	1001	1001	1001	1002	1322
22	1	1.5	1.8	40	6655 4653	2023	2023	2012	2012	1002	1013	1013	0002
23	1	1	1.3	26	3643 3412	2001	2023	2012	2002	1002	1012	0001	0001
24	0	0.5	0.2	17	1223 2232	0001	1001	1001	0001	1001	0001	1001	1001
25	1	0.5	0.5	19	1323 3214	0000	1012	1001	1001	0001	0001	0001	1112
26	0	0.5	0.6	21	4332 3321	1002	1001	1002	2001	1001	1001	0001	0000
27	0	0	0.0	8	1011 2111	0000	1000	1000	1000	0001	1000	1000	0001
28	1	0.5	0.9	26	2333 3345	1001	1001	2012	1001	1001	1002	2012	1201
29	1	0.5	0.7	23	4233 3233	1211	2001	1002	1001	2001	1002	1001	1001
30	0	0.5	0.4	18	2323 2222	0001	1012	1002	1001	1001	0001	1000	1001
31	0	0	0.0	10	3121 1110	0001	1001	1000	1000	0000	0000	0000	0000
Mittel:	0.5	0.6	0.7	21.5									
Max.:	1	1.5	1.8	40									
Min.:	0	0	0.0	8									

Niemegk — **April** — **1949**

Tag	n	f	ν	ΣK₁	K₁	K₂ 0—3	3—6	6—9	9—12	12—15	15—18	18—21	21—0
1	0	0.5	0.3	12	0112 1232	0000	1000	1001	0001	1001	0001	2002	1101
2	0	0.5	0.3	13	4112 2111	1012	0001	0000	0001	1001	0001	1001	0001
3	0	0.5	0.5	16	1232 3311	0001	2001	2001	1001	1101	0011	0001	0001
4	0	0.5	0.2	13	1122 2221	1001	1001	1001	0001	0001	0001	0001	1001
5	0	0.5	0.2	14	1221 2213	0001	1000	0001	1000	1100	0001	0001	1001
6	0	0	0.1	12	2222 1111	0001	0001	0001	1001	1000	0001	0001	1001
7	1	1	1.4	21	2113 2345	1001	1000	1001	0002	1001	1012	1012	1023
8	1	1.5	1.8	37	5555 5552	2022	2012	2012	1012	1023	1222	1221	0011
9	0	0.5	0.6	17	1223 2214	0001	2001	2001	0001	1001	1001	1001	1012
10	1	0.5	1.2	27	3332 2554	1012	1012	1011	1011	1021	1221	1222	1211
11	1	1	1.2	28	4243 5532	2211	2001	1011	2022	2222	1022	1011	1001
12	1	1	1.4	23	1233 3533	2000	2000	2001	1011	2012	2022	1012	1012
13	1	0.5	1.2	28	4433 4343	2022	2012	2001	2011	1012	1011	1002	1012
14	0	0.5	0.9	26	3333 3434	1001	3002	2001	2001	1001	1002	1001	2002
15	0	0.5	0.6	19	4232 1223	1012	1001	2001	2000	2000	2001	1001	0012
16	1	0.5	0.8	22	2213 4433	0001	0001	1001	1001	1022	1012	1001	1111
17	0	0.5	0.7	20	3222 2234	1012	1001	1001	1000	1001	0001	1001	1211
18	0	0.5	0.5	17	3211 1243	1011	0001	0000	1001	1001	1001	1111	1001
19	0	0.5	0.3	13	1112 2123	0001	0001	1001	1001	1001	0001	1001	1001
20	0	0.5	0.1	11	1111 1132	0001	1000	1001	1001	1001	1000	1101	1001
21	0	0	0.2	10	2110 1122	1001	1001	1000	0000	1001	0001	1001	1001
22	0	0.5	0.2	12	1121 2311	0001	1001	1001	0001	0001	1001	0001	1000
23	0	0.5	0.4	15	1221 2331	1000	1001	1001	1001	1001	1001	1012	0001
24	0	0.5	0.4	17	3222 2312	1012	2001	1001	1001	1001	1001	1001	2001
25	0	0.5	0.3	16	3222 2212	1011	2001	2001	1001	1001	1001	1001	2001
26	0	0.5	0.3	16	3222 2212	1002	1001	1001	0001	1001	1001	0001	1001
27	1	0.5	0.7	19	3433 2211	1012	2012	2002	1002	1001	0001	1001	0001
28	0	0	0.3	15	1122 1323	0001	1001	1001	1001	1001	2001	1011	1011
29	1	0.5	0.9	17	2110 1543	1001	0001	1000	0000	0001	2023	1022	1011
30	0	0	0.1	9	3111 1110	1111	0001	0001	1000	1001	0001	0001	0000
Mittel:	0.3	0.5	0.6	17.8									
Max.:	1	1.5	1.8	37									
Min.:	0	0	0.1	9									

Aktivitätszahlen und Kennziffern

Niemegk — Mai — 1949

Tag	n	f	ν	ΣK_1	K_1	K_2 0—3	3—6	6—9	9—12	12—15	15—18	18—21	21—0
1	0	0.5	0.2	9	0011 1312	0000	0000	0000	0000	0001	1001	1001	1001
2	0	0.5	0.5	17	2211 2432	1001	0001	0000	1000	1001	1012	1101	1001
3	1	1	1.2	23	3212 1446	1012	1001	1001	1001	0000	1000	1012	1322
4	1	0.5	1.3	26	5523 4421	2022	2012	2001	2011	2012	1012	1001	1000
5	1	0.5	0.9	21	1112 3445	1001	1001	1001	1001	1002	1012	1212	1221
6	1	0.5	0.8	22	4222 2433	1012	2001	2001	1001	1001	1211	0101	1001
7	0	0.5	0.4	17	2211 1433	1001	1001	1001	1001	1001	1101	0101	1110
8	1	0.5	0.6	21	3312 3234	1111	1001	1001	1001	1001	0001	0001	1211
9	0	0.5	0.9	22	3222 3532	1001	1001	2001	1001	1002	1012	0101	1001
10	0	0.5	0.6	21	2222 4333	1001	1001	1001	1001	2002	1001	1001	1002
11	1	0.5	1.0	22	5323 2232	2012	2012	2001	1001	1001	1001	1001	0001
12	2	2	2.0	44	2266 6976	1001	1001	2023	2022	2033	3033	2033	2023
13	1	1	1.6	24	6611 4312	2023	2023	1001	1000	2022	1112	1001	1001
14	1	0.5	0.8	25	3324 3433	1112	2001	1001	1001	1001	1201	1001	1002
15	0	0.5	0.3	13	3312 2110	1001	1001	1001	1001	1001	1000	0000	0000
16	1	0.5	0.9	20	1222 4234	1001	2001	1001	1001	2012	1011	0001	1211
17	0	0	0.5	16	4222 2220	1012	2001	2001	1001	0000	0001	0001	0000
18	0	0	0.0	8	0111 1121	0000	1001	1000	1001	1001	1000	2001	1001
19	0	0.5	0.3	10	1101 1321	2000	1000	1000	1001	1001	1002	1001	0001
20	0	0	0.1	11	2111 1221	1001	1001	1000	1001	1001	1001	1001	1001
21	0	0.5	0.5	16	1123 3321	0000	•1001	1001	1012	1012	0001	1001	1001
22	0	0.5	0.5	21	3313 3332	2001	2001	1001	2001	1001	1001	1001	1001
23	0	0.5	0.4	18	2222 3223	1001	2001	1001	1001	1002	1001	1001	1002
24	0	0.5	0.3	12	2222 1111	1001	1001	1001	1001	1000	1001	1001	1001
25	0	0.5	0.5	16	1114 3321	1001	0001	1001	1012	1011	1002	0001	0001
26	0	0.5	0.4	15	1123 3311	1001	1001	1001	1001	1001	1101	0001	1001
27	0	0.5	0.4	16	1113 4321	0001	1001	1000	1001	1002	1001	1001	0001
28	0	0	0.2	11	3211 1210	1111	1001	1001	1000	0000	1001	1000	0000
29	0	0	0.0	5	0100 1111	0000	1001	1000	1000	1001	1000	1000	0000
30	1	1	1.4	24	0111 5565	1000	1000	1000	0000	1012	2212	2013	1222
31	1	0.5	1.3	29	4433 4344	0022	1012	1001	1002	2012	1012	1212	1012
Mittel:	0.4	0.5	0.7	18.5									
Max.:	2	2	2.0	44									
Min.:	0	0	0.0	5									

Niemegk — Juni — 1949

Tag	n	f	ν	ΣK_1	K_1	K_2 0—3	3—6	6—9	9—12	12—15	15—18	18—21	21—0
1	0	0.5	0.7	19	4332 2113	1012	2001	2001	2001	1001	1001	1001	2111
2	0	0.5	0.6	19	2133 3322	1001	1001	1001	1002	1002	1001	1001	1001
3	0	0.5	0.7	16	2123 2114	0001	1001	1001	1001	1001	1001	1001	2012
4	1	1	1.7	31	5342 3554	2022	3011	3012	1011	1021	1022	1022	1012
5	1	1	1.6	32	3443 4446	1011	2012	2012	1011	2022	3032	1022	1322
6	1	0.5	1.2	27	5522 2335	1012	1012	1001	1001	1001	1001	1001	2012
7	0	0.5	0.7	21	4333 3221	2012	1001	2001	2001	1001	1001	1001	1001
8	0	0	0.2	15	2222 1321	1001	1001	1001	1001	1001	1001	2001	0001
9	0	0.5	0.4	20	3222 2243	1011	1001	2011	1001	0001	0001	2211	1101
10	0	0	0.1	11	1213 2110	1000	1001	0001	1001	1001	0001	0000	0000
11	0	0.5	0.2	12	0111 2322	1000	0001	1001	1001	1001	1001	1001	1001
12	1	1	1.3	29	4323 4544	1211	1001	1001	1011	2022	2222	2012	1012
13	1	0.5	1.0	21	4223 3223	1212	1001	1001	1002	1001	1001	1001	1110
14	0	0.5	0.4	15	1112 3133	0000	1001	1001	1001	1001	0001	0011	1001
15	1	0.5	0.7	23	3223 4432	1011	2001	1001	0001	0002	1012	1112	1001
16	0	0.5	0.4	19	2223 2323	1001	1001	2001	1011	1001	1012	2011	2012
17	0	0.5	0.6	15	1011 2334	0001	1000	1001	1001	1001	1001	1002	1012
18	0	0.5	0.8	23	4222 3433	1012	1001	1001	1001	1001	1012	1002	1011
19	0	0.5	0.4	18	3322 3311	1101	1002	1001	1011	1002	1002	1001	0001
20	0	0.5	0.2	17	1222 3322	1001	2001	2001	1001	1001	1001	0001	1001
21	0	0.5	0.2	13	1113 3211	0001	1001	1001	2012	1002	1001	0001	0001
22	1	0.5	0.7	18	1212 4332	1001	1001	1001	2001	1012	1112	1012	1001
23	0	0.5	0.1	12	2212 2210	1001	2001	1001	1001	1001	1001	1000	0000
24	0	0.5	0.3	19	1223 2333	0000	1001	1001	1001	1001	1002	2002	1001
25	1	0.5	0.8	21	3334 3221	2012	2011	2001	2012	1012	1001	0001	1000
26	0	0.5	0.5	18	1212 4323	1000	1001	1001	1001	1012	1002	1001	1002
27	0	0.5	0.3	16	3212 2222	1001	2001	1001	1001	1001	2001	1001	2001
28	0	0.5	0.4	17	2122 2323	1000	1001	1001	1001	1001	1012	1001	1002
29	1	0.5	0.7	22	3322 2343	1002	1002	1001	1001	1001	2111	2211	1001
30	0	0.5	0.4	20	2223 3332	1001	1001	1001	1002	1001	1002	0001	1001
Mittel:	0.3	0.5	0.6	19.3									
Max.:	1	1	1.7	32									
Min.:	0	0	0.1	11									

Aktivitätszahlen und Kennziffern

Niemegk — Juli — 1949

Tag	n	f	ν	ΣK₁	K₁	K₂ 0—3	3—6	6—9	9—12	12—15	15—18	18—21	21—0
1	0	0.5	0.4	13	2113 1122	1001	1001	1001	1001	1001	0001	0001	1001
2	0	0	0.0	7	2110 0111	0001	1001	0001	0000	0000	0001	1001	1000
3	0	0	0.3	10	1101 2221	0001	1001	1000	1001	1001	0001	0001	1001
4	0	0	0.1	7	1010 1211	0001	0000	1000	0000	0000	1001	1000	2001
5	0	0	0.2	9	0112 2111	1000	1001	1000	0001	0001	0000	1000	2001
6	0	0	0.1	10	1111 2121	1001	1001	0001	0001	1001	1000	1001	1000
7	1	0.5	0.7	17	3112 4411	1001	1001	1000	0001	1201	1002	0001	0001
8	1	0.5	0.7	18	2212 1343	1001	1001	1000	1001	1000	1002	1012	0002
9	0	0.5	0.7	14	1224 2210	2001	1001	1001	1002	1001	1002	0001	1000
10	0	0	0.1	10	1111 1221	1000	2000	0000	0001	1001	0001	1001	0000
11	0	0.5	0.2	14	1212 1223	0000	1001	1000	0001	1001	1001	1101	1000
12	1	0.5	0.8	16	1111 2253	1001	1001	1000	1001	1001	1001	1002	1001
13	1	0.5	1.0	20	4422 2411	1012	2012	2001	1001	1001	1101	1001	0001
14	0	0.5	0.4	13	1222 3111	0001	1001	1001	1001	1002	1001	1001	0001
15	0	0	0.0	5	1101 0110	1000	1000	1000	1001	1000	1001	0001	0001
16	1	1	1.1	23	1113 5453	0001	1001	1001	2001	2212	2012	2012	2012
17	1	0.5	0.8	20	3234 3311	0002	1001	1002	1002	1012	1111	0001	0001
18	1	0.5	0.9	21	2213 3433	1001	1001	1001	2002	2002	1212	1012	2002
19	1	0.5	0.9	23	3433 3322	1002	2002	1001	1002	1002	1002	1001	1001
20	0	0.5	0.5	14	4112 2211	1210	1001	1001	1001	1001	1001	1000	1001
21	0	0	0.3	11	0112 2212	0000	1001	0001	1001	1001	1001	0001	1001
22	1	0.5	0.7	21	1222 3344	0001	1001	1001	1001	2012	1002	1002	1002
23	1	0.5	0.9	24	4323 4233	2012	1002	1001	1001	1002	1001	2001	2001
24	0	0.5	0.6	16	3221 3221	1001	1001	2001	1001	1002	2001	1001	1001
25	0	0.5	0.6	19	2332 3222	1001	1002	1001	1001	1001	1001	1001	1001
26	0	0	0.3	11	2121 2111	1001	1001	1001	1000	1001	1001	1001	1001
27	0	0	0.1	10	1101 2221	1001	0001	0000	1001	0001	1001	2001	1000
28	0	0.5	0.1	7	0101 1121	0000	1000	0000	0001	1000	0001	1001	0001
29	1	0.5	0.5	12	1111 3221	1001	1001	1001	1001	1002	0001	0001	0001
30	0	0.5	0.2	12	1122 1221	0001	1001	2001	1001	1001	0001	2001	2000
31	0	0.5	0.3	15	2212 2321	1001	1001	1001	1001	1001	1001	1001	1001
Mittel:	0.4	0.4	0.5	14.3									
Max.:	1	1	1.1	24									
Min.:	0	0	0.0	5									

Niemegk — August — 1949

Tag	n	f	ν	ΣK₁	K₁	K₂ 0—3	3—6	6—9	9—12	12—15	15—18	18—21	21—0
1	0	0.5	0.3	14	1113 3122	1000	1001	1001	1001	1001	0001	1001	1001
2	1	0.5	1.2	22	1244 5312	0001	1001	2012	2012	1222	1022	0011	1001
3	1	1	1.6	35	4565 4434	2022	3022	2023	2022	3012	2012	2012	1012
4	1	1	1.7	36	5654 4354	2222	3222	2022	1012	1022	1022	1012	0012
5	1	1	1.1	26	3223 4543	1002	1001	1001	3011	3012	2211	1002	1002
6	0	0.5	0.7	19	3114 3232	1001	1001	1000	1201	1001	1001	0001	1001
7	1	0.5	0.8	19	1112 4433	1001	0001	1001	1001	2011	1012	1011	1001
8	1	1	1.3	25	5534 4211	1222	2022	2011	1002	1002	1001	0001	0001
9	0	0.5	0.7	19	2212 3342	1001	1001	1001	1001	1011	1012	1101	0001
10	1	0.5	0.7	18	1222 2414	1001	1001	1001	1001	1001	1201	1001	1200
11	0	0	0.1	10	1111 1212	0001	1000	0001	1001	0001	1001	0001	1001
12	0	0.5	0.1	10	1111 2121	1001	1001	1001	1001	1001	0001	1001	0001
13	0	0.5	0.5	18	2113 3323	1001	1001	1001	1001	1001	1002	1001	2012
14	1	1	1.2	31	5234 4445	1312	1011	1002	1002	1002	1002	2201	1212
15	1	1	1.2	30	5543 3334	1221	1211	1012	1001	1001	1001	1001	1212
16	0	0.5	0.5	15	3222 2211	1011	1001	2001	1001	1001	1001	1001	0001
17	1	0.5	0.7	22	2213 4433	1001	1001	1001	1001	1012	1002	1101	1201
18	0	0.5	0.7	18	1112 3433	0001	1001	1001	1001	1001	1101	0001	2001
19	0	0.5	0.6	21	3223 3323	1001	1001	0001	1101	1001	1001	1001	0001
20	0	0.5	0.5	17	2321 3222	1001	1002	1001	0001	1001	1001	1001	1001
21	0	0.5	0.4	16	2212 1233	1001	1001	1001	1001	1001	1001	1001	1001
22	0	0.5	0.3	13	2212 2211	1001	1001	1001	1001	1001	0001	0001	1001
23	0	0	0.0	7	1111 1101	1001	1001	1001	0001	0001	0001	1000	2001
24	0	0	0.0	7	1111 1101	1001	1001	1001	0000	1001	1001	0000	0001
25	0	0	0.0	3	0000 0111	0000	1000	0001	1000	1000	0000	1000	1001
26	0	0.5	0.0	11	1112 1221	0001	1001	0001	1001	1000	0001	1000	1001
27	0	0.5	0.6	18	1232 3322	2001	1001	1001	0001	0101	2002	0001	1001
28	0	0.5	0.3	12	2212 2111	1001	1001	1001	1001	0001	0001	1001	0001
29	0	0.5	0.5	14	1111 2233	0001	2001	1001	0001	0001	1001	1001	1002
30	0	0.5	0.6	17	3313 2221	1101	1001	0001	1001	1001	0001	1001	0001
31	0	0.5	0.4	14	3111 1223	2100	1001	1001	0001	1001	1001	2001	1002
Mittel:	0.3	0.5	0.6	18.0									
Max.:	1	1	1.7	36									
Min.:	0	0	0.0	3									

Aktivitätszahlen und Kennziffern

Niemegk — **September** — **1949**

Tag	n	f	ν	ΣK_1	K_1	K_2 0—3	3—6	6—9	9—12	12—15	15—18	18—21	21—0
1	1	0.5	1.0	24	2133 3444	1001	1001	1001	1002	1002	1012	1012	1002
2	1	0.5	1.1	24	3431 2344	1001	1201	2001	1001	1001	1002	0002	2002
3	1	1	1.5	30	4453 4442	1012	2002	2212	2001	1211	1012	1201	1001
4	1	0.5	0.8	19	3222 2242	1002	2001	2001	1001	1001	1001	1201	1001
5	0	0.5	0.5	18	3113 2332	1101	0001	1001	0001	1001	1001	1101	0001
6	0	0	0.2	11	2122 1111	0001	1001	1001	1001	0001	0001	1001	1001
7	0	0.5	0.3	12	1121 1222	0000	1001	1001	1001	1001	1001	0001	1001
8	1	0.5	0.8	18	2114 2233	0001	0001	1001	2002	1001	1001	1001	2001
9	0	0.5	0.4	12	4211 1111	0012	0001	0001	0001	1001	0001	1001	0001
10	0	0	0.2	9	0001 2213	0000	0001	1000	1001	1001	0001	1001	1001
11	0	0.5	0.4	13	2212 1122	0001	1001	1001	1001	1001	1001	1001	1001
12	1	1	1.2	23	2233 4333	1001	1001	1002	1002	1012	1011	1012	1001
13	0	0.5	0.6	18	3222 3213	1002	0001	1001	1001	1101	0001	0001	1001
14	1	0.5	1.0	18	2112 4422	0001	1001	1001	1001	2012	1012	0001	1001
15	0	0.5	0.5	19	2222 3332	1001	1001	1001	1001	2001	1002	1002	1001
16	1	0.5	0.5	20	4322 2223	1201	1001	2001	1001	1001	1001	1001	1001
17	0	0.5	0.3	13	1121 2123	1000	1001	1001	1001	1001	0001	1001	1002
18	0	0.5	0.2	12	2113 1112	1001	1001	1000	1001	0001	0000	1001	1001
19	0	0	0.0	6	1101 1110	0000	0001	0000	0000	0000	0000	1000	0000
20	0	0	0.0	4	0000 1111	1000	0000	0000	0000	1001	0001	1000	1001
21	0	0	0.1	7	0011 1103	0000	0000	0001	0000	0001	0001	0000	2001
22	0	0.5	0.3	12	3122 1210	1001	1001	0001	0001	0001	0001	0000	1000
23	0	0.5	0.2	12	1212 2112	1001	0001	0001	0001	1001	0001	0001	1001
24	1	0.5	1.0	18	1221 3225	1001	1001	1001	1001	1001	0001	0001	2212
25	1	1	1.3	27	5422 2453	1012	1012	1001	1001	1001	1012	1212	0001
26	1	0.5	1.0	23	4322 2325	0012	0012	1001	1001	1001	1002	1001	1201
27	1	0.5	1.2	23	4333 4222	1102	1001	2001	2001	2002	2001	1001	2002
28	1	0.5	0.8	14	4222 1111	1012	2001	2001	1001	1000	1001	1000	1000
29	0	0.5	0.4	12	1121 2122	1001	0001	1001	1001	0001	0001	1001	1001
30	1	0.5	1.0	20	1122 2363	1001	1001	2001	1001	0001	1001	1201	1001
Mittel:	0.5	0.5	0.6	16.4									
Max.:	1	1	1.5	30									
Min.:	0	0	0.0	4									

Niemegk — **Oktober** — **1949**

Tag	n	f	ν	ΣK_1	K_1	K_2 0—3	3—6	6—9	9—12	12—15	15—18	18—21	21—0
1	0	0.5	0.6	15	3223 1112	1101	1001	2001	2101	1001	0001	0001	1001
2	0	0.5	0.5	14	3321 3011	2001	1002	1001	1001	0001	1000	0001	0001
3	0	0	0.2	9	1111 1013	0001	0001	1001	1001	0001	0001	0001	1101
4	1	0.5	1.2	23	3223 4333	0002	1001	1001	1001	1201	1001	1002	1001
5	1	0.5	0.9	20	4332 2213	1211	1001	1001	1001	1001	1001	1001	1201
6	1	0.5	1.2	24	1133 3445	0001	1001	2001	1101	1012	1012	1012	1112
7	1	1.5	1.8	31	3432 4555	1001	1201	1001	1001	2012	2022	1022	1012
8	1	1	1.5	29	6323 3543	1322	1011	1001	1011	1012	1022	1201	1001
9	1	0.5	1.0	21	4332 2322	0012	2012	2001	2000	1001	1001	0001	0001
10	0	0.5	0.6	13	1113 2221	0001	1001	1001	1002	1001	1001	1001	0001
11	1	0.5	1.0	24	4223 3424	1201	0001	1001	1001	1211	2211	1001	1002
12	0	0.5	0.5	17	3223 3112	1001	1001	2001	2001	1001	1001	0001	2001
13	1	0.5	0.9	20	2221 2353	1001	1001	2001	1001	1001	1002	1002	2002
14	2	1.5	1.9	39	3335'4687	2001	3001	2012	3012	2022	2023	2023	-313
15	2	2	2.0	45	5466 6666	1012	1012	2013	3023	3023	1033	1023	1023
16	1	1	1.7	34	6534 4543	1022	2012	2002	2002	1012	1212	2002	1012
17	1	0.5	0.8	22	4222 1443	0012	1001	1001	1001	0001	1201	0201	1001
18	0	0.5	0.4	12	1112 3211	0001	1001	1001	1001	2001	1001	0000	0001
19	1	0.5	0.9	17	0132 3323	0001	1001	2012	1001	1012	1012	0001	1200
20	1	0.5	0.7	19	3113 3233	1201	1001	1001	1001	1001	1001	1012	1012
21	0	0.5	0.5	18	2322 2331	0001	1201	1001	1001	1001	1001	0000	1000
22	1	0.5	1.1	18	2111 2146	1001	0000	1001	1001	1001	1001	2002	2302
23	1	0.5	1.0	22	3212 2354	0001	0001	1001	1001	1001	1002	1012	1201
24	1	0.5	0.9	21	5422 1322	1201	1002	2001	2001	1001	1001	1001	1001
25	0	0.5	0.2	14	3222 2111	1101	1001	1001	1001	1001	1001	0001	0000
26	0	0.5	0.4	12	2011 0242	1001	1000	1000	1001	1000	1001	2201	1001
27	1	1	1.6	30	1433 5464	1001	1012	1002	1002	1012	1022	1022	1012
28	1	1	1.3	25	5432 2333	1212	1012	2001	1001	1001	1002	1002	1002
29	1	0.5	0.8	22	3222 3334	0001	1001	1001	1001	1002	1001	1002	1201
30	0	0	0.3	13	1112 2213	0001	1001	2001	1001	1001	1001	1001	1001
31	1	0.5	0.5	17	4311 1232	1201	1001	1001	1001	1001	1001	2001	1001
Mittel:	0.7	0.6	0.9	21.3									
Max.:	2	2	2.0	45									
Min.:	0	0	0.2	9									

Aktivitätszahlen und Kennziffern

Niemegk — **November** — **1949**

Tag	n	f	ν	Σ K_1	K_1	K_2 0—3	3—6	6—9	9—12	12—15	15—18	18—21	21—0
1	1	1.5	1.5	27	3113 5653	1100	0001	1001	1002	2022	1032	1022	1012
2	1	1	1.5	28	3233 4445	1101	1001	1002	2002	2012	1012	1012	1212
3	1	0.5	1.0	21	5421 1224	1012	1211	1001	1000	1000	1001	1001	0201
4	0	0.5	0.5	14	1122 1331	0001	1001	1001	1001	1001	1201	0001	0001
5	1	0.5	1.0	24	3333 3324	1101	1001	1002	1001	1002	1002	1001	1002
6	0	0.5	0.7	15	4212 2211	1002	1001	1001	1001	1001	1001	1001	1001
7	0	0	0.1	10	2211 1111	1001	1001	1001	1001	1001	1001	1001	1001
8	0	0	0.0	2	0100 0001	0001	0001	0000	0000	0000	1000	1000	1001
9	0	0.5	0.5	13	1122 1222	0001	1001	1001	1001	1001	1001	2001	1001
10	1	0.5	1.0	20	2122 3334	1001	1001	1001	2001	1001	2002	1001	1012
11	1	1	1.3	25	4432 2532	1012	3012	2002	1001	1001	1301	1001	1001
12	1	0.5	1.0	20	2212 2353	1001	1001	1001	1001	1001	1012	1211	1012
13	1	0.5	0.7	20	4322 2421	1001	1001	1001	1001	1001	1201	0001	0001
14	1	0.5	0.8	19	1322 2423	1001	1001	2001	1001	1001	1201	1001	1201
15	0	0.5	0.8	16	2111 2333	1001	1001	2001	1001	1001	1012	1012	1012
16	1	0.5	0.7	15	4421 1111	1212	1012	1001	1001	1000	0001	1001	1001
17	0	0	0.1	9	1011 1113	1001	1000	1001	1001	2001	1000	1001	1101
18	0	0.5	0.7	18	3123 3222	1101	1001	1001	1001	1002	1001	2001	2001
19	1	1	1.6	27	3133 3365	2002	2001	3002	2001	1001	1012	2023	1023
20	1	0.5	1.4	29	6442 4333	1322	2002	2002	1001	1012	1001	1201	1001
21	1	0.5	1.0	21	3222 2352	1001	1001	2001	1001	1011	1012	1212	1011
22	0	0.5	0.4	13	1111 1332	1001	1001	1001	1001	1001	1201	1002	1001
23	1	0.5	0.7	14	2211 1142	1001	1001	1001	1001	1001	1001	2201	1001
24	0	0.5	0.3	10	3211 1110	0001	1001	1001	1001	1000	1000	0000	0000
25	0	0.5	0.1	9	0012 2121	1000	1000	1001	1001	1001	1001	1001	1001
26	0	0.5	0.2	11	1111 1123	0000	1000	1001	1001	1001	1001	1001	1001
27	1	0.5	0.8	21	3222 2532	1001	1001	1001	1001	1001	1202	1001	1001
28	0	0	0.1	9	1112 1102	1001	1001	1000	1001	1001	1000	1000	2001
29	1	1	1.4	30	5435 3354	2212	1012	1001	1002	1002	1012	1212	1002
30	1	1	1.6	34	4335 4654	1002	2002	2002	2002	1012	1212	1212	1002
Mittel:	0.6	0.6	0.8	18.1									
Max.:	1	1.5	1.6	34									
Min.:	0	0	0.0	2									

Niemegk — **Dezember** — **1949**

Tag	n	f	ν	Σ K_1	K_1	K_2 0—3	3—6	6—9	9—12	12—15	15—18	18—21	21—0
1	0	0.5	0.6	15	3332 1111	1001	1001	2001	1001	1001	1001	1001	0001
2	0	0	0.1	7	0121 1002	0000	1001	1001	1001	1001	1001	0000	1001
3	0	0.5	0.7	18	2112 3324	0001	1001	2001	1001	2002	1001	2001	1201
4	1	0.5	0.9	23	3223 3244	1001	1001	2001	1002	1001	1001	1012	2112
5	0	0.5	0.7	20	3312 2333	1101	1001	1001	1001	2001	1002	1002	1001
6	0	0.5	0.6	19	3223 2232	1101	1001	1001	2001	2001	2001	1002	2001
7	0	0	0.0	7	2200 1101	1001	1001	1000	1000	1001	1000	0000	1000
8	0	0	0.2	7	0011 1112	1000	1000	1000	1001	1001	1001	1001	1001
9	1	0.5	1.1	25	1444 3324	1001	2012	2012	2012	1001	1002	1001	1201
10	0	0.5	0.3	11	1111 1132	0001	1001	2001	1001	1001	1001	1201	1001
11	0	0	0.1	6	1001 0220	1001	1000	1000	1001	1000	1001	0001	0000
12	0	0	0.0	7	0111 1111	1000	1001	1000	1001	1001	1001	1001	1001
13	0	0.5	0.0	10	2111 1112	1001	0001	1001	1001	1001	1001	1000	1000
14	1	0.5	1.0	22	2323 3423	1001	1001	1001	1001	1001	1002	1001	1101
15	0	0.5	0.5	15	3222 1113	1001	1001	1001	1001	1001	1001	1001	1002
16	0	0.5	0.6	13	4211 1121	1201	1001	1001	1001	1001	1001	1001	0001
17	0	0.5	0.2	12	2111 1123	1001	1001	1001	1001	1000	0001	1101	2001
18	0	0	0.1	12	2211 1122	0001	0001	1001	1000	1000	1000	1001	1001
19	0	0.5	0.4	13	1111 2223	1001	1000	2001	1001	2001	1001	1000	2101
20	1	0.5	0.6	18	3112 1433	1201	1001	1001	1001	1000	1201	1201	1001
21	0	0.5	0.8	16	1321 2322	0001	1001	1001	1001	1001	1001	1001	1001
22	0	0.5	0.5	12	2311 0032	1001	1101	1000	1001	1001	1001	2101	1001
23	1	0.5	0.8	16	1111 2352	1001	1001	1000	1000	1001	1002	1002	1001
24	1	0.5	0.8	20	4233 1331	1211	1001	1001	1001	1001	1101	1001	1000
25	0	0.5	0.5	14	2111 3321	1001	1001	1001	1000	1100	1002	0001	1001
26	0	0	0.2	11	3111 1112	1001	1001	1000	1000	1000	1000	0000	2001
27	0	0.5	0.3	11	2101 2221	1100	1000	1000	1001	1001	1001	1001	1001
28	1	0.5	0.7	16	2112 1243	1001	1001	1001	1001	1001	1001	1002	2002
29	0	0.5	0.5	16	3212 2123	1001	1000	1001	1001	1001	1001	1001	2001
30	1	0.5	0.9	17	2111 1344	0001	1001	1001	1001	1001	1002	1012	1211
31	1	0.5	1.2	23	2233 3352	1001	1001	1001	2002	1002	1001	1211	1001
Mittel:	0.3	0.4	0.5	14.6									
Max.:	1	0.5	1.2	25									
Min.:	0	0	0.0	6									

Aktivitätszahlen und Kennziffern

Niemegk **Januar** **1950**

Tag	n	f	ν	ΣK_1	K_1	K_2 0—3	3—6	6—9	9—12	12—15	15—18	18—21	21—0
1	0	0.5	0.5	16	3221 1322	0001	1001	1001	1001	1001	1002	1001	1001
2	0	0.5	0.4	12	3321 0111	1002	1001	1001	1001	0000	0001	0001	1001
3	0	0.5	0.4	14	2112 2114	0001	1001	1001	2001	1001	1000	1000	2201
4	1	0.5	0.8	20	3112 2344	0001	1001	2001	1001	2001	2001	2202	1002
5	0	0.5	0.3	15	1222 2222	1001	1001	2001	2001	1001	1001	0001	0001
6	1	0.5	0.7	19	2312 2333	1001	1111	1001	1001	1001	1012	1012	1001
7	1	0.5	0.7	19	3222 3241	1001	1001	2001	1001	1002	1001	1212	1001
8	0	0	0.0	(6)	1111 1—1	1001	1001	1000	1000	1000	—	—	1001
9	0	0.5	0.7	16	3322 2112	1012	2012	1001	2001	1001	1000	1001	2001
10	1	0.5	0.7	19	4222 1134	2201	1001	2001	1001	1001	1001	1001	1201
11	1	0.5	0.6	19	3212 2234	1001	1001	1001	1001	1001	1001	1001	1201
12	0	0.5	0.5	17	2211 2342	0001	1001	0001	1001	1001	1001	1101	1001
13	0	0.5	0.7	18	3211 2342	1001	1001	1001	1001	1001	1101	1001	0001
14	1	0.5	1.2	26	2433 3353	1001	2012	2002	2002	3012	1002	2212	1002
15	0	0.5	0.7	17	1122 3332	0001	1001	1001	1001	1001	1002	1001	1001
16	1	0.5	0.6	18	1332 1224	0001	1001	1002	1001	1001	1001	1001	1201
17	0	0.5	0.3	14	2112 1133	1001	0001	1001	1001	1001	1001	1012	1001
18	0	0.5	0.3	13	2321 1013	1001	1001	1001	1001	1001	0000	0000	1201
19	1	0.5	0.9	18	1222 2243	1001	1001	2001	1001	1001	1001	2002	0002
20	1	0.5	1.2	26	4433 4422	2002	1002	1012	1001	1002	1012	1001	1001
21	1	0.5	1.1	27	4333 3542	1002	1002	2001	2001	1001	1201	1212	1001
22	0	0.5	0.6	16	3322 1221	1002	1002	2001	1001	1001	2100	1001	0001
23	0	0.5	0.4	13	2121 1123	1001	1001	2002	1001	1001	1001	1001	2001
24	2	1.5	1.7	32	2223 4766	2001	2001	2001	2002	3012	3322	2023	2223
25	1	0.5	1.3	28	4343 3434	1002	1002	2012	2001	2002	1002	1002	1211
26	1	0.5	0.8	21	2322 3333	1001	1011	1001	1001	2001	1002	1001	1001
27	1	0.5	0.8	21	3312 2343	1001	1001	1001	1001	1001	1002	1002	1001
28	1	0.5	0.7	21	4123 2432	1002	1001	1001	1002	1001	1201	1001	1001
29	0	0.5	0.2	14	2211 1232	1001	1001	1001	0000	0000	1001	1001	2001
30	1	0.5	1.0	22	3232 1353	1101	1001	1001	1001	0000	1002	2301	0001
31	0	0.5	0.4	12	1111 1124	1001	1001	1001	1000	1001	1001	1001	1201
Mittel:	0.5	0.5	0.7	18.8									
Max.:	2	1.5	1.7	32									
Min.:	0	0	0.0	12									

Niemegk **Februar** **1950**

Tag	n	f	ν	ΣK_1	K_1	K_2 0—3	3—6	6—9	9—12	12—15	15—18	18—21	21—0
1	0	0.5	0.3	12	1222 1121	1001	1001	1001	1001	1001	1001	1001	0001
2	1	0.5	1.2	22	1144 3432	1001	1001	2012	2001	1012	1012	1011	1001
3	1	0.5	1.1	23	1233 3353	1001	2002	2011	2001	2001	1001	2211	1002
4	1	0.5	1.1	24	2122 3554	1001	1001	2001	1001	1001	1211	1222	1201
5	1	0.5	0.6	16	2311 1431	1001	1002	1001	1001	1000	2201	1201	1001
6	0	0.5	0.6	16	1212 3322	1000	1001	1001	1001	1001	1001	1001	0001
7	1	0.5	0.9	19	1312 2244	1001	2201	1000	1001	1001	1001	1101	1211
8	0	0.5	0.6	19	2222 2333	0001	1001	1001	1001	1001	1001	1101	1012
9	1	0.5	0.8	21	4222 1343	1012	1001	1001	1001	1000	1001	2211	1002
10	0	0	0.0	10	2111 1112	1001	1000	1000	1000	1000	1000	1000	2001
11	0	0.5	0.3	11	0112 2113	1000	1000	1001	1001	1001	1001	0001	2001
12	0	0.5	0.2	15	3112 2231	1001	0001	2001	1001	1001	1001	1001	1001
13	0	0	0.1	11	1121 1221	2000	1001	1001	1001	1001	1001	1001	0001
14	0	0.5	0.2	10	1301 1121	1001	1001	1000	0000	1001	1001	1001	2001
15	0	0.5	0.4	14	2122 1132	2001	1001	1001	1001	2001	1001	1002	1001
16	0	0.5	0.1	11	2112 1112	1001	0001	1001	1001	1001	1000	1001	2001
17	0	0	0.0	8	1111 2011	1001	1001	1001	1001	1001	1000	0000	1000
18	0	0	0.3	10	1011 1222	1001	0000	1001	1001	2001	2001	1001	1001
19	0	0.5	0.5	11	1211 1113	0001	1001	1001	1001	1001	1001	1001	1002
20	2	1.5	1.8	30	3211 3578	2001	2001	1001	1001	2001	2012	2033	2023
21	2	1.5	1.9	35	5643 4454	2022	2023	2012	2011	2012	1022	1211	1012
22	1	1	1.4	30	4333 3554	1012	1001	1002	1002	1002	1201	1212	0012
23	1	1.5	1.7	31	3214 4566	0002	1001	1001	1012	1022	1022	1013	1023
24	1	1	1.6	29	5643 2144	1022	2222	2012	2001	1001	1000	1211	1012
25	1	0.5	1.1	21	5333 3211	1012	1002	2002	2002	1001	0001	1001	1001
26	0	0	0.0	6	1110 1011	1001	1000	2000	1000	1000	1000	1001	1001
27	0	0.5	0.2	10	1011 2122	1000	1000	2000	2001	1001	1001	1001	1001
28	0	0.5	0.7	16	2233 2112	1001	1001	2002	1001	1001	1001	1001	1001
Mittel:	0.5	0.6	0.7	17.5									
Max.:	2	1.5	1.9	35									
Min.:	0	0	0.0	6									

Aktivitätszahlen und Kennziffern

Niemegk **März** **1950**

Tag	n	f	ν	Σ K_1	K_1	K_2 0—3	3—6	6—9	9—12	12—15	15—18	18—21	21—0
1	0	0.5	0.5	17	4232 2121	1012	1001	1002	1001	1011	1001	0001	1001
2	0	0.5	0.5	16	2233 2211	1001	1001	2001	1001	1001	1001	0001	0001
3	0	0.5	0.3	15	3212 2311	2001	1001	1001	0001	1001	1002	0001	1001
4	0	0.5	0.3	14	1112 3222	1001	1000	1001	1001	1001	1001	1001	1001
5	0	0.5	0.3	13	1123 2112	0001	1001	1001	1001	1001	1000	1001	2001
6	1	0.5	0.9	22	3312 2344	1001	1001	1001	1001	1001	1002	2002	1201
7	1	0.5	1.0	21	3333 3132	1012	1002	2001	1002	1012	1011	1001	1001
8	0	0.5	0.3	14	3111 2213	1001	1000	1000	0001	1001	1001	1001	2001
9	0	0.5	0.4	14	3222 1211	1001	0001	1001	1001	1001	1001	0001	0000
10	0	0	0.1	8	2111 1110	2001	0001	1001	1001	1001	0001	0001	0000
11	0	0	0.1	8	1001 1122	1000	0000	1000	1001	1001	1001	2001	1001
12	0	0.5	0.2	10	1111 1221	1001	1001	1001	1001	1001	1001	1001	0001
13	1	0.5	0.4	11	0111 1241	0000	1001	1001	1001	1001	1001	2201	0001
14	1	0.5	1.0	19	1123 3342	0001	1001	2001	1002	1001	1002	2012	1001
15	1	1	1.1	24	5542 3221	2212	2212	1002	1001	1002	1001	1001	1000
16	0	0.5	0.3	13	1322 1211	1001	1001	1001	1001	1000	1001	0001	0000
17	0	0.5	0.4	12	1112 2113	1000	1000	1000	1001	1001	1000	0001	1201
18	0	0.5	0.2	12	1112 1132	1001	2001	2001	1001	0000	1001	1101	2001
19	2	1.5	1.9	37	3255 5665	1001	1002	2012	2012	2022	1023	1012	1001
20	1	0.5	0.9	17	2221 2332	1001	1001	1001	1000	1001	1011	1012	0001
21	1	1	1.3	27	3324 3453	0001	1012	1001	1012	1012	1222	1212	1002
22	1	0.5	1.1	25	3433 3234	1012	1012	1012	1002	1001	1001	1012	1012
23	0	0.5	0.4	13	2111 2213	0001	1001	1001	1001	1001	1001	1000	1001
24	1	0.5	1.0	23	5441 2232	1212	1012	1002	1000	1001	1001	1001	1001
25	1	0.5	0.6	16	2430 1231	1001	1201	1001	0000	0001	1001	1001	1001
26	1	0.5	0.5	15	2003 2224	1001	0000	1000	1001	1001	1001	1001	2012
27	1	1	1.4	33	5433 3555	2212	1012	3001	1002	2001	1312	1212	1211
28	0	0.5	0.5	14	2122 2113	1001	1001	2001	1001	2001	1001	1000	1101
29	1	0.5	0.9	21	2243 3322	1001	1001	2002	1001	1002	1001	1001	1001
30	0	0.5	0.4	13	2122 2310	1001	1001	2000	2001	1001	1001	0001	0000
31	1	1	1.2	22	0133 4434	0000	1000	2001	2001	1012	1012	1001	1202
Mittel:	0.5	0.6	0.7	17.4									
Max.:	2	1.5	1.9	37									
Min.:	0	0	0.1	8									

Niemegk **April** **1950**

Tag	n	f	ν	Σ K_1	K_1	K_2 0—3	3—6	6—9	9—12	12—15	15—18	18—21	21—0
1	1	1	1.4	31	5432 4355	1212	1002	2002	1011	2012	1001	2222	1212
2	1	0.5	1.3	29	4342 3445	1012	1001	2002	1001	1002	1002	1013	1012
3	1	1	1.3	30	4333 3455	1012	1001	1001	2002	2012	1012	1222	1212
4	1	0.5	1.2	27	3342 2553	0011	1012	1002	1001	1001	1012	1012	1012
5	1	1	1.5	33	4443 4455	1012	1012	1002	1002	1012	1212	1012	1012
6	1	0.5	1.1	28	4443 3244	1002	1002	1012	1001	1001	1001	1201	1012
7	0	0.5	0.8	21	4322 2332	1012	1001	1001	1001	1001	1001	1002	0001
8	0	0.5	0.3	14	3221 1221	1001	1001	1001	1001	1001	1001	1001	0000
9	0	0.5	0.4	14	1121 3312	1000	1000	1001	1001	1001	1001	1001	1001
10	1	0.5	0.4	16	3311 2123	1002	1002	1000	1000	1001	0000	1001	2001
11	0	0.5	0.3	12	1210 1133	1000	1001	1000	1000	1001	1001	1001	1001
12	1	0.5	0.8	22	3344 3212	2001	1002	1002	1002	1001	1001	1001	1001
13	1	0.5	0.5	16	4412 2111	1211	2002	2000	1001	1001	1001	0001	1001
14	0	0.5	0.3	10	1111 2013	1000	1000	1001	1000	1001	0000	1001	2002
15	1	0.5	0.9	21	1333 4214	1001	1002	1002	1002	1002	1001	1001	1201
16	1	0.5	0.5	18	1121 2344	1001	1000	1001	1001	1001	1001	1201	2201
17	1	0.5	0.6	18	4211 2233	1201	1001	1001	1001	1001	1001	1002	1001
18	1	0.5	0.8	22	2322 2443	1001	1001	1001	1001	1002	1002	1002	2002
19	1	1	1.0	23	3322 3343	1001	1002	1001	1001	2012	1012	1012	1002
20	1	1	1.0	23	4441 1243	1002	1212	1002	1001	1001	1001	1012	1111
21	0	0	0.0	6	1111 1100	1001	1001	1001	1000	1001	1001	1000	0000
22	0	0.5	0.4	9	0013 1211	1000	1000	1001	1002	1001	1001	1001	0001
23	1	1	1.1	23	2333 3324	0001	2012	1002	2002	2012	1002	1002	1002
24	1	1	1.2	29	4443 3524	2012	3012	3002	2001	2001	1202	1001	1002
25	0	0.5	0.4	13	2322 2110	1001	2002	2001	2001	2001	1001	1001	1000
26	0	0.5	0.0	10	2221 1110	1001	1001	2001	1001	1001	1001	1000	1000
27	0	0.5	0.3	10	0001 1143	1001	1000	1000	1000	1001	1001	1201	1001
28	0	0.5	0.7	19	1211 3335	1001	1001	1001	1001	1002	1002	1001	1201
29	1	0.5	0.9	23	4213 3433	1211	1001	1000	1001	1011	1012	1012	1012
30	1	0.5	1.1	27	4433 3343	1002	1212	1002	1002	1011	2022	1212	0201
Mittel:	0.6	0.6	0.8	19.9									
Max.:	1	1	1.5	33									
Min.:	0	0	0.0	6									

Niemegk **Mai** **1950**

Tag	n	f	ν	Σ K_1	K_1	K_2 0—3	3—6	6—9	9—12	12—15	15—18	18—21	21—0
1	0	0.5	0.4	13	1111 1233	1001	0000	0001	0001	1001	1001	1201	1101
2	1	0.5	1.0	22	2112 3445	1001	0001	0001	1001	1002	1002	1002	2212
3	1	1	1.4	33	5544 3354	1212	1212	1002	1002	1002	1002	2312	1012
4	1	1	1.0	23	3222 2444	2012	1001	1001	1001	1001	1202	1002	1212
5	1	0.5	0.9	26	4323 3434	1211	1001	1001	1002	1001	1002	1001	1002
6	0	0.5	0.6	20	2122 3334	0001	1001	1001	1001	1001	1002	0001	1002
7	1	0.5	0.6	17	4121 2313	1201	1001	1001	1001	1001	1101	0001	2101
8	0	0.5	0.2	12	2121 1113	0001	1001	1001	1000	1001	1000	0001	2100
9	0	0	0.0	4	1000 1011	0000	1000	1000	1000	1000	1000	1001	1001
10	0	0.5	0.5	14	2112 2114	0001	1001	1001	0001	1001	1001	1001	2002
11	1	0.5	0.9	19	3211 4422	1002	1001	1001	1001	1002	1002	1001	1001
12	0	0.5	0.3	13	2211 1222	1001	1001	1001	0000	0000	1001	1001	0001
13	1	0.5	0.8	26	3433 3343	1001	1002	1001	1001	1001	1002	1201	1002
14	1	0.5	0.8	23	3323 3333	1001	1001	1001	1002	1002	1002	2001	1002
15	1	0.5	1.0	25	3333 1354	1002	1001	1001	0001	1001	1001	1001	1001
16	0	0.5	0.6	19	2332 2223	1001	1001	1000	1001	1001	1002	2212	1201
17	0	0.5	0.4	14	2112 2222	1001	1001	1001	1001	1001	1001	1001	0000
18	0	0	0.2	10	3111 1120	0001	1000	1000	1001	1001	1001	1001	0001
19	0	0.5	0.2	10	0101 1331	1000	1000	1000	1001	1001	1002	1001	0001
20	0	0.5	0.5	19	2122 2334	1001	1001	1001	1001	1001	1002	1001	2002
21	1	0.5	0.6	16	4311 1321	2212	1001	1000	1001	0001	1001	0001	0001
22	1	0.5	1.1	21	1023 5433	0001	1001	1001	1002	1012	1002	1002	3002
23	1	1	1.5	30	4334 4444	1202	2002	3002	2012	1022	1022	1212	1212
24	0	0.5	0.8	19	4322 1133	1002	1001	1001	2001	2001	1001	2001	1001
25	1	0.5	0.7	19	3112 3423	1001	1001	1001	1001	1001	1212	1001	1002
26	1	0.5	0.7	21	2223 3432	1001	1001	1001	1001	1002	1012	1002	0001
27	1	1	1.5	28	2322 5545	1001	1001	1001	1001	1012	1022	1012	2022
28	1	1	1.7	36	6544 4445	2323	3022	2022	1002	1002	1012	1212	1002
29	1	0.5	1.1	26	4324 4333	1002	1002	1001	2002	1012	1002	1101	1002
30	1	0.5	0.8	22	4421 3422	1002	1012	1001	1001	1002	1201	1101	1001
31	0	0.5	0.3	10	1110 2113	1001	1000	1000	1001	1001	1001	1000	2201
Mittel:	0.6	0.5	0.7	19.7									
Max.:	1	1	1.7	36									
Min.:	0	0	0.0	4									

Niemegk **Juni** **1950**

Tag	n	f	ν	Σ K_1	K_1	K_2 0—3	3—6	6—9	9—12	12—15	15—18	18—21	21—0
1	1	0.5	0.9	23	3323 3423	1001	1001	1001	1002	1001	1002	1001	1002
2	1	0.5	1.0	23	4422 1235	1012	1012	1001	1001	1001	1001	1001	2201
3	1	0.5	0.8	25	3323 3443	1001	1001	1001	1002	1011	1012	1201	1001
4	1	0.5	0.4	16	2321 3311	1001	1001	2001	1001	1001	1002	1001	2001
5	0	0.5	0.4	15	2122 2222	2101	1001	1001	1001	1001	1001	1001	1001
6	1	1	1.4	32	3434 5643	1012	2012	2012	1002	1012	1032	2012	1012
7	0	0.5	0.2	13	2112 3211	1001	1000	1000	1001	2001	1001	0001	0001
8	0	0.5	0.5	14	1002 2324	0000	1000	1000	1001	1001	1002	2001	2002
9	1	0.5	1.1	28	4524 4333	1012	2212	1001	1012	1002	1002	1002	1001
10	1	0.5	0.9	26	3434 3333	1012	1012	1002	1002	1002	1002	2001	1001
11	0	0.5	0.5	16	3112 2223	1002	1001	1001	1001	1001	1001	1001	1001
12	0	0.5	0.4	17	3122 3222	1001	1001	1001	1001	1001	1001	2001	1001
13	0	0	0.1	8	1111 1111	1001	1001	1000	1001	1001	0001	1001	2000
14	0	0.5	0.2	14	2212 3211	2001	1001	1001	1001	1001	1001	0001	1001
15	0	0	0.0	9	1211 1111	2001	1001	1001	1000	1001	1001	1001	1001
16	0	0.5	0.4	10	0001 1341	1000	1000	1001	1001	1001	1002	1201	1001
17	0	0.5	0.6	22	3432 2332	2001	1202	2002	2001	2001	1001	1001	1001
18	0	0.5	0.4	14	1223 1221	1001	1001	1001	1001	1001	1001	1001	0001
19	0	0.5	0.2	12	2211 1221	2001	2001	2000	2001	1001	1001	2001	1001
20	0	0.5	0.2	10	1110 2221	0001	1001	1000	1000	1001	1001	2001	1001
21	1	0.5	0.4	15	1111 1433	0001	1001	1000	1000	1001	1002	1001	1101
22	1	0.5	0.6	23	2423 4323	1001	2001	1001	2002	1212	1002	1001	1001
23	1	1	1.2	25	3323 2255	2001	1001	2001	1002	1001	1001	1012	1012
24	1	1	1.6	31	4554 4243	1012	2022	2002	1012	1012	1001	1201	1001
25	1	0.5	0.9	25	4234 3234	1201	1001	1002	2002	1002	1001	2001	0201
26	0	0.5	0.7	18	3321 3222	1012	1012	1001	1001	1001	1001	2001	0001
27	0	0.5	0.3	13	1111 2322	0001	1001	0001	1001	1001	1001	1001	2001
28	0	0	0.2	12	3112 1112	1001	1001	1001	1001	1001	1001	1001	2001
29	1	1.5	1.5	28	1223 5654	1001	1001	1001	1001	1012	2022	1023	1022
30	1	1	1.4	31	5523 4444	1222	2022	1011	1001	1002	1012	2101	1201
Mittel:	0.5	0.6	0.6	18.9									
Max.:	1	1.5	1.6	32									
Min.:	0	0	0.0	8									

Aktivitätszahlen und Kennziffern

Niemegk — **Juli** — **1950**

Tag	n	f	ν	Σ K_1	K_1	K_2 0—3	3—6	6—9	9—12	12—15	15—18	18—21	21—0
1	1	0.5	0.6	23	4322 3324	1101	1001	1001	1001	1002	2002	1001	1201
2	0	0.5	0.2	12	1211 1222	1001	1001	1001	1001	1001	1001	0001	1001
3	1	0.5	1.0	17	1101 3434	1000	1000	1000	1001	1002	1002	1012	1012
4	1	1	1.3	27	5332 3344	1222	1012	1002	1001	1002	1002	1201	1201
5	0	0.5	0.7	23	4313 3333	1212	1002	1001	1001	1001	1002	1002	1201
6	1	0.5	0.5	20	3223 3322	1001	1001	1001	1001	1002	1002	0001	1001
7	1	0.5	0.5	21	2313 2334	2001	1001	1001	1002	1001	1002	1001	1002
8	0	0.5	0.3	14	2122 3310	1001	1001	1001	1001	1002	1001	1000	1000
9	1	0.5	0.7	22	1432 4332	2001	1201	1201	2001	2002	1002	1002	1001
10	0	0.5	0.5	15	1113 2322	1001	1000	1001	1002	1001	1002	1001	1001
11	1	1	1.3	28	4213 5445	1211	1001	1001	1012	1012	1002	2012	1212
12	1	1	1.5	29	5534 3333	1023	1222	1012	1012	1012	1002	1002	1002
13	1	0.5	1.1	26	4434 4232	1202	1212	1001	1012	1012	1002	1002	1001
14	0	0.5	0.6	18	2122 2234	1001	2001	2001	2001	2001	1002	1002	1201
15	0	0.5	0.6	21	3222 3333	1101	2001	2001	2001	2002	1002	1202	1002
16	0	0.5	0.5	16	2233 1221	1001	1001	2001	1002	1001	1001	1001	2001
17	0	0	0.2	11	3111 1121	1001	1001	2001	1000	1001	1001	0001	0001
18	0	0.5	0.2	11	2111 2211	2001	1001	2001	2001	1001	1001	0000	2001
19	0	0.5	0.3	11	1101 3311	1001	1000	2000	1001	2001	1002	1001	1001
20	0	0.5	0.3	16	2212 2133	1001	1001	1001	1001	1001	1001	2101	1001
21	1	0.5	0.6	20	2113 4333	1101	1001	1001	1002	1012	1002	2102	1201
22	0	0.5	0.6	20	3324 3131	2001	1002	1001	1002	1001	1001	1100	1000
23	0	0	0.0	7	1111 0111	1001	1001	0001	1000	1000	0001	0000	2001
24	1	1	1.4	29	3434 3444	1001	2002	1002	2012	1002	1002	2012	1002
25	1	1	1.5	27	5542 4322	1012	1222	1012	1001	1012	1012	1011	1001
26	0	0.5	0.2	13	1101 2233	1001	1001	1000	1000	1001	1001	2101	0101
27	0	0.5	0.7	16	1113 4222	1001	1001	1001	1001	1002	1001	1001	1001
28	1	0.5	0.7	15	4211 1213	2012	1001	1000	1001	0001	1001	1001	2002
29	1	0.5	0.6	20	3222 2342	1001	1001	1001	1001	1001	1002	2201	1001
30	0	0.5	0.6	19	2213 3332	1001	1001	1001	1002	1012	1001	2201	1001
31	0	0.5	0.6	18	2311 2333	2001	1012	1001	1001	1001	1002	1001	1002
Mittel:	0.5	0.5	0.7	18.9									
Max.:	1	1	1.5	29									
Min.:	0	0	0.0	7									

Niemegk — **August** — **1950**

Tag	n	f	ν	Σ K_1	K_1	K_2 0—3	3—6	6—9	9—12	12—15	15—18	18—21	21—0
1	1	0.5	0.8	26	3323 4443	2002	1002	2001	1002	1002	1002	1202	1001
2	1	1	1.0	28	3433 4353	1001	1002	1002	2002	2002	1002	2202	1002
3	1	0.5	1.0	27	4324 4433	2201	2002	1001	2002	2002	1202	1001	1101
4	0	0.5	0.5	20	2323 3322	2001	2001	2001	2001	3001	1002	1001	1001
5	0	0.5	0.4	14	1111 2233	1001	2001	2001	2000	1001	1001	2201	1001
6	1	0.5	0.6	20	4212 2333	1202	2001	1000	1001	2001	1002	1002	2002
7	1	1	1.6	29	3314 4446	1002	1012	2001	2012	1002	1002	1012	2322
8	1	1.5	1.8	35	7564 3334	1322	2022	3013	2012	1002	1001	0001	1201
9	1	1	1.3	32	4334 4545	1201	2002	1002	1002	1012	1212	1212	1222
10	1	1	1.4	33	3433 5564	1012	2002	2001	2001	1012	1012	1322	1212
11	1	1	1.2	30	4434 3435	1212	2002	2001	2002	1002	1002	1002	1211
12	1	1	1.0	29	4434 3443	1012	2212	2002	2002	2001	1002	1002	1001
13	0	0.5	0.6	22	2323 3333	1001	2001	2001	2002	2001	1001	2001	1001
14	1	0.5	1.1	26	3333 4334	1001	1101	2002	1012	2012	1001	2001	2012
15	1	0.5	0.7	21	4332 2232	2012	2002	2002	2001	2001	2001	2001	1001
16	0	0.5	0.2	8	2110 1111	1001	1001	1001	1000	1001	0001	1000	1001
17	0	0	0.1	8	2100 2111	1001	1000	1000	1000	1001	1001	1001	1001
18	1	0.5	1.0	20	2212 2335	1001	1001	1001	1001	1001	1002	2012	1211
19	2	2	2.0	40	5334 6766	1222	1002	1002	2022	3033	3033	1033	1023
20	2	1.5	1.9	32	7655 2322	2033	2023	2023	1022	1001	1002	1001	0001
21	1	0.5	0.9	22	2143 3441	0001	1001	1002	1002	1001	1002	1201	0001
22	0	0.5	0.4	13	1112 2321	1001	1001	1001	1001	1001	1001	1001	1001
23	1	0.5	0.4	15	2112 2223	1001	1000	1000	1001	1001	1001	1001	1201
24	0	0.5	0.2	7	1001 1103	1000	1000	1000	1001	1000	1001	0000	1201
25	0	0	0.1	12	2212 1211	1201	1001	1000	1001	1001	1001	1001	1001
26	0	0	0.0	6	1001 1111	1000	1000	1000	1001	1000	1001	1001	1001
27	0	0.5	0.2	15	3111 2223	2001	1001	1000	1000	1001	1001	2001	1001
28	1	1	0.8	26·	3223 3445	2001	2001	2001	2002	1002	1201	2002	2212
29	1	0.5	1.0	27	3333 4434	1002	1012	2002	1001	2012	2002	1001	2201
30	1	0.5	0.8	21	4322 2341	1012	1002	2001	1001	2001	1002	1201	1001
31	1	0.5	0.5	14	1122 3311	1001	1001	1001	1001	1001	2002	0001	1001
Mittel:	0.7	0.7	0.8	21.9									
Max.:	2	2	2.0	40									
Min.:	0	0	0.0	6									

Aktivitätszahlen und Kennziffern

Niemegk — **September** — **1950**

Tag	n	f	ν	ΣK_1	K_1	K_2 0—3	3—6	6—9	9—12	12—15	15—18	18—21	21—0
1	0	0.5	0.0	12	1121 2212	1001	1001	1001	1001	1001	1001	2000	2001
2	1	0.5	0.5	12	1111 1142	1001	1001	2001	1001	1001	1001	2201	1001
3	1	1	1.7	32	2333 5556	2001	1002	2002	1012	2012	1022	2222	2322
4	1	0.5	1.5	31	5343 3445	0221	1002	2002	2002	2012	1012	2012	1221
5	1	1	1.7	36	5445 4455	1222	1002	2002	2012	1012	1012	1212	1212
6	1	1	1.3	30	4543 4343	1012	1012	1012	1002	2002	1002	1002	1012
7	1	0.5	0.9	26	3334 4333	1001	2001	2002	2002	2012	1012	1002	2002
8	1	1	1.5	32	2434 3565	1001	1002	3002	2002	2012	1212	1212	1212
9	1	0.5	0.8	23	4322 3243	1211	2002	2001	2001	2001	2001	1201	1001
10	1	0.5	1.1	25	5212 3444	1211	1001	2001	2001	2002	1211	1212	1002
11	1	0.5	0.8	23	5432 1134	1201	1201	1002	1001	2000	1001	1202	2002
12	0	0.5	0.5	19	4233 3112	1002	1001	1001	1002	1002	1000	1000	1001
13	1	0.5	0.8	20	2111 2454	2001	2001	1001	1001	1001	1002	2202	0201
14	0	0	0.0	8	1111 0112	2001	1001	1001	1001	1000	1001	2000	2001
15	0	0	0.0	8	1012 1201	0000	1000	1001	2001	1001	1001	1000	1001
16	1	1	1.1	23	2113 3544	2001	1001	2001	2012	1012	2012	1202	1201
17	1	1	1.1	25	2322 2455	0001	1002	1001	1001	1001	2012	2212	1202
18	1	0.5	1.1	25	3332 4334	1002	2002	2002	2001	2002	1001	1001	1012
19	1	0.5	1.2	24	4223 3136	1212	1001	1001	1012	1012	1001	2201	2212
20	1	0.5	1.3	33	5434 4553	1222	1002	2002	2002	1012	1201	1201	1002
21	0	0.5	0.4	16	3312 1231	1201	1002	1001	2001	2000	1001	1200	1001
22	0	0	0.0	8	1100 1221	0001	1001	1000	1000	1001	1001	0001	1001
23	1	0.5	1.2	24	1123 3455	0001	1000	1001	1002	1001	1012	1212	1212
24	1	1	1.5	33	5313 4566	1212	1011	1001	2002	2012	1212	1222	1322
25	1	1	1.4	30	4332 3645	1002	2002	3002	2001	2012	2322	1012	2212
26	1	0.5	0.9	20	3212 1254	1001	1001	1001	2001	2001	1001	1201	1002
27	0	0.5	0.4	18	3222 1332	1002	1001	1001	2001	2001	2001	1001	1001
28	0	0.5	0.3	16	1123 2322	1001	1001	2001	1001	2001	2001	1001	1101
29	0	0.5	0.0	8	1100 1122	0001	1001	1000	1000	1000	1001	2101	1001
30	1	0.5	0.8	16	1101 1354	2001	1001	1000	1001	1001	1002	2002	1002
Mittel:	0.7	0.6	0.9	21.9									
Max.:	1	1	1.7	36									
Min.:	0	0	0.0	8									

Niemegk — **Oktober** — **1950**

Tag	n	f	ν	ΣK_1	K_1	K_2 0—3	3—6	6—9	9—12	12—15	15—18	18—21	21—0
1	1	1	1.6	34	4444 4545	1012	2012	2002	2012	1022	2012	1212	1222
2	1	1.5	1.7	37	3454 4665	1012	2012	2013	2012	2012	1322	1322	1012
3	1	1	1.5	32	4433 3573	1012	2012	2002	2002	1002	1202	1322	2012
4	1	1	1.5	35	5434 4663	1212	1002	2002	2002	1012	1312	1212	1002
5	1	0.5	1.4	30	3433 3545	1002	1002	1002	1002	2002	1211	2012	1212
6	1	0.5	1.0	23	3233 1434	1012	1001	1002	1002	1002	1211	1002	1211
7	1	1	1.1	30	5333 4444	1211	1012	1002	1001	1012	1012	1012	1002
8	1	0.5	0.7	19	4322 3311	1211	1002	2001	1001	2001	1101	1001	0001
9	0	0.5	0.6	17	3214 1222	1201	1001	1001	1002	1001	1001	1101	1101
10	0	0.5	0.2	11	2111 1113	2001	1001	1001	1001	1001	1001	1001	2101
11	0	0.5	0.3	11	1120 0331	0001	0001	1001	1001	1001	1002	1002	1001
12	1	0.5	0.7	21	3322 1244	2002	1002	1001	2001	2001	1001	1201	1212
13	1	0,5	0.6	21	3322 2243	1002	1001	1001	1001	1001	1001	1211	1201
14	1	1	1.6	33	5434 5534	1211	1002	1002	1012	1012	1022	2022	2012
15	1	1	1.0	24	5421 1434	1222	1012	1001	1001	1001	1201	2001	1002
16	1	1	1.5	32	4333 5554	1201	1001	1002	1002	1202	1221	1211	1012
17	1	1	1.1	29	3243 4544	1002	1001	1002	2002	2012	1211	1212	2012
18	0	0.5	0.6	20	2233 1333	1001	1001	1001	1001	1000	1101	1102	1002
19	0	0	0.1	10	2111 1022	1001	1001	1001	1001	1000	1000	2001	1001
20	0	0.5	0.3	11	1011 1133	1001	0000	1000	1001	1001	2001	2201	2201
21	0	0	0.0	9	1011 1122	1000	0000	1000	1001	1001	2001	1001	1001
22	1	0.5	0.7	20	0112 3544	0000	1001	1001	1001	1002	2212	1002	1202
23	1	0.5	0.7	24	4333 2234	1212	1002	1001	1002	1001	1001	1001	1212
24	0	0.5	0.5	17	3222 2213	1002	1001	1001	1001	1001	1001	1001	1101
25	0	0.5	0.2	11	2111 0024	1001	1001	1000	1000	1000	0000	1001	1211
26	0	0.5	0.2	12	2111 1132	0001	1001	1001	1000	1000	1001	2002	1001
27	0	0	0.1	10	1111 1122	0001	1001	1001	1001	1001	1001	1001	1001
28	2	1.5	1.9	39	3455 6565	1002	2211	2002	2012	1023	1022	1332	1222
29	1	1.5	1.7	39	5454 5556	1012	2002	2012	2012	2022	1223	1222	1222
30	1	1	1.6	34	4433 4556	1012	1012	2001	1002	1012	1012	1013	1012
31	1	1	1.6	34	4433 5555	1212	2012	2002	2012	2212	1212	1212	1002
Mittel:	0.7	0.7	0.9	23.5									
Max.:	2	1.5	1.9	39									
Min.:	0	0	0.0	9									

Aktivitätszahlen und Kennziffern

Niemegk — **November** — **1950**

Tag	n	f	ν	Σ K_1	K_1	K_2							
						0—3	3—6	6—9	9—12	12—15	15—18	18—21	21—0
1	1	1	1.5	33	3444 5553	2001	2002	3001	2012	1022	1222	1212	1002
2	0	0.5	0.7	18	3222 3411	1002	1001	2001	2001	1002	1201	1001	1001
3	0	0.5	0.4	16	2323 1122	1001	1001	1001	1001	1000	1001	1001	1001
4	1	0.5	1.5	28	2433 4633	1001	1002	2002	1011	1022	1222	1012	2011
5	0	0.5	0.6	19	3212 2234	1002	1001	2001	1001	1001	1001	1001	1201
6	0	0	0.0	9	2112 1110	1001	1001	1001	2001	1001	1001	1001	1000
7	0	0	0.0	5	1010 0012	1001	1000	1001	1000	1000	1000	1001	1001
8	0	0.5	0.3	17	3312 2222	1002	1201	1001	1001	1001	1001	1001	1001
9	0	0.5	0.2	11	1220 0132	1001	1001	1001	1000	1000	1001	1001	1001
10	1	1	1.5	33	3345 5553	1001	1002	2002	2012	1022	1212	1212	1001
11	1	0.5	0.9	23	3321 2444	1002	1001	1001	1001	1002	1002	2002	1002
12	1	0.5	1.1	27	3242 3535	1002	1001	1002	1001	1011	1211	1002	1211
13	1	0.5	1.0	26	3333 3344	1001	1002	2002	2001	1001	2001	1202	1002
14	0	0.5	0.6	20	3212 2343	0002	1001	1001	1001	1001	1002	1201	1001
15	0	0	0.2	8	1012 1012	0000	0000	1001	1001	1001	1001	1001	1001
16	0	0.5	0.3	14	2201 1233	0001	0001	0000	1001	1001	1001	1001	1001
17	1	0.5	0.7	21	3222 2343	1001	1001	1001	1001	2001	1001	1212	1002
18	1	0.5	0.8	17	1103 2253	0001	1001	1000	1002	1001	1001	1212	1001
19	0	0.5	0.1	10	3211 1101	1001	1001	1001	1000	1000	1001	1000	1001
20	0	0	0.0	11	1111 1321	1000	1001	2000	2000	2000	2001	1001	1001
21	0	0.5	0.3	12	1010 1144	1000	0000	0000	1000	1001	1001	1201	2201
22	1	0.5	1.2	23	2112 3545	1001	1001	1000	2001	2001	2212	1212	2212
23	0	0.5	0.3	14	4111 1123	1012	1001	1001	1001	1001	1001	1002	2201
24	1	0.5	0.9	16	1111 1443	0001	1001	1001	1001	1001	1012	2212	1022
25	1	1	1.6	35	5445 5534	2022	2012	2002	2211	2222	1012	1002	1012
26	1	1	1.6	40	5445 5665	1201	1212	2012	2012	1022	1322	1322	1012
27	1	1	1.4	36	5444 5554	1212	1012	2012	2012	2212	2012	1211	1012
28	1	1	1.4	34	4434 4555	1012	1012	2002	2012	2012	2012	1022	1012
29	1	0.5	1.0	27	4333 3344	1012	2012	2001	2001	2002	1002	2212	1012
30	1	0.5	0.7	21	3321 1443	1001	1001	2001	1000	1000	1201	1212	1002
Mittel:	0.5	0.5	0.8	20.8									
Max.:	1	1	1.6	40									
Min.:	0	0	0.0	5									

Niemegk — **Dezember** — **1950**

Tag	n	f	ν	Σ K_1	K_1	K_2							
						0—3	3—6	6—9	9—12	12—15	15—18	18—21	21—0
1	0	0	0.1	12	1221 1221	1001	1101	1001	1001	2001	1001	1001	0001
2	0	0.5	0.7	18	2221 2432	1001	1001	1001	1001	1001	2201	1001	1001
3	0	0.5	0.5	17	2211 2234	1001	1001	2001	2001	2001	1001	2001	1201
4	0	0.5	0.2	12	1111 1232	1000	1001	1001	1001	1001	1001	1001	1001
5	1	0.5	0.7	17	3111 2432	1001	1001	1001	1001	2001	1012	1012	1011
6	0	0.5	0.9	21	2233 3322	1001	1001	2002	1012	1002	1001	1001	2001
7	0	0.5	0.6	20	3321 2243	2012	1011	1001	1001	2001	2001	1202	2101
8	1	0.5	0.8	18	1112 2434	1001	1001	1001	1002	2001	2201	1012	1211
9	0	0.5	0.3	15	3221 2122	1002	1001	2001	1001	1001	1001	1101	1001
10	0	0.5	0.5	18	2311 2243	1001	1001	1001	1001	1001	1001	2202	1002
11	0	0	0.1	11	2111 1221	1001	1001	1001	1001	1000	1001	1001	1000
12	1	1	1.4	25	0443 1355	0000	2012	2012	2001	1001	2012	2012	1012
13	1	1	1.6	36	5433 4566	1212	1012	2002	1001	1001	1001	2201	1201
14	1	1	1.4	27	4412 2365	1212	2012	2002	2012	2012	1022	1022	2022
15	1	0.5	0.7	20	2222 2343	1222	1022	1002	1002	1001	1001	1201	1002
16	0	0.5	0.4	18	3323 2122	1002	1001	2001	2002	2001	1001	1001	1001
17	0	0	0.3	14	2113 1132	1001	1001	1000	1201	1001	1001	1101	1001
18	1	0.5	0.8	20	3112 2452	1200	1001	1001	1001	1001	2002	2202	1001
19	1	0.5	0.7	21	4221 2442	1201	1001	1001	1001	1001	2201	1201	1001
20	1	0.5	0.8	17	1112 1245	1001	1001	1000	1001	1001	1001	2201	1202
21	0	0	0.2	14	4212 1121	1002	1001	1000	1001	1001	1001	1101	1001
22	1	1	1.5	27	1123 4565	1001	1001	1001	2001	2012	2222	2322	2012
23	1	0.5	1.3	30	4443 3435	1012	2002	2002	1002	2002	1002	1002	1002
24	1	1	1.5	33	4333 4754	1002	2002	2001	3002	2002	2312	2012	1002
25	1	1	1.3	32	4334 4554	2012	2002	3002	3002	3012	1202	1202	2002
26	1	0.5	1.2	29	4334 4443	1002	2002	2002	2002	2002	1202	1002	1002
27	1	0.5	0.9	25	3333 2344	1002	1002	2001	2002	2001	2002	2002	1201
28	0	0.5	0.5	20	3222 3332	1002	1001	2001	2001	1201	2101	1001	1001
29	0	0	0.2	12	2112 1122	1001	2001	2001	2001	2001	1001	2001	2001
30	0	0.5	0.4	17	3111 1334	2101	1001	2001	2001	2001	2002	2002	2201
31	0	0	0.1	10	1111 1113	1001	1001	2001	1001	1001	2001	1001	2002
Mittel:	0.5	0.5	0.7	20.2									
Max.:	1	1	1.6	36									
Min.:	0	0	0.1	10									

Abhandlungen des Geomagnetischen Instituts und Observatoriums Potsdam/Niemegk

Die Hefte 1 bis 4 und 7 erschienen in der Akademischen Verlagsanstalt Geest & Portig, Leipzig

Heft 5: **P. Mauersberger:** Betrachtungen über die zeitliche Änderung der Parameter des geomagnetischen Feldes auf Grund der vorliegenden Potentialentwicklungen

K. Sellien: Das Normalfeld der Schwere für Deutschland

E. Thiele: Das Rössigersche Normalfeld der Vertikalintensität und seine zeitliche Änderung

M. Richard: Über die Anordnung geomagnetischer Variometer auf engstem Raum

1952. 97 S. — 29 Abb. — 28 Taf. — 1 Falttaf. — 4° — DM 28,—

Heft 6: **Richard Bock / Friedrich Burmeister / Friedrich Errulat:** Magnetische Reichsvermessung 1935. 0., Teil I

1948. 54 S. — 4° — DM 6,—

Heft 8/I: **Richard Bock / Wolfgang Schumann:** Katalog der Jahresmittel der magnetischen Elemente der Observatorien und der Stationen, an denen eine Zeitlang erdmagnetische Beobachtungen stattfanden

1948. XIX, 112 S. — 4° — DM 10,—

Heft 9/II: **Richard Bock / Wolfgang Schumann:** Katalog der Jahresmittel der magnetischen Elemente der Observatorien und der Stationen, an denen eine Zeitlang erdmagnetische Beobachtungen stattfanden

1948. 156 S. — 4° — DM 12,—

Heft 10/III: **Richard Bock / Wolfgang Schumann:** Katalog der Jahresmittel der magnetischen Elemente der Observatorien und der Stationen, an denen eine Zeitlang erdmagnetische Beobachtungen stattfanden

1948. 156 S. — 4° — DM 10,—

Heft 11/IV: **Richard Bock / Wolfgang Schumann:** Katalog der Jahresmittel der magnetischen Elemente der Observatorien und der Stationen, an denen eine Zeitlang erdmagnetische Beobachtungen stattfanden

1948. 71 S. — 4° — DM 8,—

Heft 12: Noch nicht erschienen

Heft 13: **Martin Richard / Horst Wiese:** Die Neubestimmung der absoluten erdmagnetischen Feldgrößen am Adolf-Schmidt-Observatorium für Erdmagnetismus in Niemegk

1954. 70 S. — 21 Abb. — 4° — DM 23,—

Heft 14: **Wolfgang Schumann:** Erdmagnetische Anomalien in Europa und ihre Beziehungen zu den geologischen Verhältnissen. (Eine Studie über den Gesteinsmagnetismus)

1950. 148 S. — 4° — DM 12,—

Heft 15: **Heinz Just:** Die zweiten erdmagnetischen Kennziffern nach Fanselau

1954. 35 S. – 28 Abb. – 4° – DM 11,–

Heft 16: **Otto Lucke:** Betrachtungen zum absoluten elektrodynamischen Theodoliten nach E. A. Johnson zur Messung des geomagnetischen Feldes

1956. 78 S. – 11 Abb. – 4° – DM 28,–

Heft 17: **Gerhard Fanselau / E. Thiele:** Geomagnetische Kennziffern 1890 bis 1907

1955. 48 S. – 4° – DM 16,–

Heft 18: **Horst Wiese:** Tiefentellurik — Erforschung von Störzonen im Erdinnern durch erdmagnetische Variationen

1956. 36 S. – 37 Abb. – 4° – DM 14,50

Heft 19: **Gerhard Fanselau:** Die Erzeugung von homogenen Magnetfeldern durch Rechteckströme

F. Frölich: Zur Frage des Bindungs- und Leitungsmechanismus der Spinelltyp-Eisenoxyde

Herbert Schmidt: Untersuchungen zur Theorie und Praxis geomagnetischer Schwingungsmessungen mit Angabe einer neuen Schwingzeitmeßanlage

1956. 78 S. – 42 Abb. – 9 Tab. – 4° – DM 23,–

*

Wolfgang Schumann

Erdmagnetische Anomalien in Europa und ihre Beziehungen zu den geologischen Verhältnissen

Eine Studie über den Gesteinsmagnetismus

(Abhandlungen des Geophys. Instituts Potsdam)

1950. 148 S. – 4° – DM 12,–

Der Problemkreis der Gesteinsmagnetisierung wird zusammenfassend behandelt und unter physikalisch-chemischen und geologisch-mineralogischen Gesichtspunkten eingehend erörtert. Die Anomalien des erdmagnetischen Feldes in Europa werden mit den jeweiligen geologischen Verhältnissen in Beziehungen gesetzt und die Art der ursächlichen Verknüpfung wird dargelegt.

Die magnetische Aufschlußmethode gibt – vor allem in Kombination mit anderen geophysikalischen Verfahren – wertvolle Hinweise zur Untergrund- und Lagerstättenforschung.

„. . . Die Arbeit verdient als kritische Zusammenfassung und Weiterführung der die Probleme des Gesteinsmagnetismus betreffenden Erkenntnisse bis auf die neueste Zeit und als darauf basierender konsequent durchgeführter Versuch der Aufdeckung und Deutung der Beziehungen der erdmagnetischen Anomalien zu den geologischen Verhältnissen in großräumigen, regionalen und lokalen Erstreckungen stärkste Beachtung".

(*Archiv für Meteorologie, Geophysik und Klimatologie, Wien*)

Bestellungen durch eine Buchhandlung erbeten

A K A D E M I E - V E R L A G   B E R L I N

FSC
www.fsc.org
MIX
Papier | Fördert gute Waldnutzung
FSC® C083411

Zeitfracht Medien GmbH
Ferdinand-Jühlke-Straße 7
99095 Erfurt, Deutschland
produktsicherheit@kolibri360.de